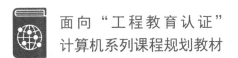面向"工程教育认证"
计算机系列课程规划教材

普通高等教育"十一五"
国 家 级 规 划 教 材

新概念汇编语言

◎ 杨季文　编著

U0286797

x86

清華大学出版社
北京

内 容 简 介

本书设定新目标,采用新方法,基于新平台,讲解 IA-32 结构系列(80x86 系列)CPU 的 32 位编程。本书分为 4 个部分:第一部分利用 VC 2010 环境的嵌入汇编和目标代码,介绍 IA-32 系列(80x86 系列)CPU 的基本功能和 32 位编程技术;第二部分利用开源汇编器 NASM、开源虚拟机 VirtualBox 和模拟器 Bochs,介绍汇编语言和计算机系统底层输入输出的实现方式;第三部分详细讲解保护方式编程技术,生动展示保护方式编程细节;第四部分简要说明相关软件工具的使用。

本书依托高级语言,讲解低级语言;利用虚拟平台,演示系统原理。第一部分和第二部分可作为高校计算机及电子信息类专业学生学习汇编语言的教材,第三部分可作为编程爱好者学习保护方式编程技术的教材或参考书。

图书在版编目(CIP)数据

新概念汇编语言/杨季文编著. —北京:清华大学出版社,2017(2025.3重印)
(面向"工程教育认证"计算机系列课程规划教材)
ISBN 978-7-302-47634-4

Ⅰ. ①新⋯ Ⅱ. ①杨⋯ Ⅲ. ①汇编语言—程序设计 Ⅳ. ①TP313

中国版本图书馆 CIP 数据核字(2017)第 155190 号

责任编辑:魏江江 王冰飞
封面设计:刘 键
责任校对:焦丽丽
责任印制:丛怀宇

出版发行:清华大学出版社
    网 址:https://www.tup.com.cn,https://www.wqxuetang.com
    地 址:北京清华大学学研大厦 A 座   邮 编:100084
    社 总 机:010-83470000   邮 购:010-62786544
    投稿与读者服务:010-62776969,c-service@tup.tsinghua.edu.cn
    质量反馈:010-62772015,zhiliang@tup.tsinghua.edu.cn
    课件下载:https://www.tup.com.cn,010-62795954
印 装 者:三河市龙大印装有限公司
经 销:全国新华书店
开 本:185mm×260mm 印 张:31.75   字 数:812 千字
版 次:2017 年 10 月第 1 版   印 次:2025 年 3 月第 7 次印刷
印 数:4601～4750
定 价:69.50 元

产品编号:053648-01

前　言

随着计算资源的日益丰富和开发环境的日趋完善,直接运用汇编语言编写程序的场合越来越少,因此汇编语言课程需要新定位,汇编语言课程需要新概念。

在这样的背景下,本书设定新的目标,采用新的方法,基于新的平台,讲解 IA-32 结构系列 (80x86 系列)CPU 的 32 位编程。学习汇编语言的新目标是深入理解计算机系统的工作原理,全面提升高级语言程序设计能力,而不再是熟练运用汇编语言编写程序。汇编语言课程将起到"上承高级语言,下启机器系统"的桥梁作用。学习汇编语言的新方法是依托高级语言。在学习汇编语言之前,通常已经具备高级语言(C 或者 C++ 语言等)程序设计的基础。通过采用嵌入汇编和分析目标代码等方法,不仅可以降低学习和掌握汇编格式指令的难度,而且有助于"知其然,知其所以然",有助于更好地掌握高级语言。实践汇编语言的新平台是虚拟机。目前虚拟机已经十分流行,它是很理想的"裸机"。基于虚拟机不仅可以突破操作系统的约束,为所欲为地操纵"机器",从而轻松调试设备驱动程序或者系统程序,而且有助于熟悉计算机系统的启动过程,有助于明了计算机系统硬件和软件的相互关系。

本书分为 4 个部分,共 10 章。第一部分由前五章组成,利用 VC 2010 环境的嵌入汇编和目标代码,讲解 IA-32 系列(80x86 系列)CPU 的基本功能和 32 位编程技术。第 1 章介绍基础知识;第 2 章说明 IA-32 系列 CPU 的基本功能;第 3 章和第 4 章讲解利用 IA-32 系列 CPU 的指令设计程序;第 5 章分析 VC 源程序的目标代码。第二部分由第 6 章、第 7 章和第 8 章组成,利用汇编器 NASM 和虚拟机,讲解汇编语言和系统输入输出。第 6 章基于汇编器 NASM 介绍汇编语言;第 7 章在介绍 BIOS 和主引导记录之后,说明虚拟机的原理及其使用方法;第 8 章基于虚拟机讲解计算机系统底层输入输出的实现方式。第三部分是第 9 章,详细讲解基于 IA-32 系列 CPU 的保护方式程序设计,该章内容十分丰富。第四部分是第 10 章,简要说明相关工具的使用,包括开源汇编器 NASM、开源虚拟机 VirtualBox 和开源模拟器 Bochs 等。

本书依托高级语言,讲解低级语言;利用虚拟平台,演示系统原理。第一部分和第二部分可作为学习汇编语言的教材,第三部分可作为学习保护方式编程技术的教材或参考书。本书还提供教学用 PPT。

杨季文撰写第 1～4 章和第 6～9 章,朱晓旭撰写第 5 章,胡沁涵撰写第 10 章,赵雷参与部分工作。杨季文负责全书统稿、定稿。

本书得到了指导老师钱培德教授的大力支持，在此表示衷心感谢。本书还得到了同事朱巧明、吕强、李云飞和李培峰等教授的大力帮助，在此表示感谢。还要感谢同事卢维亮、查伟忠、陈宇和王莉等老师的帮助。

　　由于编者时间仓促和水平所限，书中难免有不妥之处，恳请读者批评指正。

作　者

2017 年 6 月

目　录

第 1 章

基础知识

利用计算机系统进行科学计算或者信息处理，本质上是运行各种程序。在普通计算机系统中，由作为核心的 CPU 执行程序。本章首先介绍 CPU 的基本功能，然后介绍汇编语言的相关基本概念，最后说明数据的表示和存储方法。

1.1 CPU 简 介

计算机系统的核心是中央处理器，也就是 CPU。本节结合可由 IA-32 系列 CPU 执行的目标代码，介绍 CPU 的基本功能。

1.1.1 目标代码

计算机系统中的 CPU 只能执行机器指令，也就是说只能运行由机器指令组成的程序。利用相应的编译器，可以把由高级语言编写的源程序转换成由机器指令组成的程序，也就是目标程序，又被称为目标代码。无论源程序是用哪种语言编写的，无论程序是作为简单的小软件还是构成复杂的大系统，计算机系统最终运行的是对应的目标程序。

如下用 C 语言编写的函数 cf11 的功能是计算 1 至 10 的平方和。为了较好地体现目标代码和反映 CPU 的功能，这个函数采用循环累加 1 至 10 之间每个整数的平方。为此安排了两个变量，一个存放累加和，另一个用于计数。

```
int  cf11(void)
{
    int  sum, i;
    sum=0;
    for( i=1; i <=10; i+=1)
        sum+=i*i;
    return  sum;
}
```

利用微软 Visual Studio 2010 的 VC 集成开发环境，在采用编译优化选项"使大小最小化"的情况下，编译上述程序，可得到如下所示的 IA-32 系列 CPU 的目标代码。为了便于理解，这里的目标代码采用了汇编格式指令的表示形式，而真正的目标代码是用二进制编码的。

```
    xor    ecx, ecx
    xor    eax, eax
    inc    ecx
$LL3@cf11:
    mov    edx, ecx
```

```
imul    edx, ecx
add     eax, edx
inc     ecx
cmp     ecx, 10
jle     $LL3@cf11
ret
```

可以这样认为,以 IA-32 系列处理器为 CPU 的计算机执行上述 C 函数 cf11,实际上就是执行这段目标代码。也就是说,这段目标代码实现了 C 函数 cf11 的功能。现在结合上述 C 函数 cf11,解释这段目标代码。

上述目标代码由 10 条指令组成。其中,EAX、ECX、EDX 分别是 IA-32 系列 CPU 内部的寄存器,这些寄存器可用于存放运算数据和运算结果。这些寄存器类似于 C 语言源程序中的变量。

开始两条指令中的 XOR 表示将两个数据进行"异或"运算,两个相同的数据进行"异或"运算的结果是 0。所以,执行指令"xor　ecx, ecx"就使得寄存器 ECX 的值为 0。第三条指令中的 INC 表示将寄存器或者存储单元的值加 1,执行指令"inc　ecx"就使得寄存器 ECX 的值加 1。至此可以看到,寄存器 EAX 和 ECX 分别代表了函数 cf11 中的变量 sum 和 i,第二条指令"xor　eax, eax"对应语句"sum＝0",第一条指令和第三条指令一起对应语句"i＝1"。

第四条指令中的 MOV 表示将数据传送到寄存器或存储单元。执行指令"mov　edx, ecx"会把寄存器 ECX 的值传送到寄存器 EDX。第五条指令中的 IMUL 表示将两个数据进行相乘运算,执行指令"imul　edx, ecx"就使得寄存器 EDX 的值和寄存器 ECX 的值相乘,乘积存放在寄存器 EDX 中,这里实际上就是计算平方。第六条指令 ADD 表示将两个数据进行相加运算,执行指令"add　eax, edx"就使得寄存器 EAX 的值和寄存器 EDX 的值相加,其和存放在寄存器 EAX 中。所以,下面 3 条指令对应上述函数 cf11 中的语句"sum＋＝i∗i":

```
mov     edx, ecx
imul    edx, ecx
add     eax, edx
```

第七条指令仍然是"inc　ecx",执行它使得寄存器 ECX 的值加 1。在这里该指令相当于函数 cf11 中的语句"i＋＝1"。

接下来的指令"cmp　ecx, 10"和指令"jle　$LL3@cf11"的具体操作是把寄存器 ECX 的值与 10 进行比较,当寄存器 ECX 的值小于等于 10 时,跳转到标号为 $LL3@cf11 的指令处执行,否则顺序执行下一条指令。在这里就是判断是否要继续循环累加,如果变量 i 的值没有超过 10,则继续计算平方和。

最后一条指令"ret"表示返回到调用者。在这里就代表函数 cf11 结束返回。

虽然上述目标代码比用 C 语言编写的函数 cf11 烦琐和难以理解,但在计算机系统中就是这样处理的。通过学习汇编语言程序设计,可以深入地理解计算机系统的处理方式。

1.1.2　基本功能

CPU 是计算机系统的核心,无论计算机系统处理什么,最终都归结为 CPU 执行机器指令进行相应的运算或者处理。

CPU 的基本功能是执行机器指令、暂存少量数据和访问存储器。

1. 执行机器指令

CPU 能够一条接一条地依次执行存放在存储器中的机器指令。也就是说,CPU 能够自动执行存放在存储器中的由若干条机器指令组成的目标程序或目标代码。例如,对于在 1.1.1 节中以汇编格式指令的形式列出的目标代码,CPU 从执行指令"xor ecx,ecx"开始,依次顺序执行随后的各条指令,在执行指令"jle $LL3@cf11"时,如果满足小于等于的条件,就接着从指令"mov edx,ecx"开始依次顺序执行,否则执行下一条指令"ret"。

CPU 能够直接识别并遵照执行的指令被称为机器指令。一款 CPU 能够执行的全部机器指令的集合,被称为该 CPU 的指令集。

每一条机器指令的功能通常是很有限的。一条高级语言的语句所完成的功能,往往需要几条机器指令,或者几十条机器指令,甚至几百条机器指令才能够实现。例如,在 1.1.1 节 C 函数 cf11 中,虽然语句"sum+=i*i"很简单,并且变量 sum 和 i 分别由寄存器担当,该语句的功能仍需要三条机器指令来实现。

CPU 决定机器指令。不同种类的 CPU,其指令集往往不相同。有的 CPU 指令集比较小,有的 CPU 指令集比较大。但是,同一个系列 CPU 的指令集常常具有良好的向上兼容性,即下一代 CPU 的指令集通常是上一代 CPU 指令集的超集。例如,Intel 80386 处理器的指令集包含了早先的 8086 处理器的指令集,Pentium 处理器的指令集包含了 Intel 80386 处理器的指令集。

按指令的功能来划分,通常机器指令可分为以下几大类:数据传送指令、算术逻辑运算指令、转移指令、处理器控制指令和其他指令等。例如,在 1.1.1 节列出的目标代码片段中,MOV 指令属于数据传送指令,ADD 指令、IMUL 指令、INC 指令属于算术运算指令,XOR 指令属于逻辑运算指令,JLE 指令和 RET 指令属于转移指令。

2. 暂存少量数据

一个目标程序中的绝大部分指令是对数据进行各种运算或者处理。例如,在 1.1.1 节列出的目标代码片段中,共计 10 条指令,有 8 条是对数据进行运算或者处理的。参与运算的数据存放在哪里?运算的结果存放在哪里?一般来说,运算数据和运算结果可以存放在寄存器中,也可以存放在存储器中。

CPU 有若干个寄存器,可以用于存放运算数据和运算结果。例如,在 1.1.1 节列出的目标代码片段中,就充分运用了寄存器 EAX、ECX、EDX 存放运算数据和运算结果,寄存器 EAX 和 ECX 分别作为变量 sum 和 i。

利用寄存器存放运算数据和运算结果,效率是最高的。寄存器在 CPU 内部,处理寄存器中的数据要比处理存储器中的数据快得多,因此一般总是尽量利用寄存器。这也就是为什么在 C 函数 cf11 的目标代码中用两个寄存器分别作为局部变量的原因。在采用编译优化选项"使大小最小化"的情况下,VC 2010 编译器生成这样的目标代码;否则,在默认情况下,采用存储单元存放普通局部变量。

指令集中大部分指令的操作数据至少有一个在寄存器中。在目标程序中,绝大部分的指令都使用到寄存器。

但是,CPU 内可用于存放运算数据和运算结果的寄存器数量是很有限的。例如,IA-32 系列 CPU 只有 8 个这样的通用寄存器。通常,编译器会充分利用 CPU 内的寄存器。在用汇编语言编写程序时,也必须注意灵活运用寄存器。

3．访问存储器

由机器指令组成的目标程序在存储器中，待处理的数据也在存储器中，CPU 要执行目标程序，就要访问存储器。这里存储器指 CPU 能够直接访问的计算机系统的物理内存。

存储器（内存）由一系列存储单元线性地组成，最基本的存储单元为一个字节。为了标识和存取每一个存储单元，给每一个存储单元规定一个编号，也就是存储单元地址。

通常，CPU 支持以多种形式表示存储单元的地址。一些功能较强的 CPU 还支持以多种方式组织管理存储器。

设有以下 C 程序片段，其中 x 和 y 是两个全局变量，函数 cf12 进行简单的数据处理。

```
int x=1;
int y=2;
void  cf12(void)
{
    y=x*x+3;
    return;
}
```

利用微软 Visual Studio 2010 的 VC 集成开发环境，在采用编译优化选项"使大小最小化"的情况下，编译上述程序，对应 C 函数 cf12 的目标代码如下所示。为便于理解，目标代码采用汇编格式指令的表示形式。

```
mov    eax, varx3HA
imul   eax, eax
add    eax, 3
mov    vary3HA, eax
ret
```

在上述以汇编格式指令的形式表示的目标代码中，符号 varx3HA 和 vary3HA 分别代表存放全局变量 x 和 y 的存储单元。指令"mov eax,varx3HA"的功能是把全局变量 x 所在的存储单元的内容取到寄存器 EAX 中，换句话说就是把内存中的全局变量 x 送到寄存器 EAX。类似地，指令"MOV vary3HA,eax"的功能是把寄存器 EAX 中的内容送到全局变量 y 中。

运行函数 cf12，就是执行上面的这些指令。在执行指令"mov eax,varx3HA"后，寄存器 EAX 就含有变量 x 的值；执行指令"imul eax,eax"，实现把寄存器 EAX 与 EAX 相乘，这样寄存器 EAX 就有 x*x 的积；执行指令"add eax,3"，使寄存器 EAX 所含值再加 3；执行指令"mov vary3HA,eax"，把最后的结果送到变量 y；执行指令"ret"，从函数返回。

1.2 汇编语言概念

由 CPU 执行的机器指令采用二进制编码，人们很难识别和理解，为此采用符号表示，成为汇编格式指令。本节在介绍机器指令和汇编格式指令的基础上，介绍汇编语言的概念。

1.2.1 机器指令

把 CPU 能够直接识别并遵照执行的指令称为机器指令。

机器指令一般由操作码和操作数两部分构成。操作码指出要进行的操作或运算，如加、减、传送等。操作数指出参与操作或运算的对象，也指出操作或运算结果存放的位置，如寄存器、存储单元和数据等。

机器指令采用二进制编码表示。换句话说,就是用二进制代码表示机器指令。例如,把通用寄存器 EAX 与 EDX 相加,结果存放到 EAX 中的机器指令如下所示:

　　　0000 0011 11 000 010

对机器指令的编码是按一定规则进行的。编码中有一部分代表操作码,还有一部分代表操作数。例如,对于上述的编码,前面的 8 位(0000 0011)代表加法操作,也就是操作码部分;后面的 8 位(11 000 010)代表两个通用寄存器 EAX 和 EDX,也就是操作数部分。

为了阅读和书写方便,常用十六进制形式或八进制形式表示二进制编码的机器指令。例如,1.1.1 节所列的 C 函数 cf11,在经过 VC 2010 编译后得到如下所示的真正的目标代码,其中,每一行分别是采用十六进制形式表示的 IA-32 系列 CPU 的机器指令。

```
33 C9
33 C0
41
8B D1
0F AF D1
03 C2                    ;0000 0011 11 000 010
41
83 F9 0A
7E F3
C3
```

上述目标代码片段犹如天书,几乎没有人能直接看出它的功能。因此,程序员难以用机器指令编写程序,更难写出健壮的程序;用机器指令编写出的程序也不易被人们理解、记忆和交流。所以,只是在计算机出现早期时才用机器指令编写程序,现在几乎没有人用机器指令编写程序了。

1.2.2　汇编格式指令

为了克服机器指令的上述缺点,人们采用便于记忆、并能描述指令功能的符号来表示指令的操作码。这些符号被称为指令助记符。助记符一般是说明指令功能的英语词汇或者词汇的缩写。例如,前面所见的符号 MOV 和 ADD 等。同时,也用符号表示操作数,如寄存器、存储单元地址等。这样就有了汇编格式指令。

用指令助记符、地址符号等表示的指令称为汇编格式指令。汇编格式指令的一般格式如下:

　　　［标号:］指令助记符［操作数表］

其中,指令助记符是必需的。操作数随指令而定,有的指令有一个操作数,有的指令有两个操作数,有些指令有 3 个操作数,还有些指令没有操作数。如果有多个操作数,操作数之间用逗号分隔。标号可有可无,标号后带一个冒号。指令助记符与操作数表之间用空格或制表符分隔。

汇编格式指令与机器指令一一对应。例如,1.1.1 节所列的 C 函数 cf11 的机器指令和汇编格式指令的对应情况如下所示(为了对齐效果把标号 $LL3@cf11 换成了标号 lab1):

```
33 C9                    ;xor  ecx, ecx
```

```
33 C0               ;          xor    eax, eax
41                  ;          inc    ecx
8B D1               ; lab1:    mov    edx, ecx
0F AF D1            ;          imul   edx, ecx
03 C2               ;          add    eax, edx
41                  ;          inc    ecx
83 F9 0A            ;          cmp    ecx, 10
7E F3               ;          jle    lab1
C3                  ;          ret
```

显然,汇编格式指令比二进制编码的机器指令要容易被理解和掌握。

1.2.3　汇编语言及其优缺点

自然语言是思维的载体,是人与人之间交流的工具。程序设计语言是人与计算机之间交流的工具。

程序设计语言由语句和使用语句的规则组成。

1. 汇编语言

汇编语言是一种程序设计语言,是用符号表示的机器语言。汇编语言的语句是汇编格式指令和伪指令。伪指令的概念留待以后介绍。

由于汇编语言的主体是汇编格式指令,而汇编格式指令又与机器密切相关,且功能有限,因此常把汇编语言称为低级语言。虽然汇编格式指令要比机器指令容易被理解和掌握,但汇编语言有许多不足,于是慢慢地就出现了各种各样的高级程序设计语言。

把用汇编语言编写的程序称为汇编语言源程序或汇编源程序,简称源程序。

2. 汇编和汇编程序

由于 CPU 只能识别和执行机器指令,因此必须把由汇编格式指令组成的源程序翻译成由机器指令组成的目标程序后才能由 CPU 执行。把汇编源程序翻译成目标程序的过程称为汇编。完成汇编工作的工具或程序称为汇编程序。请注意,汇编程序和汇编源程序是两个不同的概念。为了避免混淆,常常把工具软件汇编程序称为汇编器。汇编过程如图 1.1 所示。

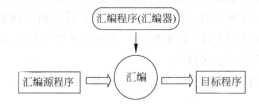

图 1.1　汇编过程示意图

汇编程序(汇编器)与编译程序(编译器)类似,汇编过程与编译过程类似。

3. 汇编语言的优缺点

汇编语言的主要优点是利用它可能编写出在“时空”两个方面最有效率的程序。另外,通过它可最直接和最有效地操纵机器硬件系统。

汇编语言的主要缺点是它面向机器,与机器关系密切,它要求程序员比较熟悉机器硬件系统,要考虑许多细节问题。最终导致程序员编写程序烦琐,调试程序困难,维护、交流和移植程序更困难。

正是由于汇编语言与机器关系密切,才使汇编语言具有其他高级语言所不具备的上述优点。为了利用汇编语言的优点,必须付出相应的代价。但汇编语言的每一个优点常常闪耀出诱人的光芒,使人们勇敢地面对它的缺点。

1.3 数据的表示和存储

熟悉数据在计算机内的表示形式和存储方式是掌握汇编语言程序设计的关键之一,也是透彻理解计算机系统工作原理的前提。本节先介绍简单数据的表示形式和类型,然后再介绍数据在内存中的存储方式。

计算机系统中存储信息的最小单位称为位(bit),它只能表示两种状态。这两种状态可分别代表 0 和 1。计算机系统内部采用二进制表示数值数据,采用二进制编码表示非数值数据,也采用二进制编码表示机器指令,其主要原因就在于此。

1.3.1 数值数据的表示

所谓数值数据就是数,有度量含义的数。这里仅简单介绍定点整数的有关内容。

1. 数的二进制表示

尽管日常生活中大多采用十进制计数,但在计算机内却采用二进制表示。

某个二进制整数 $b_n b_{n-1} \cdots b_2 b_1 b_0$ 所表示的数值用十进制数来衡量时,可利用以下按权相加的方法计算得到:

$$b_n 2^n + b_{n-1} 2^{n-1} + \cdots + b_2 2^2 + b_1 2^1 + b_0 2^0$$

反之,十进制整数也可以用二进制数表示。

在书写时,为了与十进制数相区别,通常在二进制数后加一个字母 B。

2. 有符号数的补码表示

为了方便地表示负数和容易地实现减法操作,往往采用补码形式表示有符号数。所以,有符号数二进制表示的最高位是符号位,0 表示正数,1 表示负数。正数数值的补码形式同二进制表示。为得到一个负数数值的补码形式,可以采用这样的方法:先得出该负数所对应正数的二进制表示形式,然后把每一个二进制位取反,最后再将取反的结果加上 1。

【例 1-1】 一组十进制整数的二进制补码表示如下,位于右边的二进制补码采用 8 位形式:

```
    3  ; 00000011
   -3  ; 11111101
   65  ; 01000001
  -65  ; 10111111
```

3. 符号扩展

常常需要把一个 n 位二进制数扩展成 m 位二进制数($m > n$)。当要扩展的数是无符号数时,只要在最高位前扩展 $m - n$ 个 0。如果要扩展的数是有符号数,并且采用补码形式表示,那么只要进行符号位的扩展即可。

【例 1-2】 十进制数 21 的 8 位、16 位和 32 位的二进制补码如下:

```
              00010101    8 位
      0000000000010101    16 位
  00000000000000000000000000010101    32 位
```

【例1-3】 十进制数-5的8位、16位和32位的二进制补码如下：

$$11111011 \quad 8 \text{ 位}$$
$$1111111111111011 \quad 16 \text{ 位}$$
$$11111111111111111111111111111011 \quad 32 \text{ 位}$$

4. 数值数据的表示范围

n 位二进制数能够表示的无符号整数的范围如下：

$$0 \leqslant I \leqslant 2^n - 1$$

当采用补码形式表示有符号数时，那么 n 位二进制数能够表示的有符号整数的范围如下：

$$-2^{(n-1)} \leqslant I \leqslant +2^{(n-1)} - 1$$

表1.1列出了 n 分别是8位、16位和32位时，n 位二进制数能够表示的无符号整数的范围和有符号整数的范围。

表1.1　8位、16位和32位二进制数的表示范围

二进制位数	无符号数	有符号数
8	0～255	-128～+127
16	0～65 535	-32 768～+32 767
32	0～4 294 967 295	-2 147 483 648～+2 147 483 647

5. BCD 码

虽然二进制数实现容易，并且二进制运算规律简单，但不符合人们的使用习惯，书写阅读都不方便。所以在计算机输入输出时通常还是采用十进制数来表示，这就需要实现十进制与二进制间的转换。为了转换方便，常采用二进制编码的十进制，简称 BCD 码（Binary Coded Decimal）。

BCD 码就是用4位二进制数编码表示一位十进制数。表示的方法可有多种，常用的是8421 BCD 码，它的表示规则如表1.2所示。从表1.2可见，8421 BCD 码非常自然和简单。

表1.2　十进制数的8421 BCD 码

十进制数	8421 BCD 码	十进制数	8421 BCD 码
0	0000	5	0101
1	0001	6	0110
2	0010	7	0111
3	0011	8	1000
4	0100	9	1001

【例1-4】 十进制数2015用8421 BCD 码表示成0010 0000 0001 0101，每组4位二进制数之间是二进制的，但组与组之间是十进制的。与十进制数2015等值的二进制数是11111011111，采用16位二进制数表示就是0000011111011111。

6. 十六进制表示

由于二进制数的基数太小，因此书写和阅读都不够方便。而十六进制数的基数16等于2的4次幂，于是二进制数与十六进制数之间能方便地转换，即4位二进制数对应一位十六进制数，或者一位十六进制数对应4位二进制数。因此，人们常常把二进制数改写成十六进制数，在汇编语言中尤其如此。

在书写时,为了区别于十进制数和二进制数,通常在十六进制数后加一个字母 H。

1.3.2 非数值数据的表示

计算机除了处理数值数据外,还要处理大量的非数值数据,如文字信息和图表信息等,为此必须对非数值数据进行编码,这样不仅使计算机能够方便地处理和存储它们,而且还可以赋予它们数值数据的某些属性。这里仅介绍 ASCII 码和变形国标码。

1. ASCII 码

ASCII 码是美国信息交换标准码(American Standard Code for Information Interchange)的简称,是国际上比较通用的字符二进制编码。在计算机系统中普遍采用它作为西文字符的编码。

ASCII 码是 7 位二进制编码,表 1.3 给出了 ASCII 码表(编码与字符的对应关系)。

从表 1.3 可知,它对 94 个常用的一般符号进行了编码,其中包括 26 个英文字母的大小写符号、10 个数字符号和 32 个其他符号。空格(SP)也作为一个符号,其编码是 20H,它介于一般符号和 32 个控制符之间。码值小于 20H 的是控制符号,如回车符号的码值是 0DH,用符号 CR 表示。所有这些一般符号和控制符统称为字符。

从表 1.3 还可知,十进制数字的编码、大写字母的编码和小写字母的编码分别是连续的,所以只要记住十进制数字的编码从 30H 开始、大写字母的编码从 41H 开始和小写字母的编码从 61H 开始,那么就可推出其他数字符和字母的编码。还有以下规律:十进制数字的编码就是对应十进制数字值加上 30H;对应大小写字母的编码相差 20H,如字母“E”的编码是 45H,字母“e”的编码是 65H。

表 1.3　ASCII 码表

低位＼高位		000 0	001 1	010 2	011 3	100 4	101 5	110 6	111 7
0000	0	NUL	DEL	SP	0	@	P	`	p
0001	1	SOH	DC1	!	1	A	Q	a	q
0010	2	STX	DC2	"	2	B	R	b	r
0011	3	ETX	DC3	#	3	C	S	c	s
0100	4	EOT	DC4	$	4	D	T	d	t
0101	5	ENQ	NAK	%	5	E	U	e	u
0110	6	ACK	SYN	&.	6	F	V	f	v
0111	7	BEL	ETB	‘	7	G	W	g	w
1000	8	BS	CAN	(	8	H	X	h	x
1001	9	HT	EM	)	9	I	Y	i	y
1010	A	LF	SUB	*	:	J	Z	j	z
1011	B	VT	ESC	+	;	K	[	k	{
1100	C	FF	FS	,	<	L	\	l	
1101	D	CR	GS	—	=	M	]	m	}
1110	E	SO	RS	.	>	N	^	n	~
1111	F	SI	US	/	?	O	_	o	DEL

由于 ASCII 码仅采用 7 位二进制进行编码,故最多表示 128 个字符。这往往不能满足使用要求。为此在许多计算机系统中,使用扩展的 ASCII 码。扩展的 ASCII 码采用 8 位二进制

进行编码,这样可表示 256 个字符。另外,在扩展的 ASCII 码中,控制符所对应的编码同时也表示其他图形符号。

2. 变形国标码

有了 ASCII 码,计算机就能处理数字、字母等字符,但还不能处理汉字符。为了使计算机能够处理汉字信息,就必须对汉字进行编码。我国在 1981 年 5 月对 6000 多个常用汉字制定了交换码的国家标准,即 GB2312—1980《信息交换用汉字编码字符集——基本集》。该标准规定了汉字信息交换用的基本汉字符和一般图形字符,它们共计 7445 个,其中汉字分成两级共计 6763 个。该标准同时也给定了它们的二进制编码,即国标码。

国标码是 16 位编码,高 8 位表示汉字符的区号,低 8 位表示汉字符的位号。实际上,为了给汉字符编码,该标准把代码表分成 94 个区,每个区有 94 个位。区号和位号都从 21H 开始。一级汉字安排在 30H 区至 57H 区,二级汉字安排在 58H 区至 77H 区。

在计算机系统中,普遍支持变形国标码作为汉字的编码。变形国标码是 16 位编码,顾名思义它是国标码的变形。用得最多的变形方法是把国标码的第 15 位和第 7 位均置成 1,由于国标码中第 15 位和第 7 位都是 0,因此这种变形方法实际上就是在国标码上加 8080H。例如,排第一的"啊"字编码是 B0A1H,紧随其后"阿"字的编码是 B0A2H。

尽管 16 位的变形国标码与两个字节扩展 ASCII 码的组合有冲突,但在相关系统模块的支持下,它有效地实现了汉字在计算机内的表示。

1.3.3 基本数据类型

计算机存取的以二进制位表示的信息位数一般是 8 的倍数,它们有专门的名称。

1. 字节

一个字节(Byte)由 8 个二进制位(bit)组成。把字节的最低位称为第 0 位,最高位称为第 7 位,如图 1.2(a)所示。

如果用一个字节来表示一个无符号数,那么表示范围为 0~255;如表示有符号数,则表示范围为 −128~+127。一个字节足以表示一个 ASCII 字符,也可以表示一个扩展的 ASCII 字符。

另外,一个字节可分成两个 4 位的位组,称为半字节。

2. 字

一个字由两个字节组成,也就是说一个字含有 16 个二进制位。如图 1.2(b)所示,把字的最低位称为第 0 位,最高位称为第 15 位。同时,把字的低 8 位称为低字节,高 8 位称为高字节。

由于一个字由 16 个二进制位组成,因此用一个字来表示无符号数,则表示范围为 0~65 535;如表示有符号数,则表示范围为 −32768~+32767。一个字(两个字节)也可以表示一个采用变形国标码的汉字。

注意,有时字是涉及处理器一次能够处理的信息量的一个术语,字长是衡量处理器品质的一个重要指标。

3. 双字

双字由两个字组成,即包含 32 个二进制位。如图 1.2(c)所示,把其最低位称为第 0 位,最高位称为第 31 位。同时,把低 16 位称为低字,高 16 位称为高字。双字能表示的数的范围更大。

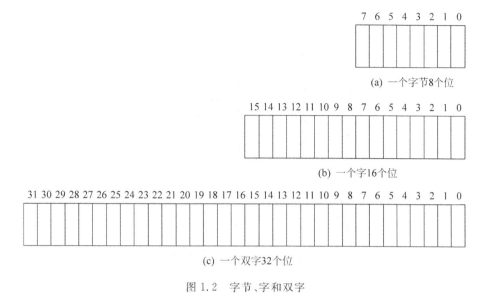

图 1.2 字节、字和双字

IA-32 系列 CPU 是 32 位的,所以使用得最多的数据类型是双字或 32 位数据。

4. 四字

四字就是由 4 个字组成的,包含 64 个二进制位。如果双字还不能表达所需要的数值精度,那么四字也许就能解决问题了。

5. 十字节

十字节就和它的名称一样,由 10 个字节组成,含 80 个二进制位。可用于存储非常大的数或表示较多的信息。

6. 字符串

字符串是指由字符构成的一个线性数组。通常每个字符用一个字节表示,但有时每个字符也可由一个字或一个双字来表示。

1.3.4 数据的存储

数据的存储是指以二进制形式表示的数据和代码存放在存储器或者内存中。

内存由一系列基本存储单元线性地组成,每一个基本存储单元有一个唯一的地址。通常,基本存储单元由 8 个连续的位构成,可用于存储一个字节的数据。所以,基本存储单元也被称为字节存储单元。可以把内存看作为一个很大的一维字符数组,把地址看作为标识数组元素的下标。

字节存储单元是基本的存储单元。一个字节数据存储在一个字节存储单元中。如图 1.3 所示,每一个字节存储单元存放 8 位数据,为了便于表示,采用了十六进制形式。其中,字母 H 表示十六进制。

每一个字节存储单元中的 8 位数据的意义,根据需要可以有不同的解释。

【例 1-5】 如图 1.3 所示,地址为 00001H 的字节存储单元中的数据可以解释成数 57(十六进制的 39H 为十进制的 57),也可以解释成字符 9(字符 9 的 ASCII 码是 39H)。地址为 0000DH 字节存储单元中的 8 位数据 FFH,可以解释成无符号整数 255,也可以解释成有符号数 −1(−1 的 8 位补码表示为 FFH)。这里 H 表示十六进制。

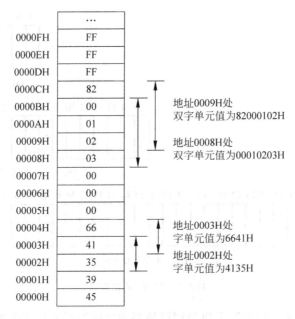

图 1.3   数据存储示意

两个连续的字节存储单元构成一个字存储单元,字存储单元的地址是较低的字节存储单元的地址。字存储单元可以用于存放一个字(16 位)数据。在存取字存储单元时,IA-32 系列 CPU 按"高高低低"规则进行,也就是说,低字节(低 8 位)对应地址较低的字节存储单元,高字节(高 8 位)对应地址较高的字节存储单元。换句话说,在把一个 16 位的字数据存储到一个字存储单元中时,低 8 位存储在地址较低的基本存储单元,高 8 位存储在地址较高的基本存储单元。

【例 1-6】   如图 1.3 所示,地址为 00002H 的字存储单元中的数据是 4135H,其中,低 8 位存放在地址为 00002H 的字节存储单元中,高 8 位存放在地址为 00003H 的字节存储单元中。如果把地址 00003H 作为字存储单元的地址,那么对应的数据是 6641H,因为地址为 00003H 的字节存储单元作为低 8 位,地址为 00004H 的字节存储单元作为高 8 位。这里 H 表示十六进制。

两个连续的字存储单元构成一个双字存储单元,或者说 4 个连续的字节存储单元构成一个双字存储单元,其地址是较低的字存储单元的地址,或者说是较低的字节存储单元的地址。一个 32 位的双字,存储在一个双字存储单元中。在存取双字存储单元时,同样按"高高低低"规则进行,即高字(高 16 位)在高地址的字存储单元中,低字(低 16 位)在低地址的字存储单元中。

同样地,8 个连续的字节存储单元构成一个八字节存储单元,其地址是较低的双字存储单元的地址,可以用于存放一个 64 位的数据,也采用"高高低低"规则。

【例 1-7】   如图 1.3 所示,地址为 00008H 的双字存储单元中的数据是 00010203H。其中低字(低 16 位)在地址为 00008H 的字存储单元中,高字(高 16 位)在地址为 0000AH 的字存储单元中。类似地,地址为 00000H 的双字存储单元中的数据是 41353945H。

【例 1-8】   如下 C 程序 dp13 演示数据存储的组织情况:

```
#include<stdio.h>
```

```
char  buff[]={ 3, 2, 1, 0, 130 };              //130=0x82
int  a, b;
int  main()
{
    char *p=buff;
    //
    a=*(int*)p;                                //L1
    b=*(int*)(p+1);                            //L2
    //
    printf(" a=%x, b=%x\n", a, b);             //L3
    printf(" a=%d, b=%d\n", a, b);             //L4
    return  0;
}
```

利用 VC 2010 集成开发环境编译并运行上述程序，可得到以下运行结果：

    a=10203, b=82000102
    a=66051, b=-2113928958

在上述 C 程序 dp13 中定义了一个字符数组 buff，参考图 1.3 所示地址为 00008H 开始的字节存储单元的内容，对其初始化。换句话说，字符数组 buff 相当于从地址 00008H 到 0000CH 为止的 5 个字节存储单元。另外，安排了一个字符指针变量 p，其值被设置为 buff 的开始地址。

位于 L1 行的赋值语句，把从 buff 开始的 4 个字节作为一个双字存储单元，将其值传送到整型变量 a 中。根据"高高低低"规则，变量 a 就含有数据 00010203H。类似地，位于 L2 行的赋值语句，把从 buff+1 开始的 4 个字节作为一个双字存储单元，将其值传送到整型变量 b 中。这样，变量 b 也就含有数据 82000102H。而 L3 行的输出语句是按十六进制形式输出变量 a 和 b 的值，所以就产生第一行的输出结果。L4 行的输出语句是按十进制形式输出，并作为有符号数处理，由于变量 b 中的最高位（符号位）为 1，因此为负数。

注意，在 C 语言中，一个数组所有元素占用的存储单元是连续的，但并不保证多个连续定义的变量所占用的存储单元是连续的。

习　　题

1. 简要说明 CPU 的基本功能。
2. 简要说明处理器、寄存器和存储器这三者的关系。
3. 简要说明机器指令和汇编格式指令的关系。
4. 与机器语言相比，汇编语言有何特点？与高级语言相比，汇编语言有何特点？
5. 汇编语言有何优缺点？
6. 简要描述源程序与目标代码的关系。
7. 汇编程序（器）的作用是什么？汇编程序（器）与编译程序（器）有何异同？
8. 现在还有哪些场合需要使用汇编语言？为什么？
9. 简要说明有符号整数采用补码表示的规律。
10. 举例说明在有符号整数补码表示时符号扩展的作用和规律。
11. 简要说明数值数据和非数值数据的相同点和不同点。

12. 在计算机系统中,如何表示西文字符和汉字符？如何表示"笑脸"符号？

13. 简要说明十进制数字符的 ASCII 码的规律和英文字母的 ASCII 码的规律。

14. 假设采用"高高低低"存储规则,请说明字节、字和双字之间的关系。

15. 简要说明字符和字符串的存储关系,以及它们之间可能的数值关系。

16. 存储单元的内容和存储单元的地址是两个不同的概念,请举例说明它们之间可能存在的关系。

第2章

IA-32 处理器基本功能

汇编语言与机器关系密切,理解和应用汇编语言,必定要掌握相关处理器的基本功能。本章介绍 IA-32 系列 CPU 的基本运行环境和功能,包括通用寄存器、标志寄存器、指令指针寄存器、存储器分段管理、寻址方式和堆栈,同时说明部分基本的常用指令。

2.1 IA-32 处理器简介

在具体介绍处理器的基本运行环境和功能之前,先简单介绍 IA-32 系列 CPU 的发展历史和 IA-32 系列 CPU 的工作方式。

2.1.1 IA-32 系列处理器

IA-32 系列 CPU 泛指所有基于 Intel(英特尔)IA-32 架构的 32 位微处理器,从早先的 Intel 80386 处理器,到 Pentium(奔腾)处理器,再到 Xeon(至强)处理器等。

IA-32 系列 CPU 的一个最大特点是保持与先前处理器的兼容。在目前最新的处理器上,仍然可以运行为那些始于 1978 年的处理器所编写的程序。在了解 IA-32 系列处理器基本运行环境和功能的过程中,可以明显感受到"传承"。

1. 早期的 16 位处理器

Intel 8086/8088 是 IA-32 系列 CPU 的前身。

1978 年 Intel 公司率先推出了 16 位微处理器 8086。在当时 Intel 8086 的功能足够强。它具有 16 位的寄存器。具有 16 条外部数据线,能在一个总线周期内存取在偶地址开始的字操作数。还具有 20 条地址线,物理地址空间范围可达到 1MB。

1979 年,Intel 公司推出了准 16 位微处理器 8088。它与 Intel 8086 的差异是,对外只有 8 根数据线,总是按字节存取内存单元。在当时这很有实际意义,因为当时许多价格合理的外部接口或设备都是 8 位结构,这样就可以方便地与 8 位外部接口或设备相连。20 世纪 80 年代广泛应用的 IBM PC 及其同档次的兼容机都采用 Intel 8088 作为 CPU。

Intel 8086/8088 引入了存储器分段管理的概念。存储器分段管理延续至今,分段是存储器管理的第一步。

1982 年 Intel 公司推出了一款"超级"16 位微处理器,即 Intel 80286。与 Intel 8086/8088 相比,它在速度和性能上都有较大的提高。它具有 24 根地址线,可寻址的最大物理地址空间达 16MB。Intel 80286 引入了保护方式,处理器具有实地址方式和保护方式两种工作方式。在保护方式下,提供了初步的保护机制。

2. 第一款 32 位处理器

1985 年 Intel 公司推出了 32 位微处理器 80386。它是 IA-32 系列 CPU 中第一款 32 位处理器。它不仅是微处理器发展进程中的里程碑,而且现在看来仍然是 IA-32 系列 CPU 家族中担负过发扬光大重任的成员。从程序员的角度看,IA-32 系列 CPU 始终保持了 Intel 80386 的执行环境。

Intel 80386 全面支持 32 位数据类型和 32 位操作。通用寄存器等从先前的 16 位扩展到 32 位。数据传送和算术逻辑运算等各种操作从先前的 8 位或者 16 位扩展到 8 位、16 位或者 32 位。它拥有 32 根数据线,存储器存取操作也从先前的 1 个或者 2 个连续字节(16 位)扩展到 1 个、2 个或者 4 个连续字节(32 位)。

Intel 80386 还增加了若干条包括位操作在内的新指令。这些新指令可使得某些任务更容易实现。

Intel 80386 支持实地址方式和保护方式两种工作方式。在保护方式下,可寻址的物理地址空间高达 4GB,在当时这个空间是巨大的。在支持存储器分段管理的基础上,还增加了可选的分页管理,为实现虚拟存储器提供了有效的支撑。在保护方式下,提供了完善的保护机制。所有这些功能,为实现多任务管理提供了硬件基础,为进入 32 位时代做好了准备。

3. 不断推陈出新

1989 年 Intel 公司推出了 80486 微处理器。它是在 Intel 80386 的基础上集成数值协处理器 80387 和高速缓存而构成的。它采用"流水线"的方式执行指令,从而总体性能更好。所谓"流水线"方式是指,把指令处理分隔成若干个阶段,每个阶段都有独立的部件来处理,当一条指令的某个处理阶段完成后,它就进入到下一个处理阶段,而独立的处理部件就可立即处理下一条指令。

1993 年 Intel 公司推出了 Pentium(奔腾)微处理器。它拥有两条"流水线",被称为 U 流水线和 V 流水线,从而实现超标量。它支持的数据总线位数达到 64 位。在 1997 年还推出了基于 MMX 技术的 Pentium 微处理器。MMX 指多媒体扩展(Multi Media eXtension),MMX 技术的重点是单指令多数据(SIMD)技术。

1995 年 Intel 公司推出了 Pentium Pro(高能奔腾)微处理器。Pentium Pro 微处理器采用了新的微体系架构(P6)。它支持的数据总线位数是 64 位;支持的物理地址位数达到 36 位;内部寄存器仍是 32 位。在此基础上,又陆续推出了 Pentium Ⅱ 微处理器和 Pentium Ⅲ 微处理器。其中,Pentium Ⅲ 还引入了流式 SIMD 的扩展技术 SSE。

2000 年,Intel 公司的 Pentium 4 系列处理器面世。Pentium 4 系列处理器采用更新的微体系架构(NetBurst)。它还引入了流式 SIMD 的扩展技术 SSE2 和 SSE3。此后,基于 Pentium 4 微处理器实现了 64 位体系架构,实现了虚拟化技术(VT)。

2001 年,Xeon(至强)处理器系列被推出。这些处理器是为构建多处理器服务器系统和高性能工作站而设计的。

2003 年,Pentium M 处理器被推出。它具有低功耗支持移动计算的特点。

随着技术进步和需求扩展,新的性能更强大和功能更完备的处理器不断被推出。本书所介绍的内容是 32 位程序设计的基础,也是 64 位程序设计的基础。

2.1.2 保护方式和实地址方式

IA-32 系列 CPU 有 3 种工作方式:保护方式、实地址方式和系统管理方式;还有一种子工作方式,即虚拟 8086 方式。

1. 保护方式

保护方式(Protected Mode)是 IA-32 系列 CPU 的常态工作方式。只有在保护方式下，IA-32 系列 CPU 才能够发挥出其全部性能和特点。Windows 操作系统和基于 IA-32 系列 CPU 的 Linux 操作系统都是运行于保护方式。

在保护方式下，全部 32 根地址线有效，可寻址高达 4GB 的物理地址空间。

在保护方式下，支持扩充的存储器分段管理机制和可选的存储器分页管理机制。不仅为存储器保护和共享提供了硬件支持，而且为实现虚拟存储器提供了充分的硬件支持。在保护方式下，用于指定存储单元的线性地址可以不是真实的物理地址，而是面向虚拟存储器的虚拟地址。

在保护方式下，提供了完善的保护机制。支持 4 个特权级，实施特权检查，既能实现资源共享，又能保证代码及数据的安全和保密，还能保证各个任务之间的隔离。

这些是支持多任务的基础。在保护方式下，可以支持操作系统实现多任务管理。要支持多个任务同时运行，前提是具备完善的保护机制。不仅需要精准地控制对存储器的访问，而且需要有效地控制对指令的执行。所有这些都表现为一个词"保护"，这应该就是保护方式名称的由来。

在保护方式下，还支持虚拟 8086 方式(Virtual-8086 Mode)。在保护方式下运行的多个任务，可以有不同的运行方式。虚拟 8086 方式是保护方式下可选的任务运行方式，所以称为子工作方式。利用虚拟 8086 方式，可以在多任务环境下运行面向 Intel 8086/8088 处理器设计的程序。在保护方式下，由于处理器支持多任务，因此可以同时运行多个这样的程序。

本章介绍 IA-32 处理器的基本功能，第 3 章和第 4 章将进一步介绍常用指令，同时介绍汇编语言程序设计，第 5 章将结合由 VC 2010 生成的目标代码来展开。在这几章中，除有特别说明外，都基于保护方式。在第 9 章将详细介绍保护方式下的存储器管理和任务管理。

2. 实地址方式

实地址方式(Real-address Mode)是最初的工作方式。这里的"最初"有两层含义。其一，在开机或者重新设置系统后，IA-32 系列 CPU 处于实地址方式。实地址方式是处理器重新开始运行后的最初工作方式。其二，在很久以前的 Intel 8086/8088 处理器只具有所谓的实地址方式，没有保护方式。实地址方式是 IA-32 系列 CPU 中最初的处理器的工作方式。

在实地址方式下，只能访问最低端的 1MB 的物理地址空间。地址空间的范围为 00000H～FFFFFH。这与最初的 Intel 8086/8088 处理器只有 20 根地址线有关。

在实地址方式下，只支持存储器的分段管理，而且每个存储段的大小限于 64KB。段内的有效地址范围为 0000H～FFFFH。实地址方式不支持分页存储管理机制。可以这样认为，在实地址方式下，用于指定要访问的存储单元的线性地址就是真实的物理地址。

实地址对应保护方式下的虚地址。这应该是实地址方式的名称由来。实地址方式常常被简称为实方式。

显然，在实地址方式下，IA-32 系列 CPU 不能发挥其全部性能。因此，实地址方式现在往往只是初始阶段的工作方式，用于完成进入保护方式的各项准备，之后就切换到保护方式。当然，即使工作在实地址方式，现在的 IA-32 系列 CPU 性能也远强于早先的 16 位处理器。

在实地址方式下，处理器的基本执行环境和基本指令集与保护方式下是相同的，因此本章和随后几章所介绍的内容也适用于实地址方式，特别说明的除外。但是，相对于保护方式，实地址方式有一些局限，在第 6 章将介绍实地址方式的具体局限。

3. 工作方式的切换

图 2.1 给出了 IA-32 系列 CPU 在保护方式、实地址方式、虚拟 8086 方式和系统管理方式之间切换的情况。在任何一种方式下重新设置或者开机后,CPU 首先进入实地址工作方式。控制寄存器 CR0 中的保护方式使能(Protection Enable,PE)位是开启和关闭保护方式的控制位。当 PE 位被设置,开启保护方式;当 PE 位被清零,关闭保护方式进入实地址方式。在保护方式下,可以启动以虚拟 8086 方式运行的新任务。标志寄存器 EFLAGS 中的虚拟机(Virtual Machine,VM)位决定处理器运行于保护方式还是虚拟 8086 方式。当 VM 位被设置,以虚拟 8086 方式运行任务;当 VM 位被清零,则恢复以保护方式运行任务。当处理器的引脚 SMI♯被激活,导致系统管理中断,于是就进入系统管理方式。在系统管理方式下执行 RSM 指令,就返回到进入系统管理方式之前的工作方式。

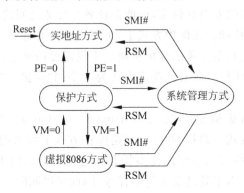

图 2.1　处理器工作方式的切换

系统管理方式(System Management Mode)是特别的管理方式,它给操作系统提供了实现诸如电源管理和 OEM 个性化特色的机制。在系统管理方式下,处理器在保存当前任务(进程)现场期间,采用独立的地址空间,执行系统管理方式相应的代码。

2.2　通用寄存器及使用

在 IA-32 系列 CPU 中,有包括通用寄存器、标志寄存器和指令指针寄存器等在内的多种寄存器,程序员用得最多的是通用寄存器。本节首先介绍通用寄存器,然后再介绍简单传送指令和加减指令。

2.2.1　通用寄存器

IA-32 系列 CPU 有 8 个 32 位的通用寄存器(General-Purpose Registers)。这些寄存器的名称分别为 EAX、EBX、ECX、EDX、ESP、EBP、ESI 和 EDI。在 Intel 80386 之前的 16 位 CPU 中,只有 8 个 16 位的通用寄存器。

这些寄存器不仅可以保存算术逻辑运算过程中的操作数,还可以作为指针给出存储单元的地址,或者给出计算存储单元地址过程中的一部分。因此,把这些寄存器称为通用寄存器。

【例 2-1】如下指令演示通用寄存器的一些用法。其中,作为后缀的 H 表示十六进制,分号之后是解释。

```
        MOV     EAX, 12345678H              ;EAX=12345678H
```

```
MOV    ESI, 11223344H          ;ESI=11223344H
ADD    EAX, ESI                ;EAX=235689BCH
MOV    EBX, EAX                ;EBX=235689BCH
MOV    ECX, [ESI]              ;ESI 作为指针给出存储单元地址
MOV    EDX, [EBX+8]            ;EBX 作为计算存储单元地址的一部分
```

这 8 个 32 位通用寄存器的低 16 位相当于 8 个 16 位的通用寄存器,可以单独存取它们。如图 2.2 所示,这些 16 位通用寄存器的名称分别为 AX、BX、CX、DX、BP、SI、DI 和 SP。它们分别与 Intel 8086/8088 CPU 和 Intel 80286 CPU 的 8 个 16 位通用寄存器相对应,从而保持了与早先处理器的兼容。

31	16 15	8 7	0	16位	32位
	AH	AL		AX	EAX
	BH	BL		BX	EBX
	CH	CL		CX	ECX
	DH	DL		DX	EDX
	BP			BP	EBP
	SI			SI	ESI
	DI			DI	EDI
	SP			SP	ESP

图 2.2　通用寄存器及其名称

【例 2-2】　如下指令演示这 8 个 16 位通用寄存器的一些使用特点,既是 32 位寄存器的低 16 位,同时又可被单独使用。

```
MOV    EAX, 11112222H          ;EAX=11112222H
MOV    AX, 9999H               ;EAX=11119999H
MOV    EDX, EAX                ;EDX=11119999H
MOV    DX, 8765H               ;EDX=11118765H
ADD    AX, DX                  ;EAX=111120FEH
```

为了灵活地处理 16 位数据和 8 位数据,4 个 16 位的通用寄存器 AX、BX、CX 和 DX 还可分解成 8 个独立的 8 位寄存器,这 8 个 8 位的寄存器有各自的名称,均可独立存取。如图 2.2 所示,AX 寄存器分解为 AH 寄存器和 AL 寄存器;BX 寄存器分解为 BH 寄存器和 BL 寄存器;CX 寄存器分解为 CH 寄存器和 CL 寄存器;DX 寄存器分解为 DH 寄存器和 DL 寄存器。名称中的字母 H 表示高,字母 L 表示低。AH 寄存器就是 AX 寄存器的高 8 位,AL 寄存器就是 AX 寄存器的低 8 位,AH 寄存器和 AL 寄存器的合并就是 AX 寄存器。其他寄存器以此类推。

【例 2-3】　如下指令演示这 8 个 8 位寄存器的一些使用特点。

```
MOV    EBX, 11112222H          ;EBX=11112222H
MOV    BH, 77H                 ;EBX=11117722H
MOV    BL, 99H                 ;EBX=11117799H
ADD    BL, 82H                 ;EBX=1111771BH
```

注意,另外 4 个 16 位的通用寄存器 SP、BP、SI 和 DI 不能分解为 8 位寄存器。

这些通用寄存器除了上述的通用功能外,还各自有一些特殊的专门用途,它们各自的命名与其专门用途有关。这些寄存器的专门用途和命名源于早先的 16 位 CPU 8086。AX 和 AL

寄存器又被称为累加器(Accumulator)。BX 寄存器被称为基(Base)地址寄存器,可作为存储器指针使用。CX 寄存器被称为计数(Counter)寄存器,在字符串操作和循环操作时,用它来控制重复循环操作次数,在移位操作时,CL 寄存器用于保存移位的位数。DX 寄存器称为数据(Data)寄存器。SI 和 DI 寄存器称为变址寄存器,在字符串操作中,规定由 SI 给出源指针,由 DI 给出目的指针,所以 SI 也称为源变址(Source Index)寄存器,DI 也称为目的的变址(Destination Index)寄存器,SI 和 DI 也可作为一般存储器指针使用。BP 和 SP 寄存器称为指针寄存器,BP 也称为基指针(Base Pointer)寄存器,SP 只作为堆栈指针(Stack Pointer)使用。Intel 80386 作为 32 位的 CPU,内部的通用寄存器扩展到 32 位,在给这些寄存器命名时,在原先的名称前加了一个字母 E,表示扩展。随后的 IA-32 系列 CPU 的 32 位寄存器延续这样的命名。

2.2.2　简单传送指令

数据传送指令组包括普通传送指令、交换指令、堆栈操作指令、条件传送指令等。目标程序中用得最多的指令是数据传送指令。利用数据传送指令能够给通用寄存器和存储单元赋初值,能够实现在通用寄存器和存储单元之间传送数据。

1. 传送指令(MOV)

传送(Move)指令是使用得最频繁的指令,其格式如下:

> MOV　　*DEST*, *SRC*

此指令把源操作数 SRC 送至目的操作数 DEST,即:

> DEST ⇐ SRC

传送操作并不改变源操作数。

源操作数 SRC 可以是通用寄存器、存储单元或立即数,而目的操作数 DEST 可以是通用寄存器或存储单元。两个操作数的尺寸必须一致,可以是一个字节(8 位)、字(16 位)或者双字(32 位)。在 Intel 80386 之前的 CPU 最多允许 16 位操作数。

【例 2-4】　如下指令演示把立即数传送到通用寄存器,从而给对应寄存器赋初值,分号之后是解释,作为后缀的 H 表示十六进制。

```
MOV    ECX, 65538          ;ECX=00010002H,32 位初值
MOV    DI, 65534           ;DI=FFFEH,16 位初值
MOV    DL, 8               ;DL=08H,8 位初值
```

注意,立即数永远不能作为目的操作数。

【例 2-5】　如下指令演示在通用寄存器之间传送数据,分号之后是解释。

```
MOV    ECX, EBX            ;把 EBX 复制到 ECX
MOV    DX, DI              ;把 DI 复制到 DX
MOV    AH, BL              ;把 BL 复制到 AH
```

【例 2-6】　如下指令片段,实现把寄存器 EAX 与寄存器 EBX 的内容交换。

```
MOV    ECX, EAX            ;ECX 相当于是一个临时变量
MOV    EAX, EBX
MOV    EBX, ECX
```

【例 2-7】　如下指令演示在通用寄存器和存储单元之间传送数据,分号之后是解释。

```
MOV    CL, [ESI]             ;把由 ESI 指定的字节存储单元的内容送到 CL
MOV    EDX, [EBX]            ;把由 EBX 指定的双字存储单元的内容送到 EDX
MOV    [EDI], AX             ;把 AX 的内容送到 EDI 指定的字存储单元
```

除了将在 4.1 节介绍的字符串操作指令外,指令的源操作数和目的操作数不能同时是存储单元。如果要在两个存储单元间传送数据,那么可利用通用寄存器过渡的方法。

【例 2-8】　如下指令演示把由 ESI 所指的字节存储单元的内容,传送到由 EBX 所指的字节存储单元。

```
MOV    AL, [ESI]             ;这样会冲掉 AL 原有内容
MOV    [EBX], AL
```

可采用各种存储器寻址方式来指定存储单元,这将在 2.5 节中介绍。

2. 交换指令(XCHG)

利用交换(Exchange)指令可方便地实现通用寄存器与通用寄存器或存储单元之间的数据交换,交换指令的格式如下:

XCHG   *OPRD1*, *OPRD2*

此指令把操作数 OPRD1 的内容与操作数 OPRD2 的内容交换。

OPRD1 和 OPRD2 可以是通用寄存器或存储单元。但不能同时是存储单元,也不能有立即数。两个操作数的尺寸必须一致,可以是一个字节(8 位)、字(16 位)或者双字(32 位)。在 Intel 80386 之前的 CPU 最多允许 16 位操作数。

【例 2-9】　如下指令演示在通用寄存器之间交换数据。

```
XCHG   AL, AH
XCHG   SI, BX
XCHG   EAX, EBX               ;实现例 2-6 的功能,更加简单
```

【例 2-10】　如下指令演示在通用寄存器和存储单元之间交换数据。

```
XCHG   AL, [EBX]             ;AL 与由 EBX 指定的字节存储单元交换
XCHG   [ESI], BX             ;BX 与由 ESI 指定的字存储单元交换
XCHG   EDX, [EDI]            ;EDX 与由 EDI 指定的双字存储单元交换
```

2.2.3　简单加减指令

IA-32 系列 CPU 提供加、减、乘和除 4 种基本算术运算操作指令。这里先介绍简单的加、减运算指令。

1. 加法指令(ADD)

加法(Add)指令的格式如下:

ADD   *DEST*, *SRC*

这条指令完成两个操作数相加,结果送至目的操作数 DEST,即:

$$DEST \Leftarrow DEST + SRC$$

源操作数 SRC 可以是通用寄存器、存储单元或立即数,而目的操作数 DEST 可以是通用寄存器或存储单元。两个操作数的尺寸必须一致,可以是一个字节(8 位)、字(16 位)或者双字(32 位)。在 Intel 80386 之前的 CPU 最多允许 16 位操作数。

【例 2-11】　如下指令演示加法指令 ADD 的使用,分号之后是解释。

```
ADD   ECX, 200           ;使 ECX 加上 200
ADD   EBX, ECX           ;使 EBX 加上 ECX 值
ADD   SI, 10             ;使 SI 加上 10
ADD   DH, DL             ;使 DH 加上 DL 值
ADD   AL, 5              ;使 AL 加上 5
ADD   EAX, [EBX]         ;使 EAX 加上由 EBX 指定的存储单元的值
```

加法指令 ADD 会影响标志寄存器中的有关状态标志。在 2.3 节将介绍状态标志。

2. 减法指令(SUB)

减法(Subtract)指令的格式如下:

SUB　*DEST*, *SRC*

这条指令完成两个操作数相减,结果送至目的操作数 DEST,即:

DEST ⇐ DEST- SRC

源操作数 SRC 可以是通用寄存器、存储单元或立即数,而目的操作数 DEST 可以是通用寄存器或存储单元。两个操作数的尺寸必须一致,可以是一个字节(8 位)、字(16 位)或者双字(32 位)。在 Intel 80386 之前的 CPU 最多允许 16 位操作数。

【例 2-12】　如下指令演示减法指令 SUB 的使用,分号之后是解释。

```
SUB   EDX, 1000          ;使 EDX 减去 1000
SUB   ESI, EBX           ;使 ESI 减去 EBX 值
SUB   DI, 20             ;使 DI 减去 20
SUB   DH, CL             ;使 DH 减去 CL 值
SUB   AL, 7              ;使 AL 减去 7
SUB   ECX, [EDI]         ;使 ECX 减去由 EDI 指定的存储单元值
```

减法指令会影响标志寄存器中的有关状态标志。

3. 加 1 指令(INC)

很多情况下,只需要加 1,为此 IA-32 系列 CPU 提供加 1 指令。

加 1(INCrement by 1)指令的格式如下:

INC　*DEST*

这条指令完成对操作数 DEST 加 1,然后把结果送回 DEST,即:

DEST ⇐ DEST+1

操作数 DEST 可以是通用寄存器,也可以是存储单元。

【例 2-13】　如下指令演示加 1 指令 INC 的使用。

```
INC   ESI                ;使寄存器 ESI 值加 1
INC   DI                 ;使寄存器 DI 值加 1
INC   CL                 ;使寄存器 CL 值加 1
```

这条指令不影响标志寄存器中的进位标志,但会影响其他状态标志。

4. 减 1 指令(DEC)

许多情况下,也只需减 1,为此 IA-32 系列 CPU 提供减 1 指令。

减 1(DECrement by 1)指令的格式如下:

```
DEC     DEST
```

这条指令完成对操作数 DEST 减 1,然后把结果送回 DEST,即:

```
DEST ⇐ DEST-1
```

操作数 DEST 可以是通用寄存器,也可以是存储单元。

【例 2-14】 如下指令演示减 1 指令 DEC 的使用。

```
DEC     EDI                 ;使寄存器 EDI 值减 1
DEC     CX                  ;使寄存器 CX 值减 1
```

这条指令不影响标志寄存器中的进位标志,但会影响其他状态标志。

5. 取补指令(NEG)

取补指令或取负数指令(NEGate)的格式如下:

```
NEG     OPRD
```

这条指令对操作数取补,就是用零减去操作数 OPRD,再把结果送回 OPRD,即:

```
OPRD ⇐ 0-OPRD
```

这条指令就是取得操作数的负数。操作数是以补码表示的。

操作数可以是通用寄存器,也可以是存储单元。

【例 2-15】 如下指令演示取负数指令 NEG 的使用,分号之后是解释,后缀 H 表示十六进制。

```
MOV     AL, 3               ;AL=03H
NEG     AL                  ;AL=FDH(-3)
MOV     EDX, -5             ;EAX=FFFFFFFBH
NEG     EDX                 ;EAX=00000005H
```

该指令会影响标志寄存器中的有关状态标志。如果操作数为 0,那么使得进位标志为 0,否则进位标志为 1。

2.2.4 VC 嵌入汇编和实验

在微软 Visual Studio 2010 的 VC 集成开发环境中,支持嵌入汇编。嵌入汇编也被称为内嵌汇编或内联汇编。通过嵌入汇编,程序员可以实现一些用 C 语言(或 C++ 语言)无法实现的特定操作,在编写操作系统内核代码或者驱动程序时,可能会有这样的需要。

为了便于演示和实验,可以依托 VC 集成开发环境,采用嵌入汇编的方式,编写和演示部分汇编语言程序。

【例 2-16】 以下 C 程序 dp21 演示嵌入汇编的使用,同时演示寄存器 EAX、AX 和 AL 之间的关系。

```
#include<stdio.h>                   //演示程序 dp21
int   main()
{
    int   varx=0x11223344, vary=0;
    //嵌入汇编
    _asm{
        MOV     EAX, varx           //把变量 varx 的值送到寄存器 EAX
        MOV     AX, 5566H           //把十六进制值 5566H 送到寄存器 AX
```

```
        MOV   AL, 77H              //把十六进制值 77H 送到寄存器 AL
        MOV   vary, EAX           //把寄存器 EAX 的值送到变量 vary
    }
    printf("vary=%08XH\n",vary); //显示为 vary=11225577H
    return  0;
}
```

在上述 C 程序中,由关键字_asm 引导的一对花括号{ }括起的部分就是 VC 的嵌入汇编。其中,每一条指令应该是汇编格式指令。

上述嵌入汇编代码,首先把变量 varx 对应存储单元的值 11223344H 取到寄存器 EAX 中;然后把十六进制值 5566H 送到寄存器 AX 中,此操作更新 AX 的值(覆盖原先的值 3344H);接着又把十六进制值 77H 送到寄存器 AL 中,此操作更新 AL 的值(覆盖原先的值 66H);最后把寄存器 EAX 的值送到变量 vary 对应的存储单元中。

从上述嵌入汇编代码可知,这些汇编格式的指令直接存取了 C 语言程序中定义的变量。通过这样的安排,还可以利用 C 语言的库函数来进行输入和输出。为了演示说明 IA-32 系列 CPU 的指令,同时实例讲解汇编语言程序设计,在随后的章节中,许多示例将采用嵌入汇编的方式。如无特别说明,相关示例的 C 程序都是基于微软 Visual Studio 2010 的 VC 集成开发环境的控制台程序。建议读者参考相关示例,通过上机实验等方法,加深对指令及其功能的认识和理解。

【例 2-17】 以下 C 程序 dp22 演示嵌入汇编的使用,同时演示 32 位、16 位和 8 位的加减运算操作。

```
    #include <stdio.h>                //演示程序 dp22
    int  main()
    {
        int var1, var2, var3;         //定义 3 个变量
        ;                             //嵌入汇编
        _asm{
            MOV   EDX, 11119950H
            INC   EDX
            MOV   var1, EDX           //把寄存器 EDX 的值保存到变量 var1 中
            MOV   CX, 8765H
            DEC   CX
            ADD   DX, CX
            MOV   var2, EDX           //把寄存器 EDX 的值保存到变量 var2 中
            SUB   DL, 76H
            MOV   var3, EDX           //把寄存器 EDX 的值保存到变量 var3 中
        }
        printf("EDX1=%08XH\n",var1);  //显示为 EDX1=11119951H
        printf("EDX2=%08XH\n",var2);  //显示为 EDX2=111120B5H
        printf("EDX3=%08XH\n",var3);  //显示为 EDX3=1111203FH
        return  0;
    }
```

上述嵌入汇编_asm{ }的程序片段作为示例,先后三次把寄存器 EDX 的值送到 3 个变量中。然后通过调用 printf 函数显示输出这 3 个变量的值。这样通过观察程序运行的结果,就可以知道寄存器 EDX 在不同阶段所含的内容。为了清楚地反映各位情况,因此采用十六进

制的形式表示寄存器的内容。

　　从本例可知,虽然 DX 寄存器是 EDX 寄存器的低端 16 位,但当 DX 寄存器独立作为操作数时,对 EDX 的高 16 位没有影响;同样地,虽然 DL 寄存器是 DX 寄存器的低端 8 位,但当 DL 寄存器独立参与运算时,对 DX 的高 8 位没有影响。这一规则也适用其他寄存器。

　　【例 2-18】 设变量 varx 和 vary 代表两个双字(32 位)存储单元,分别存放一个整数,编写一个求表达式 varx+vary 值的汇编语言程序片段。

　　采用 C 语言编写的演示程序 dp23 如下:

```
#include <stdio.h>
int  main()
{
    int  varx, vary;                 //定义变量
    int  varz;
    ;
    printf(" input:varx,vary:") ;
    scanf(" %d,%d", &varx, &vary) ;   //输入
    ;
    varz=varx+ vary;                 //计算表达式
    ;
    printf(" varz=%d\n", varz) ;      //输出
    return  0;
}
```

　　从上面的 C 语言程序可知,计算表达式 varx+vary 的值,只有一条语句。为了用汇编语言来实现计算这个表达式的值,采用嵌入汇编的方式,演示程序 dp24 如下:

```
#include <stdio.h>
int  main()
{
    int  varx, vary;                 //定义变量
    int  varz;
    ;
    printf(" input:varx,vary:") ;
    scanf(" %d,%d",&varx, &vary) ;    //输入
    //嵌入汇编
    _asm{
        MOV   EDX, varx    ;把存储单元 varx 的值送到寄存器 EDX
        ADD   EDX, vary    ;把存储单元 vary 的值加上 EDX 的值送到 EDX
        MOV   varz, EDX    ;把 EDX 的值送到存储单元 varz 中
    }
    printf(" varz=%d\n", varz) ;      //输出
    return  0;
}
```

　　实际上,由嵌入汇编_asm｛ ｝的程序片段,代替了计算表达式的语句。按本例的要求,核心内容就是这一采用嵌入汇编的程序片段。在由嵌入汇编_asm｛ ｝的程序片段中,分号之后的内容是注释。

2.3 标志寄存器及使用

通常 CPU 含有标志寄存器,标志寄存器中的标志位能够反映 CPU 运算处理后的某些状态。部分指令的执行会改变某些标志位;部分指令的执行依据某些标志位。本节首先介绍标志寄存器及其状态标志,然后再结合带进位加减指令简单介绍其作用。

2.3.1 标志寄存器

IA-32 系列 CPU 有一个 32 位的标志寄存器(EFLAGS Register)。这个标志寄存器含有一组状态标志、一组系统标志和一个控制标志。图 2.3 给出了这些标志在标志寄存器中的位置。其中,标两个字母的位是状态标志位,标着字母 X 的位是系统标志位,标着字母 C 的位是控制标志位,带阴影的位是不使用的保留位。

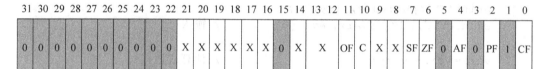

图 2.3 标志寄存器中的标志位

在 Intel 80386 之前的 16 位 CPU 中,标志寄存器是 16 位的。随着 IA-32 系列 CPU 的更新升级,不断增加系统标志位。虽然如此,但是早先出现的各个标志的功能和位置始终是一致的,这样保持了与早先处理器的兼容。

有些指令的执行会影响部分标志,而有些指令的执行不会影响标志;另一方面,有些指令的执行受某些标志的影响,有些指令的执行不受标志的影响。所以,程序员要充分注意指令与标志的关系。

控制标志主要是控制串操作指令的操作方向,常用 DF 表示,将在第 4 章中介绍。系统标志往往用于控制操作系统的运行,将在第 9 章中介绍。

2.3.2 状态标志

从最早的 Intel 8086 CPU 开始,就有 6 个状态标志。这 6 个状态标志分别是进位标志 CF、零标志 ZF、符号标志 SF、溢出标志 OF、奇偶标志 PF 和辅助进位标志 AF。这些状态标志主要反映在执行诸如 ADD 和 SUB 等算术运算指令后所得运算结果的某些特征。

1. 进位标志(CF)

进位标志(Carry Flag,CF)主要反映算术运算是否产生进位或借位。如果运算结果的最高位产生一个进位或借位,则 CF 被置 1,否则 CF 被清 0。如图 1.2 所示,数据位的编号从 0 开始,字节运算时的最高位是第 7 位,字运算时的最高位是第 15 位,双字运算时的最高位是第 31 位。

【例 2-19】 如下指令片段演示进位标志 CF 的变化。其中,作为后缀的 H 表示十六进制,分号之后是解释。

```
MOV   EAX, 12345678H        ;EAX=12345678H,CF 不改变
ADD   EAX, 66778899H        ;EAX=78ABDF11H,CF=0
```

```
ADD     EAX, 91004433H          ;EAX=09AC2344H,CF=1
ADD     AX, 4522H               ;AX=6866H,CF=0,EAX=09AC6866H
SUB     AL, AH                  ;AL=FEH,CF=1,EAX=09AC68FEH
SUB     AL, 83H                 ;AL=7BH,CF=0,EAX=09AC687BH
```

在比较无符号数的大小时,要使用到进位标志 CF。在进行多字节数的加减运算时,也要使用到进位标志 CF。移位指令也能够把操作数的最高位或最低位移入 CF,移位指令和进位标志 CF 的配合,可实现操作数之间的位传送。

2. 零标志(ZF)

零标志(Zero Flag,ZF)反映运算结果是否为 0。如果运算结果为 0,则 ZF 被置 1,否则 ZF 被清 0。

【例 2-20】 如下指令片段演示零标志 ZF 的变化。

```
SUB     EAX, EAX                ;EAX=00000000H,ZF=1
SUB     AX, 0015H               ;EAX=0000FFEBH,ZF=0
ADD     AL, 15H                 ;EAX=0000FF00H,ZF=1
```

无论有符号数还是无符号数,在判断运算结果是否为 0 时,都会使用到该标志。

3. 符号标志(SF)

符号标志(Sign Flag,SF)反映运算结果的符号位。SF 与运算结果的最高位相同,如果运算结果的最高位为 1,则 SF 被置 1,否则 SF 被清 0。由于在 IA-32 系列 CPU 中,有符号数采用补码的形式表示,因此 SF 反映了运算结果的符号。如果运算结果为正,则 SF 被清 0,否则 SF 被置 1。

【例 2-21】 如下指令片段演示符号标志 SF 的变化。

```
MOV     ECX, 00004455H          ;ECX=00004455H,SF 不变化
ADD     CL, CH                  ;ECX=00004499H,SF=1
ADD     CX, 1234H               ;ECX=000056CDH,SF=0
```

4. 溢出标志(OF)

溢出标志(Overflow Flag,OF)反映有符号数加减运算是否引起溢出。如运算结果超出了 8 位、16 位或 32 位有符号数的表示范围,即在字节运算时大于 127 或小于 -128,在字运算时大于 32 767 或小于 -32 768,在双字运算时大于 2 147 483 647 或小于 -2 147 483 648,称为溢出。如果溢出,则 OF 被置 1,否则 OF 被清 0。

作为有符号数,如果正数加上正数变成负数,或者如果负数加上负数变成正数,那么实际上已发生溢出。类似地,作为有符号数,如果正数减去负数变成负数,或者如果负数减去正数变成正数,那么实际上已发生溢出。

【例 2-22】 如下指令片段演示溢出标志 OF 和符号标志 SF 的变化,注释是执行指令后的结果。

```
MOV     DL, 65                  ;DL=41H,SF 和 OF 不变化
MOV     CL, 36                  ;CL=24H,SF 和 OF 不变化
ADD     DL, CL                  ;DL=65H,SF=0,OF=0
ADD     DL, CL                  ;DL=89H(相当于-119),SF=1,OF=1
SUB     DL, 6                   ;DL=83H(相当于-125),SF=1,OF=0
SUB     DL, 7                   ;DL=7CH(相当于 124),SF=0,OF=1
```

为了便于说明,采用 8 位数据,8 位有符号数的范围为 -128～+127。在执行"ADD

DL,CL"指令后,DL 的最高位是 0,所以 SF 为 0;结果为 101,没有大于 127,没有发生溢出,所以 OF 为 0。在继续执行"ADD DL,CL"指令后,DL 的最高位已为 1,所以 SF 为 1;结果(101 加 36)大于 127,发生溢出,所以 OF 为 1,若把结果视作有符号数,就变成 -119。继续执行指令"SUB DL,6",DL 的最高位仍为 1,所以 SF 为 1;结果为 -125(-119 减 6)不小于 -128,没有发生溢出,所以 OF 为 0。接着执行指令"SUB DL,7",DL 的最高位变为 0,所以 SF 为 0;结果(-125 减 7)小于 -128,发生溢出,所以 OF 为 1,结果就变成 124。

在判断有符号数的大小时,会使用到溢出标志 OF 和符号标志 SF。在判断无符号数大小时,则使用进位标志 CF。溢出标志 OF 与进位标志 CF 是两个不同的标志,不能混淆。

5. 奇偶标志(PF)

奇偶标志(Parity Flag,PF)反映运算结果的最低字节中含有"1"的位数是偶数还是奇数。如果"1"的位数是偶数,则 PF 被置 1,否则 PF 被清 0。利用 PF 可以进行奇偶校验检查,或产生奇偶校验位。在串行通信中,为了提高传送的可靠性,常采用奇偶校验。

6. 辅助进位标志(AF)

辅助进位标志(Auxitiary Carry Flag,AF)反映算术运算中第 3 位是否产生进位或借位,或者最低的 4 位是否有进位或借位。如果产生进位或借位,则 AF 被置 1,否则 AF 被清 0。该标志位主要用于二进制编码的十进制数(BCD)的运算中,十进制算术运算调整指令会自动根据该标志产生相应的调整动作。

【例 2-23】 如下指令片段演示 PF 和 AF 的变化。

```
MOV   EAX, 6                  ;EAX=00000006H,PF 和 AF 无变化
ADD   EAX, 5                  ;EAX=0000000BH,PF=0,AF=0
ADD   EAX, 7                  ;EAX=00000012H,PF=1,AF=1
ADD   EAX, 10000008H          ;EAX=1000001AH,PF=0,AF=0
ADD   EAX, 9                  ;EAX=10000023H,PF=0,AF=1
```

在 2.2.2 节中介绍的 MOV 指令和 XCHG 指令不影响各标志;在 2.2.3 节中介绍的 ADD 指令和 SUB 指令根据运算结果影响这 6 个状态标志,但 INC 指令和 DEC 指令不影响进位标志 CF,而影响其他 5 个状态标志。针对上述例 2-19～例 2-23,请读者自行考察其他状态标志位的变化情况。

2.3.3 状态标志操作指令

有时程序员需要获取或设置标志寄存器中的状态标志,从 Intel 8086 CPU 开始就有专门的操作指令。

1. 进位标志操作指令

在前述的 6 个状态标志中,进位标志 CF 的用途最为广泛。CPU 具有单独调整 CF 的指令。

(1) 清进位标志指令(CLC)。清进位标志(CLear Carry Flag)指令的格式如下:

```
CLC
```

这条指令使进位标志 CF 为 0。

(2) 置进位标志指令(STC)。置进位标志(SeT Carry Flag)指令的格式如下:

```
STC
```

这条指令使进位标志 CF 为 1。

（3）进位标志取反指令 CMC。进位标志取反（CoMplement Carry Flag）指令的格式如下：

    CMC

这条指令使进位标志 CF 取反。如 CF 为 1，则使 CF 为 0；如 CF 为 0，则使 CF 为 1。

上述三条进位标志操作指令仅影响 CF，对其他标志没有影响。

【例 2-24】 如下指令片段是相关指令的使用，注释是执行指令后相关寄存器和 CF 的结果。

```
MOV   AX,8899H              ;AX=8899H
ADD   AL,AH                 ;AX=8821H,CF=1
CLC                         ;CF=0
STC                         ;CF=1
CMC                         ;CF=0
```

2. 获取状态标志操作指令（LAHF）

获取状态标志操作（Load Status Flags into AH Register）指令的格式如下：

    LAHF

这条指令把标志寄存器的低 8 位，送到通用寄存器 AH 中。对标志位自身不产生影响。利用这条指令，可以把位于标志寄存器低端的 5 个状态标志位信息同时送到寄存器 AH 中的对应位。

3. 设置状态标志操作指令（SAHF）

设置状态标志操作（Store AH into Flags）指令的格式如下：

    SAHF

这条指令对标志寄存器中低 8 位的状态标志产生影响，使得状态标志 SF、ZF、AF、PF 和 CF 分别成为来自寄存器 AH 中对应位的值，但保留位（位 1、位 3 和位 5）不受影响。

【例 2-25】 如下 C 程序 dp25 中的嵌入汇编代码片段，演示状态标志操作指令的使用，同时演示如何获取主要的状态标志，其中作为后缀的 H 表示十六进制。

```
#include<stdio.h>
int  main()
{
    unsigned  char  flag1,flag2,flag3;   //定义 3 个无符号字节变量
    ;                                    //嵌入汇编
    _asm{
        MOV   AH,0
        SAHF                //SF=0,ZF=0,PF=0,AF=0,CF=0
        LAHF                //把标志寄存器低 8 位(02H)又回送到 AH
        MOV   flag1,AH      //把 AH 的值保存到变量 flag1
        ;
        MOV   DX,7799H      //DX=7799H
        ADD   DL,DH         //DX=7710H,AF=1,CF=1
        LAHF                //把标志寄存器低 8 位(13H)送到 AH 寄存器
        MOV   flag2,AH      //把 AH 的值保存到变量 flag2
        ;
        SUB   DH,84H        //DX=F310H,SF=1,CF=1
```

```
        CLC                           //CF=0
        LAHF                          //把标志寄存器低 8 位(86H)送到 AH
        MOV    flag3, AH              //把 AH 的值保存到变量 flag3
    }
    printf("flag1=%02XH\n", flag1);        //显示为 flag1=02H
    printf("flag2=%02XH\n", flag2);        //显示为 flag2=13H
    printf("flag3=%02XH\n", flag3);        //显示为 flag3=86H
    return  0;
}
```

上述嵌入汇编_asm｛ ｝的程序片段作为示例,先后 3 次把标志寄存器的低 8 位送到寄存器 AH 中,随即把寄存器 AH 送到无符号字符型变量中。最后利用 printf 函数分别显示输出。为了清楚地反映字节变量的 8 位值,所以采用十六进制的形式。注意,3 个字符型变量是无符号的。这样通过观察程序运行的结果,就可以知道相关标志的变化情况。

2.3.4　带进位加减指令

利用简单加减指令,可以方便地实现两个 8 位、16 位或 32 位数据的加减运算。但是,为了实现一组数据的加减运算,往往需要利用带进位的加减运算指令。

1. 带进位加法指令（ADC）

带进位加法（Add with Carry）指令的格式如下:

ADC   *DEST*, *SRC*

这条指令与 ADD 指令类似,完成两个操作数相加,但还要把进位标志 CF 的当前值加上,把结果送至目的操作数 DEST,即:

$$DEST \Leftarrow DEST + SRC + CF$$

源操作数 SRC 可以是立即数、通用寄存器或存储单元,而目的操作数 DEST 可以是通用寄存器或存储单元。两个操作数的尺寸必须一致,可以是一个字节、字或者双字。根据运算结果影响各个状态标志。这些都与简单加法指令 ADD 一样。

【例 2-26】 如下指令片段演示带进位加法指令 ADC 的使用,分号后是执行指令的结果。

```
SUB    EAX, EAX              ;EAX=0,CF=0
ADC    EAX, 2               ;EAX=2,CF=0
STC                         ;CF=1
ADC    EAX, 2               ;EAX=5,CF=0
```

【例 2-27】 如下 C 程序 dp26 中的嵌入汇编代码片段,演示 3 个单字节无符号数相加,为了处理可能产生的进位,利用了带进位的加法指令。

```
#include<stdio.h>
int  main()
{
    unsigned char vch1=188, vch2=172, vch3=233;      //3 个字节变量
    unsigned int sum=0;                              //无符号整型变量
    ;                                                //嵌入汇编
    _asm{
        SUB    EDX, EDX              //使 EDX 为 0,用 DX 存放累加和
        ADD    DL, vch1             //加第 1 个字节
```

```
    ADC    DH, 0                    //高8位相加(保持形式一致)
    ADD    DL, vch2                 //加第2个字节
    ADC    DH, 0                    //高8位相加(考虑可能出现的进位)
    ADD    DL, vch3                 //加第3个字节
    ADC    DH, 0                    //高8位相加(考虑可能出现的进位)
    MOV    sum, EDX                 //把结果送到变量sum
  }
  printf("sum=%u\n",sum);          //显示为sum=593
  return  0;
}
```

单字节无符号数相加,结果很可能超过8位。在上述代码中采用16位寄存器DX存放结果,每次先进行低8位相加,然后进行高8位相加,如图2.4所示。在高8位相加时,采用带进位的加法指令,这样就包括了在低8位相加时可能产生的进位。

另外,为了便于存取整型变量sum,所以在上述代码的首尾使用了寄存器EDX。

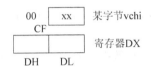

图2.4　单字节无符号整数相加示意图

2. 带借位减法指令(SBB)

对加法运算而言,CF称为进位标志,对减法运算而言,CF称为借位标志。在进行多字节减法处理时,往往要使用到带借位的减法指令。

带借位减法(SuBtraction with Borrow)指令的格式如下:

SBB　*DEST*, *SRC*

这条指令与SUB指令类似,在进行两个操作数相减的同时,还要减去借位标志CF的当前值,再把结果送至目的操作数DEST,即:

DEST ⇐ DEST-(SRC+CF)

源操作数SRC可以是立即数、通用寄存器或存储单元,而目的操作数DEST可以是通用寄存器或存储单元。两个操作数的尺寸必须一致,可以是一个字节、字或者双字。根据运算结果影响各个状态标志。这些都与简单减法指令SUB一样。

【例2-28】 如下指令片段演示带借位减法指令SBB的使用,分号后是执行指令的结果。

```
    MOV    AX, 620H                 ;AX=0620H
    SUB    AL, 21H                  ;AX=06FFH,CF=1
    SBB    AH, 2                    ;AX=03FFH,CF=0
    SBB    AH, 2                    ;AX=01FFH,CF=0
```

2.4　段寄存器及使用

在IA-32系列CPU中,还有一组段寄存器,支持以分段方式管理存储器。本节首先简单介绍存储器分段的概念,引出存储单元的逻辑地址,然后说明段寄存器及其用途。

2.4.1 存储器分段

存储器由一系列字节存储单元线性地组成。把 CPU 能够通过其地址线直接寻址访问的存储器称为内存。每一个字节存储单元有一个唯一的地址,称为物理地址。如果一个 CPU 有 n 根地址线,那么可产生的最大物理地址为 2^n-1,可形成的物理地址的范围为 $0\sim2^n-1$。所有可形成的物理地址的集合被称为物理地址空间。相应地,所有可能访问的存储单元构成存储空间。

这里可以认为,IA-32 系列 CPU 有 32 根地址线,物理地址空间的范围为 $0\sim2^{32}-1$,用十六进制表示就是 00000000~FFFFFFFF,整个空间的规模达到 4GB。早先的 Intel 8086 处理器有 20 根地址线,可访问的物理地址空间的范围为 $0\sim2^{20}-1$,用十六进制表示就是 00000 到 FFFFF,整个空间的规模是 1MB。

为了有效地管理存储器,可以把线性的物理地址空间划分为若干逻辑段,对应地存储空间被划分为若干存储段。可以认为,逻辑段与存储段相对应。

可以按需要进行段的划分。逻辑段与逻辑段可以相连,也可以不相连,还可以部分重叠,甚至完全重叠。

利用这样的分段,可以实现代码和数据的隔离,也有利于实现程序的重定位。这应该是采用分段方式管理存储器的原因之一。一般来说,运行着的程序在存储器中的映像有三部分组成:第一部分是代码,代码是要执行的指令序列;第二部分是数据,数据是要处理加工的对象;第三部分是堆栈,堆栈是按"先进后出"规则存取的区域。代码、数据和堆栈往往分别占用不同的存储器段,相应的段也就被称为代码段、数据段和堆栈段。

当然,为了简化对存储器的管理,可以把代码、数据和堆栈安排在同一个逻辑段内,占用同一个存储段的不同区域。

2.4.2 逻辑地址

在采用分段存储管理方式后,程序中使用的某个存储单元总是属于某个段。于是可以采用某段某单元的方式表示存储单元。

在程序中用于表示存储单元的地址称为逻辑地址。逻辑地址是二维的,第一维表示某段,第二维表示段内的某单元。某段可以由段的编号来给出,某单元可以通过该单元的段内地址来给出。因此,二维的逻辑地址可以表示为:

段号:段内地址

把存储单元的物理地址与所在段的起始地址的差称为段内偏移,简称偏移。段内地址就是段内偏移,也就是偏移。于是,二维的逻辑地址可以表示为:

段号:偏移

在实地址方式和保护方式下,都通过偏移指定段内的某单元。但在指定某段,或者说表示段号时,实地址方式与保护方式却是不相同的。在实地址方式下,上述段号是段值;在保护方式下,上述段号则是段选择子。在第 6 章将说明段值,在第 9 章将介绍段选择子。

在访问存储器中的存储单元之前,必须先得到要访问的存储单元的物理地址。也就是说,需要把逻辑地址转换为物理地址。根据偏移的定义可知:

物理地址=段起始地址+偏移

在实地址方式下,由段值可以得到段起始地址;在保护方式下,根据段选择子可以得到段起始地址。总之,由段号可以得到段起始地址。所以,由二维的逻辑地址可以转换成一维的物理地址。逻辑地址转换为物理地址的过程归纳为:由段号得到段起始地址,再加上偏移。

如果整个程序只有一个段或程序的代码段、数据段、堆栈段在同一个逻辑段中,那么可以认为二维的逻辑地址就退化成一维的逻辑地址。在这种情况下,由于段起始地址完全相同,偏移就决定了一切。

可以简单认为,在保护方式下,物理地址是 32 位,段起始地址是 32 位,偏移也是 32 位;在实地址方式下,物理地址是 20 位,段起始地址是 20 位,而偏移是 16 位。

2.4.3　段寄存器

在一个已确定的段内,只需通过偏移便可指定要访问的存储单元,所以程序中绝大部分涉及存储器访问的指令都只给出偏移。

逻辑地址中的段号(段值或者段选择子)存放在哪里呢? 答案是,当前使用段的段号存放在段寄存器(Segment Registers)中。

早先的 Intel 8086 处理器有 4 个段寄存器,分别是代码段(Code Segment)寄存器 CS、堆栈段(Stack Segment)寄存器 SS、数据段(Data Segment)寄存器 DS 和附加段(Extra Segment)寄存器 ES。

从 Intel 80386 处理器开始,又增加了两个段寄存器,分别是 FS 和 GS。这两个段寄存器也是附加段寄存器,所以顺着 ES 命名它们。因此,现在的 IA-32 系列 CPU 有 6 个段寄存器。

这 6 个段寄存器的可见部分的长度都是 16 位。在实地址方式下,用于存放 16 位的段值;在保护方式下,用于存放 16 位的段选择子。

从这些段寄存器的名称就可以知道它们的作用。由代码段寄存器 CS 指定当前代码段,由堆栈段寄存器 SS 指定当前堆栈段,由数据段寄存器 DS 指定当前数据段。附加段寄存器 ES、FS、GS 也被用于指定数据段。对于数据段,一般默认情况将引用数据段寄存器 DS,特殊默认情况将引用堆栈段寄存器 SS。在 2.5.2 节有关于引用段寄存器的进一步说明。

从上述逻辑地址到物理地址的转换过程可知,在访问存储单元时,CPU 先根据对应的段寄存器得到段起始地址,再加上指定的偏移,得到存储单元的物理地址。

如果整个程序只有一个段或者程序的代码段、数据段、堆栈段占用同一个存储段,那么代码段寄存器 CS、数据段寄存器 DS 和堆栈段寄存器 SS 等指定同一个存储段,给出相同的段起始地址。其至如果由段寄存器给出的段起始地址是 0,那么偏移就相当于物理地址。

利用传送指令 MOV 可以存取段寄存器中的段值或者段选择子。

【例 2-29】　如下指令演示存取段寄存器中的段值或者段选择子,分号之后是解释。

```
MOV    AX, DS              ;把 DS 中的段值或者段选择子送到 AX
MOV    ES, AX              ;把 AX 中的值送到 ES
MOV    DX, CS              ;把 CS 中的段值或者段选择子送到 DX
```

注意,代码段寄存器 CS 不能作为目标,不能显式地改变代码段寄存器 CS。另外,不能把立即数直接传送到段寄存器。

还需要注意,在保护方式下,应用程序不宜改变段寄存器的值。

2.5 寻 址 方 式

表示指令中操作数所在的方法称为寻址方式。CPU 常用的寻址方式可分为三大类：立即寻址、寄存器寻址和存储器寻址，此外还有固定寻址和 I/O 端口寻址等。本节首先介绍立即寻址和寄存器寻址方式，然后介绍 IA-32 系列 CPU 的 32 位存储器寻址方式，最后介绍有多用途的取有效地址指令。

2.5.1 立即寻址方式和寄存器寻址方式

在本章前几节的示例中，大多数指令采用了立即寻址方式或寄存器寻址方式。

1. 立即寻址方式

操作数本身就包含在指令中，直接作为指令的一部分给出。把这种寻址方式称为立即寻址方式。把这样的操作数称为立即数。

IA-32 系列 CPU 允许 32 位的立即数。当然，立即数也可以是 8 位或 16 位。

【例 2-30】 在如下指令中，源操作数采用立即寻址方式。

```
MOV    EAX, 12345678H;        ;给 EAX 赋初值
ADD    BX, 1234H              ;给 BX 加上值 1234H
SUB    CL, 2                  ;从 CL 减去值 2
```

立即数作为指令的一部分，跟在操作码后存放在代码段中。只有源操作数才可采用立即寻址方式，目的操作数不能采用立即寻址方式。如果目的操作数采用立即寻址方式，那就意味着执行指令后，指令本身就会发生改变。所以，在各种指令中，立即数是不能作为目的操作数的。

如果立即数由多个字节构成，那么在作为指令的一部分存储时，也采用"高高低低"规则，也就是高位字节在高地址存储单元，低位字节在低地址存储单元。

由于立即寻址方式的操作数是立即数，含在指令中，因此执行指令时，不需要再到存储器中去取该操作数。

【例 2-31】 在如下指令中，源操作数是立即数，虽然其值都是 1，但其尺寸（数据位数）却是不一样的。

```
MOV    EDX, 1                 ;源操作数是 32 位
MOV    DX, 1                  ;源操作数是 16 位
MOV    DL, 1                  ;源操作数是 8 位
```

这是因为传送指令 MOV 的两个操作数的尺寸必须一致。

2. 寄存器寻址方式

操作数在 CPU 内部的寄存器中，指令中指定寄存器。把这种寻址方式称为寄存器寻址方式。寄存器可以是 8 个 32 位的通用寄存器（EAX、EBX、ECX、EDX、ESI、EDI、EBP 和 ESP），也可以是 8 个 16 位的通用寄存器（AX、BX、CX、DX、SI、DI、BP 和 SP），还可以是 8 个 8 位的通用寄存器（AL、AH、BL、BH、CL、CH、DL 和 DH）。

在例 2-30 和例 2-31 中，目的操作数都采用了寄存器寻址方式。

【例 2-32】 在如下指令中，源操作数和目的操作数都采用寄存器寻址方式。

```
MOV    EBP, ESP                    ;把 ESP 的值送到 EBP
```

```
ADD    EAX, EDX         ;把 EAX 的值与 EDX 的值相加,结果送到 EAX
SUB    DI, BX           ;把 DI 的值减去 BX 的值,结果送到 DI
XCHG   AH, DH           ;交换 AH 与 DH 的值
```

由于操作数在寄存器中,不需要通过访问存储器来取得操作数,因此采用寄存器寻址方式的指令执行速度较快。

2.5.2　32 位的存储器寻址方式

许多指令的操作数可以在存储单元中,指定存储单元就指定了操作数。从 2.4 节可知,在一个段内,通过偏移就能够指定存储单元,所以,一般情况下访问存储单元的指令只需要给出存储单元的偏移。存储器寻址方式是指给出存储单元偏移的方式。采用 32 位的存储器寻址方式,能够给出 32 位的偏移。为了灵活方便地访问存储器,IA-32 系列 CPU 提供了多种表示存储单元偏移的方式。换句话说,有多种存储器寻址方式。

通常把要访问的存储单元的段内偏移称为有效地址(Effective Address,EA)。在 32 位存储器寻址方式下,存储单元的有效地址可达 32 位。

1. 直接寻址方式

操作数在存储器中,指令直接包含操作数所在存储单元的有效地址,这种寻址方式称为直接寻址方式。

【例 2-33】　如下指令演示直接寻址方式的使用,其中后缀 H 表示十六进制。

```
MOV    ECX, [95480H]     ;源操作数采用直接寻址
MOV    [9547CH], DX      ;目的操作数采用直接寻址
ADD    BL, [95478H]      ;源操作数采用直接寻址
```

注意,立即寻址和直接寻址书写表示上的不同。直接寻址的地址要放在方括号中,在源程序中,往往用变量名表示。

【例 2-34】　假设数据段和代码段重叠,由段寄存器 CS 和 DS 得到的段起始地址都是 0,有效地址为 01234567H 的双字存储单元中的内容是 4F5A9687H,那么在执行指令"MOV EAX,[01234567H]"后寄存器 EAX 的内容是 4F5A9687H。图 2.5 列出了该指令的存储和执行情况,其中数据都采用十六进制表示。

在图 2.5 中的标记 op 表示该指令的操作码,其后 4 个字节是要访问的存储单元有效地址。阴影部分表示要访问的存储单元,因为假设所在段的起始地址为 0,所以指令中直接给出的有效地址 01234567H 就是物理地址。目的操作数是 32 位的寄存器 EAX,源操作数当然是双字(4 个字节)存储单元。如果目的操作数是寄存器 AL,那么涉及的源操作数仅是一个字节存储单元。

2. 寄存器间接寻址方式

操作数在存储器中,由 8 个 32 位的通用寄存器之一给出操作数所在存储单元的有效地址。把这种通过寄存器间接给出存储单元有效地址的方式称为寄存器间接寻址方式。

【例 2-35】　如下指令演示寄存器间接寻址方式的使用。

```
MOV    EAX, [ESI]        ;源操作数寄存器间接寻址,ESI 给出有效地址
MOV    [EDI], CL         ;目的操作数寄存器间接寻址,EDI 给出有效地址
SUB    DX, [EBX]         ;源操作数寄存器间接寻址,EBX 给出有效地址
```

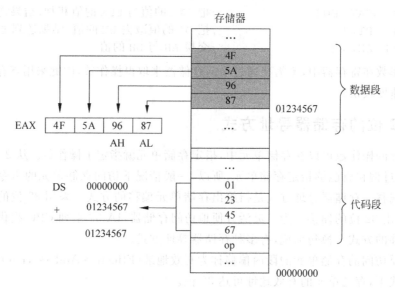

图 2.5　直接寻址方式示意图

注意,在书写汇编格式指令表示寄存器间接寻址方式时,一定要把寄存器名放在方括号中。下面两条指令的目的操作数的寻址方式完全不同:

```
MOV    [ESI], EAX          ;目的操作数采用寄存器间接寻址方式
MOV    ESI, EAX            ;目的操作数采用寄存器寻址方式
```

在寄存器间接寻址方式中,给出操作数所在存储单元有效地址的寄存器,相当于 C 语言中的指针变量,它含有要访问存储单元的地址。

3. 32 位存储器寻址方式的通用表示

IA-32 系列 CPU 支持灵活的 32 位有效地址的存储器寻址方式。上述存储器直接寻址和寄存器间接寻址只是两个具体情形。

在 IA-32 系列 CPU 中,存储单元的有效地址可以由三部分内容相加构成:一个 32 位的基地址寄存器,一个可乘上比例因子 1、2、4 或 8 的 32 位变址寄存器,以及一个 8 位、16 位或 32 位的位移量。并且,这三部分可省去任意的两部分。

图 2.6 给出了 32 位有效地址 EA 的各种可能的表示形式。其中,位移量采用补码形式表示,在计算有效地址时,如位移量是 8 位或者 16 位,则被带符号扩展成 32 位。从图 2.6 可知,8 个 32 位通用寄存器都可以作为基址寄存器;除 ESP 寄存器外,其他 7 个通用寄存器都可以作为变址寄存器。

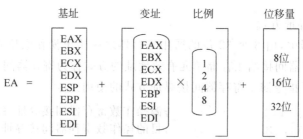

图 2.6　32 位有效地址(偏移)的计算式

从图 2.6 可知,如果缺省基址寄存器部分和变址寄存器部分,只剩下位移量部分,那么就是直接寻址。如果缺省变址寄存器部分和位移量部分,只剩下基址寄存器部分,那么就是寄存器间接寻址。

如果有效地址由基址寄存器和位移量两部分相加给出,这样的寻址方式常被称为寄存器相对寻址方式。

【例 2-36】 如下指令演示存储器操作数的寄存器相对寻址方式的使用,其中后缀 H 表示十六进制。

```
MOV    EAX, [EBX+12H]           ;源操作数有效地址是 EBX 值加上 12H
MOV    [ESI-4], AL              ;目的操作数有效地址是 ESI 值减去 4
ADD    DX, [ECX+5328H]          ;源操作数有效地址是 ECX 值加上 5328H
```

如果有效地址由基址寄存器和变址寄存器两部分相加给出,这样的寻址方式常被称为基址加变址寻址方式。

【例 2-37】 如下指令演示存储器操作数的基址加变址寻址方式的使用。

```
MOV    EAX, [EBX+ESI]           ;源操作数有效地址是 EBX 值加上 ESI 值
SUB    [ECX+EDI], AL            ;目的操作数有效地址是 ECX 值加上 EDI 值
XCHG   [EBX+ESI], DX            ;目的操作数有效地址是 EBX 值加上 ESI 值
```

如图 2.6 所示,在 32 位有效地址的存储器寻址方式中,变址寄存器还可以乘上一个放大因子,放大因子可以是 1、2、4、8。如果含变址寄存器,那么把变址寄存器中的值先按给定的比例因子放大,再用于计算有效地址。

【例 2-38】 如下指令演示 32 位有效地址的存储器寻址方式的使用。

```
MOV    EAX, [ECX+EBX*4]         ;EBX 作为变址寄存器,放大因子是 4
MOV    [EAX+ECX*2], DL          ;ECX 作为变址寄存器,放大因子是 2
ADD    AX, [EBX+ESI*8]          ;ESI 作为变址寄存器,放大因子是 8
SUB    ECX, [EDX+EAX-4]         ;EAX 作为变址寄存器,放大因子是 1
MOV    EBX, [EDI+EAX*4+300H]    ;EAX 作为变址寄存器,放大因子是 4
```

【例 2-39】 假设根据数据段寄存器 DS 得到的段起始地址是 0,寄存器 EDI 的内容是 51234H,寄存器 EAX 的内容是 6,并且有效地址为 0005154CH 的双字存储单元的内容是 44434241H,图 2.7 演示了执行指令"MOV　EBX,[EDI＋EAX＊4＋300H]"的情况,其中数据都采用十六进制表示。

在图 2.7 中,以 EDI 作为基地址,以 300H 作为相对位移量,再加上 EAX 寄存器值的 4 倍作为调节,得到有效地址 0005154CH。也可以理解为:以 EDI 作为基地址,加上 EAX 值的 4 倍作为调节,再加上 300H 的位移量,得到有效地址。同时,根据数据段寄存器 DS 得到的起始地址为 0,所以访问的存储单元的物理地址就是有效地址 0005154CH。

【例 2-40】 如下 C 程序 dp27 中的嵌入汇编代码,演示 32 位存储器寻址方式的使用,同时演示字节存储单元与双字存储单元的关系等。

```
#include <stdio.h>              //演示程序 dp27
int vari=0x12345678;            //定义整型变量.设有效地址为 x
char buff[]="ABCDE";            //定义字符数组.设首元素有效地址为 y
int  main()
{
    int  dv1, dv2, dv3, dv4;    //定义 4 个整型变量
```

```
                              //嵌入汇编
    _asm{
        LEA    EBX, vari         //把变量 vari 的有效地址 x 送到 EBX
        MOV    EAX, [EBX]        //把有效地址为 x 的双字(12345678H)送到 EAX
        MOV    dv1, EAX
        MOV    EAX, [EBX+1]      //把有效地址为 x+1 的双字(41123456H)送到 EAX
        MOV    dv2, EAX
        ;
        MOV    ECX, 2
        MOV    AX, [EBX+ECX]     //把有效地址为 x+2 的字(1234H)送到 AX
        MOV    dv3, EAX
        ;
        MOV    AL, [EBX+ECX*2+3] //把有效地址为 x+7 的字节(44H)送到 AL
        MOV    dv4, EAX
    }
    printf("dv1=%08XH\n",dv1);       //显示为 dv1=12345678H
    printf("dv2=%08XH\n",dv2);       //显示为 dv2=41123456H
    printf("dv3=%08XH\n",dv3);       //显示为 dv3=41121234H
    printf("dv4=%08XH\n",dv4);       //显示为 dv4=41121244H
    return  0;
}
```

上述 C 程序开始部分定义的全局整型变量 vari 和字符数组 buff 占用的存储空间如图 2.8 所示。假设整型变量 vari 首字节的有效地址是 x，设字符数组 buff 首元素的有效地址是 y。由于是初始化好的全局变量，这些字节是连续的。图中字节存储单元中的数值采用十六进制表示。上述嵌入汇编代码片段的第一条指令"LEA EBX, vari"是取有效地址指令，功能是把变量 vari 对应的存储单元的有效地址送到寄存器 EBX。在本节的最后，将介绍取有效地址指令。从上述嵌入汇编代码片段可知，利用灵活的 32 位存储器寻址方式，可以方便地存取双字、字或字节存储单元。

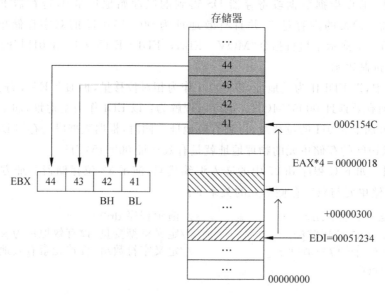

图 2.7　32 位有效地址的存储器寻址方式示意图

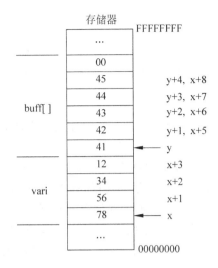

图 2.8　全局变量的存储示意图

4. 关于存储器寻址方式的说明

（1）如果指令的操作数允许是存储器操作数,那么上面介绍的各种存储器寻址方式都适用。

（2）存储器操作数的尺寸可以是字节、字或者双字。在某条具体的指令中,如果有存储器操作数,那么其尺寸是确定的。在大多数情况下,存储器操作数的尺寸是一目了然的,因为通常要求一条指令中的多个操作数的尺寸一致,所以指令中寄存器操作数的尺寸就决定了存储器操作数的尺寸。在少数情况下,需要显式地指定存储器操作数的尺寸。

【例 2-41】　如下 C 程序 dp28 及其嵌入汇编代码,演示显式地标明存储器操作数的尺寸。演示思路为:利用 MOV 指令,采用直接寻址方式,分别给 3 个整型变量赋值;还采用寄存器相对寻址方式,分别给数组的 3 个元素赋值;然后观察显示输出。

```
#include < stdio.h >                    //演示程序 dp28
int   var1=0x33333333, var2=0x44444444, var3=0x55555555;
int   bufi[3]={ 0x66666666, 0x77777777, 0x88888888};
int   main()
{
    _asm{                              //嵌入汇编代码
        MOV    var1, 9                 //双字存储单元
        MOV    WORD PTR var2, 9        //字存储单元
        MOV    BYTE PTR var3, 9        //字节存储单元
    }
    printf("%08XH\n",var1);           //显示为 00000009H
    printf("%08XH\n",var2);           //显示为 44440009H
    printf("%08XH\n",var3);           //显示为 55555509H
    ;
    _asm{                              //嵌入汇编代码
        LEA    EBX, bufi               //把 bufi 的有效地址送到 EBX
        MOV    DWORD PTR [EBX], 5      //双字存储单元
        MOV    WORD PTR [EBX+4], 5     //字存储单元
        MOV    BYTE PTR [EBX+8], 5     //字节存储单元
```

```
    }
    printf("%08XH\n",bufi[0]) ;              //显示为 00000005H
    printf("%08XH\n",bufi[1]) ;              //显示为 77770005H
    printf("%08XH\n",bufi[2]) ;              //显示为 88888805H
    return  0;
}
```

在上述嵌入汇编代码中,MOV 指令中的一个操作数是立即数,像 9 和 5 这样的立即数的尺寸不确定,可以认为是 8 位(字节)、16 位(字)或者 32 位(双字),所以需要显式地指定存储器操作数尺寸。其中的"BYTE PTR""WORD PTR"等用于指定存储器操作数尺寸。就指令"MOV DWORD PTR [EBX],5"而言,访问的存储单元是双字,假设数组 bufi 首元素(bufi[0])的有效地址是 x,那么该指令访问的存储单元包括了从 x 开始到 $x+3$ 结束的 4 个字节单元。把立即数 5 作为 32 位处理,指令执行后,有效地址 x 处字节单元的内容是 5,其他 3 个字节单元的内容均是 0。另外,由于变量 var1 是整型变量,因此默认为双字(32 位)存储单元。

(3) 在 32 位的存储器寻址方式中,如果基址寄存器不是 EBP 或者 ESP,那么默认引用的段寄存器是 DS;如果基址寄存器是 EBP 或者 ESP,那么默认引用的段寄存器是 SS。当 EBP 作为变址寄存器使用(ESP 不能作为变址寄存器使用)时,默认引用的段寄存器仍然是 DS。

(4) 无论存储器寻址方式简单还是复杂,如果由基址寄存器、带比例因子的变址寄存器和位移量这三部分相加所得超过 32 位,那么有效地址仅为低 32 位。

(5) 在实地址方式下,存储单元的有效地址不应该超过 FFFFH。在 32 位存储器寻址方式中,由于按 32 位计算有效地址,有效地址可能超过 FFFFH。在实方式下,如果发生这种情况,则会引起异常。在第 9 章中,将介绍异常及其处理。

2.5.3 取有效地址指令

IA-32 系列 CPU 提供了一条取有效地址的指令,为了进一步加强对存储器寻址方式的理解,下面将介绍取有效地址指令。

1. 取有效地址指令

取有效地址(Load Effective Address)指令的格式如下:

> **LEA** *REG*, *OPRD*

该指令把操作数 OPRD 的有效地址传送到操作数 REG。源操作数 OPRD 必须是一个存储器操作数,目的操作数 REG 必须是一个 16 位或者 32 位的通用寄存器。

该取有效地址指令不影响各标志。

【例 2-42】 如下指令片段演示取有效地址指令 LEA 的功能,指令执行的结果作为注释,后缀 H 表示十六进制数。

```
    MOV    EDI, 51234H             ;EDI=00051234H
    MOV    EAX, 6                  ;EAX=00000006H
    LEA    ESI, [EDI+EAX]          ;ESI=0005123AH
    LEA    ECX, [EAX*4]            ;ECX=00000018H
    LEA    EBX, [EDI+EAX*4+300H]   ;EBX=0005154CH
```

注意,LEA 指令与把存储单元中的数据传送到寄存器的 MOV 指令有本质上的区别。例 2-39 中的指令"MOV EBX,[EDI+EAX*4+300H]"是把对应存储单元的内容传送到寄存器 EBX；而例 2-42 中的指令"LEA　EBX,[EDI＋EAX＊4＋300H]"是把对应存储单元的有效地址传送到寄存器 EBX。

如果 LEA 指令中的源操作数 OPRD 的有效地址采用 32 位存储器寻址方式表示,而目的操作数 REG 是 16 位通用寄存器,那么只把有效地址的低 16 位送到 16 位通用寄存器。如果 LEA 指令中的源操作数 OPRD 的有效地址采用 16 位存储器寻址方式表示(将在第 6 章中介绍),而目的操作数 REG 是 32 位通用寄存器,那么把 16 位有效地址无符号扩展成 32 位,并送到 32 位通用寄存器。

【例 2-43】　如下 C 程序 dp29 中的嵌入汇编代码片段,演示取有效地址指令的使用,同时也可以看到 C 语言中指针的本质是地址。

```
#include <stdio.h>                //演示程序 dp29
char chx, chy;                    //全局字符变量
int  main()
{
    char *p1, *p2;                //两字符型指针变量
    //嵌入汇编代码之一
    _asm{
        LEA     EAX, chx          //取变量 chx 的存储单元有效地址
        MOV     p1, EAX           //送到指针变量 p1
        LEA     EAX, chy          //取变量 chy 的存储单元有效地址
        MOV     p2, EAX           //送到指针变量 p2
    }
    printf(" Input:" ) ;          //提示
    scanf(" %c",p1) ;             //键盘输入一个字符
    //嵌入汇编代码之二
    _asm{
        MOV     ESI, p1           //取回变量 chx 的有效地址
        MOV     EDI, p2           //取回变量 chy 的有效地址
        MOV     AL, [ESI]         //取变量 chx 的值
        MOV     [EDI], AL         //送到变量 chy 中
    }
    printf(" ASCII:%02XH\n",*p2); //十六进制形式显示对应的 ASCII 码值
    return  0;
}
```

在上述 C 程序中,作为演示利用嵌入汇编代码,给两个指针变量赋值,使其分别指向两个字符变量；还利用嵌入汇编代码实现把变量 chx 的值送到变量 chy。此外,利用 C 语言实现输入和输出。

【例 2-44】　如下 C 程序 dp210 中的嵌入汇编代码片段,演示 32 位存储器寻址方式的使用,同时也演示取有效地址指令的使用。

```
#include <stdio.h>                      //演示程序 dp210
int  iarr[5]={ 55, 87, -23, 89, 126};   //整型数组
double  darr[5]={ 9.8, 2.77, 3.1415926, 1.414, 1.73278};   //双精度浮点数组
int  main()
{
    int  ival;                          //整型变量
```

```
    double  dval;                          //双精度浮点
    //嵌入汇编
    _asm{
        LEA    EBX, iarr                   //把整型数组首元素的有效地址送至 EBX
        MOV    ECX, 3
        MOV    EDX, [EBX+ECX* 4]           //取出 iarr 的第 3 个元素
        MOV    ival, EDX
        ;
        LEA    ESI, darr                   //把浮点数组首元素的有效地址送至 ESI
        LEA    EDI, dval                   //把变量 dval 的有效地址送至 EDI
        MOV    ECX, 2
        MOV    EAX, [ESI+ECX* 8]           //取 darr 的第 2 个元素的低双字
        MOV    EDX, [ESI+ECX* 8+4]         //取 darr 的第 2 个元素的高双字
        MOV    [EDI], EAX                  //保存低双字
        MOV    [EDI+4], EDX                //保存高双字
    }
    printf(" iVAL=%d\n",ival) ;            //显示为 iVAL=89
    printf("dVAL=%.8f\n",dval) ;           //显示为 dVAL=3.14159260
    return  0;
}
```

从上述嵌入汇编代码片段可知,在 32 位存储器操作数寻址方式中,针对变址寄存器的比例因子的作用。

2. 取有效地址指令的应用

取有效地址指令 LEA 还有另外一种作用。如图 2.6 所示,有效地址可以由三部分构成,所以利用 LEA 指令可以比较高效地实现把基址寄存器中的内容与变址寄存器中的内容相加,并把结果送到另一个寄存器,甚至处理更复杂的情况。

【例 2-45】 现通过高级语言源程序的目标代码来说明 LEA 指令的作用。设有如下所示的 C 语言编写的函数 cf211。

```
int  __fastcall  cf211( int x, int y) //由寄存器传参数
{
    return  (2* x+5* y+100) ;
}
```

在采用编译优化选项“使速度最大化”的情况下,编译上述程序后,得到如下所示的目标代码,采用汇编格式指令的形式表示。

```
;函数 cf211 目标代码( 使速度最大化)
lea    eax, DWORD PTR [edx+edx*4+100]    ;DWORD PTR 表示存储单元是双字
lea    eax, DWORD PTR [eax+ecx*2]
ret                                       ;返回到调用者
```

对比源程序和目标代码可知,参数 x 被安排在寄存器 ECX 中,参数 y 被安排在寄存器 EDX 中,最后的返回值被安排在寄存器 EAX 中。另外,符号“DWORD PTR”表示涉及的存储器操作数是双字(32 位),这里仅是利用取有效地址指令来计算表达式,与存储器操作数尺寸无关。

修改函数 cf211 成如下的函数 cf212。

```
int    __fastcall  cf212(int x, int y)          //由寄存器传参数
{
    return (3*x+7*y+200);
}
```

在采用编译优化选项"使速度最大化"的情况下,编译上述程序后,得到如下所示的目标代码,分号之后是添加的注释。

```
;函数 cf212 目标代码(使速度最大化)
lea    eax, DWORD PTR [ecx+ecx*2]       ; eax=3*x
lea    ecx, DWORD PTR [edx*8]           ; ecx=8*y
sub    ecx, edx                         ; ecx=7*y
lea    eax, DWORD PTR [eax+ecx+200]     ; eax=3*x+7*y+200
ret                                     ; 返回到调用者
```

同样,寄存器 ECX 存放参数 x,寄存器 EDX 存放参数 y,而 EAX 存放最后的返回值。

2.6　指令指针寄存器和简单控制转移

除了通用寄存器、标志寄存器和段寄存器外,IA-32 系列 CPU 还有一个指令指针寄存器。指令指针寄存器直接参与确定要执行的指令。通常一个程序会含有分支、循环,也会调用函数,程序流程在执行过程中会发生变化。程序流程的变化是由控制转移指令改变指令指针寄存器和代码段寄存器 CS 实现的。本节将介绍指令指针寄存器、条件转移指令和简单的无条件转移指令,以及比较指令。

2.6.1　指令指针寄存器

IA-32 系列 CPU 有一个 32 位的指令指针寄存器 EIP。在早先的 16 位 CPU 中,指令指针寄存器(Instruction Pointer,IP)是 16 位的。现在的 32 位指令指针寄存器 EIP 是早先 16 位指令指针寄存器 IP 的扩展。

由机器指令组成的目标程序存放在存储器中,CPU 执行程序就是一条接一条地执行机器指令。可以把 CPU 执行指令的过程看作一条处理指令的流水线,其第一步是从存储器中取出指令。为了从存储器中取指令,必须形成存储单元的物理地址。由 2.4 节可知,由于采用分段方式管理存储器,存储单元的段号和偏移就确定了其物理地址。

由 CS 和 EIP 确定所取指令的存储单元地址。代码段寄存器 CS 给出当前代码段的段号,指令指针寄存器 EIP 给出偏移。如果根据代码段寄存器 CS 得到的代码段起始地址是 0,那么由 EIP 给出的偏移或者有效地址,就是所取指令的物理地址。

注意,在实方式下,由于段的最大范围是 64KB,因此 EIP 中的高 16 位必须是 0,仍相当于只有低 16 位的 IP 起作用。

在取出一条指令后,会根据所取指令的长度,自动调整指令指针寄存器 EIP 的值,使其指向下一条指令。这样,就实现了顺序执行指令。

如果改变指令指针寄存器 EIP 的值,则会引起转移。控制转移指令就是专门用于改变 EIP 内容的指令。控制转移指令可分为条件转移指令、无条件转移指令、循环指令、函数调用及返回指令、中断指令及中断返回指令等。各种控制转移指令能够用于根据不同的情形改变 EIP 的内容,从而实现转移。

2.6.2 常用条件转移指令

条件转移指令是使用得最多的控制转移指令。

所谓条件转移，是指当某一条件满足时，发生转移，否则继续顺序执行。换句话说，当某一条件满足时，就改变 EIP 的内容，从而实施转移，否则顺序执行。

在 2.3 节介绍的标志寄存器中的状态标志被用于表示条件。绝大部分条件转移指令根据某个标志或者某几个标志来判断条件是否满足。

1. 应用示例

【例 2-46】 下面的程序 dp213 中的嵌入汇编代码片段，实现了求整型数组 arri 中 10 个元素值的和。

```
#include<stdio.h>                    //演示程序 dp213
int  arri[]={23, 56, 78, 82, 77, 35, 22, 18, 44, 67};
int  main()
{
    int  sum;                        //用于存放累加和
    //嵌入汇编
    _asm{
        MOV    EAX, 0                //用于存放累加和
        MOV    ESI, 0                //作为数组的下标(索引)
        MOV    ECX, 10               //作为计数器
        LEA    EBX, arri             //得到数组首元素的有效地址
    NEXT:
        ADD    EAX, [EBX+ESI*4]      //累加某个元素值(由索引确定)
        INC    ESI                   //调整下标
        DEC    ECX                   //计数器减 1(该指令会影响状态标志)
        JNZ    NEXT                  //当 ECX 不为 0 时,从 NEXT 继续执行
        ;
        MOV    sum, EAX              //保存累加和
    }
    printf("sum=%d\n", sum);         //显示为 sum=502
    return  0;
}
```

上述嵌入汇编代码片段的主体是一个循环。每执行一次循环体，就把当前元素的值加到累加器 EAX 中，然后调整作为索引（下标）的 ESI。由指令"DEC　ECX"和指令"JNZ NEXT"实现循环控制。在执行指令"DEC　ECX"时，使寄存器 ECX 的值减 1，并且如果 ECX 的结果不为 0，零标志 ZF 为 0，否则 ZF 为 1。在执行指令"JNZ　NEXT"时，如果 ZF 为 0（表示计数结果不为 0），则从 NEXT 处继续执行；如果 ZF 为 1（表示计数结果为 0），则执行下一条指令（这里是保存累加和的指令），于是结束循环。

指令"JNZ　NEXT"就是条件转移指令。该指令根据零标志 ZF 判断条件是否满足。指令助记符 JNZ 的意思是"Jump if not zero"。当 ZF 为 0 时，表示条件满足，发生转移；当 ZF 为 1 时，表示条件不满足，不发生转移。

2. 条件转移指令的格式

条件转移指令的一般使用格式如下：

Jcc　　*LABEL*

　　其中，符号 cc 是代表各种条件的缩写，LABEL 代表源程序中的标号。当条件满足时，就转移到标号 LABEL 处；否则继续顺序执行。

　　IA-32 系列 CPU 提供了丰富的条件转移指令，可用于判断多种条件。表 2.1 列出了各种条件转移指令。

表 2.1　条件转移指令一览表

指令格式		转移条件	转移说明	其他说明
JZ	标号	ZF＝1	等于 0 转移(Jump if zero)	单个标志
JE	标号	ZF＝1	相等转移(Jump if equal)	
JNZ	标号	ZF＝0	不等于 0 转移(Jump if not zero)	单个标志
JNE	标号	ZF＝0	不相等转移(Jump if not equal)	
JS	标号	SF＝1	为负转移(Jump if sign)	单个标志
JNS	标号	SF＝0	为正转移(Jump if not sign)	单个标志
JO	标号	OF＝1	溢出转移(Jump if overflow)	单个标志
JNO	标号	OF＝0	不溢出转移(Jump if not overflow)	单个标志
JP	标号	PF＝1	偶转移(Jump if parity)	单个标志
JPE	标号	PF＝1	偶转移(Jump if parity even)	
JNP	标号	PF＝1	奇转移(Jump if not parity)	单个标志
JPO	标号	PF＝1	奇转移(Jump if parity odd)	
JB	标号	PF＝1	低于转移(Jump if below)	单个标志
JNAE	标号	PF＝1	不高于等于转移(Jump if not above or equal)	(无符号数)
JC	标号	PF＝1	进位位被置转移(Jump if carry)	
JNB	标号	CF＝0	不低于转移(Jump if not below)	单个标志
JAE	标号	CF＝0	高于等于转移(Jump if above or equal)	(无符号数)
JNC	标号	CF＝0	进位位被清转移(Jump if not carry)	
JBE	标号	CF＝1 或者 ZF＝1	低于等于转移(Jump if below or equal)	两个标志
JNA	标号	CF＝1 或者 ZF＝1	不高于转移(Jump if not above)	(无符号数)
JNBE	标号	CF＝0 并且 ZF＝0	不低于等于转移(Jump if not below or equal)	两个标志
JA	标号	CF＝0 并且 ZF＝0	高于转移(Jump if above)	(无符号数)
JL	标号	SF≠OF	小于转移(Jump if less)	两个标志
JNGE	标号	SF≠OF	不大于等于转移(Jump if not greater or equal)	(有符号数)
JNL	标号	SF＝OF	不小于转移(Jump if not less)	两个标志
JGE	标号	SF＝OF	大于等于转移(Jump if greater or equal)	(有符号数)
JLE	标号	ZF＝1 或者 SF≠OF	小于等于转移(Jump if less or equal)	3 个标志
JNG	标号	ZF＝1 或者 SF≠OF	不大于转移(Jump if not greater)	(有符号数)
JNLE	标号	ZF＝0 并且 SF＝OF	不小于等于转移(Jump if not less or equal)	3 个标志
JG	标号	ZF＝0 并且 SF＝OF	大于转移(Jump if greater)	(有符号数)
JCXZ	标号	CX＝0	计数器 CX 为 0 转移	与标志无关
JECXZ	标号	ECX＝0	计数器 ECX 为 0 转移	与标志无关

　　从表 2.1 可知，有些条件转移指令根据一个状态标志位判断条件是否满足，有些则根据两个状态标志或者 3 个状态标志判断条件是否满足，只有列在最后的 JCXZ 指令和 JECXZ 指令例外。从表 2.1 还可知，有些条件转移指令有两个助记符，还有些条件转移指令有 3 个助记符。使用多个助记符的目的是便于记忆和使用，实际上，判断的条件在逻辑上是相同的，对应

的机器指令只有一条。例如，指令 JG 和指令 JNLE 代表同一条件转移指令，条件"大于"和条件"不小于等于"在逻辑上是一样的。

【例 2-47】 把寄存器 ECX 中的值视为有符号数。如下指令片段的功能是：当 ECX 中的值为 0 时，使 EAX 为 0；当 ECX 为正数时，使 EAX 为 1；否则使 EAX 为 −1。

```
    SUB    ECX, 0              ;不改变 ECX 的值,同时根据 ECX 的值影响标志
    MOV    EAX, 0              ;先假设 ECX 的值为 0
    JZ     OVER               ;如果 ZF=1(表示确实为 0),则转移到标号 OVER 处
    MOV    EAX, 1              ;再假设 ECX 的值为正
    JNS    OVER               ;如果 SF=0(表示确实为正),则转移
    MOV    EAX, -1             ;至此,ECX 的值为负
OVER:
```

在上述片段中，利用指令"SUB ECX,0"根据 ECX 的值影响标志寄存器中的状态标志，为随后的判断创造条件。值得指出，MOV 指令本身并不会改变状态标志。

3. 说明

条件转移指令本身不影响标志。

条件转移指令在条件满足的情况下，只改变指令指针寄存器 EIP。也就是说，条件转移的转移目的地仅限于同一个代码段内。这种不改变代码段寄存器 CS，仅改变 EIP 的转移称为段内转移。

条件转移指令可以实现向前方转移，也可以实现向后方转移。对例 2-46 而言，标号 NEXT 在后方(过往)；对例 2-47 而言，标号 OVER 在前方(未来)。

在 3.3.2 节中将进一步介绍条件转移指令。

2.6.3　比较指令和数值大小比较

如 2.6.2 节所述，绝大部分条件转移指令根据标志寄存器中的有关状态标志来判断条件是否满足。在例 2-46 中，指令"JNZ NEXT"根据零标志 ZF 判断条件是否满足，实际上，其上一条指令"DEC ECX"已根据计数值影响了 ZF 标志。在例 2-47 中，通过指令"SUB ECX,0"影响各状态标志。为了比较两个数的大小，可以利用指令 SUB 根据这两个数的差来影响标志。但是，指令 SUB 会把差保存到目的操作数中，也就是说会改变目的操作数。当然，如果作为源操作数的减数为 0 时，目的操作数保持不变，这仅是特例。

为了既能够根据两个数的差影响各状态标志，又能不改变两个操作数的原值，IA-32 系列 CPU 提供了专门的比较指令 CMP。

1. 比较指令 CMP

比较指令的格式如下：

> CMP   *DEST*, *SRC*

这条指令根据 DEST−SRC 的差来影响标志寄存器中的各状态标志，但不把作为结果的差送到目的操作数 DEST。

除了不把结果送到目的操作数外，这条指令与 SUB 指令一样。

【例 2-48】 如下指令演示比较指令 CMP 的使用。

```
    CMP    EDX, -2             ;把 EDX 与-2 比较
    CMP    ESI, EBX            ;把 ESI 与 EBX 比较
```

```
CMP   AL, [ESI]            ;把 AL 与 ESI 所指的字节存储单元值作比较
CMP   [EBX+EDI*4+5], DX   ;把由 EBX+EDI*4+5 所指字存储单元值与 DX 作比较
```

2. 比较数值大小

为了比较两个数值的大小，一般使用比较指令。在比较指令之后，可根据零标志 ZF 是否置位，判断两者是否相等；如果两者是无符号数，则可根据进位标志 CF 判断大小；如果两者是有符号数，则要同时根据符号标志 SF 和溢出标志 OF 判断大小。

为了方便进行数值大小比较，如表 2.1 所示，IA-32 系列 CPU 提供了两套以数值大小为条件的条件转移指令，一套适用于无符号数之间的比较，另一套适用于有符号数之间的比较。这两套条件转移指令判断的标志是不同的。为了便于区分，有符号数间的次序关系称为大于(G)、等于(E)或小于(L)；无符号数间的次序关系称为高于(A)、等于(E)或低于(B)。在使用时要注意区分它们，不能混淆。

【例 2-49】 设 ECX 和 EDX 含有两个数，现要求把较大者保存在 ECX 中，较小者保存在 EDX 中。

如果这两个数是有符号数，则代码片段如下：

```
CMP   ECX, EDX
JGE   OK                 ;有符号数比较大小转移(判断 SF 和 OF)
XCHG  ECX, EDX
OK:
```

如果这两个数是无符号数，则代码片段如下：

```
CMP   ECX, EDX
JAE   OK                 ;无符号数比较大小转移(判断 CF)
XCHG  ECX, EDX
OK:
```

下面通过高级语言源程序的目标代码来进一步说明比较指令和条件转移指令的运用。

【例 2-50】 设有如下所示的 C 语言编写的函数 cf214。

```
int _fastcall cf214( int x, int y)      //寄存器传递参数
{
    int z=1;
    if( x >=13 && y <=28)
        z=2;
    return z;
}
```

在采用编译优化选项"使速度最大化"的情况下，编译上述程序后，可得到如下所示的目标代码，其中标号稍有改变，分号之后是添加的注释。

```
;函数 cf214 目标代码(使速度最大化)
mov   eax, 1
cmp   ecx, 13            ;x 与 13 比较
jl    SHORT LN1cf214     ;小于,则转移
cmp   edx, 28            ;y 与 28 比较
jg    SHORT LN1cf214     ;大于,则转移
mov   eax, 2
LN1cf214:
```

```
        ret                          ;返回到调用者
```

在上述汇编格式的目标代码中,符号"SHORT"表示转移目的地就在附近。

对照函数 cf214 的源代码可知,参数 x 被安排在寄存器 ECX 中,参数 y 被安排在寄存器 EDX 中,最后的返回值被安排在寄存器 EAX 中。在上述函数 cf214 的目标代码中,采用了条件转移指令"jl SHORT LN1cf214",当参数 x 小于 13 时,使流程跳转到标号 LN1cf214 处,也就是跳转到下一条语句的开始处。采用了条件转移指令"jg SHORT LN1cf214",当参数 y 大于 28 时,使流程跳转到标号 LN1cf214 处。

2.6.4 简单的无条件转移指令

无条件转移指令是另一种控制转移指令。

这里仅介绍无条件段内直接转移指令,它是最简单的无条件转移指令。在 3.3.2 节中将进一步介绍无条件转移指令。

1. 无条件段内直接转移指令的格式

无条件段内直接转移指令的使用格式如下,其中,LABEL 代表源程序中的标号。

```
        JMP    LABEL
```

这条指令使控制无条件地转移到标号 LABEL 位置处。所谓无条件,是指没有任何前提条件,必定实施转移。类似于 C 语言中的 goto 语句。

无条件转移指令本身不影响标志。

【例 2-51】 把寄存器 ECX 中的值视为无符号数。如下指令片段的功能是:当 ECX 中的值大于等于 3 时,使 EAX 为 5;否则使 EAX 为 7。

```
        CMP    ECX, 3               ;比较 ECX 和 3
        JAE    LAB1                 ;如 ECX>=3,转移到标号 NEXT 处
        MOV    EAX, 7               ;否则,ECX=7
        JMP    LAB2                 ;无条件转移到 LAB2 处
LAB1:
        MOV    EAX, 5
LAB2:
```

从效率上看,这样的代码片段并不好,但从可读性看,还是比较好的。

2. 应用示例

【例 2-52】 分析如下所示 C 语言编写的函数 cf215 的目标代码。

```
int  _fastcall  cf215( int x, int y)              //寄存器传递参数
{
    int  z;
    if( x > 10)                                   //语句 A
        z=3*x+4*y+7;
    else
        z=2*x+7*y-12;
    if( y <=20)                                   //语句 B
        z=4*z+3;
    return  z;                                    //语句 C
}
```

在采用编译优化选项"使速度最大化"的情况下,编译上述程序后,可得到如下所示的目标代码,其中标号稍有改变。按照调用约定,采用寄存器传递参数,参数 x 被安排在寄存器 ECX 中,参数 y 被安排在寄存器 EDX 中。

```
;函数 cf215 目标代码(使速度最大化)
    cmp     ecx, 10                         ;x 与 10 比较
    jle     SHORT LN3cf215                  ;当小于等于 10 时转
    lea     eax, DWORD PTR [ecx+ecx*2]      ;计算表达式 3*x+4*y+7
    lea     eax, DWORD PTR [eax+edx*4+7]
    jmp     SHORT LN2cf215                  ;无条件转(if- else 语句结束)
LN3cf215:
    lea     eax, DWORD PTR [edx*8]          ;计算表达式 7*y+2*x-12
    sub     eax, edx
    lea     eax, DWORD PTR [eax+ecx*2-12]
LN2cf215:
    cmp     edx, 20                         ;y 与 20 比较
    jg      SHORT LN1cf215                  ;当大于 20 时转
    lea     eax, DWORD PTR [eax*4+3]        ;计算 4*z+3
LN1cf215:
    ret                                     ;函数 cf24 结束返回
```

　　对照函数 cf215 的源程序可知,在上述目标代码中,采用了无条件转移指令"jmp SHORT LN2cf215",使流程跳转到标号 LN2cf215 处,即跳转到下一条语句的开始处。在上述目标代码中,还在另外两个地方使用了条件转移指令实现分支。

　　在上述汇编格式的目标代码中,符号"SHORT"表示转移目标地就在附近,符号"DWORD PTR"表示涉及的存储器操作数是双字(32 位操作数),这里仅是利用取有效地址指令 lea 计算表达式的值,实际上与存储单元无关。

2.7　堆栈和堆栈操作

　　程序的运行与堆栈有密切关系。CPU 在运行程序期间往往需要利用堆栈保存某些关键信息,程序自身也经常会利用堆栈临时保存一些信息。本节介绍堆栈的概念和常用的堆栈操作指令。在高级语言中,堆和栈是两个不同的概念,这里介绍的堆栈对应高级语言的栈。

2.7.1　堆栈

　　堆栈(栈)就是一段内存区域,只是对它的访问操作仅限于一端进行。地址较大的一端称为栈底,地址较小的一端称为栈顶。堆栈操作遵守"后进先出"的原则,所有数据的存入和取出都在栈顶进行。把存入数据的操作称为进栈操作,把取出数据的操作称为出栈操作。进栈操作也称为压栈操作,出栈操作也称为弹出操作。

　　用于堆栈的内存区域在什么位置?堆栈的栈顶在哪里?堆栈段寄存器 SS 含有当前堆栈段的段号,也就是说,SS 指示堆栈所在内存区域的位置。堆栈指针寄存器 ESP 含有栈顶的偏移(有效地址),也就是说,ESP 指向栈顶。

　　图 2.9 给出了堆栈和堆栈操作示意图。堆栈的栈顶由 SS 和 ESP 确定。随着进栈操作,ESP 减小,指向地址更低的存储单元;随着出栈操作,ESP 增大,指向地址更高的存储单元。

程序员一定要充分注意堆栈的平衡。

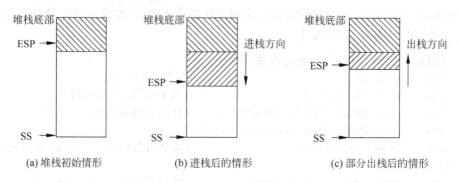

图 2.9　堆栈和堆栈操作示意图

如果需要,通过重新设置 SS 和 ESP,就可以改变堆栈的位置和栈顶的位置。

在实方式下,由于每个段的长度不超过 64KB,因此在堆栈操作时,以堆栈指针寄存器 ESP 的低 16 位 SP 作为堆栈指针。

堆栈主要用途有以下几方面,在以后的章节中将介绍这些用途的具体使用。

(1) 保护寄存器内容或者保护现场。

(2) 保存返回地址。

(3) 传递参数。

(4) 安排局部变量或者临时变量。

2.7.2　堆栈操作指令

如上所述,堆栈操作分为进栈和出栈,堆栈操作指令也分为进栈指令和出栈指令。

可以认为堆栈操作指令属于传送指令。这里所介绍的堆栈操作指令都不影响状态标志。

1. 进栈指令

进栈指令 PUSH 的一般格式如下:

PUSH　SRC

该指令把源操作数 SRC 压入堆栈。源操作数 SRC 可以是 32 位通用寄存器、16 位通用寄存器和段寄存器,也可以是双字存储单元或者字存储单元,还可以是立即数。

【例 2-53】　如下指令演示进栈指令 PUSH 的使用,其中符号"DWORD PTR"和"WORD PTR"分别表示为双字存储单元(32 位)和字存储单元(16 位)。

```
PUSH    EAX              ;把 EAX 的内容压入堆栈
PUSH    DWORD PTR [ECX]  ;把 ECX 指示的双字存储单元的内容压入堆栈
PUSH    BX               ;把 BX 的内容压入堆栈
PUSH    WORD PTR [EDX]   ;把 EDX 指示的字存储单元的内容压入堆栈
```

当进栈指令 PUSH 在把一个双字数据(如 32 位通用寄存器,又如双字存储单元)压入堆栈时,先把 ESP 减 4,然后再把双字数据送到 ESP 所指示的存储单元。在把一个字数据(如 16 位通用寄存器、字存储单元)压入堆栈时,先把 ESP 减 2,再把字数据送到 ESP 所指示的存储单元。这样,ESP 总是指向栈顶。

【例 2-54】　设堆栈操作之初的 ESP 为 0013FA74H,执行如下指令片段时,堆栈变化如图 2.10 所示。

```
MOV   EAX, 12345678H
PUSH  EAX                    ;ESP=0013FA70H
PUSH  AX                     ;ESP=0013FA6EH
```

为了节省篇幅,图 2.10 中每一格代表一个字存储单元(两个字节)。

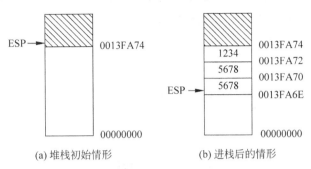

ESP → 0013FA74

(a) 堆栈初始情形　　　　(b) 进栈后的情形

图 2.10　堆栈操作示意图

从 Intel 80386 开始,被压入堆栈的立即数不仅可以是字,还可以是双字。

【例 2-55】　假设 ESP 的初值为 003EFC5CH。如下指令片段演示进栈指令把立即数压入堆栈,其中,"WORD　PTR"表示 16 位数据,"DWORD　PTR"表示 32 位数据,注释部分给出了进栈操作后 ESP 的值。

```
PUSH  WORD PTR 4455H        ;ESP=003EFC5AH,16 位数据入栈
PUSH  WORD PTR 11H          ;ESP=003EFC58H,16 位数据入栈
PUSH  DWORD PTR 22H         ;ESP=003EFC54H,32 位数据入栈
PUSH  66778899H             ;ESP=003EFC50H,32 位数据入栈
```

进栈指令 PUSH 至少把一个字(16 位)的数据压入堆栈。

2. 出栈指令

出栈指令 POP 的一般格式如下:

POP　DEST

该指令从栈顶弹出一个双字或者字数据到目的操作数 DEST。目的操作数可以是 32 位通用寄存器、16 位通用寄存器和段寄存器,也可以是双字存储单元或者字存储单元。如果目的操作数是双字的,那么就从栈顶弹出一个双字数据;否则,从栈顶弹出一个字数据。出栈指令至少弹出一个字(16 位)。

注意,出栈指令的操作数不能是立即数,也不能是代码段寄存器 CS。

【例 2-56】　如下指令演示出栈指令 POP 的使用,其中符号"DWORD PTR"和"WORD PTR"分别表示为双字存储单元和字存储单元。

```
POP   ESI                   ;从堆栈弹出一个双字到 ESI
POP   DWORD PTR [EBX+4]      ;从堆栈弹出一个双字到 EBX+4 所指示的存储单元
POP   DI                    ;从堆栈弹出一个字到 DI
POP   WORD PTR [EDX+8]       ;从堆栈弹出一个字到 EDX+8 所指示的存储单元
```

当出栈指令 POP 在从栈顶弹出一个双字数据时,先从 ESP 所指示的存储单元中取出一个双字送到目的操作数(如 32 位通用寄存器、双字存储单元),然后把 ESP 加 4。在从栈顶弹出一个字数据时,先从 ESP 所指示的存储单元中取出一个字送到目的操作数(如 16 位通用寄存器、字存储单元),然后把 ESP 加 2。这样,确保 ESP 总是指向栈顶。

【例 2-57】　如下 C 程序 dp216 及其嵌入汇编代码片段,演示堆栈操作和堆栈指针寄存器变化。在嵌入汇编代码片段中:每次堆栈操作后,把当前堆栈指针寄存器 ESP 的值保存到一个变量中;先把一个双字(32 位)压入堆栈,再压一个字(16 位)到堆栈,然后从堆栈弹出一个双字,再弹出一个字。通过观察各阶段 ESP 的值,了解堆栈指针变化的情况。通过观察压入和弹出堆栈的值,了解堆栈操作的"先进后出"。

```
#include <stdio.h>                           //演示程序 dp216
int   main()
{
    int   varsp1, varsp2, varsp3, varsp4, varsp5;  //用于存放 ESP 值
    int   varr1, varr2;                      //用于存放 EBX 值
    //嵌入汇编
    _asm{
        MOV   EAX, 12345678H        //初值
        MOV   varsp1, ESP           //保存演示之初的 ESP(假设为 0013FA74H)
        ;
        PUSH  EAX                   //把 EAX 压入堆栈
        MOV   varsp2, ESP           //保存当前 ESP(0013FA70H)
        ;
        PUSH  AX                    //把 AX 压入堆栈
        MOV   varsp3, ESP           //保存当前 ESP(0013FA6EH)
        ;
        POP   EBX                   //从堆栈弹出双字到 EBX
        MOV   varsp4, ESP           //保存当前 ESP(0013FA72H)
        MOV   varr1, EBX
        ;
        POP   BX                    //从堆栈弹出字到 BX
        MOV   varsp5, ESP           //保存当前 ESP(0013FA74H)
        MOV   varr2, EBX
    }
    printf("ESP1=%08XH\n",varsp1);  //显示为 ESP1=0013FA74H
    printf("ESP2=%08XH\n",varsp2);  //显示为 ESP2=0013FA70H
    printf("ESP3=%08XH\n",varsp3);  //显示为 ESP3=0013FA6EH
    printf("ESP4=%08XH\n",varsp4);  //显示为 ESP4=0013FA72H
    printf("ESP5=%08XH\n",varsp5);  //显示为 ESP5=0013FA74H
    printf("EBX1=%08XH\n",varr1);   //显示为 EBX1=56785678H
    printf("EBX2=%08XH\n",varr2);   //显示为 EBX2=56781234H
    return  0;
}
```

在上述的嵌入汇编代码片段中,假设在堆栈操作之初的 ESP 为 0013FA74H,那么堆栈操作前后的堆栈情况如图 2.10 所示。需要特别说明:在上述的嵌入汇编代码中,先压入一个双字,再压入一个字,然后先弹出一个双字,再弹出一个字,正常情况下不应该这样做。这里这样安排,完全是为了充分演示堆栈操作的特点。

【例 2-58】　如下的程序片段说明堆栈的一种用途,临时保存寄存器的内容。

```
PUSH  EBP          ;保护 EBP
PUSH  ESI          ;保护 ESI
```

```
    PUSH    EDI             ;保护 EDI
    ...                     ;其他操作
    ...                     ;假设其间会破坏 EBP、ESI 和 EDI 的原有值
    POP     EDI             ;恢复 EDI
    POP     ESI             ;恢复 ESI
    POP     EBP             ;恢复 EBP
```

在利用堆栈临时保护寄存器内容时,必须充分注意堆栈操作的"后进先出"原则。同时还要充分注意保证堆栈的平衡。

3. 通用寄存器全进栈指令和全出栈指令

有时需要把多个通用寄存器压入堆栈,以保护这些通用寄存器中的值。为了提高程序的空间效率,IA-32 系列 CPU 提供了通用寄存器全进栈指令和全出栈指令。

(1) 16 位通用寄存器全进栈指令(PUSHA)和全出栈指令(POPA)。PUSHA 指令和POPA 指令提供了压入或弹出 8 个 16 位通用寄存器的有效手段,它们的一般格式如下:

PUSHA
POPA

PUSHA 指令将所有 8 个 16 位通用寄存器的内容压入堆栈,压入顺序为 AX、CX、DX、BX、SP、BP、SI、DI,然后堆栈指针寄存器 SP 的值减 16,所以 SP 进栈的内容是 PUSHA 执行之前的值。

POPA 指令从堆栈弹出内容,以 PUSHA 相反的顺序送到这些通用寄存器,从而恢复PUSHA 之前的寄存器内容。但 SP 的值不是由堆栈弹出的,而是通过增加 16 来恢复。

(2) 32 位通用寄存器全进栈指令(PUSHAD)和全出栈指令(POPAD)。PUSHAD 指令和 POPAD 指令提供了压入或弹出 8 个 32 位通用寄存器的有效手段,它们是 PUSHA 和POPA 指令的扩展。一般格式如下:

PUSHAD
POPAD

PUSHAD 指令将所有 8 个 32 位通用寄存器的内容压入堆栈,压入顺序为 EAX、ECX、EDX、EBX、ESP、EBP、ESI、EDI,然后堆栈指针寄存器 ESP 的值减 32,所以 ESP 进栈的内容是 PUSHAD 执行之前的值。

POPAD 指令从堆栈弹出内容,以 PUSHAD 相反的顺序送到这些通用寄存器,从而恢复PUSHAD 之前的寄存器内容。但堆栈指针寄存器 ESP 的值不是由堆栈弹出的,而是通过增加 32 来恢复。

这 4 条指令都没有显式的操作数。这些指令也不影响标志。

【例 2-59】 如下 C 程序 dp217 及其嵌入汇编代码,演示 PUSHAD 指令的执行效果,同时还演示另一种访问堆栈区域存储单元的方法。

```
#include<stdio.h>          //演示程序 dp217
int  buff[8];              //全局数组,存放从堆栈中取出的各寄存器的值
int  main()
{
    _asm{                  //嵌入汇编
        PUSH  EBP          //先保存 EBP
        ;
```

```
        MOV     EAX, 0              //给各通用寄存器赋一个特定的值
        MOV     EBX, 1
        MOV     ECX, 2
        MOV     EDX, 3
        ;                           //决不能随意改变 ESP
        MOV     EBP, 5
        MOV     ESI, 6
        MOV     EDI, 7
        ;
        PUSHAD                      //把 8 个通用寄存器的值全部推到堆栈
        ;
        MOV     EBP, ESP            //使得 EBP 也指向堆栈顶
        LEA     EBX, buff           //把数组 buff 首元素的有效地址送到 EBX
        MOV     ECX, 0              //设置计数器(下标)初值
    NEXT:
        MOV     EAX, [EBP+ECX*4]    //依次从堆栈中取值
        MOV     [EBX+ECX*4], EAX    //依次保存到数组 buff
        INC     ECX                 //计数器加 1
        CMP     ECX, 8              //是否满 8 个
        JNZ     NEXT                //没有满 8 个,继续处理下一个
        ;
        POPAD                       //恢复 8 个通用寄存器
        POP     EBP                 //恢复开始保存的 EBP
    }
    //依次显示数组 buff 各元素的值,从中观察 PUAHAD 指令压栈的效果
    int  i;
    for( i=0; i < 8; i++)
        printf("buff[%d]=%u\n", i, buff[i]);
    return  0;
}
```

上述程序运行后,屏幕显示输出"7,6,5,X,1,3,2,0,"。其中,记号 X 是与运行时有关的不固定值。从嵌入汇编代码开始时对通用寄存器赋值的情形可知,这是由 PUSHAD 指令压到堆栈中的 8 个 32 位通用寄存器的值,记号 X 处是堆栈指针寄存器的值。虽然显示顺序与压到堆栈中的顺序相反,但同样可以据此观察到 PUSHAD 指令把 8 个通用寄存器压到堆栈中的顺序。图 2.11(a)列出了指令 PUSHAD 把 8 个通用寄存器压到堆栈中的顺序。注意,在底部的 EBP 是在 PUSHAD 指令之前被压到堆栈中的。

在上述嵌入汇编代码中,有一个循环。寄存器 ECX 作为计数器,控制循环 8 次。每次顺序从堆栈中取出一个值,并保存到全局数组 buff 的对应元素中,如图 2.11 所示,为了节省篇幅,每一格是双字(4 个字节)。在这个循环中有以下两条关键指令。

```
        MOV     EAX, [EBP+ECX*4]    //第一条指令(从堆栈中取)
        MOV     [EBX+ECX*4], EAX    //第二条指令(存放到)
```

第一条指令,从堆栈中取数据。在循环之前,已经把堆栈指针寄存器 ESP 送到 EBP,这样 EBP 也指向了栈顶。于是,EBP+ECX*4 所表示的有效地址就是位于堆栈中的对应存储单元的有效地址。因为在 32 位存储器寻址方式中,当 EBP 作为基址寄存器时,那么默认引用的

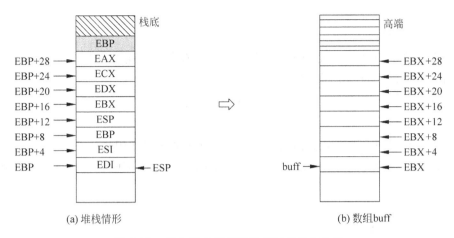

图 2.11　例 2-59 的堆栈和数组元素对应关系

段寄存器是 SS,也就是说对应的存储单元位于堆栈。

第二条指令,依次把数据存放到数组 buff 中。在循环之前,利用取有效地址指令 LEA 已经把数组 buff 首元素的有效地址送到 EBX 中。于是,EBX＋ECX＊4 所表示的有效地址,是数组 buff 中对应元素存储单元的有效地址。默认引用的段寄存器是 DS。

为了简化演示程序,刻意把数组 buff 安排为全局变量。

在上述 dp217 的嵌入汇编代码的开始处先把寄存器 EBP 的内容压入堆栈保存,在嵌入汇编代码结束处从堆栈弹出早先压入的 EBP 内容,从而恢复 EBP。这是因为在嵌入代码片段中,用到了寄存器 EBP,而 EBP 中又含有重要的数据。

习　　题

1. 利用网络查阅相关资料,简述 IA-32 系列 CPU 的发展历史,并列举最新的几款 CPU。

2. IA-32 系列 CPU 有哪几种工作方式? 并简述这些工作方式各自的特点和这些工作方式之间切换的关键条件。

3. 说明 IA-32 系列 CPU 的通用寄存器命名规律。并列出这些通用寄存器的名称。

4. 通用寄存器的通用性表现在何处? 这些通用寄存器各自有何专门的用途?

5. 可独立访问的通用寄存器有多少个? 为什么可以独立访问它们?

6. 简要说明寄存器 EAX 与寄存器 AX、AH 和 AL 的关系。并写出如下程序片段中每条指令执行后寄存器 EAX 的内容。

```
MOV   EAX, 89ABCH
MOV   AX, 1234H
MOV   AL, 98H
MOV   AH, 76H
ADD   AL, 81H
SUB   AL, 35H
ADD   AL, AH
ADC   AH, AL
ADD   AX, 0D2H
SUB   AX, 0FFH
```

```
ADD    EAX, 4567H
SUB    EAX, 7654H
```

7. CPU 内的通用寄存器是否越多越好？通用寄存器不够用怎么办？

8. 请比较分析下面两个指令片段的差异。

```
ADD    AX, 2              INC    AX
                          INC    AX
```

9. 标志寄存器中有哪些状态标志？这些状态标志的主要作用是什么？

10. 写出如下程序片段中每条算术运算指令执行后标志 CF、ZF、SF、OF、PF 和 AF 的状态。

```
MOV    AL, 89H
ADD    AL, AL
ADD    AL, 9DH
CMP    AL, 0BCH
SUB    AL, AL
DEC    AL
INC    AL
NEG    AL
```

11. 列举标志 CF 的主要用途。并至少给出使标志 CF 清 0 的 3 种方法。

12. 结合指令"ADD AL，BL"说明标志 CF 和标志 OF 的差异。

13. 说明 CPU 地址线数量与物理地址空间规模的关系。

14. 存储单元的逻辑地址如何表示？请说明物理地址、段起始地址和有效地址这三者的关系。

15. IA-32 系列 CPU 有哪几个段寄存器？这些段寄存器的作用是什么？

16. 常用的寻址方式有哪几类？存储器寻址方式又可分为哪几种？

17. 简要说明如下指令中源操作数的寻址方式，并相互比较。

```
MOV    EBX, [1234H]
MOV    EBX, 1234H
MOV    EDX, EBX
MOV    EDX, [EBX]
MOV    EDX, [EBX+1234H]
```

18. 请写出 32 位存储器寻址方式的通用形式。

19. 简要说明 32 位存储器寻址方式如何支持高级语言的多种数据结构。

20. 设寄存器 ECX 的内容是 4，寄存器 ESI 的内容是 1230H。请指出如下每条指令中存储器操作数的有效地址。

```
MOV    AL, [ESI-5]
MOV    AX, [ESI+ECX*4]
MOV    EAX, [ESI+ECX*8+100H]
MOV    [ESI*8], AL
MOV    [2000H+ECX], ECX
```

21. 为什么目的操作数不能采用立即寻址方式？

22. 通常情况下源操作数和目的操作数不能同时是存储器操作数。请写出把存储器操作数甲送到存储器操作数乙的两种方法。

23. 设寄存器 ECX 的内容是 100H,寄存器 EDX 的内容是 1234H。请写出执行如下每条指令后,寄存器 EAX 的值。

```
LEA    EAX, [EDX+3]
LEA    EAX, [ECX*8]
LEA    EAX, [ECX+ECX*4]
LEA    EAX, [ECX+EDX*2-5]
LEA    EAX, [5678H]
MOV    EAX, [5678H]
```

24. 请用一条指令实现把寄存器 EBX 和寄存器 EDX 的值相加,同时减去 123,并把结果送到寄存器 ECX。

25. 绝大部分条件转移指令判断的条件是什么?最多会判断几个条件?

26. 有些条件转移指令有多个助记符,请举例说明。为什么要这样安排?

27. 不采用条件转移指令 JG、JGE、JL 和 JLE,实现如下程序片段的功能。

```
CMP    AL, BL
JGE    OK
XCHG   AL, BL
OK:…
```

28. 哪些指令把寄存器 ESP 作为指针寄存器使用?

29. 设堆栈操作之初寄存器 ESP 为 00001000H,执行下列堆栈操作指令后,堆栈的存储情况如何,请画出示意图。

```
MOV    EAX, 87654321H
PUSH   EAX
PUSH   AX
POP    EBX
```

30. 请指出下列指令的错误所在。

```
(1)  MOV    CX, DL          (2)  XCHG   [ESI], 3
(3)  MOV    AL, 300         (4)  MOV    EIP, EAX
(5)  SUB    [ESI], [EDI]    (6)  PUSH   DH
(7)  XCHG   ECX, DX         (8)  CMP    AX, DS
```

31. 请说明堆栈操作的特点。

32. 在 VC 2010 环境下,编辑运行如下控制台程序,并写出运行结果。

```
#include <stdio.h>
int    varx=6;
char   dstr[]="abcde";
int    buff[5]={1,2,3,4,5};
int main()
{
    int   var_a, var_b, var_c;
    _asm{
        MOV    EAX, varx
        ADD    EAX, 4
```

```
        MOV    var_a, EAX
        ;
        LEA    EBX, dstr
        MOV    AL, [EBX+2]
        MOV    var_b, EAX
        ;
        LEA    ESI, buff
        MOV    ECX, 1
        MOV    AX, [ESI+ECX*2+5]
        MOV    var_c, EAX
    }
    printf("A=%d,B=%d,C=%d\n", var_a, var_b, var_c);
    return  0;
}
```

下列编程题,除了输入和输出操作之外,请采用嵌入汇编的形式实现。

33. 由用户从键盘输入两个整数(整型);把这两个整数作为有符号数,比较大小,显示输出较大值;把这两个整数作为无符号数,比较大小,显示输出较大值。

34. 由用户从键盘输入两个整数(整型);计算这两个整数的差;显示输出上述差的绝对值。

35. 由用户从键盘输入 4 个字符,存放到字符数组中;把这 4 字节数据作为无符号数,分别拼接成两个字数据,还拼接成一个双字数据;显示输出这两个字数据的值和一个双字数据的值。

36. 由用户从键盘输入一个字符串;统计该字符串的长度;显示输出字符串长度。

37. 假设有一个字符型数组,含有 10 个字节(8 位)整数。可以在定义字符型数组时初始化好这 10 个数据;也可以由用户输入。编写程序实现:将这些整数作为有符号数,统计这些整数中正数和负数的个数,并显示输出统计结果。

38. 假设有一个无符号字符型数组,存放有 20 个(8 位)数据。可以在定义数组时初始化好这 20 个数据;也可以由用户输入。如果把两个连续的字节数据视为一个 16 位数据,那么就有 10 个字数据;如果把 4 个连续的字节数据视为一个 32 位数据,那么就有 5 个双字数据。编写程序实现:将这些数据作为 10 个 16 位整数,统计正数的个数;将这些数据作为 5 个 32 位整数,统计负数的个数;显示输出统计结果。

39. 假设有一个字符型数组,含有 10 个(8 位)整数。可以在定义字符型数组时初始化好这 10 个数据,也可以由用户输入。编写程序实现:统计该数组中 10 个数据的累加和;并显示输出。可以认为数组元素中的数据是无符号数,也可以是有符号数。请分别按无符号数和有符号数情形,计算它们的累加和(至少用 16 位表示)。

40. 假设有一个整型数组,存放有 13 个无符号整数,计算"奇数之和"与"偶数之和"之差的绝对值,并显示输出。

41. 简要说明在 VC 2010 环境下,调试程序时观察寄存器和内存单元的方法。

第3章

程序设计初步

结合 C 语言源程序的目标代码，本章介绍基于 IA-32 系列 CPU 的汇编语言程序设计，同时分析 C 语言部分语句的实现方法。在说明堆栈的作用和介绍算术逻辑运算指令后，分别介绍分支、循环和子程序的设计。

3.1 堆栈的作用

在 2.7 节介绍了堆栈，并提及了堆栈的主要作用。为了今后方便地阅读与 C 语言源程序对应的目标代码，本节将具体说明堆栈的主要用途：保存函数的返回地址；用于向函数传递参数；安排函数的局部变量。由于这些都与子程序（过程）有关，因此先介绍过程调用和返回指令。请注意，这里堆栈的概念对应高级语言中栈的概念。

3.1.1 过程调用和返回指令

在汇编语言中，常把子程序称为过程（Procedure）。C 语言中的函数是子程序，也就是汇编语言中的过程。

调用子程序（过程、函数）在本质上是控制转移，它与无条件转移的区别是调用子程序要考虑返回。CPU 提供专门的过程调用指令和过程返回指令。通常，过程调用指令用于由主程序转移到子程序，过程返回指令用于由子程序返回到主程序。

1. 示例分析

在介绍过程调用指令和返回指令之前，先介绍 C 语言源程序及其目标代码的示例。

【例 3-1】 对比分析如下所示的 C 语言源程序 dp31 和相应汇编格式指令的目标代码。

在如下 C 语言程序 dp31 中，main 函数先调用函数 cf211 计算一个表达式的值，然后打印输出结果。函数 cf211 与 2.5 节例 2-45 相同，计算一个示例表达式，其中的函数调用约定 _fastcall 表示希望通过寄存器来传递参数。

```
#include<stdio.h>
int _fastcall cf211( int x, int y)
{
    return (2*x+5*y+100);
}
//作为示例的主程序
int main()
{
    int val;
    val=cf211( 23, 456);
```

```
        printf(" val=%d\n" , val) ;
        return  0;
}
```

在项目属性中,采用配置属性选项"在静态库中使用 MFC",同时采用编译优化选项"使速度最大化",但内联函数扩展选择"已禁用",编译上述程序后,可得到如下所示的用汇编格式指令表示的目标代码(标号和名称稍有修饰),分号之后是添加的注释。

```
;函数 cf211 的目标代码
;通过寄存器 ECX 和 EDX 传递参数 x 和 y
cf211      PROC                                ;过程开始
    lea    eax, DWORD PTR [edx+edx* 4+100] ;EAX=5* y+100
    lea    eax, DWORD PTR [eax+ecx* 2]   ;EAX=EAX+2* x
    ret                                  ;返回(返回值在 EAX 中)      //@r1
cf211      ENDP                                ;过程结束
;
;函数 main 的目标代码
_main      PROC                                ;过程开始
                                              ;val=cf211(23, 456)
    mov    edx, 456                      ;由寄存器 EDX 传参数 y      //@p1
    mov    ecx, 23                       ;由寄存器 ECX 传参数 x      //@p2
    call   cf211                         ;调用函数 cf211             //@c1
                                              ;printf(" val=%d\n" , val)
    push   eax                           ;把 val 值压入堆栈
    push   OFFSET FMTS                   ;把输出格式字符串首地址压入堆栈
    call   _printf                       ;调用库函数 _printf         //@c2
    add    esp, 8                        ;平衡堆栈                   //@s
    ;
    xor    eax, eax                      ;由 eax 传递返回值
    ret                                  ;返回                       //@r2
_main      ENDP                                ;过程结束
```

上述目标代码中的"过程开始"和"过程结束"行,并非汇编格式指令,但可以认为这些是汇编语言的语句,在形式上表示函数(过程)的代码的开始和结束。

从上述 C 语言源程序和对应的汇编格式指令代码可以看到:main 函数和 cf211 函数分别对应一个过程(子程序)。在过程_main 中,通过指令 call 调用了过程 cf211 和过程_printf(库函数)。在调用过程 cf211 时,通过寄存器传递参数,比较简单。但在调用过程_printf 时,通过堆栈传递参数,先把两个参数压入了堆栈。在过程 cf211 和过程_main 中,通过返回指令 ret 返回到主程序。函数的返回值在寄存器 EAX 中。

在标识符_main 和_printf 中,为首的下画线是 VC 2010 编译器加上去的,以便符合编译和链接的相关约定。

2. 过程调用指令

主程序调用子程序,在执行完子程序后,再返回到主程序。因此,在从主程序转移到子程序时,首先要保存返回地址,以便返回,然后再转移到子程序。

过程调用指令实现由主程序转移到子程序。所以,过程调用指令首先要保存返回地址,然后再转移到子程序的入口地址。为了简化,可以先这样认为:所谓返回地址,就是紧随过程调

用指令的下一条指令的地址偏移(有效地址);所谓转移到子程序的入口地址,就是使得指令指针寄存器 EIP 等于子程序开始处的地址偏移。保存返回地址的方法是把返回地址压入堆栈。例如,执行例 3-1 中调用指令"call cf211"的操作,首先把返回地址偏移(紧随其后的指令"push eax"的地址偏移)压入堆栈,然后使得 EIP 等于函数 cf211 的第一条指令"lea eax,DWORD PTR [edx+edx * 4+100]"的地址偏移。

过程调用指令有多种方式,这里先介绍最简单的段内直接调用指令。

段内直接调用指令的一般格式如下:

CALL LABEL

标号 LABEL 可以是程序中的一个标号,也可以是一个过程名。

【例 3-2】 如下指令演示了段内直接调用指令的使用。

```
CALL    HTOASC          ;HTOASC 是某个子程序开始处的标号
CALL    SUB1            ;SUB1 是某个过程的名称
```

段内直接调用指令的具体操作:①把返回地址偏移压入堆栈;②使得 EIP 的内容为目标地址偏移,从而实现转移。第二步与 2.6.4 节介绍的无条件转移指令的操作是相同的。实际上,与无条件转移指令 JMP 相比,过程调用指令 CALL 只是多了第一步:保存返回地址。

执行段内直接调用指令 CALL 的堆栈变化如图 3.1(a)、(b)所示。在保护方式(32 位代码段)下,返回地址偏移占 4 个字节。

3. 过程返回指令

子程序在执行完后,要返回到主程序。利用保存在堆栈中的返回地址,子程序就能够方便地返回主程序。

过程返回指令用于从子程序返回到主程序。在执行该指令时,从堆栈顶弹出返回地址,并转移到所弹出的地址,这样就实现了返回。通常,这个返回地址就是在执行对应的调用指令时所压入堆栈的返回地址。

过程返回指令的使用应该与过程调用指令所对应。这里先介绍简单的段内返回指令。

简单的段内返回指令的格式如下:

RET

该指令从堆栈弹出地址偏移,送到指令指针寄存器 EIP。在保护方式(32 位代码段)下,地址偏移是一个双字(32 位,4 个字节)。

执行简单的段内返回指令 RET 的堆栈变化如图 3.1(b)、(c)所示。它与段内调用指令相对应。

在例 3-1 的目标代码中,注释带//@r1 和//@r2 的行,都是返回指令 RET 的具体应用。在执行标有//@r1 行的返回指令"ret"时,从堆栈顶弹出在执行调用指令"call cf211"时压入堆栈的返回地址偏移,把弹出地址偏移送到 EIP,从而返回到主程序,继续从指令"push eax"开始执行。

【例 3-3】 如下 C 程序 dp32 采用嵌入汇编代码方式,演示子程序的调用及其返回,说明 CALL 指令和 RET 指令的使用。其中,子程序 UPPER 实现把寄存器 AL 中的字符大写化(如果为小写字母,则转换成大写字母,否则不变);子程序 TUPPER 把寄存器 AX 中的两个字符大写化。演示步骤为,两次调用子程序 TUPPER,还调用子程序 UPPER,把字符串 string 中的 5 个字母转换为大写。通过 C 语言的库函数 printf 实现显示输出。当然,这仅仅

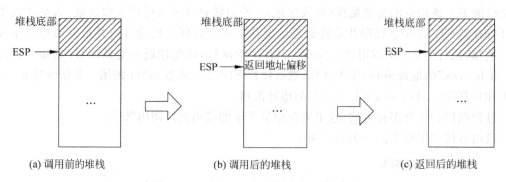

图 3.1　执行段内调用指令时的堆栈变化示意图

是个示例。

```c
#include <stdio.h>
char  string[]="abcde";
int  main()
{
    _asm{                             //嵌入汇编代码
        LEA   ESI, string            //ESI 指向 string 首
        MOV   AX, [ESI]
        CALL  TUPPER                 //调用子程序 tupper
        MOV   [ESI], AX
        MOV   AX, [ESI+2]
        CALL  TUPPER                 //调用子程序 tupper
        MOV   [ESI+2], AX
        MOV   AL, [ESI+4]
        CALL  UPPER                  //调用子程序 upper
        MOV   [ESI+4], AL
    }
    printf("%s\n", string) ;         //显示为 ABCDE
    return  0;
    //嵌入汇编代码形式的子程序
    _asm{                            //嵌入汇编代码
    UPPER:                           //子程序入口标号
        CMP   AL, 'a'
        JB    UPPER2
        CMP   AL, 'z'
        JA    UPPER2
        SUB   AL, 20H                //小写转大写
    UPPER2:
        RET                          //返回
    //
    TUPPER:                          //子程序入口标号
        CALL  UPPER                  //调用子程序
        XCHG  AH, AL
        CALL  UPPER                  //调用子程序
        XCHG  AH, AL
```

```
        RET                         //返回
    }
}
```

从上述的嵌入汇编代码可知,子程序 TUPPER 又调用子程序 UPPER 来实现一个字符的大写化。子程序 TUPPER 和子程序 UPPER 都是通过寄存器传递参数。

需要特别注意,上述的程序组织方式是把子程序 UPPER 和 TUPPER 的嵌入汇编代码安排在 C 函数的 return 语句之后。这样能够避免不经过调用直接进入子程序。如果在有的编译器中不能通过,必须将 UPPER 和 TUPPER 的嵌入汇编代码安排在 return 语句之前才能通过,那么需要安排无条件转移指令或者 goto 语句跳过这些子程序的代码片段。

3.1.2　参数传递

主程序在调用子程序时,往往要向子程序传递一些参数;同样,子程序运行后也经常要把一些结果返回给主程序。主程序与子程序之间的这种信息传递被称为参数传递。通常把由主程序传给子程序的参数称为子程序的入口参数,把由子程序传给主程序的参数称为子程序的出口参数。一般而言,子程序既有入口参数又有出口参数。但有的子程序只有入口参数,而没有出口参数;少数子程序只有出口参数,而没有入口参数。

1. 参数传递方法

有多种传递参数的方法:寄存器传递法、堆栈传递法、约定内存单元传递法和 CALL 后续区传递法等。主程序与子程序之间传递参数的方法是根据具体情况而事先约定好的。有时可能同时采用多种方法。

利用寄存器传递参数就是把参数放在约定的寄存器中。例 3-3,就是通过寄存器传递参数。在本节的例 3-1 中,通过寄存器 ECX 和 EDX 给函数 cf211 传递入口参数,通过寄存器 EAX 传递出口参数。这种方法的优点是实现简单和调用方便。但由于寄存器的数量较少,并且寄存器往往还要存放其他数据,因此只适用于传递少量参数的情形。

堆栈可以用于传递参数,这也是堆栈的一个重要用途。

C 语言的函数通常利用堆栈传递入口参数,而利用寄存器传递出口参数。

如果使用堆栈传递入口参数,那么主程序在调用子程序之前,把需要传递的参数依次压入堆栈,然后子程序从堆栈中取入口参数。

利用堆栈传递参数可以不占用寄存器,也无须使用额外的存储单元。但由于参数和子程序的返回地址都一起在堆栈中,有时还要考虑保护寄存器,所以较为复杂。

2. 堆栈传递参数的示例一

为了说明如何通过堆栈传递参数,先介绍一个示例。

【例 3-4】　对比分析如下所示的 C 语言源程序 dp33 和相应汇编格式指令的目标代码。

```
#include <stdio.h>
int  cf34( int x, int y)
{
    return  (2*x+5*y+100);
}
//
int  main()
{
```

```
      int  val;
      val=cf34( 23, 456) ;
      printf(" val=%d\n", val) ;
      return 0;
   }
```

上述 C 语言源程序与例 3-1 的源程序 dp31 几乎相同,除了自定义的函数名改为 cf34 和删掉了其调用约定_fastcall 之外。这样,函数 cf34 就没有要求通过寄存器传递参数。

在项目属性中,采用配置属性选项"在静态库中使用 MFC",同时采用编译优化选项"使速度最大化",但内联函数扩展选择"已禁用",编译上述程序后,可得到如下所示的用汇编格式指令表示的目标代码(标号和名称稍有修饰),其中"DWORD PTR"表示 32 位存储器操作数,分号之后是添加的注释。

```
;函数 cf34 的目标代码
;通过堆栈传递入口参数 x 和 y
cf34    PROC                                ;过程开始
    push  ebp                               ;把 EBP 压入堆栈
    mov   ebp, esp                          ;使得 EBP 指向栈顶
    mov   eax, DWORD PTR [ebp+12]           ;从堆栈取参数 y          //@y
    mov   ecx, DWORD PTR [ebp+8]            ;从堆栈取参数 x          //@x
    lea   eax, DWORD PTR [eax+eax*4+100]    ;EAX=5* y+100
    lea   eax, DWORD PTR [eax+ecx*2]        ;EAX=EAX+2* x
    pop   ebp                               ;恢复 EBP
    ret                                     ;返回( 返回值在 EAX 中)
cf34    ENDP                                ;过程结束
;
;函数 main 的目标代码
_main   PROC                       ;过程开始
                                   ;val=cf34( 23, 456)
    push  456                      ;把参数 y( 000001c8H)压入堆栈     //@p1
    push  23                       ;把参数 x( 00000017H)压入堆栈     //@p2
    call  cf34                     ;调用函数 cf34
                                   ;printf(" val=%d\n", val)
    push  eax                      ;把 val 值压入堆栈
    push  OFFSET FMTS              ;把输出格式字符串首地址压入堆栈
    call  _printf                  ;调用库函数_printf
    add   esp, 16                  ;平衡堆栈                        //@s
    ;
    xor   eax, eax                 ;由 eax 传递返回值
    ret                            ;返回
_main   ENDP                       ;过程结束
```

与例 3-1 中函数 main 的目标代码相比,这里函数 main 的目标代码有 3 处不一样,见注释带有//@p1、//@p2 和//@s 的行。由此可见,函数 cf34 采用堆栈传递入口参数。当然,库函数_printf 也是通过堆栈传递入口参数。

与例 3-1 中函数 cf211 的目标代码相比,函数 cf34 的目标代码多了几行。因为没有通过寄存器传递参数,所以在开始计算表达式(2x+5y+100)之前,需要先从堆栈中取得入口参数 x 和 y 的值。

3. 堆栈传递参数分析

通过堆栈传递入口参数分为两个方面：一方面，主程序先把入口参数压入堆栈，然后利用 call 指令调用子程序；另一方面子程序(过程、函数)一般会先做必要的准备，然后从堆栈中取得参数。

图 3.2 给出了例 3-4 中调用函数 cf34 以及函数 cf34 执行前后的堆栈变化情况。

现在结合例 3-4 的目标代码和图 3.2，说明调用函数 cf34 前后以及它执行期间堆栈的变化情况。在调用子程序 cf34 之前，主程序 main 先把参数 y 和参数 x 压入堆栈，这时堆栈就由图 3.2(a)变化为图 3.2(b)。然后，执行 call 指令，调用子程序 cf34，调用指令 call 把返回地址偏移压入堆栈，这时堆栈变化如图 3.2(c)所示，现在进入到子程序 cf34。子程序 cf34 先把寄存器 EBP 压入堆栈，随即把堆栈指针寄存器 ESP 的值送到 EBP，这时堆栈变化如图 3.2(d)所示。现在子程序 cf34 就可以方便地从堆栈中取出相应的参数了。然后，子程序 cf34 执行相应的功能。在返回之前，从堆栈弹出刚才保存的 EBP 值，从而恢复 EBP，这时堆栈就回到如图 3.2(c)所示。最后，执行 ret 指令，返回到主程序 main，返回指令 ret 从堆栈弹出返回地址偏移，这时堆栈就回到如图 3.2(b)所示。现在回到了主程序 main。它接着执行其他的指令，包括调用子程序 _printf 等。在从子程序 _printf 返回后，主程序 main 执行注释带//@s 行的指令"add　esp，16"，在这之后，堆栈回到如图 3.2(a)所示。

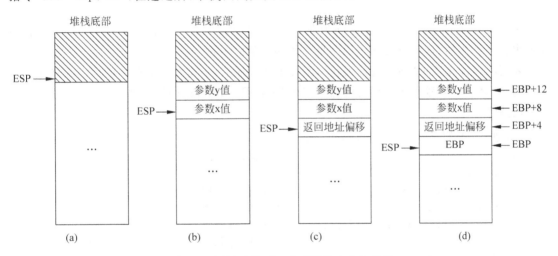

图 3.2　调用函数 cf34 前后堆栈变化示意图

在例 3-4 的目标代码中，注释带//@s 行指令的作用是平衡堆栈。因为主程序 main 在调用子程序 cf34 之前把两个参数压入堆栈，在调用子程序 _printf 之前，又把两个参数压入堆栈，这样堆栈顶就有 4 个已经没有用的参数了。每个 32 位的参数，占用 4 个字节。所以利用指令"add　esp，16"一次性平衡堆栈。在例 3-1 的目标代码中，也有类似起平衡堆栈作用的指令"add　esp，8"，参见例 3-1 目标代码中标//@s 的行。在那里调用子程序 cf211 没有通过堆栈传递参数，当时堆栈顶只有两个在调用子程序 _printf 之前压入的参数。实际上，在编译例 3-4 的源程序 dp33 时，采用了编译优化选项"使速度最大化"，这样所得的目标代码把两次平衡堆栈的操作合并到了一起。如果不采用编译优化，那么在从子程序 cf34 返回后，应该就会立即调整堆栈指针寄存器 ESP 的值，达到平衡堆栈的目的。

现在来看例 3-4 中子程序 cf34 如何从堆栈中取得由主程序压入的参数 x 和 y。结合图 3.2 可知，子程序 cf34 的目标代码中注释带//@x 和//@y 的行，分别从堆栈中把参数 x 和

y 取到了寄存器 ECX 和 EAX 中。为了通过寄存器 EBP 间接访问堆栈,先把堆栈指针寄存器 ESP 复制到 EBP,从而使得 EBP 指向当时的栈顶。当然这会破坏寄存器 EBP 中原有的内容,所以子程序一开始就把寄存器 EBP 的内容压入到堆栈中加以保护,在返回之前才恢复 EBP 原先的内容。在对应 C 语言源程序的目标代码中,通常会采用这种方式来访问堆栈,包括存取通过堆栈传递的参数。在 2.5.2 节介绍存储器寻址方式时,曾经指出过,如果基址寄存器是 EBP 或者 ESP,那么默认引用的段寄存器是 SS,这正是堆栈段。

在子程序开始时,首先把 EBP 压入到堆栈,然后复制 ESP 到 EBP,使得 EBP 指向堆栈顶,做好通过 EBP 访问堆栈的准备,常把这一步骤称为建立堆栈框架。在子程序返回之前,会从堆栈恢复 EBP,常把这一步骤称为撤销堆栈框架。

4. 堆栈传递参数的示例二

下面利用另一个示例来进一步观察堆栈传递参数的情况。

【例 3-5】 分析如下由 C 语言编写的函数 cf35 的目标代码。

```c
int  cf35( int x, int y)
{
    if( x < y) x=y;
    return  x;
}
```

函数 cf35 有两个整型参数,返回值是两个数中的较大者。根据其功能,也许函数名为 max 更合适。当然,这仅仅是用于说明堆栈传递参数的示例。

采用编译优化选项"使速度最大化",编译上述程序后,可得到如下所示的用汇编格式指令表示的目标代码(标号和名称稍有修饰),其中"SHORT"表示转移目的地就在附近,分号之后是添加的注释。

```
;函数 cf35 的目标代码(速度最大化)
cf35      PROC                        ;表示过程(函数)开始
    push  ebp
    mov   ebp, esp                    ;建立堆栈框架
    mov   eax, DWORD PTR [ebp+8]      ;从堆栈取参数 x
    mov   ecx, DWORD PTR [ebp+12]     ;从堆栈取参数 y
    cmp   eax, ecx                    ;比较 x 和 y(EAX 代表 x,ECX 代表 y)
    jge   SHORT ln1cf35               ;如果 x 大于等于 y,就跳转
    mov   eax, ecx                    ;实现 x=y
ln1cf35:
    pop   ebp                         ;撤销堆栈框架
    ret                               ;返回
cf35      ENDP                        ;表示过程(函数)结束
```

从上述目标代码可知,子程序 cf35 首先设置 EBP 做好访问堆栈中参数的准备;接着从堆栈中取出参数 x 和 y,分别送到寄存器 EAX 和 ECX,于是 EAX 就相当于形参 x,ECX 相当于形参 y;然后根据比较进行分支,使得 EAX 含有较大者;最后恢复 EBP 并返回。

假设不要求编译优化,即采用编译优化选项"已禁用",编译上述 C 语言函数 cf35 后,可得到如下所示的目标代码,分号之后是添加的注释。

```
;函数 cf35 的目标代码(禁用优化)
cf35      PROC                        ;表示过程(函数)开始
```

```
    push    ebp
    mov     ebp, esp                    ;建立堆栈框架
    mov     eax, DWORD PTR [ebp+8]
    cmp     eax, DWORD PTR [ebp+12]
    jge     SHORT ln1cf35
    mov     ecx, DWORD PTR [ebp+12]
    mov     DWORD PTR [ebp+8], ecx
ln1cf35:
    mov     eax, DWORD PTR [ebp+8]
    pop     ebp                         ;撤销堆栈框架
    ret
cf35    ENDP                            ;表示过程(函数)结束
```

从上述目标代码可知,由于没有采用"使速度最大化"的编译,因此把堆栈中的[ebp+8]单元作为形参 x,[ebp+12]单元作为形参 y。子程序 cf35 首先做好访问堆栈中参数的准备;接着根据比较进行分支,使得形参 x 含有较大者;然后,从形参 x 中取出较大者到 EAX,作为返回值;最后恢复 EBP 并返回。这样处理,效率相对较低。

为了进一步提高效率,采用编译优化选项"使速度最大化",同时优化项中还要求"省略帧指针"(实际上就是不建立堆栈框架),编译上述 C 语言函数 cf35,可得到如下所示的目标代码:

```
;函数 cf35 的目标代码(速度最大化,且省略帧指针)
cf35    PROC                            ;表示过程(函数)开始
    mov     eax, DWORD PTR [esp+4]      ;从堆栈取参数 x
    mov     ecx, DWORD PTR [esp+8]      ;从堆栈取参数 y
    cmp     eax, ecx                    ;比较之
    jge     SHORT ln1cf35               ;大于等于则跳转
    mov     eax, ecx                    ;使得 EAX 含较大者
ln1cf35:
    ret
cf35    ENDP                            ;表示过程(函数)结束
```

从上述目标代码可知,由于编译时要求"省略帧指针",因此干脆以堆栈指针寄存器 ESP 作为基址寄存器,来访问堆栈中的参数。这样也就不需要保护寄存器 EBP 了。如图 3.2(c)所示,位于堆栈中的[esp+4]单元含有参数 x,[esp+8]单元含有参数 y。子程序 cf35 迅速从堆栈中取得参数 x 和 y,分别送到寄存器 EAX 和 ECX,并将寄存器 EAX 当作形参 x,寄存器 ECX 当作形参 y。这样做,效率应该是最高的。

3.1.3 局部变量

局部变量是高级语言中的概念。所谓局部变量,是指对其访问仅限于某个局部范围。在 C 语言中,局部的范围可能是函数或复合语句。局部变量还有动态和静态之分。

堆栈可以用于安排动态局部变量。

1. 局部变量示例一

【例 3-6】 分析如下由 C 语言编写的函数 cf36 的目标代码。

```
int   cf36( int x, int y)
{
```

```
        int   z;
        z=x;
        if( x < y) z=y;
        return   z;
    }
```

函数 cf36 的功能与例 3-5 的函数 cf35 一样,返回较大者。作为示例,特意安排了一个局部变量 z。

如果采用编译优化选项"使速度最大化",编译函数 cf36 后,所得目标代码与例 3-5 的函数 cf35 的目标代码完全一样。由于要求"使速度最大化",因此局部变量 z 被"消解"掉了。

为了演示如何安排局部变量,假设不要求编译优化,即采用编译优化选项"已禁用",编译上述 C 语言函数 cf36。编译后可得到如下所示的用汇编格式指令表示的目标代码,其中的 "DWORD PTR"表示双字存储单元,"SHORT"表示转移目的地就在附近,分号之后是添加的注释。

```
cf36      PROC                            ;表示过程( 函数 )开始
    push  ebp                             ;
    mov   ebp, esp                        ;建立堆栈框架
    push  ecx                             ;在堆栈中安排局部变量 z
                                          ;z=x;
    mov   eax, DWORD PTR [ebp+8]          ;取得形参 x
    mov   DWORD PTR [ebp-4], eax          ;送到变量 z
                                          ;if( x < y)z=y;
    mov   ecx, DWORD PTR [ebp+8]          ;取得形参 x
    cmp   ecx, DWORD PTR [ebp+12]         ;比较 x 与 y
    jge   SHORT LN1cf36                   ;如果 x 大于 y,则跳转
    mov   edx, DWORD PTR [ebp+12]         ;取得形参 y
    mov   DWORD PTR [ebp-4], edx          ;送到变量 z
LN1cf36:
                                          ;return   z;
    mov   eax, DWORD PTR [ebp-4]          ;把 z 送到 EAX
    mov   esp, ebp                        ;撤销局部变量 z
    pop   ebp                             ;撤销堆栈框架
    ret                                   ;返回
cf36      ENDP                            ;表示过程( 函数 )结束
```

在没有采用编译优化的情况下,所得上述目标代码很清晰地对应 C 语言源程序的语句。

2. 堆栈中的局部变量

图 3.3 给出了例 3-6 中函数 cf36 执行阶段堆栈的变化情况。现在来分析对局部变量 z 的安排及访问方法。

从例 3-6 的目标代码可知,首先建立堆栈框架,这时堆栈就由图 3.3(a) 变化为图 3.3(b),现在可以基于 EBP 访问堆栈了。接着利用一条 push 指令,使得 EBP 减去 4,这时堆栈变化如图 3.3(c) 所示。这是关键所在,其实质是为局部变量 z 在堆栈中安排存储单元,并非要在堆栈中保存某个寄存器的值。现在局部变量 z 出现了,可以基于 EBP 访问局部变量 z。然后,实现函数 cf36 的功能。在邻近返回前,把 EBP 送回到堆栈指针寄存器 ESP,这时堆栈由图 3.3(c) 回到图 3.3(b),这意味着从堆栈中撤销局部变量 z。在返回前,撤销堆栈框架,这时堆栈由

图 3.3(b)变化为图 3.3(a)。最后,利用 ret 指令,返回到主调程序。

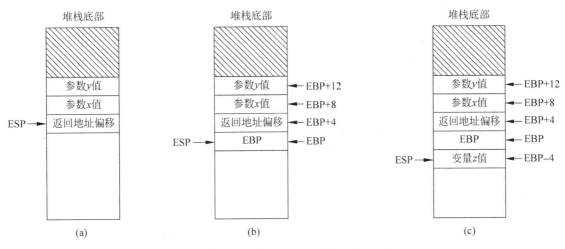

图 3.3　函数 cf36 执行期间堆栈变化示意图

由于局部变量 z 在堆栈中,且 EBP 指向堆栈,如图 3.3 所示,因此能够以 EBP 作为基址寄存器来访问局部变量 z。这种访问局部变量的方法,还是很方便的。这也是在子程序开始时先建立堆栈框架的原因。

3. 局部变量示例二

为了进一步说明 C 语言局部变量的安排,再介绍一个示例。

【例 3-7】　分析如下由 C 语言编写的函数 cf37 的目标代码。

```
int  cf37( int n)
{
    int  i, sum;
    sum=0;
    for( i=1; i <=n; i++)
        sum+=i;
    return  sum;
}
```

函数 cf37 的功能是计算 1 到 n 之间的整数之和。作为示例,有意采用了一个循环来求和,而且安排了两个局部变量 i 和 sum。

假设不要求编译优化,即采用编译优化选项"已禁用",编译上述 C 语言函数 cf37 后,可得到如下所示的目标代码。

```
cf37      PROC                        ;表示过程(函数)开始
    push   ebp
    mov    ebp, esp                   ;建立堆栈框架
    sub    esp, 8                     ;安排局部变量 i 和 sum
    mov    DWORD PTR [ebp-8], 0       ;sum=0;
    mov    DWORD PTR [ebp-4], 1       ;i=1;
    jmp    SHORT LN3cf37              ;//@j1
                                      ;
LN2cf37:                             ;i++
    mov    eax, DWORD PTR [ebp-4]     ;取出 i
```

```
        add     eax, 1
        mov     DWORD PTR [ebp-4], eax    ;送回 i
LN3cf37:                                   ;比较 i 和 n
        mov     ecx, DWORD PTR [ebp-4]
        cmp     ecx, DWORD PTR [ebp+8]
        jg      SHORT LN1cf37             ;如果 i 大于 n,则跳转
                                          ;sum+=i;
        mov     edx, DWORD PTR [ebp-8]
        add     edx, DWORD PTR [ebp-4]
        mov     DWORD PTR [ebp-8], edx
        jmp     SHORT LN2cf37             ;//@j2
                                          ;
LN1cf37:
        mov     eax, DWORD PTR [ebp-8]    ;准备返回参数
        mov     esp, ebp                  ;撤销局部变量 i 和 sum
        pop     ebp                       ;撤销堆栈框架
        ret
cf37    ENDP                              ;表示过程(函数)结束
```

从上述目标代码可知,对应源程序中的局部变量 i 和 sum 在堆栈中,分别是[EBP-4]和[EBP-8]所指定的存储单元。函数 cf37 执行阶段堆栈的变化情况也类似于图 3.3,不同之处是减少一个参数,增加一个局部变量。读者可以自行画出堆栈变化示意图。

还请留意上述目标代码中注释带有//@j1 和//@j2 行的无条件转移指令。在//@j1 行的无条件转移指令,跳过了调整循环变量的代码。在//@j2 行的无条件转移指令,转移到调整循环变量处。这与循环的具体实现有关。

3.2 算术逻辑运算指令

对数据的处理往往包含大量的算术和逻辑运算,因此处理器通常都会提供算术运算指令和逻辑运算指令,利用这些指令可以进行各种算术、逻辑运算操作。在第 2 章中已经介绍过作为算术运算指令的加减运算指令,本节先介绍乘除运算指令,然后再介绍逻辑运算指令和移位指令。

3.2.1 乘除运算指令

乘除运算指令分为无符号数运算指令和有符号数运算指令,这与加减运算指令不同。乘除运算指令对状态标志的影响,也没有加减运算指令那样自然。

在乘除运算指令中,有时操作数是隐含的。

1. 使用乘除运算指令的示例

在具体介绍乘除运算指令之前,先介绍使用乘除运算指令的示例。

【例 3-8】 观察如下由 C 语言编写的函数 cf38 的目标代码。这仅仅是个示例,其中两个参数都是整型。

```
int  cf38( int x, int y)
{
    return  (x*x+3)/(168*y);
}
```

采用编译优化选项"使速度最大化",在编译后可得到如下所示的用汇编格式指令表示的目标代码,分号之后是添加的注释。

```
push   ebp
mov    ebp, esp                   ;建立堆栈框架
mov    eax, DWORD PTR [ebp+8]     ;取出参数 x
mov    ecx, DWORD PTR [ebp+12]    ;取出参数 y
imul   eax, eax                   ;实现 x*x,保存在 EAX
imul   ecx, 168                   ;实现 168*y,保存在 ECX
add    eax, 3                     ;实现 x*x+3
cdq                               ;把 EAX 符号扩展到 EDX(形成 64 位被除数)
idiv   ecx                        ;除运算,EDX 及 EAX 是 64 位被除数,ECX 是除数
pop    ebp                        ;撤销堆栈框架
ret                               ;返回
```

从上述目标代码可知,函数 cf38 采用 3.1.2 节介绍的堆栈传递参数方法。在计算表达式 $(x*x+3)/(168*y)$ 之前,先从堆栈中取得参数 x 和 y。然后,利用乘法和除法等指令计算该表达式的值。最后通过寄存器 EAX 返回结果。

2. 无符号数乘法指令(Unsigned Multiply,MUL)

无符号数乘法指令的格式如下:

MUL　OPRD

这条指令实现两个无符号操作数的乘法运算。指令看似只有一个操作数 OPRD,实际上,另一个操作数是隐含的,位于寄存器 AL、AX 或者 EAX 中(这取决于操作数 OPRD 的尺寸)。如果 OPRD 是字节操作数,则把 AL 中的无符号数与 OPRD 相乘,16 位结果送到 AX 中;如果 OPRD 是字操作数,则把 AX 中的无符号数与 OPRD 相乘,32 位结果送到寄存器对 DX:AX 中,DX 含高 16 位,AX 含低 16 位。如果 OPRD 是双字操作数,则把 EAX 中的无符号数与 OPRD 相乘,64 位结果送到寄存器对 EDX:EAX 中,EDX 含高 32 位,EAX 含低 32 位。所以由操作数 OPRD 决定是字节相乘,或是字相乘,还是双字相乘。

操作数 OPRD 可以是通用寄存器,也可以是存储单元,但不能是立即数。

【例 3-9】 如下指令演示无符号乘法指令的使用。

```
MUL    BL
MUL    ECX
```

如果乘积的高半部分(字节相乘时为 AH,字相乘时为 DX,双字相乘时为 EDX)不等于零,则标志 CF=1,OF=1;否则 CF=0,OF=0。所以,如果 CF=1 和 OF=1 表示在 AH、DX 或者 EDX 中含有结果的有效数。该指令对其他状态标志无定义。

3. 有符号数乘法指令(sIgned MULtiply,IMUL)

有符号数乘法指令能够实现两个有符号操作数的乘法运算。根据指令中显式的操作数的个数,它有如下 3 种格式:

IMUL　OPRD
IMUL　DEST,SRC
IMUL　DEST,SRC1,SRC2

(1) 单操作数形式。单操作数乘法指令实际上有一个隐含的操作数,位于寄存器 AL、AX 或者 EAX 中(这取决于操作数 OPRD 的尺寸)。它把被乘数和乘数均作为有符号数,此外与

无符号乘法指令 MUL 完全类似。

【例 3-10】 如下指令演示单操作数形式的有符号乘法指令的使用。

```
IMUL  CL
IMUL  DWORD PTR [EBP+12]           ;双字存储单元
```

（2）双操作数形式。双操作数乘法指令实现两个操作数相乘，把乘积送到目的操作数 DEST，即：

$$DEST \Leftarrow DEST * SRC$$

目的操作数 DEST 只能是 16 位或者 32 位通用寄存器。但源操作数 SRC 不仅可以是通用寄存器或存储单元（须与目的操作数尺寸一致），还可以是一个立即数（尺寸不能超过目的操作数）。

在例 3-8 中就利用了双操作数有符号乘法指令计算表达 $x * x$ 和表达式 $168 * y$。

（3）三操作数形式。三操作数乘法指令实现操作数 SRC1 与操作数 SRC2 相乘，把乘积送到目的操作数 DEST，即：

$$DEST \Leftarrow SRC1 * SRC2$$

目的操作数 DEST 只能是 16 位或者 32 位通用寄存器。源操作数 SRC1 可以是通用寄存器或存储单元（须与目的操作数尺寸一致），但不能是立即数。源操作数 SRC2 只能是一个立即数（尺寸不能超过目的操作数）。

【例 3-11】 如下指令演示三操作数形式的有符号乘法指令的使用。

```
IMUL  AX, CX, 3
IMUL  EDX, DWORD PTR [ESI], 5
```

可以把双操作数乘法指令理解为三操作数乘法指令的特殊情形。例如：

```
IMUL  AX, 7
IMUL  AX, AX, 7
```

对于双操作数或者三操作数乘法指令而言，由于存放乘积的目的操作数的尺寸与被乘数（或乘数）的尺寸相同，因此乘积有可能溢出。如果乘积溢出，那么高位部分将被截掉。这也解释了作为源操作数的立即数，其尺寸不能超过目的操作数尺寸的原因。

虽然双操作数或者三操作数乘法指令是有符号数乘法指令，但在不考虑溢出的情况下，也可以用于无符号数乘法操作。因为无论操作数是有符号数还是无符号数，乘积的低位部分是相同的。这也解释了无符号乘法指令没有双操作数形式和三操作数形式的原因。

对于单操作数乘法指令，如果乘积的高半部分含有有效位，则标志 CF＝1，OF＝1；否则 CF＝0，OF＝0。对于双操作数或者三操作数乘法指令，如果因为溢出而将乘积的高位部分截掉，则标志 CF＝1，OF＝1；否则 CF＝0，OF＝0。因此，在这样的乘法指令后可安排检测 OF 的条件转移指令，用于处理乘积溢出的情况。有符号数乘法指令对其他状态标志无定义。

4. 无符号数除法指令（DIVide，DIV）

无符号数除法指令的格式如下：

DIV   OPRD

这条指令实现两个无符号操作数的除法运算。指令看似只有一个操作数 OPRD（作为除数），实际上，另一个操作数（作为被除数）是隐含的，位于寄存器 AX、寄存器对 DX:AX 或者寄存器对 EDX:EAX 中(DX 含有被除数的高 16 位,或者 EDX 含有被除数的高 32 位)。如果 OPRD 是字节操作数,则把 AX 中的无符号数除以 OPRD,所得商送到 AL 中,余数送到 AH 中;如果 OPRD 是字操作数,则把寄存器对 DX:AX 中的无符号数除以 OPRD,所得商送到 AX,余数送到 DX 中。如果 OPRD 是双字操作数,则把寄存器对 EDX:EAX 中的无符号数除以 OPRD,所得商送到 EAX 中,余数送到 EDX 中。所以由操作数 OPRD 决定是字节除,或是字除,还是双字除。

操作数 OPRD 可以是通用寄存器,也可以是存储单元,但不能是立即数。

无符号数除法指令对状态标志的影响无定义。

【例 3-12】　如下指令演示无符号数除法指令的使用。

```
DIV   BL
DIV   ESI
```

除法操作有个特殊情况需要注意。如果除数为 0 或者商太大,则将引起除法出错异常(或者中断)。所谓商太大,是指除法操作后所得商超出了用于存放商的寄存器的范围,即在字节除时商超过字节,或者在字除时商超过字,或者双字除时商超过双字。在第 8 章将介绍实方式下中断的相关概念,在第 9 章将介绍保护方式下异常的相关概念。

【例 3-13】　如下指令演示除法指令因商太大导致除法出错异常。

```
MOV   AX, 600
MOV   BL, 2
DIV   BL
```

如果执行上述代码片段,所得商应该是 300,超出了 AL 的表示范围(无符号数最大 255),将引起除法出错异常。

5. 有符号数除法指令(sIgned DIVide,IDIV)

有符号数除法指令的格式如下:

IDIV *OPRD*

这条指令实现两个有符号操作数的除法运算。指令看似只有一个作为除数的操作数 OPRD,实际上,作为被除数的另一个操作数是隐含的,位于寄存器 AX、寄存器对 DX:AX 或者寄存器对 EDX:EAX 中(取决于操作数 OPRD 的尺寸)。它把被除数和除数均作为有符号数,用于保存商和余数的寄存器与无符号数除法指令 DIV 一样。

如果不能整除,余数的符号与被除数一致,而且余数的绝对值小于除数的绝对值。

如果除数为 0,或者商太大(正数)或者太小(负数),则将引起除法出错异常。

有符号数除法指令对状态标志的影响无定义。

【例 3-14】　如下指令演示有符号数除法指令的使用。

```
IDIV   CL              ;被除数在 AX 中,所得商在 AL,余数在 AH
IDIV   EBX             ;被除数在 EDX:EAX 中,所得商在 EAX,余数在 EDX
```

6. 符号扩展指令

由于除法指令隐含使用字被除数、双字被除数或者四字被除数(寄存器对 EDX:EAX),因此有时需要在除操作之前扩展被除数,也就是增大操作数的尺寸,以便符合要求。另外,为了避免因商太大或者太小引起除法出错异常,需要扩展除数和被除数。IA-32 系列 CPU 专门提供了符号扩展指令。

（1）字节转换为字指令（Convert Byte to Word，CBW）。字节转换为字指令的格式如下：

> **CBW**

这条指令把寄存器 AL 中的符号扩展到寄存器 AH。即若 AL 的最高有效位为 0，则 AH＝0；若 AL 的最高有效位为 1，则 AH＝0FFH，即 AH 的 8 位全都为 1。数值后缀的符号 H 表示十六进制。

【例 3-15】 如下指令演示 CBW 指令的使用，注释部分给出了指令执行后寄存器的内容。

```
MOV    AX, 3487H          ;AX=3487H,即 AH=34H,AL=87H
CBW                       ;AH=0FFH,AL=87H,即 AX=0FF87H
```

假设被除数在 AL 中，CBW 指令使得被除数扩展到 AH，从而产生一个字长度的被除数。

（2）字转换为双字指令（Convert Word to Double word，CWD）。字转换为双字指令的格式如下：

> **CWD**

这条指令把寄存器 AX 中的符号扩展到寄存器 DX。即若 AX 的最高有效位为 0，则 DX＝0；若 AX 的最高有效位为 1，则 DX＝0FFFFH，即 DX 的 16 位全都为 1。

这条指令能在两个字操作数相除以前，产生一个双字长度的被除数。

（3）双字转换为四字指令（Convert Doubleword to Quadword，CDQ）。双字转换为四字指令的格式如下：

> **CDQ**

这条指令把寄存器 EAX 中的符号扩展到寄存器 EDX。即若 EAX 的最高有效位为 0，则 EDX＝0；若 EAX 的最高有效位为 1，则 EDX＝0FFFFFFFFH，即 EDX 的 32 位全都为 1。在例 3-8 的目标代码中，有该指令的运用。

（4）另一条字转换为双字指令（Convert Word to Double Word，CWDE）。另一条字转换为双字指令的格式如下：

> **CWDE**

这条指令把寄存器 AX 中的符号扩展到寄存器 EAX 的高 16 位。即若 AX 的最高有效位为 0，则 EAX 的高 16 位都为 0；若 AX 的最高有效位为 1，则 EAX 的高 16 位都为 1。

这条指令类似于 CBW，把 AL 中的符号位扩展到 AX；但不同于 CWD，不是把 AX 的符号位扩展到 DX，而是扩展到 EAX 的高 16 位。

这四条符号扩展指令，不影响各状态标志。

【例 3-16】 如下 C 程序 dp39 及其嵌入汇编代码，演示除法指令和符号扩展指令的使用。

```
#include<stdio.h>
int  main()
{
    int  quotient, remainder;        //为了输出结果,安排两个变量
    _asm{
        MOV    AX,- 601
        MOV    BL,10
        IDIV   BL                    //除数是 BL,被除数是 AX
        MOV    BL,AH                 //先临时保存余数
        ;
```

```
            CBW                                    //商在 AL,符号扩展到 AX
            CWDE                                   //AX 符号扩展到 EAX
            MOV    quotient, EAX
            ;
            MOV    AL,BL                           //余数送到 AL
            CBW                                    //AL 符号扩展到 AX
            CWDE                                   //AX 符号扩展到 EAX
            MOV    remainder, EAX
        }
        printf("quotient=%d\n", quotient);     //显示为-60
        printf("remainder=%d\n", remainder);   //显示为-1
        printf("\n");
        //
        _asm{
            MOV    AX,- 601
            CWD                                    //AX 符号扩展到 DX
            MOV    BX,3
            IDIV   BX                              //除数是 BX,被除数是 DX:AX
            ;
            CWDE                                   //商在 AX,符号扩展到 EAX
            MOV    quotient,EAX
            ;
            MOV    AX,DX                           //余数 DX 送到 AX
            CWDE                                   //符号扩展到 EAX
            MOV    remainder,EAX
        }
        printf("quotient=%d\n", quotient);     //显示为-200
        printf("remainder=%d\n", remainder);   //显示为-1
        return   0;
    }
```

上述演示程序分两部分,第一部分演示 16 位被除数和 8 位除数的情形,在实施除法操作后,利用符号扩展指令把商和余数分别扩展成 32 位,并送到对应变量中。第二部分演示 32 位被除数和 16 位除数的情形。这时虽然实际的被除数可以用 16 位表示,但由于除数太小,实施除法操作会导致溢出,因此必须先把被除数扩展到 32 位表示。当然,也可以把被除数扩展到 64 位,这是解决除法溢出的方法。

注意,在无符号数除操作之前,不宜利用 CBW、CWD 或者 CDQ 指令来扩展符号位,一般采用逻辑异或 XOR 指令把高 8 位、高 16 位或者高 32 位直接清 0,即进行无符号扩展。

7. 扩展传送指令

为了更加高效,IA-32 系列 CPU 还提供了两条扩展传送指令,利用它们可以在传送数据的过程中完成符号扩展或者零扩展(无符号扩展)。

(1) 符号扩展传送指令(Move with Sign-Extension,MOVSX)。符号扩展传送指令的格式如下:

> **MOVSX   DEST, SRC**

此指令把源操作数 SRC 符号扩展后送至目的操作数 DEST。

源操作数 SRC 可以是通用寄存器或存储单元,而目的操作数 DEST 只能是通用寄存器。与普通传送指令不同,目的操作数的尺寸必须大于源操作数的尺寸。源操作数的尺寸可以是 8 位或者 16 位;目的操作数的尺寸可以是 16 位或者 32 位。

符号扩展传送指令不会改变源操作数,也不影响标志寄存器中的状态标志。

【例 3-17】 如下指令演示 MOVSX 指令的使用,注释部分给出了指令执行后寄存器的内容,数据末的后缀 H 表示十六进制。

```
MOV     AL, 85H                         ;AL=85H
MOVSX   EDX, AL                         ;EDX=FFFFFF85H
MOVSX   CX, AL                          ;CX=FF85H
MOV     AL, 75H                         ;AL=75H
MOVSX   EAX, AL                         ;EAX=00000075H
```

(2) 零扩展传送指令(Move with Zero-Extend,MOVZX)。零扩展(无符号扩展)传送指令的格式如下:

MOVZX *DEST,SRC*

此指令把源操作数 SRC 零扩展后送至目的操作数 DEST。

源操作数 SRC 可以是通用寄存器或存储单元,而目的操作数 DEST 只能是通用寄存器。源操作数的尺寸可以是 8 位或者 16 位;目的操作数的尺寸只可以是 16 位或者 32 位。

零扩展(无符号扩展)传送指令不会改变源操作数,也不影响标志寄存器中的状态标志。

【例 3-18】 如下指令演示 MOVZX 指令的使用,注释部分给出了指令执行后寄存器的内容,数据末的后缀 H 表示十六进制。

```
MOV     DX, 8885H                       ;DX=8885H
MOVZX   ECX, DL                         ;ECX=00000085H
MOVZX   EAX, DX                         ;EAX=00008885H
```

【例 3-19】 比较分析如下由 C 语言编写的函数 cf310 和 cf311 的目标代码。这仅仅是示例,请注意参数的类型和函数返回值的类型。

```
int  cf310( char x, char y)
{
    return (x+22)/y;
}
//
unsigned int  cf311( unsigned char x, unsigned char y)
{
    return (unsigned)(x+22)/y ;
}
```

在编译后可得到如下所示的用汇编格式指令表示的目标代码,其中"BYTE PTR"表示字节存储单元,分号之后是添加的注释。

```
;函数 cf310 的目标代码
push    ebp
mov     ebp, esp                        ;建立堆栈框架
movsx   eax, BYTE PTR [ebp+8]           ;把参数 x 符号扩展后送到 eax
add     eax, 22
movsx   ecx, BYTE PTR [ebp+12]          ;把参数 y 符号扩展后送到 ecx
```

```
        cdq                                    ;符号扩展,形成 64 位的被除数
        idiv    ecx
        pop     ebp                            ;撤销堆栈框架
        ret
        ;
        ;函数 cf311 的目标代码
        push    ebp
        mov     ebp, esp                       ;建立堆栈框架
        movzx   eax, BYTE PTR [ebp+8]          ;把参数 x 零扩展后送到 eax
        add     eax, 22
        movzx   ecx, BYTE PTR [ebp+12]         ;把参数 y 零扩展后送到 ecx
        xor     edx, edx                       ;零扩展,形成 64 位的被除数 //@z
        div     ecx
        pop     ebp                            ;撤销堆栈框架
        ret
```

从上述目标代码可以清楚地看到符号扩展传送指令 MOVSX 和零扩展传送指令 MOVZX 的作用,还可以看到对于有符号数,采用符号扩展指令 cdq 来形成 64 位的被除数(存放在 EDX:EAX 寄存器对中),对于无符号数,采用逻辑异或指令 xor 直接把 edx 清 0,从而形成 64 位的被除数。

细心的读者也许会发现在 C 函数 cf311 中安排了强制类型转换。这是为了演示相关指令有意安排的。如果不做这样的安排,目标代码又会怎么样?

3.2.2　逻辑运算指令

在 C 语言中有一组按位逻辑运算符,它们是按位取反运算符(～)、按位与运算符(&)、按位或运算符(|)、按位异或运算符(^)。利用这些运算符,可以方便地进行各种位运算。

IA-32 系列 CPU 提供一组逻辑运算指令,包括否(NOT)、与(AND)、或(OR)、异或(XOR)等。这些逻辑运算指令实际的操作就是按位运算,确切地说是按位进行的逻辑运算。

1. 使用逻辑运算指令的示例

【例 3-20】　观察如下由 C 语言编写的函数 cf312 的目标代码。这仅仅是个示例,其中两个参数都是无符号整型。

```
unsigned  int  cf312( unsigned int x, unsigned int y)
{
    int  z=0;
    if((x & 3)||((x-5)|~y))
    {
        z=x ^ 255;
    }
    return  z;
}
```

假设不要求编译优化,即采用编译优化选项"已禁用",编译上述程序后,可得到如下所示的用汇编格式指令表示的目标代码(标号稍有修饰),分号之后是添加的注释。

```
;函数 cf312 的目标代码( 无编译优化)
push  ebp
```

```
        mov     ebp, esp                      ;建立堆栈框架
        push    ecx                           ;安排局部变量 z
        mov     DWORD PTR [ebp-4], 0          ;z=0;
                                              ;
        mov     eax, DWORD PTR [ebp+8]        ;取出参数 x
        and     eax, 3                        ;x & 3
        jne     SHORT LN1cf312                ;如结果不为 0,表示条件成立,跳转
                                              ;
        mov     ecx, DWORD PTR [ebp+8]        ;又取出参数 x
        sub     ecx, 5                        ;x-5
        mov     edx, DWORD PTR [ebp+12]       ;取出参数 y
        not     edx                           ;~ y
        or      ecx, edx                      ;(x-5) | ~ y
        je      SHORT LN2cf312                ;如结果为 0,表示条件不成立,跳转

LN1cf312:                                     ;条件成立
        mov     eax, DWORD PTR [ebp+8]        ;又取出参数 x
        xor     eax, 255                      ;x ^ 255
        mov     DWORD PTR [ebp-4], eax        ;z= x ^ 255
                                              ;
LN2cf312:                                     ;准备返回
        mov     eax, DWORD PTR [ebp-4]        ;准备返回值
        mov     esp, ebp                      ;撤销局部变量 z
        pop     ebp                           ;撤销堆栈框架
        ret
```

从上述目标代码可知,函数 cf312 不仅采用 3.1.2 节介绍的堆栈传递参数方法,而且还采用 3.1.3 节介绍的在堆栈中安排局部变量的方法。在计算表达式时,利用了逻辑运算指令,最后通过寄存器 EAX 返回结果。

2. 关于逻辑运算指令的通用说明

IA-32 系列 CPU 提供的逻辑运算指令,除了上述的否(NOT)、与(AND)、或(OR)、异或(XOR)外,还有测试指令 TEST,而且除了指令 NOT 外,均有两个操作数。关于这组指令有如下几点通用说明。

(1) 只有通用寄存器或存储单元可作为目的操作数,用于存放运算结果。

(2) 如果只有一个操作数,则该操作数既是源又是目的。

(3) 如果有两个操作数,那么最多只能有一个是存储单元,源操作数可以是立即数。

(4) 存储单元可采用 2.5 节中介绍的各种存储器操作数寻址方式。

(5) 操作数可以是字节、字或者双字。但如果有两个操作数,则它们的尺寸必须一致。

3. 否运算指令(NOT)

NOT 运算指令的格式如下:

    NOT   *OPRD*

这条指令把操作数 OPRD 按位"取反",然后送回 OPRD。按位"取反"是指把为 0 的位设置成 1,把为 1 的位清成 0。

【**例 3-21**】 如下指令演示 NOT 运算指令的使用。

```
NOT   CL
NOT   EAX
```

该指令对标志没有影响。

4. 与运算指令（AND）

AND 运算指令的格式如下：

  AND　*DEST*, *SRC*

这条指令对两个操作数进行按位的逻辑"与"运算,结果送到目的操作数 DEST。按位"与"是指当两个操作数对应位都为 1 时,把结果的对应位设置成 1,否则清成 0。

该指令使得标志 CF＝0,标志 OF＝0,标志 PF、ZF、SF 反映运算结果,标志 AF 未定义。

【例 3-22】　如下指令演示"与"运算指令的使用,注释是执行指令后有关寄存器的内容。

```
AND   ECX, ESI
MOV   AX, 3437H          ;AX=3437H
AND   AX, 0F0FH          ;AX=0407H
```

某个操作数自己与自己相"与",则值不变,但可使进位标志 CF 清为 0。"与"运算指令主要用在使一个操作数中的若干位维持不变,而另外若干位清为 0 的场合。把要维持不变的这些位与"1"相"与",而把要清为 0 的这些位与"0"相"与"就能达到此目的。

5. 或运算指令（OR）

OR 运算指令的格式如下：

  OR　*DEST*, *SRC*

这条指令对两个操作数进行按位的逻辑"或"运算,结果送到目的操作数 DEST。按位"或"是指当两个操作数对应位都为 0 时,把结果的对应位清成 0,否则设置成 1。

【例 3-23】　如下指令演示"或"运算指令的使用。

```
OR   CL, CH
OR   EBX, EAX
```

该指令使标志 CF＝0,标志 OF＝0,标志 PF、ZF、SF 反映运算结果,标志 AF 未定义。

某个操作数自己与自己相"或",则值不变,但可使进位标志 CF 清为 0。"或"运算指令主要用在使一个操作数中的若干位维持不变,而另外若干位置为 1 的场合。把要维持不变的这些位与"0"相"或",而把要设置为 1 的这些位与"1"相"或"就能达到此目的。

【例 3-24】　如下指令演示"或"运算指令的使用,注释是执行指令后有关寄存器的内容。

```
MOV AL, 41H             ;AL=01000001B,后缀 B 表示二进制
OR  AL, 20H             ;AL=01100001B
```

6. 异或运算指令（XOR）

XOR 运算指令的格式如下：

  XOR　*DEST*, *SRC*

这条指令对两个操作数进行按位的逻辑"异或"运算,结果送到目的操作数 DEST。按位"异或"是指当两个操作数对应位不同时,把结果的对应位设置成 1,当两个操作数对应位相同时,把结果的对应位清成 0。

该指令使标志 CF＝0,标志 OF＝0,标志 PF、ZF、SF 反映运算结果,标志 AF 未定义。

【例 3-25】　如下指令演示"异或"运算指令的使用,注释是执行指令后有关寄存器的

内容。

```
XOR   ECX, ECX            ;ECX=0,CF=0
MOV   AL, 34H             ;AL=00110100B,后缀B表示二进制
MOV   BL, 0FH             ;BL=00001111B
XOR   AL, BL              ;AL=00111011B
```

某个操作数自己与自己相"异或",则结果总是为0。这是因为每一个对应位肯定都相同,所以结果的每一位都为0。因此,上述第一条指令执行后,ECX为0。经常会采用异或指令把寄存器的内容清零。例3-19函数cf311的目标代码中,就利用"xor edx edx"指令将寄存器EDX清为0,实现无符号数的扩展。

"异或"操作指令主要用在使一个操作数中的若干位维持不变,而另外若干位设置取反的场合。把要维持不变的这些位与"0"相"异或",而把要取反的这些位与"1"相"异或"就能达到此目的。

7. 测试指令(TEST)

测试指令的格式如下:

TEST DEST, SRC

这条指令和AND指令类似,也是把两个操作数进行按位"与",但结果不送到目的操作数DEST,仅仅影响状态标志。该指令执行以后,标志ZF、PF和SF反映运算结果,标志CF和OF被清为0。

该指令通常用于检测某些位是否为1,但又不希望改变操作数值的场合。就像比较指令CMP,能够影响状态标志,但不影响操作数的值。

【例3-26】 如下指令检查AL中的位6和位2是否有一位为1。

```
TEST AL, 01000100B          ;后缀B表示二进制
```

如果位6和位2全为0,那么在执行上面的指令后,ZF被设置为1,否则ZF被清0。在程序中,随后的指令可以根据标志ZF进行条件转移。

【例3-27】 比较分析例3-20中函数cf312的另一个版本的目标代码。

采用编译优化选项"使速度最大化",重新编译函数cf312,可得到如下所示的用汇编格式指令表示的目标代码。

```
;函数cf312的目标代码(使速度最大化)
    push  ebp
    mov   ebp, esp                ;建立堆栈框架
    mov   ecx, DWORD PTR [ebp+8]   ;取出参数x
    xor   eax, eax                ;z=0
    test  cl, 3                   ;测试x的低8位(x & 3)
    jne   SHORT LN1cf312
    push  esi                     ;临时保存ESI
    mov   esi, DWORD PTR [ebp+12]  ;取出参数y
    not   esi                     ;~y
    lea   edx, DWORD PTR [ecx-5]   ;x-5
    or    edx, esi                ;(x-5)|~y
    pop   esi                     ;恢复ESI
    je    SHORT LN2cf312
LN1cf312:
```

```
      xor   ecx, 255                    ;x ^ 255
      mov   eax, ecx                    ;准备返回值
LN2cf312:
      pop   ebp                         ;撤销堆栈框架
      ret
```

从上述目标代码可知,由于采用了"使速度最大化"的编译选项,因此就没有把局部变量安排在堆栈中,而是把 EAX 作为局部变量 z。此外,还使用 TEST 指令代替了 AND 指令。

3.2.3　移位指令

IA-32 系列 CPU 有三大类移位指令:一般移位指令、循环移位指令和双精度移位指令。按移位的方向,这三大类移位指令又可分为左移移位指令和右移移位指令。

移位指令实现把某个通用寄存器或者某个存储单元的内容,按某种方式向左或者向右移动一位或者 m 位。移位指令中要标明需要移位的操作数,这个操作数既是源操作数又是目的操作数;移位指令还要标明需要移动的位数,可以是一个 8 位的立即数,或者是寄存器 CL。

1. 一般移位指令

一般移位指令包括算术左移指令(Shift Arithmetic Left,SAL)、逻辑左移指令(SHift logic Left,SHL)、算术右移指令(Shift Arithmetic Right,SAR)、逻辑右移指令(SHift logic Right,SHR)。这些指令的格式如下:

SAL	*OPRD*, *count*	;算术左移指令(同逻辑左移指令)
SHL	*OPRD*, *count*	;逻辑左移指令(同算术左移指令)
SAR	*OPRD*, *count*	;算术右移指令
SHR	*OPRD*, *count*	;逻辑右移指令

操作数 OPRD 可以是通用寄存器,也可以是存储器单元,其尺寸可以是字节、字或者双字,如果是存储单元,可以采用各种存储器操作数寻址方式。count 表示移位的位数,可以是一个 8 位立即数,也可以是寄存器 CL。寄存器 CL 表示移位数由 CL 的值决定。通过截取 count 的低 5 位,实际的移位数被限于 0～31 之间。

这些指令执行后,标志 CF 受影响;标志 SF、ZF 和 PF 反映移位后的结果;标志 OF 受影响情况较复杂;标志 AF 未定义。

(1) 算术左移或逻辑左移指令(Shift Arithmetic Left 或 SHift logic Left,SAL/SHL)。算术左移和逻辑左移进行相同的动作,是一样的,为了方便理解,有两个助记符,但只有一条机器指令。

算术左移指令 SAL/逻辑左移指令 SHL 把操作数 OPRD 左移 count 位,同时每向左移动一位,右边用 0 补足一位,移出的最高位进入标志位 CF,如图 3.4(a)所示。

【例 3-28】　如下的代码片段用于说明 SHL 指令的使用,注释给出了指令执行后的操作数值和部分标志的变化情况。

```
      MOV   EBX, 7400EF9CH      ;EBX=7400EF9CH
      ADD   EBX, 0             ;EBX=7400EF9CH,CF=0,SF=0,ZF=0,PF=1
      SHL   EBX, 1             ;EBX=E801DF38H,CF=0,SF=1,ZF=0,PF=0
      MOV   CL, 3              ;CL=3
      SHL   EBX, CL            ;EBX=400EF9C0H,CF=1,SF=0,ZF=0,PF=1
      SHL   EBX, 16            ;EBX=F9C00000H,CF=0,SF=1,ZF=0,PF=1
```

```
        SHL    EBX, 12                    ;EBX=00000000H,CF=0,SF=0,ZF=1,PF=1
```

只要左移之后的结果未超出一个字节、一个字或者一个双字的表达范围,那么每左移一次,原操作数每一位的权增加了一倍,即相当于原数乘以2。

【例3-29】 如下的代码片段实现把寄存器 AL 中的内容(设为无符号数)乘以10,结果存放在 AX 中。

```
        XOR    AH, AH                     ;AH=0
        SHL    AX, 1                      ;2*X
        MOV    BX, AX                     ;暂存 2*X
        SHL    AX, 2                      ;8*X
        ADD    AX, BX                     ;8*X+2*X
```

(2) 算术右移指令(Shift Arithmetic Right,SAR)。算术右移指令 SAR 把操作数 OPRD 右移 count 位,同时每向右移一位,左边的符号位保持不变,移出的最低位进入标志位 CF,如图 3.4(b)所示。

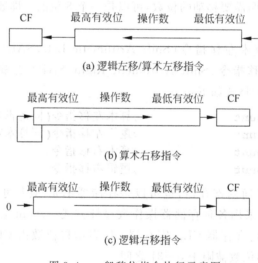

(a) 逻辑左移/算术左移指令

(b) 算术右移指令

(c) 逻辑右移指令

图 3.4　一般移位指令执行示意图

【例3-30】 如下的程序片段用于说明 SAR 指令的使用,注释给出了指令执行后的操作数值和部分标志的变化情况,请注意符号位(最高有效位)的变化。

```
        MOV    DX, 82C3H                  ;DX=82C3H
        SAR    DX, 1                      ;DX=C161H,CF=1,SF=1,ZF=0,PF=0
        MOV    CL, 3                      ;CL=3
        SAR    DX, CL                     ;DX=F82CH,CF=0,SF=1,ZF=0,PF=0
        SAR    DX, 4                      ;DX=FF82H,CF=1,SF=1,ZF=0,PF=1
```

对于有符号数或无符号数而言,算术右移一位相当于除以2。但在非整除的情况下与使用 IDIV 指令不完全一样。

(3) 逻辑右移指令(SHift logic Right,SHR)。逻辑右移指令使操作数 OPRD 右移 count 位,同时每向右移一位,左边用0补足,移出的最低位进入标志位 CF,如图 3.4(c)所示。

【例3-31】 如下的代码片段用于说明 SHR 指令的使用,注释给出了指令执行后的操作数值和部分标志的变化情况。

```
        MOV    DX, 82C3H                  ;DX=82C3H
```

```
SHR    DX, 1                          ;DX=4161H,CF=1,SF=0,ZF=0,PF=0
MOV    CL, 3                          ;CL=3
SHR    DX, CL                         ;DX=082CH,CF=0,SF=0,ZF=0,PF=0
SHR    DX, 12                         ;DX=0000H,CF=1,SF=0,ZF=1,PF=1
```

对于无符号数而言,逻辑右移一位相当于除以 2。

【例 3-32】 分析如下由 C 语言编写的函数 cf313 的目标代码。这仅仅是个示例,其中两个参数都是无符号整型。

```
unsigned  cf313( unsigned x, unsigned y)
{
    return  ( x << 2) - ( y >> 4) - ( x / 32) - ( y * 8);
}
```

假设不要求编译优化,即采用编译优化选项"已禁用",编译上述程序后,可得到如下所示的用汇编格式指令表示的目标代码,分号之后是添加的注释。

```
;函数 cf313 的目标代码( 不要求编译优化)
push   ebp
mov    ebp, esp                       ;建立堆栈框架
mov    eax, DWORD PTR [ebp+8]         ;取得参数 x
shl    eax, 2                         ;把 x 向左移 2 位
mov    ecx, DWORD PTR [ebp+12]        ;取得参数 y
shr    ecx, 4                         ;把 y 向右移 4 位
sub    eax, ecx
mov    edx, DWORD PTR [ebp+8]         ;取得参数 x
shr    edx, 5                         ;无符号整数除以 32
sub    eax, edx
mov    ecx, DWORD PTR [ebp+12]        ;取得参数 y
shl    ecx, 3                         ;乘以 8
sub    eax, ecx                       ;返回结果存放在 EAX 中
pop    ebp                            ;撤销堆栈框架
ret
```

从上述目标代码可知,C 语言中移位运算符的实现;同时还可以看到,2 次幂运算的实现方法。

2. 循环移位指令

循环移位指令包括左循环移位指令(ROtate Left,ROL)、右循环移位指令(ROtate Right,ROR)、带进位左循环移位指令(Rotate through CF Left,RCL),带进位右循环移位指令(Rotate through CF Right,RCR)。这些指令的格式如下:

```
ROL    OPRD, count                   ;左循环移位指令
ROR    OPRD, count                   ;右循环移位指令
RCL    OPRD, count                   ;带进位左循环移位指令
RCR    OPRD, count                   ;带进位右循环移位指令
```

操作数 OPRD 可以是通用寄存器,也可以是存储器单元,其尺寸可以是字节、字或者双字。count 表示移位的位数,可以是一个 8 位立即数,也可以是寄存器 CL。寄存器 CL 表示移位数由 CL 的值决定。通过截取 count 的低 5 位,移位数被限于 0~31 之间,而且为了更加有效,真正的移位数还受到操作数 OPRD 尺寸长度的限制。

这些指令执行后，标志 CF 受影响；标志 OF 受影响情况稍复杂；其他状态标志不受影响。

前两条循环移位指令没有把进位标志位 CF 包含在循环的环中；后两条循环移位指令把进位标志 CF 包含在循环的环中，即作为整个循环的一部分。这 4 条循环移位指令的操作如图 3.5 所示。

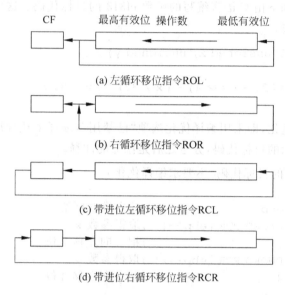

(a) 左循环移位指令ROL

(b) 右循环移位指令ROR

(c) 带进位左循环移位指令RCL

(d) 带进位右循环移位指令RCR

图 3.5 循环移位指令执行示意图

左循环移位指令 ROL 是指把操作数 OPRD 循环左移 count 位。每向左移一位，操作数的最高位移入最低位，同时最高位也移入进位标志 CF。

右循环移位指令 ROR 是指把操作数 OPRD 循环右移 count 位。每向右移一位，操作数的最低位移入最高位，同时最低位也移入进位标志 CF。

带进位左循环移位指令 RCL 是指把操作数 OPRD 连同 CF 循环左移 count 位。每向左移一位，操作数的最高位移入进位标志 CF，CF 移入操作数的最低位，这也被称为大循环左移。

带进位右循环移位指令 RCR 是指把操作数 OPRD 连同 CF 循环右移 count 位。每向右移一位，操作数的最低位移入进位标志 CF，CF 移入操作数的最高位，这也被称为大循环右移。

【例 3-33】 如下的程序片段用于说明循环移位指令的使用，注释给出了指令执行后的操作数值和标志 CF 的情况。

```
MOV    DX, 82C3H              ;DX=82C3H
ROL    DX, 1                  ;DX=0587H, CF=1
MOV    CL, 3                  ;CL=3
ROL    DX, CL                 ;DX=2C38H, CF=0
MOV    EBX, 8A2035F7H         ;EBX=8A2035F7H
ROR    EBX, 4                 ;EBX=78A2035FH, CF=0
STC                           ;CF=1(设置进位标志)
RCL    EBX, 1                 ;EBX=F14406BFH, CF=0
RCR    EBX, CL                ;EBX=DE2880D7H, CF=1
```

利用循环移位指令，能够方便地实现在一个操作数内部的移位。利用带进位循环移位指令，能够实现跨操作数之间的移位。

【例 3-34】　下面的代码片段实现把 AL 的最低位送入 BL 的最低位,仍保持 AL 不变。

```
ROR    BL, 1                        ;BL 循环右移一位
ROR    AL, 1                        ;AL 循环右移一位,最低位到 CF
RCL    BL, 1                        ;BL 带进位左移,带进了来自 AL 的最低位
ROL    AL, 1                        ;恢复 AL
```

3. 双精度移位指令

为了方便地把一个操作数中的部分内容通过移位方式复制到另一个操作数,IA-32 系列 CPU 提供了双精度移位指令。按移动的方向,分为左移和右移,即双精度左移指令 SHLD 和双精度右移指令 SHRD。

双精度移位指令的一般格式如下:

SHLD _OPRD1, OPRD2, count_
SHRD _OPRD1, OPRD2, count_

操作数 OPRD1 作为目的操作数可以是通用寄存器,也可以是存储器单元,其尺寸是字或者双字。操作数 OPRD2 相当于源操作数,只能是寄存器,其尺寸必须与操作数 OPRD1 一致。count 表示移位的位数,可以是一个 8 位立即数,也可以是寄存器 CL。寄存器 CL 表示移位数由 CL 的值决定。通过截取 count 的低 5 位,移位数被限于 0～31 之间。

双精度左移指令 SHLD 是指把目的操作数 OPRD1 左移指定的 count 位,在低端空出的位用操作数 OPRD2 高端的 count 位填补,但操作数 OPRD2 的内容保持不变。操作数 OPRD1 中最后移出的位保留在进位标志 CF 中。

双精度右移指令 SHRD 是指把目的操作数 OPRD1 右移指定的 count 位,在高端空出的位用操作数 OPRD2 低端的 count 位填补,但操作数 OPRD2 的内容保持不变。操作数 OPRD1 中最后移出的位保留在进位标志 CF 中。

在截取低 5 位之后,如果 count 为 0,不进行任何操作;如果 count 仍然超过操作数的尺寸,那么目的操作数的结果无定义,各状态标志也无定义。

在仅仅移动一位的情况下,当符号位发生变化,则置溢出标志 OF,否则清 OF。双精度移位指令还影响标志 SF、ZF 和 PF,对 AF 无定义。

【例 3-35】　下面的代码片段用于说明循环移位指令的使用,注释给出了指令执行后的操作数值和标志 CF 的情况。

```
MOV    AX, 8321H
MOV    DX, 5678H
SHLD   AX, DX, 1                    ;AX=0642H,DX=5678H,CF=1,OF=1
SHLD   AX, DX, 2                    ;AX=1909H,DX=5678H,CF=0,OF=0
;
MOV    EAX, 01234867H
MOV    EDX, 5ABCDEF9H
SHRD   EAX, EDX, 4                  ;EAX=90123486H,CF=0,OF=1
MOV    CL, 8
SHRD   EAX, EDX, CL                 ;EAX=F9901234H,CF=1,OF=0
```

利用双精度移位指令,能够比较方便地实现跨操作数之间的移位。

【例 3-36】　下面的程序片段实现例 3-34 的要求。

```
SHRD   BX, AX, 1
```

```
ROL    BX, 1
```

【例 3-37】 下面的指令可实现把 EAX 中的 32 位数保存到寄存器对 DX:AX 中。

```
SHLD   EDX, EAX, 16
```

3.3　分支程序设计

几乎所有的程序都不是从头顺序地执行到尾,而是在处理中经常存在着判断,并根据某种条件的判定结果转向不同的处理。这样程序就不再是简单地顺序执行,而是分成两个或多个分支。在 2.6 节介绍条件转移指令和无条件转移指令的基础上,本节先结合 C 语言实例函数的目标代码,介绍分析实现分支的基本方法,然后进一步说明无条件转移指令和条件转移指令。

3.3.1　分支程序设计示例

分支程序的两种基本结构如图 3.6 所示,这两种结构分别对应 C 语言中的 if 语句和 if-else 语句。在汇编语言中,利用条件转移指令和无条件转移指令实现分支。

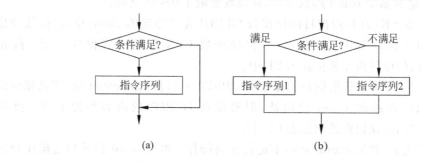

图 3.6　分支程序的结构示意图

1. 简单分支示例

下面先来看两个 C 语言函数的目标代码,从中了解简单分支的实现方法。

【例 3-38】 分析如下 C 语言编写的函数 cf315 的目标代码。

```
int   cf315( int ch)
{
    if( ch >='A' && ch <='Z')
        ch+=0x20;          //小写字母与对应大写字母 ASCII 码相差 32
    return  ch;
}
```

函数 cf315 的功能是字符小写化(如果为大写字母,则转换成小写字母,否则不变)。考虑到通用性和效率,所以参数和返回值都是整型。

假设不要求编译优化,即采用编译优化选项"已禁用",编译上述程序后,可得到如下所示的用汇编格式指令表示的目标代码(标号稍有修饰)。其中,"DWORD　PTR"表示双字存储单元,"SHORT"表示转移目的地就在附近,分号之后是添加的注释。

```
;函数 cf315 的目标代码(不采用编译优化)
push  ebp
```

```
        mov     ebp, esp                        ;建立堆栈框架
                                                ;if( ch>='A' && ch<='Z')
        cmp     DWORD PTR [ebp+8], 65
        jl      SHORT LN1cf315                  ;小于,则跳转
        cmp     DWORD PTR [ebp+8], 90
        jg      SHORT LN1cf315                  ;大于,则跳转
                                                ;ch+=0x20;
        mov     eax, DWORD PTR [ebp+8]
        add     eax, 32
        mov     DWORD PTR [ebp+8], eax
    LN1cf315:                                   ;return  ch;
        mov     eax, DWORD PTR [ebp+8]          ;返回值
        pop     ebp                             ;撤销堆栈框架
        ret                                     ;返回
```

从上述目标代码可知,在建立堆栈框架后,堆栈中的存储单元[EBP+8]就是入口参数 ch。两处分支转移都是属于图 3.6(a)的结构,都采用条件转移指令实现。

另外,在例 3-3 的程序 dp32 中,采用嵌入汇编代码形式的子程序 UPPER 实现类似的功能(字符大写化)。但是,它通过寄存器 AL 传递参数,所以显得简单些。

如果采用编译优化选项"使速度最大化",编译上述程序后,可得到如下所示的目标代码(标号稍有修饰)。

```
    ;函数 cf315 的目标代码(使速度最大化)
        push    ebp
        mov     ebp, esp                        ;建立堆栈框架
                                                ;if( ch>='A' && ch<='Z')
        mov     eax, DWORD PTR [ebp+8]
        lea     ecx, DWORD PTR [eax-65]
        cmp     ecx, 25
        ja      SHORT LN1cf315
                                                ;ch+=0x20;
        add     eax, 32
    LN1cf315:                                   ;return  ch;
        pop     ebp                             ;撤销堆栈框架
        ret
```

从上述目标代码可知,确实进行了很好的优化处理。首先,减少了一次分支转移。这是很有价值的。源程序中的条件虽然由两个关系表达式组成,但实质是判断是否属于某个区域范围[x,y],因此就被巧妙地合并到一起,成为判断是否属于[0,y−x]。减少转移,有助于提高执行效率。因此尽量减少转移,是优化的目标之一。其次,充分利用寄存器,这也是提高执行效率的手段。

【例 3-39】　分析把一位十六进制数转换为对应 ASCII 码的目标代码。

十六进制数需要用 16 个符号来表示。除了 0～9 外,还用了 6 个字母,也就是大写的字母 A～F,或者小写的字母 a～f。为了输出数据,通常需要把数据转换成对应的字符串,也就是由数据的每一位所对应字符构成的字符串,而字符一般用 ASCII 码表示,这样也就形成了 ASCII 码串。

假定十六进制数用 0～9 和大写字母 A～F 来表示,那么一位十六进制数与对应 ASCII 码

的关系如表3.1所示。

表3.1　一位十六进制数与对应 ASCUII 码的关系

十六进制数	0	1	2	3	4	5	6	7	8	9	A	B	C	D	E	F
ASCII 码	30H	31H	32H	33H	34H	35H	36H	37H	38H	39H	41H	42H	43H	44H	45H	46H

这种对应关系可表示为一个分段函数：

$$y = \begin{cases} x+30H & (0 \leqslant x \leqslant 9) \\ x+37H & (0AH \leqslant x \leqslant 0FH) \end{cases}$$

如下所示 C 语言编写的函数 cf316，能够实现上述的转换功能。

```
int  cf316( int m)              //入口参数为一位十六进制数
{
    m=m & 0x0f;                 //确保一位十六进制数(在0~15之间)
    if( m < 10)
        m+=0x30;                //数字符 0~9
    else
        m+=0x37;                //字母 A~ F
    return  m;
}
```

假设不要求编译优化，编译上述程序后，可得到如下所示的目标代码(标号稍有修饰)。其中，"SHORT"表示转移目的地就在附近。

```
;cf316目标代码(禁止编译优化)
push  ebp
mov   ebp, esp                ;建立堆栈框架
                             ;m=m & 0x0f;
mov   eax, DWORD PTR [ebp+8]
and   eax, 15
mov   DWORD PTR [ebp+8], eax
                             ;if( m < 10)
cmp   DWORD PTR [ebp+8], 10
jge   SHORT LN2cf316
                             ;m+=0x30;
mov   ecx, DWORD PTR [ebp+8]
add   ecx, 48
mov   DWORD PTR [ebp+8], ecx
jmp   SHORT LN1cf316         ; //@j
LN2cf316:                    ;m+=0x37;
mov   edx, DWORD PTR [ebp+8]
add   edx, 55
mov   DWORD PTR [ebp+8], edx
LN1cf316:                    ;return  m;
mov   eax, DWORD PTR [ebp+8] ;EAX 含返回值
pop   ebp                    ;撤销堆栈框架
ret
```

从上述目标代码可知，在堆栈中的存储单元[EBP+8]就是参数 m。由于没有要求编译优

化,因此每次操作形参 m 后,都又保存到存储单元中,这样整个代码显得比较冗长。代码的分支结构如图 3.6(b)所示,其中利用无条件转移指令 jmp 跳过对应"else"部分的代码,这样在完成分支之后,两部分又合并到了一起,参见代码中注释带//@j 的行。

采用编译优化选项"使速度最大化",编译上述程序后,可得到如下所示的目标代码:

```
;cf316目标代码(使速度最大化)
push    ebp
mov     ebp, esp                        ;建立堆栈框架
                                        ;m=m & 0x0f;
mov     eax, DWORD PTR [ebp+8]
and     eax, 15
                                        ;if(m < 10)
cmp     eax, 10
jge     SHORT LN2cf316
                                        ;m+=0x30;
add     eax, 48
pop     ebp
ret
LN2cf316:                               ;m+=0x37;
add     eax, 55
pop     ebp
ret
```

从上述目标代码可知,在两个方面进行了优化处理。一方面,把寄存器 EAX 作为形参变量。在从堆栈中取得参数 m 后,对形参 m 的操作就在寄存器 EAX 中进行了。另一方面,避免了无条件转移指令 jmp。分支的两部分,各自完成后不再合并到一起,而是直接返回。虽然经过了编译优化,但似乎还可以进一步优化。

2. 分支的优化

减少转移是优化的目标之一。从上述两个经过编译优化的目标代码都可以清楚地看到这一点。虽然现代的编译器能够实施优化,但源程序自身结构的优化仍然很重要。

一般情况下,如果分支结构为图 3.6(b),并且其中一个分支比较简单时,可考虑把它改变转换为图 3.6(a)的结构。具体方法为:在判断之前先假设满足简单的情形。

【例 3-40】　优化例 3-39 的源程序。

对例 3-39 程序中分支的一边稍作变形,可使其包含分支的另一边,分支结构就从图 3.6(b)退化为图 3.6(a)。如下所示的函数 cf317 是优化后的源程序。如此调整分支后,使得处理既简单又高效。

```
int   cf317( int m)
{
    m=m & 0x0f;
    m+=0x30;
    if( m > '9')
        m+=7;
    return  m;
}
```

采用编译优化选项"使速度最大化",编译上述程序后,可得到如下所示的目标代码:

```
        ;cf317目标代码(使速度最大化)
    push    ebp
    mov     ebp, esp
    mov     eax, DWORD PTR [ebp+8]
    and     eax, 15                    ;m=m & 0x0f;
    add     eax, 48                    ;m+=0x30;
    cmp     eax, 57                    ;if(m > '9')
    jle     SHORT LN1cf317
    add     eax, 7                     ;m+=7;
LN1cf317:
    pop     ebp
    ret
```

从上述目标代码可知,只含一个条件转移指令。相比例 3-39 两个版本的目标代码,它确实既简单又高效。

3.3.2 无条件和条件转移指令

在 2.6.4 节和 2.6.2 节介绍过无条件转移指令和条件转移指令,为了更好地应用这些指令实现分支程序设计,本节作更进一步的介绍。

1. 相关基本概念

存储器的分段管理使得转移稍显复杂。由于程序代码可分为多个段,因此根据转移时是否重置代码段寄存器 CS 的内容,转移又可分为段内转移和段间转移两大类。段内转移是指仅仅重新设置指令指针寄存器 EIP 的转移,由于没有重置 CS,因此转移后继续执行的指令仍在同一个代码段中。段间转移是指不仅重新设置 EIP,而且重新设置代码段寄存器 CS 的转移,由于重置 CS,因此转移后继续执行的指令在另一个代码段中。段内转移也称为近转移,段间转移也称为远转移。

条件转移指令和循环指令(将在 3.4 节介绍)只能实现段内转移。无条件转移指令和过程调用及返回指令既可以是段内转移,也可以是段间转移。软中断指令和中断返回指令一定是段间转移,将在后面的章节中介绍。

对无条件转移指令和过程调用指令而言,按给出转移目的地址的方式不同,还可分为直接转移和间接转移两种。在转移指令中直接给出转移目的地址的转移称为直接转移。在转移指令中没有直接给出转移目的地址,但给出了包含转移目的地址的寄存器或者存储单元,这样的转移称为间接转移。

2. 无条件转移指令

如上所述,无条件转移指令可分为 4 种:段内直接转移、段内间接转移、段间直接转移和段间间接转移。无条件转移指令均不影响标志寄存器中的状态标志。

(1)无条件段内直接转移指令。在 2.6.4 节介绍的无条件转移指令就是段内直接转移指令。这是用得最多的无条件转移指令,在前面章节的示例中,已经多次用到。该指令的书写格式如下:

> **JMP   LABEL**

标号 LABEL 用于表示转移的目标位置,或者说转移目的地。

无条件段内直接转移指令的对应机器指令由操作码和地址差值两部分组成,其格式如

图 3.7 所示。开始部分是无条件段内直接转移指令的操作码,随后有若干个字节表示的地址差值。

操作码OP	地址差rel

图 3.7　相对转移指令机器码的格式

这里的地址差 rel,是转移目标地址偏移(标号 LABEL 所指定指令的地址偏移)与紧随 JMP 指令的下一条指令的地址偏移之间的差值。汇编器在汇编过程中可以计算出地址差 rel。因此,在执行无条件段内直接转移指令时,实际的动作是把指令中的地址差 rel 加到指令指针寄存器 EIP 上,使 EIP 的内容为转移目标地址偏移,从而实现转移。

无条件段内直接转移指令中的地址差 rel 可用 8 位(一个字节)表示,也可用 32 位(4 个字节)或者 16 位(2 个字节)来表示。如果只用 8 位表示地址差,就称为短(short)转移;否则就称为近(near)转移。由于差值是一个有符号数,因此无条件转移指令可以实现向前方(未来)转移,也可以实现向后方(过往)转移。8 位表示的地址差的范围为 $-128 \sim +127$,转移的范围比较有限。在保护方式下(32 位代码段),地址差也可以用 32 位来表示,这样就可以转移到段内的任何有效目标地址。

这种利用目标地址与转移指令所处地址之间的差值来表示转移目标地址的转移方式,称为相对转移。相对转移有利于程序的浮动。

如果当汇编器汇编到某条转移指令时能够正确地计算出地址差 rel,那么汇编器就根据地址差的大小,决定采用 8 位表示,还是采用 32 位(或者 16 位)表示。否则,汇编器可能会用较多的位数来表示地址差。如果程序员在写程序时能估计出用 8 位就可以表示地址差,那么可在标号前加一个汇编器操作符"SHORT"。在前面许多示例的目标代码中,经常出现的符号"SHORT",就是表示转移目的地就在附近,用一个字节就可以表示地址差。

(2) 无条件段内间接转移指令。无条件段内间接转移指令的使用格式如下:

JMP　　OPRD

该指令使控制无条件地转移到由操作数 OPRD 的内容给定的目标地址处。在保护方式下(32 位代码段),OPRD 是 32 位通用寄存器或者双字存储单元,其内容直接被装入指令指针寄存器 EIP,从而实现转移。

【例 3-41】　如下指令演示了无条件段内间接转移指令的使用,这仅仅是示例。

```
JMP    ECX                  ;目标地址是 ECX 寄存器的内容
JMP    DWORD PTR [EBX]      ;目标地址是由 EBX 所指向的双字存储单元内容
```

【例 3-42】　如下 C 语言程序 dp318 演示无条件段内转移指令的使用。

```
#include <stdio.h>
    char  flag1='0', flag2='0', flag3='0';
    int   ptonext;                //存放转移地址
int  main()
{
    _asm{
        LEA    EAX, STEP2        //取得第二步的开始地址
        MOV    ptonext, EAX      //保存到存储单元
        ;
```

```
        LEA    EDX, STEP1              //取得第一步的开始地址
        JMP    EDX                    //转移到第一步(段内间接转移)
        ;
    STEP2:
        MOV    flag2, 'B'
        JMP    STEP3                  //转移到第三步(段内直接转移)
        ;
    STEP1:
        MOV    flag1, 'A'
        JMP    ptonext                //转移到第二步(段内间接转移)
        ;
    STEP3:
        MOV    flag3, 'C'
    }
    printf("%c,%c,%c\n",flag1,flag2,flag3) ; //显示为 A,B,C
    return  0;
}
```

上述程序 dp318 的嵌入汇编代码部分,演示了通过寄存器或存储单元实现无条件段内间接转移,也再次演示了无条件段内直接转移。

(3) 无条件段间转移指令。无条件段间直接转移指令的使用格式与上述的无条件段内直接转移指令相类似,无条件段间间接转移指令的使用格式和上述的无条件段内间接转移指令相类似。但由于涉及改变代码段寄存器 CS 的内容,因此较为复杂,将在第 6 章和第 9 章中介绍。

3. 条件转移指令

在 2.6.2 节中对条件转移指令进行过介绍,列出了所有条件转移指令。

虽然条件转移指令通常根据标志寄存器中的状态标志来判断条件是否满足,但条件转移指令本身的执行不影响状态标志。条件转移指令只局限于段内转移。

条件转移指令也采用相对转移方式。条件转移指令机器码的格式如图 3.7 所示。首先是表示各种条件转移指令的操作码部分,随后有若干个字节表示 EIP 的当前值与转移目的地偏移之间的差值。当条件满足时,就把这个差值加到 EIP 上,从而使 EIP 等于标号所代表的偏移,这样,取下一条指令时就取出标号处的指令了,也就实现了转移。由于差值是一个有符号数,因此条件转移指令可以实现向前方(未来)转移,也可以实现向后方(过往)转移。

条件转移指令的地址差 rel 可用 8 位(1 个字节)表示,也可用 32 位(4 个字节)表示,或者用 16 位(2 个字节)表示。当用 8 位表示地址差时,表示的范围为 $-128\sim+127$,因此转移的范围比较有限。在保护方式下(32 位代码段),地址差也可以用 32 位来表示,这样条件转移指令就可以转移到段内的任何有效目标地址。

在前面的示例中,已经多次使用了多种条件转移指令。

3.3.3　多路分支的实现

当根据某个变量的值,进行多种不同处理时,就产生了多路分支。多路分支的结构如图 3.8 所示。虽然任何复杂的多路分支总可分解成多个简单分支,但基于简单分支实现多路分支效率不高。在 C 语言中,常用 switch 语句实现多路分支。在汇编语言中,如何实现多路

分支呢？通过无条件间接转移指令和目标地址表来实现多路分支。

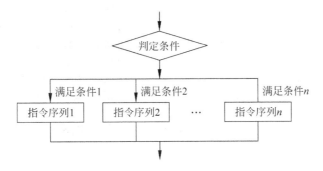

图 3.8　多路分支结构示意图

【例 3-43】　分析 C 语言中 switch 语句的实现。下面的函数 cf319 根据参数 operation 的值进行不同的处理，利用 switch 语句实现。

```c
int  cf319( int x, int operation)
{
    int  y;
    //多路分支
    switch( operation) {
        case 1:
            y=3*x;
            break;
        case 2:
            y=5*x+6;
            break;
        case 4:
        case 5:
            y=x*x ;
            break;
        case 8:
            y=x*x+4*x;
            break;
        default:
            y=x ;
    }
    if( y > 1000)
        y=1000;
    return  y;
}
```

为了演示 switch 语句的实现，刻意没有安排连续的 case 值，虽然从 1 开始到 8，但中间缺少了 3、6 和 7 的情形。

如果采用编译优化选项"使速度最大化"，编译上述程序后，可得到如下所示的目标代码，其中"DWORD　PTR"表示双字存储单元，"SHORT"表示转移目的地址就在附近，只需用一个字节就可以表示地址差。

```
;函数 cf319 目标代码
```

```
        push    ebp
        mov     ebp, esp                        ;建立堆栈框架
                                                ;switch( operation) {
        mov     eax, DWORD PTR [ebp+12]         ;取得参数 operation( case 值)
        dec     eax                             ;从 0 开始计算,所以先减去 1
        cmp     eax, 7                          ;从 0 开始计算,最多就是 7
        ja      SHORT LN2cf319                  ;超过,则转 default
        ;
        jmp     DWORD PTR LN12cf319[eax* 4]     ;实施多路分支 //@j
        ;
LN6cf319:                                       ;case 1:
                                                ;y=3* x;
        mov     eax, DWORD PTR [ebp+8]
        lea     eax, DWORD PTR [eax+ eax* 2]
        jmp     SHORT LN7cf319                  ;break;
        ;
LN5cf319:                                       ;case 2:
                                                ;y=5* x+6;
        mov     eax, DWORD PTR [ebp+8]
        lea     eax, DWORD PTR [eax+ eax* 4+6]
        jmp     SHORT LN7cf319                  ;break;
        ;
LN4cf319:                                       ;case 4:
                                                ;y=x* x ;
        mov     eax, DWORD PTR [ebp+8]
        imul    eax, eax
        jmp     SHORT LN7cf319                  ;break;
        ;
LN3cf319:                                       ;case 8:
                                                ;y=x* x+4* x;
        mov     ecx, DWORD PTR [ebp+8]
        lea     eax, DWORD PTR [ecx+4]
        imul    eax, ecx
        jmp     SHORT LN7cf319                  ;break;
        ;
LN2cf319:                                       ;default:
                                                ;y=x ;

        mov     eax, DWORD PTR [ebp+8]
                                                ;}
LN7cf319:                                       ;if( y > 1000)
        cmp     eax, 1000
        jle     SHORT LN1cf319
                                                ;y=1000;
        mov     eax, 1000
LN1cf319:                                       ;return y;
        pop     ebp                             ;撤销堆栈框架
        ret
        ;
```

```
LN12cf319:                                  ;多向分支目标地址表
    DD      LN6cf319                        ;case 1
    DD      LN5cf319                        ;case 2
    DD      LN2cf319                        ;default
    DD      LN4cf319                        ;case 4
    DD      LN4cf319                        ;case 5
    DD      LN2cf319                        ;default
    DD      LN2cf319                        ;default
    DD      LN3cf319                        ;case 8
```

把上述目标代码与源程序对比分析,可以很清楚地看到实现各路分支的具体指令。与 break 语句对应的是一条无条件转移指令,由它跳转到 switch 语句结束处。

在上述目标代码中,指令"jmp   DWORD PTR LN12cf319[eax * 4]"是关键的一条指令。它实现无条件段内间接转移,根据 case 值,转移到对应的分支处。在目标代码的尾部有一张目标地址表,每项(4 个字节)存放一路分支的入口地址。对应跳空 case 值的"不存在"分支,安排了 default 分支的入口地址。从目标代码可见,标号 LN12cf319 是该目标地址表的起始地址偏移,于是有效地址表达式 LN12cf319[eax * 4],表示目标地址表中的某一项的有效地址。所以,上述无条件段内间接转移指令 jmp 的执行,就是从目标地址表中取得一路分支的入口地址送到 EIP,从而实现转移。获取目标地址表中的哪一项由寄存器 EAX 决定,也就是由 case 值决定。

当多路分支在 5 路以上时,可以考虑利用无条件间接转移指令和目标地址表来实现多路分支,这种实现方法既方便又高效。

3.4 循环程序设计

当需要重复某些操作时,就应该考虑使用循环方式。循环结构是程序的基本结构之一,通常,一个程序总会包含循环。本节先结合 C 语言实例函数的目标代码介绍实现循环的基本方法,然后介绍专门的循环指令,最后介绍多重循环的实现。

3.4.1 循环程序设计示例

循环通常由 4 个部分组成:初始化部分、循环体部分、调整部分、控制部分。各部分之间的关系如图 3.9 所示。图 3.9(a)是先执行后判断的结构,图 3.9(b)是先判断后执行的结构。有时这 4 个部分可以简化,形成互相包含交叉的情况,不一定能明确分成 4 个部分。

有多种方法可实现循环的控制,常用的有计数控制法和条件控制法等。

1. 先执行后判断的示例

在 C 语言中,do-while 循环控制语句是先执行后判断的。

【例 3-44】 分析如下 C 语言编写的函数 cf320 的目标代码。

```
int  cf320( unsigned int n)
{
    int  len=0;
    do{
        len++;
        n=n/10;
```

```
    } while( n !=0) ;
    return  len ;
}
```

函数 cf320 的功能是统计无符号整数 n 作为十进制数时的位数。局部变量 len 用于存放整数的位数。由于至少一位，因此采用了 do-while 循环结构。每次把整数 n 除以 10，直到 n 为 0 结束循环。

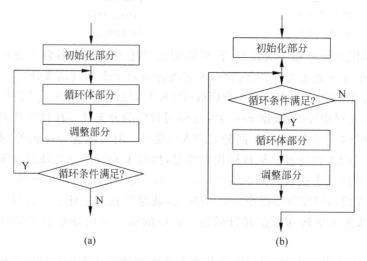

图 3.9　循环结构示意图

假设不要求编译优化，即采用编译优化选项"已禁用"，编译上述程序后，可得到如下所示的用汇编格式指令表示的目标代码。其中，"DWORD PTR"表示双字存储单元，"SHORT"表示转移目的地就在附近，分号之后是添加的注释。

```
;函数 cf320 的目标代码(不采用编译优化)
    push    ebp
    mov     ebp, esp                ;建立堆栈框架
    push    ecx                     ;使堆栈指针 ESP-4,安排局部变量 len
    mov     DWORD PTR [ebp-4], 0    ;len=0;
LN3cf320:                           ;do {
                                    ;len++;
    mov     eax, DWORD PTR [ebp-4]
    add     eax, 1
    mov     DWORD PTR [ebp-4], eax
                                    ;n=n/10;
    mov     eax, DWORD PTR [ebp+8]
    xor     edx, edx                ;因 n 是无符号数,用 XOR 指令清 0
    mov     ecx, 10
    div     ecx
    mov     DWORD PTR [ebp+8], eax
                                    ;} while( n !=0) ;
    cmp     DWORD PTR [ebp+8], 0
    jne     SHORT LN3cf320
                                    ;return  len ;
    mov     eax, DWORD PTR [ebp-4]  ;准备返回值
```

```
                                    ;}
        mov    esp, ebp            ;撤销局部变量 len
        pop    ebp                 ;撤销堆栈框架
        ret
```

从上述目标代码可知,函数 cf320 不仅通过堆栈传递参数,而且还在堆栈中安排了局部变量 len。如同在 3.1.3 中的介绍,在建立堆栈框架后,通过一条 push 指令安排局部变量 len 的存储单元。这样存储单元[ebp−4]就是 len,存储单元[ebp+8]是形参 *n*。

上述目标代码采用如图 3.9(a)所示的循环结构。这个循环的 4 个部分俱全：在初始化部分设置 len 的初值；循环体部分比较简单,只是增加计数；可以认为计算 *n*/10 是循环调整部分的内容；根据 *n* 是否为 0,控制循环。

如果采用编译优化选项"使大小最小化",编译上述程序后,可得到如下所示的目标代码(标号稍有修饰)。

```
;函数 cf320 的目标代码(采用"使大小最小化"编译优化选项)
        push   ebp
        mov    ebp, esp
                                    ;ECX 作为 len
        xor    ecx, ecx            ;len=0;
        push   esi                 ;在使用 ESI 之前,保护之
LL3cf320:
                                    ;do{
                                    ;len++;
                                    ;n=n/10;
        mov    eax, DWORD PTR [ebp+8]
        push   10                  ;准备借助堆栈送到 ESI
        xor    edx, edx            ;使得 EDX=0
        pop    esi                 ;使得 ESI=10
        div    esi
        inc    ecx
        mov    DWORD PTR [ebp+8], eax
                                    ;} while( n !=0) ;
        test   eax, eax            ;测试 n 是否为 0?
        jne    SHORT LL3cf320
                                    ;return len ;
        mov    eax, ecx            ;准备返回值
        pop    esi                 ;恢复 ESI
                                    ;}
        pop    ebp
        ret
```

从上述目标代码可知,由于采用了"使大小最小化"的编译优化选项,因此把寄存器 ECX 作为局部变量 len。此外,还利用指令"push　10"和"pop　esi"使得 ESI 为 10,虽然有两条指令,但机器码的字节数却要少。由此可见,编译器是"费尽心机"。

2. 先判断后执行示例一

在 C 语言中,while 循环控制语句是先判断后执行的。

【例 3-45】　分析如下 C 语言编写的函数 cf321 的目标代码。

```
int  cf321( char * str)
{
    char *pc=str;
    while( *pc)
        pc++;
    return  ( pc-str);
}
```

函数 cf321 的功能是测量字符串 str 的长度。局部变量 pc 是字符型指针变量,指向字符串中的字符。字符串可能为空串,所以采用 while 循环结构。依次逐一检查字符串中的字符,如果没有遇到结束标记(0),就调整指针,否则结束循环。

假设不要求编译优化,即采用编译优化选项"已禁用",编译上述程序后,可得到如下所示的目标代码。

```
;函数 cf321 的目标代码( 不采用编译优化)
push   ebp
mov    ebp, esp                       ;建立堆栈框架
push   ecx                            ;安排局部变量 pc
                                      ;pc=str;
mov    eax, DWORD PTR [ebp+8]         ;取得 str
mov    DWORD PTR [ebp- 4], eax        ;送到 pc
LN2cf321:
                                      ;while( *pc)
mov    ecx, DWORD PTR [ebp- 4]        ;取得 pc
movsx  edx, BYTE PTR [ecx]            ;EDX= *pc
test   edx, edx                       ;判断所指向的字符是否为结束标记
je     SHORT LN1cf321                 ;遇到结束标记,则跳转
                                      ;pc++;
mov    eax, DWORD PTR [ebp- 4]
add    eax, 1
mov    DWORD PTR [ebp- 4], eax
jmp    SHORT LN2cf321                 ;无条件跳转 //@j
LN1cf321:
                                      ;return( pc-str);
mov    eax, DWORD PTR [ebp- 4]
sub    eax, DWORD PTR [ebp+8]
                                      ;}
mov    esp, ebp                       ;撤销局部变量 pc
pop    ebp                            ;撤销堆栈框架
ret
```

在上述目标代码中,采用与例 3-44 目标代码中相同的方法,在堆栈中安排了局部变量 pc。这样存储单元[ebp-4]就是 pc,存储单元[ebp+8]是形参 str。值得指出,由于 pc 是指针变量,因此把其值作为地址,才能取得它所指向的字符。采用了符号扩展传送指令 movsx,既取出 pc 所指向的字节值,又进行符号扩展。随后的指令"test edx,edx"作用是测试寄存器 EDX 是否为 0,它通过自身相与操作来影响状态标志。

上述目标代码采用如图 3.9(b)所示的循环结构。在注释带有//@j 行中的无条件转移指令很重要,在执行完循环体后,跳转上去,判断循环条件是否满足,是否需要继续循环。这里的

循环结束条件是遇到字符串尾(字符串结束标记0)。

类似于例3-44,如果采用编译优化选项"使大小最小化",编译上述程序后,可得到如下所示的目标代码。

```
;函数 cf321 的目标代码(采用"使大小最小化"编译优化选项)
push   ebp
mov    ebp, esp                    ;建立堆栈框架
mov    ecx, DWORD PTR [ebp+8]      ;取出 str 存放到 ECX
                                   ;while(*pc)
cmp    BYTE PTR [ecx], 0           ;判断首字符是否为结束标记
mov    eax, ecx                    ;pc=str;
je     SHORT LN1cf321              ;如果遇结束标记,结束循环
LL2cf321:
inc    eax                         ;pc++;
cmp    BYTE PTR [eax], 0           ;while(*pc)
jne    SHORT LL2cf321              ;如果未遇结束标记,继续循环
LN1cf321:                          ;return(pc-str);
sub    eax, ecx
pop    ebp                         ;}
ret
```

从上述目标代码可知,由于采用了"使大小最小化"的编译选项,cf321 的目标代码没有在堆栈中安排局部变量,而直接采用寄存器 EAX 作为局部变量 pc。特别是有两处判断循环条件是否满足,第一处的判断仅进行一次,只是判断首字符是否为字符串结束标记。这样做可以避免使用一条无条件转移指令(见上述无编译优化生成的目标代码中注释带//@j标记的行)。

3. 先判断后执行示例二

在 C 语言中,for 循环控制语句也是先判断后执行的。

【例 3-46】 分析如下 C 语言编写的函数 cf322 的目标代码。

```
int  cf322( int arr[ ],int n)
{
    int   i,sum=0;
    for( i=0;  i < n;  i++)
        sum+=arr[i];
    return   sum/n ;
}
```

函数 cf322 的功能是计算一个整型数组中元素的平均值。数组和元素的个数作为入口参数。安排了局部变量 i 和 sum,其中 i 是循环控制变量,sum 用于统计元素值之和。

假设不要求编译优化,即采用编译优化选项"已禁用",编译上述程序后,可得到如下所示的目标代码。

```
;函数 cf322 的目标代码(不采用编译优化)
push   ebp
mov    ebp, esp                    ;建立堆栈框架
sub    esp, 8                      ;安排局部变量
mov    DWORD PTR [ebp-8], 0        ;sum=0;
                                   ;for( i=0;  i < n; i++)
mov    DWORD PTR [ebp-4], 0
```

```
    jmp    SHORT LN3cf322              ;//@j1
LN2cf322:                             ;调整循环变量 i
    mov    eax, DWORD PTR [ebp-4]
    add    eax, 1
    mov    DWORD PTR [ebp-4], eax
LN3cf322:                             ;比较 i 与 n
    mov    ecx, DWORD PTR [ebp-4]
    cmp    ecx, DWORD PTR [ebp+12]
    jge    SHORT LN1cf322             ;如果 i 不小于 n, 则结束循环
                                      ;sum+=arr[i];
    mov    edx, DWORD PTR [ebp-4]     ;取得变量 i 值
    mov    eax, DWORD PTR [ebp+8]     ;取得参数(数组首元素地址)
    mov    ecx, DWORD PTR [ebp-8]     ;取得变量 sum 值
    add    ecx, DWORD PTR [eax+edx*4] ;加
    mov    DWORD PTR [ebp-8], ecx     ;保存到变量 sum
    jmp    SHORT LN2cf322             ;//@j2
LN1cf322:                             ;return sum/n ;
    mov    eax, DWORD PTR [ebp-8]
    cdq                               ;符号扩展到 EDX(64 位被除数)
    idiv   DWORD PTR [ebp+12]         ;除, 所得商在 EAX 中
                                      ;
    mov    esp, ebp                   ;撤销局部变量
    pop    ebp                        ;恢复 EBP
    ret                               ;返回
```

从上述目标代码可知,它也是先判断后执行,代码的组织结构如图 3.10 所示,与图 3.9(b)有所不同。只安排了一处循环条件的判断,所以先利用无条件转移指令(见注释带//@j1 的行)直接跳转到循环条件判断处。如果需要循环,则执行循环体,之后利用无条件转移指令(见注释带//@j2 的行)跳转,调整循环变量。

类似于例 3-44 和例 3-45,也可以采用编译优化选项"使大小最小化",编译上述程序后,可得到如下所示的目标代码。

;函数 cf322 的目标代码(采用"使大小最小化"编译优化选项)

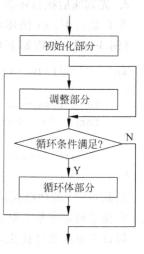

图 3.10　先判断后执行的另
　　　　　一种组织形式

```
    push   ebp
    mov    ebp, esp                   ;建立堆栈框架
    xor    ecx, ecx                   ;i=0;
    xor    eax, eax                   ;sum=0;
                                      ;i<n ?
    cmp    DWORD PTR [ebp+12], ecx    ;比较 n 与 i
```

```
        jle    SHORT LN1cf322              ;如果 n<=i,则结束循环
LL3cf322:
                                          ;sum+=arr[i];
        mov    edx, DWORD PTR [ebp+8]      ;EDX 指向数组首元素
        add    eax, DWORD PTR [edx+ecx*4]  ;EDX+ ECX*4 指向第 i 个元素
                                          ;i++
        inc    ecx
                                          ;i< n ?
        cmp    ecx, DWORD PTR [ebp+12]
        jl     SHORT LL3cf322             ;如果 i< n,则继续循环
LN1cf322:
                                          ;return sum/n ;
        cdq
        idiv   DWORD PTR [ebp+12]
        pop    ebp                        ;恢复 EBP
        ret                              ;返回
```

从上述目标代码可知,由于采用了"使大小最小化"的编译选项,cf322 的目标代码没有在堆栈中安排局部变量,而直接采用寄存器 ECX 和 EAX 分别作为局部变量 i 和 sum。此外,通过安排两处判断循环条件是否满足,避免了两条无条件转移指令。

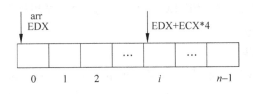

图 3.11　访问数组元素示意图

从上述目标代码还可知,虽然源程序中函数 cf322 的一个形参是数组,但调用过程中实际传递的就是指针,也就是地址。在堆栈的[EBP+8]单元中,存放的是由主调函数在调用前压入堆栈的数组首元素的地址。图 3.11 给出了存取数组元素的示意图,每一个存储单元为 4 个字节,因为整型数占用 4 个字节。

3.4.2　循环指令

利用条件转移指令和无条件转移指令可以实现循环,但为了更加方便地实现循环,IA-32系列 CPU 还专门提供了循环指令。

1. 循环指令

循环指令类似于条件转移指令,不仅属于段内转移,而且还采用相对转移的方式,即通过在指令指针寄存器 EIP 上加一个地址差的方式实现转移。需要注意,循环指令中只用一个字节(8 位)表示地址差,所以循环转移的范围仅为 $-128\sim+127$。

在保护方式(32 位代码段)下,循环指令将自动以寄存器 ECX 作为循环计数器。

循环指令不影响各标志。

（1）计数循环指令（LOOP）。计数循环指令的格式如下：

```
LOOP    LABEL
```

这条指令使寄存器 ECX 的值减 1，如果结果不等于 0，则转移到标号 LABEL 处，否则顺序执行 LOOP 指令后的指令。

这条指令类似于如下的两条指令：

```
DEC     ECX
JNZ     LABEL
```

通常在利用 LOOP 指令构成循环时，先要设置好计数器 ECX 的初值，即循环次数。由于首先进行寄存器 ECX 减 1 操作，再判断结果是否为 0，因此循环最多可进行 2 的 32 次方次。

【例 3-47】 如下代码片段统计寄存器 EAX 中位是 1 的个数，统计结果存放在寄存器 EDX 中。假设 EAX=000023F6H，那么有 9 个位是 1：

```
XOR     EDX, EDX                ;清 EDX
MOV     ECX, 32                 ;设置循环计数
LAB1:
SHR     EAX, 1                  ;右移一位(最低位进入进位标志 CF)
ADC     DL, 0                   ;统计(实际是加 CF)
LOOP LAB1                       ;循环
```

对于循环次数已知的循环，利用循环指令，能够更加简明高效。

（2）等于/全零循环指令（LOOPE/LOOPZ）。等于/全零循环指令有两个助记符，格式如下：

```
LOOPE       LABEL
LOOPZ       LABEL
```

这条指令使寄存器 ECX 的值减 1，如果结果不等于 0，并且零标志 ZF 等于 1（表示相等），那么就转移到标号 LABEL 处，否则顺序执行。注意指令本身实施的寄存器 ECX 减 1 操作并不影响标志。

【例 3-48】 如下代码片段实现在一个字符数组中查找第一个非空格字符，假设字符数组 buff 的长度为 100。

```
LEA     EDX, buff               ;指向字符数组首
MOV     ECX, 100                ;
MOV     AL, 20H                 ;空格字符
DEC     EDX                     ;为了简化循环，先减 1
LAB2:
INC     EDX                     ;调整到指向当前字符
CMP     AL, [EDX]               ;比较
LOOPE LAB2                      ;判断和循环计数同时进行
```

（3）不等于/非零循环指令（LOOPNE/LOOPNZ）。不等于/非零循环指令也有两个助记符，格式如下：

```
LOOPNE      LABEL
LOOPNZ      LABEL
```

这条指令使寄存器 ECX 的值减 1，如果结果不等于 0，并且零标志 ZF 等于 0（表示不相

等),那么就转移到标号 LABEL 处,否则顺序执行。注意指令本身实施的寄存器 ECX 减 1 操作不影响标志。

【例 3-49】　如下 C 程序 dp323 及其嵌入汇编代码,演示 LOOPNE 指令的使用。利用嵌入汇编代码测量由用户输入的字符串的长度。

```
#include <stdio.h>
int  main()
{
    char string[100];           //用于存放字符串
    int len;                    //用于存放字符串长度
    printf(" Input string:") ;
    scanf(" %s",string) ;       //由用户输入一个字符串
    //嵌入汇编代码
    _asm{
        LEA    EDI, string      //使得 EDI 指向字符串
        XOR    ECX, ECX         //假设字符串" 无限长 "
        XOR    AL, AL           //使 AL= 0( 字符串结束标记 )
        DEC    EDI              //为了简化循环,先减 1
    LAB3:
        INC    EDI              //指向待判断字符
        CMP    AL, [EDI]        //是否为结束标记
        LOOPNE LAB3             //如果不是结束标记,继续循环
        ;
        NOT    ECX              //根据 ECX 推断字符串长度
        MOV    len, ECX
    }
    printf(" len=%d\n",len) ;   //显示输入字符串的长度
    return  0;
}
```

在上述演示程序 dp323 的嵌入式汇编代码中,利用 LOOPNE 指令控制循环,每次循环调整指针和判断是否遇到字符串结束标记。在循环开始前,把循环计数器 ECX 清为 0,相当于假设字符串"无限长"。由于 LOOPNE 指令每次减 1,因此 ECX 就隐含了循环的次数,这样就可以根据 ECX 的值简单推算出字符串的长度。

2. 计数器转移指令

如上所述,循环指令把寄存器 ECX 作为循环计数器,如果循环计数器的初值为 0,意味着要进行 2 的 32 次方的循环。但普通程序中,如果循环次数为 0,往往表示不进行循环。为此,IA-32 系列 CPU 还提供了一条把 ECX 是否为 0 作为判断条件的条件转移指令,称为计数器转移指令。

计数器转移指令的格式如下:

　　JECXZ   LABEL

该指令实现当寄存器 ECX 的值等于 0 时转移到标号 LABEL 处,否则顺序执行。

通常在循环开始之前使用该指令,所以当循环次数为 0 时,就可以跳过循环体。

【例3-50】 如下 C 程序 dp324 演示通过堆栈传递参数调用子程序和指令 JECXZ 的使用。主程序的功能是计算由用户输入的若干成绩的平均值。它调用子程序完成平均值的计算。子程序的功能及原型与例 3-46 中函数 cf322 相同。

```c
#include <stdio.h>
# define  COUNT  5                  //假设成绩项数
int  main()
{
    int  score[COUNT];              //用于存放由用户输入的成绩
    int  i, average;
    for( i=0; i < COUNT; i++) {     //由用户从键盘输入成绩
        printf("score[%d]=", i);
        scanf("%d", &score[i]);
    }
    //调用子程序计算成绩平均值
    _asm{
        LEA    EAX, score
        PUSH   COUNT                //把数组长度压入堆栈
        PUSH   EAX                  //把数组起始地址压入堆栈
        CALL   AVER                 //调用子程序
        ADD    ESP, 8               //平衡堆栈
        MOV    average, EAX
    }
    //显示所得平均值
    printf("average=%d\n", average);
    return  0;
    //子程序 AVER
    _asm{
    AVER:                           //子程序入口
        PUSH   EBP
        MOV    EBP, ESP             //建立堆栈框架
        MOV    ECX, [EBP+12]        //取得数组长度
        MOV    EDX, [EBP+8]         //取得数组起始地址
        XOR    EAX, EAX             //将 EAX 作为和 sum
        XOR    EBX, EBX             //将 EBX 作为下标 i
        JECXZ OVER                  //如数组长度为 0,不循环累加
    NEXT:
        ADD    EAX, [EDX+ EBX* 4]   //累加
        INC    EBX                  //调整下标 i
        LOOP   NEXT                 //减计数方式控制循环
        ;
        CDQ                         //计算平均值
        IDIV   DWORD PTR [EBP+12]
    OVER:
        POP    EBP                  //撤销堆栈框架
```

```
        RET                         //返回
    }
}
```

从上述代码可知,子程序在建立堆栈框架后,从堆栈中取得数组长度并送到寄存器 ECX,随后采用计数器转移指令 JECXZ 检查数组元素个数是否为 0,如果 ECX 为 0 就不实施循环累加。与函数 cf322 的目标代码比较可知,这里的代码更可靠,同时效率也稍高。

3. 应用示例

【例 3-51】　编写一个代码片段,把 32 位二进制数转换为 10 位十进制数的 ASCII 码串。为了简单化,设二进制数是无符号的。

在 C 语言中,如果希望采用十进制数的形式输出一个无符号整型变量 uintx 的值,可以利用如下的语句:

```
        printf("%u\n", uintx);
```

事实上,由 C 语言的库函数 printf 实现了二进制数到十进制数的转换。假设不准使用输出无符号整型的格式符"%u",只准使用输出字符串的格式符"%s",那么怎么办? 本例的要求是直接采用汇编代码来实现转换。设已有如下的 C 程序 dp325 框架,现在需要编写中间部分的汇编代码片段:

```
//演示程序 dp325 框架
#include <stdio.h>
int  main()
{
    unsigned uintx=56789123;    //无符号整型变量
    char buffer[11];            //用于存放 ASCII 码串的缓冲区
    _asm{
        ...                      //实现转换的汇编代码片段
    }
    printf("%s\n", buffer);     //输出字符串
    return  0;
}
```

把一个整数除以 10,所得的余数就是个位数。如果把所得的商再除以 10,所得的余数就是十位数。如果继续把所得的商除以 10,所得的余数就是百位数。以此类推,就可以得到一个整数的各位十进制数了。32 位二进制数能表示的最大十进制数只有 10 位,所以循环地除上 10 次,就可以得到各位十进制数。

为了把一位十进制数转换为对应的 ASCII 码,只要加上数字符'0'的 ASCII 码。

由于先得到个位数,然后得到十位数,再得到百位数,因此在把所得的各位十进制数的 ASCII 码存放到字符串中时,要从字符串的尾部开始。图 3.12 给出了 ASCII 码串的存储示意图,其中每一字节的数据是十六进制表示的 ASCII 码。

对应的代码片段 as326 如下:

```
//汇编代码片段 as326
_asm{
    LEA    ESI, buffer          ;获取存放字符串的缓冲区首地址
    MOV    EAX, uintx           ;取得待转换的数据
```

```
    MOV    ECX, 10              ;循环次数(十进制数的位数)
    MOV    EBX, 10              ;十进制的基数是 10
NEXT:
    XOR    EDX, EDX             ;形成 64 位的被除数(无符号数除)
    DIV    EBX                  ;除以 10,EAX 含商,EDX 含余数
    ADD    DL, '0'              ;把十进制位转成对应的 ASCII 码
    MOV    [ESI+ ECX-1], DL     ;保存到缓冲区
    LOOP   NEXT                 ;计数循环
    ;
    MOV    BYTE PTR [ESI+10],0  ;设置字符串结束标志
}
```

在上述代码片段中,由于总是循环 10 次,因此转换所得的 ASCII 字符串可能在前端有若干个字符'0'。

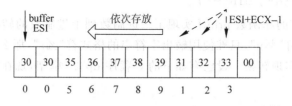

图 3.12　ASCII 码串的存储示意图

【例 3-52】　深化例 3-51。①设二进制数是有符号的,如果是负数,则所得字符串的第一个字符应该是负号;②不需要前端可能出现的'0'。

设变量 intx 和存放字符串的缓冲区定义如下:

```
    int    intx=- 57312;
    char   buffer[16];                //足够长
```

满足所需要求的代码片段 as327 如下所示:

```
//汇编代码片段 as327
_asm{
    LEA    ESI, buffer          ;置指针初值
    MOV    EAX, intx            ;取得待转换的数据
    CMP    EAX, 0               ;判断待转换数据是否为负数
    JGE    LAB1                 ;非负数,跳转
    MOV    BYTE PTR [ESI], '- ' ;先保存一个负号
    INC    ESI                  ;调整指针
    NEG    EAX                  ;取相反数,得正数
LAB1:
    MOV    ECX, 10              ;最多循环 10 次
    MOV    EBX, 10              ;每次除以 10
    MOV    EDI, 0               ;置有效位数的计数器初值
NEXT1:
    XOR    EDX, EDX
    DIV    EBX                  ;获得一位十进制数
    ;
    PUSH   EDX                  ;把所得一位十进制数压入堆栈//@1
```

```
        INC     EDI                 ;有效位数增加 1
        ;
        OR      EAX, EAX            ;测试结果(商)
        LOOPNE NEXT1                ;如结果不为 0,考虑继续循环//@2
        ;------------------------------------
        MOV     ECX, EDI            ;置下一个循环的计数
NEXT2:
        POP     EDX                 ;从堆栈弹出余数//@3
        ADD     DL, '0'             ;转成对应的 ASCII 码
        MOV     [ESI], DL           ;依次存放到缓冲区
        INC     ESI
        LOOP    NEXT2               ;循环处理下一位
        ;
        MOV     BYTE PTR [ESI], 0   ;设置字符串结束标志
}
```

从上述程序片段可知,在开始转换之前,先判断待转换的数据是否为负,如果是负数,先使得字符串的第一个字符为负号,同时取相反值,这样待转换数据就变成正数了。

代码片段含有两个循环。第一个循环通过循环除以 10 的方法,取得十进制数的各位数值,但是循环结束的方式有所改变(见带//@2 的行),不仅最多循环 10 次,而且只有结果(表示需要转换的数据)不为 0 时,才继续循环。因为如果需要继续转换的数据为 0,也就意味着产生前端没有意义的 0。例 3-44 的函数 cf320 就是这个思路。为了改变存放顺序,利用了堆栈的先进后出特点,把所得的各位十进制数依次压入堆栈(见带//@1 的行),同时利用寄存器 EDI 统计压入堆栈的次数,为弹出操作做好准备。图 3.13 给出了压入堆栈操作后的堆栈局部示意图,其中堆栈的每一项是 32 位(4 个字节)。

第二个循环比较简单,依次进行弹出操作,每弹出一位十进制数,在转换成对应的 ASCII 后,就依次存入字符串。第二个循环的循环次数是压入堆栈操作的次数,也就是十进制数的有效位数。其实,可以根据第一个循环结束时寄存器 ECX 的值,来得到压入堆栈操作的次数,这样就不需要专门用寄存器 EDI 来统计了。

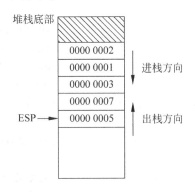

图 3.13　把各位十进制数压入堆栈后的示意图

3.4.3　多重循环设计举例

多重循环就是循环之中还有循环。

【例 3-53】　如下 C 函数 cf328 的功能是,在某个无符号整型数组中查找第一个特征数据,

如果找到返回下标值(索引号),否则返回-1。这里的特征是指在用二进制表示该数据时,其中 1 的个数超过 20。

```c
int  cf328( unsigned arr[ ], int n)
{
    int  i;                    //循环变量
    unsigned  value;           //用于判断特征值
    int  count=0;              //统计数据中 1 的个数
    for( i=0; i<n; i++)        //循环遍历数组中的每个数据
    {
        value=arr[i];
        if( value <=0xfffff)   //0xfffff 是 20 位 1 的最小值
            continue;          //如不超过 0xfffff,肯定不是特征数据
        count=0;
        while( value !=0)      //统计 1 的个数
        {
            if( value & 1==1)  //测最低位是否为 1
                count++;
            value=value >> 1;  //向右移一位
        }
        if( count > 20)        //找到第一个,跳出循环
            break;
    }
    if( count <=20)            //如没有找到特征数据,返回-1
        i=-1;
    return  i;
}
```

采用编译优化选项"使大小最小化",编译上述程序后,可得到如下所示的目标代码(标号稍有修饰),分号之后是添加的注释。

```asm
;函数 cf328 的目标代码( 使大小最小化 )
push   ebp
mov    ebp, esp                    ;建立堆栈框架
                                   ;for 语句
xor    eax, eax                    ;eax 作为变量 i
xor    edx, edx                    ;edx 作为变量 count
cmp    DWORD PTR [ebp+12], eax     ;比较 n 与 i
jle    SHORT LN17cf328            ;当 n<=i 时,跳过外循环
LL9cf328:                          ;外循环体开始
                                   ;value=arr[i];
mov    ecx, DWORD PTR [ebp+8]      ;取得作为参数的数组起始地址
mov    ecx, DWORD PTR [ecx+ eax* 4] ;取第 i 项数据
                                   ;if( value <=0xfffff) continue;
cmp    ecx, 1048575
jbe    SHORT LN8cf328
                                   ;
xor    edx, edx                    ;count=0;
```

```
                                    ;while 语句
    test    ecx, ecx                ;判断 value 是否为 0
    je      SHORT LN8cf328          ;value 为 0,跳过内循环
LL5cf328:                           ;内循环体开始
    test    cl, 1                   ;value & 1==1?
    je      SHORT LN3cf328
    inc     edx                     ;count++;
LN3cf328:
    shr     ecx, 1                  ;value=value >> 1;
                                    ;内循环体结束
    jne     SHORT LL5cf328          ;如果 value 不为 0,继续内循环
                                    ;if( count > 20)  break;
    cmp     edx, 20
    jg      SHORT LN1cf328
LN8cf328:                           ;外循环体结束
    inc     eax                     ;i++
    cmp     eax, DWORD PTR [ebp+12] ;i < n ?
    jl      SHORT LL9cf328          ;如果 i<n,继续外循环
                                    ;
    cmp     edx, 20                 ;判断是否找到特征数据
    jg      SHORT LN1cf328
LN17cf328:
    or      eax, -1                 ;i=-1;
LN1cf328:
    pop     ebp                     ;撤销堆栈框架
    ret
```

由于只要求目标代码的尺寸最小化,因此从上述目标代码中,可以清楚地看到外循环 for 和内循环 while 的实现。

从上述目标代码中,还可以清楚地看到 break 语句和 continue 语句的具体实现。它们的本质就是转移。在这里它们从属于条件语句,所以体现为条件转移。

另外,请比较例 3-47 统计二进制数 1 的实现方法。

【例 3-54】　设 buffer 缓冲区中有 10 个整数,编写一个代码片段,将它们由小到大排序。

有各种各样的排序算法,这里为了方便地说明二重循环,采用选择排序,图 3.14 给出了排序算法流程图,其中 N 表示待排序的数据个数;I 和 J 分别表示从 0 开始的下标。

设 buffer 缓冲区定义如下:

```
    int  buffer[10]={ 2222, 1, 3500, -300, 67, 100, 76, 8, 29, -17};
```

实现选择排序的代码片段 as329 如下。其中,ESI 相当于外层循环控制变量 I,EDI 相当于内层循环控制变量 J,寄存器 EBX 含有数据缓冲区开始地址。

```
#define  LEN  10
//汇编代码片段 as329
_asm{
    LEA   EBX, buffer              ;设置缓冲区开始地址
```

```
        MOV    ESI, 0                      ; I = 0
FORI:
        MOV    EDI, ESI
        INC    EDI                         ; J = I + 1
FORJ:
        MOV    EAX, [EBX+4*ESI]
        CMP    EAX, [EBX+4*EDI]            ; A[I] 与 A[J] 比较
        JLE    NEXTJ                       ; A[I] 小于等于 A[J] 跳转
        XCHG   EAX, [EBX+4*EDI]            ; A[I] 与 A[J] 交换
        MOV    [EBX+4*ESI], EAX
NEXTJ:
        INC    EDI                         ; J = J + 1
        CMP    EDI, LEN
        JB     FORJ                        ; J < N 时跳转
NEXTI:
        INC    ESI                         ; I = I + 1
        CMP    ESI, LEN-1
        JB     FORI                        ; I < N-1 时跳转
}
```

可以把上述代码片段 as329 嵌入到某个 C 程序中，实现排序的功能。

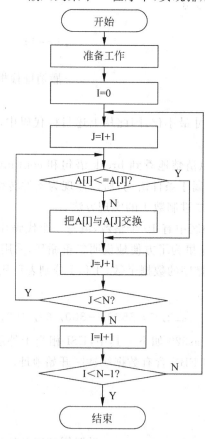

图 3.14 排序算法流程图

3.5　子程序设计

如果某个程序片段将反复在程序中出现,就把它设计成子程序。这样能有效地缩短程序长度、节约存储空间。如果某个程序片段具有通用性,可供许多程序共享,也把它设计成子程序。这样能大大减轻程序设计的工作量,如库函数程序。此外,当某个程序片段的功能相对独立时,也可把它设计成子程序,这样便于模块化,也便于程序的阅读、调试和修改。

在汇编语言中,子程序常常以过程(Procedure)的形式出现。在 3.1 节介绍过程调用和返回指令的基础上,本节首先举例说明设计子程序的方法和规范,然后进一步介绍调用过程的方法。

3.5.1　子程序设计要点

子程序是供主程序调用的,所以在设计子程序时,必须遵循与主程序的约定。除了高效地完成子程序相应的功能外,在设计子程序时,需要注意,传递参数的方法;安排局部变量的方法;保护寄存器的约定;描述子程序的说明。

1. 传递参数的方法

在前面的章节中已经介绍了一些子程序示例,从中可以看到传递参数的方法。从 C 函数的目标代码中可知,如果源程序中默认调用约定,那么利用堆栈传递入口参数(函数参数),利用寄存器传递出口参数(函数返回值)。为了提高效率,可以在 C 源程序中明确_fastcall 的调用约定,这表示希望利用寄存器传递入口参数,在采用编译优化的情形下,所得目标代码利用寄存器传递入口参数。

在采用汇编语言编写子程序时,采用哪种方法传送出入口参数,取决于约定。在例 3-3 的演示程序 dp32 中,子程序 TUPPER 和 UPPER 就是利用寄存器传递出入口参数。在例 3-50 的演示程序 dp324 中,子程序 AVER 就是利用堆栈传递入口参数,利用寄存器 EAX 传递出口参数。

利用寄存器传递参数,虽然简单并且效率比较高,但由于寄存器较少,可传递参数比较少。利用堆栈传递参数比较复杂并且效率较低,但可以传递足够多的参数。

【例 3-55】　分析如下所列 C 函数 cf330 的目标代码。该函数的功能是把一个无符号整数(32 位二进制数)转换为 8 位十六进制数的 ASCII 码串。函数有两个入口参数,分别是整数 m 和存放 ASCII 码串的首地址,希望采用寄存器传递入口参数。

```
void  _fastcall  cf330( unsigned m, char * buffer)
{
    int  i;
    char  val;
    for( i=1; i <= 8; i++)              //循环 8 次
    {
        val=( m >> ( 32-i * 4)) & 0x0f;   //先向右移,再截取 4 位
        val+='0';                      //转成对应 ASCII 码
        if( val > '9') val+=7;
        * buffer++=val;                //依次保存
    }
    * buffer='\0';                     //ASCII 码串结束标记
```

```
            return ;
        }
```

由于 4 个二进制位对应一个十六进制位,因此直接采用移位的方式来得到各个十六进制位。无符号整数是 32 位二进制数,对应 8 个十六进制位,因此循环 8 次。

采用编译优化选项"使大小最小化",编译上述程序后,可得到如下所示的目标代码,分号之后是添加的注释。

```
;cf330 的目标代码(大小最小化)
    push  esi                        ;保护寄存器 esi
    xor   esi, esi                   ;esi 作为局部变量 i //@o
    push  edi                        ;保护寄存器 edi
    mov   edi, ecx                   ;edi=m
    inc   esi                        ;i=1
LL4cf330:
                                     ;val=(m >> (32- i*4)) & 0x0f;
    push  8
    pop   ecx                        ;ecx=8 //@o
    sub   ecx, esi                   ;ecx=(8- i)*4
    shl   ecx, 2                     ;ecx=(8- i)*4
    mov   eax, edi                   ;eax=m
    shr   eax, cl                    ;eax=m >> (32- i* 4)
    and   al, 15                     ;& 0x0f
    add   al, 48                     ;val+='0';
    cmp   al, 57                     ;if( val > '9') val+=7;
    jle   SHORT LN1cf330
    add   al, 7
LN1cf330:
    mov   BYTE PTR [edx], al         ;* buffer++=val;
    inc   edx
                                     ;
    inc   esi                        ;i++
    cmp   esi, 8                     ;i <=8 吗?
    jle   SHORT LL4cf330             ;是,则跳转
    pop   edi                        ;恢复 edi
    mov   BYTE PTR [edx], 0          ;* buffer='\0';
    pop   esi                        ;恢复 esi
    ret
```

由于源程序中采用了调用约定_fastcall,而且又选择了编译优化,因此通过寄存器向函数传递入口参数。从上述目标代码可知,利用寄存器 ecx 传递参数 m,利用寄存器 edx 传递参数 buffer。

由于选择了编译优化,从上述目标代码还可知,给动态局部变量 i 分配了寄存器 esi,给动态局部变量 val 分配了寄存器 eax(或者 al)。这样能够有效地提高执行效率。同时,还可以看到,由于使用了寄存器 esi 和 edi,因此在一开始就把它们压入堆栈保护,在子程序返回之前从堆栈中将其恢复。

在上述目标代码中,还有一些优化措施,见注释中带//@o 的行,将在第 5 章中介绍。

2. 安排局部变量的方法

为了实现自身的功能,子程序(函数)往往还需要定义一些局部变量,以便清楚地表达处理逻辑,临时保存中间结果。局部就是限于子程序(函数)或者限于代码片段(复合语句)。

例 3-55 中整型变量 i 和字符变量 val,都是动态局部变量。由于选择了编译优化,把这两个变量安排在寄存器中。虽然寄存器作为局部变量可以提高效率,但寄存器数量较少,所以一般不把局部变量安排在寄存器中。在 3.1 节中介绍了利用堆栈来安排局部变量,这个方法虽然较复杂,但可以安排足够多的局部变量。实际上,在 C 函数的目标代码绝大部分的局部变量被安排在堆栈中。在不要求编译优化时,通常局部变量都被安排在堆栈中。在前面多个没有经过编译优化的目标代码中,可以清楚地看到这一点。

下面是一个把局部变量安排在寄存器中的示例。

【**例 3-56**】　分析如下 C 函数 cf331 的目标代码。该函数的功能是统计整型数组中值为正数、负数和 0 的元素个数。函数有 4 个入口参数,其中,两个参数指定数组和数组长度,另两个参数是指针,指出存放正数和负数个数的所在。函数返回值是指定数组中值为 0 的元素个数。

```c
int  cf331( int arr[], int n, int *pp, int *pn)
{
    int  i, pcount, ncount, zcount;
    pcount=ncount=zcount=0;
    for( i=0; i<n; i++)                      //循环,依次检查并统计
    {
        if( arr[i] > 0)
            pcount++;
        else if( arr[i] < 0)
            ncount++;
        else
            zcount++;
    }
    *pp=pcount;                              //送出正数的个数
    *pn=ncount;                              //送出负数的个数
    return  zcount;                          //返回 0 的个数
}
```

采用编译优化选项"使速度最达化",编译上述程序后,可得到如下所示的目标代码,分号之后是添加的注释。

```
;cf331 的目标代码( 使速度最大化)
;利用堆栈传递入口参数,利用寄存器 eax 传递出口参数
push   ebp
mov    ebp, esp                      ;建立堆栈框架
push   ebx                           ;保护 ebx
mov    ebx, DWORD PTR [ebp+12]       ;ebx=n
push   esi                           ;保护 esi、edi
push   edi
xor    eax, eax                      ;zcount=0
xor    esi, esi                      ;ncount=0
xor    edi, edi                      ;pcount=0
xor    edx, edx                      ;i=0
```

```
        test    ebx, ebx
        jle     SHORT LN5cf331
    LL7cf331:
        mov     ecx, DWORD PTR [ebp+8]          ;ecx=arr
        mov     ecx, DWORD PTR [ecx+ edx* 4]    ;ecx=arr[i]
        test    ecx, ecx                        ;测 arr[i]的正负
        jle     SHORT LN12cf331                 ;arr[i] <=0,则跳转
        inc     edi                             ;pcount++;
        jmp     SHORT LN6cf331
    LN12cf331:
        jns     SHORT LN2cf331
        inc     esi                             ;ncount++;
        jmp     SHORT LN6cf331
    LN2cf331:
        inc     eax                             ;zcount++;
    LN6cf331:
        inc     edx                             ;i++
        cmp     edx, ebx                        ;i < n 吗?
        jl      SHORT LL7cf331                  ;i < n,继续循环
    LN5cf331:
        mov     edx, DWORD PTR [ebp+16]
        mov     ecx, DWORD PTR [ebp+20]
        mov     DWORD PTR [edx], edi            ;*pp=pcount;
        pop     edi
        mov     DWORD PTR [ecx], esi            ;*pn=ncount;
        pop     esi
        pop     ebx                             ;恢复被保护的寄存器
        pop     ebp                             ;撤销堆栈框架
        ret
```

从上述目标代码可知,由于要求了编译优化,因此 pcount 等 4 个局部变量都被安排在寄存器中。在开始部分,先利用堆栈保护了寄存器 ebx、esi 和 edi,在返回之前,从堆栈中弹出以恢复它们原先的值。

3. 保护寄存器的约定

子程序为了完成其功能,通常要临时利用一些寄存器存放内容。例如,作为局部变量使用。也就是说,在子程序运行时有时会破坏一些寄存器的原有内容。所以,如果不采取措施,那么在调用子程序后,主程序就无法再使用这些寄存器的原有内容了,这常常会导致主程序的错误。为此,要对有关寄存器的内容进行保护与恢复。

保护寄存器内容的简单方法是,在子程序一开始就把在子程序中会改变的寄存器内容压入堆栈,而在返回之前再恢复这些寄存器的内容。

由于子程序往往会用到多个寄存器,把这些用到的寄存器全部压入堆栈加以保护,过后再恢复,这样做会降低代码效率。实际上,这是主程序和子程序之间缺少“默契”。从前面多个 C 函数的目标代码可知,一方面,函数代码虽然使用寄存器 eax、ecx 和 edx,但并不事先保护它们;另一方面,函数代码只要使用了寄存器 ebx、esi、edi 和 ebp,总是先保护它们,过后再恢复。这体现了 C 语言中主程序与子程序的“默契”。还可以看到,函数为了通过 ebp 访问堆栈中的

可能存在的参数和局部变量,所以在建立堆栈框架时,先把 ebp 压入堆栈,然后把 esp 送到 ebp,最后通过弹出 ebp,恢复 ebp 原先内容,来撤销堆栈框架。当然,函数代码对堆栈指针寄存器 esp 的使用是极其谨慎的。

因此,保护寄存器的常用方法是子程序只保护主程序关心的那些寄存器。所谓关心的寄存器,是根据主程序与子程序的约定来确定的。这样处理,既达到了保护寄存器的目的,又减少效率损耗。例 3-55 和例 3-56 都采用这种常用的保护方法。当然,如果约定所有寄存器都是"关心"的,那么就退化为只要破坏,就加以保护。

值得指出,在利用堆栈进行寄存器的保护和恢复时,一定要注意堆栈的先进后出特性,一定要注意堆栈平衡。

至此可以看到,在堆栈中既要存放传递给子程序的入口参数,又要存放子程序的返回地址,还有可能利用堆栈来保护寄存器的内容,所以堆栈中的内容较为混杂。但是,绝对不能出现差错,绝对不能失去平衡,除非为了特殊目的而故意为之。在子程序开始之初,建立堆栈框架,在子程序返回之前,撤销堆栈框架,这是一个比较好的方法。

4. 描述子程序的说明

为了能正确地使用子程序,在给出子程序代码时还要给出子程序的说明信息。子程序说明信息一般由以下几部分组成,每一部分的表述应该简明确切。

(1) 子程序名(或者入口标号)。

(2) 子程序功能描述。

(3) 子程序的入口参数和出口参数。

(4) 所影响的寄存器等情况。

(5) 使用的算法和重要的性能指标。

(6) 其他调用注意事项和说明信息。

(7) 调用实例。

子程序的说明信息至少应该包含上述前三部分的内容。

3.5.2 子程序设计举例

下面采用嵌入汇编代码方式,举例说明子程序的设计。

【例 3-57】 编写把二进制数(32 位)转换为十六进制数(8 位)ASCII 码串的子程序。这个子程序的功能,与例 3-55 函数 cf330 的功能相同。

实现上述功能的子程序 as332 如下,以注释方式给出了子程序的相关说明信息。

```
//子程序名(入口标号)：BTOHS
//功    能：把 32 位二进制数转换为 8 位十六进制数的 ASCII 码串
//入口参数:(1) 存放 ASCII 码串缓冲区的首地址(先压入堆栈)
//         (2) 二进制数据(后压入堆栈)
//出口参数：无
//其他说明:(1) 缓冲区应该足够大(至少 9 个字节)
//         (2) ASCII 串以字节 0 为结束标记
//         (3) 影响寄存器 EAX、ECX、EDX 的值
__asm{
BTOHS:                          ;子程序入口标号
    PUSH  EBP
    MOV   EBP, ESP              ;建立堆栈框架
```

```
        PUSH  EDI                      ;保护寄存器 EDI
        MOV   EDI, [EBP+12]            ;取得存放 ASCII 码串的首地址
        MOV   EDX, [EBP+8]             ;取得待转换数据
        MOV   ECX, 8                   ;设置循环次数
    NEXT:
        ROL   EDX, 4                   ;循环左移 4 位,高 4 位移到低 4 位
        MOV   AL, DL                   ;待转换数据送到 AL
        AND   AL, 0FH                  ;把 AL 中低 4 位转换成对应的 ASCII 码
        ADD   AL, '0'
        CMP   AL, '9'
        JBE   LAB580
        ADD   AL, 7
    LAB580:
        MOV   [EDI], AL                ;把所得字符保存到缓冲区
        INC   EDI                      ;调整缓冲区指针
        LOOP  NEXT                     ;循环,转换下一个 4 位
        MOV   BYTE PTR [EDI], 0        ;置字符串结束标志
        POP   EDI                      ;恢复 EDI
        POP   EBP
        RET
    }
```

与例 3-55 函数 cf330 的目标代码相比,上述子程序不仅利用指令 LOOP 进行循环控制,而且利用移位指令 ROL 进行循环移位,从而使得代码更简洁。由于使用了主程序可能"关心"的寄存器 EDI,因此一开始就压入堆栈保护。此外,还利用堆栈传递入口参数。

【例 3-58】 编写一个子程序,把由十进制数字符构成的字符串转换成对应的数值。

本例子程序实现例 3-51 代码片段相反的功能。

设十进制数字串中各位对应的值为 d_n、d_{n-1}、$\cdots$、d_2、d_1,那么它所表示的二进制数可由下式计算得出:

$$Y=((((0\times10+d_n)\times10+d_{n-1})\times10+\cdots)\times10+d_2)\times10+d_1$$

可通过迭代的方法进行上式的计算,迭代公式如下,Y 的初值为 0:

$$Y=Y\times10+d_i(i=n,n-1,\cdots,1)$$

所以,当十进制数字串中数字符的个数为 n 时,那么只需进行 n 次迭代计算。

实现功能要求的子程序 as333 如下,以注释的方式给出了子程序的相关说明信息。

```
//子程序名(入口标号) : DSTOBV
//功      能:把十进制数字串转换成对应的二进制数值
//入口参数:ESI=待转换数字串的起始地址偏移
//          ECX=待转换数字串的长度(十进制数字的位数)
//出口参数:EAX=转换所得数值
//说      明:(1)不考虑数字串过长的情形
//          (2)寄存器 EBX、ECX、EDX、ESI 受到影响
_asm{
DSTOBV:
    XOR   EDX, EDX                   ;EDX 作为 Y
    XOR   EAX, EAX
    JECXZ LAB2                       ;排除数字串为空的情形
```

```
LAB1:
    IMUL    EDX, 10                    ;Y*10
    MOV     AL, [ESI]                  ;取一位字符
    INC     ESI
    AND     AL, 0FH                    ;得到某一位十进制数值 di
    ADD     EDX, EAX                   ;Y=Y*10+di
    LOOP    LAB1                       ;迭代计算
LAB2:
    MOV     EAX, EDX                   ;准备返回值
    RET
}
```

上述子程序虽然考虑了数字串是空(ECX 为 0)的情形,但没有考虑数字串过长的情形。在实际应用中,不仅数字串的长度往往不能确定,而且可能还会夹杂非数字符号。

【例 3-59】 改写例 3-58 的子程序,使其更实用。

改写后的子程序 as334 如下所示,并以注释的方式给出了子程序的相关信息。

```
//子程序名(入口标号) : DSTOB
//功      能:把十进制数字串转换成对应的二进制数值,遇到非数字符结束
//入口参数:ESI=待转换数字串的起始地址偏移
//出口参数:EAX=转换所得数值(空串时,返回值是 0)
//说      明:(1)数字串以空(0)为结束标志,或者非数字符为结束标志
//             (2)如果数字串太长,导致数值超过 32 位,高位被截掉
//             (3)寄存器 EDX 受影响
//             (4)调用子程序 ISDIGIT(判断是否是数字符)
_asm{
DSTOB:
    PUSH    ESI                        ;保护寄存器 ESI
    XOR     EDX, EDX                   ;EDX 作为 Y
    XOR     EAX, EAX
LAB1:
    MOV     AL, [ESI]                  ;取一个字符
    INC     ESI
    CALL    ISDIGIT                    ;判断字符是否有效
    OR      AL, AL
    JZ      LAB2                       ;无效,跳转返回
    IMUL    EDX, 10                    ;Y*10
    AND     AL, 0FH                    ;得到某一位十进制数值 di
    ADD     EDX, EAX                   ;Y=Y*10+di
    JMP     LAB1                       ;迭代计算
LAB2:
    MOV     EAX, EDX                   ;准备返回值
    POP     ESI                        ;恢复 ESI
    RET
}
```

上述子程序 as334(入口标号 DSTOB)调用了另一个子程序 as335(入口标号 ISDIGIT)来判断某个字符是否是数字符,子程序 as335 的代码如下所示:

```
//子程序名(入口标号)：ISDIGIT
//功      能：判断字符是否为十进制数字符
//入口参数：AL=字符
//出口参数：如果是非数字符，AL=0；否则 AL 保持不变
_asm{
ISDIGIT:
    CMP    AL,'0'                    ;与字符'0'比较
    JL     ISDIG1                    ;有效字符是'0'- '9'
    CMP    AL,'9'
    JA     ISDIG1
    RET
ISDIG1:                             ;非数字符
    XOR    AL,AL                     ;AL=0
    RET
}
```

下面通过另一个示例演示调用上述子程序。

【例 3-60】 演示调用上述子程序 as334（入口标号 DSTOB）和子程序 as335（入口标号 ISDIGIT）。

演示调用上述子程序的主程序 dp336 的框架如下所示：

```
#include <stdio.h>
int   main()
{
    char   buff1[16]= "328";
    char   buff2[16]= "1234024";
    unsigned  x1, x2;
    unsigned  sum;
    ;
    _asm{
        LEA    ESI, buff1           ;转换一个字符串
        CALL   DSTOB
        MOV    x1, EAX
        ;
        LEA    ESI, buff2           ;转换另一个字符串
        CALL   DSTOB
        MOV    x2, EAX
        ;
        MOV    EDX, x1              ;求和
        ADD    EDX, x2
        MOV    sum, EDX
        ;                           ;如这些代码位于前面
        JMP    OK                   ;通过该指令来跳过随后的子程序部分!//@1
    }
    //
    //在这里安排子程序 DSTOB 和 ISDIGIT 的代码
    //
OK:
```

```
        printf("%d\n", sum);
        return  0;                          ;//@2
    }
```

需要特别指出,上述的程序组织方式在//@1 行的无条件转移指令"JMP   OK"很重要,利用该指令跳过随后的子程序的代码。如果把子程序 as334 和 as335 的代码安排在最后(//@2 之后),在利用较低版本的编译器编译时,不能选择"使速度最大化"编译优化选项。

【例 3-61】 采用汇编语言编写一个子程序 as337,实现 C 语言库函数 strstr()的功能。库函数 strstr()的原型如下:

```
        char  *strstr(char *str1, char *str2);
```

其功能是,在字符串 str1 中查找字符串 str2 第一次出现的位置。如果在字符串 str1 中找到字符串 str2,返回该位置的指针;如果没有找到,返回空指针。

判断一个字符串是否是另一字符串的子串的方法很多,现选取实现较简单的一种算法。子程序 as337 如下所示:

```
//子程序名(入口标号): STRSTR
//功    能: 在字符串 str1 中查找第一次出现的字符串 str2
//说    明: 符合 C 函数的调用约定
_asm{
STRSTR:
    PUSH   EBP
    MOV    EBP, ESP                 ;建立堆栈框架
    ;
    PUSH   EBX                      ;保护相关寄存器
    PUSH   ESI
    PUSH   EDI
                                    ;测字符串 2 的长度
    MOV    EDI, [EBP+12]
    DEC    EDI
NEXT:
    INC    EDI
    CMP    BYTE PTR [EDI],0         ;从串 2 取一个字符
    JNZ    NEXT                     ;如果串 2 没有结束,继续
                                    ;
    MOV    ECX, EDI                 ;ECX 指向串 2 结束标记处
    MOV    EAX, [EBP+12]
    SUB    ECX, EAX                 ;地址差是串 2 长度
                                    ;
    JECXZ OVER1                     ;如果串 2 为空,不需要搜索
                                    ;在串 1 中,搜索串 2
    MOV    EDX, ECX                 ;保存串 2 长度
    MOV    EBX, [EBP+8]             ;取串 1 首地址
FORI:
    MOV    ESI, EBX                 ;ESI=开始搜索串 1 的起始地址
    MOV    EDI, [EBP+12]            ;EDI=串 2 首地址
    MOV    ECX, EDX                 ;ECX=串 2 长度
FORJ:
```

```
        MOV     AL, [ESI]
        CMP     AL, [EDI]                       ;比较一个字符
        JNZ     NEXTI                           ;不等,从串1下一个字符重新搜索
    NEXTJ:
        INC     EDI
        INC     ESI
        LOOP    FORJ                            ;继续比较下一字符
        JMP     OVER2                           ;在串1中,搜索到串2
    NEXTI:
        INC     EBX                             ;从串1的下一个字符开始
        OR      AL, AL                          ;判断串1是否结束
        JNZ     FORI                            ;没有结束,重新开始搜索
                                                ;
    OVER1:                                      ;至此,串1已经结束
        XOR     EBX, EBX
    OVER2:
        MOV     EAX, EBX                        ;准备出口参数
        POP     EDI                             ;恢复寄存器
        POP     ESI
        POP     EBX
        POP     EBP                             ;撤销堆栈框架
        RET
    }
```

在上述程序片段中,首先是采用一个循环测量字符串 2 的长度。测量方法是结束地址减去起始地址,这与例 3-45 的方法相同。然后,采用一个二重循环,判断字符串 2 是否为字符串 1 的子串,外层循环控制依次遍历字符串 1 中的字符,内层循环控制在字符串 1 的某个位置开始,依次与字符串 2 中的字符比较。

3.5.3　子程序调用方法

在 3.1 节简单介绍了过程调用和返回指令,为了更好地应用这些指令调用子程序,本节作进一步的介绍。

1. 过程调用指令

与无条件转移指令 JMP 相比,过程调用指令 CALL 会把返回地址压入堆栈,其他方面都是相似的。过程调用指令实施转移,在转移的范围和转移的方式上,与无条件转移指令是一样的。在机器码的格式上,过程调用指令与无条件转移指令也是一样的。

在 3.3.2 节介绍过段内转移和段间转移的概念,也介绍过直接转移和间接转移的概念。像无条件转移指令一样,过程调用指令有段内调用和段间调用之分,有时也称为近调用和远调用。按照给出过程入口地址的方式来分,过程调用指令分为直接调用和间接调用。这样,过程调用指令可分为 4 种:段内直接调用、段内间接调用、段间直接调用和段间间接调用。

虽然有 4 种过程调用指令,但在汇编语言中,均用指令助记符 CALL 表示。

过程调用指令不影响状态标志。

(1) 段内直接调用指令。在 3.1 节介绍的过程调用指令,就是段内直接调用指令。在前面的示例中,已经多次用到。这里可以简单地认为,除了保存返回地址外,段内直接调用指令

CALL 与无条件段内直接转移指令 JMP 是一样的。

（2）段内间接调用指令。段内间接调用指令的使用格式如下：

CALL　OPRD

该指令调用由操作数 OPRD 给出入口地址偏移的子程序。执行如下具体操作：

① 把返回地址偏移压入堆栈保存。

② 把 OPRD 的内容(目标地址偏移)送到 EIP，从而实现转移。在保护方式下(32 位代码段)，OPRD 是 32 位通用寄存器或者双字存储单元。

同样可以简单地认为，除了保存返回地址外，段内间接调用指令 CALL 与无条件段内间接转移指令 JMP 是一样的。

【例 3-62】　如下指令演示了段内间接调用指令的使用。

```
CALL   ECX                ;子程序入口地址是寄存器 ECX 的内容
CALL   DWORD PTR [EDX]    ;入口地址是由 EDX 给定的双字存储单元内容
```

（3）段间调用指令。段间直接调用指令的使用格式与上述的段内直接调用指令相似，段间间接调用指令的使用格式和上述的段内间接调用指令相类似。同样地，这些指令分别与段间直接转移指令和段间间接转移指令也相似。在执行段间调用指令时，首先要把返回地址压入堆栈，然后再转到子程序入口地址处。但由于段间调用要改变代码段寄存器 CS，因此在把返回地址压入堆栈时，先要把 CS 压入堆栈，再把 EIP 压入堆栈。由于涉及改变代码段寄存器 CS 的内容，因此较为复杂，将在第 6 章和第 9 章作进一步介绍。

2. 间接调用子程序示例

下面通过示例来说明间接调用子程序的方法。

【例 3-63】　如下 C 语言程序 dp338 演示段内间接调用指令的使用。

```
#include <stdio.h>
int  subr_addr;                 //用于存放子程序入口地址
int  valu;                      //用于保存结果
int  main()
{
    _asm{
        LEA   EDX, SUBR2         //取得子程序 2 的入口地址
        MOV   subr_addr, EDX     //保存到存储单元
        ;
        LEA   EDX, SUBR1         //取得子程序 1 的入口地址
        XOR   EAX, EAX           //入口参数 EAX=0
        CALL  EDX                //调用子程序 1(段内间接调用)
        ;
        CALL  subr_addr          //调用子程序 2(段内间接调用)
        ;
        MOV   valu, EAX
    }
    printf("valu=%d\n",valu);    //显示为 valu=28
    return  0;
    //
    _asm{                        //嵌入汇编代码
    SUBR1:                       //示例子程序 1
```

```
            ADD     EAX, 8
            RET                         //返回
            ;
        SUBR2:                          //示例子程序 2
            ADD     EAX, 20
            RET                         //返回
        }
    }
```

上述演示程序 dp338 的嵌入汇编代码部分,先后演示了通过寄存器和存储单元间接调用子程序。作为演示,所以两个子程序都很简单,通过寄存器传递出入口参数。注意,包含两个子程序的嵌入汇编代码,被安排在 return 语句之后。

【例 3-64】 如下 C 程序 dp339 演示了指向函数指针的使用,分析对应的目标代码,观察指向函数指针的具体实现细节。

```
#include <stdio.h>
int  max( int x, int y ) ;           //声明函数原型
int  min( int x, int y ) ;           //声明函数原型
//
int  main()
{
    int  ( *pf )( int,int ) ;         //定义指向函数的指针变量
    int  val1, val2;                  //存放结果的变量

    pf=max;                           //使得 pf 指向函数 max
    val1=( *pf )( 13,15 );            //调用由 pf 指向的函数

    pf=min;                           //使得 pf 指向函数 min
    val2=( *pf )( 23,25 );            //调用由 pf 指向的函数

    printf( "%d,%d\n",val1,val2 );   //显示为 15,23
    return  0;
}
```

为了更清楚地观察到指向函数的指针变量的具体实现,补充函数 max 和函数 min 的源代码,不采用编译优化,编译上述源程序后,可得如下的目标代码(标号稍有修饰)。

```
;程序 dp339 的目标代码(不采用编译优化)
;标号 max_YAHHH、标号 min_YAHHH,分别表示函数的入口地址
push   ebp
mov    ebp, esp                      ;建立堆栈框架
sub    esp, 12                       ;安排 3 个局部变量 pf、val1 和 val2
                                     ;pf=max;
mov    DWORD PTR [ebp-4], OFFSET  max_YAHHH
                                     ;val1=( *pf )( 13,15 );
push   15
push   13
call   DWORD PTR [ebp-4]             ;间接调用指针所指的函数 max
add    esp, 8
```

```
                                     ;val1=返回结果
mov    DWORD PTR [ebp-12], eax
                                     ;pf=min;
mov    DWORD PTR [ebp- 4], OFFSET  min_YAHHH
                                     ;val2=(*pf)(23,25);
push   25
push   23
call   DWORD PTR [ebp- 4]             ;间接调用指针所指的函数 min
add    esp, 8

                                     ;val2=返回结果
mov    DWORD PTR [ebp- 8], eax
                                     ;printf("%d,%d\n",val1,val2);
mov    eax, DWORD PTR [ebp- 8]        ;eax=val2
push   eax
mov    ecx, DWORD PTR [ebp-12]        ;ecx=val1
push   ecx
push   OFFSET  FORMTS                 ;格式字符串
call   _printf                       ;段内直接调用 //@c
add    esp, 12                       ;平衡堆栈
                                     ;
xor    eax, eax                      ;准备返回值
mov    esp, ebp                      ;撤销局部变量
pop    ebp                           ;撤销堆栈框架
ret
```

从上述目标代码可知,依靠间接调用指令,实现指向函数的指针变量的功效。函数的 3 个局部变量被安排在堆栈中;通过堆栈向子程序传递参数;在调用结束后,及时平衡堆栈。

如果在项目的常规配置属性"MFC 的使用"选项中,采用"使用标准 Windows 库",编译上述源程序 dp339 后,所得目标代码会采用间接调用方式调用库函数,而不是现在的段内直接调用方式,见注释带 //@c 的行。

3. 过程返回指令

过程返回指令用于从子程序返回到主程序。在执行该指令时,从堆栈顶弹出返回地址,并转移到所弹出的地址,这样就实现了返回。通常,这个返回地址就是在执行对应的调用指令时所压入堆栈的返回地址。

过程返回指令的使用应该与过程调用指令所对应。如上所述,过程调用分为段内调用和段间调用,所以过程返回指令也分为段内返回和段间返回。过程返回指令没有直接与间接之分。但过程返回指令却可选带一个立即数,以便在返回的同时撤销在堆栈中的参数。

过程返回指令不影响标志寄存器中的状态标志。

(1) 段内返回指令。在前面示例中所用的返回指令,都是段内返回指令。

(2) 段内带立即数返回指令。段内带立即数返回指令的格式如下,其中 count 是一个 16 位的立即数:

RET　*count*

该指令在实现段内返回的同时,再额外根据 count 值调整堆栈指针。具体操作是,先从堆栈弹出返回地址偏移(当然会调整 ESP),再把 count 加到堆栈指针 ESP 上。

（3）段间返回指令。段间返回指令与段间调用指令相对应，它从堆栈顶弹出的返回地址不仅包含返回地址偏移，还包括返回地址的段号（段值或者段选择子）。在第 6 章将进一步介绍段间返回指令。

4. 带立即数返回指令应用示例

下面通过示例来说明带立即数返回指令的应用。

【例 3-65】 对比分析如下所示的 C 语言源程序 dp340 及其目标代码。

```
#include<stdio.h>
int  _stdcall  cf341( int x, int y)
{
    return  ( 2*x+5*y+100) ;
}
int  main()
{
    int  val;
    val=cf341( 23, 456) ;
    printf(" val=%d\n" , val) ;
    return  0;
}
```

除了自定义的函数名为 cf341 和调用约定_stdcall 之外，上述 C 语言源程序与例 3-1 的源程序 dp31 和例 3-4 的源程序 dp33 几乎相同。由于采用了调用约定_stdcall，因此由函数（子程序）在返回的同时，撤销调用时压入堆栈的参数。

在项目属性中，采用配置属性选项"在静态库中使用 MFC"，同时采用编译优化选项"使速度最大化"，但内联函数扩展选择"已禁用"，编译上述程序后，可得到如下所示的目标代码（标号和名称稍有修饰）。

```
;函数 main 的目标代码
push   456                          ;val=cf341( 23, 456) ;
push   23
call   cf341YGHHH                   ;直接调用函数 cf341
                                    ;printf(" val=%d\n" , val) ;
push   eax
push   OFFSET  FORMS
call   DWORD PTR __imp_printf       ;间接调用函数 _printf
add    esp, 8
xor    eax, eax                     ;准备返回值
ret
```

从上述 main 函数的目标代码可知，在调用函数 cf341 之前，把参数压入堆栈，但从函数 cf341 返回之后，并没有平衡堆栈，撤销堆栈中的参数。由于配置属性中"使用标准 Windows 库"，因此采用间接调用指令调用库函数 printf，而且随后就平衡堆栈。此外，由于编译优化选项"使速度最大化"，因此用寄存器 eax 充当局部变量 val。

```
;函数 cf341 的目标代码
;通过堆栈传递入口参数 x 和 y
;返回时撤销由主程序压入堆栈的参数 x 和 y
push   ebp
```

```
        mov     ebp, esp                        ;建立堆栈框架
        mov     eax, DWORD PTR [ebp+12]         ;取得参数 y
        mov     ecx, DWORD PTR [ebp+8]          ;取得参数 x
        lea     eax, DWORD PTR [eax+ eax*4+100]
        lea     eax, DWORD PTR [eax+ ecx*2]
        pop     ebp                             ;撤销堆栈框架
        ret     8                               ; //@!
```

从上述目标代码可知,最后的返回指令 ret 是带立即数 8 的返回指令。在返回的同时,还使得堆栈指针寄存器 ESP 加 8,这样就撤销了主程序调用它时压入堆栈的参数。这种处理方式,更加需要主程序和子程序的配合协调。

习　　题

1. 请指出下列指令的错误所在。

(1) MUL   AX, 5   (2) DIV   13
(3) AND   BX, AL   (4) OR   AL, EDX
(5) XOR   0FH, AL   (6) TEST   3, DX
(7) SHL   EAX, CX   (8) ROR   BX, DL

2. 什么是除法溢出? 如何解决 32 位被除数 16 位除数可能产生的溢出问题?

3. 说明符号扩展和零扩展操作的异同,并列举相关的操作指令。

4. 写出以下程序片段中每条逻辑运算指令执行后标志 ZF、SF 和 PF 的状态。

```
        MOV     AL, 45H
        AND     AL, 0FH
        OR      AL, 0C3H
        XOR     AL, AL
```

5. 写出以下程序片段中每条移位指令执行后标志 CF、ZF、SF 和 PF 的状态。

```
        MOV     AL, 84H
        SAR     AL, 1
        SHR     AL, 1
        ROR     AL, 1
        RCL     AL, 1
        SHL     AL, 1
        ROL     AL, 1
```

6. 请说明下列指令片段的功能。

```
        xor     eax,eax
        mov     al, [esp+4]
        mov     ecx, eax
        shl     eax, 8
        add     eax, ecx
        mov     ecx, eax
        shl     eax, 10h
        add     eax, ecx
```

7. 哪些指令把寄存器 ECX 作为计数器? 哪些指令把寄存器 CL 作为计数器?

8. 指令"MOV　AL,0"使寄存器 AL 清 0。写出至少另外 4 条可使寄存器 AL 清 0 的指令。

9. 假设寄存器 EBX 内容为 2。至少写出 4 条使寄存器 EBX 内容为 1 的指令。

10. 指令"MOV　EDX,1"使寄存器 EDX 内容为 1。另外写出 3 个使寄存器 EDX 内容为 1 的指令片段,每个指令片段最多含有两条指令,且指令各不相同(不同助记符)。

11. 假设寄存器中 AL 含有一个无符号整数,请给出判断该数据为奇数或者偶数的多种方法。

12. 利用算术左移指令或算术右移指令可以实现乘或除计算操作,这与使用乘法指令或除法指令进行类似计算操作有何区别?

13. 与利用条件转移指令实现循环操作相比,采用专门的循环指令实现循环操作有何优点?

14. 实现同一功能,往往有多种方法。在选择方法时,要考虑哪些因素?

15. 请举例说明如何利用段内无条件转移指令 JMP 调用子程序。

16. 请举例说明如何利用返回指令 RET 调用子程序。

17. 具有何种特点的程序片段应该设计成子程序或者过程?

18. 设计子程序时,需要注意哪些问题? 子程序说明信息应包含哪些内容?

19. 主程序与子程序之间如何传递参数? 请举例说明每种方法,并对这些方法作比较。

20. 如果利用堆栈传递参数,那么有两种平衡堆栈的方法,请比较这两种方法。

21. 请举例说明堆栈的 4 种主要用途。给出一个能够同时反映这些用途的示例。

22. 请简要说明 C 语言中未初始化局部变量的初值是随机值的原因。

23. 相对转移和绝对转移的区别是什么? 相对转移有何优点?

24. 直接转移和间接转移各自有何特点? 分别适用于哪些场合?

25. 请画出 3.1 节的例 3-7 中调用函数 cf37 期间堆栈的变化示意图。

26. 参考 3.2 节的例 3-16,修改被除数的大小,观察除法操作溢出的结果;尝试把被除数扩展到 64 位,观察除法操作的结果。

27. 参考 3.2 节的例 3-19,删除函数 cf311 中的强制类型转换,然后编译生成目标代码,并进行比较分析。

28. 参考 3.3 节的例 3-43,删除函数 cf319 中 case 4 及以上的分支情形,然后编译生成目标代码,并进行比较分析。

29. 参考 3.4 节的例 3-52,进一步优化嵌入汇编代码 as327。

30. 参考 3.4 节的例 3-54,修改嵌入汇编代码片段 as329,采用其他排序算法。

31. 参考 3.5 节的例 3-61,进一步优化嵌入汇编代码 as337。

32. 参考 3.5 节的例 3-65 演示程序 dp340,调整编译选项采用"在表态库中使用 MFC",分析编译后生成的目标代码。

33. 采用速度最大化的编译选项,编译生成如下函数的目标代码,并进行观察分析。

```c
char *my( char *dst, char value, unsigned int count)
{
    char *start=dst;
    while  (count-- )
        *dst++=value;
```

```
return (start);
}
```

34. 在 VC 2010 环境下,编辑运行如下控制台程序,请给出运行结果。

```c
#include <stdio.h>
int varx=6;
int buff[5]={1,2,3,4,5};
int main()
{
    int var_a, var_b, var_c;
    _asm{
        MOV    EAX, 6
        CALL   SUBR1
        MOV    var_a, EAX
        ;
        PUSH   DWORD PTR 5
        LEA    EAX, buff
        PUSH   EAX
        CALL   SUBR2
        ADD    ESP, 8
        MOV    var_b, EAX
        ;
        LEA    EAX, var_c
        PUSH   EAX
        MOV    EAX, varx
        PUSH   EAX
        CALL   SUBR3
    }
    printf(" D=%d,E=%d,F=%d\n", var_a, var_b, var_c);
    return 0;
    _asm{
    SUBR1:
        ADD    EAX, 7
        RET
        ;
    SUBR2:
        PUSH   EBP
        MOV    EBP, ESP
        MOV    ECX, [EBP+12]
        MOV    EDX, [EBP+8]
        XOR    EAX, EAX
    SUBR2A:
        ADD    EAX, [EDX]
        ADD    EDX, 4
        LOOP   SUBR2A
        POP    EBP
        RET
        ;
```

```
SUBR3:
    PUSH    EBP
    MOV     EBP, ESP
    MOV     EAX, [EBP+8]
    MOV     ECX, [EBP+12]
    ADD     EAX, 8
    MOV     [ECX], EAX
    POP     EBP
    RET     8
    }
}
```

下列编程题,除了输入和输出操作之外,请采用嵌入汇编的形式实现。

35. 由用户输入一个无符号整数(整型);统计该 32 位整数中位值为 0 的个数;显示输出统计结果。

36. 由用户输入两个字符(字符型);将它们视为两个 8 位数据,合并成一个 16 位无符号整数($a_7b_7a_6b_6a_5b_5a_4b_4a_3b_3a_2b_2a_1b_1a_0b_0$);显示输出合并的数据。

37. 由用户输入两个整数(整型);分别取得它们的绝对值,作为新数据;交换这两个 32 位数据的高 16 位,得到新的整数;显示输出这两个新的整数。

38. 由用户从键盘输入一个字符串;分别统计字符串中英文字母、十进制数字符和其他符号的个数;显示输出统计结果。

39. 由用户从键盘输入一个字符串;逆序排列字符串中的所有字符;显示输出逆序所得字符串。

40. 由用户从键盘输入一个字符串;删除字符串中的所有非英文字母,形成新的字符串;显示输出新的字符串。

41. 由用户从键盘输入一个字符串;将所有可能的小写字母转换为对应的大写字母;最后显示输出字符串。请采用子程序实现把可能的小写字母转换为大写字母。

42. 由用户输入一个十进制整数(整型);将该整数转换为对应十进制数的 ASCII 码字符串;然后显示输出所得字符串。请采用子程序实现把整数转换为十进制数的字符串。

43. 请编写程序实现:由用户从键盘输入一个字符串;然后测量字符串长度;最后输出字符串长度。要求输出时,只能采用字符串格式(先把长度值转换为对应的十进制数字符串)。

44. 由用户输入一个无符号十进制整数(整型);将该整数转换为对应十六进制数输出。要求输出时,只能采用字符串格式(先转换为对应的十六进制数字符串)。

45. 由用户输入一个字符,分别用十进制数形式、十六进制数形式和二进制数形式,显示输出其对应的 ASCII 码。请采用合适的子程序。要求输出时,只能采用字符串格式。

46. 由用户从键盘输入一个字符串;然后统计字符串中元音字母的个数;最后以八进制数形式输出统计结果。请采用合适的子程序。要求输出时,只能采用字符串格式。

47. 由用户从键盘输入一个十进制数字符串(假设不含其他字符);然后把该十进制数字符串转换成对应的数值;接着把该数值转换成对应的十六进制数字符串;最后输出十六进制数字符串。请采用子程序实现把十进制数字符串转换为对应的数值。

48. 由用户以字符串形式输入一个十六进制数(假设其不含其他字符),显示输出对应的十进制数。请采用合适的子程序。

49. 由用户输入一个十二进制数,将其转换为十三进制数输出。请采用合适的子程序。要求在输入和输出时,都只能采用字符串格式。

50. 由用户从键盘先后输入两个自然数;然后分别计算这两个数的和、差、积;分别显示输出结果。请采用合适的子程序。要求在输入和输出时,都只能采用字符串格式。

51. 由用户从键盘输入两个自然数;然后显示输出这两个数的商和余数。请采用合适的子程序。要求在输入和输出时,都只能采用字符串格式。

52. 由用户输入一个字符串,其中可能含有多个由十进制数字符构成的子串,将这些十进制数字符串作为数据值,显示输出这些数据之和。假设字符串为 A123We56st002345,其各数据之和为 2524。

第4章

字符串操作和位操作

为了提高效率,IA-32 系列处理器提供了专门的字符串操作指令和位操作指令,还提供了条件设置字节指令等。本章将介绍这些指令及其应用。

4.1 字符串操作

字符串是字符的一个序列。对字符串的操作处理包括复制、比较和检索等。为了高效地处理字符串,IA-32 系列 CPU 提供了专门处理字符串的指令,称为字符串操作指令,简称串操作指令。本节首先介绍串操作指令以及与串操作指令密切相关的重复前缀,然后举例说明如何利用它们进行字符串处理。

4.1.1 字符串操作指令

1. 导入举例

在具体介绍字符串操作指令之前,先来看一个示例,以便说明相关概念。

【例 4-1】 如下程序 dp41 演示串操作指令的使用,其中的两段嵌入汇编代码采用不同的方法复制字符串。

```
#include < stdio.h>
int   main()
{
    char   src_str[14]= " abcdefghijklm" ;  //源字符串
    char   temp[14];
    char   dst_str[14];                      //作为目的字符串
    //第一种方式
    _asm{
        LEA    ESI, src_str                //取得源串起始地址
        LEA    EDI, temp                   //取得目的串起始地址
        MOV    ECX, 14                     //字符串长度
    LAB1:
        MOV    AL,[ESI]                    //从源串取一个字节
        INC    ESI                         //调整指向源串的指针
        MOV    [EDI],AL                    //复制到目的串
        INC    EDI                         //调整指向目的串的指针
        LOOP   LAB1                        //循环处理
    }
    //第二种方式
    _asm{                                  //使用串操作指令的方式
```

```
        LEA    ESI, src_str              //取得源串起始地址
        LEA    EDI, dst_str              //取得目的串起始地址
        MOV    ECX, 14                   //字符串长度
    NEXT:
        LODSB                            //串装入指令 //@1
        STOSB                            //串存储指令 //@2
        LOOP   NEXT                      //循环处理
    }
    //
    printf("%s\n", temp);                //显示相同的字符串
    printf("%s\n", dst_str);             //显示相同的字符串
    return  0;
}
```

从上述嵌入汇编代码片段可知,第二种方法采用了字符串操作指令,显得更加简洁高效。实际上,一条串装入指令 LODSB 相当于以下两条指令的功效,不仅从源串取得一个字符,而且还调整指向源串的变址寄存器 ESI,使得它指向下一个字符。

```
    MOV    AL, [ESI]
    INC    ESI
```

类似地,一条串存储指令 STOSB 也相当于两条指令的功效。

对串装入指令 LODSB 而言,源操作数是存储器操作数,目的操作数是 AL。对串存储指令 STOSB 而言,源操作数是 AL,目的操作数是存储器操作数。

2. 串操作指令通用说明

常用的串操作指令有 5 种,分别是串装入指令、串存储指令、串传送指令、串扫描指令和串比较指令。此外,还有串输入操作指令和串输出操作指令。每种串操作指令包括 3 条具体指令,分别对应 3 种字符尺寸,即字节、字和双字。

在字符串操作指令中,涉及源操作数(串)时,由变址寄存器 ESI 指向源串;涉及目的操作数(串)时,由变址寄存器 EDI 指向目的串。在涉及源操作数时,默认引用数据段寄存器 DS;在涉及目的操作数时,默认引用附加段寄存器 ES。

因此,在字符串操作指令中,DS:ESI 指向源串,ES:EDI 指向目的串。如果只有一个数据段或者目的串与源串在同一个段(ES 与 DS 相同),就可以简单地认为,ESI 指向源串,EDI 指向目的串。

串操作指令执行时会自动调整作为指针使用的寄存器 ESI 或 EDI 的值,使其指向下一个字符。每次调整的尺寸与字符串中字符的尺寸一致。如果串操作的字符尺寸是字节,则调整值为 1;如果字符尺寸是字,则调整值为 2;如果字符尺寸是双字,则调整值为 4。

字符串操作的方向(处理字符串中字符的次序)通常是由低地址向高地址,但也可以由高地址向低地址。

字符串操作的方向由标志寄存器中的方向标志 DF 控制。DF 是方向标志(Direction Flag),处于标志寄存器的位 10,也即图 2.3 所示的控制标志位。对字符串操作指令而言,当方向标志 DF 复位(为 0)时,操作方向是由低向高,按递增方式调整寄存器 ESI 或 EDI 的值;当方向标志 DF 置位(为 1)时,操作方向是由高向低,按递减方式调整寄存器 ESI 或 EDI 的值。

有专门的指令设置标志寄存器中的方向标志 DF。

清方向标志 DF 的指令如下：

    CLD

设置方向标志 DF 的指令如下：

    STD

利用这两条指令，可以根据需要调整字符串操作指令处理字符串的方向。

3. 字符串装入指令（LOAD String）

字符串装入指令的格式如下：

```
LODSB                   ;装入字节(Byte)
LODSW                   ;装入字(Word)
LODSD                   ;装入双字(Double Word)
```

字符串装入指令把字符串中的一个字符装入到累加器中。该指令不影响状态标志。

字节装入指令 LODSB 把寄存器 ESI 所指向的一个字节数据装入到累加器 AL 中，然后根据方向标志 DF 复位或置位使 ESI 的值增 1 或减 1。它类似下面的两条指令：

```
MOV    AL,[ESI]
INC    ESI              或          DEC    ESI
```

字装入指令 LODSW 把寄存器 ESI 所指向的一个字数据装入到累加器 AX 中，然后根据方向标志 DF 复位或置位使 ESI 的值增 2 或减 2。类似于如下的两条指令：

```
MOV    AX,[ESI]
ADD    ESI,2            或          SUB    ESI,2
```

双字装入指令 LODSD 把寄存器 ESI 所指向的一个双字数据装入到累加器 EAX 中，然后根据方向标志 DF 复位或置位使 ESI 的值增 4 或减 4。类似于如下的两条指令：

```
MOV    EAX,[ESI]
ADD    ESI,4            或          SUB    ESI,4
```

4. 字符串存储指令（STOre String）

字符串存储指令的格式如下：

```
STOSB                ;存储字节
STOSW                ;存储字
STOSD                ;存储双字
```

字符串存储指令只是把累加器的值存到字符串中，即替换字符串中一个字符。字符串存储指令不影响状态标志。

字节存储指令 STOSB 把累加器 AL 的内容送到寄存器 EDI 所指向的存储单元中，然后根据方向标志 DF 复位或置位使 EDI 的值增 1 或减 1。字存储指令 STOSW 把累加器 AX 的内容送到寄存器 EDI 所指向的存储单元中，然后根据方向标志 DF 使 EDI 的值增 2 或减 2。双字存储指令 STOSD 把累加器 EAX 的内容送到寄存器 EDI 所指向的存储单元中，然后根据方向标志 DF 使 EDI 的值增 4 或减 4。

字符串存储指令的源操作是累加器 AL、AX 或 EAX，目的操作是存储器操作数，自动引用附加段寄存器 ES。

【例 4-2】 如下的嵌入汇编代码 as42 同样实现例 4-1 中 dp41 的嵌入汇编代码功能。

//嵌入汇编代码 as42

//假设 DF=0；假设数据段寄存器 DS 与附加段寄存器 ES 相同

```
_asm{
    LEA    ESI, src_str              //取得源串起始地址
    LEA    EDI, dst_str              //取得目的串起始地址
    MOV    ECX, 3                    //字符串长度
NEXT:
    LODSD                            //取一个双字( 4 个字节 )
    STOSD                            //存一个双字( 4 个字节 )
    LOOP   NEXT                      //循环处理
    ;
    LODSW                            //取一个字( 2 个字节 )
    STOSW                            //存一个字( 2 个字节 )
}
```

上述嵌入汇编代码通过每次处理一个双字,减少循环的执行次数,从而提高效率。在循环执行 3 次后,还有两个字节需要处理,所以在最后取一个字,存一个字。

5. 字符串传送指令(MOVe String)

字符串传送指令的格式如下:

MOVSB　　　　　　　　　　　　　　　;字节传送
MOVSW　　　　　　　　　　　　　　　;字传送
MOVSD　　　　　　　　　　　　　　　;双字传送

字节传送指令 MOVSB 把寄存器 ESI 所指向的一个字节数据传送到由寄存器 EDI 所指向的存储单元中,然后根据方向标志 DF 复位或置位使 ESI 和 EDI 的值分别增 1 或减 1。它类似于如下指令片段,但不会影响 AL。

```
    LODSB
    STOSB
```

字传送指令 MOVSW 把寄存器 ESI 所指向的一个字数据传送到由寄存器 EDI 所指向的存储单元中,然后根据方向标志 DF 使 ESI 和 EDI 的值分别增 2 或减 2。双字传送指令 MOVSD 把寄存器 ESI 所指向的一个双字数据传送到由寄存器 EDI 所指向的存储单元中,然后根据方向标志 DF 使 ESI 和 EDI 的值分别增 4 或减 4。

字符串传送指令不影响标志。

该指令的源操作数和目的操作均在存储器中,这属于特殊情况。

【例 4-3】　如下的嵌入汇编代码 as43 同样实现例 4-1 中 dp41 的嵌入汇编代码功能,由于采用字符串传送指令,这样效率更高。

```
//嵌入汇编代码 as43
//假设 DF=0；假设数据段寄存器 DS 与附加段寄存器 ES 相同
_asm{
    LEA    ESI, src_str              //取得源串起始地址
    LEA    EDI, dst_str              //取得目的串起始地址
    MOV    ECX, 3                    //字符串长度
NEXT:
    MOVSD                            //传送一个双字( 4 个字节 )  //@1
    LOOP   NEXT                      //循环处理 //@2
    ;
```

```
    MOVSW                                    //传送一个字(2个字节)
}
```

6. 字符串扫描指令（SCAn String）

字符串扫描指令的格式如下：

```
    SCASB                                ;串字节扫描
    SCASW                                ;串字扫描
    SCASD                                ;串双字扫描
```

串字节扫描指令 SCASB 把累加器 AL 的内容与由寄存器 EDI 所指向一个字节数据采用相减方式比较，相减结果反映到各状态标志（CF、ZF、OF、SF、PF 和 AF），但不影响两个操作数，然后根据方向标志 DF 复位或置位使 EDI 的值增 1 或减 1。

串字扫描指令 SCASW 把累加器 AX 的内容与由寄存器 EDI 所指向的一个字数据比较，结果影响标志，然后 EDI 的值增 2 或减 2。串双字扫描指令 SCASD 把累加器 EAX 的内容与由寄存器 EDI 所指向的一个双字数据比较，结果影响标志，然后 EDI 的值增 4 或减 4。

【例 4-4】　如下程序 dp44 演示字符串扫描指令的使用，其嵌入汇编代码的功能是判断字符变量 varch 中的字符是否为十六进制数符号，并根据判断结果设置变量 flag 的值。

```
#include <stdio.h>
int  main()
{
    char  string[]="0123456789ABCDEFabcdef";
    char  varch='%';                      //用于保存其他方式输入的字符
    int  flag;                            //反映是否为十六进制数符号
    //
    _asm{
        MOV   AL, varch                   ;把要判断的字符送至 AL
        MOV   ECX, 22                     ;合计 22 个十六进制数符号
        LEA   EDI, string
    NEXT:
        SCASB                             ; //@1
        LOOPNZ NEXT                       ;没有找遍且没有找到,继续找 //@2
        JNZ   NOT_FOUND                   ;没有找到
    FOUND:                                ;找到,字符是十六进制数符号
        MOV   flag, 1
        JMP   SHORT OVER
    NOT_FOUND:                            ;字符不是十六进制数符号
        MOV   flag, 0
    OVER:
    }
    printf("flag=%d\n", flag);            //显示为 flag=0
    return  0;
}
```

在上述嵌入汇编代码中，注释有"//@1"和"//@2"的指令是关键的两条指令。首先利用字符串扫描指令 SCASB 比较，它会影响状态标志 ZF；接着利用循环指令 LOOPNZ 控制循环，它根据 ZF 和 ECX 决定是否继续循环。最后紧随的条件转移指令 JNZ 区分循环结束的原因：找到提前结束循环；找遍了，没有找到。

7. 字符串比较指令（CoMPare String）

字符串比较指令的格式如下：

CMPSB	;串字节比较
CMPSW	;串字比较
CMPSD	;串双字比较

串字节比较指令 CMPSB 把寄存器 ESI 所指向的一个字节数据与由寄存器 EDI 所指向的一个字节数据采用相减方式比较，相减结果反映到各状态标志（CF、ZF、OF、SF、PF 和 AF），但不影响两个操作数，然后根据方向标志 DF 复位或置位使 ESI 和 EDI 的值分别增 1 或减 1。

串字比较指令 CMPSW 把寄存器 ESI 所指向的一个字数据与由寄存器 EDI 所指向的一个字数据比较，结果影响标志，然后按调整值 2 调整 ESI 和 EDI 的值。串双字比较指令 CMPSD 把寄存器 ESI 所指向的一个双字数据与由寄存器 EDI 所指向的一个双字数据比较，结果影响标志，然后按调整值 4 调整 ESI 和 EDI 的值。

字符串比较指令 CMPS 和字符串传送指令 MOVS，源操作数和目的操作数都是存储器操作数，这是特殊情况。

4.1.2　重复操作前缀

由于串操作指令每次只能处理字符串中的一个字符，因此在上述示例中，往往采用一个循环，来实现对整个字符串的处理。为了进一步提高效率，IA-32 系列 CPU 还提供重复操作前缀。重复操作前缀可加在字符串操作指令之前，起到重复执行其后的一条字符串操作指令的作用。

1. 重复前缀 REP

REP 用作为一个串操作指令的前缀，它重复其后的串操作指令动作。每一次重复都先判断寄存器 ECX 是否为 0，如果为 0 就结束重复，否则 ECX 的值减 1，重复其后的串操作指令。所以当 ECX 值为 0 时，就不执行其后的字符串操作指令。

它类似于 LOOP 指令，但 LOOP 指令是先把 ECX 的值减 1 后再判是否为 0。

注意，在重复过程中的 ECX 减 1 操作，不影响各状态标志。

重复前缀 REP 主要用在串传送指令 MOVS 和串存储指令 STOS 之前。

【例 4-5】　利用重复前缀 REP，改写例 4-3 的嵌入汇编代码 as43。

把例 4-3 的如下两条指令：

```
MOVSD                          //传送一个双字( 4 个字节) //@1
LOOP  NEXT                     //循环处理 //@2
```

改写成如下所示的一条指令：

```
REP   MOVSD                    //重复执行( ECX) 次 MOVSD 操作
```

这样做可以使得代码更简洁，效率更高。

【例 4-6】　如下汇编代码片段演示利用重复前缀 REP 和串存储指令的配合，快速初始化某一内存区域。

```
;假设作为目的段附加段寄存器 ES 已有合适内容
;假设方向标志 DF=0
LEA   EDI, DWORD PTR [EBP-100]     ;准备填充区域首地址
MOV   ECX, 25                      ;准备计数值
```

```
MOV    EAX, 0CCCCCCCCH              ;准备填充值
REP    STOSD                       ;快速填充
```

2. 重复前缀 REPE/REPZ

REPE 与 REPZ 是一个前缀的两个助记符，下面以 REPE 为代表进行说明。

REPE 作为一个串操作指令的前缀，它重复其后的串操作指令动作。每重复一次，ECX 的值减 1，重复一直进行到 ECX 为 0 或串操作指令使零标志 ZF 为 0 时止。只有当相等（ZF 为 1）时，才有可能继续重复。

在开始重复前，会先判断 ECX 是否为 0。在重复过程中，ECX 值减 1 操作，并不影响状态标志（包括 ZF 标志）。

重复前缀 REPE 主要用在串比较指令 CMPS 和串扫描指令 SCAS 之前。由于串传送指令 MOVS 和串存储指令 STOS 都不影响标志，因此在这些串操作指令前使用前缀 REP 和前缀 REPE 的效果一样。

【例 4-7】 如下汇编代码 as45，演示利用重复前缀 REPE 和串扫描指令 SCAS 的配合，跳过字符串开始部分的空格符。

假设有如下的指针变量，已经被初始化，并指向某个字符串：

```
char  *ptobuff;
```

嵌入汇编代码片段 as45 如下所示：

```
_asm{
    ;设已经清方向标志 DF
    ;设 ES 与 DS 已经一致
    ;
    MOV    EDI, ptobuff            ;取指向目的串的指针初值
    MOV    ECX, -1                 ;使得 ECX=0FFFFFFFFH //@1
    MOV    AL, 20H                 ;空格符号
    ;
    REPE   SCASB                   ;重复扫描空格符 //@2
    DEC    EDI                     ; //@3
    ;
    MOV    ptobuff, EDI            ;保存定位后的指针
}
```

在上述代码片段中，注释带"//@1"的行，使得寄存器 ECX 足够大，在某种意义上能够超过任意字符串的长度。带"//@2"的行，重复扫描空格符，直到遇到非空格符或者扫描到字符串尾。由于每执行串操作指令一次，指针都会自动调整，因此不论字符是否匹配，都需要安排带//@3 的行，使得 EDI 指向字符串中第一个非空格符（或者字符串结束标记）。

在例 3-48 也是实现类似功能的汇编代码片段，请进行比较。

3. 重复前缀 REPNE/REPNZ

REPNE 与 REPNZ 是一个前缀的两个助记符，下面以 REPNE 为代表进行介绍。

REPNE 作为一个串操作指令的前缀。与 REPE 类似，所不同的是重复一直进行到 ECX 为 0 或串操作指令使零标志 ZF 为 1 时止。只有当不等（ZF 为 0）时，才有可能继续重复。

重复前缀 REPNE 主要用在字符串扫描指令 SCAS 之前。重复前缀 REPNE 与 SCASB 指令配合，表示当不等时继续扫描，一直搜索到字符串结束。如果搜索到，则 ZF 标志为 1，

ECX 的值可能为 0；如果没有搜索到，则 ZF 标志为 0，ECX 的值一定为 0。

4.1.3 应用举例

下面举几个示例来说明如何进行字符串操作，同时进一步演示字符串操作指令和重复前缀的使用。

【例 4-8】 演示另一个测量字符串长度的方法。如下程序 dp46 利用重复前缀 REPNE 和串扫描指令 SCASB 的结合，测量字符串的长度。

```
#include < stdio.h >
int   main()
{
    char string[100];           //用于存放字符串
    int   len;                  //用于存放字符串长度
    printf(" Input string:" ) ;  //由用户输入一个字符串
    scanf(" %s" , string) ;
    //嵌入汇编代码
    _asm{
        LEA    EAX, string      //使得 EAZ 指向字符串
        PUSH   EAX
        CALL   STRLEN
        POP    ECX
        MOV    len, EAX
    }
    printf(" length=%d\n" , len) ;
    return   0;
    //
    __asm{
    ;子程序名：STRLEN
    ;功     能：测量字符串长度
    ;入口参数：堆栈传递字符串起始地址偏移
    ;出口参数：EAX=字符串长度( 不包括结束标记)
    ;说     明：设字符串以空( 值 0) 为结束标记
    ;           影响寄存器 EAX 和 ECX
    STRLEN:
        PUSH   EBP
        MOV    EBP, ESP          ;建立堆栈框架
        PUSH   EDI               ;保护寄存器
        MOV    EDI, [EBP+8]      ;取得入口参数
        ;
        XOR    AL, AL            ;AL=0( 字符串结束标记值)
        MOV    ECX, -1           ;假设字符串足够长( 0FFFFFFFFH)
        REPNZ SCASB              ;寻找字符串结束标记
        NOT    ECX
        DEC    ECX               ;至此 ECX 含字符串长度
                                 ;ECX 初值 0FFFFFFFFH,所以要减 1
        MOV    EAX, ECX          ;准备返回参数
        POP    EDI               ;恢复寄存器
```

```
        POP    EBP                        ;撤销堆栈框架
        RET
    }
}
```

本例与例 3-49 类似,所不同的是,这里采用了字符串操作指令和重复前缀寻找字符串结束标记,而且测量字符串长度部分的代码采用了子程序的形式。另外需要注意,与例 3-49 的 dp323 相比,由于重复前缀先判断 ECX 是否为 0,所以 ECX 的初值被设置成最大的 0FFFFFFFFH,因此在根据 ECX 值推算字符串长度时,要减 1。

【例 4-9】 编写一个移动(复制)数据块的子程序。子程序有 3 个入口参数,分别为目的地起始地址、源数据块起始地址、数据块长度(字节数)。

值得指出的是,源数据块区域与目的地区域可能出现部分重叠,也就是目的地起始地址界于源数据块范围内。当出现这种情况时,移动(复制)过程就不能简单地从低地址向高地址调整,而需要从高地址向低地址调整。

采用嵌入汇编代码编写的子程序 as47 如下所示:

```
//嵌入汇编代码 as47
_asm{
;子程序名:MEMMOVE
;功    能:移动(复制)数据块
;入口参数:(1) 堆栈传递目的地起始地址偏移
;          (2) 堆栈传递源数据块起始地址偏移
;          (3) 数据块长度(字节数)
;出口参数:EAX=目的地起始地址偏移
;说    明:设字符串以空(值 0)为结束标记
;          影响寄存器 EAX、ECX 和 EDX
MEMMOVE:
    PUSH   EBP                        ;建立堆栈框架
    MOV    EBP, ESP                   ;
    PUSH   EDI                        ;保护寄存器
    PUSH   ESI                        ;保护寄存器
    MOV    ESI, [EBP+12]              ;ESI=源数据块起始地址偏移
    MOV    ECX, [EBP+16]              ;ECX=移动数据块的长度(字节数)
    MOV    EDI, [EBP+8]               ;EDI=目的地起始地址偏移
    ;
    MOV    EAX, ECX                   ;EAX=长度(字节数)
    MOV    EDX, ECX                   ;EDX=长度(字节数)
    ADD    EAX, ESI                   ;EAX=源数据块末尾后
    ;
    CMP    EDI, ESI                   ;目的起始地址 <=源起始地址吗?
    JBE    CopyUp                     ;是,由低端向高端复制
    CMP    EDI, EAX                   ;目的起始地址 < 源数据块末尾后吗?
    JB     CopyDown                   ;是,由高端向低端复制
    ;
CopyUp:                              ;由低端向高端复制
Dword_align:
    SHR    ECX, 2                     ;长度(字节数)转换成双字数
```

```
        REP    MOVSD                      ;双字为单位移动(复制)
        AND    EDX, 3                     ;长度 %4(余数)
        JZ     TrailUp0                   ;整除,不用处理零头
TrailUp3:                                 ;====最多剩余 3 个字节
        SHR    EDX, 1                     ;除以 2
        JZ     TrailUp1                   ;为 0,表示剩余一个字节
TrailUp2:                                 ;====剩余 3 个或 2 个字节
        MOVSW                             ;复制 2 个字节
        JNC    TrailUp0                   ;CF=0,表示刚才被 2 整除
TrailUp1:                                 ;====剩余一个字节
        MOVSB                             ;复制一个字节
TrailUp0:
        JMP    SHORT ToRet                ;准备返回
        ; --------------------------------
CopyDown:
        LEA    ESI, [ESI+ ECX- 4]         ;ESI=源数据块末尾-4
        LEA    EDI, [EDI+ ECX- 4]         ;EDI=目的地末尾-4
        SHR    ECX, 2                     ;长度(字节数)转换成双字数
        STD                               ;置方向标志 DF(串操作方向由高向低)
        REP    MOVSD                      ;双字为单位移动
        AND    EDX, 3                     ;长度 %4(余数)
        JZ     TrailDown0                 ;整除,不用处理零头
TrailDown3:
        INC    ESI                        ;先调整指针 //@1
        INC    EDI                        ;
        INC    ESI
        INC    EDI
        SHR    EDX, 1                     ;====最多剩余 3 个字节
        JZ     TrailDown1                 ;为 0,表示剩余一个字节
TrailDown2:                               ;====剩余 3 个或 2 个字节
        MOVSW                             ;复制 2 个字节
        JNC    TrailDown0
TrailDown1:
        INC    ESI                        ;先调整指针 //@2
        INC    EDI
        MOVSB                             ;复制一个字节
TrailDown0:
        CLD                               ;清方向标志 DF
ToRet:
        POP    ESI                        ;恢复寄存器
        POP    EDI
        MOV    EAX, [EBP+8]               ;准备出口参数
        POP    EBP                        ;撤销堆栈框架
        RET
}
```

上述代码,在从堆栈取得入口参数后,首先判断源数据块区域与目的地区域是否出现重叠。如果不重叠,就由低向高依次移动(复制);否则,就由高向低依次移动(复制)。为了提高

执行效率,尽可能实施双字移动,然后再处理可能出现的零头(最多 3 个字节)。从代码中可知,如果是由高向低依次移动,在处理零头时,就会比较麻烦。实际上,在重复串操作结束后,指针并非指向剩余的零头字节,所以需要额外调整指针。为了使得字符串操作方向由高向低,设置了方向标志 DF,处理结束后,清除方向标志 DF。

4.2　位　操　作

无论在表示、存储或者处理时,位(bit)是计算机系统中最基本的单位。一个二进制位能表示两种状态:0 或者 1。在 C 语言中,一个字符型数据,由 8 位表示,占一个字节存储单元。所谓 32 位处理器,其主要特征就是大部分寄存器是 32 位,一次处理数据的位数是 32 位。在 C 语言中,有一组按位逻辑运算符,能够实现按位逻辑运算。在 3.2 节中介绍的逻辑运算指令和移位指令等,能够实现以位为单位的操作。为了提高位操作的效率,IA-32 系列 CPU 还提供专门的位操作指令。

4.2.1　位操作指令

位操作指令可分为两组:位测试及设置指令组和位扫描指令组。利用这些位操作指令,可以直接对二进制位进行测试、设置和扫描等操作。

1. 导入举例

在具体介绍位操作指令之前,先来看一个示例,以便说明相关概念。

【例 4-10】 如下程序 dp48 演示针对二进制位的操作处理。其中,两个位串分别长 64 位,由 8 个字节构成。演示步骤为:采用逻辑运算指令 OR,把 bitstr1 中的第 17 位和第 43 位设置成 1;采用位操作指令 BTS,把 bitstr2 中的第 17 位和第 43 位设置成 1。

```
#include<stdio.h>                    //演示程序 dp48
void  echo_bit64(unsigned char * bit64);
unsigned  char  bitstr1[8]={ 0,0,0,0,0,0,0,0};
unsigned  char  bitstr2[8]={ 0,0,0,0,0,0,0,0};
int  main()
{
    _asm{                           //嵌入汇编代码一
       LEA    EDX, bitstr1          ;取得位串 1 的基地址
       ;                            ;设置位串中的第 17 位
       MOV    EAX, 1
       MOV    ECX, 17
       SHL    EAX, CL
       OR     DWORD PTR [EDX], EAX
       ;                            ;设置位串中的第 43 位
       MOV    EAX,1
       MOV    ECX,43-32
       SHL    EAX,CL
       OR     DWORD PTR [EDX+4], EAX
    }
    echo_bit64(bitstr1);            //显示为 0000080000020000
    ;
```

```
    _asm{                                   //嵌入汇编代码二
        LEA     EDX, bitstr2               ;取得位串 2 的基地址
        ;                                   ;设置位串中的第 17 位
        MOV     ECX, 17
        BTS     DWORD PTR [EDX], ECX      ;位操作指令
        ;                                   ;设置位串中的第 43 位
        MOV     ECX, 43-32
        BTS     DWORD PTR [EDX+4], ECX    ;位操作指令
    }
    echo_bit64(bitstr2);                   //显示为 0000080000020000
    return  0;
}
//函数 bit64 功能是,以十六进制数的形式显示 64 位的位串
void  echo_bit64( unsigned char *pc)
{
    printf("%08x", *((unsigned int*)(pc+4)));
    printf("%08x\n", *((unsigned int*)pc));
    return;
}
```

上述演示程序 dp48 运行过程中,在设置过 17 位和 43 位后,两个位串 bitstr1 和 bitstr2 的情形如图 4.1 所示。注意,位串的起始位号是 0。如果位串占用多个字节,那么同样适用"高高低低"原则,也就是高字节在高地址存储单元,低字节在低地址存储单元。

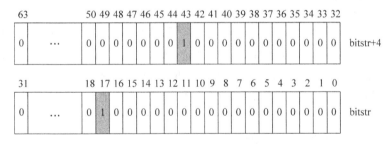

图 4.1　例 4-10 中位串 bitstr 的示意图

从上述嵌入汇编代码一可知,为了设置第 43 位,通过调整存储单元有效地址的方式,操作位于高地址的第二个双字。位串的第 43 位,就是第二个双字中的第 11 位。

从上述嵌入汇编代码二可知,第二种方法采用了位操作指令,显得更加简洁高效。指令 BTS 能够直接设置位串中指定的位。

2. 位测试及设置指令组

位测试和设置指令组含有 4 条指令:位测试(Bit Test)指令 BT、位测试并取反(Bit Test and Complement)指令 BTC、位测试并复位(Bit Test and Reset)指令 BTR 和位测试并置位(Bit Test and Set)指令 BTS。

这 4 条位测试及设置指令的格式如下:

```
    BT      OPRD1, OPRD2
    BTC     OPRD1, OPRD2
    BTR     OPRD1, OPRD2
    BTS     OPRD1, OPRD2
```

其中,操作数 OPRD1 指定位串,操作数 OPRD2 指定位号。操作数 OPRD1 可以是 16 位或 32 位通用寄存器,也可以是 16 位或 32 位存储单元地址。操作数 OPRD2 可以是操作数 OPRD1 尺寸相同的通用寄存器,也可以是 8 位立即数。

位测试指令 BT 的功能是,把被测试位的值送到进位标志 CF。

位测试并取反指令 BTC 的功能是,把被测试位的值送到进位标志 CF,并且把被测试位取反。

位测试并复位指令 BTR 的功能是,把被测试位的值送到进位标志 CF,并且把被测试位复位,即清 0。

位测试并置位指令 BTS 的功能是,把被测试位的值送到进位标志 CF,并且把被测试位置位,即置 1。

标志寄存器中的状态标志 ZF、SF、OF、AF 和 PF 无定义。

如果给出被测位串的操作数 OPRD1 是 32 位(或 16 位)寄存器,那么被测位串也就限于 32 位(或 16 位),因此实际的被测位号将是操作数 OPRD2 取 32(或 16)的余数。

【例 4-11】 如下指令片段演示位测试及设置指令的使用,分号后的注释给出指令执行后进位标志 CF 和相关寄存器的内容。

```
MOV    DX, 3456H              ;DX=3456H
BTC    DX, 5                  ;CF=0, DX=3476H
MOV    CX, 18
BTR    DX, CX                 ;CF=1, DX=3472H(被测位号是 2)
MOV    ECX, 3
BTS    EDX, ECX               ;CF=0, DX=347AH
BT     EDX, 38                ;CF=1, DX=347AH(被测位号是 6)
```

如果给出被测位串的操作数 OPRD1 是 32 位(或 16 位)存储单元的地址,那么意味着被测的位串在存储器中。存储器中的被测位串可以足够长,可以是多个 32 位(或 16 位)。在这种情况下,实际被测的 32 位存储单元(或 16 位存储单元)的地址,将在 OPRD1 的基础上调整。假设由 OPRD1 给出的存储单元有效地址是 EA,由 OPRD2 给出的位号是 BitOffet。

在 OPRD1 是 32 位存储单元的情况下:

实际测试的存储单元有效地址 = EA + (4 * (BitOffset DIV 32))

实际测试的位号 = BitOffset MOD 32

在 OPRD1 是 16 位存储单元的情况下:

实际测试的存储单元有效地址 = EA + (2 * (BitOffset DIV 16))

实际测试的位号 = BitOffset MOD 16

另外,由于操作数 OPRD2 可以是有符号整数值,因此当 OPRD2 是 32 位时,可访问 (-2G) 至 (2G-1) 范围内的位串;当 OPRD2 为 16 位时,可访问 (-32K) 至 (32K-1) 范围内的位串。

【例 4-12】 改写例 4-10 中 dp48 的嵌入汇编代码二。改写后的嵌入汇编代码 as49 如下所示:

```
//嵌入汇编代码 as49(处理一个 64 位的位串)
_asm{
    LEA    EDX, bitstr2              ;取得位串 2 的基地址
    ;
```

```
        MOV     ECX, 17                        ;第 17 位
        BTS     DWORD PTR [EDX], ECX           ;设置第 17 位
        ;
        MOV     ECX, 43                        ;第 43 位
        BTS     DWORD PTR [EDX], ECX           ;设置第 43 位
}
```

与 dp48 的嵌入汇编代码二相比,最后两条指令不同。在上述 as49 中,利用了指令 BTS 可以跨越 32 位边界的特点,这样把由 64 位构成的位串作为一个整体来对待。

当然,也可以把这 64 位的位串作为 4 个 16 位的位串来处理。实现相同功能的嵌入汇编代码 as410 如下所示:

```
//嵌入汇编代码 as410(处理 4 个 16 位的位串)
_asm{
        LEA     EDX, bitstr2                   ;取得位串 2 的基地址
        ;
        MOV     CX, 17-16                      ;第 17 位,是第 1 个字的第 1 位
        BTS     WORD PTR [EDX+2], CX           ;设置第 1 个字的第 1 位
        ;
        MOV     CX, 43-32                      ;第 43 位,是第 2 个字的第 11 位
        BTS     WORD PTR [EDX+4], CX           ;设置第 2 个字的第 11 位
}
```

注意,在上述 as410 中,位串操作指令的存储器操作数是字单元,所以采用 16 位寄存器 CX 来给出设置的位。

3. 位扫描指令组

位扫描指令组含有两条指令:顺向位扫描(Bit Scan Forward)指令 BSF 和逆向位扫描 (Bit Scan Reverse)指令 BSR。

这两条位扫描指令的格式如下:

BSF　*OPRD1, OPRD2*
BSR　*OPRD1, OPRD2*

其中,操作数 OPRD1 是 16 位或 32 位通用寄存器,操作数 OPRD2 可以是 16 位或 32 位通用寄存器或者存储单元;但操作数 OPRD1 和 OPRD2 的位数(长度)必须相同。

顺向位扫描指令 BSF 的功能是从右向左(位 0 至位 15 或位 31)扫描字或者双字操作数 OPRD2 中第一个含"1"的位,并把扫描到的第一个含"1"的位的位号送至操作数 OPRD1。

逆向位扫描指令 BSR 的功能是从左向右(位 15 或位 31 至位 0)扫描字或者双字操作数 OPRD2 中第一个含"1"的位,并把扫描到的第一个含"1"的位的位号送至操作数 OPRD1。

如果字或双字操作数 OPRD2 等于 0,那么零标志 ZF 被置 1,操作数 OPRD1 的值不确定; 否则零标志 ZF 被清 0。

其他标志 CF、SF、OF、AF 和 PF 无定义。

【例 4-13】　如下指令片段演示位扫描指令的使用,分号后的注释给出指令执行后相关寄存器和零标志 ZF 的内容。

```
        MOV     EBX, 12345678H
        BSR     EAX, EBX                       ;ZF=0, EAX=1CH
        BSF     DX, AX                         ;ZF=0, DX=2
```

```
    BSF    CX, DX                          ;ZF=0, CX=1
```

4.2.2 应用举例

下面结合点阵或者位图（bitmap）的处理，来演示位操作指令的简单应用。

【例 4-14】 编写一个把 8×8 的点阵顺时针旋转 90° 的子程序。假设一个 8×8 的点阵由 8 个字节构成，每一个字节对应一行，如图 4.2 所示。

利用位串操作指令实现点阵顺时针旋转 90° 的子程序 as411 如下所示：

```
//子程序名(入口标号)：RIGHT90
//功能：把 8×8 点阵顺时针旋转 90°
//入口参数：堆栈中含有原始点阵和目标点阵区域的首地址
//说    明：寄存器 ECX 和 EDX 受到影响
_asm{
RIGHT90:
    PUSH  EBP
    MOV   EBP, ESP                        ;建立堆栈框架
    PUSH  ESI
    PUSH  EDI                             ;保护使用到的寄存器
    PUSH  EBX
    ;
    MOV   ESI, [EBP+8]                    ;从堆栈中取得原始点阵首地址
    MOV   EDI, [EBP+12]                   ;从堆栈中取得目标点阵首地址
    MOV   EBX, 0                          ;表示目标点阵的当前位
    MOV   ECX, 7                          ;表示原始点阵的列
LAB1:
    MOV   EDX, 0                          ;表示原始点阵的行
LAB2:
    BTR   DWORD PTR [EDI], EBX            ;先清目标点阵的当前位
    BT    DWORD PTR [ESI+EDX], ECX        ;测试原始点阵的 EDX 行的 CX 列
    JNC   LAB3                            ;如为 0,无须设置
    BTS   DWORD PTR [EDI], EBX            ;设置目标点阵的当前位
LAB3:
    INC   EBX                             ;依次调整目标点阵当前位
    ;
    INC   EDX                             ;调整原始点阵行
    CMP   EDX, 8                          ;根据行号,控制循环
    JNZ   LAB2
    ;
    DEC   ECX                             ;调整原始点阵列
    CMP   ECX, -1                         ;根据列号,控制外循环
    JNZ   LAB1
    ;
    POP   EBX
    POP   EDI                             ;恢复被保护寄存器
    POP   ESI
```

```
    POP    EBP                        ;撤销堆栈框架
    RET                               ;返回
}
```

假设原始点阵如图 4.2(a)所示,变换后所得的目标点阵如图 4.2(b)所示。由于是顺时针旋转 90°,因此图 4.2(a)的左上角成为图 4.2(b)的右上角,图 4.2(a)的左下角成为图 4.2(b)的左上角。或者说,原始点阵的右起第 7 列为目标点阵的第 0 行,第 6 列成为第 1 行,以此类推。

```
00010000          11111000
00101000          00010100
01000100          00010010
10000010    90°   00010001
11111110  ↻       00010010
10000010          00010100
10000010          11111000
10000010          00000000
```

(a) 原始点阵   (b) 目标点阵

图 4.2 例 4-14 点阵变换示意图

从 as411 的代码可知,采用二重循环实施点阵变换。在变换过程中,在获取原始点阵的位信息时,利用寄存器 ECX 表示列,EDX 表示行。对应地,外循环由列控制,从右起第 7 列,依次递减到第 0 列;内循环由行控制,每次从第 0 行开始,依次递增到第 7 行。

在变换过程中,由寄存器 EBX 表示目标点阵的当前位。随着 EBX 的递增,目标点阵的当前位从图 4.2(b)的右上角,逐步到左下角。演变顺序为:从目标点阵第 0 行的位 0,依次到第 0 行的位 7,然后第 1 行的位 0,依次到位 7,如此直到左下角。在设置目标点阵的位时,充分利用了指令 BTR 和 BTS 可以跨越 32 位或者 16 位边界的特点。

如下程序 dp412 演示调用上述子程序 as411。首先显示一个 8×8 的原始点阵信息;然后调用子程序,把原始点阵顺时针旋转 90°成为目标点阵;最后显示目标点阵信息。

```c
#include <stdio.h>                    //演示程序 dp412(处理 8X8 点阵)
void  pbmp_8X8(unsigned char bitmap[]);
unsigned  char bitmap_a[8]={0x10,0x28,0x44,0x82,0xFE,0x82,0x82,0x82};
unsigned  char bitmap_b[8];
int  main()
{
    pbmp_8X8(bitmap_a);              //显示原始点阵
    printf("\n");
    //调用顺时针旋转 90°子程序
    _asm{
        LEA    EAX, bitmap_b
        PUSH   EAX                    ;压入目标点阵首地址
        LEA    EAX, bitmap_a
        PUSH   EAX                    ;压入原始点阵首地址
        CALL   RIGHT90                ;调用子程序
        ADD    ESP, 8                 ;平衡堆栈
    }
```

```
    ;
    pbmp_8X8( bitmap_b) ;                    //显示目标点阵
    return   0;
    //
    //此处安排子程序 as411 代码
    //
}
//显示 8×8 点阵信息( 用点号表示 0,用星号表示 1)
void   pbmp_8X8( unsigned char bitmap[] )
{
    int   i, j;
    unsigned   int   lineb;
    unsigned   char   ch;
    for( i=0; i < 8; i++)                    //逐行
    {
        lineb=bitmap[i];
        for( j=7; j >=0; j-- )               //逐列
        {
            ch='.';                          //用点号表示 0
            if( lineb &( 1 << j ) )
                ch='* ';                     //用星号表示 1
            printf(" %c", ch) ;
        }
        printf(" \n" ) ;
    }
}
```

【例 4-15】 编写一个程序处理 16×16 的点阵,以行为单位,每行仅保留可能有的最右和最左各一位为"1"的位。假设每一行占用连续的两个字节,并且采用"高高低低"规则,即高 8 位占用的字节存储在高地址单元。

```
//演示程序 dp413( 处理 16×16 点阵)
#include < stdio.h>
void   pbmp_16X16( unsigned char bitmap[] ) ;
//原始 16×16 点阵信息
unsigned   char fonts[32]={ 0x00,0x00,0xc0,0x03,0xf0,0x0f,0xf8,0x1f,
                            0xf8,0x1f,0xfc,0x3f,0xfc,0x3f,0xfc,0x3f,
                            0xfc,0x3f,0xfc,0x3f,0xf8,0x1f,0xf8,0x1f,
                            0xf0,0x0f,0xc0,0x03,0x00,0x00,0x00,0x00 };
unsigned   char   cycle[32]={ 0 };           //准备存放目标点阵
int   main()
{
    pbmp_16X16( fonts) ;                     //显示原始点阵
    printf(" \n" ) ;
    //使得每一行仅剩可能存在的最右和最左的各一位为"1"的位
    _asm{
        LEA   ESI, fonts -2                  ;设置原始点阵区域首地址( 减 2)
        LEA   EDI, cycle -2                  ;设置目标点阵区域首地址( 减 2)
        MOV   ECX, 16                        ;共计 16 行
```

```
NEXT:
    BSF    AX, WORD PTR[ESI+ECX*2]        ;确定原始点阵行最右侧"1"位
    JZ     CONT                           ;如果整行没有"1",则跳转
    BTS    WORD PTR[EDI+ECX*2], AX        ;设置目标点阵对应的位为"1"
    BSR    AX, WORD PTR[ESI+ECX*2]        ;确定原始点阵行最左侧"1"位
    BTS    WORD PTR[EDI+ECX*2], AX        ;设置目标点阵对应的位为"1"
CONT:
    LOOP   NEXT                           ;下一行
    }
    //
    pbmp_16X16( cycle);                    //显示目标点阵
    return  0;
}
//显示输出 16×16 点阵(位值 0 或 1,分别用字符"0"和"1"表示)
void  pbmp_16X16( unsigned char bitmap[])
{
    int  i, j;
    unsigned  int  lineb;
    unsigned  char  ch;
    for( i=0; i<16; i++)                   //行为单位显示
    {
        lineb=( bitmap[i*2+1] << 8) + bitmap[i*2];
        for( j=15; j>=0; j-- )             //显示一行之各列
        {
            ch=( lineb &( 1 << j)) ? 1 : 0;
            ch+='0';
            printf(" %c", ch);
        }
        printf(" \n");
    }
}
```

上述程序 dp413 演示处理 16×16 点阵。首先显示 16×16 的原始点阵;然后采用嵌入汇编代码处理 16×16 点阵;最后显示目标点阵。

在嵌入汇编代码中,考虑到循环计数,从点阵最底部的行开始处理。为了简化表示,在取得点阵首地址时,先减去 2。

在上述演示程序 dp413 中,现有的原始点阵是一个实心圆,在处理后形成一个有"缺陷"的空心圆。

4.3　条件设置字节指令

虽然程序因分支变得"丰富多彩",但通常减少分支能够提高执行效率。实际上,如果把执行指令看作是流水线操作处理,那么减少对流水线的"冲刷",能够大大提高效率。有些情况下,分支仅仅只是为了设置不同的值。IA-32 系列 CPU 提供条件设置字节指令,利用这些指令可以很方便地按条件设置不同的字节值,从而避免分支。

4.3.1 条件设置字节指令概述

1. 导入示例

在具体介绍条件设置字节指令之前,先来看一个示例。

【例 4-16】 观察如下 C 函数 cf414 的目标代码。

```
int   cf414( int x, int y)
{
    x &= 0x0f;
    y &= 0x0f;
    return (x > y ? 1 : 0);
}
```

该函数的功能是,按二进制数形式表示的最后 4 位判断大小,如果 x 大于 y,则返回 1,否则返回 0。采用编译优化选项"使速度最大化",编译上述函数后,可得到如下所示的目标代码。

```
;函数 cf414 目标代码
push   ebp
mov    ebp, esp
mov    eax, DWORD PTR [ebp+8]      ;取得参数 x
mov    ecx, DWORD PTR [ebp+12]     ;取得参数 y
and    eax, 15                     ; and eax, 0000000FH
xor    edx, edx
and    ecx, 15                     ; and ecx, 0000000FH
;
cmp    al, cl                      ;比较
setg   dl                          ;如果 al 大于 cl,则使 dl=1
;
mov    eax, edx                    ;准备返回值
pop    ebp
ret
```

从上述目标代码可知,先从堆栈中取得参数 x 和 y 的内容,随即分别截取最后 4 位,然后进行比较,当满足大于条件时,设置寄存器 dl 为 1。利用条件设置字节指令,避免了分支。

2. 条件设置字节指令

条件设置字节指令的一般格式如下:

SETcc   OPRD

其中,符号 cc 是代表各种条件的缩写,是指令助记符的一部分;操作数 OPRD 只能是 8 位寄存器或者字节存储单元,用于存放设置结果。当条件满足时,将目的操作数 OPRD 设置为 1,否则设置为 0。

这里的条件与条件转移指令中的条件几乎是一样的。

这些条件设置字节指令共有 16 条,如表 4.1 所示。为了便于记忆和使用,有些指令有多个助记符,这与条件转移指令类似。

这些条件设置字节指令不影响标志寄存器中的各个标志。

【例 4-17】 如下指令片段演示条件设置字节指令的使用,分号之后的注释说明在执行指

令后相关寄存器的值,其中 H 表示十六进制。

```
MOV    AL, 23H              ;AL=23H
MOV    DL, 35H              ;DL=35H
ADD    AL, DL               ;AL=58H, DL=35H, ZF=0, CF=0
SETNZ  DL                   ;AL=58H, DL=01H
SETC   AL                   ;AL=00H, DL=01H
SUB    AL, DL               ;AL=FFH, DL=01H, ZF=0, CF=1
SETC   AL                   ;AL=01H, DL=01H
```

表 4.1 条件设置字节指令

指令格式		功能说明	测试条件
SETZ	OPRD	等于 0 或者相等时,置 OPRD 为 1	ZF=1
SETE	OPRD		
SETNZ	OPRD	不等于 0 或者不相等时,置 OPRD 为 1	ZF=0
SETNE	OPRD		
SETS	OPRD	为负置 OPRD 为 1	SF=1
SETNS	OPRD	为正置 OPRD 为 1	SF=0
SETO	OPRD	溢出置 OPRD 为 1	OF=1
SETNO	OPRD	不溢出置 OPRD 为 1	OF=0
SETP	OPRD	偶置 OPRD 为 1	PF=1
SETPE	OPRD		
SETNP	OPRD	奇置 OPRD 为 1	PF=0
SETPO	OPRD		
SETB	OPRD	低于、不高于等于或者进位时,置 OPRD 为 1	CF=1
SETNAE	OPRD		
SETC	OPRD		
SETNB	OPRD	不低于、高于等于或者无进位时,置 OPRD 为 1	CF=0
SETAE	OPRD		
SETNC	OPRD		
SETBE	OPRD	低于等于或者不高于时,置 OPRD 为 1	CF=1 或者 ZF=1
SETNA	OPRD		
SETNBE	OPRD	不低于等于或者高于时,置 OPRD 为 1	CF=0 并且 ZF=0
SETA	OPRD		
SETL	OPRD	小于或者不大于等于时,置 OPRD 为 1	SF≠OF
SETNGE	OPRD		
SETNL	OPRD	不小于或者大于等于时,置 OPRD 为 1	SF=OF
SETGE	OPRD		
SETLE	OPRD	小于等于或者不大于时,置 OPRD 为 1	ZF=1 或者 SF≠OF
SETNG	OPRD		
SETNLE	OPRD	不小于等于或者大于时,置 OPRD 为 1	ZF=0 并且 SF=OF
SETG	OPRD		

【例 4-18】 如下代码片段检测寄存器 EAX 中的 8 位十六进制数是否有一位为 0,检测结果由寄存器 BH 反映。

```
        MOV   BH, 0
        MOV   ECX, 8
NEXT:
        TEST  AL, 0FH            ;判断 AL 低 4 位是否为 0
        SETZ  BL                 ;是,则使得 BL=1
        OR    BH, BL             ;保存检测结果
        ROR   EAX, 4
        LOOP  NEXT
```

【例 4-19】 如下程序 dp415 的功能是统计字节数据缓冲区中正数和负数的个数。假设,缓冲区长度不超过 256,且数据为 0 表示缓冲区结尾。其中,嵌入汇编代码演示条件设置字节指令的使用。

```
#include<stdio.h>
char buffer[]={ 3, -5, 12, 8, 6, -8, -9, 7, 0};
int   main()
{
    int   pcount, mcount;
    _asm{
        XOR   ECX, ECX           ;计数器清 0
        LEA   ESI, buffer        ;ESI 指向缓冲区首
NEXT:
        LODSB                    ;取字节数据
        CMP   AL, 0              ;比较,会影响各状态标志
        JZ    SHORT OVER         ;如果结束,则跳转
        ;
        SETG  DL                 ;正数时 DL=1,否则 DL=0
        SETL  DH                 ;负数时 DH=1,否则 DH=0
        ;
        ADD   CL, DL             ;统计正数
        ADD   CH, DH             ;统计负数
        JMP   NEXT               ;继续
OVER:
        XOR   EAX, EAX           ;准备保存统计结果
        MOV   AL, CL
        MOV   pcount, EAX        ;保存正数的个数
        MOV   AL, CH
        MOV   mcount, EAX        ;保存负数的个数
    }
    printf("pcount=%d,mcount=%d\n", pcount, mcount);
    return  0;
}
```

从上述嵌入汇编代码可知,利用条件设置字节指令,在统计正数和负数时,避免了条件转移指令。

4.3.2 应用举例

在一些场合中,可以利用条件设置字节指令 SETcc 代替条件转移指令 Jcc。

【例 4-20】　推广例 4-16 到其他应用场合。

假设需要计算如下的类 C 条件表达式,其中 r1、r2 和 r3 分别表示通用寄存器,ae 表示寄存器 r1 的值高于等于(above or equal)寄存器 r2 的值:

```
r3=( r1 ae r2 ) ? 1 : 0 ;
```

如下类汇编代码片段 as416a 采用条件转移指令实现功能:

```
CMP    r1, r2
MOV    r3, 1
Jae    NEXT
MOV    r3, 0
NEXT:
```

如下类汇编代码片段 as416b 采用条件设置字节指令实现功能:

```
XOR    r3, r3
CMP    r1, r2
SETae  r3
```

上述代码片段 as416b 的执行效率要高于代码片段 as416a。所以,通常情况下应该使用 as416b 片段代替 as416a 片段。

当然,表示“高于等于”的条件“ae”,也可以根据需要修改为其他条件。

【例 4-21】　推广例 4-16 到更普遍的应用场合。

假设需要计算如下的类 C 条件表达式,其中 r1、r2 和 r3 分别表示通用寄存器,cc 表示条件,CONST1 和 CONST2 分别表示常数:

```
r3=( r1 cc r2 ) ? CONST1 : CONST2 ;
```

如下类汇编代码片段 as417a 采用条件转移指令实现:

```
CMP    r1, r2
MOV    r3, CONST1
Jcc    NEXT
MOV    r3, CONST2
NEXT:
```

如下类汇编代码片段 as417b 采用条件设置字节指令实现:

```
XOR    r3, r3
CMP    r1, r2
SETcc  r3L              ;r3L 表示 r3 低 8 位寄存器
DEC    r3
AND    r3, CONST2-CONST1
ADD    r3, CONST1       ;如 CONST1 为 0,可省
```

上述汇编代码片段 as417a 含有条件转移指令,汇编代码片段 as417b 避免了条件转移指令。当然,是否要用代码片段 as417b 代替代码片段 as417a,还取决于对时间和空间等的综合考虑。

【例 4-22】　利用条件设置字节指令,编写一个把 4 位二进制数转换为对应的十六进制数符 ASCII 码的子程序。

如下子程序 as418 实现所需功能:

```
//子程序名(入口标号)：TOASCII
//功能：把4位二进制数转换为对应十六进制数符的ASCII码
//入口参数：AL低4位=4位二进制数
//出口参数：AL=十六进制数字符ASCII码
_asm{
TOASCII:
    AND    AL, 0FH                ;AL低4位=十六进制数
    ADD    AL, '0'
    CMP    AL, '9'
    SETBE  BL
    DEC    BL
    AND    BL, 7
    ADD    AL, BL
    RET
}
```

习　题

1. 字符串操作中字符的尺寸有哪些？为什么支持多种不同尺寸的字符？

2. 请说明标志寄存器中标志 DF 的作用。如何设置标志 DF？

3. 在 IA-32 系列 CPU 的指令集中，哪些指令属于两个操作数都可以是存储器操作数这种例外情况？

4. 请说明指令 LODSD 与如下程序片段的异同：

```
    MOV    EAX, [ESI]
    ADD    ESI, 4
```

5. 请说明指令 STSOW 与如下程序片段的异同：

```
    MOV    [EDI], AX
    ADD    EDI, 2
```

6. 请说明指令 SCASB 与如下程序片段的异同：

```
    CMP    AL, [ES:EDI]
    INC    DI
```

7. 请写一个程序片段代替指令"REP　MOVSW"。

8. 请写一个程序片段代替指令"REPNZ　CMPSB"。

9. 请简要说明位操作指令的特点。

10. 请比较如下两个指令片段的异同：

```
    AND    AX, 0DFH          MOV  CX, 5
                             BTR  AX, CX
```

11. 请编写一个程序片段代替指令"BSR　EDX，EAX"。

12. 假设 AL 中含有一个有符号数，请给出判断其所含是正数的多种方法？

13. 假设 BL 中含有一个无符号数，请给出判断其是 4 的倍数的多种方法？

14. 在指令集中引入条件设置字节指令的主要原因是什么？并举例说明。

15. 条件设置字节指令中的条件与条件转移指令中的条件,是否相同?为什么?

16. 请编写一个程序片段,不利用条件转移指令,实现如下功能:当 EAX 不等于 EBX 时,使得 EDX 为 2,否则 EDX 为 3。

17. 如下程序由用户输入一个字符串;统计字符串中元音字母的个数;显示输出统计结果。除了框架外,采用嵌入汇编代码的形式。请在每个横线上填写一条汇编格式指令,使得程序完整实现功能。

```
#include<stdio.h>
char  aeiou[]="AEIOU";
int  main()
{   int  count;
    char  buffer[128];
    printf("请输入一个字符串:"); scanf("%s",buffer);
    _asm{
        CLD
        LEA    ESI, buffer
        XOR    EDX, EDX
        SUB    EBX, EBX
    L1: _____
        OR     AL, AL
        JZ     L2
        CALL   ISaeiou                 ;判断是否元音字母
        _____
        ADD    EDX, EBX
        JMP    L1
    L2: MOV    count, EDX
    }
    printf("该字符串中含元音字母数=%d\n",count);
    return  0;
    _asm{
    ISaeiou:
        LEA    EDI, aeiou
        MOV    ECX, 5
        _____                     ;大小写一致化
        _____
        RET
    }
}
```

下列编程题,除了输入和输出操作之外,请采用嵌入汇编的形式实现。

18. 由用户从键盘输入两个字符串;然后把两个字符串合并到一起;最后显示输出合并后的字符串。

19. 由用户从键盘输入一个字符串;过滤掉其中可能出现的标点符号;显示输出过滤后的字符串。设计子程序判断字符是否是标点符号,并充分利用字符串操作指令。

20. 由用户从键盘输入两个字符串 str1 和 str2;在 str1 中查找确定首个同时出现在 str2 中字符的位置(如果未出现,则设位置为−1);显示输出位置值。

21. 由用户从键盘输入两个字符串 str1 和 str2;查找确定 str2 在 str1 中出现的起始位置

（如果未出现,则设起始位置为－1）;显示输出起始位置值。

22. 由用户从键盘分别输入一个字符 ch 和一个数值 n;生成一个由字符 ch 构成的 n 个字符的字符串;显示输出该字符串。设计子程序实现生成由指定字符构成的字符串,并充分利用字符串操作指令等。

23. 由用户从键盘输入一个字符串;统计字符串的长度;采用十六进制数的形式显示输出统计结果。设计子程序,利用重复字符串扫描操作指令,统计字符串的长度。设计子程序,把整数转换成对应的十六进制数字字符串。设计子程序,利用条件设置字节指令,把一位十六进制数转换成对应字符 ASCII 码。

24. 由用户从键盘分别输入两个十六进制数值;然后求它们的和与差;最后采用十六进制数的形式分别输出结果。假设只能采用字符串格式实现输入和输出,并且应充分利用字符串操作指令。设计子程序,把一个由十六进制数字字符构成的字符串转换成对应的数值,注意字符串可能有前导空格等。设计子程序,判断一个字符是否是十六进制数的字符。

25. 由用户输入 4 个整数,构成一个 128 位的数据;利用位操作指令,统计其中位值为 1 的个数;显示输出统计结果。

26. 由用户输入一个字符串(假设非空),将其值视为一个位串;利用位操作指令,统计位串连续为 0 的最大长度。例如,输入字符串“1BA”,则位串连续为 0 的最大长度是 5。

27. 由用户输入一个字符串,统计其中标点符号的个数,显示输出统计结果。注意充分利用字符串操作指令和条件设置字节指令。

28. 由用户输入一个字符串(假设非空),将其视为由若干个单字节数据构成的数组;分别统计正数和偶数的个数;显示输出统计结果。注意利用条件设置字节指令等。

第 5 章

VC 目标代码的阅读理解

阅读理解高级语言源程序的目标代码,不仅有助于学习汇编语言程序设计,而且有助于提升高级语言程序设计能力。在介绍 VC 编译器生成的目标代码文件样式的基础上,本章解析 C 和 C++ 部分语言功能的实现细节,介绍目标代码优化的相关概念和方法,讨论几个典型库函数的汇编源代码。

5.1 汇编语言形式的目标代码

在微软 Visual Studio 2010 的 VC 集成开发环境中,可以由 C 或者 C++ 源程序生成汇编语言形式的目标代码。本节简要介绍这样的目标代码文件的样式。

5.1.1 基本样式

首先介绍项目属性页中的配置属性的相关选项值及其使用。

为了便于对比源程序和目标程序,尽量减少由编译器额外增加的指令,所以在项目属性页中的配置属性中采用如下设置。

(1) 在 C/C++ 项下,常规的调试信息格式子项,选择"C7 兼容(/Z7)"。

(2) 在 C/C++ 项下,代码生成的基本运行时检查子项,选择"默认值",既不进行堆栈帧的检查,也不进行未初始化变量的检查。

(3) 在 C/C++ 项下,代码生成的缓冲区安全检查子项,选择"否(/GS−)"。

为了更清楚地观察对库函数的调用,在项目属性页中的配置属性中,在开始的常规项下,项目默认值的 MFC 的使用子项,选择"在静态库中使用 MFC"。

在本章下面的介绍中,如果无特别说明,都采用如上所述的项目属性配置。实际上,在前面几章中所介绍的 C 语言程序目标代码,几乎都是在上述项目属性的配置下生成的。

在项目属性页的配置属性中,在 C/C++ 项下,输出文件的汇编程序输出子项,如果选择"仅有程序集的列表(/FA)",那么在编译时将生成扩展名为 .asm 的汇编语言形式的目标代码文件;如果选择"带源代码的程序集(/FAs)",那么在生成的汇编形式的目标代码中,还含有作为注释的高级语言源代码。

在项目属性页的配置属性中,在 C/C++ 项下,优化的优化子项是主要的编译优化选项。如果选择"已禁用(/Od)",表示不希望任何优化。如果选择"使大小最小化(/O1)",表示希望目标代码的长度尽量短小。如果选择"使速度最大化(/O2)",表示希望目标代码的执行速度尽量快。

【例 5-1】 如下 C 语言程序 dp51 是大家熟悉的一个经典程序。

```
#include < stdio.h >
```

```
int   main()
{
    printf("Hello, world\n");
    return  0;
}
```

为了便于对比源程序和目标代码,不采用编译优化选项,编译上述源程序后,可得到如下
所示的目标代码文件:

```
;程序 dp51 的目标代码(带有源代码的程序集;已禁用优化)
;Listing generated by Microsoft(R)  Optimizing Compiler Version 16.00.
30319.01
        TITLE       E:\VCASM\CH5_1\DP51.cpp        ;标题
        .686P                                       ;指定指令集
        .XMM                                        ;指定指令集
        include  listing.inc                        ;包含文件 listing.inc
        .model   flat                               ;采用平坦模式
;
INCLUDELIB   LIBCMTD                                ;包含导入库文件 LIBCMTD
INCLUDELIB   OLDNAMES                               ;包含导入库文件 OLDNAMES
;
CONST        SEGMENT                                ;段 CONST 的开始
$SG3851      DB 'Hello, world', 0aH, 00H            ;名称为 $SG3851 的字符串
CONST        ENDS                                   ;段 CONST 的结束
;
PUBLIC       _main                                  ;声明公用标号 _main
EXTRN        _printf:PROC                           ;声明外部过程 _printf
;Function compile flags: /Odtp
;File e:\vcasm\ch5_1\dp51.cpp
_TEXT        SEGMENT                                ;段 _TEXT 的开始
_main        PROC                                   ;过程 _main 的开始
;
;3 :{
    push      ebp
    mov       ebp, esp                              ;建立堆栈框架
;
;4 :         printf("Hello, world\n");
    push      OFFSET $SG3851                        ;字符串 $SG3851 的偏移作为参数
    call      _printf                               ;调用库函数 printf
    add       esp, 4                                ;平衡堆栈
;
;5 :         return  0;
    xor       eax, eax                              ;返回值 0
;
;6 :}
    pop       ebp                                   ;撤销堆栈框架
    ret       0                                     ;函数返回(同 ret,不额外平衡堆栈)
_main        ENDP                                   ;过程 _main 的结束
_TEXT        ENDS                                   ;段 _TEXT 的结束
```

```
END                                    ;程序的结束
```

除了添加的中文注释外,上述程序几乎就是由 VC 2010 编译器输出的带有源代码的汇编格式程序文件全貌。其主体是对应 C 源程序的汇编格式指令,同时包含多条汇编指示(指令)和伪指令。因此,称之为汇编语言形式的目标代码。

下面结合上述目标代码文件,简要介绍微软宏汇编语言的汇编器 MASM 的相关汇编指示(指令)和伪指令。

汇编指示".686P"用于指定处理器的型号,或者指定适用的指令集。随着 IA-32 系列 CPU 升级换代,逐步增加了一些指令,扩充了指令集。".686P"表示 Pentium Pro 及以上档次的处理器,即这类处理器的指令集。

汇编指示 include 表示包含指定的文件。其作用类似 C 语言中的 ♯ include。这里的 include　listing.inc 表示包含文件 listing.inc。还有 INCLUDELIB,也起类似的作用,用于表示包含导入库文件。

汇编指示".model　flat"表示采用"平坦"存储管理模式。在这种存储管理模式下,虽然存储器分段管理,但各个存储段完全重叠,都是 4GB 的线性地址空间。也就是说,只需要地址偏移就可以完全确定存储单元。

PUBLIC 和 EXTRN 分别用于声明标号的使用范围和来源。

SEGMENT 和 ENDS 是一对汇编指示,用于表示一个段定义的开始和结束。这里的 _TEXT　SEGMENT 和_TEXT　ENDS 表示段_TEXT 的开始和结束,其中,_TEXT 是段名。通常情况下,多个同名同类型的段,会被依次合并到一起。

PROC 和 ENDP 是一对汇编指示,用于表示一个过程(函数)定义的开始和结束。这里的 _main　PROC 和_main　ENDP 表示过程_main 的开始和结束,其中,_main 是过程名,也代表过程的入口地址。_main 过程是 main 函数的具体实现。

在数据段 CONST 中,有一条伪指令 DB,它定义了若干字节数据,构成了一个字符串。

最后的 END 也是汇编指示,表示程序到此为止。

综上所述,源程序 dp51 的目标程序有一个数据段 CONST 和一个代码段_TEXT,在数据段中利用伪指令定义了一个字符串,在代码段中定义了一个_main 过程。

5.1.2　符号化表示

在 VC 2010 环境中,一个项目可以含有多个源程序文件。根据编译选项,在编译过程中,将为项目中的每一个源程序文件生成对应的汇编语言形式的目标代码文件。

为了简化表述,在本章后面的示例中,不再重复列出目标代码文件开始部分的相同内容,仅列出对应的代码段和数据段,或者仅列出对应的过程定义。

【例 5-2】　如下 C 语言函数 cf52 的功能是返回两个整数之差的绝对值,观察其目标代码。

```
int   cf52( int parx, int pary)
{
    int   varz;                        //整型局部变量
    varz=parx-pary;                    //得到绝对值
    if( varz < 0)
        varz=-varz;
    return   varz;
}
```

为了便于对比源程序和目标代码,不采用编译优化选项,编译上述源程序后,可得到如下所示的目标代码段:

```
;函数 cf52 的目标代码段(带有源代码的程序集;已禁用优化)
_TEXT      SEGMENT                       ;段_TEXT 的开始
_varz$=-4              ; size=4         ;符号_varz$的声明
_parx$=8               ; size=4         ;符号_parx$的声明
_pary$=12              ; size=4         ;符号_pary$的声明
?cf52@@YAHHH@Z    PROC                   ;过程(函数)cf52 的开始
;
    ;2 :    {
    push   ebp
    mov    ebp, esp                      ;建立堆栈框架
    push   ecx                           ;安排变量 varz 的存储单元
    ;
    ;3 :         int  varz;
    ;4 :         varz=parx-pary;
    mov    eax, DWORD PTR _parx$[ebp]
    sub    eax, DWORD PTR _pary$[ebp]
    mov    DWORD PTR _varz$[ebp], eax
    ;
    ;5 :         if(varz < 0)
    jns    SHORT $LN1@cf52               ;如果 varz 不小于 0,则跳转
    ;
    ;6 :         varz=-varz;
    mov    ecx, DWORD PTR _varz$[ebp]
    neg    ecx
    mov    DWORD PTR _varz$[ebp], ecx
$LN1@cf52:
    ;7 :         return  varz;
    mov    eax, DWORD PTR _varz$[ebp]
    ;
    ;8 :    }
    mov    esp, ebp                       ;撤销堆栈框架
    pop    ebp
    ret    0                              ;返回(就是 ret)
?cf52@@YAHHH@Z    ENDP                    ;过程(函数)cf52 的结束
_TEXT ENDS                               ;段_TEXT 的结束
```

除了添加的中文注释外,上述程序片段几乎就是由 Visual Studio 2010 编译器输出的汇编格式程序文件中的代码段。其主体是对应 C 函数的汇编格式指令,含于过程定义汇编指示 PROC 和 ENDP 之间,又含于段定义汇编指示 SEGMENT 和 ENDS 之间。

从上述程序片段可知,过程名?cf52@@YAHHH@Z,虽然含有源程序中的函数名 cf52,但比较长而且不太容易理解。这是根据函数的类型和参数个数等由编译器自动生成的,主要供相关工具软件识别使用。

还有标号 $LN1@cf52,也是由编译器自动生成的。

上述 C 函数 cf52 有两个整型参数 parx 和 pary,还有一个局部变量 varz,它们对应的存储

单元都位于堆栈中。在利用指令"PUSH　ECX"安排好局部变量 varz 之后,位于堆栈的相关存储单元如图 5.1 所示,也类似于图 3.3(c)。

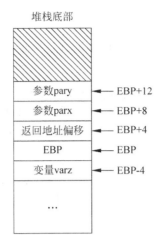

堆栈底部

参数pary ← EBP+12
参数parx ← EBP+8
返回地址偏移 ← EBP+4
EBP ← EBP
变量varz ← EBP-4
…

图 5.1　例 5-2 位于堆栈的参数和局部变量示意图

为了便于阅读理解,目标代码还采用符号化常量,形象地表示函数参数和局部变量。

为此,首先利用如下 MASM 伪指令语句,使得 3 个符号(标识符)分别代表常数:

```
_varz$=-4
_parx$=8
_pary$=12
```

这 3 个标识符很有规律,以源程序中参数名或变量名为基础,通过增加下画线前缀和美元号后缀而形成。对照图 5.1 可见,这些符号所代表的常数,其实就是堆栈中对应参数或者变量所在存储单元以 EBP 作为基准的相对位置。

然后,利用这样的符号(标识符),表示存储单元的有效地址,如下所示:

```
mov    eax, DWORD PTR _parx$[ebp]
sub    eax, DWORD PTR _pary$[ebp]
mov    DWORD PTR _varz$[ebp], eax
```

上述 3 条指令,分别对应下面的 3 条指令:

```
mov    eax, DWORD PTR [ebp+8]
sub    eax, DWORD PTR [ebp+12]
mov    DWORD PTR [ebp-4], eax
```

因此可以换句话说:"_parx $[ebp]"表示位于堆栈的参数 parx,"_pary $[ebp]"表示位于堆栈的参数 pary。同样,"_varz $[ebp]"表示位于堆栈的变量 varz。

很显然,在采用符号化表示后,更容易阅读理解目标代码。

【例 5-3】　观察如下 C 语言函数 cf53 的目标代码。

```
unsigned  cf53( unsigned int parx)
{
    unsigned  char  ch1, ch2;          //字符型局部变量
    unsigned  sum;                     //整型局部变量
    ch1=parx >> 24;                    //得到参数的最高 8 位
```

```
        ch2=parx & 0xff;                              //得到参数的最低 8 位
        sum=ch1+ch2;
        return  sum;
    }
```

上述函数 cf53 仅是一个示例函数,其功能是返回参数 parx 最高 8 位和最低 8 位之和。不采用编译优化选项,编译上述源程序后,可得到如下所示的目标代码段:

```
;函数 cf53 的目标代码段(带有源代码的程序集;已禁用优化)
_TEXT       SEGMENT                    ;段_TEXT 的开始
_ch2$=-6              ; size=1        ;符号_ch2$的声明
_ch1$=-5              ; size=1        ;符号_ch1$的声明
_sum$=-4              ; size=4        ;符号_sum$的声明
_parx$=8             ; size=4        ;符号_parx$的声明
?cf53@@YAII@Z    PROC                 ;过程(函数) cf53 的开始
    ; 2 :{
    push  ebp
    mov   ebp, esp                    ;建立堆栈框架
    sub   esp, 8                      ;在栈顶保留 8 字节存储单元//@
    ; 3 :         unsigned char ch1, ch2;
    ; 4 :         unsigned sum;
    ; 5 :         ch1=parx >> 24;
    mov   eax, DWORD PTR _parx$[ebp]
    shr   eax, 24                     ;00000018H
    mov   BYTE PTR _ch1$[ebp], al
    ; 6 :         ch2=parx & 0xff;
    mov   ecx, DWORD PTR _parx$[ebp]
    and   ecx, 255                    ;000000ffH
    mov   BYTE PTR _ch2$[ebp], cl
    ; 7 :         sum=ch1+ ch2;
    movzx edx, BYTE PTR _ch1$[ebp]
    movzx eax, BYTE PTR _ch2$[ebp]
    add   edx, eax
    mov   DWORD PTR _sum$[ebp], edx
    ; 8 :         return  sum;
    mov   eax, DWORD PTR _sum$[ebp]
    ; 9 :      }
    mov   esp, ebp
    pop   ebp
    ret   0                           ;返回(就是 ret)
?cf53@@YAII@Z    ENDP                 ;过程(函数) cf53 的结束
_TEXT       ENDS                      ;段_TEXT 的结束
```

上述 C 函数 cf53 有一个无符号整型参数,还有两个字符型局部变量和一个整型局部变量,它们对应的存储单元都位于堆栈中。在注释带//@的行,利用指令"SUB　ESP, 8"在栈顶保留了 8 个字节的存储单元,实际上就是安排字符型局部变量 ch1 和 ch2,还有整型局部变量 sum 的存储空间。位于堆栈的相关存储单元如图 5.2 所示。

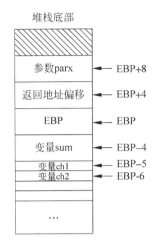

图 5.2　例 5-3 位于堆栈的参数和局部变量示意图

从上述目标代码可知,利用下面的 MASM 伪指令语句,声明多个符号常数:

```
_ch2$=-6
_ch1$=-5
_sum$=-4
_parx$=8
```

对照图 5.2 可知,这些符号常数就是对应参数或者变量所在存储单元以 EBP 作为基准的相对位置。利用这些符号常数,在表示参数和局部变量的存储单元有效地址后,使得目标程序更易于阅读理解了。

结合源代码,应该很容易阅读理解上述汇编形式的目标代码。

在前面几章中,介绍或说明目标代码时,并没有采用符号化表示参数和变量,本章后面的示例中,将采用符号化表示。另外,对标号和名称等标识符也将会适当修饰,以便阅读理解。

5.2　C 语言部分编译的解析

从汇编语言的角度,可以清楚地看到函数调用的详情,可以透彻地明白指针运用的本质。本节解析类型转换、表达式求值、函数调用、指针运用和结构体变量的编译细节,一方面巩固熟练 CPU 的指令,另一方面深入理解高级语言。

5.2.1　类型的转换

在 C 语言中,有自动类型转换和强制类型转换两种情形。在计算算术表达式时,要求操作数的数据类型一致,如果不一致,低精度操作数被自动转换为高精度操作数。在计算整型算术表达式时,至少采用整型类型的精度,如果表达式中有字符型或短整型操作数,那么在使用之前被自动转换为整型类型。还可以根据需要,采用强制类型转换的方式,明确要求实施类型转换。

下面通过分析目标代码来观察 C 语言中类型转换的实现细节。在 VC 2010 环境中,整型为 32 位,采用 4 个字节表示;字符型为 8 位,采用 1 个字节表示。

【例 5-4】　分析如下 C 语言函数 cf54 和 cf55 的目标代码。这两个函数仅仅是演示示例。

```
//演示函数 cf54
//两个整型参数,返回一个字符型值
char  cf54(int para, int parb)
{
    int  dvar;                        //整型变量
    dvar=(char)(13*para)+19*(char)parb;
    return  dvar;
}
//演示函数 cf55
//一个字符型参数,返回一个整型值
int  cf55(char parc)
{
    unsigned char cvar=18;           //无符号字符型变量
    cvar=cf54(cvar, parc);           //调用函数 cf54
    cvar=cvar-31;
    return  cvar;
}
```

为了便于对比源程序和目标代码,不采用编译优化选项,编译上述源程序后,可得到如下所示的目标代码(标号或名称稍有修饰):

```
;函数 cf54 的目标代码(已禁用优化)
_dvar$=-4                            ;对应变量 dvar 的位置
_para$=8                            ;对应参数 para 的位置
_parb$=12                           ;对应参数 parb 的位置
cf54      PROC                      ;函数(过程)开始
    push  ebp
    mov   ebp, esp                  ;建立堆栈框架
    push  ecx                       ;int dvar;
    ;
    ; dvar=(char)(13*para)+19*(char)parb;
    ;
    mov   eax, DWORD PTR _para$[ebp]  ;para
    imul  eax, 13                   ;(13*para)
    movsx ecx, al                   ;(char)(13*para)      //@11
    movsx edx, BYTE PTR _parb$[ebp] ;(char)parb          //@12
    imul  edx, 19                   ;19*(char)parb
    add   ecx, edx                  ;求和
    mov   DWORD PTR _dvar$[ebp], ecx ;dvar=结果
    ;
    mov   al, BYTE PTR _dvar$[ebp]  ;准备返回值(字符型)   //@13
    mov   esp, ebp                  ;撤销堆栈框架
    pop   ebp
    ret
cf54      ENDP                      ;函数(过程)结束
;
;函数 cf55 的目标代码(已禁用优化)
_cvar$=-1                            ;对应变量 cvar 的位移
_parc$=8                            ;对应参数 parc 的位移
```

```
cf55        PROC
    push    ebp
    mov     ebp, esp                    ;建立堆栈框架
    push    ecx                         ;unsigned char cvar
    mov     BYTE PTR _cvar$[ebp], 18    ;cvar=18;
    ;                                   ;cvar=cf54( cvar, parc ) ;
    movsx   eax, BYTE PTR _parc$[ebp]   ;有符号字符型转整型          //@21
    push    eax
    movzx   ecx, BYTE PTR _cvar$[ebp]   ;无符号字符型转整型          //@22
    push    ecx
    call    cf54                        ;调用函数 cf54
    add     esp, 8
    mov     BYTE PTR _cvar$[ebp], al    ;整型转字符型              //@23
    ;                                   ;cvar=cvar-31;
    movzx   edx, BYTE PTR _cvar$[ebp]   ;无符号字符型转整型          //@24
    sub     edx, 31
    mov     BYTE PTR _cvar$[ebp], dl    ;整型转字符型              //@25
    ;                                   ;return   cvar;
    movzx   eax, BYTE PTR _cvar$[ebp]   ;无符号字符型转整型          //@26
    mov     esp, ebp                    ;撤销堆栈框架
    pop     ebp
    ret                                 ;返回
cf55        ENDP
```

从上述两段目标代码可知：

（1）在计算整型算术表达式时，字符型被自动转化为整型。对于有符号的，采用符号扩展；对于无符号的，采用零扩展。见注释含"//@24"的行，为了计算表达式"cvar－31"，先把无符号字符型零扩展成整型。参见注释含"//@11"和"//@12"的行，也是如此，由于已经强制把整型转化为字符型，但为了参与随后的运算，又自动把字符型转化为整型。

（2）在把整型强制转化为字符型时，仅仅截取低端的 8 位。见注释含"//@11"的行，虽然 EAX 含有表达式"13 * para"的值，但由于安排了强制类型转换，因此只使用 AL 所含的内容。类似地，见注释含"//@12"的行，虽然存储单元 _parb$[ebp]含有参数 parb，但由于安排了强制类型转换，因此只使用其最低的一个字节值。

（3）在赋值时，如果类型不一致，自动转换为目标变量的类型。见注释含"//@23"的行，虽然函数 cf54 返回整型值在 EAX 中，但在赋给字符型变量 cvar 时，截取低端的 8 位成为字符型值，还可见注释含"//@25"的行。

（4）在数据作为调用函数的参数或者作为函数的返回值时，如果类型不一致，自动进行类型的转换。某种程度上，这些也是赋值。参见注释含"//@21"和"//@22"的行，以及注释含"//@13"和"//@26"的行。

在 5.1.2 节的演示程序 cf53 目标代码中，也可以清楚地看到类型转换的相关操作处理。

5.2.2　表达式求值

在 C 语言中，对 4 个运算符的操作数求值顺序有明确规定。

（1）逻辑与运算符：先对左侧操作数进行求值，如果值为真，再对右侧操作数进行求值。

如果左侧操作数的值为假,不对右侧操作数进行求值。

(2)逻辑或运算符:先对左侧操作数进行求值,如果值为真,不再对右侧操作数进行求值。

(3)条件运算符:先对表达式 1 进行求值,如果值为真,仅对表达式 2 进行求值。如果表达式 1 的值为假,仅对表达式 3 进行求值。

(4)逗号运算符:从左到右依次对各操作数进行求值。

下面通过观察目标代码来分析 C 语言中这 4 个运算符的操作数求值顺序。

【例 5-5】 观察分析如下 C 语言函数 cf56 的目标代码。函数 cf56 仅仅是一个演示示例,它表面上是计算 3 个表达式的值,实际上还包含其他赋值表达式。

```
int  cf56(int para, int parb)                    //演示函数 cf56
{
    int  m, n, x;
    m=n=0;
    x=(para >=parb) ?(m=1) :(n=2) ;
    x+=(para <=parb)||(m+=10, n+=20) ;
    x+=(para !=parb) && (m+=100, n+=200) ;
    return  x+ m+ n;
}
```

为了便于对比源程序和目标代码,不采用编译优化选项,编译上述源程序后,可得到如下所示的目标代码(标号或名称稍有修饰):

```
;函数 cf56 的目标代码(已禁用优化)
tv76=-24                                        ;临时变量的位置
tv70=-20                                        ;
tv65=-16                                        ;
_m$=-12                                         ;对应变量 m 的位置
_n$=-8                                          ;对应变量 n 的位置
_x$=-4                                          ;对应变量 x 的位置
_para$=8                                        ;对应参数 para 的位置
_parb$=12                                       ;对应参数 parb 的位置
cf56    PROC                                    ;函数(过程)开始
    push   ebp
    mov    ebp, esp                             ;建立堆栈框架
    sub    esp, 24                              ;用于变量 m、n 和 x,以及临时变量
    ;
    mov    DWORD PTR _n$[ebp], 0                ;m=n=0;
    mov    eax, DWORD PTR _n$[ebp]
    mov    DWORD PTR _m$[ebp], eax
    ;
    ; x=(para >=parb)?(m=1):(n=2) ;
    ;
    mov    ecx, DWORD PTR _para$[ebp]           ;判断作为条件的表达式 1
    cmp    ecx, DWORD PTR _parb$[ebp]
    jl     SHORT LN3@cf56                       ;条件不成立,不计算表达式 2
    mov    DWORD PTR _m$[ebp], 1                ;计算表达式 2
    mov    edx, DWORD PTR _m$[ebp]
    mov    DWORD PTR tv65[ebp], edx             ;保存到临时变量
```

```
        jmp     SHORT LN4@cf56              ;计算表达式 2 后,不计算表达式 3
LN3@cf56:
        mov     DWORD PTR _n$[ebp], 2       ;计算表达式 3
        mov     eax, DWORD PTR _n$[ebp]
        mov     DWORD PTR tv65[ebp], eax    ;保存到临时变量
LN4@cf56:
        mov     ecx, DWORD PTR tv65[ebp]    ;取出条件表达式结果
        mov     DWORD PTR _x$[ebp], ecx     ;赋给变量 x
        ;
        ; x+=(para<=parb)||(m+=10, n+=20);
        ;
        mov     edx, DWORD PTR _para$[ebp]  ;判断左侧逻辑值
        cmp     edx, DWORD PTR _parb$[ebp]
        jle     SHORT LN5@cf56              ;左侧为真,不计算右侧表达式
        mov     eax, DWORD PTR _m$[ebp]     ;计算右侧表达式
        add     eax, 10
        mov     DWORD PTR _m$[ebp], eax
        mov     ecx, DWORD PTR _n$[ebp]
        add     ecx, 20
        mov     DWORD PTR _n$[ebp], ecx
        jne     SHORT LN5@cf56
        mov     DWORD PTR tv70[ebp], 0      ;"假"送到临时变量
        jmp     SHORT LN6@cf56
LN5@cf56:
        mov     DWORD PTR tv70[ebp], 1      ;"真"送到临时变量
LN6@cf56:
        mov     edx, DWORD PTR _x$[ebp]
        add     edx, DWORD PTR tv70[ebp]    ;加临时变量中的表达式结果
        mov     DWORD PTR _x$[ebp], edx
        ;
        ; x+=(para!=parb) &&(m+=100, n+=200);
        ;
        mov     eax, DWORD PTR _para$[ebp]  ;判断左侧逻辑值
        cmp     eax, DWORD PTR _parb$[ebp]
        je      SHORT LN7@cf56              ;左侧为假,不计算右侧表达式
        mov     ecx, DWORD PTR _m$[ebp]     ;计算右侧表达式
        add     ecx, 100
        mov     DWORD PTR _m$[ebp], ecx
        mov     edx, DWORD PTR _n$[ebp]
        add     edx, 200
        mov     DWORD PTR _n$[ebp], edx
        je      SHORT LN7@cf56
        mov     DWORD PTR tv76[ebp], 1      ;"真"送到临时变量
        jmp     SHORT LN8@cf56
LN7@cf56:
        mov     DWORD PTR tv76[ebp], 0      ;"假"送到临时变量
LN8@cf56:
        mov     eax, DWORD PTR _x$[ebp]
```

```
        add    eax, DWORD PTR tv76[ebp]              ;加临时变量中的表达式结果
        mov    DWORD PTR _x$[ebp], eax
        ;
                                                      ; return  x+ m+ n;
        mov    eax, DWORD PTR _x$[ebp]
        add    eax, DWORD PTR _m$[ebp]
        add    eax, DWORD PTR _n$[ebp]                ;返回值在 EAX 中
        ;
        mov    esp, ebp                               ;撤销堆栈框架
        pop    ebp
        ret                                           ;返回
cf56    ENDP
```

从上述目标代码可以清楚地看到,逻辑与、逻辑或、条件及逗号这 4 个运算符的计算细节。

5.2.3　指针的本质

指针的本质就是地址。指针变量的值应该是存储单元的地址。所谓指针变量 p 指向变量 x,实际上就是变量 p 含有变量 x 所在存储单元的地址。在 VC 2010 环境中,地址是 32 位的段内偏移,所以指针变量本身占用 4 个字节的存储单元,这与整型变量一样。

很多时候,为了简洁,常常把"指针变量"简称"指针"。

现在结合演示程序及其目标代码,来进一步观察指针变量和相关运算符的实现细节。

1. 指针的本质

【例 5-6】　如下演示程序 dp57 显示输出某指针变量所指向变量的值,以及该指针变量自身的值,分析其目标代码。

```
#include <stdio.h>                         //演示程序 dp57
int  main()
{
    int  dvar=3, *pi;
    char *fmts="%d\n";
    pi=&dvar;
    printf( fmts, *pi);                     //显示 pi 所指向变量的值
    printf( fmts, pi);                      //显示 pi 自身的值
    return  0;
}
```

不采用编译优化选项,而且选择"在静态库中使用 MFC",编译上述源程序后,可得到如下所示的目标代码(标号或名称稍有修饰):

```
;程序 dp57 的主要目标代码(已禁用优化)
CONST      SEGMENT                          ;段 CONST 开始
SG3854     DB    '%d', 0aH, 00H             ;字符串
CONST      ENDS                             ;段 CONST 结束
;
_TEXT      SEGMENT                          ;段 _TEXT 开始
_pi$=-12                                    ;对应变量 pi 的位置
_dvar$=- 8                                  ;对应变量 dvar 的位置
_fmts$=- 4                                  ;对应变量 fmts 的位置
```

```
_main      PROC                                           ; main 函数开始
    push   ebp
    mov    ebp, esp                                       ;建立堆栈框架
    sub    esp, 12                                        ;准备用于局部变量的存储空间
    ;                                                     ;dvar=3
    mov    DWORD PTR _dvar$[ebp], 3
    ;                                                     ;*fmts="%d\n"
    mov    DWORD PTR _fmts$[ebp], OFFSET SG3854
    ;                                                     ;pi=&dvar;
    lea    eax, DWORD PTR _dvar$[ebp]                     ;取得变量 dvar 的地址
    mov    DWORD PTR _pi$[ebp], eax
    ;                                                     ;printf( fmts, *pi);
    mov    ecx, DWORD PTR _pi$[ebp]                       ;取得指针变量 pi 的值(地址)
    mov    edx, DWORD PTR [ecx]                           ;然后取得其所指向变量的值(*pi)
    push   edx                                            ;把该值传递给 printf
    mov    eax, DWORD PTR _fmts$[ebp]                     ;取得指针变量 fmts 的值(地址)
    push   eax                                            ;直接传递给 printf
    call   _printf
    add    esp, 8                                         ;平衡堆栈
    ;                                                     ; printf( fmts, pi);
    mov    ecx, DWORD PTR _pi$[ebp]                       ;取得指针变量 pi 的值(地址)
    push   ecx                                            ;直接传递给 printf
    mov    edx, DWORD PTR _fmts$[ebp]                     ;取得指针变量 fmts 的值(地址)
    push   edx                                            ;直接传递给 printf
    call   _printf
    add    esp, 8                                         ;平衡堆栈
    ;                                                     ;return  0;
    xor    eax, eax                                       ;返回值是 0
    ;
    mov    esp, ebp                                       ;撤销堆栈框架
    pop    ebp
    ret                                                   ;返回
_main      ENDP                                           ;函数 main 代码结束
_TEXT      ENDS                                           ;段_TEXT 结束
```

上述目标代码中含有两个段,分别是 CONST 和_TEXT。数据段 CONST 中,仅仅是由伪指令 DB 定义的输出格式字符串。代码段_TEXT 中的 main 函数的目标代码流程如下。

(1) 在建立堆栈框架之后,安排 3 个局部变量的存储空间。由于地址只需要用偏移表示,所以指针变量只占用 4 个字节存储单元。一个整型变量 dvar、一个指向整型变量的指针变量 pi 和一个指向字符型变量的指针变量 fmts,共占用 12 个字节。

(2) 给变量赋初值。在指令"mov　DWORD PTR _fmts＄[ebp], OFFSET　SG3854"中,"OFFSET SG3854"表示标号 SG3854 的偏移,也就是对应字符串的开始地址。另一条指令"lea　eax, DWORD PTR _dvar＄[ebp]",就是取得变量 dvar 的有效地址。

(3) 调用库函数 printf,显示输出指针变量 pi 所指向变量的值。首先取得指针变量 pi 的值;然后将其作为地址,取得它所指向的变量的值;最后将结果压入堆栈,作为参数传递给 printf。还有一个参数是输出格式字符串,应该是字符串的首地址,或者是指向字符串的指针

变量的值,在这里是指针变量 fmts 的值。

(4)再次调用 printf 显示输出指针变量 pi 自身的值。这时,在取得 pi 的值后,就直接将其压入堆栈了。

(5)准备返回值,即使得 EAX 为 0;撤销堆栈框架,并返回。

【例 5-7】 观察如下演示函数 cf58 的目标代码。假设在调用函数 cf58 时,实参指向整型数组,该数组至少含有 3 个元素。

```c
int  cf58( int *pit)                 //演示函数 cf58
{
    int  s=0;
    s+=*(pit++);                     //累加第 0 个元素值,并指向下一个元素
    s+=*(++pit);                     //累加第 2 个元素值
    s+=(*pit)++;                     //累加第 2 个元素值,第 2 个元素值增加 1
    s+=++(*pit);                     //第 2 个元素值增加 1,并累加
    return  s;
}
```

不采用编译优化选项,编译上述源程序后,可得到如下所示目标代码:

```
;函数 cf58 的目标代码(已禁用优化)
_s$=-4                                       ;对应变量 s 的位置
_pit$=8                                      ;对应参数 pit 的位置
cf58    PROC                                 ;函数开始
    push  ebp
    mov   ebp, esp                           ;建立堆栈框架
    push  ecx                                ;安排局部变量 s
    ;                                        ;s=0;
    mov   DWORD PTR _s$[ebp], 0
    ;                                        ;s+=*(pit++);
    mov   eax, DWORD PTR _pit$[ebp]          ;EAX=pit
    mov   ecx, DWORD PTR _s$[ebp]            ;ECX=s
    add   ecx, DWORD PTR [eax]               ;ECX=s+*pit
    mov   DWORD PTR _s$[ebp], ecx            ;s=ECX
    mov   edx, DWORD PTR _pit$[ebp]          ;EDX=pit
    add   edx, 4                             ;EDX=EDX+4
    mov   DWORD PTR _pit$[ebp], edx          ;pit=EDX
    ;                                        ;s+=*(++pit);
    mov   eax, DWORD PTR _pit$[ebp]
    add   eax, 4                             ;pit 加 1
    mov   DWORD PTR _pit$[ebp], eax
    mov   ecx, DWORD PTR _pit$[ebp]
    mov   edx, DWORD PTR _s$[ebp]
    add   edx, DWORD PTR [ecx]
    mov   DWORD PTR _s$[ebp], edx
    ;                                        ;s+=(*pit)++;
    mov   eax, DWORD PTR _pit$[ebp]
    mov   ecx, DWORD PTR _s$[ebp]
    add   ecx, DWORD PTR [eax]
    mov   DWORD PTR _s$[ebp], ecx
```

```
    mov     edx, DWORD PTR _pit$[ebp]
    mov     eax, DWORD PTR [edx]
    add     eax, 1
    mov     ecx, DWORD PTR _pit$[ebp]
    mov     DWORD PTR [ecx], eax
    ;                               ;s+=++(*pit);
    mov     edx, DWORD PTR _pit$[ebp]
    mov     eax, DWORD PTR [edx]
    add     eax, 1
    mov     ecx, DWORD PTR _pit$[ebp]
    mov     DWORD PTR [ecx], eax
    mov     edx, DWORD PTR _pit$[ebp]
    mov     eax, DWORD PTR _s$[ebp]
    add     eax, DWORD PTR [edx]
    mov     DWORD PTR _s$[ebp], eax
    ;                               ;return  s;
    mov     eax, DWORD PTR _s$[ebp]
    mov     esp, ebp                ;撤销堆栈框架
    pop     ebp
    ret                             ;返回
cf58        ENDP
```

由于没有优化,因此上述函数 cf58 的目标代码显得比较累赘。但是,从中可以清楚地看到指针变量的以下几个特点。

(1) 形参 pit 相当于一个指向整型变量的指针变量,为了取得它所指向变量的值,必须先取得它的值,再将其作为地址,才能获得它所指向变量的值。

(2) 增减指针变量与增减普通变量有差异。由于 pit 是指向整型的指针类型,高级语言表达式中增加 1,实际上增加 4,这是因为整型变量占用 4 个字节存储单元。当然,如果是指向字符型的指针类型,仍然只调整 1。

(3) C 语言中的自增运算符位于变量前后的差异。"先己后人",与"先人后己"是完全不同的。

2. 指向指针的指针

指向指针的指针,确切地说应该是,指向指针变量的指针变量。指针变量也是变量,也占用存储单元,当然也有存储单元地址。如果指针变量 p 含有指针变量 q 所在存储单元的地址,那么 p 就是指向 q 的指针变量。

【例 5-8】 观察如下演示函数 cf59 的目标代码。假设在调用函数 cf59 时,实参指向一个指针数组,且该指针数组的元素又指向一维整型数组。还假设这两个数组的元素个数不小于另一个参数 i 的值。

```
int  cf59(int * *ppt, int i)        //演示函数 cf59
{
    int  s=0;
    s+=*(*ppt+ i);                  //ppt[0][i]
    s+=*(*(ppt+ i));                //ppt[i][0]
    return  s;
}
```

不采用编译优化选项,编译上述源程序后,可得到如下所示目标代码:

```
;函数 cf59 的目标代码(已禁用优化)
_s$=- 4                                    ;对应变量 s 的位置
_ppt$=8                                    ;对应参数 ppt 的位置
_i$=12                                     ;对应参数 i 的位置
cf59        PROC                           ;函数 cf59 开始
    push    ebp
    mov     ebp, esp                       ;建立堆栈框架
    push    ecx                            ;安排局部变量 s 的存储空间
    ;                                      ;s=0;
    mov     DWORD PTR _s$[ebp], 0
    ;                                      ;s+=* (*ppt+ i);
    mov     eax, DWORD PTR _ppt$[ebp]      ;EAX=ppt
    mov     ecx, DWORD PTR [eax]           ;ECX=*ppt
    mov     edx, DWORD PTR _i$[ebp]        ;EDX=i
    mov     eax, DWORD PTR _s$[ebp]        ;EAX=s
    add     eax, DWORD PTR [ecx+ edx* 4]   ;EAX=s+*(*ppt+4*i)
    mov     DWORD PTR _s$[ebp], eax        ;s=EAX
    ;                                      ;s+=* (* (ppt+ i) );
    mov     ecx, DWORD PTR _i$[ebp]
    mov     edx, DWORD PTR _ppt$[ebp]
    mov     eax, DWORD PTR [edx+ ecx* 4]
    mov     ecx, DWORD PTR _s$[ebp]
    add     ecx, DWORD PTR [eax]
    mov     DWORD PTR _s$[ebp], ecx
    ;                                      ;return  s;
    mov     eax, DWORD PTR _s$[ebp]
    ;
    mov     esp, ebp                       ;撤销堆栈框架
    pop     ebp
    ret                                    ;返回
cf59        ENDP                           ;函数 cf59 结束
```

从上述函数 cf59 的目标代码可知:

(1) 在操作指向指针变量的指针变量时,多了一次间接。因此,要通过两次间接才能访问最终的数据变量(存储单元)。

(2) 增减指针变量所指向的变量的值,还是增减指针变量的值,它们是完全不同的。

此外,应该还可以感受到 32 位存储器寻址方式所带来的便利。

3. 数组作为形参

数组作为形式参数,相当于指针变量,实际上传递的仍然是地址。

【例 5-9】 如下演示函数 cf510 复制矩阵的某一行,参数 1 指定二维数组,参数 2 给出存放结果的一维数组,参数 3 指定行。观察函数 cf510 的目标代码。

```
void  cf510( int matrix[ ][5], int line[ ], int i)
{
    int  j;
    for( j=0; j< 5; j++)
```

```
            line[j]=matrix[i][j];
        return;
}
```

不采用编译优化选项,编译上述源程序后,可得到如下所示目标代码:

```
;函数 cf510 的目标代码(已禁用优化)
_j$=- 4                                      ;对应变量 s 的位置
_matrix$=8                                   ;对应参数 matrix 的位置
_line$=12                                    ;对应参数 line 的位置
_i$=16                                       ;对应参数 i 的位置
cf510     PROC                               ;函数 cf510 开始
    push  ebp
    mov   ebp, esp                           ;建立堆栈框架
    push  ecx                                ;安排局部变量 j 的存储单元
    push  esi                                ;保护 ESI
    ;                                        ;for( j=0; j < 5; j++)
    mov   DWORD PTR _j$[ebp], 0
    jmp   SHORT LN3@cf510
LN2@cf510:
    mov   eax, DWORD PTR _j$[ebp]            ;j++
    add   eax, 1
    mov   DWORD PTR _j$[ebp], eax
LN3@cf510:
    cmp   DWORD PTR _j$[ebp], 5              ;j < 5?
    jge   SHORT LN4@cf510
    ;                                        ;sum[j]=matrix[i][j];
    mov   ecx, DWORD PTR _i$[ebp]            ;ECX=i
    imul  ecx, 20                            ;每行 5 个整数,每个整数 4 字节
    add   ecx, DWORD PTR _matrix$[ebp];ECX=matrix+ 4* 5* i
    mov   edx, DWORD PTR _j$[ebp]            ;EDX=j
    mov   eax, DWORD PTR _line$[ebp]         ;EAX=line
    mov   esi, DWORD PTR _j$[ebp]            ;ESI=j
    mov   ecx, DWORD PTR [ecx+ esi* 4]       ;ECX=* ( matrix+ 4* 5* i+ 4* j)
    mov   DWORD PTR [eax+ edx* 4], ecx;* ( line+ 4* j) =ECX
    jmp   SHORT LN2@cf510
LN4@cf510:
    pop   esi                                ;恢复 ESI
    mov   esp, ebp                           ;撤销堆栈框架
    pop   ebp
    ret                                      ;返回
cf510     ENDP
```

从上述演示函数 cf510 的目标代码可知:

(1)根据数组元素下标,计算对应元素所在存储单元地址的具体细节。某个元素的地址是数组首地址加上一个位移量,而位移量是元素序号乘上元素的尺寸。元素尺寸是指一个元素占用存储单元的字节数,就是高级语言中运算符 sizeof 返回的结果。对一维数组而言,序号就是下标值;对二维数组而言,序号等于行号乘上行宽再加上列号。二维数组作为形参时,需要明确第二维的上限,即每行的元素个数,缘由在此。

（2）当指针变量作为参数，或者数组作为参数时，实际上提供了存储单元的地址。这就意味着可以方便地存取对应的存储单元。于是，函数不仅可以获取若干数据，而且能够提供若干数据。换句话说，除了函数的返回值外，利用指针变量参数，函数可以返回若干数据。

4. 调用相关函数

现在来看调用上述演示函数 cf58、cf59 和 cf510 的具体细节。

【例 5-10】 如下演示程序 dp511，分别调用了函数 cf58、cf59 和 cf510，观察调用过程的目标代码，了解调用的具体细节。

```c
#include<stdio.h>                      //演示程序 dp511
int    cf58( int *pit) ;
int    cf59( int **ppt, int i) ;
void   cf510( int matrix[][5], int line[], int i) ;
int    main()
{
    int   data[3][5]={ {1, 2, 3, 4, 5},
                       {11, 12, 13, 14, 15},
                       {101,102,103,104,105} };
    int   *p[3]={ data[0], data[1], data[2] };
    int   row[5];
    int   i;
    printf("%d\n", cf58(data[0]) );    //调用 cf58
    printf("%d\n", cf59(p,2) );        //调用 cf59
    cf510( data, row, 0);              //调用 cf510
    for( i=0; i<5; i++)
        printf("%- 4d", row[i]);
    printf("\n");
    return  0;
}
```

把这些程序放在一个项目中，编译运行后，可得到如下显示结果：

```
12                          //data[0][0]+ 三次 data[0][2]
106                         //data[0][2]+ data[2][0]
1  2  5  4  5               //第 0 行数据
```

由于在调用函数 cf58 时，先后两次使得 data[0][2] 自增 1，因此在调用函数 cf59 和函数 cf510 时，data 中的数据已经发生了改变。

不采用编译优化选项，而且选择"在静态库中使用 MFC"，编译上述源程序 dp511 后，可得到如下所示的目标代码，为了简化，仅列出了调用这 3 个函数前后的目标代码（标号等有所修饰）：

```
;dp511 的部分目标代码
;
; printf("%d\n", cf58(data[0]) );
;
lea    eax, DWORD PTR _data$[ebp]    ;得到 data[0]对应的地址值
push   eax                           ;传递 data[0]
call   cf58                          ;调用函数 cf58
add    esp, 4
```

```
        ;
push    eax                                 ;EAX 含 cf58 返回值
push    OFFSET SG3864                       ;输出格式字符串首地址入栈
call    _printf
add     esp, 8
        ;
        ; printf("%d\n", cf59(p,2));
        ;
push    2                                   ;传递入口参数二
lea     ecx, DWORD PTR _p$[ebp]             ;得到指针数组 p 的首地址
push    ecx                                 ;传递 p
call    cf59                                ;调用函数 cf59
add     esp, 8
        ;
push    eax                                 ;EAX 含 cf59 的返回值
push    OFFSET SG3865                       ;输出格式字符串首地址入栈
call    _printf
add     esp, 8
        ;
        ; cf510(data, row, 0);
        ;
push    0                                   ;传递第三个入口参数
lea     edx, DWORD PTR _row$[ebp]           ;得到数组 row 的首地址
push    edx                                 ;传递 row
lea     eax, DWORD PTR _data$[ebp]          ;得到数组 data 的首地址
push    eax                                 ;传递 data
call    cf510                               ;调用函数 cf510
add     esp, 12
```

上述目标代码给出了调用函数 cf58、cf59 和 cf510 的具体实现细节，从中不仅可以看到调用时传递多种类型实参的情况，而且还可以看到获得相关地址的方法。此外还可以看到函数嵌套调用的实现情况。

5.2.4　结构体变量

在 C 语言中，程序员自己能够声明数据类型，这样的数据类型称为结构体类型。利用结构体类型，可以把描述一类对象的若干个不同类型的数据项组织成一个整体，从而体现这些数据项的相关性。可以按需声明各种各样的结构体类型，用于描述具体的对象。

在声明结构体类型之后，可以定义该结构体类型的变量，也就是结构体变量。

下面结合演示程序及其目标代码，来进一步观察涉及结构体变量操作处理的实现细节。

【例 5-11】　如下演示程序 dp512，声明了一个结构体类型，还调用了有关演示函数 cf513 和 cf514，观察其目标代码。

```
#include<stdio.h>              //演示程序 dp512
struct  STUDENT                //声明结构体类型 STUDENT
{
    int    num;                //整型(4 字节)
    char   name[14];           //字符型数组(16 字节)
```

```
        int    score;                        //整型(4字节)
        char   grade;                        //字符型(4字节)
    };
char   cf513( struct STUDENT stux) ;         //声明函数原型
char   cf514( struct STUDENT *pp) ;          //声明函数原型
//                                           //定义全局结构体变量 zhang
struct    STUDENT zhang={ 103," ZHANG " ,88,'3'} ;
//
int   main()
{
    struct    STUDENT  stu;                  //定义结构体变量
    char   g1, g2;                           //定义字符型变量
    stu=zhang;                               //结构体变量赋值
    stu.num=108;                             //结构体成员赋值
    stu.name[2]='E';                         //结构体成员的元素赋值
    printf("%s=%d\n", stu.name, stu.num) ;
    g1=cf513( stu) ;                         //实参是结构体变量
    g2=cf514( &stu) ;                        //实参是结构体变量的地址
    printf(" g1=%c,g2=%c\n", g1, g2) ;
    return   0;
}
```

不采用编译优化选项,而且选择"在静态库中使用 MFC",编译上述演示程序 dp512 后,可得到如下所示的目标代码段(标号等稍有修饰):

```
_TEXT       SEGMENT                        ;段 _TEXT 开始
_stu$ =-32                                 ;变量 stu 的位置
_g1$=-2                                    ;变量 g1 的位置
_g2$=-1                                    ;变量 g2 的位置
_main       PROC                           ;函数 main 开始
    push  ebp
    mov   ebp, esp                         ;建立堆栈框架
    sub   esp, 32                          ;安排局部变量的存储空间
    push  esi                              ;保护 ESI 和 EDI
    push  edi
    ;                                      ;stu=zhang;
    mov   ecx, 7                           ;结构体变量占用 7 个双字( 28 字节)
    mov   esi, OFFSET zhang@@STUDENT       ;设置源结构体变量首地址
    lea   edi, DWORD PTR _stu$ [ebp]       ;获得目标结构体变量首地址
    rep   movsd                            ;复制整个结构体变量
    ;
    mov   DWORD PTR _stu$[ebp], 108        ;stu.num=108;
    mov   BYTE PTR _stu$[ebp+6], 69        ;stu.name[2]='E'; //@1
                                           ; printf("%s=%d\n", stu.name, stu.num) ;
    mov   eax, DWORD PTR _stu$[ebp]
    push  eax                              ;传递 stu.num
    lea   ecx, DWORD PTR _stu$[ebp+4]      ; //@2
    push  ecx                              ;传递 stu.name
    push  OFFSET SG3870                    ;传递显示格式字符串首地址
```

```
        call    _printf
        ;                                   ;g1=cf513(stu);
        add     esp, -16                    ;栈顶安排参数占用的空间 //@3
                                            ;实际 28 个字节(加应平衡 12 字节)
        mov     ecx, 7                      ;结构体变量 stu 占用 7 个双字
        lea     esi, DWORD PTR _stu$[ebp]   ;获得变量 stu 首地址
        mov     edi, esp                    ;设置位于堆栈的参数首地址
        rep     movsd                       ;传递实参(结构体变量 stu)
        call    cf513                       ;调用函数 cf513
        add     esp, 28                     ;平衡堆栈
        mov     BYTE PTR _g1$[ebp], al      ;保存返回结果
        ;                                   ;g2=cf514(&stu);
        lea     edx, DWORD PTR _stu$[ebp]   ;获得变量 stu 的地址
        push    edx                         ;传递 stu 的地址
        call    cf514                       ; cf514              ;调用函数 cf514
        add     esp, 4                      ;平衡堆栈
        mov     BYTE PTR _g2$[ebp], al      ;保存返回结果
        ;       printf("g1=%c,g2=%c\n", g1, g2);
        movsx   eax, BYTE PTR _g2$[ebp]
        push    eax
        movsx   ecx, BYTE PTR _g1$[ebp]
        push    ecx
        push    OFFSET SG3871               ;传递显示格式字符串首地址
        call    _printf
        add     esp, 12                     ;平衡堆栈
        ;
        xor     eax, eax                    ;return 0;
        pop     edi                         ;恢复 EDI 和 ESI
        pop     esi
        mov     esp, ebp                    ;撤销堆栈框架
        pop     ebp
        ret
_main   ENDP                                ;函数 main 代码结束
_TEXT   ENDS                                ;段 _TEXT 结束
```

从上述 dp512 的 main 函数目标代码可知:

(1) 结构体变量之间的赋值,是完整复制结构体变量所占用的存储单元。这里为了提高效率,采用了字符串传送指令,复制了 7 个双字。如果结构体变量占用的存储单元字节数较小,可能会利用若干条 MOV 传送指令进行复制。因此,虽然结构体变量之间的赋值比较简单,但效率较低。

(2) 结构体变量作为参数,在通过堆栈传递时,也是完整复制结构体变量。因此这种传递方式,调用时效率较低。这里在调用函数 cf513 时,复制结构体变量 stu 到栈顶。具体操作分为两步:首先在栈顶安排 28 字节的存储单元,然后整体复制。这相当于执行若干条压栈操作指令。在注释带 //@3 的行是指令"add　esp, -16",似乎在栈顶只安排了 16 个字节,但加上此前调用库函数 printf 返回后本应该平衡的 12 个字节,实际上确实安排了 28 个字节。

(3) 与传递其他类型变量的地址一样,传递结构体变量的地址很简单。因此,通过传递地

址的方式来传递结构体变量参数,这种方法效率较高。

(4) 这里结构体类型 STUDENT 的变量占用 28 个字节。成员 num 和 score 是整型,分别需要 4 个字节。成员 name 是字符型数组,虽然 14 个元素,只需要 14 个字节,但为了以 4 字节对齐,所以多两个字节。成员 grade 是字符型,同样为了对齐,又多 3 个字节。从上面使用串操作指令可知,采用 4 字节对齐是比较好的选择。注意,在项目属性页中的配置属性中,在 C/C++项下,有代码生成的结构成员对齐子项,通过该子项,可以对结构体类型成员的对齐作出适当选择。

注意上述目标代码中注释带//@1 或者//@2 的行。已知"_stu$[ebp]"表示结构体变量 stu 的有效地址,于是"_stu$[ebp+4]"表示结构体变量 stu 内第 4 个字节的地址,也就是成员 name 的首地址。实际上,符号"_stu$"代表常数−32,所以"_stu$[ebp+4]"相当于"[ebp−28]"。类似地,"_stu$[ebp+6]"表示结构体变量 stu 的成员 name 的第 2 个元素。

【例 5-12】 比较分析如下演示函数 cf513 和 cf514 的源程序和目标代码。在上述演示程序 dp512 中为调用这两个函数,已声明了其原型。

```
//演示函数 cf513
char  cf513( struct STUDENT stux)
{
    if( stux.score >=80)
        stux.grade+=1;
    return  stux.grade;
}
//演示函数 cf514
char  cf514( struct STUDENT *pp)
{
    if( pp- > score >=80)
        pp- > grade+=1;
    return  pp- > grade;
}
```

上述这两个演示函数的本质区别是参数不同。函数 cf513 的形参是结构体变量;函数 cf514 的形参是指向结构体变量的指针变量。前者是所谓的值传递,而后者是所谓的地址传递。

把这两个演示函数和程序 dp512 放在一个项目中,编译后运行,可得到如下输出:

```
ZHENG=108
g1=4,g2=4
```

由于调用 cf513 只传递了结构体变量 stu 的值,因此尽管在 cf513 中增加了结构体变量成员 grade 的值,但并不影响变量 stu 本身。

现在来看它们的目标代码。不采用编译优化选项,编译上述演示函数后,可得到如下所示的目标代码:

```
;演示函数 cf513 的目标代码
_stux$=8                              ;参数 stux 的位置
cf513     PROC
    push  ebp
    mov   ebp, esp
```

```
        ;                                 ;if(stux.score>=80)
        cmp    DWORD PTR _stux$[ebp+20], 80   ;直接访问成员 score,并比较
        jl     SHORT LN1@cf513
        ;                                 ;stux.grade+=1;
        movsx  eax, BYTE PTR _stux$[ebp+24]   ;直接访问成员 grade
        add    eax, 1
        mov    BYTE PTR _stux$[ebp+24], al
LN1@cf513:
        ;                                 ;return   stux.grade;
        mov    al, BYTE PTR _stux$[ebp+24]
        pop    ebp
        ret
cf513   ENDP
;
;演示函数 cf514 的目标代码
_pp$=8                                    ;参数 stux 的位置
cf514   PROC
        push   ebp
        mov    ebp, esp
        ;                                 ;if(pp->score>=80)
        mov    eax, DWORD PTR _pp$[ebp]       ;取得结构体变量的地址
        cmp    DWORD PTR [eax+20], 80         ;间接访问成员 score
        jl     SHORT LN1@cf514
        ;                                 ;pp->grade+=1;
        mov    ecx, DWORD PTR _pp$[ebp]       ;取得结构体变量的地址
        movsx  edx, BYTE PTR [ecx+24]         ;间接访问成员 grade
        add    edx, 1
        mov    eax, DWORD PTR _pp$[ebp]
        mov    BYTE PTR [eax+24], dl          ;间接访问成员 grade(更新)
LN1@cf514:
        ;                                 ;return   pp->grade;
        mov    ecx, DWORD PTR _pp$[ebp]
        mov    al, BYTE PTR [ecx+24]
        pop    ebp
        ret
cf514   ENDP
```

从上述目标代码可知：

（1）在函数 cf513 中，直接访问位于堆栈的结构体变量及其成员，比较简便，但对其修改操作并不会影响调用实参的原始值。

（2）在函数 cf514 中，为了访问结构体变量及其成员，首先从堆栈中取得结构体变量的地址（指针变量值），然后再访问结构体变量及其成员。这样做多了一个步骤。但是，对结构体成员的修改操作能够影响原始值，从而可以保存修改结果。

（3）结构体成员 score 和 grade 的存储单元地址都是双字对齐的。

5.3 C++部分功能实现细节

C++语言引入了一些不同于 C 语言的非常有用的语法特性,如引用、重载和虚函数等。本节通过分析目标代码来观察这些特性的实现细节。

5.3.1 引用

引用(Reference)是 C++语言对 C 语言的重要扩充。C++对引用的表述为:引用就是某一变量(目标)的一个别名,对引用的操作与对变量直接操作完全一样。所谓别名,即是给一个已经被命名的实体赋予另一个命名的含义。这样的表述很容易使程序员把引用理解为一种实体的命名方法而非一个实体。下面通过分析 C++源代码对应的目标代码来观察引用的本质。

【例 5-13】 分析演示程序 dp515 的目标代码。

如下演示程序 dp515 定义了一个整型变量 test_var,并定义了一个引用 ref_var 作为 test_var 的别名。同时,源程序还定义了两个指针变量。其中,poi_var 指向变量 test_var,而 poi_ref 指向变量 test_var 的引用 ref_var。源程序中//@3、//@5 和//@7 行的代码分别通过变量、变量的引用和变量的指针 3 种方式进行了赋值操作,并输出这个变量的值。

```cpp
#include <iostream>                           //演示程序 dp515
using  namespace  std;
int  main()
{
    int  test_var=1;
    int  &ref_var=test_var;
    int  *poi_var=&test_var;                  //@1
    int  *poi_ref=&ref_var;                   //@2
    //
    cout <<"poi_var=" << poi_var << endl;      //显示 poi_var=0042FDDC
    cout <<"poi_ref=" << poi_ref << endl;      //显示 poi_var=0042FDDC
    //
    test_var=1;                               //@3
    cout <<"test_var=" << test_var << endl;    //@4 显示 test_var=1
    ref_var=2;                                //@5
    cout <<"test_var=" << test_var << endl;    //@6 显示 test_var=2
    *poi_var=3;                               //@7
    cout <<"test_var=" << test_var << endl;    //显示 test_var=3
    return  0;
}
```

从上述演示程序 dp515 的运行输出结果可以看出,在//@1 和//@2 行代码所取得的变量 test_var 的地址和它的引用 ref_var 的地址是相同的。这一结果似乎反映了引用并没有独立的存储空间。即引用就是代表了被引用的实体,而其自身并不是一个实体,所以引用的地址与被引用实体的地址相同。同时,在//@3 行到//@6 行的代码也似乎反映了对引用的操作与对被引用实体的直接操作完全一样。

下面通过观察由上述演示程序 dp515 的汇编格式目标代码来分析 C++中引用的实现方法,并借此了解引用的本质。

　　不采用编译优化选项,编译上述源程序。为了突出重点,便于理解,对汇编格式目标代码进行了适当的简化处理,省略了对应输入输出流操作的目标代码。

```
;dp515 的部分目标代码
_TEXT      SEGMENT
_test_var$=-16                     ; //@1 对应变量 test_var 的位置
_ref_var$=-12                      ; //@2 对应引用 ref_var 的位置
_poi_var$=-8                       ; //@3 对应指针变量 poi_var 的位置
_poi_ref$=-4                       ; //@4 对应指针变量 poi_ref 的位置
_main      PROC
    push  ebp
    mov   ebp, esp
    sub   esp, 16
                                            ;int test_var=1;
    mov   DWORD PTR _test_var$[ebp], 1      ; //@5
                                            ;int &ref_var=test_var;
    lea   eax, DWORD PTR _test_var$[ebp]    ; //@6
    mov   DWORD PTR _ref_var$[ebp], eax     ; //@7
                                            ;int *poi_var=&test_var;
    lea   ecx, DWORD PTR _test_var$[ebp]    ; //@8
    mov   DWORD PTR _poi_var$[ebp], ecx     ; //@9
                                            ;int *poi_ref=&ref_var;
    mov   edx, DWORD PTR _ref_var$[ebp]     ; //@10
    mov   DWORD PTR _poi_ref$[ebp], edx     ; //@11
    ;
    ;cout≪"poi_var=" ≪ poi_var ≪ endl;
    ;cout≪"poi_ref=" ≪ poi_ref ≪ endl;
    ;省略对应目标代码
                                            ;test_var=1;
    mov   DWORD PTR _test_var$[ebp], 1      ; //@12
    ;
    ;cout≪"test_var=" ≪ test_var ≪ endl;
    ;省略对应目标代码
                                            ;ref_var=2;
    mov   eax, DWORD PTR _ref_var$[ebp]     ; //@13
    mov   DWORD PTR [eax], 2                ; //@14
    ;
    ;cout≪"test_var=" ≪ test_var ≪ endl;
    ;省略对应目标代码
                                            ;*poi_var=3;
    mov   ecx, DWORD PTR _poi_var$[ebp]     ; //@15
    mov   DWORD PTR [ecx], 3                ; //@16
    ;
    ;cout≪"test_var=" ≪ test_var ≪ endl;
    ;省略对应目标代码
                                            ;return  0;
    xor   eax, eax
    mov   esp, ebp
```

```
        pop     ebp
        ret     0
_main       ENDP
_TEXT       ENDS
```

在上述汇编格式目标代码中,以注释形式给出了源代码。对应汇编格式指令清晰地反映了引用的以下几个关键本质。

(1) 引用具有独立的存储单元。从//@7行可知,引用 ref_var 在堆栈中,对应的位置是_ref_var $,在//@2行说明了_ref_var $ 的值,也就是相对于 EBP 的位置。由此可见,引用也作为局部变量。

(2) 由//@6和//@7行说明,在引用中存储的是被引用实体的地址,这与指针变量类似。

(3) 既然引用有独立的存储空间,那为什么程序所取得的变量 test_var 的地址和它的引用 ref_var 的地址是相同的呢? 对比//@8行和//@10行不难看出原因。C++编译器在取引用的地址时并没有利用 lea 地址取出引用实际的存储空间的地址,而是用 mov 指令直接获取了引用的内容。而引用的内容就是被引用实体的地址。

(4) 由//@13、//@14行和//@15、//@16行说明,通过引用访问被引用实体的实质和通过指针访问是相同的。因此,对引用的操作与对被引用实体的直接操作完全一样的说法并不十分准确。应该说对引用的操作与对被引用实体的直接操作所取得的效果是相同的。

综上所述,引用从存在形式和所存放的内容上来讲与指针没有本质的区别,而引用不同于指针的特性从根本上讲是编译器所赋予的。

5.3.2 通过引用传递参数

如果希望被调函数改变主调函数中变量的值,在 C++语言中,经常采用引用类型的函数参数,这样设计既能够传递地址,又能够保持程序简洁。同样的要求,在 C 语言中,只能采用指针类型的参数。

【例 5-14】 比较分析如下演示程序 dp516 中函数 tf1 和 tf2 的目标代码。其中,函数 tf1 的参数是指针类型,函数 tf2 的参数是引用类型。

```
#include<iostream>                    //演示程序 dp516
using  namespace  std;
void  tf1( int *p)
{
    (*p)++;
    return;
}
//
void  tf2( int &r)
{
    r++;
    return;
}
//
int  main()
{
    int  test_var=1;
```

```
        //
        tf1(&test_var);
        tf2(test_var);
        cout << "test_var=" << test_var << endl; //显示 test_var=3
        return  0;
}
```

从上述源代码可以看到,使用引用类型的参数有两个明显的优点:其一,在调用函数时,实参直接采用变量,而非变量地址;其二,在函数内部可以直接通过形参名称来访问参数,而无须间接运算符(星号)。这些使得程序的书写和阅读都变得更清晰和直观。

不采用编译优化选项,编译上述源程序,可得到如下所示的汇编格式的目标代码。为了突出重点,主要保留了对应 3 个函数的目标代码,省略了其他内容。

```
;演示程序 dp516 的部分目标代码(已禁止优化)
;函数 tf1 的目标代码
_p$ = 8                                      ;参数 p 的位置
?tf1@@YAXPAH@Z    PROC                        ;函数 tf1 开始
    push   ebp
    mov    ebp, esp
                                             ;(*p)++;
    mov    eax, DWORD PTR _p$[ebp]           ; //@1
    mov    ecx, DWORD PTR [eax]
    add    ecx, 1
    mov    edx, DWORD PTR _p$[ebp]
    mov    DWORD PTR [edx], ecx
                                             ;return;
    pop    ebp
    ret    0
?tf1@@YAXPAH@Z    ENDP
;
;函数 tf2 的目标代码
_r$ = 8                                       ;参数 r 的位置
?tf2@@YAXAAH@Z    PROC                        ;函数 tf2 开始
    push   ebp
    mov    ebp, esp
                                             ;r++;
    mov    eax, DWORD PTR _r$[ebp]           ; //@2
    mov    ecx, DWORD PTR [eax]
    add    ecx, 1
    mov    edx, DWORD PTR _r$[ebp]
    mov    DWORD PTR [edx], ecx
                                             ;return;
    pop    ebp
    ret    0
?tf2@@YAXAAH@Z    ENDP
;
;函数 main 的目标代码
_test_var$ = -4                               ;变量 test_var 的位置
```

```
_main    PROC                                    ;函数 main 的开始
    push    ebp
    mov     ebp, esp
    push    ecx                                  ;保留变量 test_var 的存储单元
                                                 ;int test_var=1;
    mov     DWORD PTR _test_var$[ebp], 1
                                                 ;tf1(&test_var);
    lea     eax, DWORD PTR _test_var$[ebp]
    push    eax
    call    ?tf1@@YAXPAH@Z                       ; //@3
    add     esp, 4
                                                 ;tf2(test_var);
    lea     ecx, DWORD PTR _test_var$[ebp]
    push    ecx
    call    ?tf2@@YAXAAH@Z                       ; //@4
    add     esp, 4
    ;
    ;cout<<" test_var=" << test_var << endl;
    ;省略相应目标代码
                                                 ;return  0;
    xor     eax, eax
    mov     esp, ebp
    pop     ebp
    ret     0
_main    ENDP
```

从上述对应 main 函数的目标代码可知,在调用函数 tf1 和函数 tf2 时,除了在//@3 行和//@4 行所调用的函数名不同以外,其他部分完全相同,包括传递参数的方法和传递参数的内容,还包括返回后平衡堆栈的方法。传递给被调函数的参数都是变量 test_var 的地址。

从上述对应函数 tf1 和函数 tf2 的目标代码可知,这两段代码事实上完全相同。实现函数功能(参数值加 1)的步骤为:从堆栈中取得参数(即变量的地址);根据地址取得变量的值;值增加 1;再次取得变量的地址(参数);根据地址,把值送到变量。这个操作步骤显得累赘,这是"禁止优化"的缘故。

由此进一步说明引用和指针的本质是相同的,都是通过变量的地址来间接访问变量的一种方法。C++语言新增了引用这种类型,使得数据的间接访问在 C++源代码中以直接访问的形式出现,简化了程序,减少了错误,大大改善了程序的可阅读性和可维护性。

5.3.3 函数重载

为了方便程序设计,C++语言允许在同一范围中声明几个功能类似的同名函数,但是这些同名函数的形式参数(指参数的个数、类型或者顺序)必须不同,也就是说利用函数名相同的若干函数完成不同的运算功能,这就是重载函数。通常利用重载函数实现功能相似而所处理的数据类型不同的需求。根据使用场合的不同,函数重载分为非成员函数重载和类成员函数重载两种情形。

1. 非成员函数重载

【例 5-15】 分析演示程序 dp517 的目标代码,观察非成员函数重载的实现细节。

由 C++语言编写的演示程序 dp517 有两个 tfc 函数。它们的函数名相同，参数个数相同，但参数类型不同。这两个 tfc 函数是非成员函数，它们构成重载关系。

```
#include<iostream>                      //演示程 dp517
using  namespace  std;
int  tfc(int i)                         //参数整型
{
    cout <<"int" << i << endl;
    return  0;
}
//
void  tfc(char ch)                      //参数字符型
{
    cout <<"char" << ch << endl;
    return;
}
//
int  main()
{
    tfc(2);                             //显示 int2
    tfc('A');                           //显示 charA
    tfc('A'+ 'B');                      //显示 int131
    return  0;
}
```

为了演示，上述 main 函数先后 3 次调用了函数 tfc，但调用实参的类型不同。第一次调用的实参是整型；第二次调用的实参是字符型；第三次调用的实参也是整型（按整型进行运算）。现在通过汇编格式的目标代码来观察这 3 次调用的实现细节。

不采用编译优化选项，编译上述演示程序 dp517，可得到如下所示的汇编格式的目标代码。为了突出重点，只保留了 main 函数的目标代码。

```
;演示程序 dp517 的部分目标代码(禁止优化)
_main    PROC
    push  ebp
    mov   ebp, esp
                                    ;tfc(2);
    push  2
    call  ?tfc@@YAHH@Z             ; 调用参数为整型的函数 tfc
    add   esp, 4
                                    ;tfc('A');
    push  65
    call  ?tfc@@YAXD@Z             ; 调用参数为字符型的函数 tfc
    add   esp, 4
                                    ;tfc('A'+ 'B');
    push  131
    call  ?tfc@@YAHH@Z             ; 调用参数为整型的函数 tfc
    add   esp, 4
                                    ;return  0;
    xor   eax, eax
```

```
        pop     ebp
        ret     0
_main   ENDP
```

从上述目标代码可知,在 mian 函数中的 3 次函数调用所调用函数的名称是不相同的。第一次和第三次调用的是函数? tfc@@YAHH@Z,第二次调用的是函数? tfc@@YAXD@Z。由此可见,虽然源程序中重载函数的名称相同,但编译器赋予了它们不同的名称。

C++语言的编译器,能够根据调用函数时实参的不同情形,决定采用哪一个函数。编译器判断重载函数的过程分为以下 3 个步骤。

(1) 第一步是确定候选函数集。所谓候选函数,就是与被调用函数同名的函数。

(2) 第二步又可分为两小步。第一小步从候选函数中挑出可行函数。可行函数的函数参数个数与调用的函数参数个数相同,或者可行函数的参数可以多一些,但是多出来的函数参数都要有相关的默认值;第二小步是根据参数类型的转换规则将被调用的函数实参转换成候选函数的实参。

(3) 第三步是从第二步中选出的可行函数中选出最佳可行函数。在最佳可行函数的选择中,从函数实参类型到相应可行函数参数所用的转化都要划分等级,根据等级的划分选出最佳可行函数。

2. 类成员函数重载

【例 5-16】 分析演示程序 dp518 中函数 main 的目标代码,观察类成员函数重载的实现细节。

由 C++语言编写的演示程序 dp518 有一个类 test_class,其中包含了两个构成重载关系的函数 cfm。在 main 函数中通过对象分别调用了这两个重载函数。

```cpp
#include <iostream>                    //演示程序 dp518
using  namespace  std;
class  test_class
{
public:
    void  cfm( int i, int j)
    {
        cout <<" int" << i+ j << endl;
        return;
    }
    //
    void  cfm( char ch)
    {
        cout <<" char" << ch << endl;
        return;
    }
};
//
int  main()
{
    test_class  obj;
    obj.cfm( 3, 4);
    obj.cfm('A');
```

```
        return   0;
}
```

不采用编译优化选项,编译上述演示程序 dp518,可得到如下所示的汇编格式的目标代码,为了突出重点,只保留了 main 函数的目标代码。

```
;演示程序 dp518 的部分目标代码(已禁止优化)
_obj$=-1                                  ;obj 的位置
_main     PROC
    push   ebp
    mov    ebp, esp
    push   ecx
                                          ;obj.cfm(3, 4);
    push   4
    push   3
    lea    ecx, DWORD PTR _obj$[ebp]
    call   ?cfm@test_class@@QAEXHH@Z      ;test_class::cfm
                                          ;obj.cfm('A');
    push   65
    lea    ecx, DWORD PTR _obj$[ebp]
    call   ?cfm@test_class@@QAEXD@Z       ;test_class::cfm
                                          ;return  0;
    xor    eax, eax
    mov    esp, ebp
    pop    ebp
    ret    0
_main     ENDP
```

从上述目标代码可知,mian 函数先后两次调用重载函数的名称并不相同。第一次调用的是函数? cfm@ test_class@ @ QAEXHH@ Z,第二次调用的是函数? cfm@ test_class@ @ QAEXD@ Z。由此可见,类成员函数的重载机制与非成员函数重载大致相同。主要区别是由编译器生成的类成员函数名中含有类名。

从上述目标代码还可知,在调用类成员函数后,无须平衡堆栈,事实上压入堆栈的参数由被调函数在结束返回时撤销。此外,在调用类成员函数时,需要准备好 this 指针的值。这些与类成员函数的调用和运行机制有关,与函数重载机制无关。

5.3.4　虚函数

虚函数是在基类中声明为 virtual 并在一个或多个派生类中被重新定义的成员函数。虚函数用于实现多态性。通过指向派生类的基类指针或引用,访问派生类中同名覆盖成员函数,从而达到 C++语言所谓的动态联编(运行时绑定)的目的。

【例 5-17】　分析演示程序 dp519 的部分目标代码,观察调用虚函数的细节。

在演示程序 dp519 中,A2 是 A1 的派生类。A1 和 A2 中各定义了一个普通成员函数 get,同时还各定义了一个虚函数 vget。程序中有一个函数 f,参数是 A1 类型对象的引用。main 函数中两次调用了 f 函数,分别传递了 A1 和 A2 对象的引用作为参数。

```
#include<iostream>                        //演示程序 dp519
using  namespace  std;
```

```
class   A1
{
public:
    virtual  void  vget() { cout ≪ "A1::vget" ≪ endl; return; }
    void   get()  { cout ≪ "A1::get" ≪ endl; return; }
};
//
class   A2 : public  A1
{
public:
    virtual  void  vget() { cout ≪ "A2::vget" ≪ endl; return; }
    void   get() { cout ≪ "A2::get" ≪ endl; return; }
};
//
void   cfd( A1 & a)
{
    a.vget( ) ;
    a.get( ) ;
    return;
}
//
int   main()
{
    A1  a1;
    A2  a2;
    //
    cfd( a1) ;
    cfd( a2) ;
    return  0;
}
```

编译运行上述程序,可得如下输出信息:

```
A1::vget
A1::get
A2::vget
A1::get
```

从上述输出结果可以看出,当 A1 的对象作为参数时,函数 tfd 中的两次函数调用均是调用了类 A1 中的成员函数;当参数换成 A2 的对象时,函数 tfd 中第一次函数调用是调用了类 A2 中的成员函数,第二次函数调用依然调用了类 A1 中的成员函数。也就是说,在函数 tfd 中,第一个函数调用在编译时是不确定的。运行时得到的参数决定了最终调用哪个类中的相应函数。这种特性称为动态联编(或运行时绑定)。对应地,第二个函数调用的情形称为静态联编(或编译时绑定)。

不采用编译优化选项,编译上述演示程序 dp519,可得到如下所示的汇编格式的目标代码,为了突出重点,只保留了 main 函数和 cfd 函数的目标代码。从目标代码可以清楚地看到动态联编特性的实现细节。

;演示程序 dp519 的部分目标代码(已禁止优化)

```
_a$ = 8                                        ;参数 a 的位置
?cfd@@YAXAAVA1@@@Z    PROC                      ;函数 cfd 开始
    push  ebp
    mov   ebp, esp
                                               ;a.vget( );
    mov   eax, DWORD PTR _a$[ebp]              ; //@1
    mov   edx, DWORD PTR [eax]                 ; //@2
    mov   ecx, DWORD PTR _a$[ebp]              ; //@3
    mov   eax, DWORD PTR [edx]                 ; //@4
    call  eax                                  ; //@5
                                               ;a.get( );
    mov   ecx, DWORD PTR _a$[ebp]
    call  ?get@A1@@QAEXXZ                      ;A1::get //@6
                                               ;return;
    pop   ebp
    ret   0
?cfd@@YAXAAVA1@@@Z    ENDP                      ;函数 cfd 结束
;
_a2$ = -8                                       ;对象 a2 地址的位置
_a1$ = -4                                       ;对象 a1 地址的位置
_main     PROC
    push  ebp
    mov   ebp, esp
    sub   esp, 8
                                               ;A1 a1;
    lea   ecx, DWORD PTR _a1$[ebp]
    call  ??0A1@@QAE@XZ                        ;调用构造函数
                                               ;A2 a2;
    lea   ecx, DWORD PTR _a2$[ebp]
    call  ??0A2@@QAE@XZ                        ;调用构造函数
                                               ;cfd(a1);
    lea   eax, DWORD PTR _a1$[ebp]
    push  eax
    call  ?cfd@@YAXAAVA1@@@Z                   ;cfd
    add   esp, 4
                                               ;cfd(a2);
    lea   ecx, DWORD PTR _a2$[ebp]
    push  ecx
    call  ?cfd@@YAXAAVA1@@@Z                   ;cfd
    add   esp, 4
                                               ;return  0;
    xor   eax, eax
    mov   esp, ebp
    pop   ebp
    ret   0
_main     ENDP
```

从上述目标代码可知,main 函数在调用函数 cfd 时,先将对象 a1 或者 a2 的地址作为参数压入了堆栈,这是因为形参是引用类型。这与 5.4.2 节中描述的情况一致。

在函数 cfd 内,调用 a.get()函数时,固定地调用了函数?get@A1@@QAEXXZ,见//@6 行。这是在编译的时候就确定的,属于静态联编。因此,a.get()函数的调用是不具有多态性的。

在函数 cfd 内,调用 a.vget()函数时,步骤比较复杂。在//@1 行,获取了由 main 函数压入堆栈中的对象 a 的地址。在//@2 行,获取了对象 a 的最前面 4 个字节的内容。这 4 个字节的内容是对象 a 的虚函数入口地址表的地址(这个地址表的内容是购造函数安排的)。在//@3 行为成员函数调用准备 this 指针。在//@4 行,从虚函数入口地址表中获取 vget 函数的入口地址。在本例中,由于类中只有一个虚函数,因此表中第一个地址(即 edx 所指向的内容)就是 vget 的入口地址。在//@5 行代码通过入口地址间接调用对象 a 的 vget 函数。这时形参对象 a 到底是实参对象 a1 还是 a2 就决定了被调用的到底是 a1::vget()还是 a2::vget()。由此可见,在//@5 行实际调用的函数会随着传入对象的不同而不同,只能在每次运行到该行代码的时候决定,属于动态联编。

5.4　目标程序的优化

VC 2010 提供的编译优化选项包括"使大小最小化"和"使速度最大化",之前在分析目标程序时,经常会先明确采用的编译优化选项。为了更好地阅读理解由编译器生成的目标程序,本节从汇编语言的角度简单介绍优化目标程序的相关概念、技术和方法,包括指令的编码长度和执行时间,还有存储器的地址对齐等。

5.4.1　关于程序优化

所谓优化,就是提高目标程序的效率,体现在"时间"和"空间"两个方面。在时间方面是执行速度最大化,在空间方面是占用空间最小化。在时间和空间两个方面的效率同时得到提高是最好的。但是,时间和空间常常存在矛盾,所以有"空间换时间"或者"时间换空间"的说法。

优化的关键是算法优化。假设希望计算 1、2 到 n 这些整数之和。在 3.1.3 节的演示函数 cf37 实现了该功能,它采用循环累加的算法。基于该算法,无论怎样编写程序,效率都不可能高。只有基于等差数列求和公式 $(1+n)\times n/2$,直接计算表达式的值,效率才高。又如,如果采用"冒泡"算法对数以万计的数据进行排序,那么无论如何,执行效率都不能算高。

本节从汇编语言的角度介绍目标程序的优化,假设算法已经优化或者算法已经确定。

根据前面介绍的 IA-32 系列 CPU 的机器指令可知,为了实现某一功能,可以采用不同的指令或者指令片段。以下 4 条指令都可以使得寄存器 EBX 的内容为 0,但指令长度却并不相同,采用哪条指令比较好,与具体的场合有关:

```
MOV    EBX, 0              ;5字节
XOR    EBX, EBX            ;2字节
SUB    EBX, EBX            ;2字节
AND    EBX, 0              ;3字节
```

因此,针对不同的目的,充分发挥 CPU 的特性,可望提高目标程序的效率。

一般而言,采用相同的算法,由汇编语言编写的程序效率最高。因为汇编语言更能充分发挥机器的特性。但是,用汇编语言编程的工作效率却是最低。

实际上,现在高级语言的编译器功能很强劲,由编译器生成的目标代码已经"足够好",或者说好过普通汇编语言程序员编写的程序。某种意义上,这也是越来越少使用汇编语言编写源程序的原因之一。

【例 5-18】　分析如下 C 语言编写的演示函数 cf520 的目标代码。它有一个无符号字符型参数,返回无符号整型值。

```
unsigned  int  cf520(unsigned  char  n)          //演示函数 cf520
{
    unsigned  int  x, y, sum;
    x=n*8;
    y=n / 8;
    sum=x+y;
    return  sum;
}
```

在采用编译优化选项"使大小最小化"或者"使速度最大化",编译上述源程序后,都得到如下所示相同的目标代码(标号或名称稍有修饰):

```
;函数 cf520 的目标代码
_n$ = 8                                     ;参数 n 的位置
cf520      PROC
    push   ebp
    mov    ebp, esp
    movzx  eax, BYTE PTR _n$[ebp]           ;x=n                    //@
    mov    ecx, eax                         ;y=x
    shr    ecx, 3                           ;y=n/8                  //@
    lea    eax, DWORD PTR [ecx+ eax* 8]     ;sum=y+ x* 8            //@
    pop    ebp
    ret                                     ;返回
cf520      ENDP
```

从上述目标代码可知,VC 2010 的编译器相当"聪明",不仅用寄存器作为局部变量,而且还充分利用 IA-32 系列 CPU 的相关指令。应该说,这样的目标代码在"时空"两个方面都是高效的。如果有需要,VC 2010 还允许不建立堆栈框架,通过 ESP 直接访问由堆栈传递的参数。

用寄存器作为局部变量能大大提高效率。一方面,寄存器位于 CPU 内部,存取寄存器速度最快;另一方面,表示寄存器的编码比较短,相应指令的长度也就比较短。所以,高质量的代码,一定是充分利用寄存器的代码。把采用编译优化的目标代码与不采用编译优化的目标代码相互比较,即可清楚地看到这一点。

优化与处理器关系密切。从指令的选用上,就可见一斑。在函数 cf520 的目标代码中,注释带 //@ 行的指令,就是与机器密切相关的指令。例如,因为 IA-32 系列 CPU 不仅提供了取有效地址指令 LEA,而且还具有丰富的 32 位存储器寻址方式,所以利用 LEA 指令能够高效地计算某些部分表达式。不仅如此,优化还与处理器的其他方面相关。对 IA-32 系列不同型号的处理器,优化及其效果也存在一定差异。

5.4.2　使大小最小化

"使大小最小化"顾名思义就是使得目标程序长度最短,即把组成目标程序的所有指令长度相加最小。IA-32 系列 CPU 属于复杂指令系统的处理器,其指令长度少则 1 字节,多则超过 10 字节。

1. 机器码格式

机器指令采用二进制编码,一般含有操作码和操作数两部分。IA-32 系列 CPU 通用指令的基本编码格式如图 5.3 所示。其中,寻址方式(ModR/M)部分主要用于表示指令操作数的寻址方式;如果不足以表示,就会需要因子变址基址(SIB)部分,由它进一步表示带比例因子的基址变址寻址方式;位移(Displacement)部分用于表示在存储器单元有效地址中出现的位移量;立即数(Immediate)部分给出具体的操作数据。这四部分与具体指令有关,并不一定出现。

Opcode 操作码	ModR/M 寻址方式	SIB 因子变址基址	Displacement 位移	Immediate 立即数
1~3字节	1字节	1字节	1、2或4字节	1、2或4字节

图 5.3　机器码格式

此外,在指令的操作码之前,还可以出现多达 4 个不同的前缀。例如,用于明确给定存储段的段前缀;又如,出现在字符串操作指令之前的重复前缀等。

从图 5.3 可知,机器指令的编码长度有很大差异,利用合适的指令,可缩短目标程序的长度。IA-32 系列 CPU 机器指令的编码大致有以下几项规律。

(1)常用指令的操作码比较短,一般只有一个字节。

(2)如果指令只有一个寄存器操作数,那么这样的常用指令可能只有一个字节。实际上,8 个寄存器只需 3 位的编码,这样可能把代表寄存器的编码合并到指令的操作码中。

(3)如果指令有两个寄存器操作数,那么这样的指令相对较短,因为 1 字节的寻址方式(ModR/M)部分就可以表示两个寄存器操作数。

(4)如果指令有存储器操作数,并且采用 32 位的基址加变址寻址方式,将会出现 SIB 部分。

(5)如果指令有存储器操作数,并且有效地址中含有位移量,那么将出现位移部分。有时位移部分会使得指令长度明显增加。

(6)如果指令中含有立即数,则将会出现立即数部分。有时这也会使得指令长度明显增加。但是,算术逻辑运算指令,会允许立即数符号扩展。

(7)部分指令当操作数是累加器 EAX、AX 或者 AL 时,可能稍短。

另外,部分指令可能存在多个不同的机器码。

【例 5-19】　观察如下指令的机器码,其中,以注释形式给出的机器码采用十六进制表示。

```
DEC    EDX                    ;4A
MOV    EDX, ECX               ;8B D1(操作码,寻址方式)
SUB    EDX, ECX               ;2B D1(操作码,寻址方式)
MOV    EDX, [EBX+ ECX]        ;8B 14 0B(操作码,寻址方式,SIB)
MOV    EDX, [EBX+ ECX+12H]    ;8B 54 0B 12
                             ;(操作码,寻址方式,SIB,位移)
MOV    EDX, [EBX+ ECX+5678H]  ;8B 94 0B 78 56 00 00
                             ;(操作码,寻址方式,SIB,位移)
MOV    ECX, 1                 ;B9 01 00 00 00(操作码,立即数)
```

```
    MOV    EAX, 0                      ;B8 00 00 00 00(操作码,立即数)
    ADD    EAX, 1                      ;8C C0 01(操作码,寻址方式,立即数)
```

需要指出,在机器码中表示立即数、位移时,也采用"高高低低"规则。

2. 大小最小化的方法

除了尽量采用寄存器作为变量外,"使大小最小化"的方法是采用长度较短的指令或者指令片段。

【**例 5-20**】　分析 3.1.3 节演示函数 cf37 的目标代码。采用编译优化选项"使大小最小化"目标代码如下所示,其中以十六进制形式表示的机器码作为注释。

```
;演示函数 cf37 的目标代码("使大小最小化")
_n$=8
cf37        PROC
    push    ebp                        ;55
    mov     ebp, esp                   ;8B EC
    xor     ecx, ecx                   ;33 C9          //@
    inc     ecx                        ;41            //@ MOV ECX,1
    xor     eax, eax                   ;33 C0          //@ MOV EAX,0
    cmp     DWORD PTR _n$[ebp], ecx    ;39 4D 08
    jl      SHORT LN1@cf37             ;7C 08
LL3@cf37:
    add     eax, ecx                   ;03 C1
    inc     ecx                        ;41            //@ ADD ECX,1
    cmp     ecx, DWORD PTR _n$[ebp]    ;3B 4D 08
    jle     SHORT LL3@cf37             ;7E F8
LN1@cf37:
    pop     ebp                        ;5D
    ret                                ;C3
cf37        ENDP
```

对比在 3.1.3 节列出的 cf37 的未采用编译优化选项的目标代码,上述目标代码采用了寄存器作为局部变量,还调整了循环控制的实现。在此基础上,尽量利用长度较短的指令,见注释带 //@ 的行。

【**例 5-21**】　分析如下函数 cf521 的目标代码。函数 cf521 的功能是根据年份判断该年是否为闰年。

```
int  cf521(unsigned int year)          //判断闰年的函数 cf521
{
    int  leap=0;
    if(((year %4==0) && (year %100 !=0)) || (year %400==0))
        leap=1;
    return  leap;
}
```

采用编译优化选项"使大小最小化",编译上述源程序后,得到如下所示的目标代码:

```
;函数 cf521 的目标代码("使大小最小化")
_year$=8                                ;参数 year 的位置
cf521       PROC
    push  ebp
```

```
        mov     ebp, esp
        xor     ecx, ecx                        ;ECX 作为 leap    //@1
        test    BYTE PTR _year$[ebp], 3          ;year 被 4 整除?  //@2
        push    esi                             ;保护 ESI
        jne     SHORT LN1@cf521                 ;否,跳转
        mov     eax, DWORD PTR _year$[ebp]       ;EAX=year
        push    100                             ;                //@3
        xor     edx, edx                        ;                //@4
        pop     esi                             ;ESI=100         //@5
        div     esi                             ;计算 year %100
        test    edx, edx                        ;整除?           //@6
        jne     SHORT LN2@cf521                 ;否,跳转
LN1@cf521:
        mov     eax, DWORD PTR _year$[ebp]       ;EAX=year
        xor     edx, edx                        ;                //@7
        mov     esi, 400                        ;
        div     esi                             ;计算 year %400
        test    edx, edx                        ;整除?           //@8
        jne     SHORT LN3@cf521                 ;否,跳转
LN2@cf521:
        xor     ecx, ecx                        ;leap=1          //@9
        inc     ecx                             ;                //@10
LN3@cf521:
        mov     eax, ecx                        ;EAX=leap        //@11
        pop     esi                             ;恢复 ESI
        pop     ebp
        ret                                     ;返回
cf521   ENDP
```

注意上述目标代码中注释含//@的行。为了缩短目标代码的长度,除了采用类似例 5-20 的方法外,还包括利用 TEST 指令,避免除 4 操作,这样处理既短又快;利用 TEST 指令代替 CMP 指令;利用 PUSH 指令和 POP 指令,给寄存器 ESI 赋较小的值。但是,并不用类似的方法给寄存器 ESI 赋较大的值,请读者思考一下,为什么?

5.4.3　使速度最大化

"使速度最大化"就是使得执行目标程序的速度最快。影响目标程序执行速度的因素较多,不仅与指令执行的时钟数有关,而且还与高速缓存(Cache)的命中和指令执行流水线的配对等有关。

1. 指令执行时间

在理想情况下,执行某条指令的时间 t 等于该指令时钟数 C 乘以时钟周期 $T(t=C\times T)$。假设 CPU 的主频是 F,时钟周期 T 则等于 $1/F$。假设 CPU 的主频是 2GB,那么时钟周期是 0.5ns。所谓理想情况,是指在执行指令时,数据和指令分别命中对应的高速缓存。

指令的时钟数是指执行指令所需的单位时间数。

在理想情况下,执行大部分常用指令的时钟数较小,有许多仅为 1;如果访问存储器,可能增加 1 或 2 个时钟。

执行指令的时钟数与寻址方式有关。寄存器寻址方式最快,利用寄存器变量能够提高执行效率;如果两个操作数中一个是寄存器操作数,另一个是存储器操作数,那么目标操作数是寄存器操作数的情形较快。减少对存储器的访问,能够提高执行效率。

2. 避免时钟数多的指令

　　尽量避免采用时钟数较多的指令,利用时钟数少的指令或者指令片段来代替。

　　在算术逻辑运算指令中,除法指令的时钟数最多,常常达到几十个时钟。为了提高执行速度,应该尽量避免使用除法指令。

　　在例 5-18 的函数 cf520 中,除数 8 是 2 的 3 次方,所以采用移位指令代替除法指令。在例 5-21 的函数 cf521 中,在判断除以 4 的余数时,没有用除法指令,但在判断除以 100 或 400 的余数时,仍然使用了除法指令,因为要求"使大小最小化"。

　　【例 5-22】　观察 3.4.1 节的函数 cf320 的目标代码。函数 cf320 的参数是无符号整数 n,返回 n 作为十进制数时的位数。在 3.4.1 节列出的两个对应目标代码分别采用编译优化选项"已禁用"和"使大小最小化",现在采用编译优化选项"使速度最大化"。

```
;函数 cf320 的目标代码("使速度最大化")
_n$=8
cf320      PROC
    push   ebp
    mov    ebp, esp
    mov    ecx, DWORD PTR _n$[ebp]     ;ECX 作为参数 n
    push   esi
    xor    esi, esi                    ;ESI 作为 len
    npad   7                           ;这是宏指令!    //@#
LL3@cf320:
    mov    eax, -858993459             ;计算 n/10      //@*
    mul    ecx
    shr    edx, 3
    mov    ecx, edx                    ;n=n/10
    inc    esi                         ;len++
    test   ecx, ecx                    ;n!=0 ?
    jne    SHORT LL3@cf320             ;n!=0,继续循环
    mov    eax, esi
    pop    esi
    pop    ebp
    ret
cf320      ENDP
```

　　比较在 3.4.1 节列出的同一源程序的其他两个目标代码,可见上述目标代码为了"使速度最大化"不仅用寄存器存放参数 n,而且避免了除法指令。采用如下 3 条指令实现 n/10 的操作:

```
    mov    eax, -858993459             ;EAX=cccccccdH(代表 β)
    mul    ecx                         ;乘积在 EDX:EAX 中(无符号乘)
    shr    edx, 3                      ;相当于 EDX:EAX 整体右移 35 位
```

　　尽管执行乘法指令仍然需要几个时钟,但比除法指令快很多。利用乘法指令代替除法指令的原理为:如果当被除数和除数同时扩大 β 倍后,除数(约)等于 2 的 n 次方,那么除操作成

为右移 n 位。利用公式表示如下：

$$a/b = (a * \beta)/(b * \beta) = (a * \beta) \gg n$$

这里除数 b 等于 10，β 等于 ccccccccH（十六进制表示），n 等于 35。在上述指令中，寄存器 EAX 存放 β，由于目标代码由 VC 2010 编译器直接生成，因此十进制表示形式上是个负数。随后执行的无符号乘法指令 MUL，乘积在寄存器对 EDX:EAX 中，且 EDX 是高 32 位。最后执行的 SHR 指令，虽然右移 3 位，但把 EAX 考虑在内，相当于乘积右移 35 位。

利用乘法指令代替除法指令，关键是要找到合适的 β。又一次看到编译器的"聪明"。

3. 减少转移指令

转移指令包括条件转移、无条件转移、过程调用和过程返回等指令。由于转移可能导致执行指令的流水线冲洗，也可能引起指令高速缓存未命中，于是增加指令执行时钟数。因此为了提高执行效率，应该尽量减少转移指令。在这方面，编译器做得相当好。

【例 5-23】 再次观察例 5-21 函数 cf521 的目标代码，这次的编译优化选项采用"使速度最大化"。

```
;函数 cf521 的目标代码(采用"使速度最大化")
_year$ = 8
cf521      PROC
    push   ebp
    mov    ebp, esp
    mov    ecx, DWORD PTR _year$[ebp]   ;ECX 作为参数 year
    push   esi                          ;
    xor    esi, esi                     ;ESI 作为变量 leap
    test   cl, 3                        ;(year % 4) == 0 ?
    jne    SHORT LN1@cf521
    mov    eax, 1374389535              ;(year % 100) == 0 ?          //@ *
    mul    ecx
    shr    edx, 5                       EDX = (year / 100)            //@ *
    imul   edx, 100
    mov    eax, ecx
    sub    eax, edx                     ;EAX = year - (year/100) * 100   //@ *
    jne    SHORT LN2@cf521              ;
LN1@cf521:
    mov    eax, 1374389535              ;(year % 400) == 0 ?          //@ *
    mul    ecx
    shr    edx, 7                       EDX = (year/400) //@ *
    imul   edx, 400
    sub    ecx, edx                     ;EAX = year - (year/400) * 400   //@ *
    jne    SHORT LN6@cf521
LN2@cf521:
    mov    eax, 1                       ;leap = 1
    pop    esi                          ;恢复 ESI
    pop    ebp
    ret                                 ;返回
LN6@cf521:
    mov    eax, esi                     ;leap = 0
    pop    esi                          ;恢复 ESI
```

```
        pop     ebp
        ret                                 ;返回
cf521       ENDP
```

　　从上述目标代码可知,为了"使速度最大化",不仅在判断(year%100)和(year%400)时,类似例 5-22,利用乘法指令代替了除法指令,而且还安排了两处返回。这样可以避免一次无条件转移。两条 POP 指令和一条 RET 指令,只需要 3 个字节,而一条无条件转移指令至少两个字节。虽然代码长度多一个字节,但能够避免一次转移。

4. 减少循环执行次数

　　提高执行效率的另一个举措是减少循环执行的次数。

　　【例 5-24】 再次观察分析 3.1.3 节演示函数 cf37 的目标代码。在例 5-20 中,采用编译优化选项"使大小最小化"。现在采用编译优化选项"使速度最大化"。

```
;函数 cf37 的目标代码(采用"使速度最大化")
_n$=8
cf37        PROC
        push    ebp
        mov     ebp, esp
        push    ebx                         ;保护 EBX
        push    edi                         ;保护 EDI
        ;
        mov     edi, DWORD PTR _n$[ebp]     ;EDI 存放 n
        xor     edx, edx                    ;EDX 作为 sum1,清 0
        xor     ecx, ecx                    ;ECX 作为 sum2,清 0
        xor     ebx, ebx                    ;EBX 作为"零头"
        lea     eax, DWORD PTR [edx+1]      ;EAX 作为 i,i=1
        cmp     edi, 2                      ;循环次数 n 太小?
        jl      SHORT LC9@cf37              ;确实太小,则转
        push    esi                         ;保护 ESI
        lea     esi, DWORD PTR [edi-1]      ;ESI 相当于(n-1)
        npad    6                           ;这是宏指令!   //@#
LL10@cf37:
        add     edx, eax                    ;sum1+=i
        lea     ecx, DWORD PTR [ecx+eax+1]  ;sum2+=(i+1)
        add     eax, 2                      ;i=i+2
        cmp     eax, esi                    ;i <=n-1 ?
        jle     SHORT LL10@cf37             ;是,继续循环
        pop     esi                         ;恢复 ESI
LC9@cf37:
        cmp     eax, edi                    ;i > n ?
        jg      SHORT LN8@cf37              ;是,跳转
        mov     ebx, eax                    ;准备"零头"
LN8@cf37:
        lea     eax, DWORD PTR [ecx+edx]    ;EAX=sum1+ sum2
        pop     edi                         ;恢复 EDI
        add     eax, ebx                    ;加上可能存在的"零头"
        pop     ebx                         ;恢复 EBX
        pop     ebp
```

```
        ret                                        ;返回
cf37        ENDP
```

与例 5-20 中的目标代码相比较,可见上述目标代码稍稍复杂些。实际上,针对循环次数确定的情形,在目标代码的循环体内,重复了相似的工作。为了便于阅读理解,在上述注释中采用了 sum1 和 sum2 来表示存放累加之和的变量,它们对应源程序中的 sum。由于循环次数可能是奇数,因此可能会出现"零头"的情况。

这样处理虽然比较复杂,但理论上循环次数是原先的一半,显然能够提高执行效率。编译器这样的处理方法,有时可供借鉴。

5. 关于内联函数

过程调用和返回属于转移,也比较耗时。因此,在 C 语言中提供了内联函数的调用约定(inline)。所谓内联函数就是源程序中以函数的形式存在,但目标程序中直接嵌入。这样就避免了由调用指令 CALL 和返回指令 RET 引起的转移。

【例 5-25】 设有如下内联函数 cf522,该函数与前面的演示函数 cf520 功能相同,但调用约定为"_inline"表示内联函数。还有演示调用 cf522 的主调函数 cf523,观察函数 cf523 的目标代码。

```
//内联函数 cf522
_inline  unsigned  int  cf522(unsigned  char  n)
{
    unsigned  int  x, y, sum;
    x=n*8;
    y=n / 8;
    sum=x+ y;
    return  sum;
}
//演示函数 cf523
int  cf523( int x)
{
    int  y;
    y=cf522( x+39) ;
    return  y;
}
```

采用编译优化选项"使速度最大化",在编译上述函数 cf523 之后,可得到如下目标代码:

```
;演示函数 cf523 目标代码("使速度最大化")
_x$=8
cf523      PROC
    push  ebp
    mov   ebp, esp
    mov   al, BYTE PTR _x$[ebp]        ;y=cf522( x+39) ;
    add   al, 39
    movzx eax, al                      ; //@
    mov   ecx, eax                     ; //@
    shr   ecx, 3                       ; //@
    lea   eax, DWORD PTR [ecx+ eax* 8]; //@
    pop   ebp
```

```
        ret
cf523     ENDP
```

从上述目标代码可知：

（1）虽然在源程序中调用函数 cf522，但由于被调函数是内联函数，因此直接把其目标代码嵌入进来。上述目标代码中注释带"//@"的行，与前面 cf520 目标代码的主要行相比，几乎就是一样的。

（2）由于没有真正发生调用，因此不需要通过堆栈传递参数，也不需要建立堆栈框架。这样不仅节约了 CALL 和 RET 的开销，也节约了传递参数的开销。

5.4.4　内存地址对齐

组成内存的每个字节存储单元都有一个地址；由两个字节构成的字存储单元，其地址是较低的字节存储单元地址；由 4 个字节构成的双字存储单元，其地址是较低的字存储单元地址，也就是 4 个字节中最低的字节存储单元地址。

1. 地址对齐

内存地址对齐是指访问存储单元的地址是存储单元尺寸（字节数）的倍数。例如，访问某双字存储单元，若当地址是 4 的倍数时，就是对齐的。也可以认为，如果地址对齐，那么访问速度比较快。在不考虑其他因素的情况下，以下两条指令，第二条的执行速度比第一条要快：

```
MOV     EAX, [0000137FH]            ;地址不对齐
MOV     EAX, [00001380H]            ;地址对齐
```

通常，为了简化系统的设计，同时提高访问存储器的速度，对存储器的读写地址有规定。在采用 IA-32 系列 CPU 的系统中，存储器的读写地址必须是 4 的倍数。如果不是双字地址对齐，那么将自动分解为两次读写操作，导致多读写操作一次。上述第一条指令读存储器的操作分解为：读地址为 [0000137CH] 的双字，读地址 [00001380H] 的双字，再形成地址为 [0000137FH] 的双字。内存地址对齐读存储器示意图如图 5.4 所示。

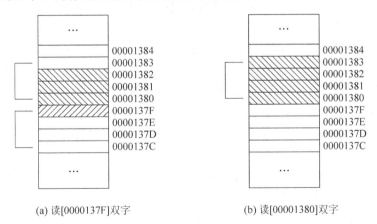

(a) 读[0000137F]双字　　　　　　　　(b) 读[00001380]双字

图 5.4　内存地址对齐读存储器示意图

虽然系统能够自动处理不是内存地址对齐的情形，但毕竟降低执行效率。为了提高执行效率，高级语言的编译器在安排存储单元时，一般会有所考虑。

【例 5-26】 分析 5.1 节例 5-3 的函数 cf53 中局部变量的安排。

函数 cf53 有两个字符型局部变量和一个整型局部变量。从对应目标代码可知，由于没有

编译优化，这 3 个局部变量被安排在堆栈中。为了地址对齐，利用指令"sub esp，8"在栈顶保留了 8 个字节的存储单元。一方面，从符号常量声明和图 5.2 可知，如果此前栈顶是双字对齐，那么对这些局部变量的访问都是地址对齐的访问；另一方面，虽然这 3 个局部变量只需要 6 个字节的存储空间，但仍然安排了 8 个字节，就是为了保证此后栈顶的双字对齐。

其他示例中，也有类似的处理。

【例 5-27】 分析 5.2 节例 5-11 的演示程序 dp512 中结构体成员的安排。

在演示程序 dp512 中声明的结构体类型如下所示：

```
struct   STUDENT                      //声明结构体类型 STUDENT
{
    int   num;                        //整型( 4 个字节 )
    char  name[14];                   //字符型数组( 16 个字节 )
    int   score;                      //整型( 4 个字节 )
    char  grade;                      //字符型( 4 个字节 )
};
```

虽然其成员 name 是含有 14 个元素的字符数组，但编译器为其准备了 16 个字节的空间，即增加了两个字节的"衬垫"；类似地，虽然成员 grade 也是字符型，但增加了 3 个字节的"衬垫"。这样做的目的就是为了保证在访问结构体变量的成员时，能够做到地址对齐。因此，该类型的结构体变量，实际将占用 28 个字节。

当然，如果调整项目配置属性中的结构成员对齐子项，可以改变地址对齐的设置。

2. 高速缓存

由于 CPU 执行指令的速度远快于访问内存的速度，因此在 IA-32 系列 CPU 内部包含了高速缓冲存储器(Cache)，简称片上高速缓存或者高速缓存。现以 Pentium 处理器为例进行简单说明。

Pentium 片上的数据高速缓存和指令高速缓存的容量都是 8KB，而且都采用二路组相关联结构。每个超高速缓存有 128 组，每组 2 行，每行 32 字节宽。每行都有标记位相关联，用于记录该行与内存中存储单元的对应关系，反映该行的有效状态。可以利用软件和硬件的方法控制片上高速缓存的工作方式，也可以利用软件和硬件的方法控制可被高速缓存的内存区域。

可以简单地认为：如果读命中，那么直接从片上高速缓存中读出，从而大大提高速度；如果读未命中，那么通常会把该存储单元所在行填入高速缓存。如果写命中，那么通常不仅向高速缓存相应单元写，同时也向内存相应单元写；如果写未命中，那么直接写入内存相应单元，不影响高速缓存。所谓高速缓存命中，是指欲访问的存储单元地址作为有效标记部分出现在高速缓存中。

片上指令高速缓存使得在一个时钟内可提供多达 32 字节的原始代码。利用这一特性，可以大大缩短从内存中取指令（或访问存储器的）时间。

【例 5-28】 再次观察例 3-7 中所列演示函数 cf37 的目标代码和例 3-44 中所列演示函数 cf320 的目标代码。

这两个目标代码都采用了编译选项"使速度最大化"，参见例 5-24 和例 5-22。从目标代码可知，分别含有宏指令"npad 6"和宏指令"npad 7"。可以认为宏指令就是用一个符号代替一个片段。根据在文件 listing.inc 中给出的定义，它们分别代表的汇编格式指令如下所示，其中注释给出了机器码：

```
lea    ebx, [ebx+00000000]              ;8D 9B 00 00 00 00( 6 字节 )
lea    esp, [esp+00000000]              ;8D A4 24 00 00 00 00( 7 字节 )
```

这两条指令没有实际操作意义,其价值就是"占用"存储空间。在对应的目标代码中,分别占用 6 字节或者 7 字节。VC 2010 编译器如此安排的目的是,利用它们作为"衬垫",使得随后的指令能够满足 16 字节的地址对齐。在数据中,为了对齐,可以用字节数据 0 作为"衬垫"。但在代码中,必须用这样的"空"指令作为"衬垫"。

函数 cf320"使速度最大化"所得目标代码文件如下所示,其中第一列是相对偏移,第二列是每条指令的机器码,第三列是汇编格式的指令:

```
00000    55                              push     ebp
00001    8b ec                           mov      ebp, esp
00003    8b 4d 08                        mov      ecx, DWORD PTR _n$[ebp]
00006    56                              push     esi
00007    33 f6                           xor      esi, esi
00009    8d a4 24 00 00 00 00            lea      esp, [esp+00000000]
00010    b8 cd cc cc cc         LL3: mov eax, ccccccccdH
00015    f7 e1                           mul      ecx
00017    c1 ea 03                        shr      edx, 3
0001a    8b ca                           mov      ecx, edx
0001c    46                              inc      esi
0001d    85 c9                           test     ecx, ecx
0001f    75 ef                           jne      SHORT LL3
00021    8b c6                           mov      eax, esi
00023    5e                              pop      esi
00024    5d                              pop      ebp
00025    c3                              ret
```

从上述目标文件,可以清楚地看到在偏移 00009 处,插入了"空"指令作为"衬垫"。这样做后,构成循环体的指令从 16 字节边界处开始,可以有效地占用高速缓存的行,从而达到提高执行效率的目的。

5.5　C 库函数分析

C 语言以库函数的形式提供可以共享的通用子程序。利用库函数,不仅能够提高编程工作的效率,而且往往也能够提高程序运行的效率。也可以认为,库函数是经过精心设计的,库函数将会充分发挥软硬件系统的性能。本节分析 strlen 等几个典型库函数,一方面加深对"优化"的理解,另一方面学习库函数的设计。

5.5.1　函数 strlen

函数 strlen 是 C 语言字符串处理库函数之一,其功能是测量字符串长度。在 3.4 节的例 3-45 中,介绍了具有相同功能的函数 cf321 的目标代码,其两个版本的目标代码都是由 VC 2010 编译生成的,只是编译选项不同。当时的重点是介绍循环结构的具体实现。在 3.4 节的例 3-49 演示程序 dp323 中,给出了用汇编语言编写的测量字符串长度的代码片段,当时的重点是说明循环指令的使用。

现在介绍 VC 2010 自带的函数 strlen 的源代码,它由汇编语言编写。现在的重点是观察分析提高运行效率的方法。

1. 函数源代码

函数 strlen 的原型及其算法如下所示,设字符串有结束标记(字节 0),作为函数返回值的长度不包括字符串结束标记:

```
int   strlen(const  char * str)
{
    int  length=0;
    while( * str++)
          ++length;
    return (length) ;
}
```

函数 strlen 的汇编源代码如下所示。为了突出重点,便于阅读,对来自安装文件夹的strlen.asm 进行了适当简化处理,删掉了其中的宏等:

```
;由堆栈传递待测字符串起始地址(偏移) ,由 eax 返回字符串长度
;影响寄存器 eax、ecx、edx
strlen    proc
    mov   ecx, [esp+4]                      ;ecx 指向字符串首
    test  ecx, 3                            ;地址 4 倍对齐?
    je    short main_loop                   ;是,则转移
str_misaligned:                             ;字节递增,实现地址 4 倍对齐
    mov   al, byte ptr [ecx]
    add   ecx, 1
    test  al, al
    je    short byte_3                      ;遇到结束标记,则转移
    test  ecx, 3
    jne   short str_misaligned              ;仍没有 4 倍对齐,继续递增
    add   eax, dword ptr 0                  ;占位空操作,为了代码对齐 //@#
    align 16                                ;要求 16 字节对齐!!
    ;-------------------------------
main_loop:                                  ;现在地址 4 倍对齐
    mov   eax, dword ptr [ecx]              ;取 4 个字节
    mov   edx, 7efefeffh
    add   edx, eax                          ;如果较低字节非 0,则会向上进位
    xor   eax, -1                           ;eax=FFFFFFFFH
    xor   eax, edx                          ;过滤出待测试的位
    add   ecx, 4                            ;调整指针
    test  eax, 81010100h                    ;判断 4 字节中是否含有全 0 的字节?
    je    short main_loop                   ;否,继续循环
    ;-------------------------------
                                            ;估计 4 字节中含有全 0 的字节
    mov   eax, [ecx-4]                      ;重新取刚才的 4 个字节
    test  al, al                            ;是否第 0 个字节为全 0
    je    short byte_0                      ;
    test  ah, ah                            ;是否第 1 个字节为全 0
    je    short byte_1
```

```
        test    eax, 00ff0000h              ;是否第 2 个字节为全 0
        je      short byte_2
        test    eax, 0ff000000h             ;是否第 3 个字节为全 0
        je      short byte_3
        jmp     short main_loop             ;处理例外:位 24~ 30 为 0,位 31 为 1
        ;-----------------------------
    byte_3:
        lea     eax, [ecx-1]                ;eax 指向字符串尾
        mov     ecx, [esp+4]                ;ecx 指向字符串首
        sub     eax, ecx                    ;计算字符串长度(不含结束标志)
        ret
    byte_2:
        lea     eax, [ecx-2]                ;eax 指向字符串尾
        mov     ecx, [esp+4]                ;ecx 指向字符串首
        sub     eax, ecx                    ;计算字符串长度(不含结束标志)
        ret
    byte_1:
        lea     eax, [ecx-3]                ;eax 指向字符串尾
        mov     ecx, [esp+4]                ;ecx 指向字符串首
        sub     eax, ecx                    ;计算字符串长度(不含结束标志)
        ret
    byte_0:
        lea     eax, [ecx-4]                ;eax 指向字符串尾
        mov     ecx, [esp+4]                ;ecx 指向字符串首
        sub     eax, ecx                    ;计算字符串长度(不含结束标志)
        ret
    strlen  endp
```

从上述汇编语言的源代码可知,该函数的代码比较冗长。与函数 cf321 的目标代码和 dp323 中以嵌入汇编形式出现的代码片段相比,都是如此。但它确实是经过精心设计的,而且把运行效率作为首要的设计目标。

2. 实现步骤

上述函数 strlen 的具体实现步骤如下。

(1) 找到从字符串起始位置开始的首个能够被 4 整除的地址。换句话说,就是首个地址是双字对齐的地址。因为最多相差 3 个字节,而且字符串可能很短,所以从首地址开始依次逐字节判断。这是序幕。

(2) 每次 4 个字节,循环判断是否遇到字符串结束标记。作为主体的循环分两部分:一部分,快速推断出 4 个字节中不含结束标记,从而继续循环;另一部分,在极可能遇到结束标记的情形下,准确定位结束标记。第一部分的具体细节为,在经过三次巧妙的运算之后,如果低 8 位全为 0,那么高 8 位中的最低位必定是 1;也可以认为,最高字节的 8 位由较低 7 位和最高 1 位构成,同样较低 7 位全为 0,那么最高位是 1;唯一的例外是位 24 至位 30 为 0,而位 31 为 1。准确定位结束标记的代码分辨 5 种情形,4 种是结束标记位置情形,最后是上述例外情形。根据 4 种结束标记位置情形,分别转入不同的收尾处理代码。

(3) 计算字符串的长度。字符串的长度是字符串结束标记所在位置与起始位置的差。对应上述 4 种结束标记位置情形,有 4 段很相似的收尾代码,它们的差异仅仅是定位结束标记的

位置。

3. 提高运行效率的方法

上述函数 strlen 采用的提高运行效率的方法包括以下几方面。

（1）尽可能使得每次访问双字存储单元的地址是双字对齐的地址。上述"三部曲"的第一部就是寻找双字对齐的地址，这样在进行主体循环时，每次从存储器中取字符串的 4 个字符（字节）时，可以都是地址对齐的。不仅如此，作为主体的循环代码片段也从 16 字节对齐的地址处开始。在上述代码中，注释带有"//@♯"标记行的指令没有操作意义，它的实际作用是占用 5 个字节空间，从而使得随后的指令从 16 字节对齐的地址处开始。这是事先经过准确计算的。其后的伪指令"align 16"明确要求以 16 字节边界对齐。

（2）减少循环次数。在作为主体的循环中，每次快速判断 4 个字节。在有效减少循环次数的同时，还有效精简循环体。

（3）减少分支。在经过三次简单的算术逻辑运算后，仅用一次判断，就基本推断出 4 个连续的字节不含结束标记，方法很精巧。安排 4 条返回指令，从而实现就地返回。

（4）以空间换时间。安排 4 段很相似的计算字符串长度的代码，对应 4 种结束标记位置情形，这样就可以有效减少分支。

5.5.2 函数 strpbrk

函数 strpbrk 是 C 语言的另一个字符串处理库函数。其功能是，获得在字符串 str 中出现的第一个来自于字符串 control 中字符的地址偏移；或者说，指向字符串 str 中的第一个属于字符串 control 的字符的指针，如果不存在，则返回空指针。

1. 函数源程序

函数 strpbrk 的 C 语言原型如下所示（来自 string.h）：

```
char  * strpbrk( const char * str, const char *control)
```

在 VC 2010 的安装文件夹中，可以找到函数 strpbrk 的汇编源代码文件 strspn.asm。为了便于阅读，删掉了其中的宏和条件汇编等，调整后的源代码如下所示：

```
;由堆栈传递字符串 str 和 control 的起始地址(偏移)
;由 eax 返回指向第一个出现字符的指针(可能空指针)
;影响寄存器 eax、ecx、edx
;设字符串有结束标记(字节 0)
strpbrk    proc
    PUSH   EBP
    MOV    EBP, ESP               ;建立堆栈框架
    PUSH   ESI                    ;保护寄存器
    xor    eax, eax
    push   eax                    ;32
    push   eax
    push   eax
    push   eax                    ;128
    push   eax
    push   eax
    push   eax
    push   eax                    ;256
```

```
                                    ;
        mov    edx, [ebp+12]       ;取得字符串 control 首地址
        lea    ecx, [ecx+0]        ;align @WordSize //@＃
                                    ;
listnext:                           ;初始化位图,按 control 中出现字符
        mov    al, [edx]
        or     al, al              ;到字符串 control 尾?
        jz     short listdone      ;是,已经建立好位图
        add    edx, 1
        bts    DWORD PTR [esp], eax ;设置位图中的对应位
        jmp    short listnext
listdone:
                                    ; Loop through comparing
        mov    esi, [ebp+8]        ;取得字符串 str 的首地址
        mov    edi, edi            ;align @WordSize //@＃
                                    ;这里地址双字对齐
dstnext:                            ;
        mov    al, [esi]
        or     al, al              ;到字符串 str 尾?
        jz     short dstdone       ;是,准备返回
        add    esi, 1
        bt     DWORD PTR [esp], eax ;判断位图中的对应位是否被标记
        jnc    short dstnext       ;无标记,未出现在 control 中,则继续
                                    ;至此,首先出现属于 control 的字符
        lea    eax, [esi-1]        ;准备返回指针
dstdone:
        add    esp, 32             ;撤销作为局部变量的位图
        POP    ESI                 ;恢复被保护的寄存器
        LEAVE                      ;撤销堆栈框架
        RET
strpbrk    endp
```

在上述源代码中,过程 strpbrk 的开始和结束部分的大写指令,是直接添加的。实际上,这些指令将会由汇编器生成。指令 LEAVE 的功能是撤销堆栈框架,它相当于"MOV ESP,EBP"和"POP EBP"两条指令。

2. 实现步骤

从上述汇编源代码可知,函数 strpbrk 的具体实现的主要步骤如下。

(1) 初始化由 32 个字节构成的长 256 位的位图。

(2) 标记位图。对 control 字符串中出现的每个字符,在位图的对应位上做标记。利用位操作指令 bts,将位图对应位设置成 1,即打上标记。

(3) 搜索首次出现的特定字符。从字符串 str 的首字符开始,依次逐一判断位图中对应的位是否有标记,直到有标记字符出现为止。利用位操作指令 bt 检测位图中对应的位。

3. 提高运行效率的方法

上述函数 strpbrk 采用的提高运行效率的方法包括以下几方面。

(1) 充分利用 IA-32 系列 CPU 的指令。无论是标记位图还是检测位图,都采用了位操作指令,简洁明了,既快又好。利用 8 条相同的"push eax"指令,初始化位图。每条这样的指令

只有一个字节,同样是既快又好。

(2)通过插入空操作指令,保证循环体开始指令处于双字边界。见上述代码中注释带
"//@＃"的行。

(3)以空间换时间。仍然采用位图的思路,以较小的堆栈空间,避免了二重循环。

5.5.3 函数 memset

函数 memset 是 VC 2010 集成开发环境使用的内部函数。其功能是,快速地把某个内存
区域的每个字节填充成指定值。

1. 函数源程序

虽然 memset 是内部函数,在说明其功能时,仍可采用如下所示的原型表示,其中由 dst 给
出目标内存区域的首地址,由 value 指定设置的字节值,由 count 给出目标内存区域的字节数:

```
char *memset( char * dst, char value, unsigned int count) ;
```

在 VC 2010 的安装文件夹中,可以找到函数 memset 的汇编源代码文件 memset. asm。为
了便于阅读,删掉了其中的宏,整理后的源代码如下所示:

```
;由堆栈传递参数 dst、value 和 count
;由 eax 返回指向目标区域的指针
memset    proc
    mov    edx, [esp+0ch]        ;EDX=长度(字节数)
    mov    ecx, [esp+4]          ;ECX=目标首地址
    test   edx, edx              ;长度为 0?
    jz     short toend           ;如长度为 0,直接结束
    xor    eax, eax
    mov    al, [esp+8]           ;AL=填充值
    ;
    ;对较大内存区域的清零,考虑采用 SSE2 技术
    test   al, al                ;填充值是 0?
    jne    dword_align           ;否,则跳转
    cmp    edx, 080h             ;填充区域较大吗?
    jb     dword_align           ;否,则跳转
    cmp    DWORD PTR __sse2_available, 0 ;支持 SSE2?
    je     dword_align           ;否,则跳转
    jmp    _VEC_memzero          ;利用 SSE2 实现(不再返回)
    ;
    ;通过少量填充,确保批量填充的开始地址为双字地址对齐
dword_align:
    push   edi                   ;保护 EDI
    mov    edi, ecx              ;EDI=目标首地址
    cmp    edx, 4                ;长度小于 4 字节?
    jb     tail                  ;是,直接跳转到扫尾处理
    neg    ecx                   ;计算目标首地址在对齐之前的字节数
    and    ecx, 3                ;ECX=在双字对齐之前的字节数
    jz     short dwords          ;已经双字对齐,则跳转
    sub    edx, ecx              ;EDX=稍后需要批量处理的长度
adjust_loop:
```

```
        mov     [edi], al           ;为了双字对齐,少量填充
        add     edi, 1
        sub     ecx, 1
        jnz     adjust_loop
dwords:                             ;至此,首地址已双字对齐
        ;使得 EAX 含 4 字节填充值
        mov     ecx, eax            ; ecx=0/0/0/value
        shl     eax, 8              ; eax=0/0/value/0
        add     eax, ecx            ; eax=0/0val/val
        mov     ecx, eax            ; ecx=0/0/val/val
        shl     eax, 10h            ; eax=val/val/0/0
        add     eax, ecx            ; eax=val/val/val/val
        ;
        ;实施每次 4 字节的填充
        mov     ecx, edx            ;ECX=长度
        and     edx, 3              ;EDX=尾数( 4 字节填充后的剩余)
        shr     ecx, 2              ;ECX=4 字节为单位的长度
        jz      tail                ;如为 0,直接跳转到扫尾处理
        rep     stosd               ;批量填充!//@
main_loop_tail:
        test    edx, edx            ;是否有"尾巴"?
        jz      finish              ;没有,填充完毕
        ;
        ;扫尾工作
tail:
        mov     [edi], al           ;每次扫尾 1 字节
        add     edi, 1              ;//@
        sub     edx, 1              ;//@
        jnz     tail
finish:
        mov     eax, [esp+8]        ;准备返回值//@ *
        pop     edi                 ;恢复保存的 EDI
        ret
toend:
        mov     eax, [esp+4]        ;准备返回值//@ *
        ret
memset      endp
```

2. 提高运行效率的方法

上述函数 memset 采用的提高运行效率的方法包括以下几方面。

(1) 作为内部函数,没有建立堆栈框架,直接根据堆栈指针寄存器 ESP 访问堆栈中的入口参数。注意,因为没有压入 EBP 寄存器,所以基于 ESP 的相对位移量要少 4。

(2) 如果是对较大内存区域实施清零,采用 SSE2 技术。SSE2 是 IA-32 系列 CPU 支持的扩展技术。

(3) 在循环多次连续访问内存单元之前,调整访问的存储单元起始地址,从而保证内存单元地址处于双字对齐。

(4) 采用字符串操作指令,尽可能每次填充双字。

5.6　C 程序的目标代码

本节以 Base64 的编码和解码为例，观察分析编码和解码函数的目标代码。在简要说明 Base64 编码后，列出由 C 语言编写的源程序，分析在 VC 2010 环境下生成的目标程序。

5.6.1　Base64 编码操作

Base64 属于 MIME（Multipurpose Internet Mail Extensions，多功能 Internet 邮件扩充服务）。Base64 是被多媒体电子邮件和 WWW 超文本所广泛使用的一种编码标准，用于传送诸如图形和声音等非文本数据。它是现今在互联网上应用最多的一种编码，大多数的电子邮件软件都把它作为默认的二进制编码。在 RFC1421 中详细定义了 MIME。

Base64 编码的基本方法为：将输入数据流每次取 6 位（bit），用此 6 位的值（0～63）作为索引，查 Base64 编码对照表得到相应的可显示字符。因此，输入数据流的每 3 个字节（24 位）被编码成 4 个字符。如果出现编码的结果最后不满 4 个字符的情况，那么用等于号"＝"填充。这样处理可以避免后面附加的信息造成编码的混乱，而且便于解码，所以编码后的字符串长度一定是 4 的倍数。

用字符数组形式定义的 Base64 编码对照表如下：

```
const char const  * CharSet=
    { " ABCDEFGHIJKLMNOPQRSTUVWXYZabcdefghijklmnopqrstuvwxyz0123456789
+ / " };
```

从上述编码对照表可知，它由 26 个大写字母、26 个小写字母、10 个数字符及加号"＋"和除号"/"依次构成，合计 64 项。

Base64 编码的具体步骤为：首先将第一个字节右移两位，析出高 6 位，就得到第一个目标字符的索引值，从 Base64 编码表中取得对应字符，就得到第一个目标字符；其次将第一个字节左移 6 位，拼接上第二个字节右移 4 位的结果，即获得第二个目标字符的索引值；然后再将第二个字节左移 4 位，拼接上第三个字节右移 6 位的结果，获得第三个目标字符的索引值；最后取第三个字节的右 6 位，即获得第四个目标字符的索引值。

图 5.5 给出了对由 A、B、1 这 3 个字节数据进行 Base64 编码过程示意图，为了便于查看，采用了十六进制和十进制多种表示形式。

字符	A	B	1
字符ASCII码 十六进制	0x41	0x42	0x31
字符ASCII码 二进制	01000001	01000010	00110001

3字节转4字节

每字节前补00	00 010000	00 010100	00 001000	00 110001
十六进制	0x10	0x14	0x08	0x31
十进制	16	20	8	49
查Base64表	Q	U	I	x

图 5.5　A、B、1 的 Base64 编码过程示意图

解码是编码的逆过程。通过解码将 4 个字节的 Base64 编码转换为 3 个字节的数据。在

解码过程中,通过查找编码表得到对应字符的索引值,再分拆组合索引值的二进制位,就可以
还原出数据。

5.6.2　源程序

　　下面的 C 程序 dp524 是一个简易的 Base64 编码和解码程序。首先由用户选择编码或者
解码操作,然后由用户输入数据,随后进行编码或者解码处理,最后显示处理结果。为了简化,
用户数据采用字符串表示。

```c
//演示程序 dp524
//演示 Base64 的编码和解码
#include <stdio.h>
#include <string.h>
#define  BUFFLEN  256
#define  SIZE  64
//Base64 编码对照表
const  char  const *CharSet=
    { "ABCDEFGHIJKLMNOPQRSTUVWXYZabcdefghijklmnopqrstuvwxyz0123456789
+ /" };
//函数声明
int  Base64Encode( char * const dest, const unsigned char *src, int srcLen) ;
int  Base64Decode( unsigned char * const dest, const char *src) ;
unsigned  int  Chr2Index( char ch) ;
//主函数
int  main( int argc, char *argv[])
{
    char  text[BUFFLEN]={ 0} ;              //存放输入数据
    char  buff[BUFFLEN* 2];                 //存放转换结果
    char  mode;                             //操作方式

    printf(" Encode | Decode ? :" );        //由用户选择操作方式
    scanf(" %c", &mode) ;
    mode |=0x20;
    if( !( mode=='e' || mode=='d') )
        return 1;

    printf(" Input text:" );                //由用户输入数据( 字符串)
    scanf(" %s", text) ;

    if( mode=='e')                          //编码处理
        Base64Encode( buff,( const unsigned char *) text, strlen( text) ) ;
    else                                    //解码处理
    {
        int len=Base64Decode(( unsigned char*) buff, text) ;
        text[len]='\0';                     //为了显示输出,添加字符串结束符
    }
```

```
        printf("%s\n", buff);
        return  0;
    }
    /* =========================================================
    功    能: 对指定数据进行 Base64 编码
    入口参数: char *const dest                 编码结果缓冲区首地址
             const unsigned char *src          待编码数据首地址
             int srcLen                        待编码数据的长度
    出口参数: int                              编码结果的字符串长度
    说    明: 编码结果缓冲区大小至少是 srcLen 的 4/3 倍加一
    ========================================================= */
    int  Base64Encode( char *const dest, const unsigned char *src, int srcLen)
    {
        unsigned  char *ps=(unsigned char *)src;
        char   *pd=dest;
        int    i=0;
        unsigned char temp;
        //
        //依次编码(3 个字节原始数据,转换成 4 个字符)
        while( i < srcLen)
        {
            switch( i %3)
            {
            case 0:
                *pd++=CharSet[*ps >> 2];
                temp=( *ps++<< 4)  & 0x3f;
                break;
            case 1:
                *pd++=CharSet[temp|( *ps >> 4)];
                temp=( *ps++<< 2)  & 0x3f;
                break;
            case 2:
                *pd++=CharSet[temp|( *ps >> 6)];
                *pd++=CharSet[*ps++& 0x3f];
                break;
            }
            i++;
        }
        //处理剩余的零头部分,用"="填补结果字符串不足
        if( srcLen %3 !=0)
        {
            *pd++=CharSet[temp];
            if( srcLen %3==1)
                *pd++='=';
            *pd++='=';
        }
        *pd=0;                                //添加结果字符串的结束标志
        return  (pd-dest);                    //返回结果字符串的长度
```

```
}
/* ======================================================
功　　能: 对指定字符串进行 Base64 解码
入口参数: unsigned char *const dest          结果数据缓冲区首地址
          const char *src                    待解码字符串首地址
出口参数: int                                结果数据长度
说　　明: 解码结果缓冲区大小至少是待解码长度的 3/4
======================================================* /
int   Base64Decode( unsigned char *const dest, const char *src)
{
    char   *ps=( char *) src;
    unsigned   char *pd=dest;
    int   i=0;
    unsigned   char ch, temp;
    int   srcLen=strlen( src) ;
    //依次解码( 4 个字符,转换为 3 字节数据)
    while( i < srcLen)
    {
        if( *ps=='=')                        //是否遇到结束字符?
            break;
        ch=Chr2Index( *ps++) ;               //由字符得对应索引值

        switch( i % 4)
        {
        case 0:
            temp=ch << 2;
            break;
        case 1:
            *pd++=temp|( ch >> 4) ;
            temp=ch << 4;
            break;
        case 2:
            *pd++=temp|( ch >> 2) ;
            temp=ch << 6;
            break;
        case 3:
            *pd++=temp | ch;
            break;
        }
        i++;
    }
    return  ( pd-dest) ;                      //返回结果数据的字节数
}
/* ======================================================
功　　能: 查找 Base64 编码表,获得指定字符的索引值
入口参数: char ch 指定字符
出口参数: unsigned int 索引值( 序号)
说　　明: 0~ 63 为正常序号,64 表示无效字符( 非 Base64 编码表符号)
```

```
======================================================== * /
unsigned  int  Chr2Index( char ch)
{
    int  i;
    for( i=0; i < SIZE; i++)
    {
        if( ch==CharSet[i])
            break;
    }
    return  i;
}
```

从上述源程序可知，主函数分别调用编码函数 Base64Encode 和解码函数 Base64Decode 实现编码或者解码功能。

编码函数 Base64Encode 按照上述 Base64 的编码规则，实现对输入数据的编码。通常被编码的数据并非字符串，所以它需要有一个参数表示被编码数据的字节数。它的输出则是由 Base64 字符构成的字符串，所以在最后添加上字符串结束标记 0。

解码函数 Base64Decode 按相反的步骤实现解码。它的输入应该是由 Base64 字符构成的字符串，所以在解码函数 Base64Decode 内测量字符串长度。它的输出则是二进制数据，不一定是字符串。在函数 Base64Decode 内，还调用了函数 Chr2Index，由该函数查找 Base64 编码表，获得指定字符的索引值。

5.6.3 目标程序

下面观察对应函数的目标程序片段。在 VC 2010 集成开发环境的项目属性页的配置属性中，优化子项选择"使速度最大化(/O2)"，同时全程序优化子项选择"是/GL"，这些也是 Release(发行版)的编译选项。

为了阅读方便，对标号和变量名等做了些修饰，还添加了注释。

1. 主函数 main 的目标程序

编译所得对应主函数 main 的目标程序如下所示：

```
_TEXT SEGMENT                          ;表示代码段 _TEXT 开始
_buff$=-772                            ;变量 buff 的开始位置
_text$=-260                            ;变量 text 的开始位置
_mode$=-1                              ;变量 mode 的开始位置
_argc$=8                               ;参数 argc 的位置
_argv$=12                              ;参数 argv 的位置
_main    PROC                          ;函数 main 开始
    push   ebp
    mov    ebp, esp                    ;建立堆栈框架
    sub    esp, 772                    ;在堆栈中安排局部变量( 256+256*2+4)
    push   esi                         ;保护重要的寄存器
    push   edi
                                       ;char text[BUFFLEN]={ 0 };
    push   255
    lea    eax, DWORD PTR _text$[ebp+1]
    push   0
```

```
    push    eax
    mov     BYTE PTR _text$[ebp], 0
    call    _memset                     ;调用内部函数 memset //@1
                                        ;printf("Encode | Decode ? :");
    mov     edi, DWORD PTR __imp__printf
    push    OFFSET str1                 ;字符串"Encode | Decode ? :"首地址
    call    edi                         ;调用库函数 printf
                                        ;scanf("%c", &mode);
    mov     esi, DWORD PTR __imp__scanf
    lea     ecx, DWORD PTR _mode$[ebp]
    push    ecx
    push    OFFSET str2                 ;字符串"%c"首地址
    call    esi                         ;调用库函数 scanf
                                        ;mode |=0x20;
    mov     al, BYTE PTR _mode$[ebp]
    or      al, 32
    add     esp, 24                     ;平衡堆栈
    mov     BYTE PTR _mode$[ebp], al
                                        ;if( !( mode=='e' || mode=='d') )
    cmp     al, 101                     ;65H
    je      SHORT LN3@main
    cmp     al, 100                     ;64H
    je      SHORT LN3@main
                                        ;return 1;
    pop     edi
    mov     eax, 1                      ;返回值 EAX=1
    pop     esi                         ;恢复重要的寄存器
    mov     esp, ebp                    ;撤销堆栈框架
    pop     ebp
    ret     0                           ;返回
    ;
LN3@main:
                                        ;printf("Input text:");
    push    OFFSET str3                 ;字符串"Input text:"首地址
    call    edi                         ;调用库函数 printf
                                        ;scanf("%s", text);
    lea     edx, DWORD PTR _text$[ebp]
    push    edx
    push    OFFSET str4                 ;"%s"首地址
    call    esi                         ;调用库函数 scanf
    add     esp, 12                     ;平衡堆栈
                                        ;if( mode=='e')
    cmp     BYTE PTR _mode$[ebp], 101
    jne     SHORT LN2@main
    ;Base64Encode( buff,( const unsigned char *) text, strlen( text) );
    lea     eax, DWORD PTR _text$[ebp]
    lea     edx, DWORD PTR [eax+1]
LL6@main:                               ;strlen( text) //@2
```

```
        mov    cl, BYTE PTR [eax]              ;
        inc    eax
        test   cl, cl
        jne    SHORT LL6@main
        sub    eax, edx                        ;EAX=strlen(text)
        push   eax                             ;压入参数 strlen(text)
        lea    eax, DWORD PTR _buff$[ebp]
        push   eax                             ;压入参数 buff 首地址
        lea    eax, DWORD PTR _text$[ebp]      ;寄存器传递参数 text 首地址//@3
        call   Base64Encode                    ;调用编码函数
        add    esp, 8
        jmp    SHORT LN1@main
LN2@main:                                      ;else
        ;int len=Base64Decode((unsigned char*)buff, text);
        lea    ecx, DWORD PTR _buff$[ebp]
        push   ecx                             ;压入参数 buff 首地址
        lea    ecx, DWORD PTR _text$[ebp]      ;寄存器传递参数 text 首地址 //@4
        call   Base64Decode
        add    esp, 4
                                               ;text[len]='\0';
        mov    BYTE PTR _text$[ebp+ eax], 0
LN1@main:                                      ;printf("%s\n", buff);
        lea    edx, DWORD PTR _buff$[ebp]
        push   edx
        push   OFFSET str5                     ;字符串"%s\n"首地址
        call   edi
        add    esp, 8
        pop    edi
                                               ;return  0;
        xor    eax, eax                        ;返回值 EAX=0
        pop    esi                             ;恢复重要的寄存器
        mov    esp, ebp                        ;撤销堆栈框架
        pop    ebp
        ret    0                               ;返回
_main   ENDP                                   ;函数 main 结束
_TEXT   ENDS                                   ;表示代码段_TEXT 结束
```

对照主函数 main 的源程序，比较好理解上述目标程序。现对注释中带标记//@的几处加以说明。

（1）为了对作为局部变量的缓冲区 text[BUFFLEN]进行初始化，调用了在 5.5 节介绍过的内部函数 memset，以提高执行效率。

（2）没有调用测量字符串长度的库函数 strlen，而是直接安排一个循环测量字符串长度。

（3）由于选择了"全程序优化"，因此在分别调用编码函数 Base64Encode 和解码函数 Base64Decode 时，没有完全通过堆栈传递参数，而是通过寄存器传递了部分参数。

2. 编码函数 Base64Encode 的目标程序

编译所得对应编码函数 Base64Encode 的目标程序如下所示：

```
_TEXT       SEGMENT
_dest$=8                              ;参数 dest 的位置
_srcLen$=12                           ;参数 srcLen 的位置
_temp$=15                             ;变量 temp 的临时位置
Base64Encode   PROC                   ;函数 Base64Encode 开始
    push  ebp
    mov   ebp, esp                    ;建立堆栈框架
    mov   ecx, DWORD PTR _dest$[ebp]  ;ECX 作为变量 pd
    push  ebx                         ;BL 将作为局部变量 temp
    mov   bl, BYTE PTR _temp$[ebp]
    push  esi                         ;ESI 将作为局部变量 ps
    push  edi                         ;EDI 将作为局部变量 i
    xor   edi, edi                    ;i=0;
    mov   esi, eax                    ;ps=(unsigned char *) src;
                                      ;while( i < srcLen)
    cmp   DWORD PTR _srcLen$[ebp], edi
    jle   LN8@Base64Enco
    npad  7                           ;16 字节地址对齐
LL9@Base64Enco:
                                      ;switch( i %3)
    mov   eax, -1431655765            ;计算( i %3)
    mul   edi
    shr   edx, 1                      ;EDX=( i / 3)
    lea   edx, DWORD PTR [edx+ edx* 2]
    mov   eax, edi
    sub   eax, edx                    ;EAX=i %3
    sub   eax, 0
    je    SHORT LN5@Base64Enco        ;转至 case 0
    dec   eax
    je    SHORT LN4@Base64Enco        ;转至 case 1
    dec   eax
    jne   SHORT LN6@Base64Enco        ;转至其他
                                      ;case 2:
                                      ;*pd++=CharSet[temp |(*ps >> 6)];
    movzx eax, BYTE PTR [esi]
    shr   eax, 6
    movzx edx, bl
    or    eax, edx
    movzx eax, BYTE PTR basetab[eax]
    mov   BYTE PTR [ecx], al
                                      ;*pd++=CharSet[*ps++ & 0x3f];
    movzx edx, BYTE PTR [esi]
    and   edx, 63
    movzx eax, BYTE PTR basetab[edx]
    mov   BYTE PTR [ecx+1], al
    add   ecx, 2
    jmp   SHORT LN15@Base64Enco ;break;
LN4@Base64Enco:
```

```
                                          ;case 1:
                                          ;*pd++=CharSet[temp |( *ps >> 4) ];
        movzx edx, BYTE PTR [esi]
        movzx eax, bl
        shr   edx, 4
        or    edx, eax
        mov   dl, BYTE PTR basetab[edx]
        mov   BYTE PTR [ecx], dl
                                          ;temp=( *ps++<< 2) & 0x3f;
        mov   bl, BYTE PTR [esi]
        and   bl, 15                      ;0000000fH
        add   bl, bl
        inc   ecx
        add   bl, bl
        jmp   SHORT LN15@Base64Enco ;break;
LN5@Base64Enco:
                                          ;case 0:
                                          ;*pd++=CharSet[*ps >> 2];
        movzx eax, BYTE PTR [esi]
        shr   eax, 2
        mov   dl, BYTE PTR basetab[eax]
        mov   BYTE PTR [ecx], dl
                                          ;temp=( *ps++<< 4) & 0x3f;
        mov   bl, BYTE PTR [esi]
        and   bl, 3
        inc   ecx                         ;调整 pd
        shl   bl, 4
LN15@Base64Enco:
        inc   esi                         ;调整 ps
LN6@Base64Enco:
        inc   edi                         ;i++;
                                          ;while( i < srcLen)
        cmp   edi, DWORD PTR _srcLen$[ebp]
        jl    LL9@Base64Enco
LN8@Base64Enco:
                                          ;if( srcLen %3 !=0)
        mov   eax, 1431655766             ;计算( srcLen %3)
        imul  DWORD PTR _srcLen$[ebp]
        mov   eax, edx
        shr   eax, 31
        add   eax, edx                    ;得到商
        lea   edx, DWORD PTR [eax+ eax* 2]
        mov   eax, DWORD PTR _srcLen$[ebp]
        sub   eax, edx                    ;得到余数
        je    SHORT LN2@Base64Enco        ;余数＝0,则跳转
                                          ;余数 !=0
        movzx edx, bl                     ;*pd++=CharSet[temp];
        mov   dl, BYTE PTR basetab[edx]
```

```
        mov     BYTE PTR [ecx], dl
        inc     ecx                         ;调整 pd
                                            ;if( srcLen %3==1)
        cmp     eax, 1
        jne     SHORT LN1@Base64Enco
        mov     BYTE PTR [ecx], 61          ;*pd++='=';
        inc     ecx
LN1@Base64Enco:
        mov     BYTE PTR [ecx], 61          ;*pd++='=';
        inc     ecx
LN2@Base64Enco:
        pop     edi
        mov     eax, ecx                    ;EAX=pd
        sub     eax, DWORD PTR _dest$[ebp]  ;EAX=(pd-dest)
        pop     esi                         ;恢复重要的寄存器
        mov     BYTE PTR [ecx], 0           ;*pd=0;
        pop     ebx
        pop     ebp                         ;撤销堆栈框架
        ret     0                           ;返回
Base64Encode    ENDP
_TEXT           ENDS
```

从上述编码函数 Base64Encode 的目标程序中可知,除了通过寄存器 EAX 传递参数 src 外,还采取若干提高执行效率的方法。在 5.4 节中介绍过相关方法,它们包括:利用寄存器作为局部变量;采用其他指令代替除法指令;插入"空"指令,使得循环开始处地址对齐。

3. 解码函数 Base64Decode 的目标程序

编译所得对应编码函数 Base64Decode 的目标程序如下所示:

```
_TEXT           SEGMENT
_srcLen$=-4                                 ;变量 srcLen 的位置
_dest$=8                                    ;参数 dest 的位置
_temp$=11                                   ;变量 temp 的临时位置
Base64Decode    PROC
        push    ebp
        mov     ebp, esp                    ;建立堆栈框架
        push    ecx                         ;ECX 将作为
        push    ebx                         ;EBX 将作为
        push    esi                         ;ESI 将作为局部变量 pd
                                            ;ps=(char *)src;
        mov     esi, DWORD PTR _dest$[ebp]  ;pd=dest;
        push    edi                         ;EDI 将作为局部变量 i
        mov     ebx, ecx
        xor     edi, edi                    ;i=0;
                                            ;srcLen=strlen(src);
        lea     edx, DWORD PTR [ecx+1]
LL24@Base64Deco:
        mov     al, BYTE PTR [ecx]
        inc     ecx
```

```
      test   al, al
      jne    SHORT LL24@Base64Deco
      sub    ecx, edx                        ;ECX=strlen( src)
      mov    DWORD PTR _srcLen$[ebp], ecx

                                             ;while( i < srcLen)
      test   ecx, ecx
      jle    SHORT LN21@Base64Deco
      mov    al, BYTE PTR _temp$[ebp]
  LL9@Base64Deco:
      mov    dl, BYTE PTR [ebx]              ;if( *ps=='=')
      cmp    dl, 61
      je     SHORT LN21@Base64Deco ;break;

                                             ;ch=Chr2Index( *ps++) ;
      xor    ecx, ecx                        ; //@6
      npad   3                               ;16字节地址对齐
  LL15@Base64Deco:
      cmp    dl, BYTE PTR basetab[ecx]
      je     SHORT LN20@Base64Deco
      inc    ecx
      cmp    ecx, 64
      jl     SHORT LL15@Base64Deco
      ;
  LN20@Base64Deco:                           ;switch( i %4)
      mov    edx, edi
      and    edx, 3                          ;计算( i %4)
      inc    ebx
      cmp    edx, 3
      ja     SHORT LN25@Base64Deco
      jmp    DWORD PTR LN26@Base64Deco[edx* 4]  ;转多路分支//@7
      ;
  LN4@Base64Deco:                            ;case 0:
      add    cl, cl                          ;temp=ch << 2;
      lea    eax, DWORD PTR [ecx+ ecx]
      jmp    SHORT LN25@Base64Deco ;break;
      ;
  LN3@Base64Deco:                            ;case 1:
      mov    dl, cl                          ;*pd++=temp|( ch >> 4) ;
      shr    dl, 4
      or     dl, al
      mov    BYTE PTR [esi], dl
      inc    esi
      shl    cl, 4                           ;temp=ch << 4;
      mov    al, cl
      jmp    SHORT LN25@Base64Deco ;break;
      ;
  LN2@Base64Deco:                            ;case 2:
      mov    dl, cl                          ;*pd++=temp |( ch >> 2) ;
      shr    dl, 2
```

```
        or      dl, al
        mov     BYTE PTR [esi], dl
        inc     esi
        shl     cl, 6                           ;temp=ch << 6;
        mov     al, cl
        jmp     SHORT LN25@Base64Deco ;break;
        ;
LN1@Base64Deco:                                 ;case 3:
        or      cl, al                          ;*pd++=temp | ch;
        mov     BYTE PTR [esi], cl
        inc     esi
        ;
LN25@Base64Deco:
        inc     edi                             ;i++;
        cmp     edi, DWORD PTR _srcLen$[ebp]    ;while( i < srcLen)
        jl      SHORT LL9@Base64Deco
        ;
LN21@Base64Deco:
        pop     edi
        mov     eax, esi
        sub     eax, DWORD PTR _dest$[ebp]      ;EAX=( pd-dest)
        pop     esi                             ;恢复被保护的寄存器
        pop     ebx
        mov     esp, ebp
        pop     ebp                             ;撤销堆栈框架
        ret     0                               ;返回
LN26@Base64Deco:
        DD      LN4@Base64Deco                  ;case0 入口
        DD      LN3@Base64Deco                  ;case1 入口
        DD      LN2@Base64Deco                  ;case2 入口
        DD      LN1@Base64Deco                  ;case3 入口
Base64Decode    ENDP
_TEXT       ENDS
```

从上述解码函数 Base64Decode 的目标程序中可知：

（1）为了提高执行效率，没有调用对应函数 Chr2Index 的目标程序，而是直接内嵌了对应的目标程序。

（2）利用地址表实现多路分支的转移。

4. 函数 Chr2Index 的目标程序

编译所得对应函数 Chr2Index 的目标程序如下所示：

```
_TEXT       SEGMENT
Chr2IndexPROC
        xor     eax, eax                        ;i=0;
LL4@Chr2Index:
        cmp     cl, BYTE PTR basetab[eax]       ;if( ch==CharSet[i] )
        je      SHORT LN8@Chr2Index
        cmp     cl, BYTE PTR basetab[eax+1]
```

```
    je      SHORT LN10@Chr2Index
    cmp     cl, BYTE PTR basetab[eax+2]
    je      SHORT LN11@Chr2Index
    cmp     cl, BYTE PTR basetab[eax+3]
    je      SHORT LN12@Chr2Index
    add     eax, 4                          ;for( i=0; i < SIZE; i++)
    cmp     eax, 64
    jl      SHORT LL4@Chr2Index
    ret     0
LN10@Chr2Index:
    inc     eax
    ret     0
LN11@Chr2Index:
    add     eax, 2
    ret     0
LN12@Chr2Index:
    add     eax, 3
LN8@Chr2Index:
    ret     0
Chr2IndexENDP
_TEXT    ENDS
```

虽然在最终的目标程序中该函数没有被调用,但是其自身目标代码仍然被优化产生。从上述目标代码可知:

(1) 通过寄存器传递入口参数,在 CL 中含待确定索引值的字符。

(2) 由于是循环次数确定的简单循环,因此通过重复循环体的方式,减少循环次数。

(3) 为了减少执行转移指令,所以采用了空间换时间的方法,安排了 4 个出口。

习　　题

1. 编写一个 C 程序,由用户输入一个十进制整数,统计其各位中 7 出现的次数,并输出统计结果。采用一个子程序进行统计。根据 5.1.1 节说明的 VC 2010 的编译配置选项,生成对应汇编语言形式的目标代码,观察分析主函数 main 和子程序对应的目标代码。

2. 编写一个 C 程序,由用户输入一个字符串,统计其中数字符和英文字母出现的个数,并输出统计结果。采用一个子程序进行统计,分别采用子程序判断数字符和英文字母。根据 5.1.1 节说明的 VC 2010 的编译配置选项,生成对应汇编语言形式的目标代码,观察分析主函数 main 和 3 个子程序对应的目标代码。

3. 修改演示函数 cf59:第一个形式参数为二维数组,函数体中采用访问二维数组元素的方式实现同样的功能。观察分析对应的目标代码。

4. 调整演示程序 dp512 中结构体类型 STUDENT 中成员 grade 的位置,观察分析调整成员位置对结构体变量尺寸的影响。

5. 改变函数 cf520 的参数类型为整型,观察分析对应的目标代码。

6. 在函数 cf521 的目标代码中,并没有采用 PUSH 和 POP 指令结合的方法给寄存器 ESI 赋值 400,为什么?

7. 请比较分析采用内联函数的优缺点。

8. 如果 C 函数采用调用约定_fastcall,那么对应目标代码会尽量利用寄存器传递参数。请观察分析这样的目标代码。

9. 请调整编译优化选项,观察分析习题 1 和 2 的 C 程序函数的目标代码。

10. 请调整编译优化选项,观察分析本章相关示例的目标代码。

11. 观察分析第 2 章的演示程序 dp21 的目标代码,注意 main 函数的两个局部变量的所在及相关寻址方式。

12. 观察分析第 2 章的演示程序 dp29 和 dp210 的目标代码,注意全局变量和局部变量的所在及相关寻址方式。

13. 观察分析第 3 章的演示程序 dp32 的目标代码。

14. 观察分析第 3 章的演示程序 dp338 的目标代码。

15. 观察分析第 4 章的演示程序 dp41 的目标代码,注意局部变量的所在及相关寻址方式。

第 6 章

汇编语言

利用汇编语言,直接可以编写源程序。基于汇编器 NASM,本章介绍汇编语言。在补充说明实方式的基本执行环境之后,介绍汇编语言相关概念,包括表达式、指令语句、伪指令语句和宏指令语句等。

本章的示例程序,在经过汇编器 NASM 汇编处理后,可以直接生成 COM 类型可执行程序,或者生成目标文件,后者还需要经过链接器 LINK 链接处理后生成为 EXE 类型可执行程序。在 Windows(32 位版本)的控制台窗口中,可以运行由本章示例程序生成的可执行程序。

本章的示例,请不要在 VC 环境中采用嵌入汇编的方式验证。

6.1 实方式执行环境

实方式是实地址方式的简称,是最初的工作方式。实方式既是 IA-32 系列 CPU 加电之后的工作方式,又是处理器保持兼容的工作方式。本节说明实方式的执行环境,重点是实方式下存储器管理的特点。

6.1.1 寄存器和指令集

在实方式下,以 16 位操作为主,以 32 位操作为辅。客观上,实方式不是 IA-32 系列 CPU 的常态工作方式。

1. 寄存器

当然可以使用 8 个 16 位通用寄存器 AX、BX、CX、DX、SP、BP、SI 和 DI,还可以使用对应扩展后的 32 位寄存器 EAX、EBX、ECX、EDX、ESP、EBP、ESI 和 EDI。

可以使用段寄存器 CS、DS、SS 和 ES,还可以使用段寄存器 FS 和 GS。寄存器 CS 含有当前代码段的段值,寄存器 DS 含有当前数据段的段值,寄存器 SS 含有当前堆栈段的段值。

实方式下 EIP 中的高 16 位必须是 0,相当于只有低 16 位的 IP 起作用。

实方式下 ESP 中的高 16 位必须是 0,相当于只有低 16 位的 SP 起作用。

实方式下只使用标志寄存器中低 16 位的各类标志。从图 2.3 可知,进位标志 CF 等 6 个反映运算结果的状态标志,以及控制字符串操作方向的控制标志 DF,都出现在标志寄存器的低 16 位。

2. 指令集

实方式下可以使用在前面几章中介绍的指令,现分组归纳如下。

(1) 数据传送指令组。数据传送指令组包括普通传送指令、堆栈操作指令和数据扩展指令等。

① 普通传送指令 MOV。利用 MOV 指令可以实现通用寄存器之间的数据传送;也可以

实现存储器与通用寄存器或段寄存器之间的数据传送；还可以把立即数送到通用寄存器。

② 交换指令 XCHG。利用交换指令可以实现通用寄存器之间的数据交换，也可以实现通用寄存器与存储器之间的数据交换。

③ 进栈和出栈指令 PUSH 和 POP；还有 16 位通用寄存器全进栈和全出栈指令 PUSHA 和 POPA；还有 32 位通用寄存器全进栈和全出栈指令 PUSHAD 和 POPAD。

④ 符号扩展指令 CBW、CWD、CDQ 和 CWDE。利用这些指令，可以分别把寄存器 AL 中的值符号扩展到 AX，把 AX 中的值符号扩展到 DX：AX，把 EAX 中的值符号扩展到 EDX：EAX，还可以把 AX 中的值符号扩展到 EAX。

⑤ 扩展传送指令 MOVSX 和 MOVZX。前者是符号扩展传送，后者是零扩展传送。

（2）算术运算指令组。算术运算指令组包括加、减、乘和除等算术运算指令。运算对象是整数，尺寸可以是字节（8 位）、字（16 位）或双字（32 位），可以来自于通用寄存器或者存储器。

① 加运算指令 ADD 和 ADC。后者是带进位加。

② 减运算指令 SUB 和 SBB。后者是带借位（进位）减。

③ 乘运算指令 MUL 和 IMUL。前者是无符号乘，后者是有符号乘。

④ 除运算指令 DIV 和 IDIV。前者是无符号除，后者是有符号除。

⑤ 加 1 和减 1 运算指令，分别是 INC 和 DEC。

⑥ 取负数指令 NEG 和比较指令 CMP。

（3）逻辑运算指令组。逻辑运算指令组包括“与”“或”“异或”和“否”等逻辑运算指令。运算对象的尺寸可以是字节、字或双字，可以来自于通用寄存器或者存储器。

① 逻辑与运算指令 AND。

② 逻辑或运算指令 OR。

③ 逻辑异或运算指令 XOR。

④ 逻辑否运算指令 NOT。

⑤ 按位测试指令 TEST。

（4）移位指令组。移位指令组包括移位和循环移位指令，分为左移和右移。移位对象可以是字节、字或者双字，移动的位数可以是一位，也可以是多位。

① 算术右移指令 SAR，逻辑右移指令 SHR，算术或逻辑左移指令 SAL/SHL。

② 循环右移指令 ROR，循环左移指令 ROL。

③ 带进位右移指令 RCR，带进位左移指令 RCL。

④ 双精度左移指令 SHLD 和双精度右移指令 SHRD。

（5）转移指令组。转移指令组包括条件转移指令 Jcc、无条件转移指令 JMP、循环指令 LOOP、过程调用指令 CALL 和过程返回指令 RET，还包括尚未介绍的软中断指令和中断返回指令。条件转移指令助记符中的 cc 表示各种条件。

（6）字符串操作指令组。字符串操作指令组包括装入、存储、传送、扫描、比较等五类，每一类的操作对象（字符）可以是字节、字或者双字。

① 装入字符指令 LODSB、LODSW 和 LODSW。

② 存储字符指令 STOSB、STOSW 和 STOSD。

③ 传送字符指令 MOVSB、MOVSW 和 MOVSD。

④ 扫描字符指令 SCASB、SCASW 和 SCASD。

⑤ 比较字符指令 CMPSB、CMPSW 和 CMPSD。

为了便于字符串操作,上述字符串操作指令还可以带相应的重复前缀 REP、REPE/REPZ 和 REPNE/REPNZ。

(7) 位操作指令组。位操作指令组包括位测试指令 BT、位测试及复位指令 BTR、位测试及置位指令 BTS 和位测试及取反指令 BTC,以及位正向扫描指令 BSF 和位反向扫描指令 BSR。

(8) 条件设置字节指令组。条件设置字节指令组包括 16 条根据各种条件设置字节值的指令 SETcc,指令助记符中的 cc 表示各种条件。

(9) 其他指令。除了上述指令外,还有以下一些指令。

① 取有效地址指令 LEA。

② 设置进位标志指令 STC、清进位标志指令 CLC 和取反进位标志指令 CMC。

③ 设置方向标志指令 STD、清方向标志指令 CLD。

④ 获取状态标志操作指令 LAHF 和设置状态标志操作指令 SAHF。

(10) 说明。上述这些指令在第 2 章、第 3 章和第 4 章中分别进行过介绍。此外,在实方式下还有其他一些指令也可以使用。总之,大部分指令在实方式下都可以使用。随着 IA-32 系列 CPU 升级换代,陆续添加了一些指令,或者增强了指令的功能。如果需要严格保证向低端的兼容,那么会有一些限制,当有这种需求时,请查阅 Intel 的相关技术文档。

6.1.2 存储器分段管理

IA-32 系列 CPU 支持以分段方式管理存储器,在 2.4 节中介绍了相关的概念。可以把线性的地址空间划分为若干逻辑段,对应的存储空间被划分为若干存储段。

1. 存储器分段条件

虽然 IA-32 系列 CPU 的物理地址空间规模达到 4GB 或 64GB,但是在实地址方式下可访问的物理地址空间的范围仅为 00000H~FFFFFH,只有 1MB。

在根据需要把 1MB 地址空间划分成若干逻辑段时,在实地址方式下每个逻辑段必须满足以下两个条件。

(1) 逻辑段的起始地址必须是 16 的倍数。

(2) 逻辑段的最大长度为 64KB。

实际上,最初的 Intel 8086 处理器是 16 位的,这两个条件是为了方便地计算 1MB 空间中的 20 位地址。

这些存储段既可以相连,也可以重叠。

2. 物理地址计算

在实地址方式下,物理地址是 20 位,段起始地址是 20 位,偏移是 16 位。由于段最大长度是 64KB,因此偏移只需要 16 位就足以表示。

在实地址方式下,由于段的起始地址必须是 16 的倍数,因此段起始地址有如下形式:

bbbbbbbbbbbbbbbb0000

采用十六进制可表示成 XXXX0。这种 20 位的段起始地址,可压缩表示成 16 位的 XXXX 形式。把 20 位段起始地址的高 16 位 XXXX 称为段值。段起始地址与段值的关系如下:

段起始地址=段值×16

于是,物理地址、段值和偏移之间有如下关系:

物理地址=段值×16 +偏移

在实地址方式下,逻辑地址到物理地址的转换过程如图 6.1 所示。由段值得到 20 位的段起始地址,再加上最大值不超过 16 位的偏移,得到 20 位的物理地址。事实上,将 16 位的段值左移 4 位(也就是乘以 16)便可得 20 位的段起始地址。

图 6.1　实地址方式下物理地址的计算示意图

3. 逻辑地址表示

在实地址方式下,存储单元的逻辑地址由段值和偏移两部分表示。其中,第一维是段值,指出某段,第二维是偏移,也就是有效地址,指出段内的某单元。逻辑地址的一般表示形式如下:

　　　段值:偏移

在 2.4 节中曾经指出,在实地址方式下,逻辑地址中的段号是段值。

【例 6-1】　一些存储单元的逻辑地址和对应的物理地址如下所示,左边是逻辑地址,右边是对应的物理地址,均采用十六进制表示。

　　　1234:3456　　　　　　15796

　　　1234:34A8　　　　　　157E8

　　　FFF0:0000　　　　　　FFF00

由于逻辑段可以重叠,因此一个物理地址可对应多个逻辑地址。

【例 6-2】　如图 6.2 所示,给定的存储单元的物理地址是 12345H,标出的两个重叠段的段值分别是 1002H 和 1233H。该存储单元在这两个段内的偏移(有效地址)分别是 2325H 和 0015H。因此逻辑地址 1002:2325H 和 1233:0015H 都指示这个存储单元。

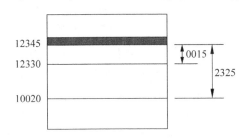

图 6.2　一个物理地址可以对应多个逻辑地址

4. 段寄存器引用

在实地址方式下,段寄存器中的内容是段值。代码段寄存器 CS 给出当前代码段的段值,堆栈段寄存器 SS 给出当前堆栈段的段值,数据段寄存器 DS 给出当前默认数据段的段值。附加段寄存器 ES、FS、GS 也可以给出其他数据段的段值。每当需要产生一个 20 位的物理地址时,CPU 会自动引用一个段寄存器获得段值,形成 20 位的段起始地址,再加上有效地址(偏移)。

【例 6-3】　在实地址方式下,某个段的段值为 F000H,现要把段内最低的 8 个字节的内容送到两个 32 位的通用寄存器(EAX 和 EDX)中。

如下代码片段实现这一要求:

```
MOV    AX, 0F000H                ;十六进制常数
MOV    DS, AX                    ;使 DS 指向指定的段(段值为 F000H)
MOV    ESI, 0                    ;使 ESI 为 0(段内最低地址的偏移为 0)
MOV    EAX, [ESI]                ;取出最低的 4 个字节
MOV    EDX, [ESI+4]              ;再取出次低的 4 个字节
```

在执行指令"MOV　EAX,[ESI]"时,自动引用数据段寄存器 DS 中的段值,由 ESI 给出的有效地址为 0,所访问存储单元的逻辑地址为 F000:0000H,物理地址为 F0000H。同样,在执行"MOV　EDX,[ESI+4]"时,自动以 DS 寄存器为段值,访问的存储单元的逻辑地址为 F000:0004H,物理地址为 F0004H。

【例 6-4】　在实地址方式下,现要求把位于 F000H 段开始处的 32 个字节的数据复制到开始地址为 B800:2000H 的区域。由于是实地址方式,因此 F000H 和 B800H 都是段值。

如下代码片段实现这一要求:

```
        MOV    AX, 0F000H             ;对应源段的段值
        MOV    DS, AX                 ;使 DS 含源数据段的段值
        MOV    AX, 0B800H             ;对应目标段的段值
        MOV    ES, AX                 ;使 ES 含目标数据段的段值
        MOV    ESI, 0                 ;ESI=0
        MOV    EDI, 2000H             ;EDI=2000H
        MOV    ECX, 8                 ;ECX=8,作为循环计数
NEXT:
        MOV    EAX, [ESI]             ;从源数据段中取 4 个字节到 EAX
                                      ;自动引用 DS,偏移为 ESI 值
        MOV    [ES:EDI], EAX          ;把 EAX 中的 4 个字节送到目标段
                                      ;引用段寄存器 ES,偏移为 EDI 值
        ADD    ESI, 4                 ;调整 ESI,指向源段下个双字存储单元
        ADD    EDI, 4                 ;调整 EDI,指向目标段下个双字存储单元
        LOOP   NEXT                   ;控制循环
```

在上述代码片段中,采用了一个循环,复制数据块。在循环开始之前,使得 DS 含有源数据段的段值 F000H,也就是源数据段成为当前数据段,还使得 ESI 指向数据块起始位置。同时,使得 ES 含有目标数据段的段值 B800H,还使得 EDI 指向目标处。

每次复制 4 个字节。指令"MOV　EAX,[ESI]"从源数据段取出 4 个字节到 EAX,在确定存储单元物理地址时,自动引用 DS 获得段值。指令"MOV　[ES:EDI],EAX"把刚取出的 4 个字节送到目标数据段,在确定存储单元物理地址时,引用附加段寄存器 ES 获得段值。在指令中采用显式的方式指定访问存储单元时引用的段寄存器。如果省略掉其中的"ES:",那么就变为指令"MOV　[EDI],EAX",这样就会自动引用 DS,达不到预期的效果。

图 6.3 给出了复制开始 4 个字节数据时的示意图,为了简化,每个格子含 4 个字节。

利用字符串操作指令 MOVSD 实现例 6-4 的功能,效率会更高。

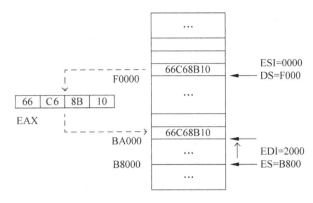

图 6.3　例 6-4 中复制 4 个字节数据的示意图

　　当需要同时访问多个数据段时,利用附加段寄存器可以避免频繁切换当前数据段寄存器 DS 的内容,从而大大提高效率。因此,从 Intel 80386 开始增加了两个附加段寄存器 FS 和 GS,这样可以方便地实现同时访问 4 个数据段。

　　除了字符串操作时目的段会自动采用附件段寄存器 ES 之外,对 3 个附加段寄存器 ES、FS 和 GS 的引用必须采用显式的方式。所谓显式的方式,是指在指令中直接标明段寄存器。这个直接标明的段寄存器称为段超越前缀,超越的对象是默认引用的段寄存器。

　　在访问一般存储器操作数时,可以采用段超越前缀的方式,指定引用的段寄存器,从而不再引用段寄存器 DS。不仅可以指定 3 个附加段寄存器 ES、FS 和 GS,而且可以是代码段寄存器 CS 和堆栈段寄存器 SS。

　　【例 6-5】　如下指令片段演示段超越前缀的使用,其中注释给出了确定所访问存储单元物理地址的方法。

```
MOV    EAX, [FS:1000H]        ;物理地址=FS* 16+1000H
MOV    [GS:EDI], DX           ;物理地址=GS* 16+ EDI
MOV    DX, [CS:ESI]           ;物理地址=CS* 16+ ESI
MOV    AL, [SS:ESI]           ;物理地址=SS* 16+ ESI
```

　　如果段超越前缀为 CS,那就意味着把代码段的内容作为数据来访问,这种情况是较少发生的。虽然段超越前缀可以是 SS,但一般不通过这种方式直接访问堆栈的内容。因为常常需要直接访问堆栈的内容,所以 IA-32 系列 CPU 规定,当确定存储单元有效地址时,如果寄存器 EBP 或者 BP 作为基址寄存器时,而且又没有段超越前缀,则自动引用 SS,而非 DS,在 2.5.2 节中也有说明。

6.1.3　16 位的存储器寻址方式

　　在 2.5.2 节中介绍了存储器寻址方式,IA-32 系列 CPU 提供了灵活多样的 32 位的存储器寻址方式。

　　为了保持与早先处理器的兼容,IA-32 系列 CPU 还支持 16 位的存储器寻址方式,也就是给出 16 位的存储单元有效地址或 16 位的偏移。16 位的存储器寻址方式主要应用于实方式。在实方式下,存储段的长度不超过 64KB,存储单元的有效地址是 16 位。

　　图 6.4 给出了 16 位有效地址 EA 的各种可能的表示形式。其中,基址部分可以是寄存器 BX 或 BP;变址部分可以是寄存器 SI 或 DI;位移量采用补码形式表示,在计算有效地址时,

如位移量是 8 位,则被带符号扩展成 16 位。

在图 6.4 所示的 16 位有效地址表示形式中,基址、变址和位移量 3 个部分,可以缺省任何两部分。如果去掉基址部分或者变址部分,则退化为寄存器相对寻址方式。如果同时去掉基址部分和变址部分,则退化为直接寻址方式。如果只保留基址部分或者变址部分,则退化为寄存器间接寻址方式。

$$
EA = \begin{bmatrix} BX \\ BP \end{bmatrix} + \begin{bmatrix} SI \\ DI \end{bmatrix} + \begin{bmatrix} 8位 \\ 16位 \end{bmatrix}
$$

图 6.4   16 位有效地址(偏移)的计算式

在使用 16 位的存储器寻址方式时,如果寄存器 BP 作为有效地址的一部分,则默认引用的段寄存器是 SS。

【例 6-6】   如下指令演示 16 位存储器寻址方式的使用。

```
MOV    [DI], AX              ;目的操作数有效地址是 DI 值
ADD    DL, [SI+100H]         ;源操作数有效地址是 SI 值加 100H
SUB    CX, [BX+DI-4]         ;源操作数有效地址是 BX 值加 DI 值再减 4
MOV    [BX+SI+1230H], AL     ;目的操作数有效地址是 BX 值加 SI 再加 1230H
MOV    DX, [BP+8]            ;源操作数有效地址是 BP 值加 8
```

【例 6-7】   如下指令演示 16 位存储器寻址方式的使用,操作数是 32 位。

```
MOV    EAX, [SI]             ;把 SI 所指的双字存储单元的值送到 EAX
ADD    EDX, [DI-4]           ;源操作数的有效地址是 DI 值减 4
SUB    [BX+DI], ECX          ;目的操作数有效地址是 BX 值加上 DI 值
MOV    [BX+SI+3], EAX        ;目的操作数有效地址是 BX 值加上 SI 值再加 3
```

注意,在 16 位存储器寻址方式中,基址寄存器 BX 或 BP 不能作为变址寄存器,变址寄存器 SI 或 DI 不能作为基址寄存器。所以,不能同时出现两个基址寄存器或者两个变址寄存器。还需注意,寄存器 AX、CX、DX、SP 不能作为基址寄存器,也不能作为变址寄存器。这两点与 32 位存储器寻址方式是不同的。

【例 6-8】   如下指令中 16 位存储器寻址方式的使用是非法的。

```
MOV    EAX, [SI+DI]          ;同时使用了 SI 和 DI
MOV    DX, [AX]              ;寄存器 AX 不能作为基址或变址寄存器
MOV    [CX-3], AL            ;寄存器 CX 不能作为基址或变址寄存器
```

【例 6-9】   如下指令演示针对 16 位存储器寻址方式取有效地址指令的使用,指令执行的结果作为注释,后缀 H 表示十六进制。

```
MOV    DI, 1234H            ;DI=1234H
MOV    BX, 16H              ;BX=0016H
LEA    SI, [DI+BX+5]        ;SI=124FH
LEA    EAX, [BX+DI-2]       ;EAX=00001248H
```

在实方式下,存储段的长度不能超过 64KB,所以无论是逻辑地址中的偏移,还是存储器寻址方式中的有效地址,最大为 FFFFH。在采用 16 位存储器寻址方式时,如果所得有效地址超过 FFFFH,那么自动丢掉高位,仅保留低 16 位。但是,在采用 32 位存储器寻址方式时,如果所得有效地址超过 FFFFH,在访问存储器时,将会引起异常。在第 9 章中会详细介绍异常

及其处理。

6.2　源程序和语句

汇编语言源程序由语句构成,汇编语言的语句可分为指令语句、伪指令语句、宏指令语句和指示语句四大类。在给出汇编语言源程序实例之后,本节简要介绍汇编语言的语句分类,说明指令语句和伪指令语句的格式。

6.2.1　汇编语言源程序

通过实例来了解汇编语言源程序的组织,可以更好地理解和掌握相关概念。

1. 单个段的源程序

先来看一个简单且完整的汇编语言源程序。它与前面章节中介绍的嵌入汇编形式的代码不同,也与由 C 语言源程序得到的汇编格式指令表示的目标程序不同。

【例 6-10】　基于汇编器 NASM,编写一个显示输出"Hello,world"的程序。

如下程序 dp61.asm,显示输出"Hello,world",分号之后是注释:

```
        segment text              ;命名段 text
        org    100H               ;段内偏移从 100H 开始计算
        ;
        MOV    AX, CS
        MOV    DS, AX             ;使数据段与代码段相同
        ;
        MOV    DX, hello          ;DX=信息 hello 的段内偏移
        MOV    AH, 9
        INT    21H                ;显示 hello 开始的字符串(以$结尾)
        ;
        MOV    AH, 4CH
        INT    21H                ;返回操作系统
        ;
hello  db   "Hello,world", 0DH, 0AH, '$     ;定义字符串信息
;=============================
```

利用汇编器 NASM 汇编处理上述源程序,可以直接生成一个 COM 类型的应用程序。具体汇编命令行如下所示,在 10.1 节中将详细介绍汇编器 NASM 的使用。

```
    NASM  dp61.asm  -o dp61.com
```

在 Windows(32 位版本)控制台窗口中,可以直接运行应用程序 dp61.com。运行时,在屏幕上显示信息"Hello,world"。

上述程序的代码和数据都在一个段内,操作系统(可以认为是 Windows 的 DOS 模拟器)在把它装入运行时,将给它分配存储空间。在操作系统把控制权转到该程序时,将设置妥当代码段寄存器 CS 和指令指针寄存器 IP。

作为 COM 类型的应用程序,程序将从段内偏移 100H 处开始执行。首先设置数据段寄存器 DS,使得 DS 与 CS 相同;然后调用操作系统提供的特别子程序(也称系统功能)的 9 号,显示输出字符串信息;最后又调用操作系统提供的系统功能的 4CH 号,结束程序的运行。

调用系统功能类似于调用子程序，也会用到出入口参数。编号为 9 的系统功能是显示输出字符串，其入口参数为字符串首地址，DS 含有段值，DX 含有偏移。源程序中的标号（名称）hello，表示对应字符串起始的段内偏移。

　　调用系统功能的方法比较简单，准备好相应的参数，包括寄存器 AH 含有功能编号，然后使用调用指令"INT　21H"即可。这与过程调用指令 CALL 类似。

2. 多个段的源程序

　　现在来看一个含有多个段的源程序。

　　【例 6-11】 如下程序 dp62.asm 首先接受用户按一个键，然后以两位十六进制数的形式显示所按键的 ASCII 码。

```
    segment code                ;定义段 code
..start:                        ;启动标号
    MOV    AX, stack
    MOV    SS, AX               ;设置堆栈段寄存器
    MOV    SP, stacktop         ;设置堆栈顶
    ;
    MOV    AX, data
    MOV    DS, AX               ;设置数据段寄存器
    ;
    MOV    DX, prompt
    CALL   PrintStr             ;显示提示信息
    ;
    MOV    AH, 1
    INT    21H                  ;接收用户按键
    ;
    MOV    BL, AL               ;临时保存所按键
    ;
    MOV    DX, newline
    CALL   PrintStr             ;形成回车换行
    ;
    MOV    AL, BL               ;恢复
    SHR    AL, 4
    CALL   ToASCII              ;把高 4 位转换为对应 ASCII 码
    MOV    [result], AL         ;保存
    MOV    AL, BL
    CALL   ToASCII              ;把低 4 位转换为对应 ASCII 码
    MOV    [result+1], AL       ;保存
    ;
    MOV    DX, result
    CALL   PrintStr             ;显示结果信息
    ;
    MOV    AH, 4CH
    INT    21H                  ;返回操作系统
    ;
;显示输出指定的字符串
PrintStr:                       ;子程序入口
    PUSH   BX                   ;保护寄存器 BX
```

```
        MOV    BX, DX
LAB1:
        MOV    DL, [BX]              ;取出待显示字符
        INC    BX                   ;指向下一个
        CMP    DL, '$'              ;结束符吗?
        JZ     LAB2                 ;遇到结束符,结束
        MOV    AH, 2
        INT    21H                  ;显示该字符
        JMP    LAB1                 ;继续
LAB2:
        POP    BX                   ;恢复寄存器 BX
        RET
;
;把低 4 位转成对应十六进制数 ASCII 码
ToASCII:                            ;子程序入口
        AND    AL, 0FH
        ADD    AL, '0'
        CMP    AL, '9'
        JBE    LAB3
        ADD    AL, 7
LAB3:
        RET
;-------------------------------
;
        segment    data                  ;定义段 data
prompt     db  "Press a key:",'$'
newline    db  0DH,0AH,'$'
result     db  0,0                        ;存放十六进制数 ASCII 码
           db  'H',0DH,0AH,'$'            ;结果字符串后半部分
;-------------------------------
;
        segment    stack    stack         ;定义堆栈段
        resb   1024                       ;安排 1024 字节作为堆栈
stacktop:
;===============================
```

上述源程序 dp62.asm 含有 3 个段,即代码段、数据段和堆栈段。它们分别由段定义语句 segment 开始,可以按具体需要命名各个段。当然有意义的段名肯定有助于程序的阅读和理解。这里代码段的段名为 code。这里数据段的段名为 data,含有程序要使用到的数据,包括提示信息和结果信息。这里堆栈段的段名为 stack,段名之后的段类型 stack 明确表示这是堆栈段,它含有 1024 字节的堆栈空间。

在经过汇编和链接处理后,可以得到一个可执行程序。如下命令行进行汇编,由源程序 dp62.asm 生成目标文件 dp62.obj,细节参见 10.1 节。

```
    NASM  dp62.asm  -f obj  -o dp62.obj
```

如下命令行进行链接,由目标文件 dp62.obj 生成可执行程序 dp62.exe,注意命令行尾的

分号。

```
LINK  dp62 ;
```

在 Windows(32 位版本)控制台窗口中,可以直接运行应用程序 dp62.exe。

操作系统在把它装入运行时,将给上述逻辑上的 3 个段,分配 3 个相应的存储段。在操作系统把控制权转到它时,将设置好代码段寄存器 CS 和指令指针寄存器 IP。

程序将从标号..start 处开始执行。首先建立堆栈,即设置堆栈段寄存器 SS 和堆栈指针 SP;然后设置数据段寄存器 DS。实际上在利用汇编器 NASM 汇编生成 obj 类型的目标文件时,源程序中的段名 data 和 stack 分别表示对应段的段值。在此基础上,实现相应功能。首先显示提示信息,接收用户按键;接着把用户所按键的键值转换为两位十六进制数的 ASCII 码,填入结果字符串;然后显示输出结果字符串;最后返回操作系统。

子程序 PrintStr 显示输出字符串,但没有像例 6-10 那样,调用 9 号系统功能,而是采用循环逐字符显示。类似地,调用 4CH 号系统功能,返回操作系统。在程序中,调用 1 号系统功能,接收用户键盘输入;调用 2 号系统功能,显示输出一个字符。第 1 号系统功能的出口参数在寄存器 AL 中,也就是所按键的 ASCII 码值。第 2 号系统功能的入口参数在寄存器 DL 中,是要显示输出字符的 ASCII 码。

这里多次出现 ASCII 码的概念,似乎有些混乱。字符的输入和输出都将用到 ASCII 码。在输入前,键盘上的键位,代表字符;在输出后,屏幕上的图案代表字符。实际上,在作为数据表示时,一个普通的字符对应一个 8 位的 ASCII 码(也就是 8 位二进制数据),也可以说,一个 ASCII 码代表一个字符。在输入时,由按键得到 ASCII 码;在输出时,由 ASCII 码得到图案。常常采用两位十六进制数表示一个 8 位二进制数。因此,为了显示输出一个按键的 ASCII 码值,需要先得到对应两个十六进制数符号的 ASCII 码。

6.2.2　语句及其格式

1. 语句的种类

汇编语言有 4 种类型的语句,分别是指令语句、伪指令语句、宏指令语句和指示语句。实际上,它们分别对应指令、伪指令、宏指令和指示。

用符号表示的机器指令称为汇编格式的指令。指令语句就是表示汇编格式指令的语句,也就是表示符号化的机器指令的语句。汇编器在对源程序进行汇编时,把指令语句翻译成机器指令。在例 6-10 和例 6-11 给出的源程序中,绝大部分是指令语句,它们描述由处理器执行的具体操作。

伪指令并非真正符号化的机器指令。对处理器而言,伪指令不是指令,但对汇编器而言,它却是指令。伪指令主要用于定义变量,预留存储单元。将在 6.4 节中介绍常用的伪指令。伪指令语句就是表示伪指令的语句。在例 6-11 的数据段中,利用伪指令 db 定义了字符串,在堆栈段中,利用伪指令 resb,安排了作为堆栈使用的空间。

宏指令语句表示宏指令。宏指令简称宏,与高级语言中宏的概念相同,就是代表一个代码片段的标识符。宏指令在使用之前要先声明。

指示(directive)也常称为汇编器指令或汇编指令,它指示汇编器怎样进行汇编,如何生成目标代码。为了避免与汇编格式指令相混淆,所以把它称为"指示"。在例 6-10 和例 6-11 中的段声明语句 segment 就是指示,告诉汇编器一个段的开始。

2. 语句的格式

指令语句和伪指令语句的格式是相似的,都由 4 个部分组成。

(1) 指令语句的格式如下:

　　　〔标号:〕　〔指令助记符〕　〔操作数表〕　〔;注释〕

在 1.2.2 节中已对指令语句的格式作过简要说明。由指令助记符和对应的操作数表给出具体的某条指令。操作数的个数与具体的指令有关,可以多个,也可以没有。如果有多个操作数,操作数之间用逗号分隔。操作数的形式也与具体的指令有关,可以是常数或数值表达式、寄存器(寄存器名)或者存储单元(有效地址)。

指令语句可以表示处理器支持的各种有效指令。

汇编器 NASM 允许省略标号后的冒号。但建议一般情况下,不要省略冒号。

(2) 伪指令语句的格式如下:

　　　〔名称〕　〔伪指令定义符〕　〔参数表〕　〔;注释〕

伪指令定义符规定了伪指令的功能。一般伪指令语句都有参数,用于说明伪指令的操作对象,参数的类型和个数随着伪指令的不同而不同。有时参数是常数(数值表达式),有时参数是一般的符号,有时是具有特殊意义的记号。伪指令语句中的名称有时是必需的,有时是可省略的,这也与具体的伪指令有关。名称之后也可以有冒号,但一般不用。

汇编器忽略由分号开始至行尾的注释。为了阅读和理解程序的方便,程序员要恰当地使用注释,通过注释来说明语句或程序的功能。有时整行都可作为注释,只要该行以分号引导。

通常一个语句写一行。语句的各组成部分间要有分隔符。标号后的冒号是现成的分隔符,注释引导符分号也是现成的分隔符。此外,空格和制表符是最常用的分隔符,且多个空格或多个制表符的作用与一个空格或制表符的作用相同。汇编过程中,作为分隔符的空格和制表符会被忽略(除非作为字符串中的字符),所以常通过在语句行中加入空格和制表符的方法使上下语句行的各部分对齐,以方便阅读。尽管对齐不是必需的,但肯定有助于阅读。参数之间常用逗号作分隔符,但有时也用空格或制表符作分隔符。

汇编器 NASM 使用反斜杠(\)作为续行符。如果一个行以反斜杠结束,那随后的行会被认为是前面一行的一部分。

对汇编器 NASM 而言,并不区分指令语句中的“标号”和伪指令语句中的“名称”,它们都属于标识符或者符号。在源程序中引用标号和名称,它们都代表相应存储单元在段内的偏移,也就是有效地址。可以认为,标号处存储单元存放的是指令,而名称处存储单元存放的是数据。

3. 标识符

标识符由字母、数字及一些特定字符('-'、'$'、'♯'、'@'、'~'、'.'和'?')等组成,但只有字母、'.'、'_'和'?'可以作为标识符的开头。标号和名称作为标识符,它们当然也必须符合上述规则。

标号和名称要尽量起得有意义,这会大大有助于程序的阅读和理解。

由程序员命名的标识符不应该是汇编语言的保留字。汇编语言中的保留字主要是指令助记符、伪指令定义符和寄存器名,还有一些其他的特殊保留字。但是,汇编器 NASM 允许一个标识符加上一个 $ 前缀,以表明它被作为一个标识符而不是保留字来处理。这样可以用“ $ eax”表示标识符“eax”,而非寄存器 eax。

汇编器 NASM 是大小写敏感的,它区分大小写字母。这一点与有些汇编器不同。这就意味着,对由程序员命名的标识符而言,出现在标识符中的大小写字母是不同的。当然,对指令助记符、伪指令定义符和寄存器名等保留字而言,大小写并没有区别。

6.3　操作数表示

指令的操作数通常在寄存器或者存储单元中,有时也会是立即数。在 NASM 的汇编格式指令中,通用寄存器和段寄存器都直接用寄存器名表示,比较直接和简单。立即数就是常数,可以有多种表示形式。存储单元的表示就是存储器寻址方式的表示,也就是有效地址的表示。本节将介绍常数、数值表达式和有效地址。

6.3.1　常数

汇编器 NASM 能够识别 4 种不同类型的常数:整数、字符、字符串和浮点数。

1. 整数

在没有特别标记时,一个整数由十进制表示,也可以采用十六进制、八进制和二进制形式表示。后缀 H 表示十六进制数,后缀 Q 或 O 表示八进制数,后缀 B 表示二进制数。当然也可以用后缀 D 表示十进制数,但一般不会这样做。为了避免与普通标识符混淆,十六进制数应以数字开头,如果以字母开头,应该再加上数字 0。还可以采用 C 风格的前缀 0x 表示十六进制数。

【例 6-12】 如下汇编格式指令说明多种整数的表示形式,汇编时汇编器 NASM 将生成完全相同的代码,分号之后是注释。

```
MOV    AX, 168         ;十进制表示
MOV    AX, 0168        ;仍然表示十进制数
MOV    AX, 168d        ;后缀 D,代表十进制数
MOV    AX, 0A8h        ;后缀 H,代表十六进制数
MOV    AX, 10101000B   ;后缀 B,代表二进制数
MOV    AX, 250Q        ;后缀 Q,代表八进制数
MOV    AX, 250O        ;后缀 O,代表八进制数
MOV    AX, 0xA8        ;前缀 0x,代表十六进制数
```

【例 6-13】 如下汇编格式指令说明多种整数表示形式的使用特点。

```
OR     AX, 8080H
AND    BL, 0FH
TEST   BL, 00110100B
OR     AL, 11001010B
```

在表示整数时,NASM 还可以更灵活。

2. 字符

字符常数是一对单引号(或者双引号)之间的若干个字符。每个字符表示一个字节(8 个二进制位),可以认为字符的值是对应 ASCII 码值。在表示 32 位数据时,包含在一对引号中的字符常数最多可以由 4 个字符组成。对于由多个字符组成的字符常数,在存储时出现在前面的字符占用低地址存储单元。这样,按照"高高低低"存储规则,出现在前面的字符代表了数值的低位。

【例 6-14】 如下汇编格式指令说明字符常数的表示及其值,分号之后的注释给出在执行指令后相关寄存器的内容,后缀 H 表示十六进制。

```
MOV    AL, 'a'              ;AL=61H
MOV    AX, 'a'              ;AX=0061H
MOV    AX, 'ab'             ;AX=6261H
MOV    EAX, 'abcd'          ;EAX=64636261H
MOV    BX, 'abcd'           ;BX=6261H
```

由于最后一条指令中的字符常数太大,汇编过程中,汇编器 NASM 会给出警告,并抛弃高位部分。

【例 6-15】 如下汇编格式指令说明表示字符常数时单引号和双引号的互换,分号之后的注释给出在执行指令后相关寄存器的内容,后缀 H 表示十六进制。

```
MOV    AL, '"'              ;AL=22H
MOV    AL,"'"               ;AL=27H
MOV    BL, "A"              ;BL=41H
MOV    BX, "AB"             ;BX=4241H
```

3. 字符串

字符串常数与字符常数很相近,但是字符串常数可以含有更多的字符。字符串常数往往出现在一些数据定义伪指令中,请参见 6.4 节。

6.3.2　数值表达式

在汇编语言中表达式的概念与 C 语言中是一样的,由运算符和括号把常数、记号和标识符等连接起来的式子,称为表达式。所谓数值表达式,是指在汇编过程中能够由汇编器计算出具体数值的表达式,所以组成数值表达式的各部分必须在汇编时就能完全确定。

表 6.1 按优先级的顺序由低到高列出了汇编器 NASM 支持的运算符。其中,按位或运算符的优先级最低,单目运算符的优先级最高。

表 6.1　运算符及其优先级

优先级	运算符	运算说明	运算对象个数
7	|	按位或(类似指令 OR)	2
6	^	按位异或(类似指令 XOR)	2
5	&	按位与(类似指令 AND)	2
4	<<	逻辑左移(类似指令 SHL)	2
	>>	逻辑右移(类似指令 SHR)	2
3	+	加运算	2
	−	减运算	2
2	*	乘	2
	/	无符号除	2
	//	有符号除	2
	%	无符号模	2
	%%	有符号模	2
1	+	加号	1
	−	负号	1
	~	按位取反(类似指令 NOT)	1
	!	逻辑否	1
	seg	获得段值	1

注意,对除法运算和取模运算,NASM 区分有符号和无符号。

【例 6-16】 如下汇编格式指令演示运算符的使用,注释给出在执行指令后相关寄存器的内容,后缀 H 表示十六进制。

```
MOV    AL, 01000111B | 00100000B              ;AL=67H
MOV    AL, 01101000B & 11011111B              ;AL=48H
MOV    AL, 03H << 4                           ;AL=30H
MOV    AL, 80H >> 6                           ;AL=02H
MOV    AL, ~  00000001B                       ;AL=FEH
MOV    AL, ! 1                                ;AL=00H
MOV    AL, -1                                 ;AL=FFH
```

【例 6-17】 如下汇编格式指令还是演示运算符的使用,注释给出在执行指令后相关寄存器的内容,后缀 H 表示十六进制。

```
MOV    DL, 43H << 2+3                         ;DL=60H
MOV    EDX, -10 / 4                           ;EDX=FFFFFFFDH
MOV    DL, -10 //4                            ;DL=FEH
```

汇编过程中,对上述第一条指令中的表达式,NASM 会发出结果太大的警告。将 43H 左移 5 位的结果是 860H,超过 DL 的范围。类似地,对上述第二条指令中的表达式,NASM 也会发出警告。由于除法运算符"/"表示无符号除,所以-10 作为一个无符号数时,它代表一个很大的值,在除以 4 后的商仍然很大,超过 32 位。

由于 NASM 在计算表达式时至少使用 32 位长度,因此需要谨慎对待整型数溢出的情况。所幸例 6-17 仅仅是为了说明运算符的作用,一般不会这样做。

6.3.3 　有效地址

有效地址给出存储单元,有效地址的表示就是存储器操作数的表示。

汇编器 NASM 支持 32 位存储器寻址方式,也支持 16 位存储器寻址方式。

【例 6-18】 如下汇编格式的指令说明有效地址的表示。

```
MOV    AL, [BX]
MOV    AX, [SI+3]
MOV    AX, [BX+DI-5]
MOV    AX, [ECX]
MOV    AX, [ESI+EBX]
MOV    AX, [EDX* 4+ESI+8]
```

上述指令中,源操作数都是存储器操作数,采用 16 位存储器寻址方式或者 32 位存储器寻址方式,存储单元有效地址的表达式出现在方括号中。

为了直观明确,汇编器 NASM 要求表示存储单元有效地址的表达式只能出现在方括号中。即使是标号或者名称,当它们表示存储单元内容时,也必须出现在方括号中。这一点与有些汇编器不同。

【例 6-19】 演示有效地址的表示。假设变量 wordvar 是由如下伪指令语句定义的一个字存储单元。

```
wordvar   DW     1234H
```

如下汇编格式指令说明与变量 wordvar 相关的有效地址的表示。

```
MOV     AX, [wordvar]                       ;直接寻址
MOV     AX, [wordvar+2]                     ;直接寻址
MOV     AX, [wordvar-3]                     ;直接寻址
MOV     AX, [wordvar+BX]                    ;寄存器相对寻址
MOV     AX, [SI+wordvar]                    ;寄存器相对寻址
MOV     AX, [BX+DI+wordvar]                 ;相对基址变址寻址
```

在上述指令中,变量名 wordvar 表示该变量在存储段中的段内偏移(有效地址)值。假设变量 wordvar 的段内偏移值是 100H,那么"wordvar＋2"表示有效地址 102H,"wordvar－3"表示有效地址 0FDH。类似地,"wordvar＋BX"表示的有效地址是寄存器 BX 的内容加上 100H。

如果需要采用段超越前缀直接指定所引用的段寄存器,那么也应该把段超越前缀安排在方括号中。这也与有些汇编器不同。

【例 6-20】　如下指令说明段超越前缀的表示,其中标识符 bytevar 是一个变量名。

```
MOV     DL, [ES:bytevar]                    ;直接寻址
MOV     DL, [GS:BX+bytevar]                 ;寄存器相对寻址
```

6.3.4　数据类型说明

IA-32 系列 CPU 能够处理 8 位(字节)、16 位(字)或 32 位(双字)数据。绝大部分情况下,能够根据存放操作数的寄存器来确定操作数的类型(尺寸)。但是,类似如下的指令,操作数的类型不明确,汇编器 NASM 会报告错误。

```
MOV     [BX], 1
ADD     [DI+3], 5
SUB     [ESI+ECX*4], 6
```

汇编器 NASM 提供了 BYTE、WORD、DWORD 等关键字,用于说明操作数的类型(尺寸)。把这些关键词称为类型符。实际上,在 VC 2010 的嵌入汇编中或者由 VC 2010 生成的汇编格式目标代码中,经常可以看到利用"BYTE　PTR""DWORD　PTR"和"WORD PTR"指定操作数的类型。

【例 6-21】　如下汇编格式指令演示指定操作数的类型。

```
MOV     DWORD [BX], 1                       ;双字
ADD     BYTE [DI+3], 5                      ;字节
SUB     WORD [ESI+ECX*4], 6                 ;字
;
MOV     [BX], DWORD 1                       ;双字
ADD     [DI+3], BYTE 5                      ;字节
SUB     [ESI+ECX*4], WORD 6                 ;字
```

注意,在 NASM 中,省略了 PTR。

上述指令中,前一组三条指令在存储单元有效地址之前使用类型符,指定了操作数的类型(尺寸),后一组三条指令在立即数之前使用了类型符,它们的功效相同。因为这些指令中两个操作数的尺寸必须一致,所以指定一个操作数的类型就够了。这两组指令中的三条指令分别一一等价。

【例 6-22】 如下汇编格式指令演示指定操作数的类型。

```
INC    BYTE  [BX]              ;字节
DEC    WORD  [ECX-8]           ;字
INC    DWORD [0100H]           ;双字
;
PUSH   DWORD 99AAH             ;双字
PUSH   DWORD 12345678H         ;双字
PUSH   WORD  99H               ;字
```

上述指令中,只有一个操作数,通过类型符明确操作数的类型。

对于把立即数压入堆栈的 PUSH 指令,在 16 位代码中默认的操作数是字,在 32 位代码中默认的操作数是双字,所以需要明确操作数类型。另外,由于 PUSH 指令的操作数至少是 16 位的,因此不能使用类型符 BYTE。

汇编器 NASM 还提供了关键字 FAR 和 NEAR,用于说明标号的类型(远近)。

6.4　伪指令语句和变量

伪指令语句主要包含数据定义语句和存储单元定义语句,前者定义初始化的数据项,后者定义未初始化的数据项。本节将介绍它们的使用方法,还介绍常数符号声明语句。

6.4.1　数据定义语句

数据定义语句是常用的伪指令语句。

通过数据定义语句可为数据项分配存储单元,并根据需要设置其初值,还可用名称(标识符)代表数据项,此时名称(标识符)就与分配的存储单元相联系。

1. 数据定义语句格式

按 6.2.2 节介绍的伪指令语句格式,数据定义语句的一般格式如下:

```
［名称］ DB  参数表              ;定义字节数据项
［名称］ DW  参数表              ;定义字数据项
［名称］ DD  参数表              ;定义双字数据项
```

其中,DB、DW 或 DD 分别是伪指令符。第一个字母 D 的含义是"定义",第二个字母代表了数据类型,分别是字节(Byte)、字(Word)和双字(DoubleWord)。

【例 6-23】 如下伪指令演示数据定义语句的使用,各数据项之间由逗号分隔。

```
result  db  0, 0                ;定义 2 个字节,字节值为 0
        db  'H', 0DH, 0AH, '$ ' ;定义 4 个字节
wvar    dw  -1                  ;定义 1 个字,值为 FFFFH
        dd  5, 17               ;定义 2 个双字
```

名称是可选的,如果使用名称,那么它就代表存储单元的有效地址。确切地说,名称代表该语句所定义的若干数据项中第一个数据项对应存储单元的有效地址。

数据项的初值还可以是数值表达式。

在 6.2 节的例 6-10 演示程序 dp61 中和例 6-11 演示程序 dp62 中,都利用伪指令 db,定义了需要的数据项。

【**例 6-24**】 如下伪指令演示数据定义语句的使用,数据项是表达式,注释中的后缀 H 表示十六进制。

```
bvar    db   2+3*4, 0xc3 ≫ 4        ;定义 2 个字节,分别是 0EH 和 0CH
vector  dd   (0xABCD ≪ 16)+0x1234    ;定义 1 个双字=0ABCD1234H
        dw   -1                      ;定义 1 个字=0FFFFH
```

注意,负数采用补码表示。

2. 存储单元初始化

汇编器 NASM 按照数据定义语句给出的初值,初始化相关存储单元。而且,NASM 为多条相邻的数据定义语句,分配连续的内存单元。

【**例 6-25**】 设有如下数据定义语句。

```
wordvar dw   1234H, 55H
dvar    dd   99H
abcstr  db   'A', 'B', 0DH, 0AH, '$'
```

对应分配的存储单元及其值如图 6.5 所示,其中每一项为一个字节,数值采用十六进制表示。从图 6.5 可知,字符是对应的 ASCII 码值。由于采用“高高低低”规则存储,因此看上去似乎不习惯。

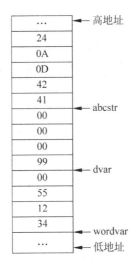

图 6.5 例 6-25 存储单元安排示意图

当数据项的初值由多个字符或者字符串构成时,它们按字符依次存储。

【**例 6-26**】 如下数据定义语句分别是等价的。

```
db  'hello'                ;一个字符串等价于如下
db  'h', 'e', 'l', 'l', 'o'  ;多个字符
;
dd  'ninechars'            ;这个字符串作为双字数据项
dd  'nine', 'char', 's'    ;相当于 3 个双字
db  'ninechars', 0, 0, 0   ;实际就是这样
```

单引号和双引号起同样的作用。

3. 初始化的变量

在数据定义语句中定义的数据项占用存储单元，可以把它作为变量。在定义语句中的名称相当于变量名。类似于高级语言，通过变量名，可以访问变量，本质上是存取对应的存储单元。

【例 6-27】 演示变量的定义和引用。设有如下数据定义语句，定义 3 个字变量和 1 个双字变量，现要计算这 3 个无符号字变量之和，并存放到双字变量中。

```
warray   dw   4455H, 6677H, 8899H
sum      dd   0
```

如下代码片段能够实现上述要求，假设事先已经设置好了段寄存器 DS 的值。

```
MOV   AX, [warray]
MOV   DX, 0
ADD   AX, [warray+2]
ADC   DX, 0
ADD   AX, [warray+4]
ADC   DX, 0
MOV   [sum], AX
MOV   [sum+2], DX
```

变量名代表了对应存储单元的有效地址，在通过变量名存取变量时，必须把变量名放在方括号中。从上述代码片段可知，在汇编语言中，由程序员自己根据数据类型计算偏移。在 NASM 中，还需要程序员自己关心数据类型，对上述最后两条指令，汇编过程中不会出现警告信息。这与有些汇编器不同。

【例 6-28】 换一种方法实现例 6-27。假设同样的数据定义语句，也假设设置好了 DS 值。

```
MOV   SI, warray              ;把变量有效地址送到 SI
MOVZX EAX, WORD [SI]
MOVZX EDX, WORD [SI+2]
ADD   EAX, EDX
MOVZX EDX, WORD [SI+4]
ADD   EAX, EDX
MOV   [sum], EAX              ;把 EAX 送到 sum 单元
```

在上述代码片段中，重点是首末两条指令。在第一条指令中，变量名 warray 没有出现在方括号中，该指令是把变量 warray 的有效地址送到寄存器 SI，并非变量的值。最后一条指令是把 EAX 的值送到双字变量 sum 中。中间几条指令中的关键字 WORD 是类型符，说明存储单元的尺寸。注意与第 5 章及之前的 VC 2010 嵌入汇编在表示形式上的不同。

6.4.2　存储单元定义语句

1. 存储单元定义语句

存储单元定义语句也是伪指令语句。

利用存储单元定义语句可以分配存储单元，但没有初始化，也可用名称代表存储单元。如果把这样的存储单元视为变量，那么就是没有初始化的变量。

存储单元定义语句的一般格式如下：

　　　　[名称]　**RESB**　项数　　　　　;预留字节存储单元

```
[名称]    RESW    项数              ;预留字存储单元
[名称]    RESD    项数              ;预留双字存储单元
```

其中,"项数"表示要定义的存储单元个数,可以是一个数值表达式。这些语句中 RESB、RESW 或 RESD 分别是伪指令符。RES 的含义是"预留",其后的字母代表了存储单元类型,分别是字节(Byte)、字(Word)和双字(DoubleWord)。

名称是可选的,如果使用名称,那么它就代表预留存储单元的首地址。

【例 6-29】 如下伪指令演示存储单元定义语句的使用。

```
buffer    resb   128            ;预留 128 个字节
wordtab   resw   4              ;预留 4 个字
farptr    resd   1              ;预留 1 个双字
```

存储单元定义语句中的"项数"还可以是一个数值表达式。

在 6.2 节的例 6-11 中,利用伪指令 RESB 安排了 1024 个字节的堆栈空间。

【例 6-30】 如下伪指令演示存储单元定义语句的使用,其中存储单元项数是一个表达式。

```
abuff    RESB   32*2            ;预留 64 个字节
wtable   RESW   3+5             ;预留 8 个字
```

注意,表示项目个数的表达式,必须是当时马上可以计算出结果的表达式。

2. 重复汇编前缀

汇编器 NASM 提供了一个重复汇编前缀 TIMES,利用这个前缀能够使得伪指令或者指令被重复汇编多次。使用的一般格式如下:

```
TIMES    重复次数表达式    伪指令或者指令
```

其中,代表重复次数的表达式应该是可以立即计算的。

【例 6-31】 如下语句分别定义 10 个字节的存储单元和 8 个字的存储单元,而且对这些存储单元进行了初始化。

```
times  10   db   3             ;重复"db  3"10 次
times  2+6  dw   1234H          ;重复"dw  1234H"8 次
```

【例 6-32】 如下语句生成 6 条 MOVSB 指令。

```
times  3*2  MOVSB
```

请注意上述语句与"REP MOVSB"的区别。

6.4.3 常数符号声明语句

1. 常数符号化

用符号表示常数或者数值表达式往往是个好主意。这样不仅有利于维护程序,也有利于阅读程序。汇编器 NASM 提供把常数符号化的伪指令。

常数符号声明语句的格式如下:

```
符号名    EQU    数值表达式
```

汇编过程中,NASM 会计算出数值表达式的值,然后符号就代表计算结果。在随后的程序中,就可以使用该符号代替这个表达式。

【例 6-33】 如下语句演示常数符号声明伪指令的使用。

```
COUNT   equ   5+3*2                           ;COUNT 代表 11
MIN     equ   8                               ;MIN 代表 8
MAX     equ   MIN+COUNT+20                     ;MAX 代表 39
```

从上面的伪指令可知,表达式可以含有事先已经声明过的其他常数符号。实际上,还可以包含在前面已经出现过的标号和名称等标识符。可以简单地认为,之前已经出现过(定义过)是重要的前提。

【例 6-34】　如下代码演示常数符号声明伪指令的使用。

```
hello    db    "Hello,world!", 0DH, 0AH, '$';15 个字节
hello2:                                        ;安排一个标号
MESLEN   equ   hello2-hello                     ;MESLEN 代表 15
dcount   dd    MESLEN                           ;定义双字,初始值为 MESLEN
buffer   resb  MESLEN                           ;保留 MESLEN 个字节
```

上述字符串 hello 是确定的,其长度在汇编时就可以确定。因为标号和名称都表示对应存储单元在段内的偏移,hello 代表了开始处的偏移,而 hello2 代表了结束处的偏移,所以 MESLEN 就代表了字符串 hello 的长度。实际上,hello2 与 dcount 具有相同的值。

假设已经安排了上述语句,如下代码片段功能是复制字符串 hello 到缓冲区 buffer 中:

```
MOV    ESI, hello
MOV    EDI, buffer
CLD
MOV    ECX, MESLEN                             ;ECX=字符串 hello 长度
REP    MOVSB
```

上述代码仅仅是为了说明相关伪指令而使用的演示代码。

2. 特殊记号 $ 和 $$

汇编器 NASM 支持在表达式中出现两个特别的记号,即'$'和'$$'。利用这两个记号,可以方便地获得当前位置值。

单个 $ 的作用。记号 $ 代表它所在源代码行的指令或者数据开始处在整个程序中的相对偏移。所以,如下指令表示跳转到自己,形成无限循环:

```
jmp    $
```

利用 $ 记号,可以改写例 6-34,省略标号 hello2。再来看一个类似的示例。

【例 6-35】　如下伪指令使得 message 占用的字节数是 16 的倍数。

```
message  db    "asdfjkl"
STRLEN   equ   $-message
         resb  16-( STRLEN % 16)
```

从上述代码可知,利用记号 $,计算出 message 本身的长度,再通过保留若干字节来使得实际占用的字节数为 16 的倍数。但有一点不足,如果 message 本身长度就是 16 的倍数,将多占用 16 个字节。

另一个使用重复汇编前缀的方法如下,它能够使得 message 占用的字节是 16。

```
message      db    "asdfjkl"
    times    16-($-message)   db  0
```

双 $ 的作用。记号 $$ 代表当前段开始处在整个程序中的相对偏移。一个源程序可能含

有多个段,利用记号＄＄可以获得当前段的起点。所以,通过表达式(＄-＄＄)得到当前位置在当前段内的差值。

【例 6-36】 如下语句使得 data 段的长度为 512 字节,且以标记 55H 和 0AAH 结尾。

```
segment   data                              ;定义段 data
DB  "how are you"
times   510-($-$$) db 0                     ;填充 0,直到满 510 字节
DB  55H, 0AAH                               ;最后两字节
```

6.4.4　演示举例

【例 6-37】 编写一个控制台应用程序,显示指定内存单元的内容。

如下程序 dp63.asm 实现所需功能。首先接收用户从键盘输入的某存储单元地址的段值;接着接收用户从键盘输入的某存储单元地址的偏移;然后取出对应存储单元的字节数据,并显示输出。

由用户从键盘分别输入段值和偏移,来指定存储单元,段值和偏移都采用十六进制表示。显示输出所指定存储单元的内容,采用二进制表示。

```
        segment   code               ;段 code
        org   100H                   ;起始偏移 100H
begin:
        MOV     AX, CS               ;使得数据段与代码段相同
        MOV     DS, AX               ;DS=CS
        ;
        MOV     DX, mess1            ;DX=mess1 的偏移
        CALL    EchoMess             ;显示输出提示信息 mess1
        MOV     DX, buffer           ;DX=buffer 的偏移
        CALL    GetHex               ;由键盘输入一个十六进制数
        MOV     [addrSeg], AX        ;保存,作为指定存储单元的段值
        CALL    NewLine              ;形成回车换行
        ;
        MOV     DX, mess2            ;DX=mess2 的偏移
        CALL    EchoMess             ;显示输出提示信息 mess2
        MOV     DX, buffer           ;DX=buffer 的偏移
        CALL    GetHex               ;由键盘输入一个十六进制数
        MOV     [addrDisp], AX       ;保存,作为指定存储单元的偏移
        CALL    NewLine              ;形成回车换行
        ;
        MOV     ES, [addrSeg]        ;取出段值,送到 ES
        MOV     BX, [addrDisp]       ;取出偏移,送到 BX
        MOV     AL, [ES:BX]          ;取出指定存储单元的字节值
        CALL    EchoBin              ;按二进制形式显示
        ;
        MOV     AH, 4CH
        INT     21H                  ;结束程序,返回操作系统
;----------------------------
;子程序名:GetHex
;功    能:接收由键盘输入的十六进制数,并转换成二进制值
```

```
    ;入口参数：DS:DX=用于存放字符串缓冲区的开始地址
    ;                    (首字节含有实际的缓冲区有效长度)
    ;出口参数：AX=二进制值(由字符串转换所得)
    ;说    明：不考虑非法输入,实际输入字符数应是缓冲区字节数
GetHex:
    PUSH  SI                      ;保护寄存器
    PUSH  BX
    MOV   SI, DX                  ;SI=缓冲区地址
    XOR   CX, CX                  ;
    MOV   CL, [SI]                ;CX=缓冲区长度
    LEA   BX, [SI+1]              ;BX=存放字符的缓冲区首地址
LL1@GetHex:                       ;==接收键盘输入的十六进制数字符串
    CALL  GetChar                 ;取得一个字符
    MOV   [BX], AL                ;依次保存
    INC   BX
    LOOP  LL1@GetHex              ;继续
    ;                             ;==转换成数值
    MOV   CL, [SI]                ;CX=缓冲区长度
    LEA   BX, [SI+1]              ;BX=存放字符的缓冲区首地址
    XOR   DX, DX                  ;DX=0
LL2@GetHex:
    MOV   AL, [BX]                ;依次取得一个字符
    INC   BX
    CALL  ToBin                   ;转换成字符对应的数值
    SHL   DX, 4                   ;准备合并
    OR    DL, AL                  ;合并到一起
    LOOP  LL2@GetHex              ;继续
    MOV   AX, DX                  ;AX=返回值(转换结果)
    ;
    POP   BX                      ;恢复被保护寄存器
    POP   SI
    RET                           ;返回
;------------------------------
;子程序名：ToBin
;功    能：把一位十六进制数字符转换成对应的二进制数值
;入口参数：AL=十六进制数字符
;出口参数：AL=对应二进制数值
;说    明：如非十六进制数字符,返回 0
ToBin:
    CMP   AL, '0'
    JB    LL2@ToBin
    CMP   AL, '9'
    JA    LL1@ToBin
    SUB   AL, '0'                 ;把'0'~'9'的字符转成对应数值
    RET
LL1@ToBin:
    AND   AL, 11011111B           ;可能小写字母转成大写字母
    CMP   AL, 'A'
```

```
        JB    LL2@ToBin
        CMP   AL, 'F'
        JA    LL2@ToBin
        SUB   AL, 'A'-10          ;把'A'~'F'的字符转成对应数值
        RET
LL2@ToBin:
        MOV   AL, 0               ;无效字符,默认值
        RET
;------------------------------
;子程序名: EchoBin
;功    能:二进制数形式显示 8 位二进制值
;入口参数:AL=二进制数
;出口参数:无
EchoBin:
        MOV   DH, AL
        MOV   CX, 8               ;8位二进制,循环 8 次
LL1@EchoBin:
        RCL   DH, 1               ;依次移出一位到进位标志 CF
        MOV   DL, '0'             ;假设为 0
        ADC   DL, 0               ;考虑实际值
        CALL  PutChar             ;显示一个字符
        LOOP  LL1@EchoBin         ;继续
        RET
;------------------------------
;子程序名: EchoMess
;功    能:显示字符串
;入口参数:DS:DX=字符串首地址
;出口参数:无
;说    明:字符串以 0 作为结束标志
EchoMess:
        PUSH  BX                  ;保护寄存器 BX
        MOV   BX, DX
LL1@EchoMess:
        MOV   DL, [BX]            ;取出待显示字符
        INC   BX                  ;依次
        OR    DL, DL              ;是否结束符?
        JZ    LL2@EchoMess        ;是,转结束
        CALL  PutChar             ;否,则显示
        JMP   SHORT LL1@EchoMess  ;继续
LL2@EchoMess:
        POP   BX                  ;恢复寄存器 BX
        RET                       ;返回
;------------------------------
;子程序名:NewLine
;功    能:显示输出回车换行
;出入参数:无
NewLine:
        MOV   AH, 2               ;2号系统功能
```

```
    MOV     DL, 0DH                    ;回车符
    INT     21H                        ;显示输出回车
    MOV     DL, 0AH                    ;换行符
    INT     21H                        ;显示输出换行
    RET                                ;返回
;------------------------------------
;子程序名: GetChar
;功    能:从键盘读一个键
;入口参数:无
;出口参数:AL=所读键的 ASCII 码
GetChar:
    MOV     AH,1
    INT     21H                        ;调用 1 号系统功能键盘输入
    RET
;------------------------------------
;子程序名: PutChar
;功    能:显示输出一个字符
;入口参数:DL=显示输出字符 ASCII 码
;出口参数:无
PutChar:
    MOV     AH,2
    INT     21H                        ;调用 2 号系统功能显示输出
    RET
;------------------------------------
;常量声明部分
BUFFLEN   equ   4
;数据部分
mess1     db    " Segment( xxxxH) :",0    ;提示字符串
mess2     db    " Offset( xxxxH) :",0     ;提示字符串
buffer    db    BUFFLEN                   ;输入缓冲区长度
          resb  BUFFLEN                   ;输入缓冲区
addrSeg   dw    0                         ;存放指定的存储单元段值
addrDisp  dw    0                         ;存放指定的存储单元偏移
;====================================
```

在上述汇编语言源程序中,子程序 GetHex 接收由键盘输入的十六进制数,并转换成对应的二进制值。为了简化,没有处理非法输入的情形,相反要求输入指定个数的字符。首先把输入的字符依次保存到缓冲区,然后再把保存在缓冲区中的十六进制数字串转换成对应的数值。该子程序使用的缓冲区的首字节含有缓冲区的有效长度(字节数),随后的空间才用于存放输入的字符信息。

对 NASM 汇编器而言,在源程序中出现的标号或者名称,它们代表存储单元的偏移。如果要存取对应存储单元的内容,必须把相应标号或者名称放在一对方括号中。

上述程序 dp63.asm 只有一个段,而且起始偏移从 100H 开始。这样安排后,利用汇编器 NASM,可以直接生成一个 COM 类型的可执行程序。如果文件的扩展名为.com,那么在控制台窗口中,就可以直接运行它。

【例 6-38】 如下程序 dp64.asm,演示根据用户的选择调用对应的子程序。

演示程序 dp64 的执行流程为:提示用户选择输入字母 D、H、O 或 Q 之一;随后接收用户键盘输入;然后根据输入的字母确定对应子程序的序号,如果为非法字母,直接结束;最后调用对应的子程序。

```
        segment  code                   ;声明段 code 开始
        org    100H                     ;现在以 100H 作为段内偏移
        JMP    begin                    ;跳转到 begin 处
keyval   db  0                          ;
keytab   db  "DdHhOoQq"                 ;有效字符串
KEYLEN   equ $-keytab                   ;符号常量(有效字符串长度)
prompt   db  "select(DHOQ) : $"
newline  db  0DH, 0AH, 24H
;
entrytab dw  SUBDD, SUBHH, SUBQQ, SUBQQ  ;子程序入口地址表
;
begin:
    MOV    AX, CS
    MOV    DS, AX                       ;数据段同代码段
    MOV    ES, AX                       ;附加段同代码段
    ;
    MOV    DX, prompt
    MOV    AH, 9
    INT    21H                          ;显示提示信息
    ;
    MOV    AH, 1
    INT    21H                          ;接受用户按键
    MOV    [keyval], AL                 ;保存到变量 keyval
    ;
    MOV    DX, newline
    MOV    AH, 9
    INT    21H                          ;输出回车换行
    ;
    MOV    AL, [keyval]                 ;取出刚保存的字符
    MOV    CX, KEYLEN                   ;有效字符个数
    MOV    DI, keytab                   ;准备利用字符串扫描指令
    CLD
    REPNZ SCASB                         ;判断用户输入字符是否有效
    JNZ    over                         ;用户输入无效的字母,转结束
    ;
    MOV    BX, KEYLEN-1                  ;准备计算字母在有效字符串中的索引
    SUB    BX, CX                       ;BX 为字母在有效字符串中的索引
    AND    BX, 0FEH                     ;(0,1)=0|(2,3)=2|(4,5)=4|(6,7)=6
    CALL   [BX+entrytab]                ;间接调用对应的子程序
    ;
over:
    MOV    AH, 4CH
    INT    21H                          ;结束程序,返回操作系统
```

```
;----------------------------------
SUBDD:                              ;显示一条信息
    MOV   DX, messageDD
    MOV   AH, 9
    INT   21H
    RET
messageDD  db  "This is subroutine DD",0DH,0AH,24H
;----------------------------------
SUBHH:                              ;显示一条信息
    MOV   DX, messageHH
    MOV   AH, 9
    INT   21H
    RET
messageHH  db  "This is subroutine HH",0DH,0AH,24H
;----------------------------------
SUBQQ:                              ;以八进制数形式,显示当前位置的偏移
    MOV   AX, $                     ;取得当前位置的偏移值
    PUSH  BX                        ;保存寄存器 BX
    MOV   BX, messageQQ             ;BX=显示信息串首地址(偏移)
    MOV   DX, AX
    XOR   AL, AL
    ROL   DX, 1                     ;单独处理最高位
    ADC   AL, '0'                   ;转换为对应的 ASCII 码
    MOV   [BX], AL                  ;保存到显示信息串首
    INC   BX
    MOV   CX, 5                     ;准备循环 5 次(3 位 * 5=15 位)
.NEXT:
    ROL   DX, 3                     ;一个八进制位对应 3 个二进制位
    MOV   AL, DL
    AND   AL, 07H
    ADD   AL, '0'                   ;转换为对应 ASCII 码
    MOV   [BX], AL                  ;依次保存到显示信息串中
    INC   BX
    LOOP  .NEXT                     ;循环 5 次
    ;
    MOV   DX, messageQQ             ;输出信息串首地址
    MOV   AH, 9
    INT   21H                       ;显示信息串
    POP   BX                        ;恢复寄存器 BX
    RET
messageQQ  db  "XXXXXXQ",0DH,0AH,24H
;==================================
```

在上述汇编语言源程序中,只有子程序 SUBQQ 稍复杂,它实现以八进制数的形式,显示该子程序入口处的偏移。

从上述程序可知,程序的数据部分被安排在程序的开始位置。为此,首先利用一条无条件转移指令跳过这些数据。

上述程序只有一个段,而且起始偏移从 100H 开始。这样安排后,利用汇编器 NASM 能

够容易地把它汇编生成 COM 型可执行程序。

6.5 段声明和段间转移

通常一个程序可以含有多个段,不仅代码和数据可以各自独立,而且根据需要不同功能的代码也可以占用不同的段。本节将介绍汇编器 NASM 的段声明语句,还进一步介绍 IA-32 系列 CPU 的段间转移指令。

6.5.1 段声明语句

段声明语句属于指示语句。它指示(通知)汇编器,开始一个新的段或者从当前段切换到另一个段。严格地讲,程序员使用的段声明语句是一个预定义的宏。

段声明语句的一般格式如下:

  **SECTION 段名 ［段属性］ **;注释

其中,段名给出段的名称,作为一个段的标识符。段属性进一步表示段的性质,可以默认,它与目标文件的格式相关,用到时再具体介绍。

为了方便使用,NASM 还提供了另一个等价的段声明语句,形式如下:

  **SEGMENT 段名 ［段属性］ **;注释

两个段声明语句仅是关键词不同,作用完全相同。

在本章前面的几个演示程序中,都采用了第二种形式。

【**例 6-39**】 演示段声明语句的使用。如下程序 dp65.asm,在经过汇编和链接后形成一个 EXE 类型的可执行程序。

```
        section  code              ;声明段 code
..start:                           ;由标号..start 指定执行起点
    MOV   AX, data
    MOV   DS, AX                    ;DS 用于数据段
    MOV   DX, hello
    CALL  Print_str                ;显示提示信息
    MOV   AH, 4CH
    INT   21H                      ;结束程序,返回操作系统
over:
    ;--------------------------
        section  data              ;声明段 data
hello    db  "Hello,world", 0DH, 0AH, 24H
    ;--------------------------
        section  code              ;恢复到段 code
Print_str:
    MOV   AH, 9
    INT   21H
    RET
```

在上述汇编语言源程序中三次使用了段声明语句。第一次声明开始一个名为 code 的段;第二次声明开始一个名为 data 的段;第三次声明切换回到 code 的段。在第三次声明一个段时,由于段名与前面的段名 code 相同,因此并不新建一个段,而是先前同名段的继续。这就意

味着,子程序 Print_str 的代码紧接在先前的指令之后,在这里标号 over 所表示的有效地址与标号 Print_str 所表示的有效地址相同。

在 Windows 控制台窗口中,利用如下汇编和链接命令,可以由源程序 dp65.asm 生成可执行程序 dp65.exe:

```
NASM  dp65.asm - f obj - o dp65.obj
LINK  dp65 ;
```

当然,这仅仅是一个用于说明段声明语句的示例。该示例程序也不同于 dp61.asm。

6.5.2 无条件段间转移指令

在 3.3.2 节中介绍了无条件转移指令,当时的重点是段内转移。现在进一步介绍无条件段间转移指令,确切地说是实方式下的无条件段间转移指令。保护方式下的无条件段间转移指令,将在第 9 章中具体介绍。

在实方式下,段内偏移只有 16 位,指令指针寄存器 EIP 只有低 16 位的 IP 起作用,堆栈指针寄存器 ESP 也只有低 16 位的 SP 起作用。

与无条件段内转移指令相比,无条件段间转移指令不仅设置 IP,而且重新设置代码段寄存器 CS。由于重置 CS,因此转移后继续执行的指令在另一个代码段中。

类似于无条件段内转移指令,按给出转移目的地址的不同方式,无条件段间转移同样可分为直接转移和间接转移两种。

1. 无条件段间直接转移指令

【例 6-40】 演示无条件段间直接转移指令的使用。如下程序 dp66.asm 含有 3 个代码段和一个数据段,在经过汇编和链接后形成一个 EXE 类型的可执行程序。

```
    section  codeA           ;开始段 codeA
..start:                     ;执行起点(由标号..start 指定)
    MOV   AX, data           ;取得 data 段的段值
    MOV   DS, AX             ;设置 DS
    MOV   DL, [flagch]
    MOV   AH, 2
    INT   21H                ;显示标记字符 A
    ;
    JMP   codeB:step2        ;段间转移到 codeB 段的 step2 处//@1
    ;
step4:
    MOV   DL, [flagch]
    MOV   AH, 2
    INT   21H                ;显示标记字符 A
    ;
    MOV   AH, 4CH
    INT   21H                ;结束程序,返回操作系统
;------------------------
    section  data  align=16  ;开始段 data
flagch  db   "ABC"
;------------------------
```

```
        section   codeC   align=16          ;开始段 codeC
step3:
      MOV    DL, [flagch+2]
      MOV    AH, 2
      INT    21H                             ;显示标记字符 C
      ;
      JMP    FAR   step4                     ;段间转移到 codeA 段的 step4 处//@2
;--------------------------------
        section   codeB   align=16          ;开始段 codeB
step2:
      MOV    DL, [flagch+1]
      MOV    AH, 2
      INT    21H                             ;显示标记字符 B
      ;
      JMP    codeC:step3                     ;段间转移到 codeC 段的 step3 处//@3
;================================
```

在运行对应的可执行程序时,屏幕显示信息"ABCA"。上述程序从 codeA 段内的 .. start 处开始执行,先设置数据段的段值,并显示标记字符 A,之后就利用段间转移指令跳转到 codeB 段内的 step2 处;在 codeB 段内,只是显示标记字符 B,随后就跳转到 codeC 段内的 step3 处;在 codeC 段内,也是显示标记字符 C,接着就跳转回 codeA 段内的 step4 处;在 codeA 段内,显示标记字符 A,最后结束程序。当然,这仅仅是一个演示程序。

在上述声明段开始的 section 语句中,"align＝16"表示段开始边界地址为 16 的倍数,这是一种段属性。

在上述程序 dp66.asm 中,使用了 3 次无条件段间转移指令,而且都是直接转移,参见源程序注释带//@的行。

无条件段间直接转移指令的格式如下:

JMP　　SNAME : LABEL

段名 SNAME 和标号 LABEL 用于表示转移的目标位置或者转移的目的地。其中,段名 SNAME 给出转移目标段,标号 LABEL 给出转移目标段内的偏移。

汇编器 NASM 还支持类型符 FAR 和 NEAR,用于表示标号的远近,或者转移目标的远近。利用类型符 FAR,表示远标号,明确要求采用段间转移指令。这样书写时可以省略段名,见上述程序 dp66.asm 中注释带//@2 的行。

如果使用类型符 FAR,那么无条件段间直接转移指令的格式如下所示:

JMP　　FAR　　LABEL

实方式下的无条件段间直接转移指令的对应机器指令,由操作码和目标地址两部分组成,其格式如图 6.6 所示。在操作码之后,首先是目标的段内偏移,然后是目标所在段的段值。16 位的偏移在低地址,16 位的段值在高地址。因为指令中直接含有转移目标地址,所以称为直接转移。

操作码OP	偏移	段值

图 6.6　无条件段间直接转移指令机器码的格式

在实方式下执行无条件段间直接转移指令时,把指令中所带的段值送到代码段寄存器 CS,同时把偏移送到指令指针寄存器 IP,从而实现段间转移。

2. 无条件段间间接转移指令

所谓间接转移,就是转移指令并不直接含有转移目标的地址。

【例 6-41】 演示无条件段间间接转移指令的使用。如下程序 dp67.asm 含有两个代码段和一个数据段,在经过汇编和链接后形成一个 EXE 类型的可执行程序。

```
        section  data  align=16        ;开始段 data
ptnext2  dw   step2                    ;标号 step2 的偏移
        dw   codeB                     ;标号 step2 所在段的段值
ptnext3  dw   step3                    ;标号 step3 的偏移
        dw   codeA                     ;标号 step3 所在段的段值
flagch   db   "abc"                    ;标记字符串
        ;
        ;------------------------
        section  codeA  align=16       ;开始段 codeA
..start:                               ;启动点(由标号..start 给定)
    MOV   AX, data
    MOV   DS, AX                        ;设置数据段的段值
        ;
    MOV   DL, [flagch]
    MOV   AH, 2
    INT   21H                          ;显示标记字符 a
        ;
    JMP   FAR [ptnext2]                 ;段间转移到 codeB 段的 step2 处//@1
        ;
step3:
    MOV   DL, [flagch]
    MOV   AH, 2
    INT   21H                          ;显示标记字符 a
        ;
    MOV   AH, 4CH
    INT   21H                          ;结束程序,返回操作系统
        ;
        ;------------------------
        section  codeB align=16        ;开始段 codeB
step2:
    MOV   DL, [flagch+1]
    MOV   AH, 2
    INT   21H                          ;显示标记字符 b
        ;
    MOV   BX, ptnext3                   ;取得存放转移目标地址的存储单元的偏移
    JMP   FAR [BX]                      ;段间转移到 codeA 段的 step3 处//@2
    ;=========================
```

运行经过汇编和链接形成的可执行程序,屏幕显示信息"aba"。

从上述程序可知,在数据段 data 中安排了指针变量 ptnext2 和 ptnext3,用于保存转移目标处 step2 和 step3 的地址,而且地址由偏移和段值两部分构成。在实方式下,类似这样的指

针变量应该是双字变量。为了方便设置初值,所以在程序中把每个指针变量分解成两个字变量,一个字存放偏移,另一个字存放段值。

在上述程序执行过程中,利用指令"JMP　FAR [ptnext2]",跳转到 codeB 段内的 step2 处;利用指令"JMP　FAR [BX]"跳转到 codeA 段内的 step3 处。见注释中带//@的行。当然,这仅仅是一个演示程序。

无条件段间间接转移指令的格式如下:

JMP　FAR　OPRD

其中,在实方式下操作数 OPRD 应该是一个双字存储单元。FAR 是类型符,明确表示段间转移(远转移)。该指令把双字存储单元 OPRD 中的一个字(高地址的字)作为 16 位的段值送到代码段寄存器 CS,把双字中的另一个字(低地址的字)作为 16 位的偏移送到指令指针寄存器 IP,从而实现转移。

存储器操作数 OPRD 可以采用各种存储器寻址方式。

6.5.3　段间过程调用和返回指令

在 3.5.3 节中介绍了过程调用指令和过程返回指令,当时的重点是段内调用和返回。现在进一步介绍段间过程调用指令和返回指令,确切地说是实方式下的段间过程调用和返回。关于保护方式下的段间过程调用和返回指令,将在第 9 章中介绍。

在实方式下,过程(子程序)的入口地址的段内偏移只有 16 位,当然返回地址的段内偏移也只有 16 位。

1. 段间过程调用指令

如前所述,与无条件转移指令 JMP 相比,过程调用指令 CALL 会把返回地址压入堆栈,其他方面都是相似的。段间过程调用指令,会把返回地址(包括段值和偏移两部分)压入堆栈,剩余的与无条件段间转移指令相似。

段间过程直接调用指令的格式如下:

CALL　SNAME : LABEL

其中,段名 SNAME 和标号 LABEL 用于表示子程序的入口地址。段名 SNAME 给出子程序所在段,标号 LABEL 给出子程序的段内偏移。

可以使用类型符 FAR,其格式如下:

CALL　FAR　LABEL

这仅仅是书写形式的不同,机器指令完全相同,机器码的格式也与图 6.6 所示类似。

在实方式下执行上述指令时,首先把返回地址的段值和偏移压入堆栈,然后把指令中所带的段值送到 CS,同时把偏移送到 IP,从而转移到子程序。

段间过程间接调用指令的格式如下:

CALL　FAR　OPRD

其中,在实方式下操作数 OPRD 应该是一个双字存储单元。在实方式下执行该指令时,首先把返回地址的段值和偏移压入堆栈,然后把双字存储单元 OPRD 中的一个字(高地址的字)作为 16 位的段值送到 CS,把双字中的另一个字(低地址的字)作为 16 位的偏移送到 IP,从而转移到子程序。

在实方式下,执行段间过程调用指令时,堆栈的变化如图 6.7(a)、(b)所示,返回地址的段值和偏移各占两个字节。

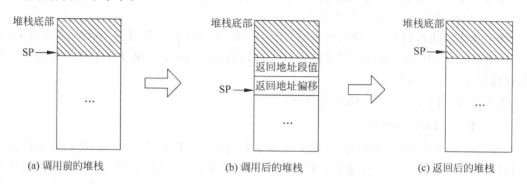

图 6.7　实方式下段间过程调用堆栈变化示意图

2. 段间过程返回指令

与段间过程调用指令相对应,还有段间过程返回指令,用于从远过程返回。

段间过程返回指令的格式如下:

```
RETF
```

可见,该指令助记符比段内过程返回指令 RET 多了一个字母 F,以此表示远返回。

在实方式下执行该指令时,从堆栈先后弹出返回地址的偏移和段值,分别送到 IP 和 CS,从而实现过程(子程序)的段间返回。堆栈的变化如图 6.7(b)、(c)所示。

还有段间带立即数过程返回指令。

段间带立即数过程返回指令的格式如下,其中 count 是一个 16 位的立即数。

```
RETF  count
```

该指令在实现段间返回的同时,再额外根据 count 值调整堆栈指针。在实方式下具体操作为,先从堆栈弹出返回地址的偏移和段值(当然,会调整堆栈指针 SP),再把 count 加到 SP 上。

【例 6-42】　演示段间过程调用和返回指令的使用。如下程序 dp68.asm 有 3 个代码段,在经过汇编和链接后形成一个 EXE 类型的可执行程序。

```
    section  codeA  align=16        ;开始段 codeA
..start:                            ;启动点
    MOV   AX, CS
    MOV   DS, AX                     ;使得当前数据段同代码段
    ;
    MOV   AX, codeC                  ;取得 codeC 段的段值
    CALL  FAR  [ptsubr]              ;间接调用远过程,显示上述段值
    ;
    MOV   DL, 0DH                     ;形成回车和换行
    CALL  codeC:PutChar              ;直接调用远过程
    MOV   DL, 0AH
    CALL  codeC:PutChar              ;直接调用远过程
    ;
    MOV   SI, ptsubr                 ;指向 ptsubr 双字存储单元
    MOV   AX, codeB                  ;取得 codeB 段的段值
    CALL  FAR  [SI]                  ;间接调用远过程,显示上述段值
    ;
```

```
        MOV   AH, 4CH
        INT   21H                       ;结束程序,返回操作系统
;
ptsubr  dw   echo4                      ;子程序 echo4 的段内偏移
        dw   codeB                      ;子程序 echo4 所在段的段值
;
        section  codeB  align=16        ;开始段 codeB
ToASCII:                                ;把 DL 的低 4 位转换成
        AND   DL, 0FH                   ;一位十六进制数的 ASCII 码
        ADD   DL, '0'
        CMP   DL, '9'
        JBE   lab
        ADD   DL, 7
lab:RET                                 ;段内返回
;
echo4:                                  ;采用 4 位十六进制数形式
        MOV   CX, 4                     ;显示 AX 中的 16 位值
        MOV   BX, AX
next:
        ROL   BX, 4
        MOV   DL, BL
        CALL  ToASCII
        CALL  codeC:PutChar             ;调用远过程,显示一位十六进制数
        LOOP  next
        MOV   DL, 'H'
        CALL  codeC:PutChar             ;调用远过程,显示字符 H
        RETF                            ;段间返回
;
        section  codeC  align=16        ;开始段 codeC
PutChar:                                ;显示 DL 中的字符
        MOV   AH, 2
        INT   21H
        RETF                            ;段间返回
;==============================
```

从上述程序可知,在段 codeA 中,两次调用段 codeB 中的子程序 echo4,分别显示运行时的段 codeC 和 codeB 的段值。这两次段间调用,都采用了间接调用的方式。为了充分演示段间调用指令的使用,把子程序 echo4 的入口地址(段值和偏移)以初值的形式,安排在双字存储单元 ptsubr 中。在间接调用时,还刻意采用了不同的寻址方式来指定双字存储单元 ptsubr。

主程序和子程序 echo4,还多次调用段 codeC 中的子程序 PutChar 显示字符。这些段间调用都采用了直接调用的方式。

6.6　目标文件和段模式

目标文件的主体是对应源程序的目标程序,即机器指令和数据。为了在发展的同时保持兼容,IA-32 系列 CPU 支持 32 位段和 16 位段两种段模式。本节简要说明目标文件的组成,

同时介绍声明段模式的语句。

6.6.1 目标文件

汇编器把汇编源程序翻译成目标程序,对应文件称为目标文件。链接器把若干个目标程序和库函数等链接到一起,形成可执行程序,对应文件称为可执行文件。通常,目标文件和可执行文件不仅含有程序的代码和数据,而且还会含有运行程序所需要的其他信息,如程序执行的起始位置,又如程序的分段信息等。不同的操作系统,对可执行文件的格式有不同要求。为了满足不同要求,有多种不同格式的目标文件。这些不仅与操作系统有关,也与汇编器和链接器有关。

汇编器 NASM 能够生成纯二进制目标文件,也能生成 obj 格式的目标文件,还能生成win32 格式目标文件、coff 格式目标文件和 elf 格式目标文件等。

下面结合纯二进制目标文件和 obj 格式目标文件,简要介绍目标文件的构成,同时说明为了生成不同格式的目标文件,对源程序的不同要求和支持。

1. 纯二进制目标文件

纯二进制目标文件其实称不上目标文件。事实上,它只含有对应源程序的二进制代码,即二进制形式的机器指令和数据,并不含有其他信息。纯二进制目标文件有时很有用,尤其在没有操作系统的场合,从第 7 章开始将频繁使用纯二进制文件。

如果不指定输出格式或者输出格式为 bin 时,汇编器 NASM 生成纯二进制目标文件,也就是把汇编源程序文件翻译成纯二进制文件。

【例 6-43】 观察纯二进制目标文件。假设有如下作为示例的汇编源程序 dp69.asm。

```
    section   code
begin:
    MOV   AX, begin        ;把标号 begin 代表的偏移送到 AX,AX=0000H
    MOV   AX, $            ;把当前偏移送到 AX,AX=0003H
lab1:
    MOV   AX,1234H         ;把 1234H 送到 AX,AX=1234H
lab2:
    JMP   short lab2       ;跳转到自己(构成无限循环)
    ;
wvar1    dw  lab1, lab2    ;定义两个字变量,初值是 lab1 和 lab2 代表的偏移
wvar2    dw  wvar1         ;定义一个字变量,初值是 wvar1 代表的偏移
```

采用如下汇编命令,可生成只有 17 个字节的纯二进制文件:

```
nasm dp69.asm  - f bin  - o dp69
```

为了便于阅读,分行显示,每行以分号作为分隔符。第 1 列是用十六进制数表示的机器码或者数据的字节值,这是二进制文件真正的内容;第 2 列是对应源代码,这是为了阅读理解添加上去的;第 3 列是对应行代码开始的偏移,也是为了阅读理解添加上去的,采用十六进制表示。

```
    B8 00 00    ; MOV   AX, begin     ; 0000
    B8 03 00    ; MOV   AX, $         ; 0003
    B8 34 12    ; MOV   AX, 1234H     ; 0006
    E9 FE       ; JMP   short lab2    ; 0009
```

```
06 00 09 00    ; dw   lab1, lab2    ; 000B
0B 00          ; dw   wvar1         ; 000F
```

在阅读上述文件内容时,请注意操作数存放的"高高低低"规则。

从上述文件内容可知,"B8"是对应 MOV 指令的操作码,操作数都是 16 位的立即数;第 4 行无条件转移指令中的操作码是"E9",其后是 8 位的地址差值 0FEH,也就是-2。

从上述文件内容还可以清楚地看到标号、名称和记号所代表的偏移值。

Windows 仍然支持以纯二进制目标文件形式存在的可执行程序,只要其扩展名是.com。为了运行这样的可执行程序,操作系统总是把纯二进制文件加载到内存代码段的偏移 100H 开始处,执行起始点偏移也是 100H。

为此,汇编器 NASM 支持对应的源程序含有一个特别的汇编指示 org,由它指示段的起始偏移。起始偏移设定语句的格式如下:

org　表达式

其中,表达式是常数表达式,一般应该是 16 的倍数,由它给出假设的起始偏移。汇编器 NASM 支持的 org 语句与有些汇编器不同。

在 6.2 节中的 dp61.asm 和 6.4 节中的 dp64.asm 等源程序中,都安排了这样的 org 语句,由它们设定起始偏移。

【例 6-44】　观察纯二进制目标文件。在例 6-43 汇编源程序 dp69.asm 中插入起始偏移设定语句,形成如下所示的源程序 dp610.asm。

```
section  code          ;设起始偏移 100H
    org    100H
begin:
    MOV   AX, begin     ;把标号 begin 代表的偏移送到 AX,AX=0100H
    MOV   AX, $         ;把当前偏移送到 AX,AX=0103H
lab1:
    MOV   AX,1234H      ;把 1234H 送到 AX,AX=1234H
lab2:
    JMP   short lab2    ;跳转到自己(构成无限循环)
    ;
wvar1   dw  lab1, lab2  ;定义两个字变量,初值是 lab1 和 lab2 代表的偏移
wvar2   dw  wvar1       ;定义一个字变量,初值是 wvar1 代表的偏移
```

经过汇编,仍然生成只有 17 个字节的纯二进制文件,具体内容如下所示。

```
B8 00 01       ; MOV   AX, begin       ; 0000
B8 03 01       ; MOV   AX, $           ; 0003
B8 34 12       ; MOV   AX, 1234H       ; 0006
E9 FE          ; JMP   short lab2      ; 0009
06 01 09 01    ; dw    lab1, lab2      ; 000B
0B 01          ; dw    wvar1           ; 000F
```

从上述内容中可以看到标号、名称和记号所代表的偏移值。与前一个纯二进制文件的内容相比,可以清楚地看到起始偏移设定语句所起的作用。第 3 列是代码和数据在二进制目标文件中的实际位置。如前所述,在运行时程序被加载到内存代码段 100H 开始处,这样就完全一致了。

由于纯二进制目标文件不含其他信息,因此在对应的源程序中不能通过段名来引用段值,

也不能使用返回段值的运算符 seg。

2. obj 格式目标文件

obj 格式目标文件适用于生成 EXE 类型的可执行程序。在早先的 DOS 操作系统下,可执行程序主要是 EXE 类型,还有部分是 COM 类型。

在 6.2 节中的 dp62.asm 和 6.5 节中的 dp65.asm 等源程序,在由汇编器对源程序汇编后可生成 obj 格式目标文件,在由链接器对 obj 格式目标文件链接后,可以生成 EXE 类型的可执行程序。

obj 格式目标文件不仅含有对应源程序的机器指令和数据,而且还含有其他重要信息。例如,支持引用段值的信息。又如,程序开始执行位置的信息。所以,obj 格式目标文件要比纯二进制目标文件长。

在用于生成 obj 格式目标文件的源程序中,段名代表段值,所以可以通过段名来引用段值。还可以利用运算符 seg 获取标号所在段的段值。但是,在这样的源程序中,不能安排起始偏移设定语句 org。

另外,在多个由链接器链接到一起的目标文件中,有且只有一个目标文件含有开始执行的位置。程序开始执行的位置,在源程序中由特定的标号..start 给出。在 6.5 节中 dp65.asm 等源程序中,都安排了这样的开始执行标号。

6.6.2　段模式声明语句

无论是保护方式还是实方式,IA-32 系列 CPU 都支持 8 位、16 位和 32 位的操作数,都支持 16 位和 32 位的存储器寻址方式。为了保持兼容,同时保证效率,IA-32 系列 CPU 支持两种段模式,即 32 位段模式和 16 位段模式。在保护方式下,一般采用 32 位段;在实方式下,只能使用 16 位段。

对于 32 位段,默认的操作数尺寸是 8 位和 32 位,默认的存储器寻址方式是 32 位。与之相反,对于 16 位段,默认的操作数尺寸是 8 位和 16 位,默认的存储器寻址方式是 16 位。

汇编器 NASM 提供了段模式声明语句,它属于指示语句。

段模式声明语句的格式如下:

```
BITS   32
BITS   16
```

上述第一条语句指示汇编器 NASM 按 32 位段模式来翻译随后的代码;而第二条语句指示按 16 位段模式来翻译随后的代码。

在大多数情况下,并不需要显式地声明采用 16 位段还是 32 位段,汇编器 NASM 将根据生成目标文件的格式来确定默认的段模式。在生成纯二进制目标文件时,缺省按 16 位段处理。在生成 obj 格式目标文件时,也默认按 16 位段处理。

【例 6-45】 如下程序 dp611.asm 演示段模式声明语句的使用,其中注释是以十六进制字节值形式给出的对应机器码。

```
segment   text
org   100H                    ;设起始偏移 100H
MOV   AX, CS
MOV   DS, AX
;
```

```
        bits    16                      ;声明 16 位段模式
        MOV     AL, 1                   ;B0 01
        MOV     AX, 1                   ;B8 01 00
        MOV     EAX, 1                  ;66 B8 01 00 00 00
        MOV     SI, wvar                ;BE 51 01
        MOV     EBX, wvar               ;66 BB 51 01 00 00
        MOV     AL, [SI]                ;8A 04
        MOV     AX, [SI]                ;8B 04
        MOV     EAX, [SI]               ;66 8B 04
        MOV     AL, [EBX]               ;67 8A 03
        MOV     AX, [EBX]               ;67 8B 03
        MOV     EAX, [EBX]              ;67 66 8B 03
        ;
        bits    32                      ;声明 32 位段模式
        MOV     AL, 1                   ;B0 01
        MOV     AX, 1                   ;66 B8 01 00 //@
        MOV     EAX, 1                  ;B8 01 00 00 00
        MOV     SI, wvar                ;66 BE 51 01
        MOV     EBX, wvar               ;BB 51 01 00 00
        MOV     AL, [SI]                ;67 8A 04
        MOV     AX, [SI]                ;67 66 8B 04
        MOV     EAX, [SI]               ;67 8B 04
        MOV     AL, [EBX]               ;8A 03
        MOV     AX, [EBX]               ;66 8B 03
        MOV     EAX, [EBX]              ;8B 03
        ;
        bits    16                      ;声明 16 位段模式
        JMP     $                       ;E9 FD FF
wvar    dw  1234H                       ;34 12
        dw  5678H                       ;78 56
```

在上述程序中,有一个显式声明为 16 位段的代码片段,还有一个显式声明为 32 位段的代码片段。为了便于相互比较,有意安排完全相同的汇编格式指令。比较上述以注释形式给出的机器指令可以发现:在 16 位段中,如果操作数是 32 位,那么机器指令中有一个前缀 66H,如果存储器寻址方式是 32 位,那么有一个前缀 67H;在 32 位段中的情况刚好相反,如果操作数是 16 位,那么机器指令中有一个前缀 66H,如果存储器寻址方式是 16 位,那么有一个前缀 67H。

前缀 66H 称为操作数尺寸前缀;前缀 67H 称为存储器地址尺寸前缀,简称地址尺寸前缀。利用操作数尺寸前缀 66H,可以改变默认的操作数尺寸;利用地址尺寸前缀 67H,可以改变默认的存储器地址尺寸。如果同时使用这两个前缀,那么就意味着同时改变默认的操作数尺寸和存储器地址尺寸。

注意,上述程序 dp611.asm 仅仅是一个示例,它貌似可以被汇编成一个 COM 类型的可执行程序,但是不要试图真正运行它。因为,在实方式下只可以运行 16 位段的程序,在执行到 32 位段的第二条指令(注释带 //@ 时),会出现严重问题。事实上,该指令中的前缀 66H,会使得实方式下的处理器误以为是 32 位操作数,相当于指令"MOV EAX, 01B80001H",也就是把下一条指令的代码也作为当前指令的操作数。所以,不能如此简单地混合 16 位段代码和

32 位段代码。

一般情况下，不需要在源程序中使用操作数尺寸前缀和地址尺寸前缀，而是根据需要直接使用相应的操作数和存储器寻址方式。在汇编过程中，汇编器将根据指令中操作数的尺寸及存储器地址尺寸，按照当前的段模式，自动添加相应的尺寸前缀。就像上述 dp611.asm 所示。

在特殊情况下，如果需要额外插入操作数尺寸前缀或者地址尺寸前缀，那么可以使用汇编器 NASM 提供的前缀符号 A32、A16、O32 和 O16，它们分别表示地址尺寸前缀和操作数尺寸前缀。

6.7 宏

所谓宏，就是用一个符号表示多个符号或者代码片段。在源程序中使用宏，可以减少重复书写，简化源程序；可以实现整体替换，维护源程序。汇编器 NASM 支持多行宏和单行宏。本节结合示例，介绍宏的声明和使用。

6.7.1 宏指令的声明和使用

汇编器 NASM 支持的多行宏，就是所谓的宏指令。在使用宏指令之前，必须先声明。

1. 宏指令的声明

宏指令的声明是指说明它与由它代表的多个符号或代码片段之间的替代关系。不像子程序（函数）的定义，宏指令的声明自身不占用存储空间，所以用"声明"，而非"定义"。

汇编器 NASM 支持的宏指令的声明形式如下：

```
%macro   宏指令名   参数个数
         …
%endmacro
```

其中，%macro 和 %endmacro 是一对汇编指示，在宏声明中，它们必须成对出现，表示宏声明的开始和结束。在 %macro 和 %endmacro 之间的内容是宏体，可以是由指令、伪指令和宏指令构成的程序片段。"宏指令名"由用户指定，适用一般标号命名规则。"参数个数"表示该宏指令使用的参数数量，简单地是一个数值，但也可以比较灵活。

【例 6-46】 把利用系统功能调用实现接收从键盘输入一个键的代码片段声明为宏指令。

```
%macro  GetChar  0
    MOV   AH, 1
    INT   21H
%endmacro
```

上述宏指令 GetChar 没有参数，由两条指令构成。

【例 6-47】 把利用系统功能调用实现显示输出的代码片段声明为宏指令。

```
%macro  PutChar  1
    MOV   DL, %1
    MOV   AH, 2
    INT   21H
%endmacro
```

上述宏指令 PutChar 有一个参数，在宏体中用 %1 表示，由它给出显示字符所在。

【例 6-48】　如下声明的宏指令 MOVED，把一个双字存储单元的内容送到另一个存储单元。

```
%macro  MOVED  2
    PUSH  EAX
    MOV   EAX, %2
    MOV   %1, EAX
    POP   EAX
%endmacro
```

上述宏指令 MOVED 有两个参数，在宏体中分别用 %1 和 %2 表示。第 2 个参数 %2 代表源，第 1 个参数 %1 代表目标。利用寄存器 EAX 来过渡，因此通过堆栈保护。

2. 宏指令的使用

在声明宏指令后，就可使用宏指令来表示对应的程序片段，这称为宏调用。宏调用的一般格式如下：

　　　宏指令名　　参数表

一般来说，参数表中的参数个数应该与声明宏指令时一致。但是，有时也可以不一致。

【例 6-49】　演示调用例 6-46 的宏指令 GetChar 和例 6-47 的宏指令 PutChar。

```
GetChar
MOV   BH, AL
PutChar   0DH
PutChar   0AH
```

在对源程序汇编时，汇编器把源程序中的宏指令替换成对应的宏体，称为宏展开或宏扩展。上述程序片段在汇编时得到的实际指令片段如下所示。

```
MOV   AH, 1            ;<1>
INT   21H             ;<1>
MOV   BH, AL
MOV   DL, 0DH          ;<1>
MOV   AH, 2            ;<1>
INT   21H             ;<1>
MOV   DL, 0AH          ;<1>
MOV   AH, 2            ;<1>
INT   21H             ;<1>
```

注意，注释是添加上去的，记号<1>表示宏展开所得，以示区别。

参数使得宏指令的使用很灵活。在宏展开时，参数部分是原样替换。

【例 6-50】　编写一个程序，以十六进制数的形式显示所按键的 ASCII 码。

在 6.2 节中的例 6-11 演示程序 dp62 实现同一功能。现在为了演示宏指令的声明和使用，换一种编写形式。实现所需功能的汇编源程序 dp612.asm 如下，为节省篇幅，省略了宏 GetChar 和宏 PutChar 的声明。

```
;此处安排宏 GetChar 和 PutChar 的声明
;宏 TOASC: 把十六进制数转成对应字符的 ASCII 码
%macro  TOASC  0
    AND   AL, 0FH
    ADD   AL, '0'
```

```
        CMP    AL, '9'
        JBE    SHORT $+4          ;跳过其后加 7 指令
        ADD    AL, 7
%endmacro
;
        SECTION   TEXT            ;开始一个段 TEXT
        BITS   16                 ;16 位段
        ORG    100H               ;起始偏移 100H
begin:
        GetChar                   ;接受一个键
        MOV    BH, AL             ;临时保存
        PutChar  0DH              ;形成回车
        PutChar  0AH              ;形成换行
        MOV    AL, BH
        SHR    AL, 4              ;得到高 4 位
        TOASC                     ;把高 4 位转换成对应 ASCII 码
        PutChar  AL               ;显示
        MOV    AL, BH
        TOASC                     ;把低 4 位转换成对应 ASCII 码
        PutChar  AL               ;显示
        ;
        MOV    AH,4CH             ;结束返回操作系统
        INT    21H
```

从上述源程序可知,还声明了宏指令 TOASC,由它实现把一位十六进制数转换成对应字符的 ASCII 码。

利用汇编器 NASM 汇编处理上述源程序,可以直接生成一个二进制代码文件,并形成 COM 类型的应用程序。

【例 6-51】 演示调用例 6-48 中声明的宏指令 MOVED。假设有如下的宏调用:

```
        MOVED  [ESI], [buffer+ECX*4]
```

那么在汇编时,该宏指令将展开成如下的片段:

```
        PUSH   EAX
        MOV    EAX, [buffer+ECX*4]
        MOV    [ESI], EAX
        POP    EAX
```

注意宏调用时的参数,在宏展开时被原样替换。当然,如果在源程序中没有定义 buffer,那么汇编器将发出错误提示信息。

假设有如下的宏调用:

```
        MOVED  [EAX], [EBX]
```

那么在汇编时,上面的宏指令将展开成如下的片段:

```
        PUSH   EAX
        MOV    EAX, [EBX]
        MOV    [EAX], EAX
        POP    EAX
```

虽然汇编器不会发出错误提示信息,但将导致程序发生严重问题。实际上,在例 6-48 中声明的宏指令 MOVED,不支持以[EAX]作为第一个参数。因此,程序员应该了解所使用的宏指令。

3. 宏指令的用途

(1) 简化源代码。若在源程序中要多次使用到某个程序片段,那么可以把该程序片段声明为一条宏指令。此后,在需要这个程序片段之处安排一条对应的宏指令即可,由汇编器在汇编时产生对应的代码。这样处理能够简化源程序,同时又不影响目标程序的效率。

(2) 扩充指令集。虽然一款 CPU 的指令集是确定的,但是利用宏可以在形式上扩充指令集。扩充后的指令集是机器指令集与宏指令集的并集。在维持程序的兼容性方面这是很有用的。

【例 6-52】 声明把 8 个通用寄存器压入堆栈的宏指令 PUSHALL。

```
%macro   PUSHALL   0
    PUSH  AX
    PUSH  CX
    PUSH  DX
    PUSH  BX
    PUSH  SP
    PUSH  BP
    PUSH  SI
    PUSH  DI
%endmacro
```

在最初的 Intel 8086/8088 处理器中,并没有把通用寄存器全压栈指令。

(3) 改变某指令助记符的意义。宏指令名可以与指令助记符或者伪指令符相同,在这种情况下,宏指令的优先级最高,而同名的指令或伪指令就失效了。利用宏指令的这一特点,可以改变指令助记符的意义。

【例 6-53】 在声明如下宏指令后,助记符 LODSB 所表示指令的意义就会发生变化。

```
%macro   lodsb   0
    mov   ah, [si]
    inc   si
%endmacro
```

6.7.2 单行宏的声明和使用

为了提供更多的实用性,汇编器 NASM 还支持单行宏。类似地,必须先声明后使用。

单行宏的声明形式如下:

%define 宏名(参数表) 宏体

其中,汇编指示%define 表示声明宏;宏名适用一般标识符命名规则;参数表由逗号分隔的参数构成;宏体是包含参数的表达式。可以没有参数表,如果没有参数表,那么也不需要圆括号。

【例 6-54】 演示没有参数的单行宏的声明和使用。

假设先声明 3 个单行的宏,如下所示:

```
%define  count  12
```

```
%define   move   MOV
%define   cleax  XOR  EAX, EAX
```

随后,就可以调用它们。假设源程序中的调用如下所示:

```
MOV   CX, count
move  EAX, EBX
cleax
move  esi, count
move  dx, count+3
```

在汇编时,上述程序片段将被扩展成如下的指令片段:

```
MOV   CX, 12
MOV   EAX, EBX
XOR   EAX, EAX
MOV   esi, 12
MOV   dx, 12+3
```

从上述扩展所得可知,原样替换。虽然这仅仅是示例,但说明宏扩展的原样替换确实带来很多方便。

【例 6-55】 演示具有参数的单行宏的声明和使用。

先声明如下的两个宏:

```
%define  lvar(n)   [EBP-4*n]
%define  array(a,i)  dword [a+4*i]
```

然后分别调用这两个宏,如下所示:

```
MOV   AL, lvar(1)
MOV   EDX, lvar(2)
MOV   EAX, array(ECX, 3)
MOV   ECX, array(EBX, ESI)
MOV   EAX, array(buff, 1)
```

在汇编时,上述程序片段将被扩展成如下的指令片段:

```
MOV   AL, [EBP-4*1]
MOV   EDX, [EBP-4*2]
MOV   EAX, dword [ECX+4*3]
MOV   ECX, dword [EBX+4*ESI]
MOV   EAX, dword [buff+4*1]
```

注意,buff 应该是在源程序中定义的表示缓冲区的名称(标号),或者是定义过的标识符,否则汇编器会发出错误提示信息。

【例 6-56】 演示具有参数的单行宏的声明和使用,注意参数的表示方式。

设有如下的程序片段:

```
%define  f(x)   7+x*4
%define  g(x)   7+(x)*4
;
    mov   al, f(1)
    mov   bl, f(1+2)
    mov   al, g(1)
```

```
    mov    bl, g(1+2)
```

在汇编时,将得到如下的扩展代码:

```
    mov    al, 7+1*4
    mov    bl, 7+1+2*4
    mov    al, 7+(1)*4
    mov    bl, 7+(1+2)*4
```

为了在调用时参数可以采用表达式,所以在声明时宏体中的参数应该出现在括号内。

这种单行宏与 C 语言中的宏很相似。由于 C 语言的语句由分号作为结束符,而且源程序中的行可以包含多条语句(采用续行符后,可以包含得更多),因此 C 语言中似乎只需要单行宏。

6.7.3 宏相关方法

为了更好地发挥宏的作用,汇编器 NASM 还支持一些相关方法,下面进行简要说明。

1. 宏名的"脱敏"

利用%define 声明的宏名是大小写字母敏感的。在通过"%define abc 45678"声明宏 abc 之后,源程序中只有"abc"会被扩展成"45678",其他"Abc""ABC"或"aBC"等不会被扩展成"45678"。

为了使得宏名对大小写字母不敏感,可以用汇编指示%idefine 来声明宏。字母 i 表示"insensitive"。

【例 6-57】 演示声明大小写字母不敏感的宏及其调用。

```
%idefine  abc  45678
    MOV    DX, ABC+1
    ADD    DL, [Abc]
```

在汇编时,将被扩展成如下的指令:

```
    MOV    DX, 45678+1
    ADD    DL, [45678]
```

类似地,利用%macro 声明的宏指令名也是大小写字母敏感的。为了使得宏指令名对大小写字母不敏感,可以用汇编指示%imacro 来声明宏指令。

【例 6-58】 演示声明大小写字母不敏感的宏指令及其调用。

```
%imacro  movei  2
    push  byte %2
    pop    %1
%endmacro
;
    MOVEi  EBX, 9
```

在汇编时,上面的宏指令会被扩展成如下的指令片段:

```
    push  byte  9
    pop    EBX
```

注意,虽然压栈操作和出栈操作至少是 16 位,但上述指令中的 byte 表示操作数自身只有 8 位,这样机器指令能够少一个字节。

2. 宏的嵌套

宏的嵌套既有声明时的嵌套,又有使用时的嵌套。声明时的嵌套指在宏体中使用了其他宏;使用时的嵌套指在调用宏时参数是其他宏。下面先举例说明声明时的宏嵌套。

【例 6-59】 假设已经声明了例 6-46 所示的宏 PutChar,那么可以声明宏 NewLine 如下:

```
%macro  NewLine  0
    PutChar  13
    PutChar  10
%endmacro
```

使用声明过的宏指令,就像使用普通指令一样。

此后,宏指令语句"NewLine"会被扩展成如下的指令片段,为了示意添加了注释。

```
    MOV   DL, 13              ;PutChar 13
    MOV   AH, 2
    INT   21H
    MOV   DL, 10              ;PutChar 10
    MOV   AH, 2
    INT   21H
```

【例 6-60】 演示单行宏的嵌套声明。假设两个单行宏声明如下:

```
%define  low(x)   (x) & 0x0f
%define  high(x)  (low(x)) << 4
```

其中,宏 high 使用了宏 low。又假设宏调用如下所示:

```
    mov   al, high('a')
    mov   bl, high('a'+1)
```

那么汇编时,可得到如下所示的扩展结果:

```
    mov   al,(('a') & 0x0f) << 4
    mov   bl,(('a'+1) & 0x0f) << 4
```

由此可见,在声明宏时,括号的使用很重要。

在例 6-54 中,已经演示了单行宏的嵌套调用。下面来看一个调用宏指令时,采用单行宏作为参数的示例。

【例 6-61】 假设有如上声明的宏指令 PutChar 和宏 low,又假设有如下宏调用:

```
    PutChar  low('B') + '0'
    PutChar  (low('B')) + '0'
```

那么汇编时,可得到如下所示的扩展结果:

```
    MOV   DL,('B') & 0x0f+ '0'    ;MOV DL,02H
    MOV   AH, 2
    INT   21H
    MOV   DL,(('B') & 0x0f) + '0' ;MOV DL,32H
    MOV   AH, 2
    INT   21H
```

由此可见,在宏调用时,括号的使用仍然很重要。

3. 宏体中的标号

在声明宏指令时,如果宏体中含有普通标号,那么在一个程序中多次调用宏,将导致标号重复出现。在例 6-50 中,声明宏指令 TOASC 时,为了避免在宏体中出现标号,利用了表示当前偏移的记号 $,还手工计算了指令机器码的长度。

其实,汇编器 NASM 允许在声明宏指令时使用标号。在标号前面加上"％％",就表示该标号是宏的局部标号。这样处理后,虽然在多处调用宏指令,但不会出现同一个标号。

【例 6-62】 声明宏指令 TOASC 如下,其中含有局部标号。

```
%macro   TOASC    0
    AND   AL, 0FH
    ADD   AL, '0'
    CMP   AL, '9'
    JBE   %%OK
    ADD   AL, 7
%%OK:
%endmacro
```

【例 6-63】 如下声明的宏指令 CMOVNZ 具有"不相等"时传送的功能。

```
%macro   CMOVNZ    2
    JZ    %%SKIP
    MOV   %1, %2
%%SKIP:
%endmacro
```

假设有如下使用宏指令 CMOVNZ 的代码片段:

```
    CMP      CL, 25
    CMOVNZ   AX, BX
    OR       SI, SI
    CMOVNZ   AL, 3
```

在汇编时得到的实际指令片段如下所示,为了方便区分,以注释形式添加了标记<1>。

```
    CMP  CL, 25
    JZ   ..@2.SKIP    ;<1>
    MOV  AX, BX       ;<1>
..@2.SKIP:            ;<1>
    OR   SI, SI
    JZ   ..@3.SKIP    ;<1>
    MOV  AL, 3        ;<1>
..@3.SKIP:            ;<1>
```

由此可见,普通情况下应该避免使用以"..@"为首的标号。

4. 灵活的宏参数

为了充分发挥宏指令的作用,汇编器 NASM 允许以较灵活的方式使用参数。尤其在使用花括号{}之后,就更灵活。

【例 6-64】 如下声明宏 DBMESS,参数 1 作为标号的一部分。

```
%macro   DBMESS   2
MESS%1  DB  %2, 0DH, 0AH, '$'
%endmacro
```

假设使用宏 DBMESS 的语句如下:

```
DBMESS  1,"HELLO"
DBMESS  3,{"Hi", 41H, 42H}
```

在汇编时,可得到如下扩展的结果:

```
MESS1  DB  "HELLO", 0DH, 0AH, '$'
MESS3  DB  "Hi", 41H, 42H, 0DH, 0AH, '$'
```

【例 6-65】 如下声明宏 DWMESS,参数 1 作为标号的一部分。

```
%macro  DWMESS  2
MESS%{1}1  DW  %2
%endmacro
```

假设使用宏 DWMESS 的语句如下:

```
DWMESS  5, 33
DWMESS  A, 4+5
```

在汇编时,可得到如下扩展的结果:

```
MESS51  DW  33
MESSA1  DW  4+5
```

注意在上述两例中花括号{}的使用形式。

5. 条件码作为宏参数

汇编器 NASM 对于含有条件代码的宏参数会做出特殊处理。在宏体中的"%+1"明确表示参数 1 应该是一个条件代码,如果调用宏指令时,参数 1 不是条件代码,将会有出错提示信息。在宏体中的"%-2"同样明确表示参数 2 应该是一个条件代码,但在扩展时采用与参数 2 相反的条件代码。

【例 6-66】 如下声明的宏指令 CMOV 有 3 个参数,在某种程度上,它能代替有些 IA-32 处理器所支持的条件传送指令。

```
%macro   CMOV   3
   J%-1 %%SKIP
   MOV  %2, %3
%%SKIP:
%endmacro
```

假设调用上述宏指令如下:

```
CMOV  A,AX, BX
CMOV  LE, AL, 18
```

汇编时可得到如下的扩展结果:

```
   Jna  ..@2.SKIP
   MOV  AX, BX
..@2.SKIP:
   Jnle  ..@3.SKIP
   MOV  AL, 18
..@3.SKIP:
```

注意上述条件转移指令中条件码的变化。

习　　题

1. 简要说明 IA-32 系列 CPU 指令集的分组情况。

2. 请说明实方式下存储器分段必须满足的两个条件。最多可把 1MB 地址空间划分成几个段？最少可把 1MB 地址空间划分成几个段？

3. 请说明实方式下二维逻辑地址到一维物理地址的转换过程。

4. 当段重叠时，一个存储单元的地址可表示成多个逻辑地址。那么物理地址 12345H 可表示多少个不同的逻辑地址？偏移最大的逻辑地址是什么？偏移最小的逻辑地址是什么？

5. 执行中的程序某一时刻最多可访问几个段？程序最多可具有多少个段？程序最少有几个段？

6. 为什么称 CS 为代码段寄存器？为什么称 SS 为堆栈段寄存器？

7. 什么场合下默认的段寄存器是 SS？为什么要这样安排？

8. 举例说明使用段超越前缀的场合。

9. 简要说明 16 位存储器寻址方式与 32 位存储器寻址方式的共同点和不同点。

10. 请说明如下指令中存储器寻址方式错误的原因。

```
MOV    DX, [AX]            MOV    AL, [4* BX]
MOV    DX, [CX+SI]         MOV    AL, [DI+SI-3]
MOV    DX, [BP+BX+2]       MOV    AL, [DX+10]
```

11. 哪些存储器寻址方式可能导致有效地址超出 64KB 的范围？在实方式下发生这种情况会有何后果？

12. 什么情况下由段值和偏移确定的存储单元地址会超出 1MB 的范围？在实方式下发生这种情况会有何后果？

13. 汇编语言的语句有哪些类型？它们各自的主要作用是什么？

14. 标号和名称有何异同之处？

15. 汇编语言中的表达式与高级语言中的表达式，有何相同点和不同点？

16. 汇编语言中数值表达式与地址表达式有何区别？

17. 计算如下各个数值表达式的值（设汇编器是 NASM）。

```
(1) 0xAB  & 0x0F            (2) 'H' | 00100000B
(3) 23H  &  45H | 67H       (4) (0x123 << 4) +0x56
(5) ~ (65535 ^ 1234H)       (6) 1024 >> 2+3
(7) "Eb"  & 4562H           (8) 1234H % 4*4
(9) -1 / 3                  (10) -1 // 3
```

18. 汇编器 NASM 允许多种形式表示整数。假设执行如下指令片段，相关通用寄存器的内容是什么？

```
mov  ax, $0c8
mov  bx, 310q
mov  cx, 1100_1000b
mov  dx, 0b1100_1000
```

19. 假设如下片段是某个 COM 类型程序的开始部分。请写出执行指令后有关通用寄存器的内容。

```
        org   100H                    ;设定起始偏移 100H
        JMP   BEGIN                   ;转移到 BEGIN 处
        align  16                     ;16 字节对齐
VARW   DW    1234H,5678H
VARB   DB    3,4
VARD   DD    12345678H
MESS   DB    'Abcde', 0DH, 0AH, 24H
BEGIN:
        MOV   AX, VARW                ;AX=
        MOV   BX, VARB+1              ;BX=
        MOV   CX, VARD+2              ;CX=
        MOV   DX, MESS                ;DX=
        ;
        PUSH  CS
        POP   DS
        MOV   AX, [VARW]              ;AX=
        MOV   BX, [VARB+1]            ;BX=
        MOV   CX, [VARD+2]            ;CX=
        MOV   DX, [MESS]              ;DX=
        ;
        MOV   SI, VARW+1              ;SI=
        MOV   EAX, [SI+1]             ;EAX=
        MOV   EBX, [SI+2]             ;EBX=
        LEA   DI, [MESS]              ;DI=
        MOV   ECX, [DI]               ;ECX=
        MOV   EDX, [DI+2]             ;EDX=
```

20. 假设如下片段是某个 COM 类型程序的一部分。请写出执行指令后有关通用寄存器的内容。

```
        org    100H                   ;设定起始偏移 100H
        MOV    AX, CS
        MOV    DX, AX
        MOV    BX, Buffer
        MOV    DWORD [BX], 0
        MOV    [BX+4], DWORD 0
        DEC    WORD [BX+3]
        ADD    BYTE [BX+2], 2
        MOV    EAX, [BX]              ;EAX=
        MOV    EDX, [BX+4]            ;EDX=
        PUSH   WORD 1
        PUSH   BYTE 2                 ;压栈操作数是 0002H
        PUSH   DWORD 3
        POP    AX                     ;EAX=
        POP    DX                     ;EDX=
        POP    ECX                    ;ECX=
        JMP    $                      ;无限循环
```

```
Buffer  db   "HaHaHeHe"
```

21. 假设如下片段是某个 COM 类型程序的开始部分。请写出执行指令后有关通用寄存器的内容。

```
       org    100H                    ;设定起始偏移 100H
       JMP    Start                   ;跳过数据区域
       times 16 - ($-$$) db 0
Hello  db  "Hello,world",0
       times  100H - ($-$$) db 0
Start: MOV    SI, $
       PUSH   CS
       POP    DS
       MOV    AX, [Hello]             ;AX=
       MOV    BX, Hello               ;BX=
       MOV    CX, [BX]                ;CX=
       MOV    DX, Start               ;DX=
       MOV    AX, [Start+1]           ;AX=
```

22. 假设如下片段是某个 COM 类型程序的开始部分。请写出执行指令后有关通用寄存器的内容。

```
Length equ    36*2+28
       org    100H
Start: MOV    AX, Length              ;AX=
       MOV    BX, Length / 4          ;BX=
       PUSH   CS
       POP    DS
       MOV    EAX, [Buff3]            ;EAX=
       MOV    AX, [Buff2+Length / 2]  ;EAX=
       MOV    AL, [Buff1+Length]      ;EAX=
       JMP    $
Buff1  resb   Length
       db     Length
Buff2  resw   Length / 4
       dw     Length / 4
Buff3  dd     Buff2-Buff1
```

23. 段间转移和段内转移的本质区别是什么？

24. IA-32 系列 CPU 中哪些指令可实现段间转移？

25. 请说明利用无条件转移指令 JMP 调用子程序的方法。

26. 请说明利用过程返回指令 RET 实现转移或者调用子程序的方法。

27. 简要说明汇编器 NASM 提供起始偏移设定语句 ORG 的作用。

28. 为什么目标文件会有多种不同的格式？

29. 为了直接生成纯二进制目标文件，对汇编源程序文件有何要求？

30. 什么是重定位？如何实现重定位？

31. 对于非纯二进制目标文件，为什么需要通过链接器生成可执行程序？

32. 请说明汇编器 NASM 提供段模式声明语句 BITS 的作用。

33. 指令机器码可能含有操作数尺寸前缀和存储器地址尺寸前缀,请说明它们的作用。

34. 比较宏与子程序,它们有何异同? 它们的本质区别是什么?

35. 简述宏指令的用途? 并根据每种用途分别举例说明。

36. 宏指令中的参数有何用途? 宏调用如何传递参数?

37. 汇编器 NASM 支持单行宏和多行宏,它们各有何特点?

38. 如何在宏体中安排局部标号?

39. 假设在源程序中经常要用到如下一组变量的定义,请设计一个宏,以方便编写源程序。

```
Signature   db    "YANG"        ;不变
Version     dw    1             ;不变
Length      dw    0             ;可变
Start       dw    0             ;可变
Zoneseg     dw    0             ;可变
Reserved    dd    0             ;保留(不变)
```

40. 请声明一个与无条件段间直接转移指令等价的宏指令,它含有两个分别指定段值和偏移的操作数。

41. 程序是否一定从代码段的偏移 0 开始执行? 如果不是,那么如何指定?

42. 请编写一个程序,显示输出 26 个英文字母,重复 9 行。分别采用 COM 类型和 EXE 类型。

43. 请编写一个程序,以十进制数的形式显示所按键的 ASCII 码。分别采用 COM 类型和 EXE 类型。

44. 请编写一个程序,把位于 0FFFFH 段开始处的 16 个字节的数据复制到开始地址为 0B800:0000H 的区域。

45. 请编写一个程序,以十六进制数的形式,显示输出内存地址 0FFFF0H 开始的 8 个字节的值。

46. 将地址 F000:0000H 开始的内存区域视为数据区,并假设安排了 100 个字节的无符号 8 位二进制数。请编写一个程序求它们的和,并以十进制数的形式显示上述累加和。

47. 将地址 F000:0000H 开始的内存区域视为数据区,并假设安排了 16 个 32 位二进制数。请编写一个程序求它们的和,并以十六进制数的形式显示上述累加和。

48. 将地址 F000:0000H 开始的内存区域视为数据区,并假设安排了 128 个 16 位二进制数。请编写一个程序统计其中的正数、负数和零的个数,并以十进制数的形式分别显示统计结果。

49. 请编写一个程序,首先接收用户从键盘输入两个十进制整数,然后计算这两个数的和与差,最后分别输出上述的和与差。假设用户输入的十进制数不超过 65535。

50. 请编写一个程序,首先接收用户从键盘输入两个自然数,然后计算这两个数的最小公倍数,最后输出上述公倍数。假设用户输入的自然数不超过 65535。

51. 请编写一个程序,以十六进制数的形式显示输出如下指令的机器码。分析这些指令的机器码。

```
MOV    AL, 58
MOV    AX, 58
MOV    EAX, 58
```

```
MOV    AL, BL
MOV    AX, BX
MOV    EAX, EBX
MOV    AL, [ECX+12]
MOV    AX, [ECX+12]
MOV    EAX,[ECX+12]
```

52. 请编写一个程序,以十六进制数的形式显示输出如下指令的机器码。分析这些指令的机器码。

```
       JMP    SHORT $+2
       JNZ    NEXT
       JZ     NEXT
       JMP    OK
       JMP    SHORT  OK
       OR     AX, AX
NEXT:
       JMP    1234H:5678H
       JMP    FAR  [1234H]
       JMP    DWORD  [1234H]
       CALL   1234H:5678H
       CALL   FAR  [5678H]
       CALL   DWORD  [1234H]
OK:
```

第 7 章

BIOS 和虚拟机

BIOS 为用户使用 PC 提供了最基本的手段,市场上销售的 PC 可以不带操作系统,但总会带 BIOS。虚拟机也会提供同样的 BIOS。本章以键盘输入、显示输出和磁盘读写为重点,说明 BIOS 及其调用方法,同时介绍虚拟机及其使用,最后还提供了一个用于运行演示程序的简易加载器。

本章的示例,请不要在 VC 环境中采用嵌入汇编的方式验证。

7.1 BIOS 及其调用

在一台普通 PC 上,可以安装 Windows 或者 Linux 等不同的操作系统,在操作系统自举之前,由 BIOS 提供基本的输入输出服务。本节简要介绍 BIOS,举例说明调用 BIOS 的基本方法。

7.1.1 BIOS 简介

BIOS(Basic Input/Output System)就是基本输入输出系统,它被固化在 ROM 中。BIOS 包含了主要 I/O 设备的处理程序和许多常用例行程序,它们一般以中断处理程序的形式存在。BIOS 是覆盖在硬件系统上的第一层软件,它直接操纵 I/O 设备或者硬件设备,实现计算机系统的基本输入或输出。

BIOS 支持基本的键盘输入,能够根据用户的按键操作,得到对应键符的 ASCII 码等。它支持基本的显示输出,能够根据字符的 ASCII 码和显示属性(颜色),在屏幕上的指定位置显示对应的字符。它还支持基本的鼠标操作和打印操作等。

在没有安装操作系统的计算机上,可以通过 BIOS 使用计算机。通过 BIOS,可以读取外部存储设备(如磁盘)上的特定程序。利用 BIOS,这样的程序可以进行基本的键盘输入和显示输出等,也可以直接读写存储设备上指定位置处的数据。BIOS 为用户使用"裸机"提供了简单的基本的途径。当然,这样做很不方便,所以才需要操作系统。

在操作系统启动自举的过程中,BIOS 发挥重要作用。利用 BIOS,操作系统引导程序,获取机器的基本硬件属性,加载操作系统自身代码,开展与用户的简单交互。依靠 BIOS,操作系统完成启动自举。

简易的操作系统可以直接建立在 BIOS 的基础之上。曾经十分流行的磁盘操作系统(Disk Operating System,DOS)就是这样,通过 BIOS 操纵控制硬件。虽然 DOS 提供一系列输入和输出功能,但这些功能的实现却以 BIOS 为依托。在这样的环境中,应用程序往往可以绕过操作系统,直接通过 BIOS 进行输入或输出。在某些情形下,应用程序这样做可以免受操作系统的制约。

Windows 和 Linux 等操作系统在启动成功后,自己会直接控制操纵硬件。这样的操作系统完全掌控硬件,实现完备的输入和输出功能。为了更好地支持多任务,它们把应用程序与 BIOS 完全隔离,甚至废弃固有的 BIOS。在这样的环境中,应用程序无法直接使用 BIOS。

7.1.2 键盘输入和显示输出

键盘输入和显示输出属于最基本和必要的功能,下面简要介绍 BIOS 提供的键盘输入和显示输出的部分功能及其调用方法。

1. BIOS 的键盘输入

简单地可以把键盘上的键分为五类:字符键(如字母、数字和符号等)、功能键(如 F1 和 PgUp 等)、控制键(如 Ctrl、Alt 和左右 Shift)、双态键(如 Num Lock 和 Caps Lock 等)、特殊请求键(如 Print Screen 等)。字符键有对应的 ASCII 码,其他的键并没有 ASCII 码。

键盘上的每个键有一个代表键位置的扫描码。在用户实施按键动作后,键盘作为外部设备会发送扫描码到主机。

在用户按键后,键盘中断处理程序根据所按键的扫描码进行处理。它把字符键的扫描码和对应的 ASCII 码存到键盘缓冲区(某个特定的内存区域),并记录控制键和双态键的状态。在 8.3 节和 8.4 节有进一步介绍。

BIOS 中提供键盘输入功能的程序被称为键盘 I/O 程序。它提供的部分功能列于表 7.1,每一个功能有一个编号。在调用键盘 I/O 程序时,把功能编号置入 AH 寄存器,然后发出特定的调用指令"INT 16H"。调用返回后,从有关寄存器中取得出口参数。期间,除含有出口参数的寄存器外,其他寄存器内容保持不变。在调用表 7.1 所列功能时,无须入口参数。

表 7.1 键盘 I/O 程序的基本功能

功 能	出 口 参 数	说 明
AH=0 从键盘读一个字符	AL=字符的 ASCII 码 AH=字符的扫描码	如果无字符可读(键盘缓冲区空),则等待;字符也包括功能键,对应 ASCII 码为 0
AH=1 判键盘是否有键可读	ZF=1 表示无键可读 ZF=0 表示有键可读	不等待,立即返回 AL=字符的 ASCII 码 AH=字符的扫描码
AH=2 获取变换键当前状态	AL=变换键状态字节	

把控制键和双态键统称为变换键,调用键盘 I/O 程序的 2 号功能可获得各变换键的状态。变换键状态字节各位的定义如图 7.1 所示,其中高 4 位记录双态键的变换情况,每按一下双态键,则对应的位值取反;低 4 位反映控制键是否正被按下,按着某个控制键时,对应的位为 1。

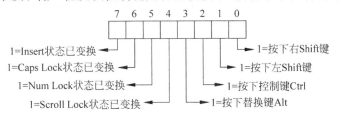

图 7.1 变换键状态字节各位的定义

【例 7-1】　如下程序片段利用 BIOS 从键盘读一个字符。

```
MOV   AH, 0
INT   16H
```

如果有键可读(键盘缓冲区中有字符),那么立即返回,读到的字符是调用发出之前用户按下的字符。如果无键可读(键盘缓冲区空),那么等待用户按键后才返回,读到的字符是调用发出之后用户按下的字符。

【例 7-2】　从键盘获得在调用发出之后用户按下的字符。在接收用户输入重要信息时,往往会有这样的需求。下面的程序片段先清除键盘缓冲区,然后再从键盘读一个字符。

```
CLEAR:
    MOV   AH, 1
    INT   16H                 ;键盘缓冲区空吗?
    JZ    OK                  ;已清空,跳转
    MOV   AH, 0
    INT   16H                 ;从键盘缓冲区取走一个字符
    JMP   SHORT CLEAR         ;直到键盘缓存区空为止
OK:
    MOV   AH, 0
    INT   16H                 ;等待键盘输入
```

由此可见,利用 BIOS 的键盘输入功能,可以更灵活地控制键盘输入。

2. BIOS 的显示输出

显示控制器支持两类显示方式:图形显示方式和文本显示方式。每一类显示方式还含有多种显示模式。

文本显示方式是指以字符为单位显示的方式。字符通常指字母、数字、普通符号(如运算符号)和一些特殊符号(如菱形块和矩形块)。虽然现在几乎不采用文本显示方式,但它却是最基本的显示方式。可以认为,Windows 的控制台窗口采用文本显示方式,当然它是模拟形成的。

最经典的文本显示模式是 25 行 80 列。早先的 PC 主要采用这种显示模式。在该文本显示模式下,显示器的屏幕被划分成 80 列 25 行,所以每一屏可显示 2000(80×25)个字符。用行号和列号组成的坐标来定位屏幕上的每个可显示位置。左上角的坐标规定为(0,0),向右增加列号,向下增加行号,于是右下角的坐标便是(79,24)。

屏幕上显示的字符取决于字符代码及字符属性。这里的字符代码指 ASCII 码,它代表显示的字符。这里的字符属性指显示属性,它规定字符显示时的特性,可以简单地认为是显示颜色,包括了采用 RGB 表示的前景和背景。前景颜色和背景颜色一起确定字符的显示效果,表 7.2 列出了几种典型的显示属性值。当前景和背景相同时,字符就看不出了。

表 7.2　几种典型属性值的效果

效　果	BL	R	G	B	I	R	G	B	十六进制值
黑底蓝字	0	0	0	0	0	0	0	1	01
黑底红字	0	0	0	0	0	1	0	0	04
黑底白字	0	0	0	0	0	1	1	1	07
黑底黄字	0	0	0	0	1	1	1	0	0E
黑底亮白字	0	0	0	0	1	1	1	1	0F

续表

效　　果	BL	R	G	B	I	R	G	B	十六进制值
白底黑字	0	1	1	1	0	0	0	0	70
白底红字	0	1	1	1	0	1	0	0	74
黑底灰白闪烁字	1	0	0	0	0	1	1	1	87
白底红闪烁字	1	1	1	1	0	1	0	0	F4

　　BIOS 中提供显示输出功能的程序被称为显示 I/O 程序。它提供的部分功能列于表 7.3，每一个功能有一个编号。在调用显示 I/O 程序的某个功能时，应根据要求设置好入口参数，把功能编号置入 AH 寄存器，然后发出特定的调用指令"INT　10H"。调用返回后，从有关寄存器中取得出口参数。除含有出口参数的寄存器外，其他寄存器内容保持不变。

表 7.3　显示 I/O 程序的部分基本功能

功　　能	入 口 参 数	出 口 参 数	说　　明
AH＝2 置光标位置	BH＝显示页号 DH＝行号 DL＝列号		左上角坐标是(0,0)
AH＝3 读光标位置	BH＝显示页号	CH＝光标开始行 CL＝光标结束行 DH＝行号 DL＝列号	CH 和 CL 含光标类型 左上角坐标是(0,0)
AH＝5 选择当前显示页	AL＝新页号		
AH＝8 读取光标位置处的字符和属性	BH＝显示页号	AH＝属性 AL＝字符代码	
AH＝9 将字符和属性写到光标位置处	BH＝显示页号 AL＝字符代码 BL＝属性 CX＝字符重复次数		光标不移动
AH＝10 将字符写到光标位置处	BH＝显示页号 AL＝字符代码 CX＝字符重复次数		光标不移动不带属性
AH＝14 TTY 方式显示	BH＝显示页号 AL＝字符代码		在当前光标处显示字符，并后移光标；解释回车、换行、退格和响铃等控制符

　　在屏幕上显示的字符代码及其属性被依次保存在显示缓冲区(某个确定的内存区域)中。可以简单地认为显示页号是显示缓冲区的编号。调用显示 I/O 程序的 5 号功能，可选择当前显示页。一般总是使用第 0 页作为显示页。

　　【例 7-3】　如下程序片段利用 BIOS 在当前光标位置处显示字母 E，然后光标移动到下一个显示位置处。

```
        MOV     BH, 0                   ;第 0 显示页
        MOV     AL, 'E'                 ;字符为字母 E
```

```
        MOV    AH, 14                  ;14 号功能
        INT    10H                     ;TTY 方式显示( 在光标位置显示,并后移光标)
```

【例 7-4】 如下程序片段利用 BIOS 在当前光标位置处显示指定字符 3 个,但光标并不移动。

```
        MOV    BH, 0                   ;第 0 页
        MOV    CX, 3                   ;3 个
        MOV    AL, 'A'                 ;字符为字母 A
        MOV    AH, 10                  ;10 号功能
        INT    10H                     ;当前光标处显示字符多个
```

7.1.3　应用举例

下面举例说明利用 BIOS 实现输入和输出。当然,如果操作系统不允许应用程序调用 BIOS 提供的功能,那么就不能这样做了。

本小节介绍的示例程序都只有一个段,而且起始偏移都从 100H 开始。利用汇编器 NASM,能够方便地把它们汇编生成 COM 型的可执行程序。由于准备在控制台窗口中运行它们,因此它们都调用 DOS 功能来结束运行。

【例 7-5】 编写一个程序实现以下功能:获得用户按键;显示所按键对应的字符;重复这一过程直到用户按下 Shift 键后结束程序运行。

调用键盘 I/O 程序的 2 号功能取得变换键状态字节,进而判断是否按下了 Shift 键。因为在调用 0 号功能读键盘时,如果读不到键(字符键或功能键),它不会返回,所以在调用 0 号功能读键盘之前,必须先调用 1 号功能判断键盘是否有键可读,否则可能会导致不能及时检测到用户按下的 Shift 键。源程序 dp71.asm 如下:

```
%define  L_SHIFT   00000010B
%define  R_SHIFT   00000001B
;
        SECTION  TEXT
        BITS   16                      ;16 位代码模式
        ORG    100H                    ;COM 类型可执行程序
START:
        MOV    AH, 2                   ;取变换键状态字节
        INT    16H
        TEST   AL, L_SHIFT+ R_SHIFT    ;判是否按下 Shift 键
        JNZ    OVER                    ;已经按下 Shift 键,则转结束
        ;
        MOV    AH, 1                   ;判断是否有按键
        INT    16H
        JZ     START                   ;无,继续检查
        ;
        MOV    AH, 0                   ;取得所按键
        INT    16H
        ;
        MOV    BH, 0
        MOV    AH, 14                  ;TTY 方式显示所按键
        INT    10H
```

```
        JMP     START                   ;继续
OVER:
        MOV     AH, 4CH                 ;调用 DOS 功能,结束程序
        INT     21H
```

上面的程序较好地说明了键盘 I/O 程序主要基本功能的作用。

【**例 7-6**】　编写一个程序在屏幕指定位置处显示彩色字符串。

调用显示 I/O 程序的 2 号功能,设置光标的位置;调用 9 号功能,按指定的属性显示指定的字符。为了更好地演示,安排二重循环,实施多列多行显示。外循环控制列,内循环控制行。同一列的显示字符相同,但显示属性不同。同一行的显示字符不同,但显示属性相同。

源程序 dp72.asm 如下:

```
        SECTION  TEXT
        BITS    16                      ;16 位代码模式
        ORG     100H                    ;COM 类型可执行程序
Begin:
        PUSH    CS
        POP     DS                      ;DS=CS
        MOV     SI, Hello               ;SI=字符串首地址
        MOV     DL, [CurCol]            ;DL=光标列号
        MOV     AL, [SI]                ;取得待显示字符
Lab1:
        MOV     DI, [Count]             ;行数( 内循环的计数 )
        MOV     DH, [CurLin]            ;DH=光标行号
        MOV     BL, [Color]             ;BL=显示属性初值
        ;
        MOV     BH, 0                   ;在第 0 页显示
        MOV     CX, 1                   ;显示 1 个字符
Lab2:
        MOV     AH, 2
        INT     10H                     ;设置光标位置
        ;
        MOV     AH, 9
        INT     10H                     ;显示字符( AL )
        ;
        INC     DH                      ;调整光标的行
        INC     BL                      ;调整显示属性
        DEC     DI                      ;行数减 1
        JNZ     Lab2                    ;不为 0,继续下一行
        ;
        INC     DL                      ;调整光标的列
        INC     SI                      ;指向下一个待显示字符
        MOV     AL, [SI]                ;取得待显示字符
        OR      AL, AL                  ;字符串结束标志?
        JNZ     Lab1                    ;否,继续显示
        ;
        MOV     DH, 19
        MOV     DL, 0
```

```
        MOV   AH, 2
        INT   10H                   ;重新设置光标的位置(19,0)
        ;
        MOV   AH, 4CH               ;调用 DOS 功能,结束程序
        INT   21H
;------------
Hello   db  "Hello,world",0 ;显示信息
CurLin  db  5                       ;起始光标行号
CurCol  db  8                       ;起始光标列号
Color   db  0x07                    ;每行起始显示属性
Count   dw  6                       ;行数
```

显然,调整上述变量的值,就可以改变显示输出的效果。

【例 7-7】 利用 BIOS 提供的键盘输入和显示输出基本功能,编写程序实现以下应用:接收用户从键盘输入一个由十进制数字符组成的字符串,然后回显该字符串。当用户按回车键表示输入结束,允许用户利用退格键修正输入。

实现思路:①安排一个缓冲区,存放由用户从键盘输入的字符串。为了更灵活,该缓冲区的第一个字节给出字符串的容量,也即最大长度,从缓冲区的第二个字节开始存放字符串。字符串以回车符作为结束标记。②安排一个子程序 GetDStr,接收用户从键盘输入数字字符串。③安排一个子程序 PutDStr,显示输出字符串。④安排子程序 GetChar 接收键盘输入一个字符,它调用键盘 I/O 程序的 0 号功能。还安排子程序 PutChar 显示一个字符,它调用显示 I/O 程序的 14 号功能。

对应的源程序 dp73.asm 如下:

```
%define  Space      20H            ;空格符
%define  Enter      0DH            ;回车符
%define  Newline    0AH            ;换行符
%define  Backspace  08H            ;退格
%define  Bell       07H            ;响铃
%define  Lenofbuf   16             ;缓冲区长度
;
    SECTION   TEXT
    BITS  16
    ORG   100H                     ;COM 型程序 100H 开始
Begin:                             ;起点
    PUSH  CS
    POP   DS                       ;DS=CS
    MOV   DX, buffer               ;DX=缓冲区首地址
    CALL  GetDStr                  ;获取一个数字串
    ;
    MOV   AL, Enter                ;形成回车换行效果
    CALL  PutChar
    MOV   AL, Newline
    CALL  PutChar
    ;
    MOV   DX, buffer+1             ;DX=字符串首地址
    CALL  PutDStr                  ;显示一个字符串
```

```
        ;
        mov    ah, 4ch
        int    21h                    ;结束程序
        ;
buffer:                               ;缓冲区
        db     Lenofbuf               ;缓冲区的字符串容量
        resb   Lenofbuf               ;存放字符串
;------------------------------
;子程序名: GetDStr
;功    能:接收一个由十进制数字符组成的字符串
;入口参数: DS:DX=缓冲区首地址
;说    明:(1)缓冲区第一个字节是其字符串容量
;            (2)返回的字符串以回车符(0DH)结尾
GetDStr:
        PUSH   SI
        MOV    SI, DX
        MOV    CL, [SI]               ;取得缓冲区的字符串容量
        CMP    Cl, 1                  ;如果小于 1,直接返回
        JB     .Lab6
        ;
        INC    SI                     ;指向字符串的首地址
        XOR    CH, CH                 ;CH 作为字符串中的字符计数器,清零
.Lab1:
        CALL   GetChar                ;读取一个字符
        OR     AL, AL                 ;如果为功能键,直接丢弃//@1
        JZ     SHORT .Lab1
        CMP    AL, Enter              ;如果为回车键,表示输入字符串结束
        JZ     SHORT .Lab5            ;转输入结束
        CMP    AL, Backspace          ;如果为退格键
        JZ     SHORT .Lab4            ;转退格处理
        CMP    AL, Space              ;如果为其他不可显示字符,丢弃//@2
        JB     SHORT .Lab1
        ;
        cmp    al, '0'
        jb     short  .Lab1           ;小于数字符,丢弃
        cmp    al, '9'
        ja     short  .Lab1           ;大于数字符,丢弃
        ;
        CMP    Cl, 1                  ;字符串中的空间是否有余?
        JA     SHORT  .Lab3           ;是,转存入字符串处理
.Lab2:
        MOV    AL, Bell
        CALL   PutChar                ;响铃提醒
        JMP    SHORT  .Lab1           ;继续接收字符
        ;
.Lab3:
        CALL   PutChar                ;显示字符
        MOV    [SI], AL               ;保存到字符串
```

```
        INC   SI                      ;调整字符串中的存放位置
        INC   CH                      ;调整字符串中的字符计数
        DEC   CL                      ;调整字符串中的空间计数
        JMP   SHORT  .Lab1            ;继续接收字符
        ;
    .Lab4:                            ;退格处理
        CMP   CH, 0                   ;字符串中是否有字符?
        JBE   .Lab2                   ;没有,响铃提醒
        CALL  PutChar                 ;光标回退
        MOV   AL, Space
        CALL  PutChar                 ;用空格擦除字符
        MOV   AL, Backspace
        CALL  PutChar                 ;再次光标回退
        DEC   SI                      ;调整字符串中的存放位置
        DEC   CH                      ;调整字符串中的字符计数
        INC   CL                      ;调整字符串中的空间计数
        JMP   SHORT  .Lab1            ;继续接收字符
        ;
    .Lab5:
        MOV   [SI], AL                ;保存最后的回车符
    .Lab6:
        POP   SI
        RET
;--------------------------------
;子程序名: PutDStr
;功    能: 显示一个以回车符( 0DH) 结尾的字符串
;入口参数: DS:DX=字符串首地址
PutDStr:
        PUSH  SI
        MOV   SI, DX
    .Lab1:
        LODSB                         ;取一个字符
        CALL  PutChar                 ;显示字符
        CMP   AL, Enter               ;是回车符吗?
        JNZ   .Lab1                   ;否,继续
        MOV   AL, Newline
        CALL  PutChar                 ;产生换行
        POP   SI
        RET
;--------------------------------
PutChar:                             ;显示输出一个字符
        MOV   BH, 0
        MOV   AH, 14
        INT   10H
        RET
;--------------------------------
GetChar:                             ;由键盘输入一个字符
        MOV   AH, 0
```

```
INT    16H
RET
```

下面对其中的子程序 GetDStr 再作些说明。它调用分别代表 BIOS 键盘输入的 GetChar 和 BIOS 显示输出的 PutChar 来实现其功能。它的实现流程如图 7.2 所示，貌似有点复杂，但由此可见直接基于 BIOS 的输入和输出比较繁杂。

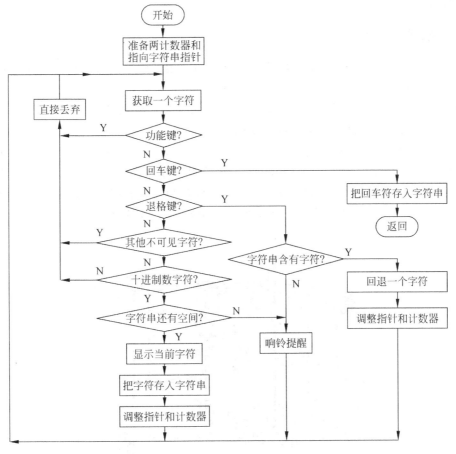

图 7.2　接收数字串子程序 GetDStr 的流程

从图 7.2 可知，对由用户从键盘输入按键的识别处理比较繁杂。直接丢弃用户可能输入的 F1 等功能键，这些功能键并没有对应的字符，其 ASCII 码值为 0。除了识别回车键和退格键外，丢弃其他控制符（ASCII 码值小于 20H）。由于只需要十进制数字符，因此还直接丢弃其他字符。

从图 7.2 还可知，如果用于存放数字符的字符串空间不足，则响铃提醒。在处理退格键时，只有当字符串含有数字符时，退格键才起作用，否则响铃提醒。

从源程序可知，退格处理比较麻烦，不仅调整字符串指针和计数器，而且需要调用 PutChar（TTY 方式显示字符）3 次，进行回退、擦除和回退的操作，最终实现退格的效果。另外，响铃的效果也是通过调用 TTY 方式显示来实现。

在上述程序中，还采用了以符号"."引导的标号，这些标号是局部标号。这是汇编器 NASM 所支持的。

7.2 磁盘及其读写

磁盘是计算机系统的外部存储器,运行的程序和处理的数据一般都会先存储在磁盘上。本节简要介绍磁盘相关基本概念,说明调用 BIOS 进行磁盘读写的基本方法,最后还分析主引导记录 MBR。

7.2.1 磁盘简介

覆盖有磁性材料的碟片称为磁碟,它是存储介质。用于读写磁碟的驱动装置称为磁盘驱动器,它是组成计算机系统的设备之一。硬磁盘由一组磁碟及其驱动器构成,磁碟和驱动器被永久性地固定封装在一起。硬磁盘简称硬盘。现在几乎没有软磁盘了,所以也常被称为磁盘。在有些时候,也将其称为硬盘驱动器或者驱动器。

为了读写磁盘,针对磁碟的每个面,都有一个磁头(Head),由磁头实施物理磁性的读写。一个磁碟上分布若干同心圆的磁道(Track),一个磁道又分为若干扇区(Sector)。虽然磁道长度不同,但每个磁道的扇区数相同。图 7.3 给出了硬盘结构和磁碟上扇区分布示意图。磁盘中不同磁碟上(磁头下)的相同半径的磁道形成一个柱面(Cylinder),有若干个磁道就有若干个柱面。

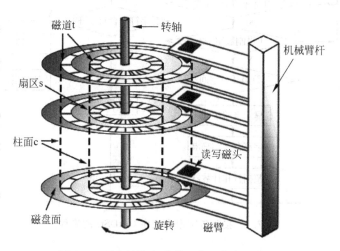

图 7.3 硬盘结构和磁碟上扇区分布示意图

从图 7.3 可知,作为物理介质的扇区,指磁道上的一段存储数据的弧形区域。传统上,通过柱面号(Cylinder)、磁头号(Head)、扇区号(Sector)这三维地址来定位磁盘上的某个扇区。实际上,柱面号就决定了磁道号。这种由柱面号、磁头号和扇区号三者来标识磁盘中扇区的方式,被简称为 CHS 编址方式。CHS 三部分构成扇区在磁盘上的地址,柱面号和磁头号都从 0 开始,扇区号从 1 开始。扇区地址的递增规则:首先是扇区号;然后是磁头号;最后是柱面号。

通常一个扇区可以存储 512 字节的数据。因此,扇区也常作为度量单位,表示 512 字节。

一个磁盘的柱面数、磁头数和每个磁道的扇区数,就决定了磁盘的最大容量。假设柱面数为 c,磁头数为 h,每个磁道的扇区数为 s,那么磁盘的最大容量 V(字节数)可以由下式计算:

$$V = 每扇区字节数 \times 扇区个数$$

$$=512 \times \text{扇区个数}$$
$$=512 \times (c \times h \times s)$$

现在举例说明具体计算过程。如果柱面数 c 采用 10 位二进制表示,磁头数 h 采用 8 位二进制表示,每道扇区数采用 6 位二进制表示,那么磁盘的最大容量可以计算如下:

$$V = 512 \times (c \times h \times s)$$
$$= 512 \times (2^{10} \times 2^8 \times 2^6)$$
$$= 2^9 \times 2^{24}$$
$$= 2^3 \times 2^{30}$$
$$= 8G(\text{字节})$$

硬盘技术发展很快。在存储容量方面,现在常常以 T(1024GB)为单位。在存储介质方面,除了传统的机械硬盘(HDD)外,现在还有固态硬盘(SSD)和混合硬盘(HHD)等多种类型。固态硬盘不再以磁碟作为存储介质,而采用半导体存储器作为存储介质,在固态硬盘中磁道和磁头等概念已经失去早先的含义。

为了适应发展,现在允许采用逻辑块编址(Logical Block Addressing)方式来标识硬盘中的扇区。逻辑块编址(LBA)采用一维的逻辑块号,目前最大可以采用 48 位二进制表示。可以认为,在 LBA 方式下,硬盘(控制器)将把一维的 LBA 地址(逻辑块号)转化为三维的 CHS 地址(柱面号、磁头号、扇区号)。一般来说,LBA 地址(逻辑块号)与 CHS 地址的关系如下(起始逻辑块号为 0):

逻辑块号=每道扇区数×磁头数×柱面号+每道扇区数×磁头号+扇区号-1

采用 LBA 编址方式,在指定要读写的磁盘扇区时,相比采用三维的 CHS 编址方式,要简单,有助于提高效率。采用 LBA 编址方式,也更适应非磁性介质的磁盘。同时,由于表示 LBA 的位数足够多,支持硬盘的容量可以“无限大”。

7.2.2 磁盘读写

磁盘的读写操作也属于基本输入输出。BIOS 中提供磁盘读写功能的程序被称为磁盘 I/O 程序。它提供磁盘的复位、读、写、校验和格式化等功能。与键盘输入 I/O 程序和显示输出 I/O 程序类似,每一个功能有一个编号。

1. 磁盘 I/O 程序的基本功能

表 7.4 列出了磁盘 I/O 程序的部分基本功能。在调用磁盘 I/O 程序时,按调用的功能,设置好相应的参数,把功能编号置入 AH 寄存器,然后发出特定的调用指令“INT 13H”。当然,如果为了写数据到磁盘上去,在发出调用指令之前应该先在对应缓冲区中准备好要写出的数据。调用返回时,进位标志 CF 反映操作是否成功,如果操作不成功 AH 寄存器含有出错状态代码。当然,如果是从磁盘读数据,而且读成功,那么在缓冲区中含有从磁盘读入到内存的数据。

早先的 PC 有两个软盘驱动器被分别称为 A 盘和 B 盘,所以硬盘的编号从 C 开始,分别被称为 C 盘和 D 盘等。

【例 7-8】 如下程序片段演示调用 BIOS 的磁盘 I/O 程序从磁盘读一个扇区到内存指定区域。

```
MOV   DL, 80H              ;80H 表示 C 盘(硬盘)
MOV   AX, 0
```

```
        MOV   ES, AX                    ;ES=0000
        MOV   BX, 7C00H                 ;ES:BX=缓冲区起始地址(段值:偏移)
        MOV   DH, 0                     ;0面
        MOV   CH, 0                     ;0道(柱面)
        MOV   CL, 1                     ;1扇区
        MOV   AL, 1                     ;读一个扇区
        MOV   AH, 2                     ;读功能!
        INT   13H                       ;读操作
        JC    Error                     ;如读出错,则转
        ;至此,缓冲区0000:7C00H中,含有读入的一个扇区数据
```

　　上述程序片段读取 C 盘中的 0 道、0 面、1 扇区到内存起始地址为 0000:7C00H 的缓冲区。为了清楚地反映相关参数,所以没有优化相关指令。如果要写,原则上只要把功能号 2 修改为功能号 3。请务必注意,不要尝试写(覆盖)磁盘上的 0 道、0 面、1 扇区。

表 7.4　磁盘 I/O 程序的部分基本功能

功　能	入　口　参　数	出　口　参　数	说　　明
AH=0 磁盘系统复位	DL=驱动器号 80H 表示 C 盘 81H 表示 D 盘	CF=0 表示复位成功, AH=00H; CF=1 表示复位失败, AH=状态代码	部分状态代码: 05H: 复位失败 80H: 超时 AAH: 驱动器未准备好
AH=2 读扇区	DL=驱动器号 ES=缓冲区地址段值 BX=缓冲区地址偏移 AL=扇区数 DH=磁头号 CH=柱面号(低 8 位) CL(高 2 位)=柱面号(高 2 位) CL(低 6 位)=扇区号	CF=0 表示读成功, 缓冲区含读入数据; CF=1 表示读出错, AH=出错代码	驱动器号: 80H 表示 C 盘 81H 表示 D 盘 柱面号、磁头号、扇区号,指定首个扇区的地址
AH=3 写扇区	缓冲区含写出数据 其他同上	CF=0 表示写成功; CF=1 表示写出错, AH=出错代码	

　　从表 7.4 所列的入口参数可知,在调用磁盘 I/O 程序读写磁盘时,磁盘柱面号最大为 1023,磁头号最大为 255,扇区号最大为 63,所以不能读写大容量的磁盘。

2. 磁盘 I/O 程序的扩展功能

　　为了更好地支持读写磁盘,现在 BIOS 的磁盘 I/O 程序都提供扩展功能。在调用扩展功能时,往往要用到磁盘地址数据包(Disk Address Packet,DAP)。表 7.5 给出了 DAP 的组织结构。

表 7.5　DAP 的组织结构

字　段　名　称	字节数	含　　义
PacketSize	1	地址包尺寸(16 字节)
Reserved	1	保留(0)
BlockCount	2	传输数据块个数(扇区个数)
BufferAddr	4	传输缓冲区起始地址(段值:偏移)
BlockNum	8	磁盘起始绝对块地址

其中,首个字节 PacketSize 给出 DAP 自身的尺寸,以便将来对其进行扩充。在目前使用的磁盘 I/O 程序中,PacketSize 等于 16,表示 DAP 由 16 个字节构成。BlockCount 是 2 字节项,给出要读写的数据块个数,可以认为就是要读写的磁盘扇区数。当 BlockCount 为 0 时,表示不读写任何数据块。BufferAddr 是 4 字节项,给出数据缓冲区起始地址的段值和偏移,数据缓冲区必须位于常规内存中(地址小于 1MB)。BlockNum 是 8 字节项,可以表示足够大的值,由它表示读写数据块在磁盘上的起始地址,也就是起始扇区的逻辑块地址(LBA),该项可以表示足够大的值。

磁盘 I/O 程序的部分扩展功能列于表 7.6。从表 7.6 中可知,读磁盘和写磁盘的功能,都基于磁盘地址数据包(DAP)。由于 DAP 中表示读写扇区的地址采用 LBA 形式,并且可以足够大,因此利用磁盘 I/O 程序的扩展功能读写磁盘,不但方便,而且可以读写"无限大"的磁盘。

表 7.6　磁盘 I/O 程序的部分扩展功能

功　　能	入 口 参 数	出 口 参 数	说　　明
AH=41h 检验是否存在扩展功能	DL=驱动器号 BX=55AAh	CF=0,且 BX=AA55h 表示支持扩展功能, AH=扩展功能主版本 AL=扩展功能次版本 CX(位 0)=扩展功能的子集 1 或 2 CF=1,表示不支持扩展功能	驱动器号: 80H 表示 C 盘 81H 表示 D 盘
AH=42h 读扇区	DL=驱动器号 DS:SI = 磁盘地址数据包 (DAP)的地址	CF=0 表示读成功, AH=0; CF=1 表示读出错, AH=出错代码	如出现错误,DAP 的 BlockCount 项中则记录了出错前实际读取的扇区个数
AH=43 写扇区	其他同上 AL(位 0)=0 表示关闭写校验 =1 表示打开写校验 AL(位 1~位 7)保留,置 0	CF=0 表示写成功, AH=0; CF=1 表示写出错, AH=出错代码	如出现错误,DAP 的 BlockCount 项中则记录了出错前实际写出的扇区个数

【例 7-9】　如下程序片段演示利用磁盘 I/O 程序的扩展功能,从磁盘读扇区到内存指定区域。

```
MOV    AX, CS
MOV    DS, AX             ;假设 DAP 与代码同一个段
MOV    SI, DAPacket       ;指向磁盘地址包 DAP
MOV    DL, 80H            ;准备从 C 盘读
MOV    AH, 42H            ;准备调用扩展的读功能!
INT    13H                ;读操作
JC     Error              ;如读出错,则转移
```

假设上述程序片段所使用的 DAP 如下:

```
DAPacket:
    db    16               ;DAP 自身 16 个字节
    db    0                ;DAP 保留字节
    dw    2                ;读写两个扇区
    dd    (1234H ≪ 16) +5678H    ;缓冲区起始地址(段值 1234H,偏移 5678H)
```

```
        dd    158                          ;起始扇区 LBA 为 158
        dd    0                            ;起始扇区 LBA 的高位为 0
```

那么在执行上述程序片段后,将把 C 盘上的第 158 号扇区开始的两个扇区,读到起始地位为 1234:5678H 的内存区域。

7.2.3 主引导记录分析

主引导记录(Main Boot Record)是位于启动磁盘首个扇区的引导程序。启动磁盘是指启动操作系统的磁盘,首扇区是指在 LBA 编址方式下逻辑块号为 0 的扇区,或者在 CHS 编址方式下的 0 道、0 面、1 号扇区的扇区。

在 PC 启动的过程中,在完成加电自检(POST)等处理后,BIOS 将按照预定的启动顺序,读取主引导记录到起始地址为 0000:7C00H 的内存区域,并转到主引导程序执行,也即转到 0000:7C00H 处执行。

本节分析主引导记录的部分代码,在总结回顾相关技术方法的同时,为介绍虚拟机和虚拟磁盘做准备。

1. 功能和组成

通常 MBR 将把操作系统的引导程序装载到内存,并转操作系统的引导程序。随后,由操作系统引导程序完成操作系统的自举。这样安排,可以实现在一个硬盘上安装多个操作系统,当然只能有一个活动的操作系统。

位于磁盘首扇区的 MBR 长度为 512 字节。传统的主引导记录由主引导程序(446 字节)、磁盘分区表(64 字节)和标记(2 字节)三部分组成。最后的标记供 BIOS 程序识别用,采用十六进制表示一定是 55 和 AA。

2. 执行步骤

在由 BIOS 转到位于起始地址 0000:7C00H 的主引导程序后,主引导程序执行的主要步骤如下。

(1)自身腾挪。由于操作系统的引导程序将占用起始地址为 0000:7C00H 的内存区域,因此 MBR 自身必须搬迁到另一个内存区域。

(2)识别活动分区。根据磁盘分区表的相关信息,识别出当前活动分区,也即要启动的操作系统所在的分区,为加载操作系统的引导程序做准备。

(3)加载引导程序。利用作为 BIOS 的磁盘 I/O 程序,读取位于活动分区的操作系统的引导程序。

(4)跳转到操作系统的引导程序。

现以 Windows 7(32 位版本)的启动硬盘上的 MBR 为例,分析相关代码。

3. 自身腾挪

下列是 MBR 的开始部分,采用反汇编的形式。第一列是内存地址,第二列是机器码,第三列是汇编格式的指令,其中数据都采用十六进制表示。为了便于阅读理解,添加了以分号引导的注释。

```
0000:7C00   33C0        XOR   AX, AX        ;AX=0
0000:7C02   8ED0        MOV   SS, AX        ;置堆栈段值
0000:7C04   BC007C      MOV   SP, 7C00      ;置堆栈底
0000:7C07   8EC0        MOV   ES, AX        ;目标段值
```

```
0000:7C09   8ED8       MOV    DS, AX              ;源段值
0000:7C0B   BE007C     MOV    SI, 7C00            ;源偏移
0000:7C0E   BF0006     MOV    DI, 0600            ;目标偏移
0000:7C11   B90002     MOV    CX, 0200            ;数据块字节数 512
0000:7C14   FC         CLD                        ;由低向高调整
0000:7C15   F3A4       REPZ   MOVSB               ;复制 MBR
0000:7C17   50         PUSH   AX                  ;目的地址段值(0000H)
0000:7C18   681C06     PUSH   061C                ;目的地址偏移(061CH)
0000:7C1B   CB         RETF                       ;转到内存 0000:061CH 处
```

从上述代码可知,首先它把自身 512 字节从起始地址为 0000:7C00H 的内存区域复制到起始地址为 0000:0600H 的内存区域。由于源区域和目标区域不重叠,因此块复制比较简单,在设置好源起始地址和目标起始地址后,采用带重复前缀的字符串传送指令完成复制。然后跳转到新区域的恰当位置继续执行。把新地址的段值和偏移分别压入堆栈,接着通过段间返回指令实现跳转。新起点的偏移为 061CH,就是紧随 RETF 之后的指令。如上所示,指令 RETF 所在偏移为 7C1BH,在 MBR 迁移到起始地址为 0000:0600H 的新区域后,该 RETF 指令所在偏移就变成 061BH。

4. 识别活动分区

磁盘分区是指磁盘上一段连续的以扇区为单位的存储区域。一个物理磁盘可以被划分为多个分区。操作系统引导程序的第一部分,位于其所在磁盘分区的首个扇区。在采用磁盘分区之后,在一个物理磁盘上可以安装多个操作系统。

在主引导记录 MBR 的尾部(相对位置 01BEH 处开始)有一张由 64 字节构成的磁盘分区表(Disk Partition Table,DPT)。它包含 4 项,每项 16 个字节,用于记录一个磁盘分区的信息。由 16 个字节构成的磁盘分区信息的含义如下。

(1) 首字节是活动分区标记。如果该分区为活动分区,标记值就是物理驱动器号,80H 代表 C 盘,81H 代表 D 盘。如果该分区为非活动分区,则标记值为 0。

(2) 第 1、2 和 3 字节是 CHS 编址形式的该分区首扇区的地址。其中,第 1 字节是磁头号;第 2 字节的低 6 位是扇区号,高 2 位是柱面号的高 2 位;第 3 字节是柱面号的低 8 位(柱面号采用 10 位表示)。

(3) 第 4 字节是分区的文件系统标记。该字节也用于表示扩展分区。

(4) 第 5、6、7 字节是 CHS 编址形式的该分区末扇区的地址。

(5) 第 8～11 字节(共 4 字节)是 LBA 编址形式的该分区首扇区的地址,也就是该分区首扇区之前已占用的扇区数。

(6) 第 12～15 字节(共 4 字节)是该分区占用的扇区数。

综上所述,在完成自身腾挪之后,将跳转到 0000:061CH 处执行,进行第二步工作,识别活动分区。对应的反汇编代码如下,格式说明同上。

```
0000:061C   FB         STI                        ;开中断
0000:061D   B90400     MOV    CX, 4               ;分区表含 4 项
0000:0620   BDBE07     MOV    BP, 07BE            ;指向分区表首项
                                                    (0600+01BEH)
0000:0623   807E0000   CMP    BYTE [BP+00],0      ;检查分区标志
0000:0627   7C0B       JL     0634                ;活动分区,转下一步
0000:0629   0F850E01   JNE    073B                ;非法分区,转出错处理
```

```
0000:062D  83C510      ADD    BP, 0010      ;指向分区表中下一项
0000:0630  E2F1        LOOP   0623          ;循环,判断下一表项
0000:0632  CD18        INT    18            ;启动特定程序!
```

从上述代码可知,采用一个循环依次检查分区信息表项中的首字节(活动分区标记)。把第一个标记值为负的分区认定为当前活动分区。实际上,硬盘驱动器号 80H 和 81H 等,其最高位为 1,如果将其看作有符号数,那么就是负数。

非活动分区的标记值应该为 0,否则认为出现错误。如果没有找到活动分区,那么就转BIOS 中的特定程序执行。

5. 加载引导程序

在确定当前活动分区之后,就开始引导当前活动分区的操作系统。实际上是加载位于当前活动分区首扇区的操作系统引导程序。加载引导程序的大致策略是:如果磁盘 I/O 程序支持扩展功能,那么利用扩展功能读取引导程序,否则通过基本功能读取引导程序;为了稳妥,如果读操作失败,那么在复位磁盘驱动器后,再次读取;如果多次尝试都失败,确实就失败了。加载引导程序的具体代码如下。

(1) 判断磁盘 I/O 程序是否支持扩展功能。试探性地调用磁盘 I/O 程序的 41H 号功能来检测。如果不支持扩展功能,那么返回时进位标志 CF 被置位;即使 CF 被清,还进一步判断作为出口参数的寄存器 BX 的值,如果支持扩展功能,其值应该是 55AAH。

```
0000:0634  885600      MOV    [BP+00], DL   ;保存驱动器号
0000:0637  55          PUSH   BP
0000:0638  C6461105    MOV    BYTE [BP+11],5 ;尝试多次读的计数初值 5
0000:063C  C6461000    MOV    BYTE [BP+10],0 ;先假设 INT13H 无扩展功能
0000:0640  B441        MOV    AH, 41        ;检测存在 INT13H 的扩展功能
0000:0642  BBAA55      MOV    BX, 55AA      ;作为入口参数
0000:0645  CD13        INT    13            ;调用 INT13H
0000:0647  5D          POP    BP
0000:0648  720F        JB     0659          ;根据 CF 判断不存在扩展功能,
                                            ; 转移
0000:064A  81FB55AA    CMP    BX, AA55      ;根据特定值判断
0000:064E  7509        JNZ    0659          ;不存在扩展功能,转移
0000:0650  F7C10100    TEST   CX, 0001      ;判断扩展功能子集
0000:0654  7403        JZ     0659          ;仅扩展功能子集 1,转移
0000:0656  FE4610      INC    BYTE [BP+10]  ;标记:INT13H 有扩展功能
```

(2) 读活动分区的首个扇区,即操作系统引导程序。为了调用磁盘 I/O 程序的扩展功能读扇区,先在堆栈顶形成一个磁盘地址数据包 DAP。为此,从当前活动分区表项中取得 LBA编址形式的分区首扇区的地址,填写到 DAP 中;还把 0000:7C00H 作为缓冲区首地址填写到DAP 中。如果采用基本功能读扇区,那么就从当前活动分区表中取得 CHS 编址形式的分区首扇区的地址,直接将其作为入口参数。

```
0000:0659  6660            PUSHAD              ;保存通用寄存器
0000:065B  807E1000        CMP    BYTE [BP+10], 0 ;可否利用 INT13H 扩展功能
0000:065F  7426            JZ     0687            ;不能使用,则转移
           ;------------------------            ;利用 INT13H 扩展功能读
0000:0661  666800000000    PUSH   00000000     ;DAP 中 LBA 扇区号高 4 字节
0000:0667  66FF7608        PUSH   DWORD [BP+08] ;DAP 中 LBA 扇区号低 4 字节
```

```
0000:066B   680000       PUSH   0000            ;DAP 中缓冲区地址的段值
0000:066E   68007C       PUSH   7C00            ;DAP 中缓冲区地址的偏移
0000:0671   680100       PUSH   0001            ;DAP 中的所读扇区数
0000:0674   681000       PUSH   0010            ;DAP 尺寸及保留字节
0000:0677   B442         MOV    AH, 42          ;扩展的读功能
0000:0679   8A5600       MOV    DL, [BP+00]     ;驱动器号
0000:067C   8BF4         MOV    SI, SP          ;指向 DAP
0000:067E   CD13         INT    13              ;调用 INT13H,读!
0000:0680   9F           LAHF                   ;保存状态标志
0000:0681   83C410       ADD    SP, 10          ;平衡堆栈
0000:0684   9E           SAHF                   ;恢复状态标志
0000:0685   EB14         JMP    069B            ;继续
;------------------------------                 ;利用 INT13H 基本功能读
0000:0687   B80102       MOV    AX, 0201        ;读一个扇区
0000:068A   BB007C       MOV    BX, 7C00        ;存放到 7C00H 处
0000:068D   8A5600       MOV    DL, [BP+00]     ;驱动器号
0000:0690   8A7601       MOV    DH, [BP+01]     ;磁头号 H
0000:0693   8A4E02       MOV    CL, [BP+02]     ;扇区号 S
0000:0696   8A6E03       MOV    CH, [BP+03]     ;柱面号 C
0000:0699   CD13         INT    13              ;调用 INT13H,读!
;------------------------------                 ;判断是否读成功
0000:069B   6661         POPAD                  ;恢复寄存器
0000:069D   731C         JNB    06BB            ;读成功,转下一步
;------------------------------                 ;读操作失败,复位驱动器,再尝
                                                ;  试读操作
0000:069F   FE4E11       DEC    BYTE [BP+11]    ;计数减 1
0000:06A2   750C         JNZ    06B0            ;不为 0,转移
;------------------------------                 ;最后再次确认 C 盘驱动器
0000:06A4   807E0080     CMP    BYTE [BP+00],80 ;当前就是 C 盘吗?
0000:06A8   0F848A00     JE     0736            ;确认 C 盘,则转失败处理
0000:06AC   B280         MOV    DL, 80          ;否则,考虑 C 盘
0000:06AE   EB84         JMP    0634            ;尝试从 C 盘,启动系统
;------------------------------                 ;复位驱动器
0000:06B0   55           PUSH   BP              ;
0000:06B1   32E4         XOR    AH, AH          ;0 号功能是复位驱动器
0000:06B3   8A5600       MOV    DL, [BP+00]     ;驱动器号
0000:06B6   CD13         INT    13              ;复位驱动器
0000:06B8   5D           POP    BP              ;
0000:06B9   EB9E         JMP    0659            ;尝试下一次读操作
```

（3）检查所读引导程序的标记。作为操作系统引导程序,按约定扇区最后 2 字节应该是特定标记 55H 和 AAH。如果无此标记,表示并非操作系统的引导程序。

```
0000:06BB   813EFE7D55AA CMP    WORD [7DFE], AA55
0000:06C1   756E         JNZ    0731                ;无标记,转出错处理
```

6. 跳转到操作系统的引导程序

在成功把操作系统的引导程序加载到起始地址为 0000:7C00H 的内存区域后,利用以下无条件段间转移指令跳转到操作系统的引导程序。

```
0000:072A   EA007C0000      JMP    0000:7C00
```

7. 其他

当确认磁盘分区表项无效、读磁盘操作失败或者首扇区并非操作系统引导程序时,将调用属于 BIOS 的显示 I/O 程序,在屏幕显示相应的提示信息,随后挂起执行。

7.3 虚　拟　机

可以认为虚拟机就是一个模拟计算机系统的软件。借助虚拟机,可以相对方便地调试与计算机系统硬件密切相关的软件,如设备驱动程序、操作系统自身等。本节简要介绍虚拟机的实现原理和虚拟硬盘文件,并介绍直接写屏显示方式。

7.3.1　虚拟机工作原理

虚拟与真实相对。在虚拟之外,虚拟就是假;在虚拟之中,虚拟就是真(源自网络文献)。

1. 虚拟机及其作用

虚拟机(Virtual Machine)是指由软件模拟的具备硬件系统功能的可独立运行程序的计算机系统。虚拟机并非真实的计算机系统,本质上它是一个软件。由软件模拟的计算机系统,可以包括 CPU、内存、硬盘、网卡和其他设备等。在虚拟机上,通常可以运行各种原先运行在真实计算机上的软件。虽然在虚拟机之外,这个计算机就是假的,但是在虚拟机之内,这个计算机却是真的。

把运行虚拟机这个软件的计算机称为宿主机(Host)。虚拟机的运行当然需要使用宿主机的各种资源,包括 CPU 和内存,也包括键盘和显示器等外部设备,虚拟机的运行效果与宿主机的硬件资源有密切关系。在一台宿主机上,可以运行多个虚拟机。在宿主机上,可以运行模拟其他软硬件平台的虚拟机。更有甚者,宿主机本身是虚拟机。

目前流行的虚拟机软件有 VMware Workstation、VirtualPC 和 VirtualBox,它们都能在 Windows 系统上虚拟出多个计算机。在这些虚拟机上可以安装和使用 Windows、Linux 或其他操作系统。在这些虚拟机上,可以运行多种应用系统,也可以运行相应的开发工具。利用虚拟机,可以实现平台交叉的设计开发。

如果不在虚拟机上安装操作系统,那么虚拟机就相当于一台裸机,或者只具有 BIOS 的机器。在设计开发像操作系统、设备驱动程序这样的软件时,经常需要没有操作系统的环境,因为只有这样才能不受限制地运行被调试的底层程序,或者执行需要特权的指令。在 Windows 平台上,不能够跳过 Windows 直接访问计算机系统的硬件资源,也不能直接调用 BIOS 进行输入或输出。利用虚拟机,可以较好地解决这一问题。借助虚拟机 VirtualBox 和 Bochs,本书介绍中断处理程序的开发,讲解保护方式程序的设计。

2. 虚拟机的工作原理

虚拟机是软件,在虚拟机上运行程序,换句话说就是由一个软件运行另外一个软件。按虚拟机"执行"指令的方式,有两种实现虚拟机的方法:纯软件的方法和硬件辅助的方法。

纯软件的方法是完全由软件模拟 CPU 执行指令。一个主程序表现为虚拟机的 CPU,其各种寄存器由一组全局变量来代替。每一条不同操作码的机器指令,由一个对应的子程序来模拟,操作数作为对应子程序的参数。虚拟机的内存由一个足够大的全局一维数组来代替。作为虚拟机 CPU 的主程序,可以根据指令编码识别出每条机器指令,然后调用对应的子程序,模拟指令的执行。

　　纯软件的方法实现起来相对简单,而且可以虚拟出与宿主机不同类型 CPU 的虚拟机。缺点是这样的虚拟机效率很低。实际上,原本执行一条机器指令,现在变为执行一个模拟子程序;原本只需要一个时钟周期,现在变为几十个甚至几百个时钟周期。同时,这种虚拟机很难体现诸如高速缓存、流水线等为提高 CPU 执行效率的机制。但是,随着计算机技术发展宿主机自身各项性能获得大幅提升,所以基于宿主机的虚拟机仍然能够有良好的表现。

　　虚拟机 Bochs 是典型的纯软件类型的虚拟机。在 Windows 平台上利用虚拟机 Bochs,可以运行或调试设备驱动程序等。

　　虽然纯软件的虚拟机能够有良好的表现,但毕竟大大降低了宿主机的效率。为此提出了硬件辅助的虚拟化技术。这种方法是程序中少量特权指令或者特殊指令由软件模拟执行,程序中大量普通指令仍然由宿主机 CPU 直接执行。当宿主机 CPU 发现需要由软件模拟执行的特权指令或者特殊指令时,转交给模拟子程序。

　　硬件辅助的方法实现起来比较复杂,而且虚拟机往往还需要获得宿主机 CPU 的额外支持。从 IA-32 系列 CPU 的 Pentium4 开始,部分型号的 CPU 就具备了 VT(Virtualization Technology)技术,以支持实现虚拟机。优点是这样的虚拟机效率高,与宿主机自身相比,效率只是稍有下降。

7.3.2　虚拟硬盘文件

　　虚拟机也可以配备硬盘。为虚拟机配备的硬盘也是虚拟的,被称为虚拟硬盘。为虚拟机配置的虚拟硬盘,往往由宿主机上的磁盘文件来模拟,这样的文件被称为虚拟硬盘文件。

　　在为虚拟机配备这样的硬盘后,在虚拟机上运行的程序,当它读写虚拟机硬盘上的文件时,或者当它直接存取虚拟机硬盘上的数据时,由虚拟机转化为对虚拟硬盘文件的访问。在虚拟机上运行的程序,并不知道机器系统是虚拟的,当然也不知道硬盘设备是虚拟的。

　　有多种虚拟机软件,有多种类型的虚拟硬盘文件。一种虚拟机(软件)常常会支持多种不同类型的虚拟硬盘文件。虚拟硬盘文件的种类是指采用的规范(标准),本质上是指文件的数据存储组织格式。不同种类虚拟硬盘文件的区别是文件数据格式的不同。虚拟硬盘文件名的后缀,往往反映虚拟硬盘文件的种类。

　　微软公司推出的虚拟硬盘文件采用名为 VHD(Virtual Hard Disk)的规范(标准),其文件扩展名是.vhd,这是常用的虚拟硬盘文件类型。本书使用的虚拟机 VirtualBox 和虚拟机 Bochs 都支持 VHD 类型的虚拟硬盘文件。

　　VHD 类型的虚拟硬盘文件又分为两种:固定大小的和动态分配的。为了简单化,本书采用 VHD 类型的固定大小的虚拟硬盘文件。这种虚拟硬盘文件结构相当简单:每个扇区是512 字节;文件中首个 512 字节对应 LBA 地址(逻辑块号)为 0 的扇区,随后的 512 字节对应 LBA 地址为 1 的扇区,依次递增。只有末尾的 512 字节是非数据扇区,而是 VHD 文件的格式信息。格式信息包括:标识字符串"conectix",用于标识 VHD 类型;VHD 版本、创建日期和创建程序等;虚拟硬盘参数(柱面数、磁头数和每磁道扇区数)和虚拟硬盘容量等。

　　对虚拟机而言,虚拟硬盘文件就是硬盘,但是对其他软件而言,虚拟硬盘文件就是一个普通数据文件。本书提供了一个小工具 VHDWriter,它能够把目标代码或者数据等,写到某个 VHD 类型虚拟硬盘文件的指定扇区。具体的使用方法,请见 10.4 节的介绍。

【例 7-10】 简单演示虚拟机和虚拟硬盘的工作。

如 7.2.3 节所述,在 PC 启动过程中,将读取硬盘上的主引导记录到起始地址为 0000:7C00H 的内存区域,并转到该处执行。虚拟机也是如此。演示思路为:编写一个显示 Hello 信息的程序,将该程序的目标代码作为虚拟硬盘的主引导记录;在启动虚拟机后,这个特殊的主引导记录会被装入到虚拟机的起始地址为 0000:7C00H 的内存区域,并得到执行。

本例的虚拟机具备 BIOS,但虚拟硬盘上没有安装任何操作系统,只有一个所谓的主引导记录,它并不引导任何系统,仅仅演示说明它自身获得了执行。

可以作为"主引导"记录的源程序 dp74.asm 如下:

```
        section  text
        bits   16                    ;16 位段模式
Begin:                               ;启动点
        MOV    BH, 0                 ;指定显示页 0
        MOV    DH, 5                 ;光标行号(5 行)
        MOV    DL, 8                 ;光标列号(8 列)
        MOV    AH, 2                 ;2 号功能设置光标位置
        INT    10H                   ;定位光标到指定位置
        ;
        CLD                          ;字符串操作方向
        MOV    AX, CS
        MOV    DS, AX                ;数据段与代码段一致
        MOV    SI, hello             ;指向字符串首(代码段的相对地址)
        ADD    SI, 7C00H             ;指向字符串首(内存中的固定地址) //@1
Lab1:
        LODSB                        ;取一个字符
        OR     AL, AL                ;判断结束标记
        JZ     Lab2                  ;是,跳转结束
        MOV    AH, 14
        INT    10H                   ;TTY 方式显示字符
        JMP    SHORT Lab1            ;继续
Lab2:
Over:
        JMP    Over                  ;进入无限循环
        ;
hello   db   "Hello,world", 0
        ;
        times 510 - ($- $$)  db  0   ;填充 0,直到满 510 字节
        db     55h, 0aah             ;最后 2 字节,共计 512 字节
```

上述程序由代码和数据两部分构成。代码部分的主要工作是调用 BIOS 的显示 I/O 程序输出指定的信息:首先设定光标位置,也即显示信息的开始位置;然后依次逐一显示字符信息;最后进入无限循环,实际上没有其他工作要做。

由于主引导记录长 512 字节,且以标记 55H 和 AAH 结尾,因此数据部分也分为两块。第一块是填充块,使得程序长度达到 510 字节。在 6.4 节说明了记号 $ 和记号 $ $ 的含义,也说明了重复前缀 times 的作用。第二块是利用伪指令安排的 2 字节标记。

值得说明上述源程序中指令"ADD　SI,7C00H"的作用。在汇编时,标号 Begin 的段内

偏移是 0,标号 hello 的段内偏移是其之前代码数据的长度(字节数)。但是,当作为主引导记录被装载到内存偏移 7C00H 处后,标号 Begin 处的实际偏移将是 7C00H,相应地标号 hello 的偏移也应该加上 7C00H。

利用如下命令,可以把上述源程序汇编生成 512 字节的纯二进制目标代码文件。

```
nasm dp74.asm -f bin -o hello
```

利用辅助工具 VHDWriter,可以把纯二进制目标代码文件 hello 写到指定的虚拟硬盘文件。如果指定逻辑扇区号 0,那么就作为主引导记录。

在完成这些工作后,启动虚拟机,虚拟机的屏幕上显示信息"Hello,world"。 当然,这时只有强行关闭虚拟机才会结束。

7.3.3　直接写屏显示方式

显示控制器(卡)把显示器接入系统,其显示存储器用于存放屏幕上显示文本的代码及其属性或者图像信息。显示存储器作为系统存储器的一部分,可用访问普通内存的方法访问显示存储器。

如 7.1.2 节所述,经典的文本显示模式是 25 行 80 列。可以简单地认为,在此显示模式下,屏幕上显示的字符代码及其属性被依次保存在起始地址为 B800:0000H 的显示存储区域。每一个显示位置对应显示存储区域中的两个字节单元,这种对应关系如图 7.4 所示。假设显示位置是第 m 行第 n 列,那么对应的显示存储单元地址的偏移为 $(80 * m + n) * 2$。

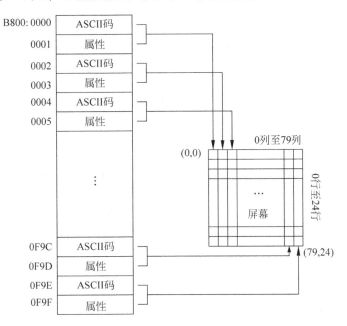

图 7.4　显示存储区域与显示位置的对应关系

为了在屏幕上某个位置显示字符,只需把要显示字符的代码及其属性写到显示存储区中的对应存储单元即可。反之,如果需要获取屏幕上某个位置显示的字符和属性,那么只要读取显示存储区域中的对应存储单元。

【例 7-11】　如下程序片段实现在屏幕的第 3 行第 9 列以黑底白字显示字符"A"。

```
       MOV    AX, 0B800H
       MOV    DS, AX                    ;准备段值
       MOV    BX,(80*3+9) * 2           ;对应显示位置的偏移
       MOV    AL, 'A'                   ;字符 ASCII 码
       MOV    AH, 07H                   ;显示属性(黑底白字)
       MOV    [BX], AX                  ;填写到显示存储区
```

所谓直接写屏显示方式,是指通过直接填写屏幕位置对应的显示存储单元来实现显示的方式。BIOS 的显示 I/O 程序采用直接写屏方式实现显示。

【例 7-12】 编写一个程序,采用直接写屏方式在屏幕上显示 hello 信息。

这个程序与例 7-10 的程序 dp74 类似,作为主引导记录。不同的是,它采用直接填写显示存储区域的方式实现显示。演示程序 dp75.asm 如下:

```
       section  text
       bits   16                        ;16 位段模式
       org    7C00H                     ;被装入到起点为 07C00H 的内存区域
Begin:
       MOV    AL, 0                     ;指定显示页 0
       MOV    AH, 5
       INT    10H                       ;指定显示页//@1
       ;
       CLD
       MOV    AX, CS
       MOV    DS, AX                    ;数据段与代码段一致
       MOV    SI, hello                 ;指向字符串首
       ;
       MOV    AX, 0B800H                ;显示存储区段值
       MOV    ES, AX                    ;送到 ES
       MOV    DI,(80*5+8) * 2           ;开始显示坐标: 5 行 8 列
       ;
       MOV    AH, 47H                   ;属性(红底白字)
Lab1:
       LODSB                            ;取一个字符
       OR     AL, AL                    ;判断结束标记
       JZ     Lab2                      ;是,跳转结束
       STOSW                            ;填到显示存储区
       JMP    Lab1                      ;继续
Lab2:
Over:
       JMP    Over                      ;进入无限循环
       ;
hello    db   "Hello,world", 0
       ;
       times 510 - ($- $$)  db  0       ;填充 0,直到满 510 字节
       db     55h, 0AAh                 ;最后 2 字节,共计 512 字节
```

从上述程序可知,它采用了与程序 dp74 相同的方法,保证汇编所得的纯二进制目标代码为 512 字节,并在最后带上特定的标记。

　　该程序目标代码在作为主引导记录 MBR 后,它会被 BIOS 装载到 0000:7C00H 开始的内存区域。为此,上述程序利用汇编器 NASM 提供的 org 指示,设定起始偏移为 7C00H。由于起始偏移为 7C00H,那么标号 Begin 就代表偏移 7C00H,标号 hello 代表的偏移也就是在 7C00H 的基础上再加上实际偏移值。这样处理后,就不需要像 dp74 中那样采用指令调整相关地址的偏移了,见 dp74.asm 源程序"//@1"行。由此可见,汇编器提供 org 指示的用意。

　　另外,上述程序在采用直接写屏方式显示字符串之前,调用显示 I/O 程序指定了显示页,见源程序"//@1"行。现对显示页做些说明。为了支持屏幕上显示 2000 个字符,需要的显示存储器容量约为 4KB。如果显示存储器的容量为 32KB,那么显示存储器可存放 8 屏显示内容。为此,把显示存储器再分成若干段,称为显示页。图 7.4 所示的显示位置与存储区域的对应关系,适用于第 0 显示页。调用显示 I/O 程序的 5 号功能,可选择当前显示页。通常,总是使用第 0 显示页。

　　采取与上节相同的步骤,可以把源程序 dp75.asm 汇编成生成 512 字节的纯二进制目标代码文件,并存入虚拟硬盘文件的逻辑扇区 0,从而作为主引导记录。之后再启动虚拟机,虚拟机的屏幕上显示红底白字的"Hello,world"。

7.4　一个简易的加载器

　　本节给出一个简易的加载器,在只有 BIOS 的环境中,它能够把工作(演示)程序加载到内存并运行。在没有操作系统的虚拟机上,利用它可以方便地运行工作程序。

7.4.1　加载方法

　　加载器的工作方式参照主引导记录 MBR。

　　加载器自身作为主引导记录 MBR。这样,在机器每次启动时,它会被系统 BIOS 读到内存,并得到运行。

　　在加载器运行后,它从硬盘上指定扇区读入某个工作程序到内存,然后转到该工作程序执行。这一过程就是加载。

　　【例 7-13】　编写一个可以作为主引导记录的加载器,由它引导执行存放在硬盘上某个指定扇区的工作程序。

　　参照 7.2.3 节介绍的真正主引导记录,主要步骤为:首先将自身复制到起始地址为 0060:0000H 的内存区域,让出所占用的 0000:7C00H 开始的区域;然后发出操作提示信息,并接收用户按键,这样安排可以使得用户看清楚执行过程;随后从指定扇区读入某个工作程序;最后验证读入的工作程序标记,并转到工作程序执行。

　　简单加载器源程序 dp76.asm 如下:

```
SDISP    EQU   7C00H              ;符号常量
    section   text
    bits   16                      ;16 位段模式
Begin:
    MOV    AX, CS
    MOV    SS, AX
    MOV    SP, SDISP              ;设置堆栈
    MOV    DS, AX                 ;源数据段就是代码段
```

```
        MOV    SI, SDISP+ Begin        ;指向源字符串首(绝对地址)
        PUSH   WORD 0060H
        POP    ES                      ;目标数据段的段值为 0060H
        MOV    DI, 0                   ;目标段的偏移
        CLD                            ;字符串操作方向
        MOV    CX, 100H                ;256 个字=512 字节
        REP    MOVSW                   ;复制自身
        PUSH   ES                      ;压目标段值到堆栈
        PUSH   Begin2                  ;压目标偏移到堆栈
        RETF                           ;段间转移到新的位置
        ;-------------------------------
Begin2:
        PUSH   CS
        POP    DS                      ;数据段同新的代码段
        ;
        mov    dx, mess1
        call   PutStr                  ;显示操作提示信息
        call   GetChar                 ;获得用户按键
        ;
        MOV    SI, DiskAP              ;指向磁盘地址包 DAP
        MOV    DL, 80H                 ;设虚拟硬盘是 C 盘
        MOV    AH, 42H                 ;采用扩展的读功能
        INT    13H                     ;从硬盘读指定的数据(程序)到内存
        JC     Over                    ;如果读出错,则转移
        ;
        MOV    AX, 0
        MOV    ES, AX
        MOV    AX, 0AA55H
        CMP    [ES:SDISP+01FEH], AX    ;检查所读内容是否有标记//@2
        JNZ    Over                    ;没有,则转移
        ;
        PUSH   WORD 0                  ;把工作程序段值压入堆栈
        PUSH   WORD SDISP+0            ;把工作程序偏移压入堆栈
        RETF                           ;转工作程序执行
        ;
Over:
        MOV    DX, mess2
        CALL   PutStr                  ;显示出错提示信息
        JMP    $                       ;进入无限循环
        ;-------------------------------
GetChar:                               ;获得用户按键
        MOV    AH, 0
        INT    16H
        RET
        ;-------------------------------
PutStr:                                ;显示字符串(以 0 结尾)
        MOV    BH, 0
        MOV    SI, DX
```

```
Lab1:
    LODSB                                ;取一个字符
    OR      AL, AL                       ;判断结束标记
    JZ      Lab2                         ;是,跳转结束
    MOV     AH, 14
    INT     10H                          ;TTY 方式显示字符
    JMP     Lab1                         ;继续
Lab2:
    RET
;------------------------------
DiskAP:
    DB      10H                          ;DAP 尺寸
    DB      0                            ;保留
    DW      1                            ;扇区数
    DW      SDISP                        ;缓冲区偏移
    DW      0000H                        ;缓冲区段值
    DD      123                          ;起始扇区 LBA 的低 4 字节(假设)
    DD      0                            ;起始扇区 LBA 的高 4 字节
;
mess1       db    " Press any key......", 0
mess2       db    " Error......", 0
    ;
    times 510 - ( $- $$)    db   0       ;填充 0,直到 510 字节
    db      55h, 0aah                    ;最后 2 字节,共计 512 字节
```

从上述程序可知,自身腾挪的方法与 Windows 7 的 MBR 几乎相同。分别调用 BIOS 的显示 I/O 程序和键盘 I/O 程序发出提示信息和获得用户按键。利用磁盘 I/O 程序的扩展功能,从指定的扇区读入一个工作程序。为了简化,没有检测磁盘 I/O 程序是否具备扩展功能,还通过伪指令直接定义了一个磁盘地址包 DAP。

在上述程序中,采用了符号 SDISP 表示偏移 7C00H。请注意引用符号常量 SDISP 的指令或者语句,因为装载内存区域的起始偏移是 7C00H,所以需要据此调整。但是,在引用 DAP 和提示信息的地址偏移时,却没有调整,具体原因作为作业留给读者思考。

利用以下命令,可以把上述源程序汇编生成 512 字节的纯二进制目标代码文件。

```
nasm  dp76.asm  -f bin  -o loader
```

利用辅助工具 VHDWriter,可以把纯二进制目标代码文件 loader 写到指定的虚拟硬盘文件的 0 号扇区,这样就作为主引导记录。在虚拟机启动之前,最好还要把工作程序写到虚拟硬盘文件的第 123 号扇区(可以调整源程序 DAP 中的相应值)。作为示例,可以直接把 7.3.2 节由 dp74.asm 生成的 hello 作为工作程序;也可以把 7.3.3 节由 dp75.asm 生成的 hello 作为工作程序。

显然,本例给出的加载器实在是太简单了。它对被加载的工作程序有多方面的限制:第一,工作程序只能占用一个扇区,且其扇区逻辑块号固定;第二,工作程序的入口点只能在开始位置;第三,工作程序被加载到起始地址为 0000:7C00H 的内存区域。其实,可以参考主引导记录的方法,但不应受其束缚。

7.4.2 程序加载器

1. 加载器的功能

为了方便地在"裸机"上运行工作程序,展示工作程序功能,需要一个能够加载普通工作程序的加载器。

加载器应该支持以下功能:工作程序的长度可以超过一个扇区,可以存放在硬盘上的任意位置,只要占用的多个扇区是连续的;工作程序的开始执行点可以由程序员自行安排;工作程序运行时占用的内存区域可以较灵活。这些是对上述 dp76.asm 加载器约束的突破。

一个灵活的加载器还应该支持在被加载工作程序运行结束后,加载运行下一个工作程序。

2. 工作程序格式

完全可以设计与实现具有上述功能的加载器,但需要工作程序的配合。工作程序应该体现开始执行点的位置,应该提出占用内存区域的起点,必须反映自身的长度。否则,加载器无从获取这些信息。

工作程序在其头部安排相关单元存储这些必要的信息,这里称为特征信息。为了尽量避免误处理,特征信息中还包括了签名信息,如果签名信息不准确,就表示并非可以执行的工作程序。设计如表 7.7 所示的可加载工作程序的头部特征信息。特殊信息合计 16 个字节。其中,签名信息规定为"YANG",格式版本目前为 1,最后一个双字保留为以后使用。

表 7.7 头部特征信息组织结构

字段名称	字节数	相对偏移	含　　义
Signature	4	0	签名信息:"YANG"
Version	2	4	头部特征信息格式版本号(目前为1)
Length	2	6	工作程序长度
Start	2	8	工作程序入口点的偏移
Zoneseg	2	10	工作程序期望内存起始位置的段值
Reserved	4	12	保留(0)

每一个准备被加载的工作程序,在其头部都安排如表 7.7 所示的头部特征信息,在特征信息之后,安排工作程序的代码和数据。

3. 加载器的执行步骤

一个简易的加载器,可以采用如下执行步骤。

(1)准备运行环境。它主要包括设置运行期间所需要的堆栈。

(2)确定工作程序。提示用户输入工作程序在硬盘上的起始逻辑块号(LBA),假设工作程序占用硬盘上连续的扇区,那么起始 LBA 号就指定了需要加载的工作程序。

(3)读取指定工作程序的首个扇区。利用 BIOS 的磁盘 I/O 程序,根据 LBA 号读取工作程序的首个扇区。把首个扇区临时存放在内存中指定的缓冲区。在这之后,可以方便地验证签名信息,获得长度和期望内存区域位置等。

(4)验证签名信息。

(5)获取工作程序的长度。根据长度字节数,可以计算出工作程序占用的扇区数。

(6)决定工作程序被加载到内存的起始位置。期望的起始位置由段值来表示,可以从头部的特征信息中获取。但需要判断其有效性,因为不能完全由工作程序自己决定内存起始位置,否则会破坏加载器自身,也可能会破坏中断向量表等。如果期望的段值在有效范围内,那么以它作为起始位置的段值,否则采用默认的段值。

(7)搬移首个扇区内容。把已经在内存中的首个扇区的内容复制到上述指定的内存区域,当然只占用开始的 512 字节。

(8)读取指定工作程序的剩余扇区。从硬盘上把工作程序除首个扇区之外的其他扇区内容,读取到指定内存随后的区域。只有工作程序超过一个扇区,才需要本步。

(9)转移到工作程序执行。已知工作程序的入口点偏移和段值,转移到工作程序执行并不困难。如果采用段间调用的方式,那么在工作程序运行结束后,可以采用段间返回的方式回到加载器。

4. 简易加载器

现在以示例的形式给出一个简易的加载器。

【例 7-14】 编写一个简易的加载器,在没有操作系统的环境中,它能够加载运行符合指定格式的工作(演示)程序。

一个采用上述执行步骤的简易加载器 dp77.asm 如下,假设工作程序采用如表 7.7 所示的头部特征信息。

```
Signature equ   0               ;工作程序签名所在位置偏移
Length    equ   6               ;工作程序长度所在位置偏移
Start     equ   8               ;工作程序启动位置所在偏移
ZONELOW   equ   1000H           ;缺省的工作程序使用内存区域的段值
ZONEHIGH  equ   9000H           ;工作程序使用的内存区域段值上限
ZONETEMP  equ   07E0H           ;首扇区的缓冲区段值
          ;
          section  text         ;段 text
          bits  16              ;16 位段模式
          org   7C00H           ;自身的起始偏移
          ;
Begin:
    MOV   AX, 0
    CLI
    MOV   SS, AX                ;设置堆栈//@1
    MOV   SP, 7C00H             ;把堆栈底安排在 07C0:0000
    STI
          ;
Lab1:                           ;循环加载的起点//@2
    CLD
    PUSH  CS
    POP   DS                    ;DS=CS,准备填写 DAP
    MOV   AX, ZONETEMP          ;把临时内存区域的段值
    MOV   WORD [DiskAP+6], AX   ;填写到 DAP 中的缓冲区段值字段
    MOV   ES, AX                ;也保存到 ES
          ;
    MOV   DX, mess0             ;提示输入的信息
    CALL  PutStr                ;提示用户输入工作程序起始扇区 LBA
    CALL  GetSecAdr             ;接收用户的输入
    OR    EAX, EAX              ;如果用户输入为 0,则转停止
```

```
        JZ      Over
        ;--------------------------------------
        MOV     [DiskAP+8], EAX          ;填写到 DAP 中的扇区 LBA 低 4 字节字段
        CALL    ReadSec                  ;读工作程序首扇区
        JC      Lab7                     ;读出错,则转移
        ;--------------------------------------
        CMP     DWORD [ES:Signature], "YANG"        ;核查工作程序的签名
        JNZ     Lab6                     ;签名不正确,则转移
        ;--------------------------------------
        MOV     CX, [ES:Length]          ;取得工作程序长度
        CMP     CX, 0                    ;长度不应该为 0
        JZ      Lab6                     ;如果为 0,作为签名不正确处理
        ADD     CX, 511                  ;为便于计算需要读取的扇区数
        SHR     CX, 9                    ;相当于除 512,得扇区数
        ;--------------------------------------
        MOV     AX, [ES:Start+2]         ;取得工作程序期望内存段值
        CMP     AX, ZONELOW              ;期望的内存区域必须在规定范围内
        JB      Lab2
        CMP     AX, ZONEHIGH
        JB      Lab3
Lab2:
        MOV     AX, ZONELOW              ;如果超出范围,则取下限
Lab3:
        MOV     WORD [DiskAP+6], AX      ;设置 DAP 中的缓冲区段值
        ;--------------------------------------
        MOV     ES, AX                   ;同时保存到 ES
        XOR     DI, DI                   ;准备复制已经在内存中的首个扇区
        PUSH    DS
        PUSH    ZONETEMP                 ;首扇区的缓冲区段值
        POP     DS                       ;源段值
        XOR     SI, SI
        PUSH    CX                       ;CX 含有工作程序的扇区数
        MOV     CX, 128
        REP     MOVSD                    ;复制 128 个双字
        POP     CX
        POP     DS
        ;--------------------------------------
        DEC     CX                       ;已经读取过一个扇区
        JZ      Lab5                     ;如工作程序只有一个扇区,则转移
Lab4:
        ADD     WORD [DiskAP+6], 20H     ;调整缓冲区段值,即内存的下 512 字节位置
        INC     DWORD [DiskAP+8]         ;准备读取下一个扇区
        CALL    ReadSec                  ;读一个扇区
        JC      Lab7                     ;读出错,则转移
        LOOP    Lab4                     ;还有,则继续
        ;--------------------------------------
Lab5:
        MOV     [ES:Start+2], ES         ;设置工作程序入口点的段值
```

```
    CALL    FAR  [ES:Start]        ;调用工作程序//@3
    JMP     Lab1                    ;准备加载下一个工作程序
    ;---------------------------
Lab6:
    MOV     DX, mess1               ;提示无效工作程序
    CALL    PutStr                  ;给出提示信息
    JMP     Lab1                    ;准备引导下一个工作程序
Lab7:
    MOV     DX, mess2               ;提示读磁盘出错
    CALL    PutStr                  ;给出提示信息
    JMP     Lab1
Over:
    MOV     DX, mess3               ;结束提示
    CALL    PutStr                  ;提示挂起
Halt:
    HLT
    JMP     SHORT  Halt             ;陷入无限循环
;=============================
ReadSec:                            ;读一个指定的扇区到指定内存区域
    PUSH    DX
    PUSH    SI
    MOV     SI, DiskAP              ;指向 DAP(含扇区 LBA 和缓冲区地址)
    MOV     DL, 80H                 ;C 盘
    MOV     AH, 42H                 ;扩展方式读
    INT     13H                     ;读!
    POP     SI
    POP     DX
    RET
    ;---------------------------
GetSecAdr:                          ;接收用户键盘输入工作程序所在扇区的 LBA
    MOV     DX, buffer              ;DX 指向缓冲区首
    CALL    GetDStr                 ;接收用户输入一个数字串(回车结尾)
    MOV     AL, 0DH                 ;形成回车换行效果
    CALL    PutChar
    MOV     AL, 0AH
    CALL    PutChar
    MOV     SI, buffer+1            ;DX 指向缓冲区中的数字串
    CALL    DSTOB                   ;将数字串转换成对应的二进制值(至少返回零)
    RET
    ;---------------------------
DSTOB:                              ;将数字串转换成对应的二进制值
    XOR     EAX, EAX
    XOR     EDX, EDX
.next:                              
    LODSB                           ;取一个数字符
    CMP     AL, 0DH
    JZ      .ok
    AND     AL, 0FH
```

```
        IMUL    EDX, 10
        ADD     EDX, EAX
        JMP     SHORT .next
.ok:
        MOV     EAX, EDX            ;EAX 返回二进制值
        RET
;--------------------------------
GetDStr:
;略去代码,请见 7.1.3 节的 dp73.asm 所含同名子程序和符号常量
;--------------------------------
PutChar:                           ;显示一个字符
        MOV     BH, 0
        MOV     AH, 14
        INT     10H
        RET
;
GetChar:                           ;键盘输入一个字符
        MOV     AH, 0
        INT     16H
        RET
;--------------------------------
PutStr:                            ;显示字符串(以 0 结尾)
        MOV     BH, 0
        MOV     SI, DX
.Lab1:
        LODSB
        OR      AL, AL
        JZ      .Lab2
        MOV     AH, 14
        INT     10H
        JMP     .Lab1
.Lab2:
        RET
;--------------------------------
DiskAP:                            ;磁盘地址包
        DB      10H                ;DAP 尺寸
        DB      0                  ;保留
        DW      1                  ;扇区数
        DW      0                  ;缓冲区偏移
        DW      ZONETEMP           ;缓冲区段值
        DD      0                  ;起始扇区号 LBA 的低 4 字节
        DD      0                  ;起始扇区号 LBA 的高 4 字节
;--------------------------------
buffer:                            ;缓冲区
        db      9                  ;缓冲区的字符串容量
        db      "123456789"        ;存放字符串
;--------------------------------
mess0   db      "Input sector address:", 0
```

```
mess1      db       "Invaild code...", 0DH, 0AH, 0
mess2      db       "Reading disk error...", 0DH, 0AH, 0
mess3      db       "Halt...", 0
;------------------------------
    times  510 - ($-$$)   db   0      ;填充 0,直到 510 字节
    db     55h, 0aah                  ;最后 2 字节,共计 512 字节
```

为了节省篇幅,在上述源程序中略去了子程序 GetDStr 的代码,请见 7.1.3 节的 dp73. asm 所含同名子程序。

利用如下命令,可以把上述源程序汇编生成 512 字节的纯二进制目标代码文件。

```
    nasm  dp77.asm  -f bin  -o loader
```

利用辅助工具 VHDWriter,可以把纯二进制目标代码文件 loader 写到指定的虚拟硬盘文件的 0 号扇区,这样在启动虚拟机后,它就能够多次加载满足格式要求的工作程序。用户通过输入工作程序在虚拟硬盘上的起始 LBA 号,来指定需要运行的工作程序。如果用户输入 0,表示结束加载器自身的运行。当然,满足格式要求的工作程序,应该事先存放到虚拟硬盘上。事实上,在这样的虚拟机上没有操作系统,也没有文件系统,所以才会比较麻烦。

5. 相关说明

下面对上述源程序 dp77.asm 进行说明。

(1) 加载器自身作为 MBR。由于作为 MBR,因此保持 512 字节,并且以 55H 和 AAH 作为结尾标记。

(2) 调用方式运行工作程序。在把工作程序的代码加载到指定内存区域后,利用段间调用指令,调用工作程序,参见源程序"//@3"行。采用这种方式后,工作程序运行结束时,可以返回到加载器。这样,加载器可以加载其他工作程序。

(3) 按需安排内存空间。只要不超出规定的范围,根据工作程序的期望,安排它所使用的内存区域。加载器使用内存的情况,如图 7.5 所示。可供工作程序使用的内存区域的范围为 10000H～A0000H。事实上,没有操作系统,在管理分配内存时既比较直接,也比较粗放。虽然避开了 BIOS 使用的一些重要区域,但没有考虑工作程序之间的相互覆盖。虽然一个工作程序已经结束,但其相关代码和数据还可能仍然保留在内存中。

(4) 安排一个工作堆栈。在开始之初,通过设置堆栈段寄存器 SS 和堆栈指针寄存器 SP,设置了加载器的工作堆栈。请参见源程序"//@1"行。

(5) 每次加载,重新设置所用到的寄存器。每次加载工作程序的流程,从标号 Lab1 处开始。这样处理,可以形成一个新的运行环境。当然,也许上述堆栈也需要重新设置。

(6) 注意段寄存器 DS 和 ES 的使用。

```
FFFFF

B8000
A0000
90000
                工作程序所在区域
10000
                首个扇区所在区域
07E00
                加载器自身
07C00
                加载器堆栈

00000
```

图 7.5　简易加载器内存
　　　　使用示意图

7.4.3 工作程序示例

现在来看一个可以作为示例的工作程序。只要头部含有表7.7所描述的特征信息,就满足被加载的要求,就可以作为工作程序。

【例7-15】 编写一个可以作为示例的工作程序。

为了简化,工作程序仅具有如下功能:以十六进制数的形式显示所在内存区域的段值。

满足要求的工作程序 dp78.asm 如下:

```
        section text
        bits  16
;工作程序特征信息
Signature  db  "YANG"            ;签名信息
Version    dw  1                 ;格式版本
Length     dw  end_of_text       ;工作程序长度
Start      dw  Begin             ;工作程序入口点的偏移
Zoneseg    dw  0088H             ;工作程序期望的内存区域起始段值
Reserved   dd  0                 ;保留
;------------------------------
;数据部分之一
info       db  "Address:", 0     ;提示信息
;------------------------------
;代码部分
Begin:                           ;工作程序入口
    MOV   AX, CS
    MOV   DS, AX                  ;源数据段与代码段一致
    CLD                          ;清方向标志
    MOV   DX, info
    CALL  PutStr                 ;显示提示信息
    ;
    MOV   DX, CS                  ;准备显示工作内存区域的段值
    MOV   CX, 4                   ;4位十六进制数
    MOV   SI, buffer             ;字符串缓冲区首地址
Next:
    ROL   DX, 4                   ;循环左移4位
    MOV   AL, DL                  ;
    CALL  TOASCII                ;转换成对应ASCII码
    MOV   [SI],AL                 ;依次填到缓冲区
    INC   SI
    LOOP  Next                    ;下一位
    ;
    MOV   DX, buffer             ;取得显示字符串首地址
    CALL  PutStr                 ;显示
    ;
    RETF                         ;返回到加载程序!!//@1
;------------------------------
```

```
PutStr:       ;显示字符串(以 0 结尾)
    MOV    BH, 0
    MOV    SI, DX                    ;DX=字符串起始地址偏移
.LAB1:
    LODSB
    OR     AL, AL
    JZ     .LAB2
    MOV    AH, 14
    INT    10H
    JMP    .LAB1
.LAB2:
    RET
;
TOASCII:                            ;转换成对应十六进制数的 ASCII 码
    AND    AL, 0FH                  ;AL 低 4 位=十六进制数
    ADD    AL, '0'
    CMP    AL, '9'
    SETBE  BL
    DEC    BL
    AND    BL, 7
    ADD    AL, BL
    RET
;-------------------------------
;数据部分之二
        times  1024  db  90H       ;为了演示,刻意插入了 1024 字节
;
buffer  db  "00000H"               ;用于存放工作内存区域的地址
        db  0DH, 0AH, 0
end_of_text:                       ;代码结束处(代码字节长度)
```

注意,上述工作程序 dp78.asm 的头部特征信息。其中,标号 Begin 代表了工作程序的入口点偏移,它并不在程序的开始处。标号 end_of_text 是位于源程序末尾的一个标号,可由它获得工作程序的长度。在 Zoneseg 字段的值 0088H 是期望的内存起始地址的段值,工作程序可以根据需要设置。从上述加载器的说明可知,这个段值不在规定的范围内,如果加载它,分配的内存起始地址将会是 10000H。

注意,上述工作程序通过段间返回指令 RETF 结束运行,这样它将返回到加载器。

为了使得目标程序长度超过 512 字节,刻意插入了 1024 字节的无实际作用的数据。还刻意在代码的前面和后面,都安排了数据。

虽然它比较简单,但利用它可以观察加载器如何定位工作程序的内存区域。

习　题

1. 简要说明 BIOS 的主要组成部分。

2. 简要描述应用程序、操作系统、BIOS 和外设接口之间的相互关系。

3. 编写一个程序采用十六进制数的形式显示所按键的扫描码及其对应的 ASCII 码。当连续两次按回车键时终止程序。

4. 编写一个程序在屏幕上循环显示 26 个大写字母,每行显示 10 个,逐行变换显示颜色。当按下 Shift 键时终止程序。

5. 编写一个程序实现把由用户输入的十六进制数转换为十进制数输出。用户在输入时可以利用退格键修正,按回车键表示输入结束。

6. 编写一个程序实现把由用户输入的七进制数转换为八进制数输出。

7. 简要说明磁盘扇区采用逻辑块编址方式的特点。

8. 设某品牌型号的磁盘基本参数为:963 个柱面,16 个磁头,每磁道 17 个扇区。

(1) 该磁盘的总容量是多少?

(2) 假设某个扇区的 CHS 地址信息如下:柱面 C=12,磁头 H=5,扇区 S=8,该扇区的 LBA 地址(逻辑块号)是多少?

(3) 假设某个扇区的逻辑块号 LBA=1024,该扇区的 CHS 地址是多少?

9. 简要说明主引导记录(MBR)的主要执行步骤,以安装 Windows 7(32 位版本)的启动磁盘上的 MBR 为例。

10. 在 7.2.3 节介绍的 MBR 中,分别采用 RETF 指令和 JMP 指令实现段间转移,请比较分析这两种方法各自的特点。

11. 简要说明程序代码自身腾挪的方法和注意事项。

12. 说明虚拟机和虚拟硬盘文件的关系。一台虚拟机可以安装多少个硬盘?

13. 编写一个可以作为 MBR 的程序,其功能是在屏幕上循环显示 10 个数字符,在用户按回车键后,终止显示,并暂停 CPU。

14. 有哪些方法可在屏幕的左上角显示 AB 两个字符?请比较这些方法。

15. 编写一个清屏程序。

16. 编写一个程序采用直接写屏显示方式在屏幕上循环显示 26 个大写字母。当按任一键后终止程序,通过调用 BIOS 键盘管理模块的 1 号功能判别是否有键按下。

17. 编写一个程序把(控制台)屏幕上显示的全部大写字母变换为对应小写字母。

18. 编写一个程序统计当前(控制台)屏幕上显示的字母个数。

19. 编写一个程序判别当前(控制台)屏幕上是否存在字符串"AB"。在屏幕的底行显示提示信息,按任意键后终止程序。

20. 简要说明工作程序头部特征信息的作用,并说明 COM 类型程序与 EXE 类型程序的差异。

21. 简要说明本章所述程序加载器的功能和特点(限制因素)。

22. 简要说明本章所述程序加载器的执行步骤。

23. 编写一个工作程序,其功能是显示 HELLO 信息。

24. 编写一个工作程序,其功能是确定各种显示属性值对应的显示效果。

25. 改写习题 3、4、5 和 6 的程序,使它们分别成为工作程序。

26. 编写一个工作程序,其功能是以十六进制数的形式显示输出 C 盘上逻辑块号 LBA 为 1056 扇区的内容。请采用磁盘 I/O 程序的扩展功能读取磁盘指定扇区的内容。建议在虚拟机上对虚拟磁盘文件进行操作,并利用 VHDWriter 工具,先把相关数据写到指定的扇区。

27. 编写一个工作程序,其功能是把 C 盘上逻辑块号 LBA 为 1888 扇区开始的 3 个扇区复制到逻辑块号 LBA 为 2345 开始的扇区。请采用磁盘 I/O 程序的扩展功能读写磁盘。建议在虚拟机上对虚拟磁盘文件进行操作。

28. Windows 平台上，应用程序能够直接访问计算机系统的硬件资源吗？应用程序能够直接调用 BIOS 进行输入或输出吗？控制台环境中运行的应用程序调用 BIOS 实现输入或输出，请解释之。

29. 谈谈使用虚拟机 Bochs 和 VirtualBox 的体会。

第 8 章

输入输出和中断 ◀

只有具备了输入和输出功能，系统才完备。只有介绍了输入和输出操作，汇编语言课程才完整。本章首先介绍输入和输出的基本概念，然后介绍查询传送方式，最后概述中断并举例说明中断处理程序的设计。

本章所说的输入和输出是站在处理器或主机立场上而言的，也即输入是指输入到处理器或主机，输出是指从处理器或主机输出。

为了简化，仍然以早期的 PC 及其兼容机为背景。事实上，现在的 PC 兼容了早先的 PC，现在的配套控制芯片集成了早先的配套控制芯片。

本章演示程序的源代码都采用 7.4 节中介绍的可加载格式，在把由汇编器 NASM 生成的纯二进制目标代码写到虚拟硬盘文件后，可以在虚拟机上运行。

8.1 输入输出的基本概念

本节说明 I/O 端口地址和数据传送方式等基本概念，介绍 I/O 指令，并以存取 RTC/CMOS RAM 来演示输入和输出。

8.1.1 I/O 端口地址

在计算机系统中，每种输入或输出设备都要通过一个硬件接口或控制器和 CPU 相连。例如，键盘和鼠标通过 USB 接口与系统相连；硬盘通过硬盘接口与系统相连。图 8.1 是处理器与部分外部设备的连接示意图。

逻辑上接口是完成输入或输出的桥梁，物理上接口是实现输入或输出转换控制的电路。从程序设计的角度看，接口由一组寄存器（或存储单元）组成。利用 I/O 指令，程序存取接口中的寄存器，获得外部设备的状态信息，操纵控制外部设备的动作，从而实现数据的输入或输出。

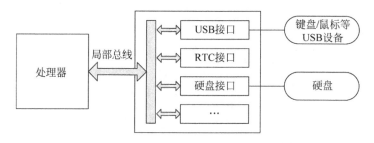

图 8.1　处理器与部分外部设备的连接示意图

为了存取接口中的寄存器,计算机系统会给这些寄存器安排对应的存取地址,这样的地址被称为 I/O 端口地址。可以认为,I/O 端口就是用于输入或输出的接口,端口地址就是端口的编号,根据端口地址可以访问端口或者说存取接口中的寄存器。

I/O 端口地址可以与存储单元地址互相独立,也可以统一编址。

在采用 IA-32 系列 CPU 的计算机系统中,I/O 端口地址和存储单元的地址是各自独立的,分占两个不同的地址空间。IA-32 系列 CPU 提供 16 位的 I/O 端口地址,因而理论上系统可安排 64KB 个 8 位端口,或可安排 32KB 个 16 位端口。但实际上,PC 及其兼容机一般只使用 0~3FFH 内的 I/O 端口地址,只占整个 I/O 端口地址空间的很小一部分。

8.1.2　I/O 指令

由于 IA-32 系列 CPU 的 I/O 端口地址和内存单元地址是独立的,因此需要采用专门的 I/O 指令来存取接口上的寄存器,也就是说要用专门的 I/O 指令进行输入和输出。

1. 输入指令

输入指令的一般格式如下:

> **IN**　累加器,端口地址

输入指令从一个输入端口读取一个字节、一个字或一个双字,传送至累加器 AL、AX 或 EAX。端口地址可采用直接方式表示,也可采用间接方式表示。当采用直接方式表示端口地址时,端口地址仅为 8 位,即 0~0FFH;当采用间接方式表示端口地址时,端口地址存放在 DX 寄存器中,端口地址可为 16 位。

【例 8-1】 如下两条输入指令都采用直接方式表示端口地址:

```
IN    AL,21H              ;从端口 21H 取一个字节到 AL
IN    AL,71H              ;从端口 71H 取一个字节到 AL
```

当端口地址超过 0FFH 时,只能利用寄存器 DX 间接端口寻址。

【例 8-2】 如下指令片段实现从地址为 1F0H 的端口读取一个字节到累加器 AL:

```
MOV    DX, 1F0H
IN     AL, DX
```

当从端口 n 输入一个字时,相当于同时从端口 n 和 $n+1$ 分别读取一个字节。

【例 8-3】 如下指令片段实现从地址为 1F0H 的端口读取一个字到累加器 AX:

```
MOV    DX, 1F0H
IN     AX, DX
```

上述两条指令连续执行,相当于从端口 1F0H 输入一个字节送寄存器 AL,从 1F1H 输入一个字节送寄存器 AH。

2. 输出指令

输出指令的一般格式如下:

> **OUT**　端口地址,累加器

输出指令将 AL 中的一个字节,或 AX 中的一个字,或 EAX 中的一个双字输出到指定端口。像输入指令一样,端口地址可采用直接方式表示,也可采用间接方式表示。当采用直接方式表示端口地址时,端口地址仅为 8 位,即 0~0FFH;当采用间接方式表示端口地址时,端口地址存放在 DX 寄存器中,端口地址可为 16 位。

【例 8-4】 如下指令片段把值 20H 分别输出到地址为 21H 和 0A1H 的两个端口：

```
MOV   AL,20H
OUT   21H, AL
OUT   0A1H, AL
```

【例 8-5】 如下指令片段把数据 3235H 输出到地址为 1F0H 的端口：

```
MOV   AX,3235H
MOV   DX, 01F0H
OUT   DX, AX
```

8.1.3 数据传送方式

这里的数据传送是指 CPU 与外部设备之间的数据传送。

1. CPU 与外设之间交换的信息

CPU 与外设之间交换的信息包括数据、控制信息和状态信息。尽管这 3 种信息具有不同性质，但它们都通过 IN 和 OUT 指令在数据总线上进行传送，所以通常采用分配不同端口的方法将它们加以区别。

数据是 CPU 和外设真正要交换的信息。数据通常为 8 位或 16 位，甚至可以是 32 位，可分为各种不同类型。不同的外设要传送的数据类型也是不同的。

控制信息输出到 I/O 接口，告诉接口和设备要做什么工作。

从接口输入的状态信息表示 I/O 设备当前的状态。在输入数据前，通常要先取得表示设备是否已准备好的状态信息；在输出数据前，往往要先取得表示设备是否忙碌的状态信息。

2. 数据传送方式

计算机系统中 CPU 与外部设备之间传送数据的方式主要分为以下四类。

(1) 无条件传送方式。在不需要查询外设的状态，即已知外设已准备好或不忙碌时，可以直接使用 IN 或 OUT 指令实现数据传送。这种方式软件实现简单，只要在指令中指明端口地址，就可选通指定外设进行输入或输出。

无条件传送方式是方便的，但要求外设工作速度能与 CPU 同步，否则就可能出错。例如，在外设还没有准备好的情况下，就用 IN 指令取得的数据可能是不正确的数据。

(2) 查询方式。查询传送方式适用于 CPU 与外设不同步的情况。在输入之前，查询外设数据是否已准备好，若数据已准备好，则输入；否则继续查询，直到数据准备好。在输出之前，查询外设是否"忙碌"，若不"忙碌"，则输出；否则继续查询，直到不"忙碌"。也就是说，要等待到外设准备好时才能输入或输出数据，而通常外设速度远远慢于 CPU 速度，所以查询过程将花费大量的时间。

(3) 中断方式。为了提高 CPU 的效率，可采用中断方式。当外设准备好时，外设向 CPU 发出中断请求，CPU 转入中断处理程序，完成输入或输出工作。

(4) 直接存储器传送(DMA)方式。由于高速 I/O 设备(如磁盘驱动器等)准备数据的时间短，要求传送速度快等特点，所以一般采用直接存储器传送方式，即高速设备与内存储器直接交换数据。这种方式传送数据是成组进行的。其过程是：先把数据在高速外设中存放的起始位置、数据在内存储器中存放的起始地址、传送数据长度等参数输出到连接高速外设的接口(控制器)；然后启动高速外设，设备准备开始直接传送数据。当高速外设直接传送准备好后，向处理器发送一个直接传送的请求信号，处理器以最短时间批准进行直接传送，并让出总线控制权,高速外设在其控制器控制下交换数据。数据交换完毕后,由高速外设发出"完成中断请求",并交回总线控制权。处理器响应上述中断,由对应的中断处理程序对高速外设进行控制或对已经传送的数据进行处理,中断返回后,原程序继续运行。

8.1.4　实时时钟的存取

现在以存取 PC 及其兼容机中的实时时钟为例,简单说明输入和输出。

1. 关于 RTC/CMOS RAM

在早先的 PC 及其兼容机上有一个 RTC/COMS RAM 芯片,它由计时电路和互补金属氧化物半导体随机存取存储器组成。它不仅提供包括年、月、日和时、分、秒在内的实时时钟(Real-Time Clock)信息,而且还可长期保存系统配置信息。现在该芯片的功能被集成到输入和输出控制集中器(ICH)芯片内了,但其操作控制方式和端口地址都没有变化。

RTC/CMOS RAM 作为一个 I/O 接口,系统分配的 I/O 端口地址区为 70H～7FH,通过 IN 和 OUT 指令对其进行存取。现在该 RTC/CMOS RAM 能够提供 128 个字节单元,其中用于记录日期和时钟信息的单元只占少量,分配情况如表 8.1 所示,其他大量单元用于记录系统配置信息和其他信息。后面将介绍寄存器 A～D 内容的作用。

表 8.1　RTC/CMOS RAM 的时间信息布局

内部地址	内 容	内部地址	内 容
00H	秒	07H	日
01H	报警秒	08H	月
02H	分	09H	年
03H	报警分	0AH	寄存器 A
04H	时	0BH	寄存器 B
05H	报警时	0CH	寄存器 C
06H	星期	0DH	寄存器 D

2. RTC/CMOS RAM 的存取

在存取 RTC/CMOS RAM 芯片的字节存储单元时,需要分两步进行。首先把要存取单元的内部地址送到端口 70H,然后接着存取端口 71H。这里 70H 是其索引端口,71H 是其数据端口。采用这种索引端口和数据端口的方式,可以实现通过少量端口地址来存取接口上的大量寄存器。

【例 8-6】　读取 CMOS RAM 的 08H 单元的代码片段如下:

```
MOV    AL, 8              ;要访问单元的内部地址
OUT    70H, AL            ;把地址送到索引端口
IN     AL, 71H            ;从数据端口取得相应单元的内容
```

【例 8-7】　把 16H 写到 CMOS RAM 的 09H 单元的代码片段如下:

```
MOV    AL, 9              ;要访问单元的内部地址
OUT    70H, AL            ;把地址送到索引端口
MOV    AL, 16H            ;要输出数据 16H
OUT    71H, AL            ;把数据从数据端口输出
```

【例 8-8】　编写一个显示当前时间的程序。

如上所述,只要读取 CMOS RAM 的相应单元,就可以获取当前的时间。需要说明的是,

在 CMOS RAM 的相应单元中存储的日期和时间值采用 BCD 码格式。演示程序首先取得时间值；然后把 BCD 码转换成 ASCII 码，并显示。为了反映实时变化，在每次显示当前时间后，就等待用户按键，当用户按回车键则结束，否则再次显示当前时间。演示程序 dp81.asm 如下：

```
;功能显示当前时间(采用虚拟机可加载格式)
    section  text
    bits  16
;可加载格式的头部
Signature db  "YANG"            ;签名信息
Version   dw  1                 ;格式版本
Length    dw  end_of_text       ;工作程序长度
Start     dw  Begin             ;工作程序入口点的偏移
          dw  1300H             ;工作程序入口点的段值
Reserved  dd  0                 ;保留
;
Begin:
    PUSH  CS
    POP   DS                    ;数据段与代码段相同
NEXT:
    MOV   AL, 2                 ;分单元地址
    OUT   70H, AL               ;准备读取分单元
    IN    AL, 71H               ;读分值 BCD 码
    MOV   [minute], AL          ;保存之
    ;
    MOV   AL, 0                 ;秒单元地址
    OUT   70H, AL               ;准备读取秒单元
    IN    AL, 71H               ;读秒值 BCD 码
    MOV   [second], AL          ;保存之
    ;
    MOV   AL, [minute]
    CALL  EchoBCD               ;显示时钟的分值
    MOV   AL, ':'
    CALL  PutChar               ;显示间隔符
    MOV   AL, [second]
    CALL  EchoBCD               ;显示时钟的秒值
    MOV   AL, 0DH               ;形成回车换行效果
    CALL  PutChar
    MOV   AL, 0AH
    CALL  PutChar
    ;
    MOV   AH, 0                 ;等待并接收用户按键
    INT   16H
    CMP   AL, 0DH               ;如果按回车键,结束
    JNZ   NEXT                  ;否则,再次显示当前时间
    ;
    RETF                        ;结束(返回到加载器)
;
```

```
EchoBCD:                              ;显示两位 BCD 码
    PUSH  AX
    SHR   AL, 4                       ;把高位 BCD 码转成 ASCII 码
    ADD   AL, '0'
    CALL  PutChar                     ;显示之
    POP   AX
    AND   AL, 0FH                     ;把低位 BCD 码转成 ASCII 码
    ADD   AL, '0'
    CALL  PutChar                     ;显示之
    RET
PutChar:                              ;TTY 方式显示一个字符
    MOV   BH, 0
    MOV   AH, 14
    INT   10H
    RET
    ;
second   DB  0                        ;秒 BCD 码保存单元
minute   DB  0                        ;分 BCD 码保存单元
end_of_text:                          ;结束位置
```

为了节省篇幅,上述演示程序 dp81.asm 每次仅仅显示当前时间的分和秒部分。另外,在读取时间值时,还留有瑕疵,参见 8.2.2 节的说明。

8.2　查询传送方式

本节在给出查询方式的基本流程后,结合实时时钟的设置,说明采用查询传送方式实现输入和输出。

8.2.1　查询传送流程

查询方式的基本思想是由 CPU 主动地查询指定外部设备的当前状态,若设备就绪,则立即与设备进行数据交换,否则循环查询。具体地说,在输入之前,要查询外设的数据是否已准备好,直到外设把数据准备好后才输入;在输出之前,要查询外设是否"忙碌",直到外设不"忙碌"后才输出。查询传送方式适用于 CPU 与外设不同步的情况。查询方式输入和输出的流程示意图如图 8.2 所示。

为了采用查询方式输入或输出,连接外设的相应接口不仅要有数据寄存器,而且还要有状态寄存器,有些还要有控制寄存器。数据寄存器用来存放要传送的数据,状态寄存器用来存放反映设备当前状态的信息。通常,在状态寄存器中有一个"就绪(Ready)"位或一个"忙碌(Busy)"位来反映外设是否已准备好。

在实际应用中,为防止设备因某种原因发生故障而无法就绪或空闲,从而导致 CPU 陷入无限循环之中,通常都设计一个等待超时值,其值随设备而定。一旦设备在规定时间内还无法就绪或空闲,则中止循环查询过程。因此,图 8.2 所示的流程图修改为图 8.3 所示的一般查询方式流程图。大多数情况下,等待超时值用查询次数表示,每查询一次,查询次数减 1,如果查询次数减到 0,那么查询等待也就结束。

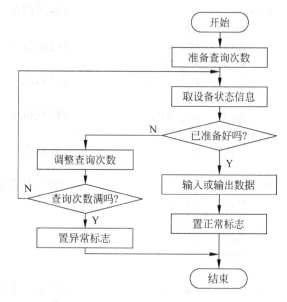

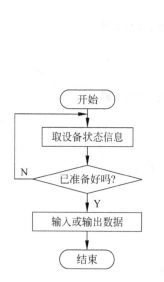

图 8.2　查询方式输入和输出的流程示意图　　　　图 8.3　一般查询方式流程图

　　有时系统中同时有几个设备要求输入或输出数据,那么对每个设备都可编写一段执行输入或输出数据的程序,然后轮流查询这些设备(接口)的状态寄存器中的就绪位,当某一设备准备好允许输入或输出数据时,就调用这个设备的 I/O 程序完成数据传送,否则依次查询下一设备是否准备好。

　　查询方式的优点是:软硬件实现比较简单;当同时查询多个外设时,可以由程序安排查询的先后次序。缺点是浪费了 CPU 原本可执行大量指令的时间。

8.2.2　实时时钟的稳妥存取

　　在 8.1.4 节介绍了实时时钟(RTC)及其存取方法,并由程序 dp81.asm 演示读取 RTC 的时间。其实,只有在 RTC 空闲时读取其时间值才是稳妥的方式。RTC 会自动更新时间值,在更新期间 RTC 属于忙碌,此时不宜存取 RTC 的时间值。

　　可以认为,如表 8.1 所示的位于内部地址 0AH 的寄存器 A 是一个状态寄存器。寄存器 A 的位 7 是计时更新标志位:为 1 表示 RTC 正在计时;为 0 表示短时间内不会更新,RTC 暂时空闲。因此,在存储或者获取 RTC 的时间值之前,可以而且应该通过判别该标志位,查询其是否空闲。

　　【例 8-9】 编写一个设置 RTC 时间值的子程序,采用查询方式实现数据的传送。

　　假设通过寄存器传递作为时间值的参数,而且时、分、秒的值采用 BCD 码格式。子程序 as82.asm 如下:

```
;子程序名(入口标号) : set_time1
;功能:设置 RTC 时间值( 采用 BCD 码表示 )
;入口参数:CH=小时值; CL=分值; DH=秒值
set_time1:
UIP:
    MOV   AL, 10          ;寄存器 A 地址( 0AH)
    OUT   70H, AL         ;准备读取寄存器 A
```

```
        IN      AL, 71H         ;读取寄存器 A
        TEST    AL, 80H         ;测试是否正在更新
        JNZ     UIP             ;正在更新中,则继续测试
Set_TV:
        MOV     AL, 0           ;秒单元地址
        OUT     70H, AL         ;准备设置秒单元
        MOV     AL, DH
        OUT     71H, AL         ;设置秒值
        ;
        MOV     AL, 2           ;分单元地址
        OUT     70H, AL         ;准备设置分单元
        MOV     AL, CL
        OUT     71H, AL         ;设置分值
        ;
        MOV     AL, 4           ;时单元地址
        OUT     70H, AL         ;准备设置时单元
        MOV     AL, CH
        OUT     71H, AL         ;设置时值
        RET
```

从上述子程序 as82. asm 可见,在设置 RTC 的时间值之前,采用了查询方式判断 RTC 是否处于空闲状态。具体实现过程采用了图 8.2 的流程。但是,这样处理仍然不够稳妥,因为如果 RTC 出现故障,始终不能回到空闲状态,那么就会陷入无休止查询的泥潭。

【例 8-10】 完善例 8-9 的子程序,安排查询次数上限。

采用图 8.3 所示的一般查询方式流程,为此安排出口参数。完善后的子程序 as83. asm 如下:

```
;子程序名(入口标号) : set_time2
;功能:设置 RTC 时间值(采用 BCD 码表示)
;入口参数:CH=小时值; CL=分值; DH=秒值
;出口参数:CF=0,设置成功; CF=1,设置失败
set_time2:
    PUSH    CX
    MOV     CX, 25000           ;安排查询次数
UIP:
    MOV     AL, 10
    OUT     70H, AL
    IN      AL, 71H             ;读取寄存器 A
    TEST    AL, 80H             ;测试是否正在更新
    LOOPNZ UIP                  ;正在更新且查询次数未满,则继续查询
    POP     CX
    STC                         ;准备出口参数(先假设失败)
    JNZ     .Over               ;确实失败,则转
    CALL    Set_TV              ;具体设置时间值
    CLC                         ;准备出口参数
.Over:
    RET
```

为了节省篇幅,把子程序 as82. asm 中从标号 Set_TV 开始的具体设置 RTC 时间值的代

码片段改写成另一个子程序 Set_TV。

8.3　中　断　概　述

如果没有中断，计算机系统将会怎样？很难设想。本节结合 PC 简要介绍中断的相关概念，说明实方式下系统响应中断的过程。

8.3.1　中断的概念

1. 中断和中断源

中断是一种使 CPU 挂起正在执行的程序而转去处理特殊事件的操作。换句话说，中断指暂停执行当前程序，切换执行处理特殊事件的服务程序。把这样的处理特殊事件的服务程序称为中断处理程序，它就是响应处理中断的程序。

各种引起中断的事件被称为中断源。它们可能是来自外设的输入或输出请求。例如，由按键引起的键盘中断，由串行口接收到信息引起的串行口中断等；也可能是来自 CPU 内部的一些异常事件，如在执行除法指令时除数为 0。

计算机系统中有各种各样的事件会引起中断，也即存在多种不同的中断源。每种类型的中断都分别由对应的中断处理程序来处理。

"中断"作为动词，指打断正在执行的当前程序。"中断"作为名词，指一系列相关操作过程。图 8.4 给出了中断及其处理过程的示意图。当有中断请求，并响应中断时，CPU 暂停执行当前程序，切换执行对应的中断处理程序。在执行完毕中断处理程序时，返回到被中断的当前程序继续执行。发生中断的位置，被称为断点。

从图 8.4 可知，中断及其处理的过程类似于主程序调用子程序，实际上它们之间具有本质区别。主程序与子程序必定有联系，存在从属关系。但是，当前程序与中断处理程序（服务程序）一般没有联系，不存在从属关系。试想，用户随时可能敲键盘，因此随时可能发生键盘中断，当前程序随时可能被用户敲键盘的事件而中断，然而一般来说当前程序与键盘中断处理程序之间不会有直接联系。

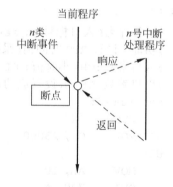

图 8.4　中断及其处理过程的示意图

2. 中断传送方式

中断传送方式的具体过程是：当 CPU 需要输入或输出数据时，先做一些必要的准备工作（有时包括启动外部设备），然后继续执行程序；当外设完成一个数据的输入或输出后，则向 CPU 发出中断请求，CPU 就暂停正在执行的程序，转去执行输入或输出操作，在完成输入或输出操作后，返回原程序继续执行。

中断传送方式是 CPU 和外部设备进行输入或输出的有效方式，一直被大多数计算机系统所采用，它可以避免因反复查询外设的状态而浪费时间，从而提高 CPU 的工作效率。不过，每中断一次，只传送一次数据，数据传送的效率并不高，所以中断传送方式一般用于低速外设。另外，与查询传送方式相比，中断传送方式实现比较复杂，对硬件要求也较多。

8.3.2　中断向量表

1. 中断向量表

为了便于响应处理,给中断类型编号是一个简单的方法。

IA-32 系列 CPU 共能支持 256 种类型的中断,分别编号为 0～255。把这种编号称为中断类型号,简称中断号。CPU 规定了一些中断的类型号。例如,属于内部中断的除法出错,其中断类型号为 0。系统还可以通过配置的方式,设置部分中断的类型号。例如,属于外部中断的键盘中断,其中断类型号为 9。

把中断处理程序的入口地址称为中断向量。事实上,它相当于一个指向中断处理程序的指针。又一次说明,指针就是地址。

综上所述,系统中存在多个中断源,有多个对应的中断处理程序,也就有多个中断向量。为了使系统在响应中断时,CPU 能快速地转入对应的中断处理程序,采用一张表来保存这些中断向量,把该表称为中断向量表。中断向量表的每一项也依次编号为 0～255,n 号中断向量就是中断类型为 n 的中断处理程序的入口地址。因此,一般不再区分中断类型号和中断向量号。

中断向量表如图 8.5 所示,它被安排在内存最低端的 1KB 空间中。其中,每个中断向量占用 4 个字节,低地址两个字节是中断处理程序入口地址的偏移,高地址两个字节是中断处理程序入口地址的段值,所以含有 256 个中断向量的中断向量表需要占用 1KB 内存空间。

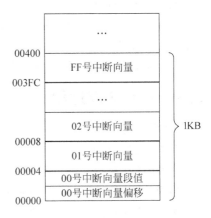

图 8.5　中断向量表

顺便说一下,中断向量表中的中断向量并不一定非要指向中断处理程序,也可作为指向一组数据的指针。当然,如果中断向量 m 没有指向中断处理程序,那么就不应该发生类型号为 m 的中断。

2. 存取中断向量

按照上述中断向量表的组织结构和在内存中的位置,根据中断向量号(中断类型号)可方便地计算出中断向量所在单元的地址。假设中断向量号为 n,则中断向量所在单元的开始地址是 $n \times 4$。于是,可以方便地存取中断向量。

【例 8-11】　如下程序片段获取 1CH 号中断向量,并保存到双字存储单元 OLDINT1CH 中。

```
MOV     AX, 0
MOV     ES, AX                          ;使得 ES=0
MOV     AX, [ES:1CH*4]
MOV     WORD [OLDINT1CH], AX            ;保存中断向量之偏移
MOV     AX, [ES:1CH*4+2]
MOV     WORD [OLDINT1CH+2], AX          ;保存中断向量之段值
```

【例 8-12】　如下程序片段设置 09H 号中断向量。其中,int09h_handler 是 9 号中断处理程序开始的标号,也即入口地址偏移;代码段寄存器 CS 作为段值,表示设置的 9 号中断处理

程序与当前代码段在同一个段。

```
MOV    AX, 0
MOV    DS, AX                        ;使得 DS=0
CLI                                  ;关中断!
MOV    WORD [9*4], int09h_handler
MOV    [9*4+2], CS
STI                                  ;开中断!
```

在上面的程序片段中,使用了关中断指令 CLI,目的是保证真正设置中断向量的两条传送指令能够连续执行。在执行完前一条传送指令后,n 号中断向量就暂时被破坏,既不指向原中断处理程序,也不指向新的中断处理程序。如果此时发生类型为 n 的中断,那么就不能正确地转到中断处理程序执行,这是最糟糕的事了。如果能确定当前是关中断状态,当然就不再需要使用该关中断指令,也不需要随后的开中断指令。另外,如果能肯定在设置 n 号中断向量的过程中不发生类型为 n 的中断,那么可不考虑是否为关中断状态,这种情况只有在对应的中断处理程序仅供应用程序自己使用时才有可能。

8.3.3 中断响应过程

1. 中断响应过程

现在来看实方式下 IA-32 系列 CPU 响应中断的具体过程。

通常 CPU 在执行完每一条指令后将检测是否有中断请求,在有中断请求且满足一定条件时就响应中断,其过程如图 8.6 所示。

在响应中断的过程中,由硬件自动完成以下工作。

(1)取得中断类型号。

(2)把标志寄存器内容压入堆栈。

(3)禁止外部中断和单步中断(使得标志寄存器中的标志位 IF 和 TF 为 0)。

(4)把中断返回地址的段值和偏移压入堆栈,(一般是被中断程序的下一条要执行指令的地址,即当前 CS 和 IP)。

(5)根据中断类型号从中断向量表中取得中断处理程序入口地址。

(6)转入中断处理程序。

关于内部中断、不可屏蔽中断和可屏蔽中断等,将在下面具体介绍。IF 是中断允许标志(Interrupt-enable Flag),处于标志寄存器中的位 9。TF 是陷阱标志(Trap Flag),处于标志寄存器的位 8。它们都属于系统标志,其作用将在下面具体说明。

在实方式下 CPU 响应中断时,将把标志寄存器 FLAGS 的内容(16 位)压入堆栈,还将把中断返回地址的段值和偏移(CS 和 IP)压入堆栈。堆栈变化如图 8.7 所示。与段间过程调用相比,不仅把返回地址压入堆栈,还先把标志寄存器值压入堆栈。实际上,如图 8.6 所示,在响应中断时,将清标志寄存器中两个标志位 IF 和 TF。中断处理程序在最后从堆栈中弹出返回地址和原标志值结束中断,返回被中断的程序。

2. 中断返回指令

通常,中断处理程序将利用中断返回指令返回被中断的程序。

中断返回指令的格式如下:

```
IRET
```

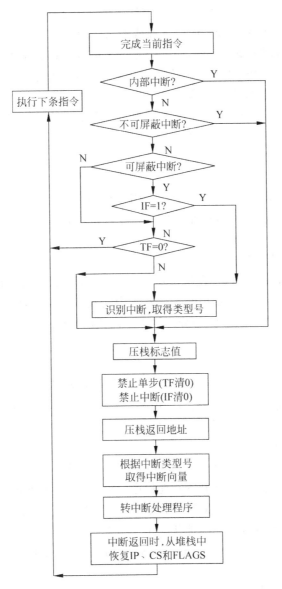

图 8.6 实方式下的中断响应过程

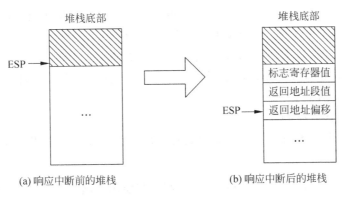

(a) 响应中断前的堆栈

(b) 响应中断后的堆栈

图 8.7 响应中断前后的堆栈示意图

该指令在实方式下的具体操作为：先从堆栈弹出一个字到指令指针寄存器 IP；然后从堆栈弹出一个字到代码段寄存器 CS；最后从堆栈弹出一个字到标志寄存器 FLAGS。因此，利用该指令不仅能够返回被中断的程序，而且还能够恢复标志寄存器值。

在执行中断返回指令 IRET 时的堆栈变化是从图 8.7(b)变化到图 8.7(a)。在处理中断过程的结尾，该指令使得堆栈保持平衡。

与段间返回指令 RETF 相比，中断返回指令 IRET 不仅从堆栈弹出返回地址的偏移和段值，而且还弹出被保存的标志寄存器值。

8.3.4 内部中断

由发生在 CPU 内部的某个事件引起的中断被称为内部中断。由于内部中断是 CPU 在执行某些指令时产生，因此也称为软件中断。其特点是：不需要外部硬件的支持；不受中断允许标志 IF 的控制。

1. 除法出错中断(类型号 0)

除法出错是典型的内部中断。在执行除法指令时，如果 CPU 发现除数为 0 或者商超过了规定的范围，那么就将引起一个除法出错中断，其中断类型号规定为 0。

【例 8-13】 在 3.2 节的例 3-13 中介绍过以下的代码片段。

```
MOV    AX,600
MOV    BL,2
DIV    BL                    ;商太大,引起 0 号中断
```

执行上述代码，将导致一个 0 号类型的中断，于是会切换执行 0 号中断处理程序。

在 8.4.2 节中，将举例说明 0 号中断处理程序的设计。

2. 单步中断(类型号 1)

当陷阱标志 TF 为 1，则在每条指令执行后引起一个单步中断，其中断类型号规定为 1。出现单步中断后，CPU 就执行 1 号中断处理程序，也即单步中断处理程序。由于在响应中断时 CPU 已把 TF 置为 0，因此不会以单步方式执行单步中断处理程序。

通常由调试工具(如 DEBUG 等)把 TF 置为 1，在执行完一条被调试程序的指令后，就转入单步中断处理程序，一般情况下单步中断处理程序报告各寄存器的当前内容，程序员可据此调试程序。

3. 断点中断(类型号 3)

在调试程序时，通过设置断点，能够提高调试效率。

IA-32 系列 CPU 提供了一条特殊的中断指令"INT 3"，调试工具或集成开发环境可用它替换断点处的代码，当 CPU 执行这条中断指令后，就引起类型号为 3 的中断。把这种中断称为断点中断。通常情况下，断点中断处理程序恢复被替换的代码，并报告各寄存器的当前内容，程序员可据此调试程序。所以说中断指令"INT 3"特殊是因为它只有一个字节长，其他的中断指令 INT 长两个字节。

4. 溢出中断(类型号 4)

IA-32 系列 CPU 提供了一条专门检测运算溢出的指令，该指令的格式如下：

```
INTO
```

在溢出标志 OF 置 1 时，如果执行该指令，则引起溢出中断，其类型号规定为 4。如果溢出标志 OF 为 0，则执行该指令后并不会引起溢出中断。

5. 中断指令 INT 引起的中断

有时可以把中断处理程序作为子程序来看待。例如,以中断处理程序形式存在的 BIOS 功能和操作系统功能等。

为了方便地调用中断处理程序,IA-32 系列 CPU 提供了中断指令。

中断指令的一般格式如下:

```
INT   n
```

其中,n 是一个 $0 \sim 255$ 的立即数。CPU 在执行这条中断指令后,便引起一个类型号为 n 的中断,从而转入对应的中断处理程序。

在前面的章节中,介绍了利用指令"INT　10H",调用作为 BIOS 的显示 I/O 程序。当 CPU 执行该指令后,就引起一个类型号为 10H 的中断,从而转入 10H 号中断处理程序,也即转入显示 I/O 程序。类似地,利用指令"INT　16H",调用作为 BIOS 的键盘 I/O 程序,利用指令"INT　21H",调用 DOS 系统功能,相关过程都是如此。

值得指出的是,程序员根据需要在程序中安排中断指令,所以它不会真正随机产生,而完全受程序控制。

8.3.5　外部中断

由发生在 CPU 外部的某个事件引起的中断被称为外部中断。由外部设备接口(控制器)引起的中断是典型的外部中断。外部中断以完全随机的方式中断当前正在执行的程序。IA-32 系列 CPU 有两条外部中断请求线:INTR 接收可屏蔽中断请求和 NMI 接收非屏蔽中断请求。

1. 可屏蔽中断

1)中断控制器 8259A

在早期的 PC 系列及其兼容机中,键盘和硬盘等外设的中断请求都通过中断控制器 8259A 传给 CPU 的可屏蔽中断请求线 INTR,如图 8.8 所示。中断控制器 8259A 共能接收 8 个独立的中断请求信号 IR0～IR7。系统中有两个中断控制器 8259A 芯片,一主一从,从片 8259A 连接到主片 8259A 的 IR2 上,这样系统就可接收 15 个独立的中断请求信号。

中断控制器 8259A 在控制外设中断方面起着重要的作用。如果接收到一个中断请求信号,并且满足一定的条件,那么它就把中断请求信号传到 CPU 的可屏蔽中断请求线 INTR,以使 CPU 感知到有外部中断请求;同时也把相应的中断类型号送给 CPU,使 CPU 在响应中断时可根据中断类型号取得中断向量,从而转入对应的中断处理程序。

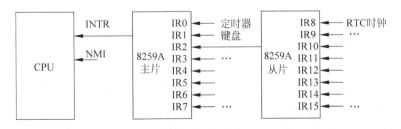

图 8.8　可屏蔽外部中断连接示意图

中断控制器 8259A 是可编程的,也就是说可由程序设置它如何控制中断。从程序设计的角度看,中断控制器 8259A 包含中断请求寄存器(IRR)、中断屏蔽寄存器(IMR)、中断服务寄存器(ISR)等一组寄存器,它们决定了 8259A 的工作方式,决定了传出一个中断请求信号所需要满足的条件。在 PC 系统中,主片 8259A 的两个端口地址分别是 20H 和 21H,从片 8259A 的两个端口地址分别是 A0H 和 A1H。在 PC 系统加电初始化期间,已对 8259A 进行过初始化。随后,通过发出相关的操作命令字,可以有效地掌控外设中断。

在初始化时规定了在传出中断请求 IR0～IR7 时,送出的对应中断类型号分别为 08H～0FH,也即定时器的中断类型号为 8,键盘的中断类型号为 9。对应地,8 号中断向量是对应定时器的中断处理程序入口地址;9 号中断向量是对应键盘的中断处理程序入口地址。在初始化时,还规定对应中断请求 IR8～IR15 的中断类型号为 70H～77H。

2) 中断屏蔽操作命令字

利用中断屏蔽操作命令字,能够屏蔽中断源的中断请求。中断屏蔽操作命令字长 8 位,每一位对应一路中断请求。当第 i 位为 0 时,表示允许传出来自 IRi 的中断请求信号,当第 i 位为 1 时,表示禁止传出来自 IRi 的中断请求信号。

在 PC 系统中,向主片 8259A 发出中断屏蔽命令字的端口地址是 21H。

【例 8-14】 利用中断控制器 8259A,屏蔽键盘中断。

如图 8.8 所示,键盘的中断请求线连接在主片 8259A 的 IR1 上。为了使中断控制器 8259A 不传出来自键盘的中断请求信号,可发出中断屏蔽操作命令字 00000010B,程序片段如下:

```
MOV  AL, 00000010B
OUT  21H, AL
```

注意,如果真的这样做了,键盘似乎就失效了。

3) 可屏蔽中断

从图 8.8 可知,尽管中断控制器把外设的中断请求信号由 INTR 传给 CPU,但 CPU 是否响应还取决于标志寄存器 FLAGS 的中断允许标志 IF。如果 IF 为 0,则 CPU 仍不响应由 INTR 传入的中断请求;只有在 IF 为 1 时,CPU 才响应由 INTR 传入的中断请求。所以,由 INTR 传入的外部中断请求被称为可屏蔽的外部中断请求,由此引起的中断被称为可屏蔽中断。由于外设的中断请求均由 INTR 传给 CPU,因此,当 IF 为 0 时,CPU 不响应所有外设中断请求;当 IF 为 1 时,才响应外设中断请求。

使得 CPU 响应外设中断请求被称为开中断(IF=1),反之被称为关中断(IF=0)。有专门的开中断和关中断指令。

开中断指令如下,它设置中断允许标志 IF:

STI

关中断指令如下,它清除中断允许标志 IF:

CLI

CPU 在响应中断时会自动关中断,从而避免在中断过程中再响应其他外设中断。当然,程序员也可根据需要在程序中安排关中断指令 CLI 和开中断指令 STI。

因此,在 PC 系列及其兼容机中,所有的外设中断均是可屏蔽中断。CPU 响应某个外设中断请求的两个必要条件是:CPU 处于开中断状态和中断控制器没有屏蔽对应外设中断请求信号。通过对这两个必要条件的控制,可使 CPU 响应某些外设中断请求,而不响应另外一些外设中断请求。

2. 非屏蔽中断

由 NMI 传入的外部中断请求被称为非屏蔽外部中断请求,由此而引起的中断被称为非屏蔽中断(不可屏蔽中断)。从图 8.8 可见,当收到从 NMI 传来的中断请求信号时,不论是否处于开中断状态,CPU 总会响应。所以,不可屏蔽中断请求由电源掉电、存储器出错或者总线奇偶校验错等紧急事件导致,要求 CPU 及时处理。

非屏蔽中断的中断类型号规定为 2。CPU 在响应非屏蔽中断请求时,总是转入由 2 号中断向量所指定的中断处理程序。

8.3.6 中断优先级和中断嵌套

1. 中断优先级

系统中有多个中断源,当多个中断源同时向 CPU 发出中断请求时,CPU 按规定的优先级响应中断请求。根据图 8.6 所示的中断响应过程,响应中断的优先顺序如下:

优先级最高　　内部中断(除出错,INTO,INT)

　　　　　　　非屏蔽中断(NMI)

↓　　　　　　可屏蔽中断(INTR)

最低　　　　　单步中断

如图 8.8 所示,外设的中断请求都通过中断控制器 8259A 传给 CPU 的 INTR 引线。在对主片 8259A 初始化时规定了 8 个优先级,优先级顺序如下:

IR0,IR1,IR2,IR3,IR4,IR5,IR6,IR7

在对中断控制器 8259A 初始化时规定,在 CPU 响应某个外设的中断请求后,中断控制器 8259A 不再传出优先级相同或较低的外设中断请求,直到它接收到中断结束操作命令为止。例如,CPU 在响应来自 IR1 的 9 号键盘中断后,主片 8259A 就不再传出来自 IR1~IR7 的外设中断请求,直到通知主片 8259A 其 IR1(键盘中断)上的中断处理已结束为止。所以,在外设中断处理程序结束时,要通知 8259A 中断已结束,以便使 8259A 传出中断级相同或较低的外设中断请求,从而使 CPU 响应它们。

表示当前中断处理已经结束的中断结束命令字的值是 20H。在 PC 系统中,向主片 8259A 发出中断结束命令字的端口地址是 20H。因此,以下程序片段通知 8259A 当前中断结束。

```
MOV   AL, 20H
OUT   20H, AL
```

注意,通知中断控制器 8259A 当前中断结束,并非中断返回。只有在执行了中断返回指令后,中断程序才真正返回。

在对 8259A 初始化时如此设置,可以使得 CPU 在响应外设中断请求后,只要开中断,那么就可响应优先级高的外设中断请求,而不会响应优先级相同或低的外设中断请求。

2. 中断嵌套

CPU 在执行中断处理程序时,又发生中断,这种情况被称为中断嵌套。

在中断处理过程中,发生内部中断,引起中断嵌套是经常的事。例如,CPU 在执行中断处理程序时,遇到软中断指令,就会引起中断嵌套。

在中断处理过程中,发生非屏蔽中断,也会引起中断嵌套。

由于 CPU 在响应中断的过程中,已自动关中断,因此 CPU 也就不会再自动响应可屏蔽中断。如果需要在中断处理过程的某些时候响应可屏蔽中断,那么可在中断处理程序中安排开中断指令,CPU 在执行开中断指令后,就处于开中断状态,也就可以响应可屏蔽中断了,直到再关中断。所以,如果在中断处理程序中使用了开中断指令,也就可能会发生可屏蔽中断引起的中断嵌套。

8.4 中断处理程序设计

为了理解系统的工作原理,至少需要了解中断处理程序的工作流程。中断处理程序总是在后台运行,而且与硬件平台关系密切。本节以键盘中断处理程序为例,说明外设中断处理程序的设计;以除法出错中断处理程序为例,说明内部中断处理程序的设计;还举例说明子程序形式的软中断处理程序的设计。

8.4.1 键盘中断处理程序

在 PC 及其兼容机系统中,初始化后 BIOS 最初设定键盘中断的类型为 9,键盘中断处理程序是 9 号中断处理程序。

1. 前导过程

按 8.3 节介绍,进入键盘中断处理程序的前导过程为:如图 8.8 所示,当用户按下键盘,那么键盘设备传递请求信号到中断控制器 8259A 的 IR1;当中断控制器没有屏蔽键盘中断,而且更高级别的定时中断或者之前的键盘中断处理已经结束,那么 8259A 传出来自 IR1 的请求信号到 CPU 的 INTR;如图 8.6 所示,当没有优先级更高的内部中断或不可屏蔽中断,并且开中断的情况下,就响应键盘中断,转入 9 号键盘中断处理程序。

看似存在多个条件,但响应键盘中断的条件几乎总是满足的。

2. 程序功能

键盘中断处理程序的主要功能是:先从键盘接口取得所按键的扫描码;然后根据扫描码判定所按的键并作相应的处理。它把字符键的扫描码和对应的 ASCII 码存到键盘缓冲区;把功能键的扫描码存到键盘缓冲区;记录下控制键和双态键的状态;直接处理特殊请求键。

键盘缓冲区是位于 BIOS 数据区的一个先进先出的环形队列。

一般情况下,程序应该调用 BIOS 提供的键盘 I/O 程序取得用户的键盘输入。在 7.1.2 节介绍了键盘 I/O 程序及其调用方法。

图 8.9 给出了键盘中断处理程序、键盘缓冲区和键盘 I/O 程序三者之间的关系。如果采用生产者和消费者来描述,那么键盘中断处理程序相当于生产者,键盘 I/O 程序相当于消费者,键盘缓冲区就是仓库。

3. 示例程序

为了说明外部设备中断处理程序的设计要点,现在来看一个简化的键盘中断处理程序。

【例 8-15】 设计一个新的键盘中断处理程序。

为了观察新的键盘中断处理程序的实际效果,演示程序由两部分组成。第一部分是初始化和演示处理:首先设置 9 号中断向量,使其指向新的键盘中断处理程序;然后接受用户按键,并显示所得字符,直到当用户按回车键为止。这相当于一个显示用户所按键的普通应用程序。第二部分是新的简化了的键盘中断处理程序。它从键盘接口取得用户所按键的扫描码,并根据扫描码进行相应的处理,在完成处理工作后,通知中断控制器 8259A 中断结束,最后中

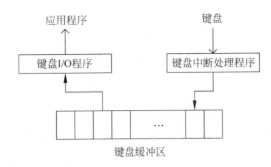

图 8.9 键盘中断处理程序、键盘缓冲区和键盘 I/O 程序三者之间的关系

断返回。演示程序 dp84.asm 如下：

```
;演示键盘中断处理程序(采用虚拟机可加载格式)
PORT_KEY_DAT  EQU  0x60
PORT_KEY_STA  EQU  0x64
;
    section  text
    bits  16
;可加载工作程序头部特征信息
Signature db  "YANG"              ;签名信息
Version    dw   1                 ;格式版本
Length     dw   end_of_text       ;工作程序长度
Start      dw   Begin             ;工作程序入口点的偏移
Zoneseg    dw   1500H             ;工作程序入口点的段值(期望)
Reserved   dd   0                 ;保留
;------------------------------
Begin:                            ;演示程序的初始化
    MOV    AX, 0                  ;准备设置中断向量
    MOV    DS, AX
    CLI
    MOV    WORD [9*4], int09h_handler
    MOV    [9*4+2], CS            ;启用新的键盘中断处理程序
    STI
    ;
Next:                             ;演示程序的演示处理
    MOV    AH, 0                  ;调用键盘 I/O 程序
    INT    16H                    ;获取用户按键
    ;
    MOV    AH, 14                 ;显示取得的字符(按键)
    INT    10H
    ;
    CMP    AL, 0DH                ;回车键吗?
    JNZ    Next                   ;否则继续
    ;
    MOV    AH, 14                 ;为了演示效果
    MOV    AL, 0AH                ;显示一个换行
    INT    10H
```

```
        ;
        RETF                            ;结束(返回到加载器)
;-----------------------------------
int09h_handler:                         ;新的 9 号键盘中断处理程序
        PUSHA                           ;保护通用寄存器
        ;
        MOV     AL, 0ADH
        OUT     PORT_KEY_STA, AL        ;禁止键盘发送数据到接口
        ;
        IN      AL, PORT_KEY_DAT        ;从键盘接口读取按键扫描码
        ;
        STI                             ;开中断
        CALL    Int09hfun               ;完成相关功能
        ;
        CLI                             ;关中断
        MOV     AL, 0AEH
        OUT     PORT_KEY_STA, AL        ;允许键盘发送数据到接口
        ;
        MOV     AL, 20H                 ;通知中断控制器 8259A
        OUT     20H, AL                 ;当前中断处理已经结束
        ;
        POPA                            ;恢复通用寄存器
        ;
        IRET                            ;中断返回
;-----------------------------------
Int09hfun:                              ;演示 9H 号中断处理程序的具体功能
        CMP     AL, 1CH                 ;判断回车键的扫描码
        JNZ     .LAB1                   ;非回车键,则转移
        MOV     AH, AL                  ;回车键,保存扫描码
        MOV     AL, 0DH                 ;回车键 ASCII 码
        JMP     SHORT .LAB2
.LAB1:                                  ;仅识别处理 QWERTYUIOP 这 10 个键
        CMP     AL, 10H                 ;判断字母 Q 键扫描码
        JB      .LAB3                   ;低于,则直接丢弃
        CMP     AL, 19H                 ;判断字母 P 键扫描码
        JA      .LAB3                   ;高于,则直接丢弃
        MOV     AH, AL                  ;保存扫描码
        ADD     AL, 20H                 ;按演示方案转换成对应的 ASCII 码
.LAB2:
        CALL    Enqueue                 ;保存到键盘缓冲区
.LAB3:
        RET                             ;返回
;-----------------------------------
Enqueue:                                ;把扫描码和 ASCII 码存入键盘缓冲区
        PUSH    DS                      ;保护 DS
        MOV     BX, 40H
        MOV     DS, BX                  ;DS=0040H
        MOV     BX, [001CH]             ;取队列的尾指针
```

```
        MOV   SI, BX              ;SI=队列尾指针
        ADD   SI, 2               ;SI=下一个可能位置
        CMP   SI, 003EH           ;越出缓冲区界吗?
        JB    .LAB1               ;没有,则转移
        MOV   SI, 001EH           ;是的,循环到缓冲区头部
    .LAB1:
        CMP   SI, [001AH]         ;与队列头指针比较
        JZ    .LAB2               ;相等表示,队列已经满
        MOV   [BX], AX            ;把扫描码和 ASCII 码填入队列
        MOV   [001CH], SI         ;保存队列尾指针
    .LAB2:
        POP   DS                  ;恢复 DS
        RET                       ;返回
    end_of_text:                  ;结束位置
```

值得指出的是,在加载运行本程序后,只有 11 个键有效。

下面对上述键盘中断处理程序的实现作进一步说明。

(1) 键盘接口及其操作。在 PC 及其兼容机中,键盘接口的两个端口地址分别是 60H 和 64H。向键盘接口发出 0ADH 命令,表示禁止键盘发送数据到键盘接口,准备读取键盘发送到接口的数据;相反地,向键盘接口发出 0AEH 命令,表示允许键盘发送数据到键盘接口。这里可以简单地认为,在键盘发出中断请求信号时,已经把用户所按键的扫描码发送到了键盘接口。

(2) 扫描码的处理。为了突出键盘中断处理程序的流程,采用一个子程序 Int09hfun 实现"根据扫描码进行相应的处理"。为了进一步简化,它仅仅识别处理回车键和"QWERTYUIOP"这 11 个键的扫描码,而且把这 10 个字母键解释成为 0~9 这 10 个数字键。实际上,还没有区分字母的大小写。所谓解释,就是根据扫描码转换成对应的 ASCII 码。当然这只是示例。但另一方面也说明了,键盘中断处理程序可以被赋予的功能。如何编写一个有特点但较完善的键盘中断处理程序,留为作业。

(3) 键盘缓冲区及其存取。在子程序 Int09hfun 中调用了另一个子程序 Enqueue 把上述按键的扫描码和 ASCII 码存入键盘缓冲区。键盘缓冲区位于 BIOS 数据区,其结构和占用的内存区域如下:

```
    BUFF_HEAD   DW    001EH     ;0040:001AH
    BUFF_TAIL   DW    001EH     ;0040:001CH
    KB_BUFFER   RESW  16        ;0040:001EH-- 003DH
```

BUFF_HEAD 和 BUFF_TAIL 是缓冲区的头指针和尾指针。作为环形队列的缓冲区本身长 16 个字,而存放一个键的扫描码和对应的 ASCII 码需要占用一个字,所以键盘缓冲区可实际存放 15 个键的扫描码和 ASCII 码。按照存取环形队列算法,当尾指针将要赶上头指针时,表示缓冲区已经满。如果出现这样的情况,作为示例采取了简单丢弃的处理方法。

4. 外设中断处理程序设计

在开中断的情况下,外设中断的发生是随机的,在设计外设中断处理程序时必须充分注意到这一点。外设中断处理程序的主要步骤如下。

(1) 必须保护现场。这里的现场可理解为中断发生时 CPU 各内部寄存器的内容。CPU 在响应中断时,已把标志寄存器的内容和返回地址压入堆栈,所以要保护的现场主要是指通用

寄存器的内容和除代码段寄存器外的其他段寄存器的内容。因为中断的发生是随机的，所以凡是中断处理程序中要重新赋值的各寄存器的原有内容必须先予保护。保护的一般方法是把它们压入堆栈。

（2）尽快完成中断处理。外设中断处理必须尽快完成，所以外设中断处理必须追求速度上的高效率。因为在进行外设中断处理时，往往不再响应其他外设的中断请求，所以必须快，以免影响处理其他外设的中断请求。

（3）恢复现场。在中断处理完成后，依次恢复被保护寄存器的原有内容。

（4）通知中断控制器中断已经结束。

（5）利用 IRET 指令实现中断返回。

此外，应及时开中断。除非必要，中断处理程序应尽早开中断，以便 CPU 响应具有更高优先级的中断请求。

8.4.2 除法出错中断处理程序

为了说明内部中断处理程序的设计要点，现在来看一个简化的除法出错中断处理程序。从 8.3.4 节可知，IA-32 系列 CPU 的除法出错中断类型号为 0。

【例 8-16】 设计一个除法出错中断处理程序。

为了能够观察除法出错中断处理程序的运行效果，演示程序 dp85.asm 分为两部分。第一部分包含初始化和引起除法出错的指令。初始化的工作为：设置 0 号中断向量，使其指向除法出错中断处理程序。第二部分是除法出错中断处理程序，为了简化，它仅仅显示提示信息。演示程序 dp85.asm 如下：

```
;演示除法出错中断处理程序(采用虚拟机可加载格式)
    section   text
    bits   16
;可加载工作程序头部特征信息
Signature db   "YANG"              ;签名信息
Version   dw   1                   ;格式版本
Length    dw   end_of_text        ;工作程序长度
Start     dw   Begin              ;工作程序入口点的偏移
Zoneseg   dw   1800H              ;工作程序入口点的段值(期望)
Reserved  dd   0                   ;保留
;-------------------------------
Begin:                            ;演示程序的初始化
    MOV    AX, 0                  ;准备设置中断向量
    MOV    DS, AX
    CLI                           ;关中断
    MOV    WORD [0*4], int00h_handler ;设置 0 号中断向量的偏移
    MOV    [0*4+2], CS            ;设置 0 号中断向量的段值
    STI                           ;开中断
    ;
    MOV    BH, 0
    MOV    AH, 14
    MOV    AL, '#'
    INT    10H                    ;为了示意,显示'#'号
    ;
```

```
        MOV    AX, 600                      ;演示除出错
        MOV    BL, 2
        DIV    BL                           ;除法操作溢出!//@1
LABV:
        ;
        MOV    AH, 14
        MOV    AL, 0DH                      ;形成回车
        INT    10H
        MOV    AL, 0AH                      ;形成换行
        INT    10H
        ;
        RETF                                ;结束(返回到加载器)
;----------------------------------
;00H 号中断处理程序(除出错中断处理程序)
int00h_handler:
        STI                                 ;开中断//@2
        PUSHA                               ;保护通用寄存器//@3
        PUSH   DS                           ;保护 DS//@4
        MOV    BP, SP
        ;
        PUSH   CS
        POP    DS                           ;使 DS=CS
        MOV    DX, mess                     ;指向提示信息
        CALL   PutStr                       ;显示提示信息
        ;
        ADD    WORD [BP+18], 2              ;调整返回地址! //@5
        ;
        POP    DS                           ;恢复 DS
        POPA                                ;恢复通用寄存器
        ;
        IRET                                ;中断返回
        ;
mess    db  "Divide overflow", 0            ;提示信息
;
PutStr:                                     ;显示字符串(以 0 结尾)
        MOV    BH, 0
        MOV    SI, DX                       ;DX=字符串起始地址偏移
.LAB1:
        LODSB
        OR     AL, AL
        JZ     .LAB2
        MOV    AH, 14
        INT    10H
        JMP    .LAB1
.LAB2:
        RET
end_of_text:                                ;结束位置
```

在上述演示程序中,引起除法出错中断的指令是"DIV　BL",参见源程序"//@1"行。

从上述源程序可知,该除法出错中断处理程序比较简单。刚开始就开中断;接着保护通用寄存器和段寄存器 DS;随后,显示提示信息;最后恢复被保护的寄存器,利用中断返回指令 IRET 实现中断返回。由于它是内部中断处理程序,因此在结束返回之前,不需要通知中断控制器已经结束处理。

需要指出的是,该除法出错中断处理程序含有一条特别的指令"ADD　WORD [BP+18],2",见源程序"//@5"行。这条指令的作用是,调整堆栈中的中断返回地址的偏移,使得返回地址偏移加上 2。这样做的原因是什么? 与响应外部中断不同,CPU 在响应除法出错中断时,保存的返回地址是产生除法溢出指令的地址,也即引起除法出错中断的指令的地址。如果不调整返回地址,那么在中断返回后,仍将执行刚才的除法指令"DIV　BL",如此会陷入无限循环。由于该除法指令长度是两个字节,因此返回地址偏移加 2 之后,返回地址就成为该除法指令之后的地址,也就是对应标号 LABV 的地址。这里的除法出错中断处理程序只能作为一个示例,不能用于处理由指令长度超过 2 的除法指令引起的除法出错中断。如何编写一个完善的除法出错中断处理程序,留为作业。

8.4.3　扩展显示 I/O 程序

BIOS 和操作系统的例行子程序,常常以中断处理程序的形式存在。于是利用中断指令"INT　n"能够方便地调用这些例行子程序。为了说明作为例行子程序的中断处理程序的设计要点,现在来看一个扩展的显示 I/O 程序。

1. 示例程序

【例 8-17】 设计一个扩展的显示 I/O 程序。

它以 90H 号中断处理程序的形式存在,其功能是以 TTY 方式显示带属性的字符。表 7.3 所列显示 I/O 程序的 14 号功能虽然是以 TTY 方式显示字符,但不能同时指定字符的属性。

演示过程为:首先工作程序设置 90H 号中断向量,使其指向扩展的显示 I/O 程序;然后,为了体现演示效果,循环调用这个例程显示一个字符串;最后返回加载器。

演示程序 dp86.asm 的源代码如下,由作为 90H 中断处理程序的扩展显示 I/O 程序和演示初始化代码两部分组成:

```
;演示软件中断处理程序(采用虚拟机可加载格式)
    section  text
    bits  16
Signature db  "YANG"              ;签名信息
Version   dw  1                   ;格式版本
Length    dw  end_of_text         ;工作程序长度
Start     dw  Begin               ;工作程序入口点的偏移
Zoneseg   dw  1A00H               ;工作程序入口点的段值(期望)
Reserved  dd  0                   ;保留
;------------------------------
newhandler:                       ;扩展显示 I/O 程序入口
    STI                           ;开中断//@2
    PUSHA                         ;保护通用寄存器//@3
    PUSH  DS                      ;保护涉及的段寄存器//@4
    PUSH  ES
```

```
        ;
        CALL    putchar                      ;实现功能
        ;
        POP     ES                           ;恢复段寄存器
        POP     DS
        POPA                                 ;恢复通用寄存器
        IRET                                 ;中断返回
;------------------------------
putchar:
;功能：当前光标位置处显示带属性的字符，随后光标后移一个位置
;入口：AL=字符 ASCII 码；BL=属性
;说明：不支持退格符、响铃符等控制符
        PUSH    AX
        MOV     AX, 0B800H                   ;设置显示存储区段值
        MOV     DS, AX
        MOV     ES, AX
        POP     AX
        ;
        CALL    get_lcursor                  ;取得光标逻辑位置
        ;
        CMP     AL, 0DH                      ;回车符？
        JNZ     .LAB1
        MOV     DL, 0                        ;是，列号 DL=0
        JMP     .LAB3
.LAB1:
        CMP     AL, 0AH                      ;换行符？
        JZ      .LAB2
        ;                                    ;至此，普通字符
        MOV     AH, BL                       ;AH=属性
        MOV     BX, 0                        ;计算光标位置对应存储单元偏移
        MOV     BL, DH
        IMUL    BX, 80
        ADD     BL, DL
        ADC     BH, 0
        SHL     BX, 1                        ;BX=(行号*80+列号) * 2
        ;
        MOV     [BX], AX                     ;写到显示存储区对应单元
        ;
        INC     DL                           ;增加列号
        CMP     DL, 80                       ;超过最后一列？
        JB      .LAB3                        ;否
        MOV     DL, 0                        ;是，列号=0
.LAB2:
        INC     DH                           ;增加行号
        CMP     DH, 25                       ;超过最后一行？
        JB      .LAB3                        ;否
        DEC     DH                           ;是，行号减 1(保持在最后一行)
        ;
```

```
        CLD                             ;实现屏幕向上滚一行
        MOV    SI, 80* 2                ;第 1 行起始偏移
        MOV    ES, AX
        MOV    DI, 0                    ;第 0 行起始偏移
        MOV    CX, 80* 24               ;复制 24 行内容
        REP    MOVSW                    ;实现屏幕向上滚一行
        ;
        MOV    CX, 80                   ;清除屏幕最后一行
        MOV    DI, 80* 24* 2            ;最后一行起始偏移
        MOV    AX, 0x0720               ;黑底白字
        REP    STOSW                    ;形成空白行
    .LAB3:
        CALL   set_lcursor              ;设置逻辑光标
        CALL   set_pcursor              ;设置物理光标
        RET
;-----------------------------
get_lcursor:                            ;取得逻辑光标位置( DH=行号, DL=列号)
        PUSH   DS
        PUSH   0040H                    ;BIOS 数据区的段值是 0040H
        POP    DS                       ;DS=0040H
        MOV    DL, [0050H]              ;取得列号
        MOV    DH, [0051H]              ;取得行号
        POP    DS
        RET
;-----------------------------
set_lcursor:                            ;设置逻辑光标( DH=行号, DL=列号)
        PUSH   DS
        PUSH   0040H                    ;BIOS 数据区的段值是 0040H
        POP    DS                       ;DS=0040H
        MOV    [0050H], DL              ;设置列号
        MOV    [0051H], DH              ;设置行号
        POP    DS
        RET
;-----------------------------
set_pcursor:                            ;设置物理光标( DH=行号, DL=列号)
        MOV    AL, 80                   ;计算光标寄存器值
        MUL    DH                       ;AX=( 行号*80+列号)
        ADD    AL, DL
        ADC    AH, 0
        MOV    CX, AX                   ;保存到 CX
        ;
        MOV    DX, 3D4H                 ;索引端口地址
        MOV    AL, 14                   ;14 号是光标寄存器高位
        OUT    DX, AL
        MOV    DX, 3D5H                 ;数据端口地址
        MOV    AL, CH
        OUT    DX, AL                   ;设置光标寄存器高 8 位
        ;
```

```
    MOV    DX, 3D4H                      ;索引端口地址
    MOV    AL, 15
    OUT    DX, AL
    MOV    DX, 3D5H                      ;数据端口地址
    MOV    AL, CL
    OUT    DX, AL                        ;设置光标寄存器低 8 位
    RET
;================================
Begin:
    MOV    AL, 0
    MOV    AH, 5
    INT    10H                           ;指定第 0 显示页
    ;
    XOR    AX, AX                        ;准备设置中断向量
    MOV    DS, AX
    CLI
    MOV    WORD [90H* 4], newhandler     ;设置 90H 中断向量的偏移
    MOV    [90H* 4+2], CS                ;设置 90H 中断向量的段值
    STI
    ;
    PUSH   CS
    POP    DS
    CLD
    MOV    SI, mess                      ;提示信息
    MOV    BL, 17H                       ;蓝底白字
.LAB1:
    LODSB
    OR     AL, AL                        ;显示信息以 0 结尾
    JZ     .LAB2
    ;
    INT    90H                           ;调用扩展的显示 I/O 功能
    ;                                    ;显示带属性的字符
    JMP    .LAB1
.LAB2:
    RETF
;
mess  db  "No.90H handler is ready.", 0dh, 0ah, 0
end_of_text:                            ;结束位置
```

从上述源程序可知,作为 90H 号中断处理程序的扩展显示 I/O 程序,它调用子程序 putchar 完成具体功能,稍后具体说明子程序 putchar。

2. 软件中断处理程序设计

由中断指令"INT n"引起的中断尽管是不可屏蔽的,但它不会随机发生,只有在 CPU 执行了中断指令后,才会发生。所以,中断指令类似于子程序调用指令,相应的中断处理程序在很大程度上类似于子程序,但并不等同于子程序。把这样的中断处理程序称为软件中断处理程序。软件中断处理程序的主要步骤如下。

(1)考虑切换堆栈。由于软件中断处理程序往往在开中断状态下执行,并且可能较复杂

（可能占用大量的堆栈空间），因此应该考虑切换堆栈。切换堆栈对实现中断嵌套等都较为有利。

（2）及时开中断。开中断后，CPU 就可响应可屏蔽的外设中断请求，或者说使外设中断请求可及时得到处理。请参见上述 dp85.asm 和 dp86.asm 中源程序"//@2"行。但是，如果该软件中断程序会被外设中断处理程序"调用"，那么是否要开中断或者何时开中断应该另外考虑。

（3）应该保护现场。应该保护中断处理程序要重新赋值的寄存器原有内容，这样在使用中断指令时，可不必考虑有关寄存器内容的保护问题。请参见上述 dp85.asm 和 dp86.asm 中源程序"//@3"和"//@4"行。

（4）完成中断处理。但不必过分追求速度上的高效率，除非它是被外设中断处理程序"调用"的。

（5）恢复现场。依次恢复被保护寄存器的原内容。

（6）堆栈切换。如果在开始时切换了堆栈，那么也在要重新切换回原堆栈。

（7）一般利用 IRET 指令实现中断返回。

内部中断是由执行的指令引起的，所以除法出错中断处理程序等，可以归入软件中断处理程序这一类别。

3. 显示流程

现在来看子程序 putchar 实现 TTY 方式显示带属性字符的具体流程。它采用直接写屏方式在当前光标位置处实施显示操作，随即移动光标到下一个显示位置。为了简化，没有实现退格操作和响铃操作等功能。该子程序的实现流程如图 8.10 所示。

在 7.3.3 节介绍了直接写屏显示方式，也即把字符的代码和属性直接填写到显示存储区中相应存储单元，从而实现显示。这是在字符显示模式下，实现显示的最终操作方式。

从图 8.10 可知，在显示一个普通字符后，光标列号增加 1，表示移动到当前行的下一个显示位置。如果已在行尾，那么列号清 0，行号增加 1，表示移动到下一行的行首。如果已在最后一行，那么屏幕向上滚动一行，相当于光标移动到下一行。

从子程序 putchar 的源程序可知，实现屏幕滚动的方法是移动显示存储区的内容。

4. 光标位置

通常由光标指示屏幕上的具体操作位置。

在 BIOS 的数据区（段值 0040H），有指定的存储单元保存当前光标的行列坐标值。这个行列坐标值被称为光标的逻辑位置。可以简单地认为，光标列号保存在偏移地址 0050H 单元，光标行号保存在偏移地址 0051H 单元。访问 BIOS 数据区的这两个单元，可以获取或者设置当前光标的逻辑位置。请参见 dp86.asm 中的子程序 get_lcursor 和 set_lcursor。根据光标位置的行列坐标值，很容易计算出对应的显示存储单元地址。

在字符显示模式下，屏幕上物理光标的真正显示由显示控制器（接口）中的光标位置寄存器决定。两个 8 位的寄存器合并成 16 位，决定物理光标在屏幕上的具体显示位置。这个光标位置寄存器的 16 位值被称为光标的物理位置。系统给显示控制器分配了一组端口地址，可以简单地认为，通过索引端口 3D4H 和数据端口 3D5H 能够访问光标位置寄存器。光标位置高 8 位寄存器的地址是 14，光标位置低 8 位寄存器的地址是 15。请参见 dp86.asm 中的子程序 set_pcursor。它设置光标物理位置，首先根据二维的逻辑坐标得到一维的物理地址；然后设置光标位置高 8 位寄存器和光标位置低 8 位寄存器，实现物理光标的设置。

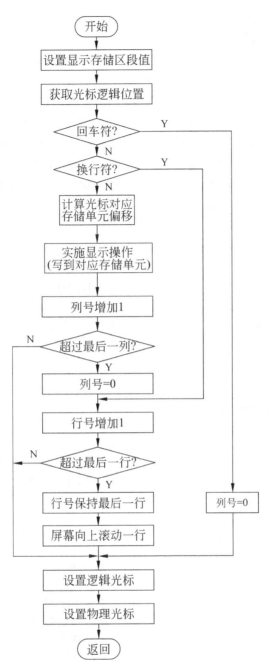

图 8.10　简化的 TTY 方式显示字符流程

8.4.4　时钟显示程序

在系统加电初始化期间,把系统定时器初始化为每隔约 55 毫秒发出一次中断请求。根据图 8.8,CPU 在响应定时中断请求后转入 8 号定时器中断处理程序。BIOS 提供的 8 号中断处理程序含有一条中断指令"INT　1CH",所以每秒要调用到约 18.2 次 1CH 号中断处理程序。实际上 BIOS 的 1CH 号中断处理程序并没有做任何工作,可以认为它只有一条中断返回指令。这样安排的目的是为应用程序留下一个软接口,应用程序只要提供新的 1CH 号中断处理程序,就可能实现某些周期性的工作。

下面介绍的时钟显示程序就是利用这个软接口,实现时钟显示。

【例 8-18】 编写一个实时时钟显示程序。

实现思路:在新的 1CH 号中断处理程序中安排一个计数器,记录调用它的次数,当计数满 18 次后,就在屏幕的中间位置显示当前的时间(时分秒),并且重新设置计数器初值。于是大约每秒显示一次当前时间。通过读取 RTC/CMOS RAM 获取实时时钟的当前时间值。

工作程序首先保存原 1CH 号中断向量,然后设置新的 1CH 号中断向量。为了体现演示效果,随后工作程序就接收并显示用户按键,直到用户按下"♯"号键为止。最后,工作程序恢复原 1CH 号中断向量,并返回加载器。

时钟显示程序 dp87.asm 如下:

```
        section   text
        bits   16
Signature db   "YANG"                 ;签名信息
Version   dw   1                      ;格式版本
Length    dw   end_of_text            ;工作程序长度
Start     dw   Begin                  ;工作程序入口点的偏移
Zoneseg   dw   2800H                  ;工作程序入口点的段值(期望)
Reserved  dd   0                      ;保留
;------------------------------
;新的 1CH 号中断处理程序
Entry_1CH:
    DEC    BYTE  [CS:count]           ;计数器减 1
    JZ     ETIME                      ;当计数为 0,显示时间
    IRET                              ;否则,中断返回
    ;
ETIME:
    MOV    BYTE [CS:count], 18        ;重新设置计数初值
    ;
    STI                               ;开中断
    PUSHA                             ;保护现场
    CALL   get_time                   ;获取当前时间
    CALL   EchoTime                   ;显示当前时间
    POPA                              ;恢复现场
    IRET                              ;中断返回
;------------------------------
get_time:                             ;简化方式获取实时时钟(时分秒)
    MOV  AL, 4                        ;准备读取时值
    OUT  70H, AL
    IN   AL, 71H                      ;获取时值
    MOV  CH, AL                       ;CH=时值 BCD 码
    MOV  AL, 2                        ;准备读取分值
    OUT  70H, AL
    IN   AL, 71H                      ;获取分值
    MOV  CL, AL                       ;CL=分值 BCD 码
```

```
        MOV     AL, 0              ;准备读取秒值
        OUT     70H, AL
        IN      AL, 71H            ;获取秒值
        MOV     DH, AL             ;DH=秒值 BCD 码
        RET
;------------------------------
%define ROW     10                 ;时间显示位置行号
%define COLUMN  36                 ;时间显示位置列号
EchoTime:                          ;显示当前时间(时分秒)
        PUSH    SI
        ;-----                     ;设置显示时间的位置
        PUSH    DX                 ;保存入口参数
        PUSH    CX
        MOV     BH, 0
        MOV     AH, 3              ;取得当前光标位置
        INT     10H
        MOV     SI, DX             ;保存当前光标位置
        MOV     DX,(ROW << 8) + COLUMN
        MOV     AH, 2
        INT     10H                ;设置光标位置
        POP     CX
        POP     DX
        ;-----                     ;显示当前时间(时:分:秒)
        MOV     AL, CH
        CALL    EchoBCD            ;显示时值
        MOV     AL, ':'
        CALL    PutChar
        MOV     AL, CL
        CALL    EchoBCD            ;显示分值
        MOV     AL, ':'
        CALL    PutChar
        MOV     AL, DH
        CALL    EchoBCD            ;显示秒值
        ;-----                     ;恢复光标原先位置
        MOV     DX, SI
        MOV     AH, 2
        INT     10H
        POP     SI
        RET
;------------------------------
EchoBCD:                           ;显示两位 BCD 码值
        PUSH    AX
        SHR     AL, 4
        ADD     AL, '0'
        CALL    PutChar
        POP     AX
        AND     AL, 0FH
        ADD     AL, '0'
```

```
        CALL    PutChar
        RET
;-------------------------------
PutChar:                                    ;TTY 方式显示一个字符
        MOV     BH, 0
        MOV     AH, 14
        INT     10H
        RET
;-------------------------------
count   DB  1                               ;计数器
old1ch  DD  0                               ;用于保存原 1CH 号中断向量
;-------------------------------
Begin:                                      ;启动点
        MOV     AX, CS
        MOV     DS, AX                       ;DS=CS
        MOV     SI, 1CH* 4                   ;1CH 号中断向量所在地址
        MOV     AX, 0
        MOV     ES, AX                       ;ES=0
        ;保存 1CH 号中断向量
        MOV     AX, [ES:SI]
        MOV     [old1ch], AX                 ;保存向量的偏移
        MOV     AX, [ES:SI+2]
        MOV     [old1ch+2], AX               ;保存向量的段值
        ;设置新的 1CH 号中断向量
        CLI                                  ;关中断
        MOV     AX, Entry_1CH
        MOV     [ES:SI], AX                  ;设置新向量的偏移
        MOV     AX, CS
        MOV     [ES:SI+2], AX                ;设置新向量的段值
        STI                                  ;开中断
        ;-------------------------------
        ;等待并接收用户按键,直到用户按'#'键,结束
Continue:
        MOV     AH, 0
        INT     16H                          ;等待并接收用户按键
        ;
        CMP     AL, 20H
        JB      Continue
        CALL    PutChar
        ;
        CMP     AL, '#'
        JNZ     Continue                     ;只要不是'#',继续等待并接收按键
        ;-------------------------------
        ;恢复原 1CH 号中断向量
        MOV     EAX, [CS:old1ch]             ;获取保存的原 1CH 号中断向量
        MOV     [ES:SI], EAX                 ;恢复原 1CH 号中断向量
        ;
        RETF                                 ;结束程序,返回加载器
```

```
end_of_text:                              ;源程序结束位置
```

在上述程序中,为了简化,在读取 RTC/CMOS RAM 实时时钟时,没有判断更新标志位。调用 BIOS 的显示 I/O 程序实现时钟信息的显示。

在工作程序设置新的 1CH 号中断向量后,时钟就开始工作。值得注意的是,显示时钟信息子程序的流程:首先保存当前光标位置;然后定位光标到指定位置;接着显示时钟值;最后恢复光标原先位置。

习 题

1. 什么是 I/O 端口地址? IA-32 系列 CPU 的 I/O 端口地址空间有多大?

2. 请说明指令"IN AX,DX"和以下程序片段的异同。

```
IN    AL, DX
INC   DX
IN    AL, DX
MOV   AH, AL
```

3. 请说明指令"OUT 20H,AL"和以下程序片段的异同。

```
MOV   DX, 20H
OUT   DX, AL
```

4. CPU 与外设之间交换的信息可分为哪几类? 如何区分它们?

5. PC 及其兼容机常采用哪些方式实现输入或输出?

6. 简述查询传送方式的优缺点。请画出一般查询方式的实现流程图。

7. 简述中断传送方式及其优缺点。

8. 什么是中断? 什么是中断源?

9. 中断向量表的作用是什么? 中断向量表有多大? 安排在哪里?

10. 简述中断响应的过程。

11. 中断返回指令 IRET 与以下两组指令有何不同?

```
(1) RETF  2            (2) RETF
                           POPF
```

12. 如何不使用软中断指令 INT 调用 16H 号中断处理程序。

13. 外部中断与内部中断有何异同? 举例说明内部中断和外部中断。

14. 可屏蔽中断与不可屏蔽中断(非屏蔽中断)有何异同?

15. 在 PC 系统中,什么条件下才会响应键盘中断? 如何使得系统只响应键盘中断,而不响应其他外设中断?

16. 在 PC 系统中,如何实现中断优先级和中断嵌套?

17. 设计中断处理程序时应该遵循哪些原则? PC 系统中的中断处理程序通常应该含有哪些步骤?

18. 请编写一个程序显示完整的中断向量表。

19. 请编写一个能够显示某个中断向量的程序,允许用户指定向量号。

20. 从 RTC/COMS RAM 中可获得系统当前日期和时间。请编写一个程序显示 RTC/CMOS RAM 中的系统当前日期和时间。

21. 请编写一个程序在屏幕上显示系统的当前时间，当用户按键时，结束程序。

22. 请编写一个程序在屏幕中心位置显示系统的当前时间，当同时按下左右 Shift 键时，结束程序。

23. 简述键盘中断处理程序、键盘 I/O 程序和键盘缓冲区三者之间的关系。这样安排有何优点？

24. 通过调整 BIOS 中的键盘中断处理程序，可使到所按的大写字母全部变换为对应的小写字母。编写一个测试程序验证上述方法。

25. 通过调整 BIOS 中的键盘 I/O 程序，可使到所按的大写字母全部变换为对应的小写字母。编写一个测试程序验证上述方法。

26. 通过调整 BIOS 中的显示 I/O 程序是否可使屏幕上只显示小写字母？为什么？编写程序测试之。

27. 良好的除法出错处理程序应该可以终止引起出错故障的程序，请编写程序验证相关方法。

28. 编写一个程序验证由演示程序 dp86.asm 支持的扩展显示功能。

29. 在加载运行演示程序 dp84.asm（支持新的键盘中断处理）后，不关闭虚拟机，尝试运行演示程序 dp87.asm（显示时钟），请观察效果。然后，请改进演示程序 dp84.asm，使其对随后其他程序的运行没有影响。

30. 请谈谈汇编语言与机器系统的关系。

第9章

保护方式程序设计

虽然 IA-32 系列 CPU 的常态工作方式是保护方式,但前面各章介绍的内容仅仅是 32 位程序设计,而非保护方式程序设计。事实上,前面各章的示例程序,都未涉及保护机制。

本章介绍保护方式程序设计,包括分段存储管理机制、分页存储管理机制、特权级变换和任务切换,还包括中断和异常的处理。这部分内容属于系统程序设计范畴,考虑到篇幅,做了大量简化处理,只介绍基本内容。

本章给出的示例程序都可以实际运行。利用汇编器 NASM,可以由源代码生成纯二进制目标代码。这些示例程序的代码包含"工作程序特征信息",利用 7.4 节介绍的加载器,可以加载运行它们。当然,也可以借助虚拟机,运行这些示例程序。

9.1 概　　述

为建立多任务运行环境,在保护方式下 IA-32 系列 CPU 提供全方位的支持。支持分段和分页存储管理,使得各个任务能够拥有独立的存储空间,同时共享系统级的代码和数据。支持 4 级特权设置,使得操作系统代码和应用程序代码能够在不同特权级运行,从而实现分级保护。此外,还支持操作系统实现虚拟存储器,甚至实现虚拟机。

9.1.1 存储器管理

1. 存储单元地址及地址空间

有必要先明确关于存储单元地址的多个概念。把存储单元地址的集合称为地址空间。如 2.4.1 节所述,把表示物理存储器(内存)中存储单元的地址称为物理地址,物理地址是一维的。CPU 地址线的数量决定了物理地址的位数,也决定了物理地址空间的大小。物理地址空间只有一个。通常,在 PC 或者服务器系统中安装的物理内存容量小于物理地址空间的容量。

如 2.4.2 节所述,把程序中表示存储单元的地址称为逻辑地址,逻辑地址是二维的。事实上,在程序中采用某某段某某单元的方式表示存储单元。在保护方式下,逻辑地址由段选择子(Segment Selector)和偏移两部分构成。第一维的段选择子给定某某段,第二维的偏移给定段内的位置。每个任务(程序)有自己的逻辑地址空间。逻辑地址空间的大小取决于段选择子的表示和偏移的位数。程序员可以使用的逻辑地址空间远远大于客观存在的物理地址空间。有时候,把逻辑地址空间称为虚拟地址空间,把逻辑地址称为虚拟地址。

所谓线性地址,是指由逻辑地址转换成物理地址过程中得到的一维地址。线性地址空间的大小取决于线性地址的长度(位数)。可以认为,线性地址空间是逻辑地址空间这个虚空间到物理地址空间这个实空间的过渡。

2. 存储地址空间的映射

显然，只有在物理存储器中的代码才能运行，只有在物理存储器中的数据才可访问。因此，逻辑地址空间必须映射到物理地址空间，二维的逻辑地址必须转换成一维的物理地址。

IA-32 系列 CPU 分两步实现逻辑地址空间到物理地址空间的映射，也即分两步实现逻辑地址到物理地址的转换。图 9.1 是地址映射转换的示意图。第一步总是存在的。由分段存储管理机制实现逻辑地址空间到线性地址空间的映射，也即把逻辑地址转换成线性地址。第二步是可选的。由分页存储管理机制实现线性地址空间到物理地址空间的映射，也即把线性地址转换成物理地址。如果不启用分页存储管理机制，物理地址直接等于线性地址。

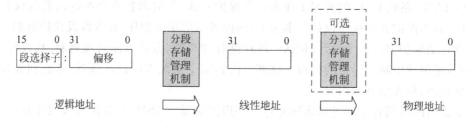

图 9.1　地址映射转换的示意图

如图 9.1 所示，线性地址长 32 位，线性地址空间容量为 4GB；物理地址长 32 位，物理地址空间容量也是 4GB。如果物理地址长 36 位，那么物理地址空间将达 64GB。

3. 分段机制的作用

分段存储管理机制支持根据逻辑需要安排程序的代码段、数据段和堆栈段等存储段（存储区域）。每个存储段可作为独立的单位处理，以简化存储段的保护及共享。采用称为描述符（Descriptor）的数据结构来描述存储段的起始位置、有效范围和存取属性等。这里可以认为，上述逻辑地址中的段选择子是对应描述符的索引，由它给定存储段的描述符，从而给定存储段。

基于描述符，不仅可以按需设置存储段的起始位置，而且可以按需设置存储段的长度或范围，最大可以达到 4GB。这样能够准确实施存储段的保护隔离，防止任务内或者任务间的存储段交叉重叠。基于描述符，可以设定存储段的类别。存储段可以分为代码段、数据段和系统段等类别。这样能够严格控制对不同类别存储段的访问方式，防止有意的或者无意的非法存取。例如，数据段只能读，或者既可读又可写。又如，代码段只能执行，或者既可执行又可读，但绝不能写。基于描述符，还可以设定存储段的访问权限。这样能够有效阻止应用程序直接存取系统数据，防止应用程序侵入操作系统。

如果两个任务使用同一个描述符，那么能够共享对应的存储段。

4. 分页机制的作用

为了建立多任务运行环境，操作系统应该实现虚拟存储器。虚拟存储器是一种软硬件结合的技术，用于提供比在计算机系统中实际可以使用的物理内存大得多的虚拟存储空间。

分页存储管理机制支持操作系统高效地实现虚拟存储器。分页存储管理机制把线性地址空间划分为尺寸固定的块，这样的块称为页（Page）。把物理地址空间也划分为对应尺寸的块。IA-32 系列 CPU 最初只支持页的尺寸为 4KB，后来也支持 4MB，现在还支持 2MB。通过建立页映射表（页对照表），把线性地址空间的页映射到物理地址空间的页，实现线性地址到物理地址的转换。支持按需分配物理页，可以根据需要建立线性页到物理页的映射关系。这样能够只把用到的线性页映射到物理页,换句话说只给用到的线性页分配物理页。所以,在启用分页存储管理机制之后,多个任务的线性地址空间可以映射到单一的物理地址空间,确切地说映射到同一物理存储器(内存)。

如果两个任务使用相同的映射表项,那么能够共享对应的物理页。

9.1.2　特权级设置

1. 四级特权

综上所述,通过描述符和页映射表等,存储管理机制能够切实保证各个任务所属存储段的隔离和共享,但前提是不能随意更改这些描述符和页映射表等关键数据。引入特权级就是为了保证只有高级别的程序才能修改核心数据或关键数据。

IA-32 系列 CPU 支持 4 级特权设置。特权级别由高到低分别是 0、1、2 和 3,数值越小特权级别越高,权限越大。

图 9.2 示意了一种 4 层特权级别的使用安排。操作系统的内核处在特权级 0 层,具有最高级别;操作系统的服务程序等处在特权级 1 和 2 层;应用程序处在特权级 3 层,具有最低级别。这样安排,使得在 0 级的操作系统内核能够访问所有存储段;在 1 级或 2 级的操作系统服务程序能够访问所有应用程序的存储段,但不能访问位于 0 级的操作系统内核;在 3 级的应用程序只能访问程序自身的存储段。

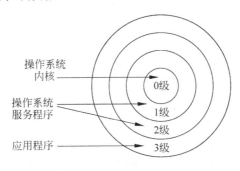

图 9.2　4 层特权级别设置

为了避免混淆,在表示特权级别时,常常使用"内层"表示较高特权级别;使用"外层"表示较低特权级别。最内层是最高特权级别,最外层是最低特权级别。

2. 特权级的作用

特权级用于限制对存储段的访问,用于限制对特权指令的执行。如果违反特权保护规则访问存储段或者执行特权指令,将引起异常。

每个存储段都有一个特权级。按照存储段中数据的重要性和代码的可信任程度,指定存储段的特权级。把最内层级分配给最重要的数据段和最可信任的代码段。具有最内层级的数据,只能由最可信任的代码访问。给不重要的数据段和普通代码段分配外层的特权级。具有最外层级的数据,可被任何层级的代码访问。图 9.2 所示的特权级使用安排就是上述规则的体现。

一个任务总是在某个特权级运行,当前特权级(Current Privilege Level,CPL),指运行时刻的特权级,标记为 CPL。每当试图访问一个数据段时,处理器会把 CPL 与数据段的特权级进行比较,以决定是否允许这一访问。以 CPL 执行的程序,允许访问同一级或外层级的数据段。

外层的程序,可以经过"门"调用内层的服务例程(子程序)。通过这种途径,特权级由外层进入内层。相反地,在服务例程结束返回时,特权级由内层进入外层。但是,内层程序不能经过"门"调用外层的服务例程(子程序),当然也就没有外层服务例程返回到内层程序的场景。

概括地说,内层程序可以访问外层数据,外层程序可以调用内层服务例程。

3. 任务范围

IA-32 系列 CPU 认为一个任务包括应用程序的代码和数据,同时也包括操作系统的代码和数据。换句话说,任务甲由应用程序甲和操作系统构成,任务乙由应用程序乙和操作系统构成。任务甲和任务乙彼此独立,但共享操作系统,图 9.3 是任务范围示意图。

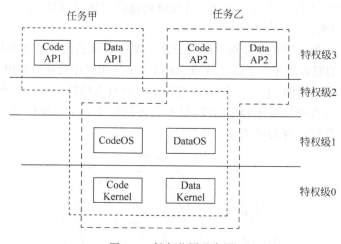

图 9.3　任务范围示意图

综上所述,属于操作系统内核的 CodeKernel 可访问同级的数据段 DataKernel,也可访问外层的 DataOS、DataAP1 及 DataAP2 等。外层代码如果试图访问内层的存储段则是非法的,将引起异常。如图 9.3 所示,CodeOS 可访问同级的 DataOS,也可访问外层的 DataAP1 和DataAP2 等,但不能访问内层的 DataKernel。虽然应用程序都在最外层,但由于各个不同的应用程序属于不同的任务,分属不同的逻辑地址空间和线性地址空间,它们被隔离保护,不能互相访问。如图 9.3 所示,最外层的 CodeAP1 只能访问 DataAP1,不能访问同级的另一个应用程序的 DataAP2;同样,CodeAP2 只能访问 DataAP2,不能访问 DataAP1。

综上所述,较外层的 CodeOS 可以调用最内层的 CodeKernel 提供的服务,最外层的CodeAP1 可以调用内层的 CodeOS 或者 CodeKernel 提供的服务,最外层的 CodeAP2 也是如此。

9.2　分段存储管理机制

分段存储管理机制是实现逻辑地址到物理地址转换的基础。本节介绍保护方式下的分段存储管理机制,说明由段选择子和偏移构成的二维逻辑地址转换为一维线性地址的过程。

9.2.1　存储段

1. 存储段的定义

在保护方式下,每个存储段由段基地址(Base Address)、段界限(Limit)和段属性(Attributes)三项要素来定义。

段基地址规定一个段在线性地址空间中的起始地址。在保护方式下,段基地址长 32 位。一个段可以从线性地址空间中的任何一个位置开始,不像在实方式下段的起始地址必须是 16 的倍数。但是,如果段的基地址是 16 的倍数,有助于提高存储访问的效率。

段界限规定段的尺寸。段界限由 20 位表示,而且段界限可以是以字节为单位或以 4KB 为单位。段属性中有一位决定段界限的粒度,称该位为粒度位,用符号 G 标记。G=0 表示段界限以字节为单位,于是 20 位的界限可表示的范围是 1B～1MB,增量为 1B;G=1 表示段界限以 4KB 为单位,于是 20 位的界限可表示的范围是 4KB～4GB,增量为 4KB。一个段的最大长度可以达到 4GB,而非实方式下的 64KB。

段属性规定段的主要特性。例如,上述段粒度 G 就是段属性的一部分。在访问存储段时,CPU 会核查访问是否合法,核查的主要依据是段属性。例如,如果向一个只读段进行写入操作,那么不仅不写入,而且会引起异常。下一节将详细说明段属性各位的定义和作用。

2. 逻辑空间到线性空间的映射

段基地址和段界限规定了段所映射的线性地址的范围。段基地址 Base 是线性地址对应于段内偏移为 0 的逻辑地址,段内偏移为 x 的逻辑地址对应 Base+x 的线性地址。在某个段内从偏移 0 到 Limit 范围内的逻辑地址对应于从 Base 到 Base+Limit 范围内的线性地址。

由逻辑地址空间映射到线性地址空间的存储段,彼此可以相对分离、互相连接、部分重叠、完全重叠、完全包含。图 9.4 示意了一个段从逻辑地址空间映射到线性地址空间的情形。图 9.4 中 BaseA 等代表段基地址,LimitA 等代表段界限,段 A 和段 C 部分重叠。

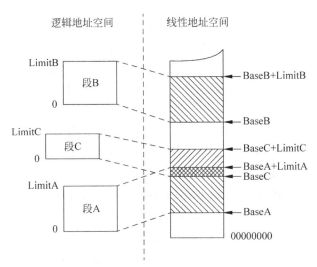

图 9.4　地址空间映射示意图

3. 平展方式

综上所述,段的基地址可以是 0,并且段的长度可以达到 4GB。因此最简单的分段存储管理是把整个线性空间作为一个段,也即段的基地址是 0,段的界限是 FFFFFFFFH。逻辑上仍然有代码段、数据段和堆栈段,依靠段的属性来加以区分,但它们统一映射到完整的线性地址空间。把这种分段存储管理方式称为基本平展方式。

9.2.2　存储段描述符

把用于表示段基地址、段界限和段属性的数据结构称为描述符。每个描述符长 8B。每一个段都有一个相应的描述符来描述。

按描述符所描述的对象分类,描述符可分为存储段描述符、系统段描述符和门描述符(控制描述符)三类。

1. 存储段描述符

存储段指存放程序代码和数据的区域。存储段描述符描述存储段,也就是代码段或数据段,所以存储段描述符也被称为代码和数据段描述符。

存储段描述符的格式如图 9.5 所示。图中上面一排是对描述符 8B 的使用说明,最低地址字节(假设地址为 m)在最右边,其余字节依次向左,直到最高字节,地址为 $m+7$;下一排是对属性字段各位的说明。

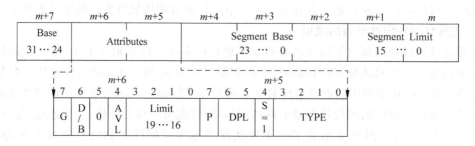

图 9.5　存储段描述符的格式

从图 9.5 可知,长 32 位的段基地址(起始地址)被安排在描述符的两个域中,其位 0 至位 23 被安排在描述符内的第 2 至第 4 字节中,其位 24 至位 31 被安排在描述符内的第 7 字节中。长 20 位的段界限也被安排在描述符的两个域中,其位 0 至位 15 被安排在描述符内的第 0 至第 1 字节中,其位 16 至位 19 被安排在描述符内的第 6 字节的低 4 位中。这样的安排,与早先的 Intel 80286 处理器有关。

描述符中的段属性也被安排在两个域中。下面对其定义及意义作说明。

(1) P 位是段存在(Present)位。P=1 表示描述符所描述的段存在,描述符有效;P=0 表示段不存在,描述符对地址转换无效。引用无效的描述符会引起异常。

(2) DPL 表示描述符特权级(Descriptor Privilege Level),共两位。它规定了所描述存储段的特权级,用于特权核查,以决定对该段能否进行访问。

(3) S 位是描述符类型位。S=1 表示该描述符是存储段描述符;S=0 表示该描述符是系统段描述符或者门描述符。在 9.6 节具体介绍系统段描述符和门描述符。

(4) TYPE 说明所描述的存储段的具体类型。TYPE 占用 4 个位,总共可以表示 16 种类型,表 9.1 列出了存储段的这 16 种类型。

表 9.1　存储段的具体类型

类型值	说　明	类型值	说　明
0	只读	8	只执行、非一致代码段
1	只读、已访问	9	只执行、非一致代码段、已访问
2	读/写	A	执行/读、非一致代码段
3	读/写、已访问	B	执行/读、非一致代码段、已访问
4	只读、向低扩展	C	只执行、一致代码段
5	只读、向低扩展、已访问	D	只执行、一致代码段、已访问
6	读/写、向低扩展	E	执行/读、一致代码段
7	读/写、向低扩展、已访问	F	执行/读、一致代码段、已访问

从表 9.1 可见，类型值小于 8 的存储段是数据段，大于等于 8 的存储段是代码段。事实上，TYPE 的最高位(位 3)用于区分存储段是数据段还是代码段。对于数据段，又分成只读或者是可读可写。对于代码段，又分成只能执行，或者是既可执行又可以读。

类型值是奇数，表示存储段已经被访问过。TYPE 的位 0 是 A 位(Accessed)，在把指示描述符的段选择子装入到段寄存器时，CPU 将设置 TYPE 中的 A 位，表明该描述符已被访问。操作系统通过测试 A 位，可以判断描述符是否被访问过，进而推断对应的存储段是否被访问过。

对于数据段，有扩展方向的区分。TYPE 的位 2 是 E 位(Expansion-direction)，决定扩展方向。数据段的扩展方向和段界限一起决定了数据段内偏移的有效范围。对于普通数据段，通过增加段界限，可以使得段的容量得到扩展。但是对于堆栈段，情形刚好相反，因为堆栈的底在高地址端，随着压栈操作，堆栈将向低地址方向扩展，所以需要区分扩展方向。向低扩展的数据段主要用于堆栈段。对于向低扩展的数据段，段内偏移必须大于段界限。

对于代码段，有非一致代码段和一致代码段的区分。TYPE 的位 2 是 C 位(Conforming)，决定是否是一致代码段；C＝0 表示非一致代码段；C＝1 表示一致代码段。在 9.7 节将进一步说明一致代码段的作用。

(5) G 位就是段界限粒度(Granularity)位。G＝0 表示段界限粒度是字节；G＝1 表示段界限粒度是 4KB。注意，界限粒度只对段界限有效，对段基地址无效，段基地址总是以字节为单位。

(6) D/B 位是一个很特殊的位，在描述可执行代码段、堆栈段或者向低扩展数据段的 3 种描述符中，其意义并不相同。

在描述代码段的描述符中，作为 D 位决定代码段的模式。D＝1 表示 32 位代码段，缺省情况下指令使用 32 位地址及 32 位或 8 位操作数；D＝0 表示 16 位代码段，缺省情况下使用 16 位地址及 16 位或 8 位操作数。由此可知，IA-32 系列 CPU 支持 32 位代码段和 16 位代码段两种段模式。在 6.6 节介绍过，利用汇编器 NASM 提供的段模式声明语句 BITS，可以声明汇编源程序采用的段模式。顺便提一下，在一条指令中利用地址大小前缀能够改变缺省的地址尺寸，利用操作数大小前缀能够改变缺省的操作数尺寸。

在描述堆栈段的描述符中，作为 B 位决定堆栈操作所使用的堆栈指针寄存器。B＝1 表示使用 32 位堆栈指针寄存器 ESP；B＝0 表示使用 16 位堆栈指针寄存器 SP。所谓堆栈段是指由段寄存器 SS 指示的段，也即形成线性地址时引用 SS 寄存器。

在描述向低扩展数据段的描述符中，作为 B 位决定段的上部边界。B＝1 表示段的上部界限为 FFFFFFFFH；B＝0 表示段的上部界限为 FFFFH。

（7）AVL 位是软件可利用位。CPU 对该位的使用未做规定，Intel 公司保证，今后兼容的 CPU 对该位的使用不做任何定义或规定。

此外，描述符内第 6 字节中的位 5 须置为 0，可理解成以后的发展所保留。事实上，在 Intel 的 64 位 CPU 中，该位为 1 表示 64 位段。

2. 存储段描述符宏的声明

按图 9.5 给出的存储段描述符的格式，基于汇编器 NASM，可采用如下形式声明一个宏，以表示描述符结构。

```
%macro   DESCRIPTOR   5
.LIMIT   DW   %1              ;段界限( 0~15)
.BASEL   DW   %2              ;段基地址( 0~15)
.BASEM   DB   %3              ;段基地址( 16~23)
.ATTRI   DW   %4              ;段属性
.BASEH   DB   %5              ;段基地址( 24~ 31)
%endmacro
```

利用上面的宏 DESCRIPTOR，在汇编语言源程序中可以方便地定义描述符。

【例 9-1】   如下描述符 CODE 描述一个只可执行的 32 位代码段，段基地址是 12345678H，以字节为单位的界限是 0FFFH，描述符特权级 DPL＝0。

```
CODE   DESCRIPTOR   0FFFH, 5678H, 34H, 4098H, 12H
```

在如上定义描述符 CODE 之后，可以采用如下形式访问描述符中的有关字段，这与汇编器 NASM 中的标号表示有关。

```
    MOV   [CODE.BASEL], AX
    MOV   [CODE.BASEM], DL
```

【例 9-2】   如下描述符 VideoMem 描述一个可读写的数据段，基地址是 0B8000H，以字节为单位的界限是 1999，描述符特权级 DPL＝3。

```
VideoMem   DESCRIPTOR   1999, 8000H, 0BH, 00F2H, 0
```

9.2.3   全局和局部描述符表

一个任务会涉及多个段，每一个段至少需要有一个描述符来描述，为了便于组织管理，IA-32 系列 CPU 把描述符组织成线性表。由描述符组成的线性表称为描述符表。它有 3 种类型的描述符表：全局描述符表（Global Descriptor Table，GDT）、局部描述符表（Local Descriptor Table，LDT）和中断描述符表（Interrupt Descriptor Table，IDT）。在整个系统中，只有一张全局描述符表 GDT，只有一张中断描述符表 IDT，而每个任务可以有一张属于自己的局部描述符表 LDT。

【例 9-3】   如下所列描述符表含有 6 个描述符。

```
Dummy    DESCRIPTOR   0,0,0,0,0                   ;哑描述符
Normal   DESCRIPTOR   0FFFFH,0,0,0092H,0          ;可读写数据段，长 64KB
Code16   DESCRIPTOR   7FFH,1230H,2,0098H,0        ;16 位代码段，长 2KB
Code32   DESCRIPTOR   3FFH,1A30H,2,4098H,0        ;32 位代码段，基地址 21A30H
StackS   DESCRIPTOR   1FFFH,1E30H,2,0093H,0       ;已访问可读写数据段
```

```
DataS    DESCRIPTOR   0FH,0FFF0H,0FFH,0090H,0FFH;只读数据段,长 16 字节
```

每个描述符表自身形成一个特殊的数据段。这样的特殊数据段最多可以含有 8K(8096) 个描述符。

每个任务的局部描述符表 LDT 含有该任务自己的代码段、数据段和堆栈段的描述符,也包含该任务所使用的一些门描述符。随着任务的切换,系统当前的局部描述符表 LDT 也将随之切换。

全局描述符表 GDT 含有每一个任务都可能或可以使用的描述符。它不仅包含操作系统所使用的代码段、数据段和堆栈段的描述符,而且也包含系统所使用的多种特殊数据段的描述符,如描述某个任务 LDT 表的描述符等。在任务切换时,并不切换 GDT 表。

利用 LDT 表可以使得属于某个任务私有的各个存储段与其他任务相隔离,从而达到保护的目的。通过 GDT 表可以使得各个任务都需要使用的存储段能够被共享。图 9.6 示意了任务 A 和任务 B 所涉及的这些段既隔离保护,又合用共享的情况。利用任务 A 的局部描述符表 LdtA 和任务 B 的局部描述符表 LdtB,把任务 A 所私有的代码段 CodeA 及数据段 DataA 与任务 B 所私有的代码段 CodeB 和数据段 DataB 及 DataB2 隔离,但任务 A 和任务 B 通过全局描述符表 GDT 共享代码段 CodeK 及 CodeOS 和数据段 DataK 及 DataOS。

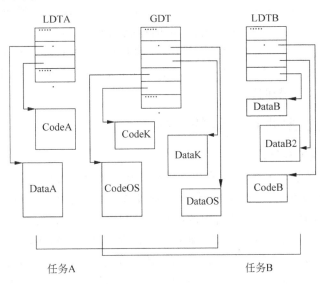

图 9.6　全局和局部描述符表的分工

9.2.4　段选择子

如 2.4 节所述,二维的逻辑地址表示为"段号：偏移"的形式。在实地址方式下,其段号是段值;在保护方式下,其段号则是段选择子。

段选择子长 16 位,其格式如图 9.7 所示。常常把段选择子简称为选择子。从图 9.7 可

图 9.7　段选择子的格式

见,选择子的高 13 位是描述符索引(Index)。所谓描述符索引是指描述符在描述符表中的序号。选择子的第 2 位是引用描述符表指示位,标记为 TI(Table Indicator),TI＝0 指示从全局描述符表 GDT 中取得描述符;TI＝1 指示从局部描述符表 LDT 中取得描述符。

段选择子给定段描述符,段描述符给定段基地址,段基地址与偏移之和就是线性地址。逻辑地址空间中由段选择子和偏移两部分构成的二维逻辑地址,就是这样确定线性地址空间中的一维线性地址。

段选择子的最低两位是请求特权级(Requested Privilege Level,RPL),用于特权检测。在9.7 节,将进一步说明 RPL 的作用。

【例 9-4】 假设某个选择子的内容是 0020H。根据图 9.7 所示段选择子的格式可知,Index＝4,TI＝0,RPL＝0,所以它指定全局描述符表中的第 4 个描述符,请求特权级是 0。

【例 9-5】 假设某个选择子的 Index＝5,TI＝1,RPL＝3,那么该段选择子的内容是 2FH。

由于段选择子中的描述符索引字段用 13 位表示,所以可区分 8096 个描述符。这也就是描述符表最多含有 8096 个描述符的原因。由于每个描述符长 8 字节,按照图 9.7 所示段选择子的格式,屏蔽段选择子的低 3 位后所得值就是段选择子所指定的描述符在描述符表中的偏移,这应该是安排段选择子高 13 位为描述符索引的原因。

有一个特殊的空(Null)选择子,它的 Index＝0,TI＝0,而 RPL 字段可以为任意值。空选择子有特定的用途,当用空选择子进行存储器访问时会引起异常。空选择子是特别定义的,它不对应于全局描述符表 GDT 中的第 0 个描述符,因此 GDT 中的第 0 个描述符总不会被处理器访问,一般把它置成全 0。但当 TI＝1 时,Index 为 0 的选择子不是空选择子,它指定局部描述符表 LDT 中的第 0 个描述符。

9.2.5　逻辑地址到线性地址的转换

1. 描述符高速缓冲存储器

在实方式下,段寄存器含有段值,在由逻辑地址形成物理地址时,CPU 引用相应的某个段寄存器得到段值。在保护方式下,段寄存器含有段选择子,当由逻辑地址形成线性地址时,CPU 要使用段选择子所指定的描述符中的段基地址和段界限等信息。

为了避免在每次存储器访问时,都要通过访问内存中的描述符表而获得对应段描述符,每个段寄存器都配有一个高速缓冲存储器,称为描述符高速缓冲存储器或称为描述符投影寄存器,对程序员而言它是隐藏的。当把一个段选择子装入到某个段寄存器时,CPU 自动从描述符表中取出相应的描述符,并把描述符中的信息保存到对应的高速缓冲存储器中。在此之后,在访问对应存储段时,CPU 都使用对应高速缓冲存储器中的描述符信息,而不用再从描述符表中取出描述符。段描述符高速缓冲存储器内保存的描述符信息将一直保持,直到重新把段选择子装载到段寄存器时为止。

每个段描述符高速缓冲存储器中保存有对应段的基地址、界限和存取属性信息。其中,32位段基地址直接取自描述符,32 位段界限取自描述符中的段界限,并转换成字节为单位。

2. 地址转换

如前所述,在保护方式下,二维逻辑地址的第一维是段选择子,第二维是偏移。段选择子决定段描述符,段描述符含有段基地址,所以段选择子决定了段基地址。

线性地址等于段基地址加上偏移。图 9.8 示意了利用描述符高速缓冲存储器实现由逻辑地址到线性地址的转换过程。在把段选择子加载到段寄存器的同时,包含段基地址的描述符信息被加载到描述符高速缓冲存储器中。随后,把 32 位段内偏移加上高速存储器中的 32 位段基地址就能够得到 32 位线性地址。在不启用分页存储管理机制时,所得到的线性地址就是物理地址。

可以认为,访问存储器时必定使用到某个段寄存器,包括段基地址在内的描述符信息已经先行被装入 CPU 内部的描述符高速缓冲存储器,所以存储器存取性能不会受影响。

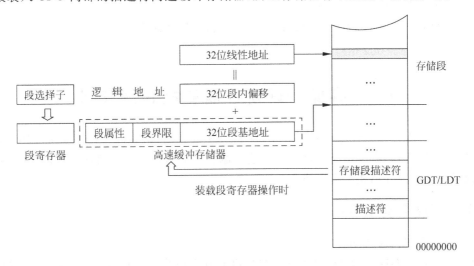

图 9.8 高速缓冲存储器用于逻辑地址到线性地址转换

【例 9-6】 假设有如下全局描述符表 GDT。

```
Dummy   DESCRIPTOR   0,0,0,0,0                ;哑描述符
Code    DESCRIPTOR   7FFH,4560H,1,98H,0       ;基地址 14560H,长 2048,代码段
DataA   DESCRIPTOR   1FFH,1230H,2,92H,0       ;基地址 21230H,长 512,读写数据段
DataB   DESCRIPTOR   200H,3000H,0,90H,0       ;基地址 03000H,长 513,只读数据段
```

在做好其他相关准备后,执行如下指令片段:

```
MOV   AX, 10H                ;选择子中 TI=0,RPL=0
MOV   DS, AX                 ;把选择子装入段寄存器 DS
```

将把可读写数据段 DataA 的描述符信息装入到段寄存器 DS 的高速缓冲存储器中,段基地址是 00021230H,段长是 512 字节。

随后,执行如下指令将把线性地址为 000213A8H 的存储单元(双字)读取到寄存器 EDX:

```
MOV   EDX, [0178H]
```

执行如下指令,将把寄存器 CL 的内容写到线性地址为 00021253H 的存储单元:

```
MOV   [0023H], CL
```

3. 保护检测

在加载段寄存器时,CPU 会进行保护检测。在 9.7.1 节将作进一步说明。

在存取存储单元时,CPU 会根据描述符高速缓冲存储器中的信息检测是否违反保护规则。违反保护规则的行为,将导致异常。在 9.8 节将介绍相关异常及其处理。

【例 9-7】 假设基于例 6 的全局描述符表 GDT,在做好相关准备后,执行如下指令片段:

```
MOV   AX, 18H                ;选择子中 TI=0,RPL=0
```

```
        MOV   ES, AX                    ;把选择子装入段寄存器 ES
```

那么将把只读数据段 DataB 的描述符信息装入到段寄存器 ES 的高速缓冲存储器中,段基地址是 00030000H,段长是 513 字节。

随后,如果执行如下指令,将因为存储单元地址越界引起异常。

```
        MOV   EDX, [ES:0258H]
```

如果执行如下指令,将因为向只读的存储段进行写操作而引起异常。

```
        MOV   [ES:0023H], AL
```

9.3 存储管理寄存器和控制寄存器

在保护方式下,CPU 运行有多个选项,存储管理较为复杂,为此 IA-32 系列 CPU 有一组寄存器用于存储管理,有一组寄存器用于系统控制。本节简要介绍存储管理寄存器,简要说明控制寄存器,还简要介绍相关存取指令。

9.3.1 存储管理寄存器

1. 关于存储管理寄存器

全局描述符表 GDT、局部描述符表 LDT 和中断描述符表 IDT 等是非常重要的特殊段,它们含有分段存储管理机制所用到的重要表格(系统表和系统段)。为了方便快速地定位这些特殊段,CPU 利用专门寄存器保存这些段的基地址和界限等信息,如图 9.9 所示。把这些专用寄存器统称为存储管理寄存器。

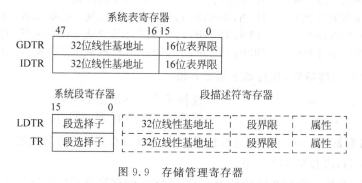

图 9.9 存储管理寄存器

2. 全局描述符表寄存器 GDTR

如图 9.9 所示,全局描述符表寄存器 GDTR 长 48 位,其中高 32 位含 GDT 表的线性基地址,低 16 位含 GDT 表的界限。由于 GDT 表自身不能由 GDT 表内的描述符进行描述定义,因此 CPU 采用 GDTR 寄存器为 GDT 这一特殊系统表提供一个伪描述符。由 GDTR 寄存器给定 GDT 表,如图 9.10 所示。

全局描述符表寄存器 GDTR 中的表界限以字节为单位。由于段选择子中只有 13 位作为描述符索引,而每个描述符长 8 个字节,所以用 16 位足够表示 GDT 表的界限。通常,对于含有 n 个描述符的描述符表的界限应设

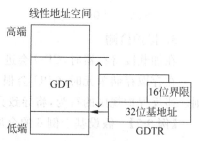

图 9.10 GDTR 给定 GDT 示意图

置为 $8 \times n - 1$。

基于汇编器 NASM，可采用如下形式声明一个宏，以表示伪描述符。

```
%macro   PDESC   2
.LIMIT   DW      %1              ;界限(16 位)
.BASE    DD      %2              ;基地址(32 位)
%endmacro
```

【例 9-8】 假设已经声明了伪描述符宏 PDESC，那么可以定义存放伪描述符的变量如下：

```
VGDTR    PDESC   2FH, 12000H     ;伪描述符
```

此后，可以利用如下指令加载全局描述符表寄存器 GDTR：

```
    LGDT  [VGDTR]                ;把变量 VGDTR 的值加载到 GDTR
```

这样，全局描述符表 GDT 位于线性地址 12000H 开始处，并且含有 6 个描述符。

3. 局部描述符表寄存器 LDTR

局部描述符表寄存器 LDTR 规定当前任务使用的局部描述符表 LDT。如图 9.9 所示，LDTR 寄存器类似于段寄存器，由可见的 16 位寄存器和隐藏的高速缓冲存储器（段描述符寄存器）构成。

每个任务的局部描述符表 LDT 作为系统的一个特殊段，由一个描述符来描述，用于描述 LDT 段的描述符存放在 GDT 表中。在初始化或任务切换过程中，把指示对应任务 LDT 描述符的段选择子装入 LDTR 寄存器，CPU 根据装入 LDTR 寄存器可见部分的选择子，从 GDT 表中取出对应的描述符，并把 LDT 段的基地址和段界限等信息保存到 LDTR 寄存器隐藏的高速缓冲存储器中，如图 9.11 所示。随后在访问 LDT 段时，就可根据保存在高速缓冲存储器中的有关信息进行合法性检测。

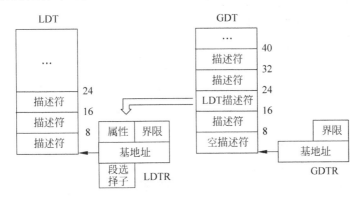

图 9.11　GDT 和 LDT 及其寄存器

LDTR 寄存器包含当前任务 LDT 表的段选择子。所以，装入到 LDTR 寄存器的段选择子必须指示一个位于 GDT 表的类型为 LDT 的系统段描述符，也即选择子中的 TI 位必须是 0，而且描述符中的类型必须是 LDT 类型。

可以用一个空选择子装入 LDTR 寄存器，这表示当前任务没有局部描述符表 LDT。这种情况下，所有装入到段寄存器的段选择子都必须指示 GDT 表中的描述符，也即当前任务涉及的段均由 GDT 表中的描述符来描述，如果再把一个 TI 为 1 的选择子装入到段寄存器，将引起异常。

4. 中断描述符表寄存器 IDTR

中断描述符表寄存器 IDTR 指向中断描述符表 IDT。如图 9.9 所示，IDTR 寄存器长 48 位，其中 32 位的基地址规定 IDT 表的线性基地址，16 位的界限规定 IDT 表的界限。由于 IA-32 系列 CPU 只支持 256 个中断/异常，因此 IDT 表最大长度是 2KB，以字节为单位的表界限为 7FFH。IDTR 寄存器指示 IDT 表的方式与 GDTR 寄存器指示 GDT 表的方式相同。

5. 任务寄存器 TR(Task Register)

任务寄存器 TR 包含指示任务状态段描述符的段选择子，从而规定了当前任务的状态段。如图 9.9 所示，TR 寄存器也有可见和隐藏两部分构成。当把任务状态段的段选择子装入到 TR 寄存器可见部分时，CPU 自动把段选择子所索引的描述符中的段基地址等信息保存到隐藏的高速缓冲存储器中。在此之后对当前任务状态段的访问可快速方便地进行。装入到 TR 寄存器的段选择子不能为空，必须索引位于 GDT 表中的描述符，且描述符的类型必须是 TSS 类型。

9.3.2 控制寄存器

1. 关于控制寄存器

IA-32 系列 CPU 有 5 个 32 位的控制寄存器，被分别命名为 CR0、CR1、CR2、CR3 和 CR4。它们包含了一批控制位和分页存储管理机制所使用的地址，如图 9.12 所示。随着 IA-32 系列 CPU 不断推陈出新，逐步增加了控制位，以支持 CPU 新增功能。Intel 80386 CPU 并没有 CR4，直到 Pentium 才有 CR4。

如图 9.12 所示，阴影部分的这些位被保留，一般应该被置为 0，或者不能更改其原有值。标记号 X 的位，虽然已经有具体定义，但这里不作具体介绍。控制寄存器 CR1 一直被保留，不能使用 CR1，否则将引起无效指令操作异常。

下面介绍两个重要的控制位 PE 和 PG，简单说明 CR2 和 CR3。

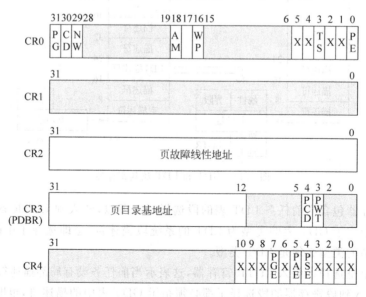

图 9.12 控制寄存器

2. 保护控制位

控制寄存器 CR0 中的位 0 用 PE(Protection Enable)标记,位 31 用 PG(Paging)标记,这两个位控制分段和分页存储管理机制,因此把它们称为保护控制位。PE 控制分段存储管理机制。PE=0,处理器运行于实方式;PE=1,处理器运行于保护方式。PG 控制分页存储管理机制。PG=0,禁用分页存储管理机制,此时分段管理机制产生的线性地址直接作为物理地址使用;PG=1,启用分页存储管理机制,此时线性地址经过分页存储管理机制转换成物理地址。

表 9.2 列出了通过使用 PE 位和 PG 位选择的处理器工作方式。由于只有在保护方式下才可启用分页机制,因此尽管两个位分别为 0 和 1 有 4 种组合,但只有 3 种组合方式有效。PE=0 且 PG=1 是无效的组合,因此用 PG 位为 1 且 PE 位为 0 的值装入 CR0 寄存器将引起异常。

表 9.2　PG/PE 位与处理器工作方式

PG	PE	处理器工作方式
0	0	实方式
0	1	保护方式,禁用分页机制
1	0	非法组合
1	1	保护方式,启用分页机制

【例 9-9】　如下代码片段将控制寄存器 CR0 的 PE 位清成 0,准备使 CPU 进入实方式。

```
MOV   EAX, CR0              ;复制 CR0 到 EAX
AND   EAX, 0FFFFFFFEH       ;清 EAX 的第 0 位
MOV   CR0, EAX              ;清 CR0 中的 PE 位
```

3. 控制寄存器 CR2 和 CR3

控制寄存器 CR2 和 CR3 由分页存储管理机制使用。在 9.5 节具体介绍分页存储管理机制。

控制寄存器 CR2 用于在发生页故障时报告故障地址。当发生页故障时,CPU 把引起页故障的线性地址保存于 CR2 中。操作系统的页故障处理程序可以分析 CR2 的内容,从而确定线性空间中的哪一页引起本次页故障。

控制寄存器 CR3 用于保存页目录的起始物理地址,所以也被称为页目录基地址寄存器(PDBR)。由于页目录一定是页(4KB)对齐的,因此仅使用高 20 位表示页目录的基地址,低 12 位被认为是 0。在 9.5 节的示例将演示分页存储管理机制的使用。

4. 其他控制位

控制寄存器 CR0 中的 WP 位是写保护(Write Protect)位,始于 Intel 80486 处理器。当 WP=1 时,系统级程序不能够向只读/执行的用户页进行写操作。参见 9.5.3 节的页级保护。

控制寄存器 CR0 中的 TS 位是任务切换(Task Switched)位,在每次任务切换后,设置该位,也即 TS=1。这样只有在新任务中执行诸如 MMX 指令和 SSE 指令等时,才保存这些指令相关的现场。

控制寄存器 CR0 中的 CD 位和 NW 位,用于控制片上超高速缓存的工作方式。控制寄存器 CR0 中的对齐屏蔽位 AM,控制标志寄存器 EFLAGS 中的对齐检查标志 AC 是否有效。这 3 个控制位,也都始于 Intel 80486 处理器。

控制寄存器 CR3 中的 PWT 位和 PCD 位,用于控制页目录的缓冲策略。

控制寄存器 CR4 中的 PSE(Page Size Extensions)位,用于控制页尺寸,当 PSE=1 时,页

的尺寸可以达到 4MB。CR4 中的 PAE(Physical Address Extension)位,用于控制启用 36 位物理地址,始于 Pentium Pro。CR4 中的 PGE(Page Global Enable)位,用于控制全局页的使用,该控制位始于 P6 处理器。

9.3.3 相关存取指令

下面简要介绍存取存储管理寄存器和控制寄存器的有关指令。

1. 存取 GDTR 寄存器的指令

(1) 装载 GDTR 寄存器的指令

装载全局描述符表寄存器 GDTR 指令的格式如下:

> **LGDT   SRC**

其中,操作数 SRC 是 48 位(6 字节)的存储器操作数。该指令的功能是把存储器中的伪描述符装入到全局描述符表寄存器 GDTR。伪描述符 SRC 的结构如前述伪描述符宏 PDESC 所示,低字是以字节为单位的段界限,高双字是段基地址。

【例 9-10】 假设在数据段定义如下伪描述符。

```
PtoGDT    DW      7FH          ;段限
          DD      20010H       ;基地址
```

还假设在代码段安排如下装载全局描述符表寄存器 GDTR 的指令。

> LGDT [PtoGDT]

那么在执行上述指令后,由寄存器 GDTR 所给定的 GDT 的基地址是 00020010H,长度是 80H,也即可以容纳 16 个描述符。该指令采用直接存储器寻址方式,也可以采用其他存储器寻址方式。

需要指出的是,只有在实方式和保护方式特权级 0 下,才可以执行该指令。通常在实方式下为进入保护方式做准备时,利用该指令设置 GDTR 寄存器,从而建立全局描述符表 GDT。

(2) 存储 GDTR 寄存器的指令

存储全局描述符表寄存器 GDTR 指令的格式如下:

> **SGDT   DST**

其中,操作数 DST 是 48 位(6 字节)的存储器操作数。该指令的功能是把全局描述符表寄存器 GDTR 的内容存储到存储单元 DST。把 GDTR 内的 16 位界限存入 DST 的低字,GDTR 内的 32 位基地址存入 DST 的高双字。

2. 存取 IDTR 寄存器的指令

中断描述符表寄存器 IDTR 与全局描述符表寄存器 GDTR 相似,存取 IDTR 寄存器的指令与存取 GDTR 寄存器的指令也相似。

1) 装载 IDTR 寄存器的指令

装载中断描述符表寄存器 IDTR 指令的格式如下:

> **LIDT   SRC**

其中,操作数 SRC 是 48 位(6 字节)的存储器操作数。该指令的功能是把存储器中的伪描述符装入到中断描述符表寄存器 IDTR。

需要指出的是,同样只有在实方式和保护方式特权级 0 下,才可以执行该指令。

2) 存储 IDTR 寄存器的指令

存储中断描述符表寄存器 IDTR 指令的格式如下：

SIDT *DST*

其中,操作数 DST 是 48 位(6 字节)的存储器操作数。该指令的功能是把中断描述符表寄存器 IDTR 的内容存储到存储单元 DST。把 IDTR 内的 16 位界限存入 DST 的低字,IDTR 内的 32 位基地址存入 DST 的高双字。

【例 9-11】 假设利用伪描述符宏 PDESC,在数据段已定义如下伪描述符。

```
NorVIDTR   PDESC   0, 0           ;定义作为伪描述符的变量
```

然后,可以利用以下指令保存 IDTR 寄存器的内容。

```
    SIDT   [NorVIDTR]            ;保存寄存器 IDTR 之内容
```

可以利用以下指令装载 IDTR 寄存器。

```
    LIDT   [NorVIDTR]            ;装载寄存器 IDTR
```

顺便提一下,在实方式下或者保护方式 16 位段模式下,利用上述存取 GDTR 或者 IDTR 的指令时,实际存取的 GDTR 或者 IDTR 的基地址只有 24 位,并非 32 位,最高 8 位被清 0。

3. 存取 LDTR 寄存器的指令

1) 装载 LDTR 寄存器指令

装载局部描述符表寄存器 LDTR 指令的格式如下：

LLDT *SRC*

其中,操作数 SRC 可以是 16 位通用寄存器或存储单元。该指令的功能是把操作数 SRC 作为指示局部描述符表 LDT 段的选择子装入到 LDTR 寄存器。

【例 9-12】 假设 LDT_Sel 是指示局部描述符表 LDT 段描述符的选择子,如下指令片段装载 LDTR 寄存器。

```
    MOV   AX, LDT_Sel          ;获得选择子
    LLDT  AX                   ;装载局部描述符表寄存器 LDTR
```

作为指令操作数的选择子应该指示 GDT 中的类型为 LDT 的描述符。但 SRC 也可以是一个空的选择子,这样意味着暂时不使用 LDT 表。像加载段寄存器那样,在把指示 LDT 段的选择子装入到 LDTR 可见部分时,CPU 自动把对应 LDT 段描述符中的段基地址等信息装载到隐藏的高速缓冲存储器中,参见图 9.11。

需要指出的是,只有在保护方式且特权级 0 下,才可以执行该指令。

2) 存储 LDTR 寄存器的指令

存储局部描述符表寄存器 LDTR 指令的格式如下：

SLDT *DST*

其中,操作数 DST 可以是 16 位通用寄存器或存储单元。该指令的功能是把寄存器 LDTR 的可见部分保存到目标 DST,也就是把指示当前任务 LDT 的段选择子保存到目标 DST。

【例 9-13】 如下指令把局部描述符表寄存器 LDTR 的内容保存到寄存器 DX。

```
    SLDT  DX
```

需要指出的是,只有在保护方式下,才可以执行该指令。

4. 存取 TR 寄存器的指令

1）装载 TR 寄存器的指令

装载任务寄存器 TR 指令的格式如下：

> **LTR**　　*SRC*

其中，操作数 SRC 可以是 16 位通用寄存器或存储单元。该指令的功能是将 SRC 作为指示任务状态段描述符的选择子装载到任务寄存器 TR。

【例 9-14】 假设 TTSS_Sel 是指示任务状态段描述符的选择子，如下指令片段装载 LDTR 寄存器。

```
MOV   AX, TTSS_Sel        ;获得选择子
LTR   AX                  ;装载任务寄存器 TR
```

像加载段寄存器那样，在把指示任务状态段的选择子装入到 TR 可见部分时，CPU 自动把对应任务状态段描述符中的段基地址等信息装载到隐藏的高速缓冲存储器中。操作数 SRC 表示的选择子不能为空，必须指示位于 GDT 表中的任务状态段描述符。

需要指出的是，只有在保护方式且特权级 0 下，才可以执行该指令。

2）存储 TR 寄存器的指令

存储任务寄存器 TR 指令的格式如下：

> **STR**　　*DST*

其中，操作数 DST 可以是 16 位通用寄存器或存储单元。该指令的功能是把任务寄存器 TR 所含的指示当前任务状态段描述符的选择子保存到目标 DST。

需要指出的是，只有在保护方式下，才可以执行该指令。

5. 控制寄存器数据传送的指令

由控制寄存器数据传送指令实现 CPU 的控制寄存器和 32 位通用寄存器之间的数据传送，从而实现对控制寄存器的存取。

控制寄存器数据传送指令的一般格式如下：

> **MOV**　　*DST*, *SRC*

其中，操作数 SRC 和 DST 可以是 CPU 使用的控制寄存器和任一 32 位通用寄存器，但不能同时是控制寄存器。

【例 9-15】 如下指令把控制寄存器 CR2 的内容传送到 EDX 寄存器。

```
MOV   EDX, CR2            ;取得引起页故障的线性地址
```

【例 9-16】 如下指令片段设置指向页目录的控制寄存器 CR3。

```
MOV   EAX, PDT_AD         ;这里 PDT_AD 表示页目录表的物理地址
MOV   CR3, EAX            ;设置页目录寄存器
```

需要注意的是，只有在实方式和保护方式特权级 0 下，才可以执行这些控制寄存器数据传送指令。

9.4　实方式与保护方式切换示例

本节给出 3 个演示实方式与保护方式切换的示例，说明实现 IA-32 系列 CPU 两种工作方式切换的具体方法，初步展现保护方式下的程序设计。

9.4.1 实方式和保护方式切换的演示(示例一)

示例一的逻辑功能是,以十六进制数形式显示内存地址 FFFFFFF0H 开始的 8 个字节的值。本示例指定内存高端区域的目的仅仅是说明切换到保护方式的必要性,因为在实方式下不能访问该内存区域,只有在保护方式下才能访问到该指定区域。在 PC 及其兼容机上,该区域位于 ROM 中,是开机时首先执行的代码。

1. 执行步骤

示例一的主要执行步骤如下。

(1) 进行由实方式切换到保护方式的准备,主要包括建立全局描述符表 GDT,加载全局描述符表寄存器 GDTR。

(2) 从实方式切换到保护方式。

(3) 把指定的高端内存区域的数据传送到位于常规内存的缓冲区中。

(4) 从保护方式切换回到实方式。

(5) 以十六进制数形式显示缓冲区数据。

2. 源程序

示例一的源程序 dp91.asm 如下:

```
;演示实方式和保护方式之间的切换(示例一,dp91)
;                                          ;常量声明
ATDW          EQU          0092H           ;存在的可读写数据段的属性值
ATCE          EQU          0098H           ;存在的只执行代码段的属性值
;
%macro        DESCRIPTOR 5                 ;表示存储段描述符结构的宏
.LIMIT        DW           %1              ;段界限(0~15)
.BASEL        DW           %2              ;段基地址(0~15)
.BASEM        DB           %3              ;段基地址(16~23)
.ATTRI        DW           %4              ;段属性
.BASEH        DB           %5              ;段基地址(24~31)
%endmacro
;
%macro        PDESC        2               ;表示 GDTR 伪描述符结构的宏
.LIMIT        DW           %1              ;界限(16 位)
.BASE         DD           %2              ;基地址(32 位)
%endmacro
;-------------------------------------------------------------
    section text                          ;段 text
    bits      16                          ;16 位段模式
;
;工作程序特征信息
Signature    db           "YANG"          ;签名信息
Version      dw           1               ;格式版本
Length       dw           end_of_text     ;工作程序长度
Start        dw           Begin           ;工作程序入口点的偏移
Zoneseg      dw           2000H           ;工作程序期望的内存区域起始
                                            段值
```

```
Reserved        dd              0                       ;保留
;--------------------------------------------------------------------
GDTSeg:                                                 ;全局描述符表 GDT
Dummy           DESCRIPTOR 0,0,0,0,0                    ;哑描述符
CODE            DESCRIPTOR 0FFFFH,0,0,ATCE,0            ;代码段描述符
Code_Sel        equ             CODE-GDTSeg             ;代码段描述的选择子
DATAD           DESCRIPTOR 0FFFFH,0,0,ATDW,0            ;目标数据段描述符
DataD_Sel       equ             DATAD-GDTSeg            ;目标数据段描述符的选择子
DATAS           DESCRIPTOR 0FFFFH,0FFF0H,0FFH,ATDW,0FFH    ;源数据段描述符
DataS_Sel       equ             DATAS-GDTSeg            ;源数据段描述符的选择子
LenGDT          equ             $-GDTSeg                ;GDT 表长度
;--------------------------------------------------------------------
LenBuff         equ             256                     ;缓冲区字节长度
Buffer:
    times LenBuff           db  39H                     ;缓冲区
;--------------------------------------
VGDTR           PDESC           LenGDT-1, 0             ;存放伪描述符的变量//@1
;--------------------------------------------------------------------
Begin:
    MOV     AX, CS
    MOV     DS, AX
    MOV     [ToReal+3], AX                              ;重定位段间转移指令中的段值//@2
    ;初始化 GDT 中的部分描述符
    MOV     BX, 16
    MOV     AX, CS
    MUL     BX                                          ;DX:AX=示例程序所占区域起始地址
    MOV     [CODE.BASEL], AX
    MOV     [CODE.BASEM], DL                            ;设置代码段描述符中的基地址
    MOV     [CODE.BASEH], DH
    MOV     [DATAD.BASEL], AX
    MOV     [DATAD.BASEM], DL                           ;设置目标数据段描述符中的基地址
    MOV     [DATAD.BASEH], DH
    ;初始化用于 GDTR 的伪描述符
    ADD     AX, GDTSeg                                  ;加上 GDT 表在段内的偏移//@3
    ADC     DX, 0                                       ;DX:AX=GDT 所在段的基地址
    MOV     [VGDTR.BASE], AX
    MOV     [VGDTR.BASE+2], DX                          ;填写到用于 GDTR 的伪描述符变量
    ;加载 GDTR
    LGDT    [VGDTR]                                     ;//@4
    ;其他准备工作
    CLI                                                 ;关中断
    CALL    EnableA20                                   ;打开地址线 A20
    ;切换到保护方式
    MOV     EAX, CR0
    OR      EAX, 1
    MOV     CR0, EAX                                    ;使得 CR0 中的 PE=1
    ;
    JMP     Code_Sel:PM_Entry                           ;真正进入保护方式//@5
```

```
    ;--------------------------
PM_Entry:                           ;现在开始在保护方式下
    CLD
    ;为传送数据设置源数据段和目标数据段的段寄存器
    MOV    AX, DataS_Sel
    MOV    DS, AX                   ;加载源数据段描述符//@6
    MOV    AX, DataD_Sel
    MOV    ES, AX                   ;加载目标数据段描述符//@7
    ;设置段内偏移并实施传送
    MOV    SI, 0
    MOV    DI, Buffer
    MOV    CX, 2                    ;8个字节=2个双字
    REP    MOVSD
    ;切换回实方式
    MOV    EAX, CR0
    AND    EAX, 0FFFFFFFEH
    MOV    CR0, EAX                 ;清 CR0 中的 PE 位//@8
ToReal:                             ;真正进入实方式
    JMP    0:Real                   ;需要重定位//@9
    ;--------------------------
Real:                               ;现在回到了实方式
    CALL   DisableA20               ;关闭地址线 A20
    STI                             ;开中断
    MOV    AX, CS
    MOV    DS, AX
    MOV    SI, Buffer               ;指向数据缓冲区
    MOV    CX, 8                    ;8个字节数据
    CALL   ShowBuff                 ;以十六进制数形式显示字节数据
    ;
    RETF                            ;结束,返回到加载器
;--------------------------------------------------------
EnableA20:                          ;打开地址线 A20
    PUSH   AX
    IN     AL, 92H
    OR     AL, 2
    OUT    92H, AL
    POP    AX
    RET
    ;--------------------------
DisableA20:                         ;关闭地址线 A20
    PUSH   AX
    IN     AL, 92H
    AND    AL, ~ 2
    OUT    92H, AL
    POP    AX
    RET
    ;--------------------------
ShowBuff:                           ;以十六进制数的形式显示数据
```

```
        CLD                          ;DS:SI=缓冲区首地址;CX=字节数
    .LA:LODSB
        PUSH  AX
        SHR   AL, 4
        CALL  TOASCII
        CALL  PutChar
        POP   AX
        CALL  TOASCII
        CALL  PutChar
        MOV   AL, ''
        CALL  PutChar
        LOOP  .LA
        MOV   AL, 0DH
        CALL  PutChar
        MOV   AL, 0AH
        CALL  PutChar
        RET
    ;------------------------------
PutChar:                             ;显示字符
        MOV   BH, 0
        MOV   AH, 14
        INT   10H
        RET
    ;------------------------------
TOASCII:                             ;转换成十六进制数字符 ASCII 码
        AND   AL, 0FH
        ADD   AL, 30H
        CMP   AL, 39H
        JBE   .LA
        ADD   AL, 7
    .LA:RET
    end_of_text:                     ;源代码到此结束
```

从上述源程序可见,声明了两个宏。其一,表示存储段描述符结构的宏 DESCRIPTOR,利用它定义 GDT 中的描述符;其二,表示伪描述符结构的宏 PDESC,利用它定义用于加载 GDTR 的伪描述符。声明这些宏的目的是为了便于编写源程序,具体形式与汇编器 NASM 有关。

3. 内存映像

在利用 7.4 节介绍的加载器把本示例的纯二进制目标代码加载到内存后,其映像如图 9.13 所示。假设目标代码占用起始地址为 000xxxx0H 的内存区域,在实方式下该地址的段值就是 xxxxH。可以认为,示例程序的代码部分和各项数据都在同一个段内,它们的位置可以由相对于段基地址的偏移来表示。

4. 关于执行步骤的注释

下面结合示例一源程序对主要执行步骤作些说明。

(1) 切换到保护方式的准备工作。在从实方式切换到保护方式之前,必须做必要的准备。准备工作的内容根据具体应用需要而定。最起码的准备工作是建立合适的全局描述符表

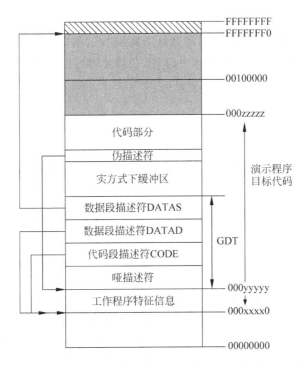

图 9.13 示例一的内存映像示意图

GDT,并使得全局描述符表寄存器 GDTR 指向 GDT 表。因为在切换到保护方式之时,至少要把代码段的选择子装载到 CS,所以 GDT 表中至少要含有代码段的描述符。

从本示例源程序可见,全局描述符表 GDT 仅有 4 个描述符:第一个是哑描述符;第二个是代码段描述符;第三个和第四个是数据段描述符。除了哑描述符外,各描述符中的段界限是在定义时预置的,为了简化,都规定为 0FFFFH。另外,这些描述符中的段属性也根据所描述存储段的类型预置。属性值 98H 表示存在的只可执行代码段,而且是 16 位代码段;属性值 92H 表示存在的可读写数据段。虽然描述符 DATAS 描述的段位于 ROM 中,但仍然故意采用了属性值 92H,原因在 9.4.2 节中说明。

由于代码段和目标数据段的起始位置取决于本示例目标代码被加载到内存的具体位置,无法在定义时确定,因此需要根据运行时代码段的段值(xxxxH),分别设置代码段描述符 CODE 和目标数据段描述符 DATAD 中的基地址。这两个段的基地址都采用示例目标代码所占用内存的起始地址(图 9.13 所示的 000xxxx0H)。虽然这样安排会导致代码段 CODE 和数据段 DATAD 完全重叠,但确实是可行的。至此,准备好了 GDT 表。

接下来准备用于 GDTR 寄存器的伪描述符。在定义伪描述符变量 VGDTR 时,已经按 GDT 表的实际长度设置了界限。同样,还需要根据运行时代码段的段值,把 GDT 表的基地址(图 9.13 所示的 000yyyyyH)填写到变量 VGDTR 中。运行时代码段的起始地址加上 GDT 表的起始地址(段内偏移)就是 GDT 表的基地址,参见源代码"//@3"行。至此,准备好了伪描述符 VGDTR。

由于在切换到保护方式后,就要引用 GDT 表,因此在切换到保护方式之前必须装载全局描述符表寄存器 GDTR,从而建立全局描述符表 GDT。在准备好在内存单元中的伪描述符后,装载 GDTR 寄存器比较简单,直接采用如下加载 GDTR 的指令,参见源代码"//@4"行。

```
LGDT    [VGDTR]
```

（2）由实方式到保护方式的切换。在做好上述准备工作后，从实方式切换到保护方式并不繁难。原则上只要把控制寄存器 CR0 中的 PE 位置 1 即可。本示例采用如下 3 条指令设置 PE 位。

```
MOV     EAX, CR0
OR      EAX, 1
MOV     CR0, EAX
```

实际情况要比这复杂些。在执行上面的 3 条指令后，CPU 转入保护方式，但是代码段寄存器 CS 中的内容还是实方式下代码段的段值，而不是保护方式下代码段的选择子，所以在取指令之前得把代码段的选择子装入 CS。为此，紧接着这 3 条指令，安排如下的段间转移指令，参见源代码"//@5"行，其中 Code_Sel 是代码段选择子，标号 PM_Entry 是进入保护方式后的入口点。

```
JMP     Code_Sel:PM_Entry
```

这条段间转移指令在实方式下被预取，在保护方式下被执行。通过该段间转移指令可把保护方式下代码段的选择子装入 CS，同时也刷新指令预取队列。从此真正进入保护方式。

（3）由保护方式到实方式的切换。从保护方式切换到实方式的过程类似于从实方式切换到保护方式。原则上只要把控制寄存器 CR0 中的 PE 位清 0 就可。实际上，在此之后也要安排以下的段间转移指令，参见源代码"//@9"行，其中标号 Real 是回到实方式后的入口点。

```
JMP     0:Real
```

这条段间转移指令在保护方式下被预取，在实方式下被执行。它一方面清指令预取队列；另一方面把实方式下代码段的段值送 CS。

在表面上这条段间转移指令中的段值部分是 0，但是实际上在示例程序运行之初已经修改过该指令的机器码，参见源代码"//@2"行，把当前代码段的段值直接填写到该段间转移指令机器码的段值部分。这是因为汇编时无法确定运行时的段值，需要在运行时根据实际占用内存区域的情况来重定位。

（4）数据的传送。传送数据是在保护方式下进行的。首先，把源数据段和目标数据段描述符的选择子分别装入段寄存器 DS 和 ES，参见源代码"//@6"和"//@7"行。GDT 表中的这两个描述符已在实方式下设置好，把段选择子装入段寄存器就意味着把包括段基地址在内的段信息装入段描述符高速缓冲存储器。然后，设置指针寄存器 SI 和 DI 的初值，也设置计数器 CX 初值。根据预置的段属性，在保护方式下，代码段也仅是 16 位段，字符串操作指令只使用 16 位的 SI、DI 和 CX 等寄存器。最后利用字符串操作指令实施传送。

（5）缓冲区数据的显示。由于缓冲区在常规内存中，因此在实方式下按十六进制数形式显示其数据很容易。

5. 特别说明

作为第一个演示实方式和保护方式切换的示例，对其做了大量的简化处理。

通常由实方式切换到保护方式的准备工作还应包括建立中断描述符表 IDT。但本示例没有建立中断描述符表。为此，要求整个执行过程在关中断的情况下进行；要求不使用软中断指令；并且假设不发生任何异常。否则，会导致系统崩溃。

本示例没有使用局部描述符表 LDT，所以在进入保护方式后没有设置局部描述符表寄存器 LDTR。为此,在保护方式下使用的段选择子都指定 GDT 表中的描述符。

本示例没有定义保护方式下的堆栈段,GDT 表中没有堆栈段描述符,在保护方式下没有设置 SS,所以在保护方式下没有涉及堆栈操作的指令。

本示例各描述符特权级 DPL 和各选择子请求特权级 RPL 均是 0,在保护方式下执行时的当前特权级 CPL 也是 0。

本示例没有启用分页存储管理机制,也即 CR0 中的 PG 位为 0,线性地址就是存储单元的物理地址。

6. 地址线 A20 的打开和关闭

PC 及其兼容机的第 20 根地址线较特殊,计算机系统中一般安排一个"门"控制该地址线是否有效。为了访问地址在 1MB 以上的存储单元,应先打开控制地址线 A20 的"门"。这种设置与实方式下只使用最低端的 1MB 存储空间有关,与 CPU 是否工作在实方式和保护方式无关,即使在关闭地址线 A20 时,也可进入保护方式。

如何打开和关闭地址线 A20 与计算机系统的具体设置有关。如下的两个子程序,在一般的 PC 及其兼容机上都是可行的。

```
;打开地址线 A20
EnableA20:
    PUSH  AX
    IN    AL, 92H
    OR    AL, 2
    OUT   92H, AL
    POP   AX
    RET
;---------------
;关闭地址线 A20
DisableA20:
    PUSH  AX
    IN    AL, 92H
    AND   AL, ~2            ;~2=11111101
    OUT   92H, AL
    POP   AX
    RET
```

9.4.2　不同模式代码段切换的演示(示例二)

如 9.2.2 节所述,代码段描述符中的 D 位,指示所描述的代码段是 32 位代码段还是 16 位代码段,也即决定指令使用的地址和操作数的默认长度。32 位代码段和 16 位代码段是不同模式的代码段,示例二演示在不同模式代码段之间的切换。

1. 头文件 DMC. H

在介绍示例二之前,先介绍本章随后示例都要使用到的头文件 DMC. H。

为了节省篇幅,提高效率,把描述符宏 DESCRIPTOR 和伪描述符宏 PDESC 等的声明,还有表示描述符类型和属性等的一系列符号常量,统一组织存放在一个头文件中。头文件 DMC. H 的部分内容如下:

```
;文件名:DMC.H
```

```
;内　容：宏和部分符号常量的声明
;------------------------------------
;表示工作程序特征信息的宏
%macro    HEADER    3
.SIGNA    DB    "YANG"              ;签名信息
.VERSI    DW    1                   ;格式版本
.LENGT    DW    %1                  ;工作程序长度
.START    DW    %2                  ;工作程序入口点的偏移
.ZONES    DW    %3                  ;工作程序期望的内存区域起始段值
.RESER    DD    0                   ;保留
%endmacro
;------------------------------------
;表示存储段描述符/系统段描述符结构的宏
%macro    DESCRIPTOR    5
.LIMIT    DW    %1                  ;段界限(0~15)
.BASEL    DW    %2                  ;段基地址(0~15)
.BASEM    DB    %3                  ;段基地址(16~23)
.ATTRI    DW    %4                  ;段属性
.BASEH    DB    %5                  ;段基地址(24~31)
%endmacro
;------------------------------------
;表示伪描述符结构的宏
%macro    PDESC 2
.LIMIT    DW    %1                  ;16位的界限
.BASE     DD    %2                  ;32位的基地址
%endmacro
;------------------------------------
;存储段描述符类型值
ATDR      EQU   0090H              ;存在的只读数据段
ATDW      EQU   0092H              ;存在的可读写数据段
ATDWA     EQU   0093H              ;存在的已访问可读写数据段
ATDW32    EQU   4092H              ;存在的可读写32位数据段
ATCE      EQU   0098H              ;存在的只执行16位代码段
ATCER     EQU   009AH              ;存在的可执行可读16位代码段
ATCE32    EQU   4098H              ;存在的只执行32位代码段
ATCCO     EQU   009CH              ;存在的只执行一致代码段
ATCCOR    EQU   009EH              ;存在的可执行可读一致代码段
;------------------------------------
;系统段描述符和门描述符类型值
ATLDT     EQU   82H                ;局部描述符表段类型值
ATTASKGAT EQU   85H                ;任务门类型值
ATTSS32   EQU   89H                ;386TSS类型值
ATCGAT32  EQU   8CH                ;386调用门类型值
ATIGAT32  EQU   8EH                ;386中断门类型值
ATTGAT32  EQU   8FH                ;386陷阱门类型值
;------------------------------------
;描述符特权级DPL和请求特权级RPL值
DPL1      EQU   20H                ;DPL=1
```

```
DPL2        EQU     40H                 ;DPL=2
DPL3        EQU     60H                 ;DPL=3
RPL1        EQU     01H                 ;RPL=1
RPL2        EQU     02H                 ;RPL=2
RPL3        EQU     03H                 ;RPL=3
;--------------------------------
;其他常量值
D32         EQU     4000H               ;32 位代码段标志
TIL         EQU     04H                 ;TI=1( 描述符表标志)
```

为了节省篇幅,以上只是头文件 DMC.H 的部分内容,其他内容,将会逐步给出。

2. 执行步骤

示例二的逻辑功能是,以十六进制数和 ASCII 字符两种形式分别显示从内存地址 FFFFFFF0H 开始的 16 个字节的内容。

从功能上看示例二类似于示例一,但在实现方法上却有一些变化,它更能反映实方式和保护方式之间切换的情况。其主要执行步骤如下。

(1) 进行由实方式切换到保护方式的准备工作。

(2) 从实方式切换到保护方式的一个 32 位代码段。

(3) 以十六进制数形式显示指定内存区域的内容,具体方法是以字节为单位取得指定内存区域的内容,并将其转换成对应十六进制数的 ASCII 码,然后直接填写到显示存储区以实现显示。

(4) 切换到保护方式下的一个 16 位代码段。

(5) 把指定内存区域的内容直接作为 ASCII 码填入显示存储区以实现显示。

(6) 从保护方式切换回到实方式。

3. 源程序

示例二的源程序 dp92.asm 如下:

```
;演示 32 位代码段和 16 位代码段之间的切换( 示例二,dp92)
%include    "DMC.H"                     ;文件 DMC.H 含有宏的声明和符号常量等
;--------------------------------------------------------
;                                       ;常量声明
COUNT       EQU     16                  ;16 个字节
COLOR       EQU     47H                 ;显示属性( 红底白字 )
    section text                        ;段 text
    bits    16                          ;16 位段模式
Head:                                   ;工作程序特征信息
    HEADER  end_of_text, Begin, 2000H
;--------------------------------------------------------
GDTSeg:                                 ;全局描述符表 GDT
Dummy       DESCRIPTOR  0,0,0,0,0       ;哑描述符
Normal      DESCRIPTOR  0FFFFH,0,0,ATDW,0
Normal_Sel  equ Normal-GDTSeg           ;规范段描述符的选择子
STACKS      DESCRIPTOR  0FFFFH,0,0,ATDWA,0
StackS_Sel  equ STACKS-GDTSeg           ;堆栈段描述符的选择子
CODE16      DESCRIPTOR  0FFFFH,Code16Seg,0,ATCE,0
Code16_Sel  equ CODE16-GDTSeg           ;16 位代码段描述的选择子
```

```
CODE32          DESCRIPTOR  LenCode32-1,Code32Seg,0,ATCE32,0
Code32_Sel      equ CODE32-GDTSeg      ;32位代码段描述的选择子
DATAS           DESCRIPTOR  COUNT-1,0FFF0H,0FFH,ATDR,0FFH ;
DataS_Sel       equ DATAS-GDTSeg       ;源数据段描述符的选择子
VIDEOMEM        DESCRIPTOR  7FFH,8000H,0BH,ATDW,0
VMem_Sel        equ  VIDEOMEM-GDTSeg   ;目标数据段描述符的选择子
LenGDT          equ  $-GDTSeg          ;GDT表长
;----------------------------------------------------------------
;演示用的32位的代码段
    align  16                          ;16字节对齐
    bits   32                          ;通知汇编器采用32位段模式//@0
Code32Seg:
Code32_Entry  equ  $-Code32Seg         ;//@1
    MOV    AX, StackS_Sel
    MOV    SS, AX                       ;装载堆栈段寄存器SS
    MOV    AX, DataS_Sel
    MOV    DS, AX                       ;装载数据段
    MOV    AX, VMem_Sel
    MOV    ES, AX                       ;装载视频存储区段
    ;
    MOV    ESI, 0                       ;设置指针和计数器//@2
    MOV    EDI, 10* 80* 2               ;显示位置从第10行首开始
    MOV    ECX, COUNT                   ;字节数
    CLD
.Next:
    LODSB                               ;取一字节
    PUSH   AX
    CALL   TOASCII                      ;低4位转换成ASCII
    MOV    AH, COLOR                    ;显示颜色
    SHL    EAX, 16                      ;保存到EAX高16位
    POP    AX
    SHR    AL, 4
    CALL   TOASCII                      ;高4位转换成ASCII
    MOV    AH, COLOR                    ;显示颜色
    STOSD                               ;直接写屏方式显示两个字符
    MOV    AL, 20H
    STOSW                               ;显示空格
    LOOP   .Next
    ;切换到16位的代码段
    JMP    Code16_Sel:Code16_Entry
;-------------------------------
TOASCII:                                ;转换成十六进制数的ASCII码
    AND    AL, 0FH
    ADD    AL, 30H
    CMP    AL, 39H
    JBE    .LA
    ADD    AL, 7
.LA:RET
```

```
LenCode32 equ  $-Code32Seg          ;32 位代码段的长度
;-------------------------------------------------------------
;演示用的 16 位的代码段
    align 16                        ;16 字节对齐
    bits  16                        ;通知汇编器采用 16 位段模式
Code16Seg:
Code16_Entry  equ  $-Code16Seg      ;//@3
    XOR   SI, SI                    ;设置指针和计数器//@4
    MOV   DI, 12*80*2               ;显示位置在第 12 行首
    MOV   AH, COLOR                 ;显示颜色
    MOV   CX, COUNT                 ;字节数
.Next:
    LODSB                           ;取得指定区域内容
    STOSW                           ;直接作为 ASCII 码显示
    LOOP  .Next
    ;
    MOV   AX, Normal_Sel            ;//@5
    MOV   DS, AX                    ;把 Normal 段选择子装入 DS 和 ES
    MOV   ES, AX
    ;
    MOV   EAX, CR0                  ;切换到实方式
    AND   EAX, 0FFFFFFFEH
    MOV   CR0, EAX
ToReal:                             ;真正进入实方式
    JMP   0:Real                    ;需要重定位段值部分
;=============================================================
;实方式下的数据和代码
    align 16                        ;16 字节对齐
    bits  16                        ;16 位段模式
VGDTR    PDESC  LenGDT-1, 0         ;伪描述符
VARSS    DW  0                      ;用于保存 SS 的变量
;-----------------------------
Begin:
    MOV   AX, CS
    MOV   DS, AX
    MOV   [ToReal+3], AX            ;形成正确的段间转移指令(重定位)
    ;初始化 GDT 中的部分描述符
    MOV   BX, 16
    MOV   AX, CS
    MUL   BX                        ;DX:AX=目标代码所占区域的起始地址
    ADD   AX, [CODE32.BASEL]        ;//@6
    ADC   DX, 0                     ;DX:AX=32 位代码段的基地址
    MOV   [CODE32.BASEL], AX
    MOV   [CODE32.BASEM], DL        ;设置 32 位代码段描述符中的基地址
    MOV   [CODE32.BASEH], DH
    ;
    MOV   AX, CS
    MUL   BX                        ;DX:AX=目标代码所占区域的起始地址
```

```
        ADD    AX, [CODE16.BASEL]          ;//@7
        ADC    DX, 0                       ;DX:AX=16 位代码段的基地址
        MOV    [CODE16.BASEL], AX
        MOV    [CODE16.BASEM], DL          ;设置 16 位代码段描述符中的基地址
        MOV    [CODE16.BASEH], DH
        ;
        MOV    AX, SS
        MUL    BX                          ;DX:AX=当前堆栈段的基地址
        MOV    [STACKS.BASEL], AX          ;//@8
        MOV    [STACKS.BASEM], DL          ;设置堆栈段描述符中的基地址
        MOV    [STACKS.BASEH], DH
        MOV    [VARSS], SS                 ;保存实方式下的堆栈段 SS//@9
        ;初始化用于 GDTR 的伪描述符
        MOV    AX, CS
        MUL    BX                          ;DX:AX=目标代码所占区域的起始地址
        ADD    AX, GDTSeg
        ADC    DX, 0                       ;DX:AX=GDT 所在段的基地址
        MOV    [VGDTR.BASE], AX
        MOV    [VGDTR.BASE+2], DX          ;填写到用于 GDTR 的伪描述符
        ;
        LGDT   [VGDTR]                      ;加载 GDTR
        CLI                                 ;关中断
        CALL   EnableA20                    ;打开地址线 A20
        ;
        MOV    EAX, CR0                     ;切换到保护方式
        OR     EAX, 1
        MOV    CR0, EAX                     ;使得 CR0 中的 PE=1
        ;                                   ;真正进入保护方式
        JMP    Code32_Sel:Code32_Entry
        ;--------------------------
Real:                                       ;现在回到了实方式
        MOV    AX, CS
        MOV    DS, AX
        MOV    SS, [VARSS]                  ;恢复实方式下的 SS//@10
        ;
        CALL   DisableA20                   ;关闭地址线 A20
        STI                                 ;开中断
        ;
        RETF                                ;返回到加载器
;--------------------------------------------------------------
EnableA20:                                  ;打开地址线 A20
        PUSH   AX
        IN     AL, 92H
        OR     AL, 2
        OUT    92H, AL
        POP    AX
        RET
;-------------------------------
```

```
DisableA20:                          ;关闭地址线 A20
    PUSH  AX
    IN    AL, 92H
    AND   AL, ~2
    OUT   92H, AL
    POP   AX
    RET
end_of_text:                         ;源程序到此为止
```

从上述源程序可知,利用汇编器 NASM 提供的指示%include,包含了头文件 DMC.H。

4. 内存映像

在利用 7.4 节介绍的加载器把本示例的目标代码加载到内存后,其映像如图 9.14 所示。尽管示例程序自身的代码和数据仍然在一个物理段的范围内,但是也可以认为它们各自是独立的段,如果段限较大,那么可能会有部分重叠。

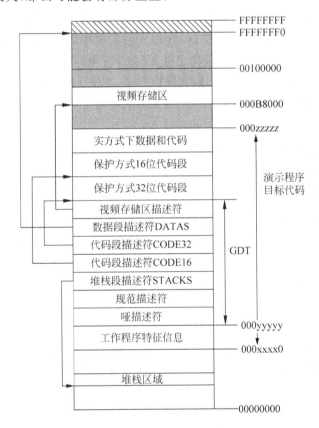

图 9.14　示例二的内存映像示意图

从源程序可知,为了提高效率,利用指示语句 align,使得 32 位代码段、16 位代码段和实方式下的代码指令三部分的起点都满足 16 字节对齐。

5. 关于执行步骤的注释

下面结合源程序对有关执行步骤作些说明,与示例一相同的部分,不再赘述。

(1) 切换到保护方式的准备工作。这里的全局描述符表 GDT 含有 7 个描述符。有一个 32 位代码段的描述符 CODE32,描述 32 位代码段,其属性字段中的 D 位是 1。有一个描述堆栈段的描述符 STACKS,其属性字段中的 D 位是 0,表示是 16 位堆栈段。一个数据段描述符 DATAS,描述指定的高端内存区域,采用只读属性。还有一个数据段描述符 VIDEOMEM,描述视频存储区。

从源程序可知,在利用宏 DESCRIPTOR 定义这些描述符时,已经设置了段界限。根据相应段的长度,设置了描述符 CODE32、描述符 DATAS 和描述符 VIDEOMEM 中的段界限。其他描述符中的段界限,仍被设置成 0FFFFH。

根据 CODE32 段和 CODE16 段所占用的内存区域,分别设置了对应描述符中的段基地址。为了体现与示例一的差异,认为它们各自的段基地址是对应代码的起始地址,如图 9.14 所示。示例程序目标代码占用内存的起始地址(000xxxx0H)加上对应段代码开始处的偏移值(相对于示例程序),可得到段的基地址,参见源程序"//@6"和"//@7"行。例如,在演示程序内,标号 Code16Seg 表示 CODE16 段的起点位置处的偏移。从源程序可见,在定义 CODE16 描述符时,已经预置了 Code16Seg,把它与示例程序起始地址相加,就得到 CODE16 段的基地址。注意,在 CODE16 段的段内,标号 Code16Seg 位置处的偏移实际上是 0。

本示例程序没有安排自己的堆栈空间,在进入演示程序后,沿用加载器所用的堆栈。为此,把当前堆栈段的基地址,填入堆栈段描述符 STACKS 中,参见源程序"//@8"行。

(2)工作方式的切换。由实方式切换到保护方式 32 位代码段的方法,与示例一中切换到保护方式 16 位代码段的方法相似,真正进入保护方式的指令如下:

```
JMP    Code32_Sel:Code32_Entry
```

从源代码可见,其中 Code32_Entry 是一个差值,表示入口点在 CODE32 段内的偏移。为什么没有直接采用入口标号 Code32Seg 来表示?

在 32 位代码段 CODE32 中,通过如下段间转移指令从 32 位代码段切换到 16 位代码段:

```
JMP    Code16_Sel:Code16_Entry
```

由于该指令在 32 位代码段中,因此采用 48 位的指针,其高 16 位是代码段选择子,低 32 位是 CODE16 段中的入口偏移。该指令在 32 位方式下预取,在 16 位方式下执行。注意,Code16_Entry 也是在 CODE16 段内的偏移。

由保护方式 16 位代码段 CODE16 切换回实方式的方法与示例一相同。

(3)指定区域内容的显示。为了较好地演示,在保护方式下,采用直接填写视频存储区的方法实现显示。在 7.3.3 节介绍了直接写屏显示方式。视频存储区的起始地址是 000B8000H,在定义描述符 VIDEOMEM 时,已经预置妥了段基地址。

6. 特别说明

本示例虽然没有自己专用的堆栈空间,但还是在原堆栈的基础上建立了保护方式下的堆栈段,所以在保护方式下可以使用涉及堆栈操作的指令,包括调用子程序。

本示例仍然做了大量简单化处理。没有建立局部描述符表 LDT 和中断描述符表 IDT 等,特权级都是 0,也没有启用分页存储管理机制。

从本示例的 GDT 表可知,两个数据段的界限都是根据实际大小而设置的。在切换回实方式之前,把一个指向似乎没有用的数据段描述符 Normal 的选择子装载到段寄存器 DS 和 ES,参见源程序"//@4"行。

在 9.2.5 节介绍过每个段寄存器都配有隐藏的段描述符高速缓冲存储器,在实方式下这些高速缓冲存储器也会发挥作用。段基地址仍是 32 位,其值是相应段寄存器值(段值)乘以

16,在把段值装载到段寄存器时刷新。由于其值是 16 位段值乘上 16,因此在实方式下段基地址的实际有效位只有 20 位。每个段的段界限都固定为 0FFFFH,段属性也必须符合实方式操作要求。但是,在实方式下无法设置高速缓冲存储器中的段界限和属性,只能继续沿用保护方式下所设置的值。因此,在准备结束保护方式回到实方式之前,需要通过加载一个合适的描述符的段选择子到有关段寄存器,以使得对应段描述符高速缓冲存储器中含有合适的段界限和属性。

本示例 GDT 表中的段描述符 Normal 就是这样的一个描述符,在返回实方式之前把对应选择子 Normal_Sel 加载到段寄存器 DS 和 ES 就是为此目的,参见源程序"//@5"行。由于堆栈段描述符 STACKS 中的段界限和属性能够满足实方式的需要,因此在返回实方式之前没有重新加载堆栈段寄存器 SS。代码段描述符 CODE16 中的内容也符合实方式的要求,所以在通过 16 位代码段返回实方式时,CS 段描述符高速缓冲存储器中的内容也是符合要求的。顺便说一下,示例一中的描述符都是符合实方式要求的。

7. 关于 32 位代码段程序设计的说明

在 32 位代码段中,默认的操作数长度是 32 位,默认的存储单元地址长度也是 32 位。务必注意,在描述符类型中表明 32 位的代码段,在源程序中必须采用 32 位的段模式,参见源程序"//@0"行。

在按 32 位模式执行代码时,字符串操作指令使用的指针寄存器是 ESI 和 EDI,LOOP 指令使用的计数器是 ECX。所以在 32 位代码段中,为了使用字符串操作指令,对 ESI 和 EDI 等寄存器赋初值,参见源程序"//@2"行。请比较 16 位代码段中的相关片段(参见源程序"//@4"行)和示例一中的相关片段。

9.4.3　局部描述符表使用的演示(示例三)

一个任务可以拥有属于自己的局部描述符表 LDT。选择子中的 TI 位指示引用 GDT 表中的描述符,还是 LDT 表中的描述符。示例三演示局部描述符表 LDT 的使用,同时演示段间子程序的调用。

1. 执行步骤

示例三的逻辑功能是,先后两次显示某个代码段描述符的属性值:第一次的属性值是在执行对应代码段之前;第二次的属性值是之后。属性值采用十六进制数表示。

示例三的主要执行步骤如下。

(1) 实方式下的初始化。除了像示例二那样初始化 GDT 表中的部分描述符外,还初始化 LDT 表的描述符。之后,装载全局描述符表寄存器 GDTR。建立的 GDT 表含有描述 LDT 表的描述符。任务使用的大部分描述符,被安排在 LDT 表中。

(2) 从实方式切换到保护方式,进入临时代码段 T。代码段 T 是一个 16 位代码段。

(3) 装载局部描述符表寄存器 LDTR。

(4) 设置堆栈指针,建立完全属于工作任务的堆栈。

(5) 从临时代码段 T 跳转到演示代码段 D。代码段 D 是一个 32 位代码段,而且属于工作任务,其描述符在 LDT 表中。

(6) 第一次取得子程序代码段 P 描述符中的属性值,并显示属性值。在把属性值转换成对应十六进制数 ASCII 码串后,采用直接写屏方式显示含有属性值的字符串信息。

(7) 第二次取得子程序代码段 P 描述符中的属性值,并显示。由于之前已经执行过代码段 P 中的代码,因此属性值的访问位 A 位将有变化。

(8) 从演示代码段 D 跳转到临时代码段 T。

(9) 从保护方式切换到实方式。

2. 源程序

实现上述步骤的示例三源程序 dp93.asm 如下:

```
;演示局部描述符表 LDT 的使用(示例三,dp93)
%include    "DMC.H"                 ;文件 DMC.H 含有宏的声明和符号常量等
;----------------------------------------------------------------
    section text                    ;段 text
    bits    16                      ;16 位段模式
Head:                               ;工作程序特征信息
    HEADER  end_of_text, Begin, 2000H
    ;----------------------------------------------------------------
GDTSeg:                             ;全局描述符表 GDT
Dummy       DESCRIPTOR  0,0,0,0,0
Normal      DESCRIPTOR  0FFFFH,0,0,ATDW,0
Normal_Sel  equ Normal-GDTSeg
InitGDT:                            ;GDT 中待初始化描述符起点
;局部描述符表 LDT 段的描述符及其选择子
LDTable     DESCRIPTOR  LenLDT-1,LDTSeg,0,ATLDT,0
LDT_Sel     equ  LDTable-GDTSeg
;16 位代码段 T 的描述符及其选择子
CodeT       DESCRIPTOR  0FFFFH,CodeTSeg,0,ATCER,0
CodeT_Sel   equ  CodeT-GDTSeg
NumDescG    equ  ($-InitGDT)/8 ;GDT 中需初始化的描述符个数
LenGDT      equ  $-GDTSeg
    ;----------------------------------------------------------------
    align   16                      ;16 字节对齐
LDTSeg:                             ;局部描述符表 LDT
;32 位代码段 D 的描述符及其选择子
CodeD       DESCRIPTOR  LenCodeD-1,CodeDSeg,0,ATCE32,0
CodeD_Sel   equ  (CodeD-LDTSeg)+TIL
;32 位代码段 P 的描述符及其选择子
CodeP       DESCRIPTOR  LenCodeP-1,CodePSeg,0,ATCE32,0
CodeP_Sel   equ  (CodeP-LDTSeg)+TIL
;LDT 别名段(作为数据段)的描述符及其选择子
ALDT        DESCRIPTOR  LenLDT-1,LDTSeg,0,ATDR,0
ALDT_Sel    equ  (ALDT-LDTSeg)+TIL
;数据缓冲区段的描述符及其选择子
DBuff       DESCRIPTOR  LenDBuff-1,DBSeg,0,ATDW,0
DBuff_Sel   equ  (DBuff-LDTSeg)+TIL
;堆栈段的描述符及其选择子
StackS      DESCRIPTOR  BoStack-1,StackSeg,0,ATDW32,0
Stack_Sel   equ  (StackS-LDTSeg)+TIL
NumDescL    equ  ($-LDTSeg)/8  ;LDT 中需初始化的描述符个数
;视频存储区段的描述符及其选择子
VideoMem    DESCRIPTOR  0FFFFH,0,0,0F00H+ATDW,0
```

```
VMem_Sel    equ   (VideoMem-LDTSeg)+TIL
LenLDT      equ   $-LDTSeg          ;LDT 的长度
;--------------------------------------------------------------
;数据缓冲区段(用于存放显示输出信息)
    align   16                      ;16 字节对齐
DBSeg:                              ;缓冲区起始位置
Message     equ   $-DBSeg           ;段内偏移
            db    'Attributes='
Buffer      equ   $-DBSeg           ;段内偏移//@1
            db    '0000H',0
LenDBuff    equ   $-DBSeg
;--------------------------------------------------------------
;工作任务的堆栈段
    align   16                      ;16 字节对齐
StackSeg:                           ;堆栈顶位置
            times 256  dd  0
BoStack     equ    $-StackSeg       ;堆栈底部的段内偏移//@2
;--------------------------------------------------------------
;工作任务的代码段 P(32 位段)(包含远过程 DM 和 B,还有近过程 H)
    align   16                      ;16 字节对齐
    bits    32                      ;32 位段模式
CodePSeg:                           ;代码段 P 的起始位置
;子程序 DM(远过程)
;功    能:显示输出字符串
;入口参数:FS:ESI 指向字符串(以 0 结尾)
;          EDX 指向显示起始位置
DispMess  equ   $-CodePSeg          ;子程序 DM 的段内偏移
    MOV   AX, VMem_Sel
    MOV   ES, AX                    ;ES 用于视频存储区段
    MOV   EDI, 0B8000H              ;视频存储区的起始
    ADD   EDI, EDX                  ;实际起始显示位置//@3
    MOV   AH, 47H                   ;红底白字
.L1:MOV   AL, [FS:ESI]              ;取字符
    INC   ESI
    OR    AL, AL                    ;字符串以 0 结尾
    JZ    .L2
    MOV   [ES:EDI], AX              ;填视频存储区(显示)
    ADD   EDI, 2
    JMP   SHORT .L1
.L2:RETF                            ;远返回(段间返回)
;----------------------------
;子程序 B(远过程)
;功    能:16 位二进制值转换成对应十六进制数 ASCII 串
;入口参数:DX 含二进制值
;          FS:ESI 指向缓冲区首
BTHStr    equ   $-CodePSeg          ;子程序 B 的段内偏移//@4
    MOV   ECX, 4                    ;16 位二进制对应 4 位十六进制
NextH:
```

```
    ROL    DX, 4                          ;循环左移 4 位
    MOV    AL, DL
    CALL   HTASCII                        ;转换成 ASCII 码
    MOV    [FS:ESI], AL                   ;依次保存
    INC    ESI
    LOOP   NextH
    RETF                                  ;远返回//@5
;-------------------------------
;子程序 H(近过程)
;功    能：把一位十六进制数转换成对应字符的 ASCII 码
;入口参数：AL 低 4 位含十六进制数
;出口参数：AL 含对应字符的 ASCII 码
HTASCII:                                  ;子程序 H 的入口
    AND    AL, 0FH
    ADD    AL, 30H
    CMP    AL, 39H
    JBE    $+4
    ADD    AL, 7
    RET                                   ;近返回
LenCodeP  equ  $-CodePSeg                 ;代码段 P 的长度
;------------------------------------------------------
;工作任务的演示代码段 D(32 位段)
    align  16                             ;16 字节对齐
    bits   32                             ;32 位段模式
CodeDSeg:                                 ;代码段 D 的起始位置
CD_Entry  equ $-CodeDSeg                  ;入口点的段内偏移
    MOV    AX, ALDT_Sel                   ;把 LDT 作为数据的别名段的
    MOV    GS, AX                         ;描述符选择子装入 GS
    MOV    EBX, CodeP.ATTRI-LDTSeg        ;代码段 P 描述符中属性域的偏移//@6
    MOV    DX, [GS:EBX]                   ;第 1 次取得代码段 P 的属性值
    ;
    MOV    AX, DBuff_Sel
    MOV    FS, AX                         ;把数据缓冲区段描述符选择子装入 FS
    MOV    ESI, Buffer                    ;指向缓冲区首
    ;
    CALL   CodeP_Sel:BTHStr              ;二进制值转换成对应十六进制数 ASCII 码串
    ;
    MOV    ESI, Message                   ;指向待显示字符串首
    MOV    EDX, 5* 160                    ;显示位置(第 5 行首)
    CALL   CodeP_Sel:DispMess            ;显示属性值信息
    ;
    MOV    DX, [GS:EBX]                   ;第 2 次取得代码段 P 的属性值
    MOV    ESI, Buffer                    ;指向缓冲区首
    CALL   CodeP_Sel:BTHStr              ;二进制值转换成对应十六进制数 ASCII 码串
    ;
    MOV    ESI, Message                   ;指向待显示字符串首
    MOV    EDX, 6* 160                    ;显示位置(第 6 行首)
    CALL   CodeP_Sel:DispMess            ;显示属性值信息
```

```
    ;
L3: JMP    CodeT_Sel:CT_Entry2        ;跳转到代码段 T
LenCodeD  equ  $-CodeDSeg
;-------------------------------------------------------------
;临时代码段 T
    align  16                         ;16 字节对齐
    bits   16                         ;16 位段模式
CodeTSeg:                             ;代码段 T 的起始位置
CT_Entry1 equ  $-CodeTSeg             ;入口 1 的段内偏移
    MOV    AX, LDT_Sel
    LLDT   AX                         ;装载 LDTR 寄存器//@7
    ;
    MOV    AX, Stack_Sel
    MOV    SS, AX                     ;建立工作任务自己的堆栈
    MOV    ESP, BoStack
    ;
    JMP    CodeD_Sel:CD_Entry         ;跳转到演示代码段 D
    ;--------------------------
CT_Entry2 equ $-CodeTSeg             ;入口 2 的段内偏移
    MOV    AX, Normal_Sel             ;准备返回实方式
    MOV    DS, AX                     ;把规范段描述符装入段寄存器
    MOV    ES, AX
    MOV    FS, AX
    MOV    GS, AX
    MOV    SS, AX
    MOV    EAX, CR0                   ;准备切换回实方式
    AND    EAX, 0FFFFFFFEH
    MOV    CR0, EAX
    ;真正进入实方式,到达 Real 处
    JMP    FAR  [CS:(ToReal-CodeTSeg)]
    ;--------------------------
ToReal:                              ;返回到实方式的地址
    dw     Real                       ;偏移部分,16 位方式,偏移仅 16 位
    dw     0                          ;段值部分,需要重新定位
LenCodeT  equ  $-CodeTSeg
;=============================================================
;实方式下的数据和代码
    align  16                         ;16 字节对齐
    bits   16                         ;16 位段模式
VGDTR     PDESC   LenGDT-1,0          ;GDT 伪描述符
VarESP    DD  0                       ;暂存实方式的堆栈指针
VarSS     DW  0
ToCodeT   DW  CT_Entry1               ;代码段 T 入口点 Entry1 偏移
          DW  CodeT_Sel               ;代码段 T 选择子
;--------------------------
Begin:                               ;实方式的代码
    CLD
    MOV    AX, CS
```

```
    MOV    DS, AX
    MOV    [ToReal+2], AX          ;重定位,设置段值//@8
    MOV    [VarESP], ESP           ;保存实方式下堆栈指针
    MOV    [VarSS], SS
    ;
    MOV    SI, InitGDT             ;指向需要初始化的首个描述符
    MOV    CX, NumDescG            ;需要初始化的描述符个数
    CALL   InitDescBA              ;初始化 GDT 表中的部分描述符
    ;
    MOV    SI, LDTSeg              ;指向 LDT 中需要初始化的首个描述符
    MOV    CX, NumDescL            ;个数
    CALL   InitDescBA              ;初始化 LDT 表中的部分描述符
    ;
    MOV    SI, VGDTR               ;指向伪描述符
    MOV    BX, GDTSeg              ;指向 GDT 表
    CALL   InitPeDesc              ;初始化伪描述符
    ;
    LGDT   [VGDTR]                 ;装载 GDTR
    CLI
    MOV    EAX, CR0                ;准备切换到保护方式
    OR     EAX, 1
    MOV    CR0, EAX
    ;
    JMP    FAR [ToCodeT]           ;进入保护方式下的代码段 T
    ;--------------------------
Real:                             ;回到实方式
    MOV    AX, CS
    MOV    DS, AX
    LSS    ESP, [VarESP]           ;恢复实方式下的堆栈指针
    STI                            ;开中断
    RETF                           ;返回
;------------------------------
%include "PROC.ASM"                ;包含初始化阶段的相关子程序
end_of_text:                       ;源程序到此为止
```

从上述源程序可知,不仅包含了头文件 DMC.H,还包含了通用子程序文件 PROC.ASM。

3. 子程序文件

为了节省篇幅,也为了提高工作效率,把实方式下初始化阶段运行的几个子程序组织在一个子程序文件中,本章的示例大部分都要使用到这些子程序。这个子程序文件 PROC.ASM 如下:

```
;源文件: PROC.ASM
;保护方式编程初始化阶段的子程序
;------------------------------
InitDescBA:
;根据存储段的当前位置的段值和偏移,设置描述符的 32 位基地址
;DS:SI 指向首个描述符,CX 含有待初始化描述符的个数
.Next:
```

```
        MOV     AX, CS              ;当前代码段值
        MOV     DX, 16
        MUL     DX                  ;DX:AX=当前代码段的基地址
        ADD     AX, [SI+2]          ;加上描述符中预置的起始地址
        ADC     DX, 0               ;DX:AX=对应存储段的 32 位基地址
        MOV     [SI+2], AX          ;填写段基地址(位 0~15)
        MOV     [SI+4], DL          ;填写段基地址(位 16~23)
        MOV     [SI+7], DH          ;填写段基地址(位 24~31)
        ADD     SI, 8               ;下一个描述符
        LOOP    .Next
        RET
;-----------------------------------
InitPeDesc:
;设置用于 GDTR 或者 IDTR 的伪描述符
;DS:SI 指向伪描述符变量,BX 指向对应的描述符表首
        MOV     AX, CS
        MOV     DX, 16
        MUL     DX                  ;DX:AX 含当前代码段基地址
        ADD     AX, BX
        ADC     DX, 0               ;DX:AX 指向 GDT 伪描述符
        MOV     [SI+2], AX          ;填写到伪描述符变量
        MOV     [SI+4], DX
        RET
;-----------------------------------
EnableA20:
;打开地址线 A20
        PUSH    AX
        IN      AL, 92H
        OR      AL, 2
        OUT     92H, AL
        POP     AX
        RET
;-----------------------------------
DisableA20:
;关闭地址线 A20
        PUSH    AX
        IN      AL, 92H
        AND     AL, ~2
        OUT     92H, AL
        POP     AX
        RET
```

4. 内存映像

图 9.15 给出了本示例运行时的部分内存映像示意图。从图中可见全局描述符表 GDT 和局部描述符表 LDT。在 GDT 表中,含有一个描述 LDT 表的系统段描述符,在 9.6.1 节对 LDT 段描述符有更详细介绍。为了简洁,除了 LDT 描述符外,没有画出其他描述符与对应段基地址的关系。

5. 关于执行步骤的注释

本示例依旧简单化处理，没有建立中断描述符表 IDT，也没有启用分页存储管理机制，特权级保持在 0 级。下面对执行步骤作些说明，与之前示例相同部分就不赘述。

（1）GDT 和 LDT 的初始化。本示例安排了局部描述符表 LDT，它包含本示例使用的大部分描述符。

为了简便，各描述符内的段界限和属性值在定义时预置。从段界限中可知，除了 Normal 描述符、代码段 T 描述符 CodeT 和视频存储区描述符 VideoMem 外，其他描述符都按段的实际长度设置了段界限。从段属性可知，代码段 D 和代码段 P 都是 32 位代码段，还有堆栈段也是 32 位段。

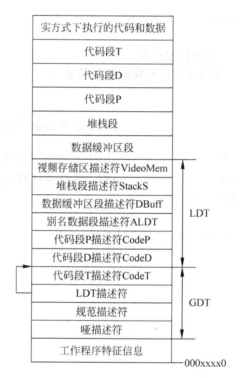

图 9.15　示例三的部分内存映像示意图

与示例二相同，在定义描述符时，待初始化描述符的段基地址低 16 位字段在定义时预置了段的起始地址，该起始地址是在整个目标代码中的相对偏移。这样安排后，把整个目标代码在内存的起始地址（也即初始化时当前代码段的段值乘上 16），加上预置的相对偏移，就得到这些段的段基地址。为了简便，采用子程序分别对 GDT 表和 LDT 表中的这些描述符设置段基地址。

顺便说一下，由于本示例没有使用到地址位于 1MB 以上的存储区域，因此无须打开和关闭地址线 A20。

（2）寄存器 LDTR 的装载。在使用 LDT 表之前，需要装载局部描述符表寄存器 LDTR。本示例中使用 9.3.3 节介绍的装载 LDTR 寄存器指令 LLDT，参见源程序"//@7"行。由于要引用 GDT 表，因此不能在实方式下装载 LDTR。

在装载好 LDTR 之后，就可以使用其中的描述符了。为了引用局部描述符表 LDT 中的描述符,对应选择子中的描述符表指示位 TI 必须是 1,参见源程序中相关选择子的安排。

(3)堆栈的建立。本示例安排了自己的堆栈空间,并且有意把堆栈段描述符 StackS 安排在 LDT 表中。在装载寄存器 LDTR 之后,设置堆栈段寄存器 SS,设置堆栈指针寄存器 ESP。需要指出的是,作为堆栈底初值的 BoStack 应该是堆栈段内的偏移,参见源程序"//@2"行。

在进入保护方式前,保存了堆栈指针。在回到实方式后,利用如下指令恢复原堆栈指针。

```
LSS   ESP, [VarESP]
```

上述一条指令的功能,优于以下两条指令的功效。

```
MOV   ESP, [VarESP]
MOV   SS, [VarESP+2]        ;MOV   SS, [VarSS]
```

(4)逻辑功能的实现。在 32 位代码段 D 中实现逻辑功能。为此,先后两次通过别名技术访问局部描述符表 LDT 段,读取代码段 P 描述符的属性值。值得指出的是,对应存储单元的地址应该是 LDT 段内的偏移,参见源程序"//@6"行。

通过如下段间调用指令,调用代码段 P 中的子程序 B,把取得的属性值转换成对应十六进制数的 ASCII 码串。

```
CALL   CodeP_Sel:BTHStr
```

由于该指令在 32 位代码段中,因此采用 48 位的指针。其中,BTHStr 表示子程序的入口点,是代码段 P 内的偏移,因此是一个差值,参见源程序"//@4"行。注意,它自己调用子程序 HTASCII 是段内调用,由入口标号表示入口点。

类似地,通过如下段间调用指令,调用代码段 P 中的子程序 DM,采用直接写屏的方式显示含有属性值的字符串信息。

```
CALL   CodeP_Sel:DispMess
```

由于第一次取得代码段 P 描述符的属性值是在执行代码段 P 的代码之前,第二次是在执行之后,因此属性中的访问位 A 位会有变化。

(5)工作方式的切换。实方式和保护方式之间的切换方法没变,在调整 CR0 中的 PE 位后,执行一条段间转移指令完成真正的切换。但是,为了充分演示,刻意安排了段间间接转移指令,而非段间直接转移指令。进入保护方式的指令如下,其中 FAR 表示远转移,也即段间转移:

```
JMP   FAR   [ToCodeT]
```

从源程序可见,变量 ToCodeT 含有代码段 T 的入口地址。其中,CodeT_Sel 是代码段 T 的选择子,CT_Entry1 是代码段 T 内的偏移。

类似地,回到实方式的段间间接转移指令如下:

```
JMP   FAR   [CS:(ToReal-CodeTSeg)]
```

其中,表达式"ToReal-CodeTSeg"表示标号 ToReal 处存储单元在代码段 T 内的偏移。由于数据段寄存器 DS 不含代码段 T 的选择子,因此需要采用段超越前缀的形式,事实上,代码段 T 是可读的代码段,参见描述符中的属性值 ATCER。

从源程序可见,标号 ToReal 处安排了由选择子和 16 位偏移组成的实方式返回点的地址。其中,段值部分需要重定位,因为只有在运行时才能确定最终的段值。在示例程序运行之初,进行了重定位操作,参见源程序"//@8"行。由于采用间接转移指令,因此这里的重定位没有修改指令机器码。

6. 别名技术

在本示例中,使用了两个描述符来描述 LDT 段。描述符 LDTable 被安排在 GDT 表中,它是一个系统段描述,把段 LDTSeg 描述成局部描述符表 LDT。另一个描述符 ALDT 被安排在 LDT 表中,它是一个数据段描述符,把段 LDTSeg 描述成一个普通的数据段。描述符 LDTable 被装载到寄存器 LDTR,描述符 ALDT 被装载到某个数据段寄存器。为什么要这样处理呢?为了实现本示例的逻辑功能,需要访问局部描述符表 LDT 段,以取得代码段 P 的属性值,这需要通过某个段寄存器进行,但不能把系统段描述的选择子装载到段寄存器,所以采用两个描述符来描述同一个段 LDTSeg。

这种为了满足对同一个段实施不同方式操作的需要,而用多个描述符加以描述的技术称为别名技术。这好比一个演员在一部戏中扮演多个角色,在不同的情景下,使用不同的称呼。在保护方式程序设计中,常常要采用别名技术。例如,用两个具有不同类型值的描述符来描述同一个段。又如,用两个具有不同 DPL 的描述符来描述符同一个段。

9.5　分页存储管理机制

分段存储管理机制实现逻辑地址到线性地址的转换,分页存储管理机制实现线性地址到物理地址的转换。利用分页存储管理机制,操作系统可以实现虚拟存储器。IA-32 系列 CPU 支持多种分页方式,本节介绍最初的、最简单的分页方式,也即页尺寸统一为 4KB 的分页方式。

9.5.1　存储分页

控制寄存器 CR0 中的最高位 PG 位决定是否启用分页存储管理机制。如果 PG＝1,启用分页机制,把线性地址转换为物理地址;如果 PG＝0,关闭分页机制,这样线性地址就直接作为物理地址了,请参见图 9.1。必须注意,只有在保护方式下才可启用分页存储管理机制。也就是说,只有在 CR0 的最低位 PE 位为 1 的前提下,才能够使 PG 位为 1,否则将引起通用保护异常,请参见表 9.2。

基于线性地址空间到物理地址空间的页映射,分页存储管理机制实现线性地址到物理的转换。如 9.1.1 节所述,分页机制把线性地址空间划分为尺寸固定的线性页,把物理地址空间也划分为对应尺寸的物理页。线性页与物理页之间的映射关系,可根据需要而确立,可根据需要而改变。图 9.16 示意了在两个地址空间中部分页之间的映射关系。线性地址空间中的某一页,可以映射到物理地址空间中的任何一页;线性地址空间中的某一页,也可以并不映射到物理地址空间;线性地址空间中的多个页,还可以映射到物理地址空间中的同一页。

启用分页存储管理机制的主要目的是便于实现虚拟存储器。只有在需要的时候,才把线性地址空间的页映射到物理地址空间,或者说,只有在需要的时候,才给线性页分配物理页。这样,物理存储器的容量可以远小于线性地址空间的容量。

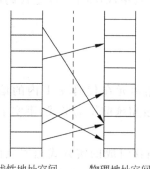

线性地址空间　　物理地址空间
图 9.16　页与页之间的映射示意图

可以简单认为,页的尺寸是 4KB。在 IA-32 系列 CPU 中,这是最简单情形,最初只支持这种基本情形。实际上,现在 CPU 还支持 4MB 的页,甚至 4KB 的页与 4MB 的页同时存在;还可以支持 2MB 的页。限于篇幅,只介绍 4KB 页的情形。

页的起始地址以页的尺寸对齐。所以,4KB 的页,页的边界地址是 4KB 的倍数。4GB 的地址空间被划分为 1M 个页。

在最简单情形下,采用十六进制表示,每页的起始地址具有 XXXXX000 的形式。为了便于表述,把页起始地址的高位部分称为页码,由页码指定页。当页的尺寸为 4KB 时,页码是页起始地址的高 20 位,也即上述的 XXXXX 部分。线性地址空间到物理地址空间的页映射关系,可以由 LLLLL 页到 PPPPP 页的映射来表示。

9.5.2 线性地址到物理地址的转换

1. 映射表结构

在最简单情形下,页的尺寸统一为 4KB,页的边界是 4KB 的倍数,在把 32 位线性地址转换成 32 位物理地址的过程中,地址的低 12 位保持不变。也就是说,物理地址的低 12 位等于线性地址的低 12 位。若采用十六进制表示,假设线性地址空间的 LLLLL 页映射到物理地址空间的 PPPPP 页,那么线性地址 LLLLLabc 转换成为物理地址 PPPPPabc。

分页存储管理机制采用映射表的方式来登记线性页到物理页的映射关系。4GB 地址空间被划分为 1M 个页,如果用一张表来登记这种映射关系,那么这张映射表需要有 1M 个表项,如果每个表项占用 4 个字节,那么该映射表就要占用 4MB。为避免映射表占用如此多的存储资源,所以把页映射表分为页目录和页表两级。

页映射表的第一级称为页目录(Page Directory),存放在一个 4KB 的物理页中。页目录共有 1K 个表项(Page-Directory Entry),每个 PDE 表项 4 字节长,由它指定存在的页表所在物理页的页码。页映射表的第二级称为页表(Page Table),每张存在的页表占用一个 4KB 的页。每张页表都有 1K 个表项(Page-Table Entry),每个 PTE 表项 4 字节长,由它指定线性页所对应物理页的页码。图 9.17 给出了由页目录和页表构成的页映射表结构。

从图 9.17 可知,控制寄存器 CR3 指定页目录;页目录可以指定 1K 张页表,其中存在的页表可以分散存放在任意的物理页中,而不需要连续存放;每张页表可以指定 1K 个物理页,理论上这些物理页可以任意地分散在物理存储器中。

2. 表项格式

在最简单情形下,页目录的表项 PDE 和页表中的表项 PTE 的格式如图 9.18 所示。从图中可知,最高 20 位(位 12 至位 31)是物理地址空间页的页码,也就是物理地址的高 20 位。PDE 的低 12 位包含对应页表的属性,PTE 的低 12 位包含对应物理页的属性。

在图 9.18 所示 PDE 和 PTE 的属性中多个位被标记为 X,这些位有各自的含义,为了节省篇幅,略去相关介绍,在使用时采用 0 值即可。另外,位 9 至位 11 的 Avail 字段可供操作系统使用。

从图 9.18 可知,PDE 和 PTE 表项的最低位是属性位 P,也被称为存在(Present)标记。P=1 表项有效,对应的页表或者物理页存在,可以根据表项内容进行线性地址到物理地址的转换;P=0 表项无效,对应的页表或者物理页不存在。在通过页目录和页表进行线性地址到物理地址的转换过程中,无论在页目录或页表中遇到无效表项,都会引起页故障。其他属性位的作用在下一小节中介绍。

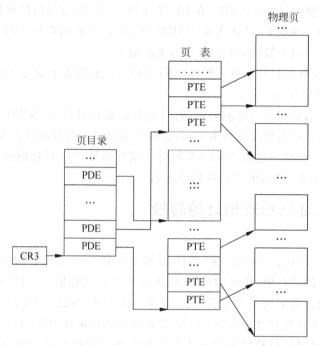

图 9.17　页映射表结构

31	12	11	9	8	7	6	5	4	3	2	1	0
物理页的页码		Avail		X	X	0	A	X	X	U/S	R/W	P

(a) 页目录表项PDE

31	12	11	9	8	7	6	5	4	3	2	1	0
物理页的页码		Avail		X	X	D	A	X	X	U/S	R/W	P

(b) 页表中的表项PTE

图 9.18　页目录表项和页表的表项格式

3．线性地址到物理地址的转换

分页存储管理机制通过上述页目录和页表实现线性地址到物理地址的转换。实则是把线性地址空间的页 LLLLL 转换到物理地址空间的页 PPPPP。

如前所述,控制寄存器 CR3 指定了页目录,页目录和页表均由 1K 个表项组成,使用 10 位就能指定对应的表项。32 位线性地址转换到 32 位物理地址的过程是:首先,把线性地址的最高 10 位(即位 22 至位 31)作为页目录的索引,由对应表项 PDE 所包含的页码指定页表;然后,把线性地址的中间 10 位(即位 12 至位 21)作为已指定页表的索引,对应表项 PTE 所包含的页码指定物理地址空间中的物理页;最后,把已指定物理页的页码作为高 20 位,把线性地址的低 12 不加改变直接作为低 12 位,形成 32 位物理地址。图 9.19 是线性地址到物理地址的转换示意图,其中采用十六进制数表示起始地址、页码、偏移和属性等。

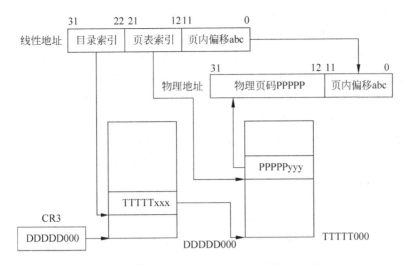

图 9.19　线性地址到物理地址的转换示意图

【例 9-17】　假设启用分页存储管理机制,CR3 的内容是 00200000H,部分页目录表项 PDE 和对应的部分页表表项 PTE 如图 9.20 所示,其中刻意把页表 1 安排在较低的位置。那么,线性地址 00402567H 被转换成物理地址 00303567H。

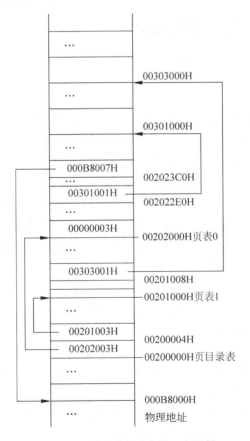

图 9.20　页目录和页表的一个示例

地址转换过程是：由 CR3 得到页目录表的基地址是 00200000H，线性地址 00402567H 的高 10 位是 001H，作为页目录中的索引，因此对应表项 PDE 的物理地址是 00200004H；从该 PDE 得到页表所在物理页的页码是 00201H，也即页表所在物理页的基地址是 00201000H，线性地址的中间 10 位是 002H，作为页表中的索引，因此对应表项 PTE 的物理地址是 00201008H；从该 PTE 得到物理页的页码是 00303H；线性地址的低 12 位是 567H，直接作为物理地址的低 12 位，因此得物理地址是 00303567H。

【**例 9-18**】 基于例 1 的假设，线性地址 000F0123H 被转换成物理地址 000B8123H；线性地址 00000987H 被转换成物理地址 00000987H，与线性地址相同。

4．不存在的页表

采用如图 9.17 所示结构的页映射表，存放全部 1K 张页表需要 4MB，此外还需要 4KB 用于存放页目录表。这样的两级页映射表似乎反而要比单一的整张页映射表多占用 4KB。其实不然，事实上不需要在内存中存放完整的两级页映射表。两级页映射表结构中对于线性地址空间中不需要的或未使用的部分不必分配页表。除了必须给页目录分配物理页之外，仅当在有需要时才给页表分配物理页，所以分配给页表的物理页也远少于 4MB。

综上所述，页目录项 PDE 中的存在标记 P 表明对应的页表是否存在。只有当 P＝1，才可利用它进行地址转换；否则，将引起页故障。因此，页目录项 PDE 中的标记 P 使得操作系统只要给当前实际使用的线性地址范围的页表分配物理页。

9.5.3 页级保护和虚拟存储器支持

在如图 9.18 所示的页目录表项 PDE 和页表表项 PTE 中，安排了用于页级保护的属性位和用于支持虚拟存储器的属性位。

1．页级保护

IA-32 系列 CPU 不仅提供段级保护，也提供页级保护。但是，分页存储管理机制只区分两类特权级。特权级 0、1 和 2 统称为系统特权级，特权级 3 称为用户特权级。在如图 9.18 所示页目录表项 PDE 和页表表项 PTE 中，属性位 R/W 和 U/S 用于对页的保护。

表项的位 1 是读/写属性位，记作 R/W。R/W 位指示该表项所指定的页是否可读、写或执行。如果，R/W＝1，对表项所指定页可进行读、写或执行；如果 R/W＝0，对表项所指定页可读或执行，但不能对该指定页写。但是，R/W 位对页的写保护只在处理器处于用户特权级时发挥作用；当处理器处于系统特权级时，R/W 位被忽略，也即总可以读、写或执行。

表项的位 2 是用户/系统属性位，记作 U/S。U/S 位指示该表项所指定的页是否是用户级页。如果 U/S＝1，表项所指定页是用户级页，可由任何特权级下执行的程序访问；如果 U/S＝0，表项所指定页是系统级页，只能由系统特权级下执行的程序访问。

表 9.3 列出了在上述属性位 R/W 和 U/S 所确定的页级保护下，用户级程序和系统级程序分别具有的对用户级页和系统级页进行操作的权限。用户级页可以规定为只允许读/执行或者规定为读/写/执行。系统级页对于系统级程序总是可读/写/执行，而对用户程序级程序总是不可访问的。外层用户级执行的程序只能访问用户级的页，而内层系统级执行的程序，既可访问系统级页，也可访问用户级页。在内层系统级执行的程序，对任何页都有读/写/执行访问权，即使规定为只允许读/执行的用户页，内层系统级程序也对该页有写访问权。但是，当控制寄存器 CR0 中 WP 位被设置时，内层系统级程序不能够对只允许读/执行的用户页进行写操作。

表 9.3　页级保护属性

U/S	R/W	用户级访问权限	系统级访问权限
0	0	无	读/写/执行
0	1	无	读/写/执行
1	0	读/执行	读/写/执行
1	1	读/写/执行	读/写/执行

页目录表项 PDE 中的保护属性位 R/W 和 U/S,对由该表项指定页表所指定的全部 1K 个页起到保护作用。所以,在访问页时引用的保护属性位 R/W 和 U/S 的值是组合计算页目录表项 PDE 和页表表项 PTE 中的保护属性位的值所得。表 9.4 列出了组合计算前后的保护属性位值,组合计算是"与"操作。

表 9.4　组合页保护属性

PDE 中 U/S	PTE 中 U/S	组合 U/S	PDE 中 R/W	PTE 中 R/W	组合 R/W
0	0	0	0	0	0
0	1	0	0	1	0
1	0	0	1	0	0
1	1	1	1	1	1

【例 9-19】　假设某页表的某 PTE 项的 R/W=1 和 U/S=1,表示所指定物理页是可由用户级程序读/写/执行的用户级页。如果指定该页表的页目录项 PDE 中的 R/W=0 和 U/S=1,那么用户级程序实际上可对该页的访问被限制为读/执行。如果指定该页表的页目录项 PDE 中的 R/W=1 和 U/S=0,那么实际上用户级程序没有对该页的访问权。

因为分页存储管理机制在分段存储管理机制之后起作用,所以由分页机制支持的页级保护,在由分段机制支持的段级保护之后起作用。在访问存储单元时,先检测有关的段级保护,在检测通过后,如果启用分页机制,那么再检测页级保护。

【例 9-20】　假设启用分页存储管理机制,并且当前特权级是 3。对于一个存储单元,仅当其所在段及页都允许写入时,该存储单元才是可写的;如果段的类型为读/写,而页规定为只允许读/执行,那么不允许写;如果段的类型为只读/执行,那么不论页保护如何,都不允许写操作。

页级保护的检查是在线性地址转换成物理地址的过程中进行的,如果违反页级保护的规定,对页进行访问(读/写/执行),那么将引起页故障。

2. 对虚拟存储器的支持

页表项 PTE 中的 P 位是支持页式虚拟存储器的关键。如前所述,当 P=1,表示表项指定的物理页存在,并且表项的高 20 位是物理页的页码;当 P=0,表示线性地址空间中的该页没有映射到物理地址空间中的页,或者说不存在物理页。如果程序访问不存在的页,会引起页故障。操作系统排除页故障的大致过程是:首先分配物理页;然后从磁盘上读入对应的内容到物理页;最后更新页表项,使其含有物理页的页码且 P 位置为 1。在操作系统排除页故障后,引起页故障的程序可以恢复运行。

图 9.18 所示表项中的访问位 A 和写标志位 D 也用于支持实现虚拟存储器。PTE 和 PDE 中位 5 是访问属性位,记作 A。在访问物理页或者页表时,CPU 会把对应 PTE 或 PDE 中 A 位设置为 1,除非页或者页表不存在,或者访问违反保护属性规定。所以,A=1 表示已访

问过对应的物理页。CPU 不清除 A 位。通过周期性地检测及清除 A 位,操作系统就可确定哪些页在最近一段时间未被访问过。当存储器资源紧缺时,这些最近未被访问的页很可能就被选择出来,将它们从内存换出到磁盘上去。

PTE 中位 6 是写标志位,记作 D。在写访问物理页时,CPU 会把对应 PTE 中 D 位置为 1。如果操作系统在把某页从磁盘上读入内存时,把页表中对应 PTE 项的 D 位清 0,那么如果以后发现 D＝1,说明已经写过对应的物理页。通过检测 D 位,操作系统可以确定对应的物理页是否被写过。在当需要把某页从内存换出到磁盘上去,如果该页的 D 位为 1,那么必须实施写磁盘动作;否则,不必实施写磁盘动作,因为该页没有被修改过。

9.5.4　分页存储管理机制的演示(示例四)

下面给出演示分页存储管理机制使用的示例四。如前所述,在写存储单元时,CPU 会设置对应页表项 PTE 中 A 位和 D 位。示例四的逻辑功能是,以十六进制数形式显示某个 PTE 项在变化前后的内容。示例四假设计算机系统至少具有 4MB 的物理内存。

1. 演示内容和执行步骤

为了简单化,示例四没有安排局部描述表 LDT 和中断描述符表 IDT,不允许中断,也不考虑发生异常。演示内容包括:分页存储管理机制的开启和关闭;线性地址到物理地址的转换;页表项 PTE 中属性的变化。

本示例的执行步骤如下。

(1) 在实方式下为进入保护方式做准备。类似示例二,在准备好全局描述符表 GDT 之后,加载全局描述符表寄存器 GDTR。

(2) 切换到保护方式,进入临时代码段 TempCode。把高端演示代码传送到预定的高端内存区域(地址 1MB 以上区域)。然后,转入低端演示代码段 DemoCode。为了较好地演示,演示代码由两部分构成:一部分位于低端内存区域,负责初始化页目录和页表等,执行时并未启用分页机制;另一部分位于高端内存区域,负责实现逻辑功能,执行时已经启用分页机制。

(3) 为启用分页存储管理机制做准备。建立页目录 PDT 和使用到的两张页表 PT0 及 PT1,如图 9.20 所示。然后加载 CR3,使其指向页目录 PDT。

(4) 启用分页存储管理机制。

(5) 转入高端演示代码段,实现预定的逻辑功能,也即显示指定 PTE 项的内容。由此演示在分页存储管理机制启用后的程序执行和数据存取。然后,跳转回到低端演示代码。

(6) 关闭分页存储管理机制。

(7) 跳转回到临时代码段 TempCode,做返回实方式的准备。

(8) 返回到实方式。

2. 源程序

示例四的源程序 dp94.asm 如下:

```
;演示分页存储管理机制的使用(示例四,dp94)
;                                      ;常量声明
PL          EQU          1             ;存在属性位 P 值
RWR         EQU          0             ;R/W 属性位值,读/执行
RWW         EQU          2             ;R/W 属性值,读/写/执行
USS         EQU          0             ;U/S 属性值,系统级
USU         EQU          4             ;U/S 属性值,用户级
```

```
;
PDT_AD          EQU          200000H          ;页目录表所在物理页的地址
PT0_AD          EQU          202000H          ;页表 0 所在物理页的地址
PT1_AD          EQU          201000H          ;页表 1 所在物理页的地址
;
PhVB_AD         EQU          0B8000H          ;视频存储区的物理地址
LoVB_AD         EQU          0F0000H          ;视频存储区的逻辑地址(线性地址)
MPVB_AD         EQU          301000H          ;线性地址 0B8000H 所映射的物理地址
PhSC_AD         EQU          303000H          ;高端演示代码所在段的起始物理地址
LoSC_AD         EQU          402000H          ;高端演示代码所在段的起始线性地址
;
%include        "DMC.H"                       ;文件 DMC.H 含有宏的声明和符号常量等
;-----------------------------------------------------------
    section text                             ;段 text
    bits    16                               ;16 位段模式
Head:                                        ;工作程序特征信息
    HEADER  end_of_text, Begin, 2000H
;-----------------------------------------------------------
GDTSeg:                                       ;全局描述符表 GDT
Dummy           DESCRIPTOR 0,0,0,0,0
Normal          DESCRIPTOR 0FFFFH,0,0,ATDW,0
Normal_Sel  equ  Normal-GDTSeg
;页目录表所在段描述符(保护方式下初始化时使用)
PDTable         DESCRIPTOR 0FFFH,{PDT_AD & 0FFFFH},{PDT_AD >> 16},ATDW,0
PDT_Sel     equ  PDTable-GDTSeg
;页表 0 所在段描述符(保护方式下初始化时使用)
PTable0         DESCRIPTOR 0FFFH,{PT0_AD & 0FFFFH},{PT0_AD >> 16},ATDW,0
PT0_Sel     equ  PTable0-GDTSeg
;页表 1 所在段描述符(保护方式下初始化时使用)
PTable1         DESCRIPTOR 0FFFH,{PT1_AD & 0FFFFH},{PT1_AD >> 16},ATDW,0
PT1_Sel     equ  PTable1-GDTSeg
;逻辑上的视频存储区所在段描述符
LVideoMem       DESCRIPTOR 3999,{LoVB_AD & 0FFFFH},{LoVB_AD >> 16},ATDW,0
LVMem_Sel   equ  LVideoMem-GDTSeg
;逻辑上的高端演示代码段描述符(32 位代码段)
LCode           DESCRIPTOR LenHAC-1,{LoSC_AD & 0FFFFH},{LoSC_AD >> 16},
ATCE32,0
LCode_Sel   equ  LCode-GDTSeg
;存放高端演示代码的数据段描述符(上传时的目标段)
HACode          DESCRIPTOR LenHAC-1,{PhSC_AD & 0FFFFH},{PhSC_AD >> 16},
ATDW,0
HACode_Sel  equ  HACode-GDTSeg
InitGDT:                                     ;以下是需要另行初始化的描述符
;临时代码段描述符(16 位段)
TempCode        DESCRIPTOR 0FFFFH,0,0,ATCER,0
TCode_Sel   equ  TempCode-GDTSeg
;低端演示代码段描述符(32 位段)
DemoCode        DESCRIPTOR 0FFFFH,0,0,ATCE32,0
```

```
DCode_Sel    equ  DemoCode-GDTSeg
;工作任务数据段描述符
DemoData     DESCRIPTOR 0FFFFH,0,0,ATDW,0
DData_Sel    equ  DemoData-GDTSeg
;工作任务堆栈段描述符(32位段)
DemoStack    DESCRIPTOR 0FFFFH,0,0,ATDW32,0
DStack_Sel   equ  DemoStack-GDTSeg
NumDescG     equ  ($-InitGDT)/8          ;需要初始化的描述符个数
LenGDT       equ  $-GDTSeg               ;GDT表的长度
;----------------------------------------------------------------
    align  16                            ;16字节对齐
    bits   32                            ;32位段模式
;高端演示代码段(32位段)
;功能: 在屏幕上显示提示信息
;为了充分演示,这部分代码会被上传到高端的物理地址(1MB以上)区域
HABegin:
EchoEDX:                                 ;十六进制数形式显示EDX的内容
    MOV    ECX, 8                        ;采用直接写屏方式显示
.L1:ROL    EDX, 4
    MOV    AL, DL
    AND    AL, 0FH
    ADD    AL, '0'
    CMP    AL, '9'
    JBE    .L2
    ADD    AL, 7
.L2:STOSW
    LOOP   .L1
    RET
;------------------------------
HAStart:
Rel_HAS    equ  $-HABegin
    MOV    AX, PT0_Sel                   ;//@1
    MOV    FS, AX                        ;用于页表0所在段
    MOV    EBX,(LoVB_AD>>12)*4
    MOV    EDX, [FS:EBX]                 ;取得对应逻辑视频存储区的PTE//@2
    ;
    MOV    AX, LVMem_Sel                 ; //@3
    MOV    ES, AX                        ;用于视频存储区
    MOV    EDI, 5*80*2                   ;显示信息的屏幕位置(第5行)
    MOV    ESI, Message                  ;指向待显示字符串
    MOV    AH, 17H                       ;蓝底白字
.L1:LODSB
    OR     AL, AL                        ;字符串以0结尾
    JZ     .L2
    STOSW                                ;填写到视频存储区(显示)
    JMP    SHORT .L1
.L2:
    ADD    EDI, 4                        ;间隔两个字符
```

```
        MOV     AH, 47H                     ;红底白字
        CALL    EchoEDX                     ;显示原先的 PTE 值
        ;
        MOV     EDX, [FS:EBX]               ;取得对应逻辑视频存储区的 PTE//@ 4
        ADD     EDI, 4                      ;间隔两个字符
        MOV     AH, 57H                     ;粉底白字
        CALL    EchoEDX                     ;显示现在的 PTE 值
        ;
        JMP     DCode_Sel:Demo3            ;跳转回低端演示代码段
LenHAC      equ     $-HABegin               ;高端演示代码段的长度
;------------------------------------------------------------
        align 16                            ;16 字节对齐
;工作任务数据段
Message         DB      'PTE for LoVB:',0
DemoDataLEN equ     $
;------------------------------
        align 16                            ;16 字节对齐
;工作任务堆栈段
StackSeg:
LenStack    equ         512
        times LenStack  DB   0
        ;------------------------------------------------------------
;低端演示代码段( 32 位段 )
        bits    32                          ;采用 32 位段模式
DemoBegin:
        MOV     AX, PDT_Sel                 ;准备初始化页目录表
        MOV     ES, AX                      ;用于页目录表所在段
        XOR     EDI, EDI
        MOV     ECX, 1024
        XOR     EAX, EAX
        REP     STOSD                       ;先把全部表项置成无效( P=0)
        ;                                   ;再置 PDT 表项 0 和表项 1
        MOV     DWORD [ES:0], PT0_AD|(USU+RWW+PL)
        MOV     DWORD [ES:4], PT1_AD|(USU+RWW+PL)
        ;
        MOV     AX, PT0_Sel                 ;准备初始化页表 0
        MOV     ES, AX                      ;用于页表 0 所在段
        XOR     EDI, EDI
        MOV     ECX, 1024
        XOR     EAX, EAX                    ;线性地址 00000000H
        OR      EAX, USU+RWW+PL             ;映射相同地址的物理页
.L1:STOSD
        ADD     EAX, 1000H
        LOOP    .L1                         ;首先全部置成直接映射
        MOV     EDI,( PhVB_AD ≫ 12) * 4     ;然后,特别设置两个表项
        MOV     DWORD [ES:EDI], MPVB_AD+ USS+ RWW+ PL
        MOV     EDI,( LoVB_AD ≫ 12) * 4
        MOV     DWORD [ES:EDI], PhVB_AD+ USU+ RWR+ PL      ; //@ 5
```

```
        ;
        MOV     AX, PT1_Sel                 ;准备初始化页表1
        MOV     ES, AX                      ;用于页表1所在段
        XOR     EDI, EDI
        MOV     ECX, 1024
        MOV     EAX, 400000H                ;线性地址 00400000H
.L2:STOSD
        ADD     EAX, 1000H
        LOOP    .L2                         ;首先全部置成无效
        ;                                   ;然后,特别设置一个表项
        MOV     EDI,((LoSC_AD >> 12) & 3FFH) * 4
        MOV     DWORD [ES:EDI], PhSC_AD+ USU+ RWR+ PL
        ;
        MOV     EAX, PDT_AD                 ;页目录表物理地址
        MOV     CR3, EAX                    ;设置页目录寄存器
        ;
        MOV     EAX, CR0                    ;准备启用分页机制
        OR      EAX, 80000000H
        MOV     CR0, EAX                    ;启用分页机制
        JMP     SHORT  PageE                ;刷新指令预取队列,真正启用分页
        ;---------------------------
PageE:                                      ;已启用分页
        MOV     AX, DStack_Sel              ;建立演示任务的堆栈
        MOV     SS, AX
        MOV     ESP, StackSeg+ LenStack
        ;
        MOV     AX, DData_Sel               ;演示任务数据段
        MOV     DS, AX
        ;                                   ;跳转到高端演示代码
        JMP     LCode_Sel:Rel_HAS           ;//@6
        ;---------------------------
Demo3:
        MOV     EAX, CR0                    ;准备关闭分页机制
        AND     EAX, 7FFFFFFFH              ;//@7
        MOV     CR0, EAX                    ;关闭分页机制
        JMP     SHORT PageD                 ;真正关闭分页机制
        ;---------------------------
PageD:                                      ;已关闭分页
        MOV     AX, Normal_Sel              ;准备规范段选择子
        JMP     TCode_Sel:TC_Entry2         ;切换到临时代码段(16位段)
DemoCodeLEN    equ  $                       ;低端演示代码段的长度
;----------------------------------------------------------------------
;临时过渡代码段
        align 16                            ;16字节对齐
        bits  16                            ;采用16位代码段模式
TC_Entry:                                   ;为启用分页机制做准备
        ;把高端演示代码部分上传到指定的高端内存区域
        MOV     AX, TCode_Sel               ;临时代码段具有可读属性
```

```
    MOV     DS, AX                      ;用于源数据段
    MOV     AX, HACode_Sel              ;指向高端内存区域(1MB以上)
    MOV     ES, AX                      ;用于目标数据段//@8
    MOV     SI, HABegin                 ;被复制代码起点在源段内的偏移
    MOV     DI, 0                       ;假设复制到目标段内起点的偏移是 0
    MOV     CX, LenHAC                  ;字节数
    REP     MOVSB                       ;上传
    ;
    JMP     DCode_Sel:DemoBegin         ;转到低端演示代码
    ;--------------------------
TC_Entry2:                              ;准备切换到实方式
    MOV     DS, AX
    MOV     ES, AX                      ;加载规范描述符选择子
    MOV     FS, AX
    MOV     EAX, CR0
    AND     EAX, 0FFFFFFFEH
    MOV     CR0, EAX                    ;切换回实方式
ToReal:                                 ;清指令预取队列,真正进入实方式
    JMP     0:Real                      ;将到达实方式的 Real 处(需重定位)
    ;==================================================
    align   16                          ;16 字节对齐
    bits    16                          ;采用 16 位代码段模式
VGDTR   PDESC   LenGDT-1, 0             ;伪描述符
VarESP  DD      0                       ;用于保存 ESP 的变量
VarSS   DW      0                       ;用于保存 SS 的变量
Begin:
    CLD
    MOV     AX, CS
    MOV     DS, AX
    MOV     [ToReal+3], AX              ;重定位
    MOV     [VarSS], SS                 ;保存实方式下的堆栈
    MOV     [VarESP], ESP
    ;
    MOV     SI, InitGDT                 ;指向需要初始化的首个描述符
    MOV     CX, NumDescG                ;需要初始化的描述符个数
    CALL    InitDescBA                  ;初始化 GDT 表中的部分描述符
    MOV     SI, VGDTR                   ;指向伪描述符
    MOV     BX, GDTSeg                  ;指向 GDT 表
    CALL    InitPeDesc                  ;初始化伪描述符
    ;
    LGDT    [VGDTR]                     ;装载 GDTR
    CLI
    CALL    EnableA20                   ;打开地址线 A20
    MOV     EAX, CR0                    ;准备切换到保护方式
    OR      EAX, 1
    MOV     CR0, EAX
    JMP     TCode_Sel:TC_Entry          ;清指令预取队列,真正进入保护方式
    ;--------------------------
```

```
Real:                              ;现在又回到实方式
    MOV     AX, CS
    MOV     DS, AX
    LSS     ESP, [VarESP]          ;恢复堆栈
    CALL    DisableA20             ;关闭地址线 A20
    STI                            ;开中断
    RETF                           ;返回到加载器
;-----------------------------
    %include  "proc.asm"           ;包含相关子程序
end_of_text:                       ;源代码到此为止
```

从上述源程序可知,利用汇编器 NASM 的指示"%include",分别包含了头文件 DMC.H 和子程序文件 PROC.ASM,相关说明参见 9.4 节。

3. 关于执行步骤的注释

下面结合源程序对执行步骤进行说明,与先前示例相同的部分,就不赘述。

(1)部分演示代码的移动。为了充分说明分页存储管理机制,部分演示代码在高端内存区域执行。在初始化时,把这部分演示代码上传到预定的高端内存区域。预定的内存区域从 00303000H 开始,也即是页码为 00303H 的物理页。由高端演示代码实现本示例的逻辑功能。由于涉及到地址在 1MB 以上存储区域的操作,因此需要在保护方式下进行,注意初始化时还没有启用分页机制。

(2)页映射表的初始化。本示例按图 9.20 所示安排页映射表。页目录安排在页码为 00200H 的物理页中,页表 0 安排在页码为 00202H 的物理页中,页表 1 安排在页码为 00201H 的物理页中。为了充分演示,故意这样安排两张页表。示例程序涉及的线性地址空间不超出 007FFFFFH(8MB),所以只使用两张页表,为此页目录中的其他项被置为无效(P=0)。

页表 0 把线性地址空间中的 00000000H~003FFFFFH(第一个 4MB)映射到物理地址空间中。本示例在初始化页表 0 时,使该线性地址空间直接映射到相同地址的物理地址空间,除了线性地址空间中页码为 000B8H 和 000F0H 这两页之外。为了充分演示,故意把 000B8H 页映射到页码为 00301H 的物理页,把 000F0H 页映射到页码为 000B8H 的物理页。如图 9.21 下半部分所示,根据假设至少存在 4MB 物理内存。

页表 1 把线性地址空间中的 00400000H~007FFFFFH(第二个 4MB)映射到物理地址空间中。本示例在初始化页表 1 时,似乎使该线性地址空间直接映射到相同地址的物理地址空间,但是除了对应线性地址空间中 00402H 页的表项被另外设置外,其他表项中的 P 位为 0,也即表示对应物理页不存在。初始化后,页表 1 的第 2 项把线性地址空间中的 00402H 页,映射到页码为 00303H 的物理页,也就是存放高端演示代码的指定内存区域。如图 9.21 的上半部分所示,阴影部分的线性空间页没有映射到物理页。

本示例采用直接写屏方式实现显示,在逻辑上写到 000F0000H 开始的线性地址空间区域,但由于页映射,最终写到 000B8000H 开始的真正视频存储区。请参见视频存储区段描述符 LVideoMem 的定义,以及源程序"//@3"行。

类似地,逻辑上高端演示代码位于 00402000H 起始的线性地址空间区域,但由于页映射,实际占用的 00303000H 起始的物理地址空间区域。在启用分页机制之前,上传演示代码时,就是传送到上述指定内存区域,参见描述符 HACode 的定义,以及源程序"//@8"行。在启用分页机制之后,跳转到高端演示代码执行时,使用的是高端线性地址,参见源程序"//@6"行和

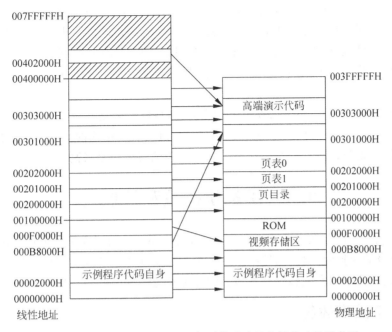

图 9.21 示例四的线性地址空间到物理地址空间的映射示意图

描述符 LCode。

（3）分页存储管理机制的启用。在建立好页映射表后，启用分页存储管理机制所要做的操作比较简单，只要把控制寄存器 CR0 中的最高位，也就是 PG 位置 1。具体指令如下：

```
MOV     EAX, CR0            ;准备启用分页机制
OR      EAX, 80000000H
MOV     CR0, EAX            ;启用分页机制
JMP     SHORT PageE         ;刷新指令预取队列,真正启用分页
PageE:                      ;已启用分页机制
```

在启用分页存储管理机制前，线性地址就是物理地址；在启用分页存储管理机制后，线性地址要通过分页机制的转换，才成为物理地址。尽管使用一条转移指令，可清除预取的指令，但随后在取指令时使用的线性地址就要经过转换才成为物理地址。为了保证顺利过渡，在启用分页机制之后的过渡阶段，仍要维持线性地址等同于物理地址。为了做到这一点，在建立页映射表时，必须使得实现过渡的代码所在的线性地址空间页映射到具有相同地址的物理地址空间页。本示例中页表 0 就做到了这一点，参见图 9.21。

（4）分页存储管理机制的关闭。只要把控制寄存器 CR0 中的 PG 位清 0，便关闭分页存储管理机制。参见源程序"//@7"行。在这一过渡阶段，也要保持地址转换前后的一致。

（5）逻辑功能的实现。本示例的逻辑功能是，以十六进制数的形式显示某个页表项 PTE 的内容。为了反映 PTE 的变化，刻意选择了逻辑上的视频存储区对应的 PTE 项。逻辑上的视频存储区起始地址是 000F0000H，对应页表 0 中第 0F0H 项。在初始化时，其物理页码是 000B8H，其属性值是 005H（表示是存在的、只读、用户级的页），参见源程序"//@5"行。直接填写视频存储区显示提示信息，意味着写访问，CPU 会将该 PTE 项中 A 位和 D 位置 1。于是，其属性值变化为 065H。

在显示提示信息之前后,分别获取对应 PTE 项的内容,参见源程序"//@1"行、"//@2"行和"//@4"行。由于启用了分页机制,这些访问页表 0 的操作同样要进行地址转换,但按设置的页映射关系,线性地址就等于物理地址。两次调用子程序 EchoEDX,以十六进制数的形式显示该 PTE 项变化前后的内容。由于安排了堆栈,因此可以进行调用子程序等涉及堆栈的操作。

(6) 页级保护的演示。在进入保护方式之后,特权级一直是 0 级。所以,无论系统级和用户级页,无论只能读/执行,还是读/执行/写,总是可进行各种形式的访问。虽然视频存储区对应的 PTE 中属性是只读,但仍然可以向其写,因为当前特权级是最高级 0。

9.6 任务状态段和控制门

每个任务有一个任务状态段 TSS,用于保存任务的有关信息,在发生任务之间的切换或者任务内特权级的变换时,要使用这些信息。为了控制任务的切换,以及控制任务内特权级的变换,一般要通过控制门实施转移。本节介绍任务状态段和控制门。

9.6.1 系统段描述符

1. 系统段描述符

除了一般的存储段外,还有特殊的系统段。先前介绍的局部描述符表段(LDT 段)和稍后介绍的任务状态段(TSS 段)都属于系统段。为了区别于存储段描述符,把用于描述系统段的描述符称为系统段描述符。

系统段描述符的一般格式如图 9.22 所示。与图 9.5 所示的存储段描述符相比,它们很相似,关键区分是属性域的描述符类型位 S 之值。S=1 表示存储段描述符;S=0 表示系统段描述符。系统段描述符中的段基地址和段界限字段与存储段描述符中意义完全相同;属性域的 P 位和 DPL 字段、G 位、AVL 位的意义及作用也完全相同。存储段描述符属性域的 D 位在系统段描述符中不使用,现用符号 X 表示。

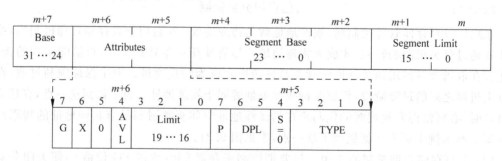

图 9.22　系统段描述符的一般格式

系统段描述符的类型字段 TYPE 仍是 4 位,其编码及表示的类型如表 9.5 所示,其含义与存储段描述符的类型完全不同。从表 9.5 可知,只有类型编码为 2、1、3、9 和 B 的描述符才是真正的系统段描述符,它们用于描述局部描述符表段 LDT 和任务状态段 TSS,其他类型的描述符则是门描述符。

表 9.5　系统段和门描述符类型字段的编码及含义

类型编码	说　　　明	类型编码	说　　　明
0	保留	8	保留
1	可用 16 位 TSS	9	可用 32 位 TSS
2	LDT	A	保留
3	忙的 16 位 TSS	B	忙的 32 位 TSS
4	16 位调用门	C	32 位调用门
5	任务门	D	保留
6	16 位中断门	E	32 位中断门
7	16 位陷阱门	F	32 位陷阱门

在 9.2.2 节中介绍了汇编器 NASM 支持的存储段描述符宏 DESCRIPTOR，利用它仍然能够方便地在源程序中定义系统段描述符。

另外，在头文件 DMC.H 中，已经包括如下符号常量。

```
ATLDT        EQU     82H              ;局部描述符表段类型值
ATTASKGAT    EQU     85H              ;任务门类型值
ATTSS32      EQU     89H              ;32 位 TSS 类型值
ATCGAT32     EQU     8CH              ;32 位调用门类型值
ATIGAT32     EQU     8EH              ;32 位中断门类型值
ATTGAT32     EQU     8FH              ;32 位陷阱门类型值
```

2. LDT 段描述符

LDT 段描述符描述任务的局部描述符表 LDT 段。在示例三中使用了局部描述符表 LDT。

【例 9-21】　如下描述符 LDTable 描述一个 LDT 段，段基地址是 654320H，段界限是 2FH，可以含有 6 个描述符。

```
LDTable   DESCRIPTOR   2FH, 4320H, 65H, 82H, 0
```

按图 9.22 所示和表 9.5 所列，属性字段 82H，表示这是一个描述 LDT 段的系统描述符，而且描述符特权级 DPL 是 0。

LDT 段描述符只能出现在全局描述符表中才有效。在装载 LDTR 寄存器时，描述符中的 LDT 段基地址和段界限等信息被装入 LDTR 高速缓冲存储器中，参见图 9.11。

3. 任务状态段描述符

任务状态段 TSS 用于保存任务的各种状态信息。稍后将详细介绍任务状态段（Task State Segment）的结构和作用。TSS 描述符用于描述一个任务状态段。考虑到兼容的原因，TSS 描述符分为 16 位和 32 位两种。TSS 描述符规定了任务状态段的基地址和任务状态段的大小。

【例 9-22】　如下描述符 DemoTSS 描述一个可用的 32 位任务状态段，段基地址是 456780H，以字节为单位的界限是 104，描述符特权级 DPL 是 0。

```
DemoTSS   DESCRIPTOR   104, 6780H, 45H, 89H, 0
```

在装载任务寄存器 TR 时，描述符中的 TSS 段基地址和段界限等信息被装入如图 9.9 所示的 TR 高速缓冲存储器中。在任务切换或执行 LTR 指令时，将装载 TR 寄存器。

TSS 描述符中的类型规定 TSS 要么为"忙"，要么为"可用"。如果一个任务是当前正在执行的任务,或者是用 TSS 中的链接字段沿挂起任务链接到当前任务上的任务,那么该任务是"忙"的任务;否则该任务为"可用"任务。

利用段间转移指令 JMP 和段间调用指令 CALL,直接通过 TSS 描述符可实现任务切换。

9.6.2　门描述符

除存储段描述符和系统段描述符外,还有一类门描述符。门描述符并不描述某种内存段,而是描述控制转移的入口点。这种描述符好比一个通向另一代码段的门。通过这种门,可实现任务内特权级的变换或者任务间的切换。所以,这种门描述符也称为控制门。

1. 门描述符

门描述符的一般格式如图 9.23 所示。门描述符只有位于描述符内偏移 5 的类型字节与系统段描述符保持一致,也由该字节标识门描述符和系统段描述符。该字节内的 P 位和 DPL 字段的意义与其他描述符中的意义相同。其他字节主要用于存放一个 48 位的全指针(16 位的段选择子和 32 位的偏移)。

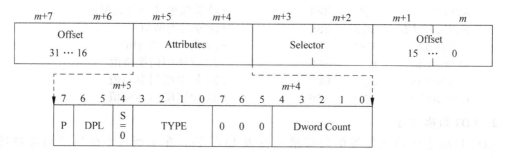

图 9.23　门描述符的一般格式

按图 9.23 给出的门描述符的格式,基于汇编器 NASM,可采用如下形式声明一个宏,以表示门描述符结构。

```
%macro      GATE    5
.OFFSETL    DW      %1              ;32 位偏移的低 16 位
.SELECTOR   DW      %2              ;段选择子
.DCOUNT     DB      %3              ;双字计数字段
.GTYPE      DB      %4              ;类型(属性)
.OFFSETH    DW      %5              ;32 位偏移的高 16 位
%endmacro
```

利用上面的宏 GATE,在汇编语言源程序中可以方便地定义门描述符。在本章示例所使用的头文件 DMC.H 中,应该含有上述宏 GATE 的声明。

【例 9-23】　如下门描述符 SubGate 描述一个 32 位调用门,门内的段选择子是 20H,入口偏移是 123456H,门描述符特权级是 3,双字计数是 0。

```
    SubGate  GATE   3456H, 20H, 0, 8CH+60H, 0012H
```

从表 9.5 可知,门描述符又可分为任务门、调用门、中断门和陷阱门,并且除任务门之外,其他门描述符还各分成 16 位和 32 位两种。

2. 调用门

调用门描述某个子程序的入口。调用门内的段选择子必须指向某个代码段描述符,调用门内的偏移是对应代码段内的偏移。利用段间调用指令 CALL,通过调用门可实现任务内从外层特权级变换到内层特权级。

如图 9.23 所示,门描述符内偏移 4 字节的位 0 至位 4 是双字计数字段 Count,该字段只在调用门描述符中有效,在其他门描述符中无效。主程序通常通过堆栈把入口参数传递给子程序,如果在利用调用门调用子程序时引起特权级的变换和堆栈的变换,那么就需要将外层堆栈中的参数复制到内层堆栈。该双字计数字段就是用于说明这种情况发生时,要复制的双字参数的数量。

3. 任务门

任务门指示任务。任务门内的段选择子必须指向 GDT 表中的任务状态段 TSS 描述符,门中的偏移无意义。任务的代码入口点(恢复点)保存在 TSS 中。利用段间转移指令 JMP 和段间调用指令 CALL,通过任务门可实现任务切换。

4. 中断门和陷阱门

中断门和陷阱门描述中断或异常处理程序的入口点。中断门和陷阱门内的段选择子必须指向某个代码段描述符,门内的偏移就是对应代码段的入口点偏移。中断门和陷阱门只有在中断描述符表 IDT 中才有效。关于中断门和陷阱门的区别在 9.8 节中介绍。

9.6.3 任务状态段

任务状态段(Task State Segment)是保存一个任务重要信息的特殊段。TSS 描述符用于描述这样的系统段。如图 9.9 所示,任务寄存器 TR 的可见部分含有当前任务的 TSS 描述符的段选择子,TR 的隐藏部分含有当前任务 TSS 的段基地址和段界限等信息。

任务状态段 TSS 在任务切换过程中起着重要作用,通过它实现任务的挂起和恢复。任务切换是指挂起当前正在执行的任务,恢复另一个任务的执行。在任务切换过程中,首先,CPU 中各寄存器的当前值被自动地保存到 TR 所指定的 TSS 中;然后,对应下一任务 TSS 的段选择子被装入 TR;最后,从 TR 所指定的 TSS 中取出各寄存器的值送到 CPU 的各寄存器中。由此可知,通过在任务状态段 TSS 中保存任务现场各寄存器状态的完整映像,实现任务之间的切换。

32 位任务状态段 TSS 的基本格式如图 9.24 所示,其中阴影部分是保留的,应该设置成 0。从图中可知,32 位 TSS 基本格式有 104 字节组成。这 104 字节的基本格式是不可改变的,但在此之外系统软件还可定义若干附加信息。基本的 104 字节可分为链接字段区域、内存堆栈指针区域、地址映射寄存器区域、寄存器保存区域和其他字段等 5 个区域。其中,寄存器保存区域和链接字段区域是动态区域,在任务切换时 CPU 会更新动态区域;其他 3 个区域则是静态区域,在创建 TSS 时设置它们,一般不会改变,在任务切换时 CPU 只是从中取得相应的内容。

1. 寄存器保存区域

寄存器保存区域位于 TSS 内偏移 20H~5FH 处,用于保存通用寄存器、段寄存器、指令指针寄存器和标志寄存器。当 TSS 对应的任务正在执行时,保存区域是未定义的;在当前任务被切换出去时,这些寄存器的当前值就保存在该区域。当下次切换回到原任务时,再从保存区域恢复出这些寄存器的值,从而使 CPU 恢复成该任务换出前的状态,最终使任务能够恢复执行。

从图 9.24 可知,各通用寄存器对应一个 32 位的双字,指令指针寄存器和标志寄存器各对应一个 32 位的双字;各段寄存器也对应一个 32 位的双字,段寄存器中的段选择子只有 16

位,安排在双字的低 16 位,高 16 位空着未用。

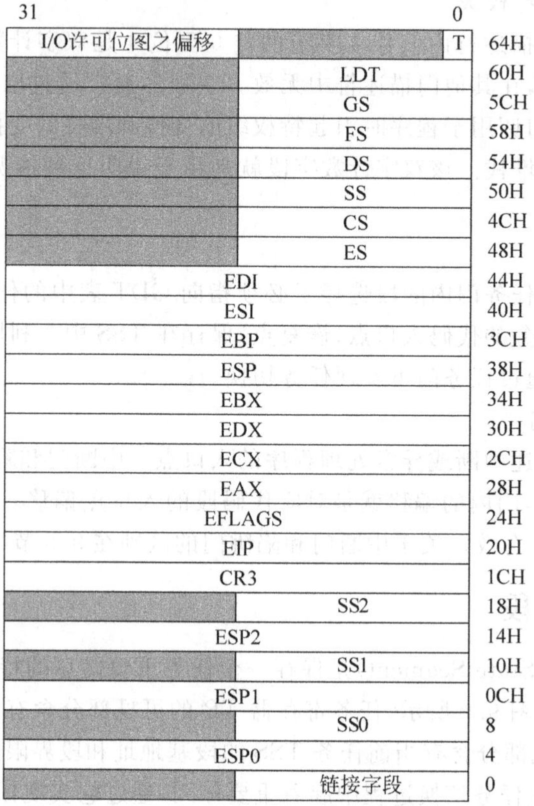

31		0	
I/O许可位图之偏移		T	64H
	LDT		60H
	GS		5CH
	FS		58H
	DS		54H
	SS		50H
	CS		4CH
	ES		48H
EDI			44H
ESI			40H
EBP			3CH
ESP			38H
EBX			34H
EDX			30H
ECX			2CH
EAX			28H
EFLAGS			24H
EIP			20H
CR3			1CH
	SS2		18H
ESP2			14H
	SS1		10H
ESP1			0CH
	SS0		8
ESP0			4
	链接字段		0

图 9.24 任务状态段 TSS 的基本格式

2. 内层堆栈指针区域

为了有效地实现保护,一个任务在不同的特权级下使用不同的堆栈。例如,当从外层特权级 3 变换到内层特权级 0 时,任务使用的堆栈也同时从 3 级堆栈变换到 0 级堆栈;当从内层特权级 0 变换到外层特权级 3 时,任务使用的堆栈也同时从 0 级堆栈变换到 3 级堆栈。所以,一个任务可能具有 4 个堆栈,对应 4 个特权级。4 个堆栈需要 4 组堆栈指针。

TSS 的内层堆栈指针区域中有 3 组堆栈指针,它们都是 48 位的全指针(16 位的段选择子和 32 位的偏移),分别指向 0 级、1 级和 2 级堆栈的栈顶,依次存放在 TSS 中偏移为 4、0CH 及 14H 开始的位置。当发生向内层转移时,则把适当的堆栈指针装入到 SS 及 ESP 寄存器以变换到内层的堆栈,外层堆栈的指针保存在内层堆栈中。没有指向 3 级堆栈的指针,因为 3 级是在最外层,所以任何一个向内层的转移都不可能转移到 3 级。

但是,当特权级由内层向外层变换时,并不把内层堆栈的指针保存到 TSS 的内层堆栈指针区域。这表明向内层转移时,总是认为内层堆栈是一个空栈。因此,不允许发生同级内层转移的递归,一旦发生向某级内层转移,那么返回到外层的正常途径是相匹配的向外层返回。

3. 地址映射寄存器区域

由逻辑地址空间到线性地址空间的映射由 GDT 表和 LDT 表确定,与特定任务相关的部分由 LDT 表确定,而 LDT 表又由寄存器 LDTR 确定。如果启用分页存储管理机制,那么由线性地址空间到物理地址空间的映射由包含页目录起始物理地址的控制寄存器 CR3 确定。

所以,与特定任务相关的逻辑地址空间到物理地址空间的映射由 LDTR 和 CR3 确定。显然,随着任务的切换,地址映射关系也要切换。

TSS 的地址映射寄存器区域由位于偏移 1CH 处的双字字段(CR3)和位于偏移 60H 处的字字段(LDT)组成。在任务切换时,CPU 自动从轮到执行的任务的 TSS 中取出这两个字段,分别装入到寄存器 CR3 和寄存器 LDTR。这样就切换了逻辑地址空间到物理地址空间的映射。

但是,在任务切换时,处理器并不把换出任务当时的寄存器 CR3 和 LDTR 的内容保存到 TSS 中的地址映射寄存器区域。因此,如果任务改变了 CR3 或 LDTR,那么必须把新值保存到 TSS 中的地址映射寄存器区域相应字段中。

4. 链接字段

链接字段安排在 TSS 内偏移 0 开始的双字中,其高 16 位未用。在起链接作用时,低 16 位保存前一任务的 TSS 描述符的段选择子。

如果当前的任务由段间调用指令 CALL 或者中断/异常而激活,那么链接字段保存被挂起任务的 TSS 的段选择子,并且标志寄存器 EFLAGS 中的 NT 位被置 1,使链接字段有效。在返回时,由于 NT 位为 1,中断返回指令 IRET 将使得控制沿着链接字段所指恢复到链上的前一个任务。

5. 其他字段

为了实现输入/输出保护,要使用 I/O 许可位图。任务使用的 I/O 许可位图也存放在 TSS 中,作为 TSS 的扩展部分。在 TSS 内偏移 66H 处的字给出 I/O 许可位图在 TSS 内的开始偏移。

在 TSS 内偏移 64H 处的字是为任务提供的特别属性。目前只定义了一种属性,即调试陷阱。该属性是字的最低位,用 T 表示。该字的其他位被保留,必须被置为 0。在发生任务切换时,如果进入任务的 T 位为 1,那么在任务切换完成之后,新任务的第一条指令执行之前产生调试陷阱。

6. 表示 TSS 结构的宏

根据图 9.24 给出的任务状态段 TSS 的格式,基于汇编器 NASM,可采用如下形式声明一个宏,以表示 TSS 的基本结构。

```
%macro    TASKSS    0              ;不带参数
    .TRLINK    DW      0, 0        ;链接字
    .TRESP0    DD      0           ;0 级堆栈指针
    .TRSS0     DW      0, 0
    .TRESP1    DD      0           ;1 级堆栈指针
    .TRSS1     DW      0, 0
    .TRESP2    DD      0           ;2 级堆栈指针
    .TRSS2     DW      0, 0
    .TRCR3     DD      0           ;CR3
    .TREIP     DD      0           ;EIP
    .TREFLAG   DD      0           ;EFLAGS
    .TREAX     DD      0           ;EAX
    .TRECX     DD      0           ;ECX
    .TREDX     DD      0           ;EDX
    .TREBX     DD      0           ;EBX
```

```
    .TRESP    DD      0                      ;ESP
    .TREBP    DD      0                      ;EBP
    .TRESI    DD      0                      ;ESI
    .TREDI    DD      0                      ;EDI
    .TRES     DW      0, 0                   ;ES
    .TRCS     DW      0, 0                   ;CS
    .TRSS     DW      0, 0                   ;SS
    .TRDS     DW      0, 0                   ;DS
    .TRFS     DW      0, 0                   ;FS
    .TRGS     DW      0, 0                   ;GS
    .TRLDT    DW      0, 0                   ;LDT
    .TRFLAG   DW      0                      ;TSS 的特别属性字
    .TRIOMAP  DW      $+2-.TRLINK            ;指向 I/O 许可位图区的指针
    %endmacro
```

为了便于在源程序中使用,上述宏 TASKSS 并没有参数。在本章示例所使用的头文件 DMC. H 中,也含有上述宏 TASKSS 的声明。

9.7　控　制　转　移

控制转移可分为两大类:同一任务内的控制转移和任务间的控制转移(任务切换)。同一任务内的控制转移又分为段内转移、特权级相同的段间转移和特权级变换的段间转移。只有段间转移才可能涉及特权级变换和任务切换。本节介绍保护方式下的控制转移,重点是任务内的特权级变换和任务间的切换。

9.7.1　任务内相同特权级的转移

各种段内转移与实方式下相似,由于不改变代码段寄存器 CS,因此不涉及特权级变换和任务切换。只有各种形式的段间转移才可能导致特权级变换或者任务切换。

1. 段间转移指令

指令 JMP、CALL 和 RETF 都具有段间转移的功能,指令 INT 和 IRETD 总是段间转移。有时把这些具有段间转移功能的指令统称为段间转移指令。

在保护方式下,段间转移的目标地址由段选择子和偏移两部分构成,常把它称为目标指针。在 32 位代码段中,上述指针内的偏移使用 32 位表示,这样的指针被称为 48 位全指针。例如,在 9.4 节示例三的 32 位演示代码段内,段间转移指令 JMP 和 CALL 都使用了 48 位全指针。在 16 位代码段中,上述指针内的偏移只使用 16 位表示。例如,在上述示例三的 16 位临时代码段内,段间转移指令 JMP 使用的目标地址并非 48 位全指针。

与实方式下一样,按给出目标地址的方式,指令 JMP 和 CALL 还可分为直接转移和间接转移两类。如果指令中直接含有目标地址,那就是直接转移;否则,就是间接转移。普通间接转移形式是指指令给定含有目标地址的存储单元。例如,在上述示例三的临时代码段内,准备切换回到实方式的段间转移指令就是间接转移。

在保护方式下,还存在另外一种间接转移的形式。由指令 JMP 或 CALL 给定的目标指针是特殊指针,并非直接指向代码段。特殊指针只有选择子部分有效,指示调用门、任务门或 TSS 描述符,而偏移部分不起作用。对应调用门,真正的转移目标地址由调用门给出;对应任务门或 TSS 描述符,将引起任务切换。

2. 向目标代码段转移的步骤

综上所述,段间转移的目标地址必定含有选择子。在执行上述段间转移指令,向目标代码段实施转移的过程中,首先 CPU 根据该选择子实施以下前导步骤。

(1)判断选择子指示的描述符是否为空描述符。空描述符将引起异常。

(2)判断选择子指示的描述符是否在对应的描述符表范围内。超出对应 GDT 或 LDT 的范围,将引起异常。由选择子内的 TI 位,确定使用 GDT 表还是 LDT 表。

(3)取得选择子指示的描述符的类型及其他属性信息。

(4)判断上述描述符的类型是否属于以下 5 种类型:非一致代码段、一致代码段、调用门、任务门或者任务状态段 TSS。不属于这 5 种类型,将引起异常。

随后,CPU 针对上述 5 种情形分别处理。它包括:进行特权级相关检测,如果违反保护规则,将引起异常;如果是调用门,则从调用门中取得真正的目标地址,并确定进入目标代码段后的 CPL;如果是任务门或者 TSS,那么实施任务切换。

最后,CPU 根据目标代码段描述符信息和目标地址偏移,实施以下收官步骤。

(1)判断目标代码段是否存在。目标代码段描述符无效,将引起异常。

(2)判断目标地址偏移是否越出代码段。越出目标代码段界限,将引起异常。

(3)如果是调用指令,把由选择子和偏移构成的返回地址保存到堆栈。

(4)把目标地址选择子装载到代码段寄存器 CS,同时把对应描述符的信息装载到 CS 的高速缓冲存储器。

(5)CPL 存入 CS 内选择子的 RPL 字段。

(6)把目标地址偏移装载到指令指针寄存器 EIP。

上述步骤只是对转移过程的大致说明,实际的动作细节还要复杂。

3. 特权级检测

下面对非一致代码段和一致代码段的特权级检测进行说明。

通常描述符特权级 DPL 表示所描述存储段的特权级,或者访问该描述符所需要的最外层特权级。可以认为选择子请求特权级 RPL 表示意愿,事实上它由程序自己给出。

对于非一致代码段,要求 CPL＝DPL,RPL<=DPL,也即当前特权级 CPL 与目标代码段特权级 DPL 相同,并且指示目标代码段的选择子请求特权级 RPL 不在外层(相同,或者内层)。由此可知,如果直接转移到非一致代码段,那么特权级必须相同。

对于一致代码段,要求 CPL>=DPL,也即当前特权级 CPL 不在内层(相同,或者外层)。由此可知,一致代码段描述符 DPL,规定可以转移到一致的代码段的最内层特权级。因此,3级代码可以转移到任何一致代码段,而 0 级代码只允许转移到 DPL 等于 0 的一致代码段。但是,在转移到一致代码段时,特权级保持不变。值得指出的是,对于一致代码段描述符 DPL 的这种解释,正好与正常的 DPL 的解释相反。

一致代码段很特别,有些子程序属于内层,可以供外层程序调用。例如,处理数值运算的函数库。但是,不希望在执行内层子程序的代码时,改变当前特权级。利用一致代码段,可以做到这点。这是一致代码段存在的原因,所以,只有外层代码段才可以转到内层的一致代码段。

4. 任务内相同特权级的转移

任务内相同特权级的转移是指在转移到目标代码段时,当前特权级 CPL 保持不变。

（1）利用段间转移指令 JMP 或 CALL 的方法。利用段间转移指令 JMP 或者段间调用指令 CALL,实现任务内相同特权级转移的简单方法是:转移目标地址的选择子直接给出目标代码段描述符。如果目标代码段是非一致代码段,需要保证 CPL＝DPL,并且 RPL<=DPL。如果目标代码段是一致代码段,需要保证 CPL>=DPL。这样执行 JMP 或者 CALL 时,实施上述向目标代码段转移的步骤。在顺利通过这些步骤后,就完成任务内相同特权级的转移。在执行段间调用指令 CALL 时,会把返回地址压入堆栈。

从 9.4 节示例三源程序 dp93.asm 可知,在实施段间转移的 JMP 或者 CALL 指令中,选择子请求特权级 RPL＝0,目标代码段描述符特权级 DPL＝0,工作程序运行的当前特权级 CPL＝0,所以顺利完成任务内无特权级变换的转移。

（2）利用段间返回指令 RETF 的方法。通常情况下,段间返回指令 RETF 与段间调用指令 CALL 对应。在利用段间调用指令 CALL 以相同特权级的方式转移到某个子程序后,在子程序内利用段间返回指令 RETF 以相同特权级的方式返回主程序。例如,在上述示例三子程序代码段中,两个远过程的返回都是如此。

特殊情况下,段间返回指令 RETF 可以不存在对应的 CALL 指令。这时,需要在堆栈中构建一个用于返回的环境。当然,作为返回地址的选择子及所指示的目标代码段描述符,必须满足相应的要求,就像真正发生过调用一样。

（3）利用调用门和其他途径的方法。还可以通过调用门实现任务内相同特权级的转移,将在 9.7.3 节中具体介绍。其他实现任务内相同特权级转移的途径,将在 9.8 节中介绍。

5. 装载数据段和堆栈段寄存器时的检测

由上述可知,在把指示代码段的选择子装入 CS 时,为实现保护而进行的相关检测,实际情况还要复杂。下面简单说明在把选择子装入数据段寄存器和堆栈段寄存器时进行的相关检测。

在把非空选择子装入数据段寄存器 DS、ES、FS 或 GS 时,进行以下保护检测。

（1）选择子指定的描述符必须在对应的描述符表范围内。

（2）选择子指定的描述符必须是数据段描述符或者是可读代码段。

（3）对于数据段和可读非一致代码段,要求 CPL<=DPL,RPL<=DPL。这是访问数据段描述符时,对特权级的要求。表明外层不能访问内层的数据,但内层能够访问外层的数据。

（4）对应段必须存在。

如果把空选择子装入到某个数据段寄存器 DS、ES、FS 或 GS,那么就不能引用该数据段寄存器访问存储单元,否则将引起异常。

在把选择子装入堆栈段寄存器 SS 时,进行以下保护检测。

（1）选择子不能为空。

（2）选择子指定的描述符必须在对应的描述符表范围内。

（3）选择子指定的描述符必须是可读可写数据段描述符。

（4）要求 CPL＝RPL＝DPL。这表明每个特权级有各自独立的堆栈。

（5）对应段必须存在。

9.7.2　相同特权级转移的演示（示例五）

9.4.3 节示例三在演示局部描述符表 LDT 使用的同时,已经演示了相同特权级的转移。示例五仍然演示相同特权级的转移,同时演示间接转移和外层数据段的使用。示例五的逻辑功能是,两次在屏幕指定位置以十六进制数形式显示输出指定数据。

1. 演示思路和执行步骤

为了简单化,示例五没有安排局部描述表 LDT 和中断描述符表 IDT,不允许中断,也不考虑发生异常,不启用分页存储管理机制。为了简化,当前特权级 CPL 始终等于 0。

演示思路是,采用一个子程序以十六进制数形式显示输出双字数据,显示位置和数据作为参数,由主程序通过堆栈传递给子程序。示例五包含一个演示代码段 DemoCode 和一个子程序代码段 SubCode,还有一个临时代码段 TempCode,此外还有实方式下执行的代码部分。为了演示间接转移和访问外层数据,安排了一个数据段,其中含有两个全指针变量,分别指向子程序和临时代码段。

示例五的主要执行步骤如下。

(1) 在实方式下完成对 GDT 表的初始化之后,利用段间转移指令 JMP 转入保护方式下的临时代码段 TempCode,处于特权级 0。

(2) 在建立堆栈后,利用段间直接转移指令 JMP,转移到演示代码段 DemoCode,特权级保持为 0。

(3) 实现逻辑功能:第一次利用段间直接调用指令 CALL,调用属于子程序代码段 SubCode 的显示子程序,特权级保持为 0;第二次利用段间间接调用指令 CALL,调用相同的显示子程序。在每次调用显示子程序之前,把显示位置和数据压入堆栈。

(4) 利用段间间接转移指令 JMP,转移到临时代码段 TempCode,特权级不变。

(5) 做返回实方式的准备,并切换回到实方式。

2. 源程序

示例五的源程序如下:

```
;演示任务内特权级不变的转移(示例五,dp95)
%include    "DMC.H"                     ;文件 DMC.H 含有宏的声明和符号常量等
;-------------------------------------------------------------
    section  text                      ;段 text
    bits     16                        ;16 位段模式
Head:                                  ;工作程序特征信息
    HEADER   end_of_text, Begin, 2000H
;-------------------------------------------------------------
GDTSeg:                                          ;任务全局描述符表 GDT
Dummy        DESCRIPTOR  0,0,0,0,0      ;哑描述符
Normal       DESCRIPTOR  0FFFFH,0,0,ATDW,0
Normal_Sel   equ  Normal-GDTSeg        ;规范段描述符的选择子
    InitGDT:                           ;GDT 中待初始化的描述符起点
;任务的临时代码段的描述符及其选择子
TempCode     DESCRIPTOR  0FFFFH,TCodeSeg,0,ATCE,0
TCode_Sel    equ  TempCode-GDTSeg
;任务的演示代码段描述符(32 位段)及其选择子
DemoCode     DESCRIPTOR  LenDCode-1,DCodeSeg,0,ATCER+ D32,0
DCode_Sel    equ  DemoCode-GDTSeg
;任务的子程序代码段描述符(32 位段)及其选择子
SubCode      DESCRIPTOR  LenSCode-1,SCodeSeg,0,ATCE+ D32,0
SCode_Sel    equ  SubCode-GDTSeg
```

```
;任务的堆栈段描述符(32位段)及其选择子
DemoStack DESCRIPTOR  LenStack-1,StackSeg,0,ATDW+ D32,0
Stack_Sel equ  DemoStack-GDTSeg
;任务的数据段描述符及其选择子
DemoData  DESCRIPTOR  LenData-1,DataSeg,0,ATDR+ DPL2,0  ;//@1
Data_Sel  equ  DemoData-GDTSeg+ RPL1 ;//@2
NumDescG  equ  ($-InitGDT) / 8     ;GDT中待初始化的描述符个数
;视频存储段的描述符(DPL=3)及其选择子
VideoMem DESCRIPTOR  0FFFFH,8000H,0BH,ATDW+ DPL3,0
VMem_Sel equ  VideoMem-GDTSeg+ RPL2
LenGDTSeg equ  $-GDTSeg
;------------------------------
;任务的0级堆栈段(32位段)
    align 16                    ;16字节对齐
StackSeg:
LenStack equ  512
    times LenStack  DB   0
;------------------------------
;任务的子程序代码段(32位段)
    align 16                    ;16字节对齐
    bits  32                    ;32位段模式
SCodeSeg:
;显示输出双字数据(堆栈传递屏幕位置和数据值)
SubBegin equ  $-SCodeSeg
    PUSH   EBP
    MOV    EBP, ESP
    MOV    AX, VMem_Sel
    MOV    ES, AX               ;视频存储段基地址 000B8000H
    MOV    EDI, [EBP+16]        ;取得参数(屏幕位置) //@3
    MOV    EDX, [EBP+12]        ;取得参数(显示值) //@4
    MOV    AH, 4EH              ;显示颜色(红底黄字)
    MOV    ECX, 8               ;8个十六进制位
.L1:ROL    EDX, 4
    MOV    AL, DL
    AND    AL, 0FH              ;取得4个二进制位
    ADD    AL, 30H              ;转对应十六进制数 ASCII 码
    CMP    AL, 39H
    JBE    SHORT .L2
    ADD    AL, 7
.L2:STOSW                       ;显示字符
    LOOP   .L1
    POP    EBP
    RETF                        ;段间返回
LenSCode equ  $-SCodeSeg
;------------------------------
;任务的数据段(DPL=2)
    align 16                    ;16字节对齐
DataSeg:
```

```
PtoSubR   equ  $-DataSeg
          DD   SubBegin                ;//@5
          DW   SCode_Sel               ;//@6
PtoTCode  equ  $-DataSeg
          DD   PM_Entry2
          DW   TCode_Sel
LenData   equ  $-DataSeg
;-------------------------------
;任务的演示代码段(32位段)
    align 16                           ;16字节对齐
    bits  32                           ;32位段模式
DCodeSeg:
DemoBegin equ $-DCodeSeg
    MOV   AX, CS
    MOV   DS, AX
    ;
    MOV   EAX, 5*80*2                  ;显示位置(第5行首)
    PUSH  EAX                          ;压入堆栈//@7
    MOV   EAX, 12345678H               ;假设的显示值
    PUSH  EAX                          ;压入堆栈//@8
    CALL  SCode_Sel:SubBegin           ;直接方式,调用子程序
    ADD   EBP, 8
    ;
    MOV   AX, Data_Sel
    MOV   GS, AX                        ;用于数据段//@9
    ;
    PUSH  DWORD  6*80*2                 ;显示开始位置(第6行首)
    PUSH  DWORD  87654321H              ;假设的显示值
    CALL  FAR  [GS:PtoSubR]             ;间接方式,调用子程序
    ADD   EBP, 8
    ;
    JMP   FAR  [GS:PtoTCode]            ;间接方式,转入临时代码段
LenDCode  equ  $-DCodeSeg
;-------------------------------
;任务的临时代码段(16位段)
    align 16                           ;16字节对齐
    bits  16                           ;16位段模式
TCodeSeg:
PM_Entry1 equ $-TCodeSeg
    MOV   AX, Stack_Sel                 ;可省略
    MOV   SS, AX
    MOV   ESP, LenStack
    JMP   DCode_Sel:DemoBegin           ;直接方式,转入演示代码段
;---------
PM_Entry2 equ $-TCodeSeg                ;准备切换回实方式
    MOV   AX, Normal_Sel
    MOV   DS, AX
    MOV   ES, AX                        ;把规范段描述符
```

```
        MOV    GS, AX
        MOV    SS, AX
        MOV    EAX, CR0                      ;准备返回实方式
        AND    AX, 0FFFEH
        MOV    CR0, EAX
ToReal:                                      ;真正回到实方式
        JMP    0:Real
LenTCode equ  $-TCodeSeg
;========================================
;实方式的数据
VGDTR    PDESC  LenGDTSeg-1,0                 ;GDT 伪描述符
VarESP   DD     0                            ;暂存实方式的堆栈指针
VarSS    DW     0
;------------------------------------
;实方式的代码
        bits   16
Begin:
        CLD
        MOV    AX, CS
        MOV    DS, AX
        MOV    [ToReal+3], AX                ;重定位
        MOV    [VarESP], ESP                 ;保存实方式下堆栈指针
        MOV    [VarSS], SS
        MOV    SI, InitGDT
        MOV    CX, NumDescG
        CALL   InitDescBA                    ;设置 GDT 中的待初始化描述符的基地址
        MOV    SI, VGDTR
        MOV    BX, GDTSeg
        CALL   InitPeDesc                    ;初始化用于 GDT 的伪描述符
        ;
        LGDT   [VGDTR]                        ;装载 GDTR
        CLI
        MOV    EAX, CR0                       ;准备切换到保护方式
        OR     AX, 1
        MOV    CR0, EAX
        JMP    TCode_Sel:PM_Entry1            ;进入保护方式下的临时代码段
        ;--------------------------
Real:                                        ;回到实方式
        MOV    AX, CS
        MOV    DS, AX
        LSS    ESP, [VarESP]                  ;恢复实方式下的堆栈指针
        STI                                   ;开中断
        RETF                                  ;返回加载器
;------------------------------
%include " PROC.ASM"                          ;包含初始化阶段的相关子程序
end_of_text:                                  ;源代码到此为止
```

3. 关于示例五的说明

下面结合源程序对示例五进行说明,重点是相同特权级的转移,这些段间转移可以分为直接转移、间接转移、直接调用和间接调用等情形。

(1) 由直接转移指令 JMP 实现的转移。在临时代码段 TempCode,利用如下段间直接转移指令,转移到演示代码段 DemoCode。

```
JMP    DCode_Sel:DemoBegin
```

上述指令中转移目标地址的选择子 DCode_Sel 指定一个非一致代码段,且其描述符特权级 DPL=0。该选择子的 RPL=0,当前特权级 CPL=0。因此符合 CPL=DPL,且 RPL<=DPL 的要求。所以可以顺利进行相同特权级的转移:把目标代码段的选择子 DCode_Sel 装入 CS,并保持当前特权级,同时把对应描述符中的信息装入 CS 的高速缓冲存储器;把目标地址偏移 DemoBegin 装入指令指针寄存器 EIP。

(2) 由间接转移指令 JMP 实现的转移。工作程序完成逻辑功能后,从演示代码段 DemoCode,利用如下段间间接转移指令 JMP,转移到临时代码段 TempCode,为了充分演示,故意如此安排。

```
JMP   FAR  [GS:PtoTCode]          ;故意使用 GS 寄存器,作为段超越前缀
```

上述转移指令只是给出了含有转移目的地址的存储单元 PtoTCode,所以是间接转移。从源程序可见,存储单元 PtoTCode 是数据段 DemoData 中的一个指针变量,如下所示,含有一个 48 位全指针。

```
DD    PM_Entry2                  ;32 位偏移
DW    TCode_Sel                  ;目标段选择子
```

上述段间间接转移指令 JMP,类似于如下的段间直接转移指令。

```
JMP    TCode_Sel: PM_Entry2
```

从源程序可知,选择子的 RPL=0,目标代码段是非一致代码段,其描述符 DPL=0。当前特权级 CPL=0,所以能够顺利进行相同特权级的转移。

(3) 由直接调用指令 CALL 实现的转移。在演示代码段 DemoCode,利用如下段间直接调用指令,调用子程序代码段 SubCode 中的显示子程序,实现工作程序的逻辑功能。

```
CALL   SCode_Sel:SubBegin
```

上述指令中转移目标地址的选择子 SCode_Sel 指定一个非一致代码段,且其描述符特权级 DPL=0。该选择子的 RPL=0,当前特权级 CPL=0。因此符合 CPL=DPL,且 RPL<=DPL 的要求。所以可以顺利进行相同特权级的转移进入子程序:把返回地址的 CS 和 EIP 作为两个双字压入堆栈;把目标代码段的选择子 SCode_Sel 装入 CS,并保持当前特权级;把目标地址偏移 SubBegin 装入指令指针寄存器 EIP。

(4) 由间接调用指令 CALL 实现的转移。为了充分演示,还安排了如下段间间接调用指令,调用显示子程序。

```
CALL   FAR  [GS:PtoSubR]             ;故意使用段寄存器 GS,作为段超越前缀
```

该调用指令给出了含有目标地址的存储单元 PtoSubR,所以是间接调用。从源程序行 "//@5"和"//@6"可知,存储单元 LPtoSubR 含有一个 48 位的指针,因此该段间间接调用指令类似于如下的段间直接调用指令。

```
CALL  SCode_Sel: SubBegin
```

这与上述(3)一样,不再赘述。

(5)关于数据段的特权级检测。为了演示加载数据段寄存器时的特权级检测,有意安排了数据段 DemoData,其描述符的特权级 DPL=2,参见源程序"//@1"行。从源程序可知,在该数据段中安排了两个指针变量。为了引用这两个指针变量,充分演示段间间接转移,在演示代码段中事先把指向该数据段的选择子加载到段寄存器 GS,参见源程序"//@9"行。对应选择子的 RPL=1,参见源程序"//@2"行。因此符合 CPL<=DPL,且 RPL<=DPL 的要求,能够顺利加载 GS 寄存器。

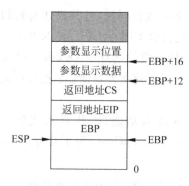

ESP →

图 9.25　示例五堆栈示意图

参数显示位置　← EBP+16
参数显示数据　← EBP+12
返回地址CS
返回地址EIP
EBP　← EBP
　　　　0

在显示子程序中把指向视频存储区描述符的选择子加载到 ES 寄存器,关于保护检测的分析,留为作业。

(6)由堆栈传递参数。根据约定演示程序把显示位置和显示数据通过堆栈传递给显示子程序,参见源程序"//@7"和"//@8"行。在进入显示子程序获取参数之时,堆栈如图 9.25 所示。所以可以根据指针 EBP 方便地从堆栈获取参数,参见源程序"//@3"和"//@4"行。

9.7.3　任务内不同特权级的变换

在一个任务之内,可以存在 4 个特权级,任务运行时一般会发生不同特权级之间的变换。例如,外层的应用程序调用内层操作系统的例程,以获得必要的诸如存储器分配等系统服务;内层操作系统的例程完成后,返回到外层应用程序。

在任务内部,特权级从外层到内层变换的一般途径是,使用段间调用指令 CALL,通过调用门实施转移;特权级从内层到外层变换的一般途径是,使用段间返回指令 RETF。注意,不能利用 JMP 指令实现任务内不同特权级的变换。

1. 通过调用门的转移

当段间转移指令 JMP 或段间调用指令 CALL 给定的目标地址选择子,指示调用门描述符时,表示通过调用门进行转移。调用门描述调用转移的入口点,从图 9.23 可知,它包含由目标地址的段选择子和偏移组成的 48 位全指针。在通过调用门转移时,真正的转移目标地址是调用门内的 48 位全指针。原目标地址中的选择子只是给出调用门,而原目标地址的偏移被丢弃。这是保护方式下的另一种间接转移。如 9.7.1 节所述,在执行段间转移指令,实施到前导步骤(4)时,会确定是否是通过调用门的转移。

在访问调用门取得真正目标地址时,CPU 会先进行特权级检测。访问门描述符的特权级要求与访问数据段描述符一样。门描述符 DPL 规定了访问门的最外层特权级,只有在相同级或者更内层级的程序才可以访问门,也即 CPL<=DPL。同时,还要求指示门的选择子 RPL 必须满足 RPL<=DPL 的条件。调用门是门描述符的一种。因此,只有 CPL<=DPL,且 RPL<=DPL,才能从调用门获取到真正的目标地址。

在从调用门获取到目标地址后,继续实施向目标地址的转移。期间,还要根据真正的目标代码段进行特权级检测。目标代码段分为一致代码段和非一致代码段两类,指令又分为转移指令 JMP 和调用指令 CALL 两类,这些对特权级的要求并不一样。由于通过调用门进行转移,因此不再考虑选择子中的请求特权级 RPL。

先说明目标代码段是一致代码段的情况。通过调用门，只能由外层的代码转移到内层或者同层的一致代码段，而且特权级并不变换。所以，无论指令 JMP 或指令 CALL，都要求 CPL ≥ DPL。这里的 DPL 是真正目标代码段的 DPL，不是调用门的 DPL。

接下来针对指令 JMP 和指令 CALL，分别说明目标代码段是非一致代码段的情况，其中的 DPL 是真正目标代码段的 DPL，不是调用门的 DPL。

对于段间转移指令 JMP，如果目标代码段是非一致代码段，那么要求 CPL=DPL，此即表示目标代码段的特权级必须与当前特权级相同。因此，虽然段间转移指令 JMP 可以通过调用门进行转移，但不能改变特权级。

对于段间调用指令 CALL，如果目标代码段是非一致代码段，那么要求 CPL ≥ DPL，此即表示可以由外层代码调用内层的代码。如果 CPL=DPL，表示目标代码段的特权级与当前特权级相同，属于同层调用，不改变特权级，随后的转移实施步骤类似于 9.7.1 节所述的直接调用。如果 CPL > DPL，那么就意味着发生特权级变换的调用，也即外层代码调用了内层的代码，并且当前特权级由外层变换到内层。

综上所述，使用段间调用指令 CALL，通过调用门可以实现从外层代码调用进入内层代码；通过调用门也可实现特权级不变的转移。

当然，CALL 指令在最后把目标代码段地址装入 CS 和 EIP 之前，要把原 CS 和 EIP，即返回地址保存到堆栈。如果特权级不变，那么堆栈保持不变，返回地址就保存在原堆栈中；如果变换特权级，那么返回地址保存在内层堆栈中。

2. 堆栈的切换

在使用 CALL 指令，通过调用门向内层转移时，不仅特权级发生变换，控制转移到一个新的代码段，而且也切换到内层的堆栈段。从图 9.24 所示的任务状态段 TSS 的格式可见，TSS 中包含有指向 0 级、1 级和 2 级堆栈的指针。在特权级发生向内层变换时，根据特权级使用 TSS 中相应的堆栈指针对 SS 及 ESP 寄存器进行初始化，建立起一个空栈。

在建立起内层堆栈后，先把外层堆栈的指针 SS 及 ESP 寄存器的值压入内层堆栈，以使得相应的向外层返回可恢复原来的外层堆栈。然后，从外层堆栈复制以双字为单位的调用参数到内层堆栈，调用门中的 Count 字段值决定了复制参数的量。这些被复制的参数是主程序通过堆栈传递给子程序的实参，在调用之前被压入外层堆栈。通过复制堆栈中的参数，使内层的子程序不需要考虑堆栈的切换，而容易地访问主程序传递过来的实参。最后，调用的返回地址被压入堆栈，以便在调用结束时返回。图 9.26 给出了在向内层变换时，建立内层堆栈，并从外层堆栈复制两个双字参数到内层堆栈的示意图。图中每项是双字，可见的段寄存器内的选择子被扩展成 32 位，高 16 位为 0。无论是否通过调用门，只要不发生特权级变换，就不会切换堆栈。

3. 向外层返回

与使用段间调用指令 CALL 通过调用门向内层变换相反，使用段间返回指令 RETF 实现向外层返回。指令 RETF 从堆栈中弹出返回地址，并且可以采用调整 ESP 的方法，跳过相应的在调用之前压入堆栈的参数。返回地址的选择子指示要返回的代码段描述符，从而确定返回的代码段。选择子的 RPL 确定返回后的特权级，而不是对应描述符的 DPL，这是因为指令 RETF 可能使控制返回到一致代码段，而一致代码段可以在 DPL 规定的特权级以外的特权级执行。

可以简单认为，指令 RETF 首先从堆栈弹出返回地址。如果返回地址的选择子的 RPL

规定相对于 CPL 更外层的级,那么就引起向外层返回。其次,为向外层返回,跳过内层堆栈中的参数,再从内层堆栈中弹出指向外层堆栈的指针,并装入到 SS 及 ESP,以恢复外层堆栈。再次,调整 ESP,跳过在相应的调用之前压入到外层堆栈的参数。然后,检查数据段寄存器 DS、ES、FS 及 GS,以保证寻址的段在外层是可访问的,如果段寄存器寻址的段在外层是不可访问的,那么装入空选择子,以避免在返回时发生保护空洞。最后,返回(外层)继续执行。上述 5 步是对带立即数段间返回指令而言的,立即数规定了堆栈中要跳过的参数的字节数。对无立即数段间返回指令而言,缺少第二步和第三步,请参见下面的示例六。如果 RETF 指令不需要向外层返回,那么就只有开始和最后的两步。

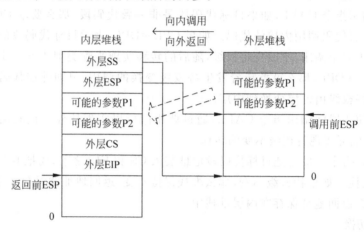

图 9.26　向内层变换时堆栈切换示意图

9.7.4　特权级变换的演示(示例六)

下面给出演示任务内特权级变换的示例六。示例六主要演示任务内的特权级变换。示例六的逻辑功能是,由子程序显示输出主程序的特权级。

1. 演示内容和执行步骤

为了简单化,示例六没有安排中断描述符表 IDT,不允许中断,也不考虑发生异常,不启用分页存储管理机制。演示内容包括:通过调用门从外层特权级变换到内层特权级;通过段间返回指令从内层特权级变换到外层特权级;还演示任务状态段 TSS 的使用和局部描述符表 LDT 的使用。

演示思路是,外层的主程序调用内层的子程序,由子程序从堆栈中的返回地址分析出外层主程序的特权级,并显示输出特权级。示例六包含一个过渡代码段 InteCode、一个演示代码段 DemoCode 和一个子程序代码段 SubCode,还有一个临时代码段 TempCode,此外还有实方式下执行的代码部分。

示例六的主要执行步骤如图 9.27 所示。在图的右边标出了特权级变换的分界情况。由于在任务内发生特权级变换时要切换堆栈,而内层堆栈的指针存放在当前任务的 TSS 中,因此在进入保护方式后设置任务状态段寄存器 TR。由于演示任务使用了局部描述符表 LDT,因此设置 LDTR。从实方式切换到保护方式下的 16 位临时代码段,CPL=0。在临时代码段通过调用门转移到 32 位过渡代码段,不发生特权级变换,CPL=0。为了演示外层程序通过调用门调用内层程序,要使 CPL>0。本示例先通过段间返回指令 RETF 从特权级 0 变换到特权级 3 的演示代码段。在特权级 3 下,通过调用门来调用 1 级的子程序。随着执行段间 RETF,又返回到 3 级的演示代码段。在 3 级演示代码段通过调用门转移到 0 级的过渡代码段,再转移到 0 级的临时代码段,最后切换回实方式。

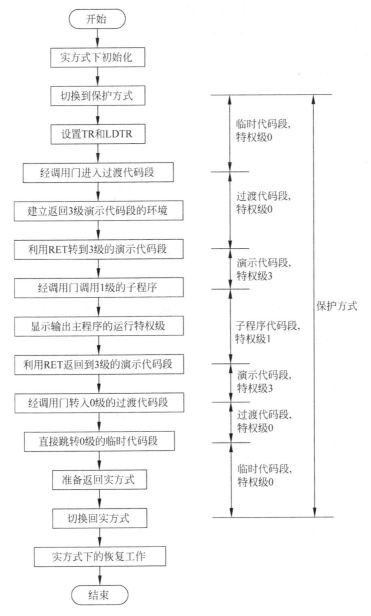

图 9.27　示例六的主要执行步骤

2. 源程序

除了工作任务特征信息外,示例六由以下几部分组成。

(1) 全局描述符表 GDT。GDT 含有任务的 TSS 段描述符和 LDT 段描述符,此外还含有临时代码段描述符、规范数据段描述符和视频存储区段描述符。

(2) 任务的 LDT 段。它含有除临时代码段外的其他代码段的描述符和演示任务各级堆栈段描述符,还含有 3 个调用门。

（3）任务的 TSS 段。

（4）任务的 0 级、1 级和 3 级堆栈段。这些堆栈段都是 32 位段。

（5）任务的子程序代码段，不仅含有代码，还含有数据。32 位代码段，特权级 1。

（6）任务的演示代码段。32 位代码段，特权级 3。

（7）任务的过渡代码段。32 位段，特权级 0。

（8）临时代码段。16 位段，特权级 0。

（9）实方式下的数据和代码段。

示例六的源程序如下：

```
;演示任务内特权级变换的转移(示例六,dp96)
%include    "DMC.H"                 ;文件 DMC.H 含有宏的声明和符号常量等
;-------------------------------------------------------------
    section text                    ;段 text
    bits    16                      ;16 位段模式
Head:                               ;工作程序特征信息
    HEADER  end_of_text, Begin, 2000H
;-------------------------------------------------------------
GDTSeg:                             ;任务全局描述符表 GDT
Dummy       DESCRIPTOR  0,0,0,0,0   ;哑描述符
Normal      DESCRIPTOR  0FFFFH,0,0,ATDW,0
Normal_Sel equ  Normal-GDTSeg       ;规范段描述符的选择子
InitGDT:                            ;GDT 中待初始化的描述符
;工作任务 TSS 段的描述符(DPL=0)及其选择子
DemoTSS     DESCRIPTOR  LenTSS-1,TSSeg,0,ATTSS32,0
TSS_Sel     equ  DemoTSS-GDTSeg
;工作任务 LDT 段的描述符(DPL=0)及其选择子
DemoLDT     DESCRIPTOR  LenLDT-1,LDTSeg,0,ATLDT,0
LDT_Sel     equ  DemoLDT-GDTSeg
;临时代码段的描述符(DPL=0)及其选择子
TempCode    DESCRIPTOR  0FFFFH,TCSeg,0,ATCE,0
TCode_Sel   equ  TempCode-GDTSeg
NumDescG    equ  ($-InitGDT)/8      ;GDT 中待初始化的描述符个数
;视频存储段的描述符(DPL=3)及其选择子
VideoMem    DESCRIPTOR  0FFFFH,8000H,0BH,ATDW+ DPL3,0
VMem_Sel    equ  VideoMem-GDTSeg
LenGDTSeg   equ  $-GDTSeg
;-------------------------------
LDTSeg:                             ;工作任务局部描述符表 LDT
;工作任务的 0 级堆栈段描述符(32 位段,DPL=0)及其选择子
DemoStack0 DESCRIPTOR  LenStack0-1,Stack0Seg,0,ATDW+ D32,0
Stack0_Sel equ  (DemoStack0-LDTSeg)+TIL
;工作任务的 1 级堆栈段描述符(32 位段,DPL=1)及其选择子
DemoStack1 DESCRIPTOR  LenStack1-1,Stack1Seg,0,ATDW+D32+DPL1,0
Stack1_Sel equ  (DemoStack1-LDTSeg) +TIL+RPL1
;工作任务的 3 级堆栈段描述符(DPL=3)及其选择子
DemoStack3 DESCRIPTOR  LenStack3-1,Stack3Seg,0,ATDW+D32+DPL3,0
Stack3_Sel equ  (DemoStack3-LDTSeg)+TIL+RPL3
```

```
;演示代码段描述符(32 位段,DPL=3) 及其选择子
DemoCode    DESCRIPTOR  LenDCode-1,DCodeSeg,0,ATCE32+DPL3,0
DCode_Sel   equ  (DemoCode-LDTSeg)+TIL+RPL3
;过渡代码段描述符(32 位段,DPL=0) 及其选择子
InteCode    DESCRIPTOR  LenICode-1,ICodeSeg,0,ATCE32,0
ICode_Sel   equ  (InteCode-LDTSeg)+TIL
;子程序代码段描述符(32 位段,DPL=1) 及其选择子
SubCode     DESCRIPTOR  LenSCode-1,SCodeSeg,0,ATCER+D32+DPL1,0
SCode_Sel1  equ  (SubCode-LDTSeg)+TIL+RPL1
SCode_Sel3  equ  (SubCode-LDTSeg)+TIL+ RPL3      ;//@1
NumDescL    equ  ($-LDTSeg) / 8     ;LDT 中需要初始化的描述符个数
;指向过渡代码段内 ICBegin 点的调用门(DPL=2)
PTGateA     GATE  ICBegin,ICode_Sel,0,ATCGAT32+DPL2,0
PTGateA_Sel equ  (PTGateA-LDTSeg)+TIL+RPL1      ; //@2
;指向过渡代码段内 ICodeEnd 点的调用门(DPL=3)
PTGateB     GATE  ICodeEnd,ICode_Sel,0,ATCGAT32+DPL3,0   ;//@3
PTGateB_Sel equ  (PTGateB-LDTSeg)+TIL+RPL2      ;//@4
;指向显示子程序的调用门(DPL=3)
PSubGate    GATE  SubBegin,SCode_Sel3,0,ATCGAT32+DPL3,0
PSGate_Sel  equ  (PSubGate-LDTSeg)+TIL+RPL3
LenLDT      equ  $-LDTSeg              ;LDT 的长度
;-------------------------------------------------------------
TSSeg:                                 ;示例任务的状态段 TSS
    DW      0,0                        ;链接字段
    DD      LenStack0                  ;0 级堆栈指针
    DW      Stack0_Sel,0               ;初始化
    DD      LenStack1                  ;1 级堆栈指针
    DW      Stack1_Sel,0               ;初始化
    DD      0                          ;2 级堆栈指针(未使用)
    DW      0,0                        ;未初始化(未使用)
    DD      0                          ;CR3
    DD      0                          ;EIP
    DD      0                          ;EFLAGS
    DD      0                          ;EAX
    DD      0                          ;ECX
    DD      0                          ;EDX
    DD      0                          ;EBX
    DD      0                          ;ESP
    DD      0                          ;EBP
    DD      0                          ;ESI
    DD      0                          ;EDI
    DW      0,0                        ;ES
    DW      0,0                        ;CS
    DW      0,0                        ;SS
    DW      0,0                        ;DS
    DW      0,0                        ;FS
    DW      0,0                        ;GS
    DW      LDT_Sel,0                  ;LDT
```

```
        DW       0
        DW       $+2                    ;指向 I/O 许可位图
        DB       0FFH                   ;I/O 许可位图结束标志
LenTSS    equ    $-TSSeg
;------------------------------
;工作任务的 0 级堆栈段( 32 位段)
        align    16                     ;16 字节对齐
Stack0Seg:
LenStack0  equ   512
        times    LenStack0 DB  0
;工作任务的 1 级堆栈段( 32 位段)
Stack1Seg:
LenStack1  equ   512
        times    LenStack1 DB  0
;工作任务的 3 级堆栈段( 32 位段)
Stack3Seg:
LenStack3  equ   512
        times    LenStack3 DB  0
;------------------------------
;工作任务的子程序代码段( 32 位段,1 级)
        align    16                     ;16 字节对齐
        bits     32                     ;32 位段模式
SCodeSeg:
Message    equ   $-SCodeSeg
        DB       'CPL=',0
;---------
;子程序代码段( 32 位段,1 级)
;显示主调程序的执行特权级
SubBegin    equ   $-SCodeSeg
    PUSH   EBP
    MOV    EBP, ESP
    MOV    AX, SCode_Sel1           ;子程序代码段是可读段
    MOV    DS, AX                   ;采用 RPL=1 的选择子
    MOV    AX, VMem_Sel
    MOV    ES, AX                   ;视频存储段基地址是 000B8000H
    MOV    EDI, 5*80*2              ;显示开始位置(第 5 行首)
    MOV    ESI, Message
    MOV    AH, 4EH                  ;红底黄字
.L1:LODSB
    OR     AL, AL                   ;字符串以 0 结尾
    JZ     SHORT .L2
    STOSW                          ;显示字符
    JMP    SHORT .L1
.L2:MOV    EAX, [EBP+8]            ;从堆栈中取得主调程序的 CS //@*
    AND    AL, 3                    ;主调程序的 CPL 在 CS 的 RPL 字段
    ADD    AL, '0'
    MOV    AH, 4EH                  ;红底黄字
    STOSW                          ;显示
```

```
        POP     EBP
        RETF                        ;段间返回//@5
LenSCode equ   $-SCodeSeg
;------------------------------
;工作任务的演示代码段(32 位段,3 级)
        align 16                    ;16 字节对齐
        bits  32                    ;32 位段模式
DCodeSeg:
DCBegin  equ   $-DCodeSeg
        OR      EAX, EAX            ;装装样子,可省略
        CALL    PSGate_Sel:345678H ;显示当前特权级(变换到 1 级) //@6
DCLab:
        OR      EAX, EAX            ;装装样子,可省略
        CALL    PTGateB_Sel:0       ;转到过渡代码段(变换到 0 级) //@7
LenDCode equ   $-DCodeSeg
;------------------------------
;工作任务的过渡代码段(32 位段,0 级)
        align 16                    ;16 字节对齐
        bits  32                    ;32 位段模式
ICodeSeg:
ICBegin  equ   $-ICodeSeg
        MOV     AX, Stack0_Sel
        MOV     SS, AX              ;建立 0 级堆栈
        MOV     ESP, LenStack0
        ;
        PUSH    DWORD  Stack3_Sel   ;压入 3 级堆栈指针//@8
        PUSH    DWORD  LenStack3
        ;
        PUSH    DWORD  DCode_Sel    ;压入演示代码入口点(选择子)
        PUSH    DWORD  DCBegin      ;偏移//@9
        ;
        RETF                        ;转 3 级的演示代码段//@A
        ;
ICodeEnd equ   $-ICodeSeg          ;转临时代码段
        OR      EAX, EAX            ;装装样子,可以省略
        JMP     TCode_Sel:PM_Entry2
LenICode equ   $-ICodeSeg
;------------------------------
;临时代码段(16 位段,0 级)
        align 16                    ;16 字节对齐
        bits  16                    ;16 位段模式
TCSeg:
PM_Entry1 equ  $-TCSeg
        MOV     AX, TSS_Sel
        LTR     AX                  ;装载 TR //@B
        ;
        MOV     BX, LDT_Sel
        LLDT    BX                  ;装载 LDTR
```

```
    ;
    JMP    PTGateA_Sel:9999H          ;通过调用门转过渡段
;---------
PM_Entry2 equ  $-TCSeg               ;准备切换回实方式
    MOV    AX, Normal_Sel
    MOV    DS, AX
    MOV    ES, AX                     ;把规范段描述符
    MOV    FS, AX                     ;装入各数据段寄存器
    MOV    GS, AX
    MOV    SS, AX
    MOV    EAX, CR0                   ;准备返回实方式
    AND    AX, 0FFFEH
    MOV    CR0, EAX
ToReal:                              ;真正回到实方式
    JMP    0:Real
LenTCode equ  $-TCSeg
;==================================================================
;实方式的数据
VGDTR      PDESC   LenGDTSeg-1,0 ;GDT 伪描述符
VarESP     DD      0              ;暂存实方式的堆栈指针
VarSS      DW      0
;--------------------------------
;实方式的代码
    bits 16
Begin:
    CLD
    MOV    AX, CS
    MOV    DS, AX
    MOV    [ToReal+3], AX            ;重定位
    MOV    [VarESP], ESP            ;保存实方式下堆栈指针
    MOV    [VarSS], SS
    MOV    SI, InitGDT
    MOV    CX, NumDescG
    CALL   InitDescBA                ;设置 GDT 中的待初始化描述符的基地址
    MOV    SI, LDTSeg
    MOV    CX, NumDescL
    CALL   InitDescBA                ;设置 LDT 中的 待初始化描述符的基地址
    MOV    SI, VGDTR
    MOV    BX, GDTSeg
    CALL   InitPeDesc                ;初始化用于 GDT 的伪描述符
    ;
    LGDT   [VGDTR]                   ;装载 GDTR
    CLI
    MOV    EAX, CR0                  ;准备切换到保护方式
    OR     EAX, 1
    MOV    CR0, EAX
    JMP    TCode_Sel:PM_Entry1      ;进入保护方式下的临时代码段
    ;--------------------------
```

```
Real:                              ;回到实方式
    MOV    AX, CS
    MOV    DS, AX
    LSS    ESP, [VarESP]           ;恢复实方式下的堆栈指针
    STI                            ;开中断
    RETF                           ;返回加载器
;----------------------------
%include " PROC.ASM"               ;包含初始化阶段的相关子程序
end_of_text:                       ;源代码到此为止
```

3. 关于示例六的说明

上述示例六源程序的许多片段与前面示例中的片段类似,已经作过介绍,下面主要就通过调用门实现转移作些说明,重点是实现任务内特权级变换。

(1) 通过调用门实现相同特权级的转移。为了充分演示,在临时代码段安排如下段间转移指令 JMP,通过调用门 PTGateA 转移到过渡代码段。

```
    JMP    PTGateA_Sel:9999H
```

上述指令中转移目标地址的选择子 PTGateA_Sel,指示如下所示的 32 位调用门:

```
PTGateA  GATE   ICBegin, ICode_Sel, 0, ATCGAT32+ DPL2, 0
```

由于 CPL=0,故意安排选择子 PTGateA_Sel 中 RPL=1,参见源程序"//@2"行,该调用门描述符 DPL=2,符合 CPL<=DPL,且 RPL<=DPL 要求,因此可以通过该调用门。

由于通过调用门转移,因此真正的转移目标地址由调用门给出,转移指令中的偏移部分只是一个摆设。从上述调用门可知,真正的转移目标地址是 ICode_Sel:ICBegin。对应目标代码段描述符如下:

```
InteCode  DESCRIPTOR  LenICode-1, ICodeSeg, 0, ATCE32, 0
```

从上述目标代码段描述符可知,目标代码段是非一致代码段,而且 DPL=0。符合 CPL=DPL 的要求,所以可以顺利进行相同特权级的转移:把目标代码段的选择子 ICode_Sel 装入 CS,并保持当前特权级,同时把对应描述符中的信息装入高速缓冲存储器;把调用门中的偏移 ICBegin 装入指令指针寄存器 EIP。

(2) 通过段间返回指令实现的特权级变换。本示例在两处使用段间返回指令 RETF 实现任务内的特权级变换。第一处在 0 级的过渡代码段中,利用 RETF 指令,从特权级 0 变换到特权级 3 的演示代码段,参见源程序"//@ A"行。该处 RETF 指令没有对应的 CALL 指令。从实方式切换到保护方式后,CPL=0。为了演示如何通过调用门来调用内层程序,要设法使 CPL>0。为此,本示例先建立一个已发生从外层到内层变换的环境,也即按图 9.26 所示的要求,在当前堆栈(0 级堆栈)中放入外层堆栈的指针和外层代码的入口指针,参见源程序"//@8"行到"//@9"行,形成一个如图 9.28 所示的 0 级堆栈,无须传递参数。然后,执行指令 RETF,从堆栈中弹出 3 级演示代码的选择子,RPL=3,而当时 CPL=0,所以导致向

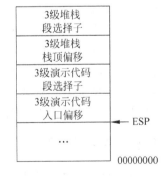

图 9.28　示例六执行 RETF 时的 0/1 级堆栈

外层变换特权级,就从 0 级的过渡代码变换到 3 级的演示代码,同时切换到 3 级堆栈。

第二处是从 1 级的子程序代码段返回到 3 级的演示代码段,参见源程序"//@5"行。这里的返回指令 RETF 与演示代码段中的通过调用门的段间调用指令 CALL 相对应,参见源程序"//@6"行。执行 RETF 时的 1 级堆栈也如图 9.28 所示,其中的返回地址指针和外层堆栈指针是当初在执行指令 CALL 时被压入的。

(3)通过调用门实现的特权级变换。本示例在两处使用了段间调用指令,通过调用门实现特权级的变换。第一处是 3 级演示代码通过调用门 PSubGate 调用 1 级的子程序,参见源程序"//@6"行。使用的调用门如下:

PSubGate GATE SubBegin, SCode_Sel3, 0, ATCGAT32+ DPL3, 0

从该调用门可见,调用门自身 DPL=3,只有这样,3 级的演示代码才能够使用该调用门。真正的目标地址是 SCode_Sel3:SubBegin,对应目标(子程序)代码段描述符如下:

SubCode DESCRIPTOR LenSCode-1, SCodeSeg, 0, ATCER+ D32+ DPL1, 0

从中可见,子程序代码段描述符 DPL=1。当时 CPL=3,所以该调用引起从外层特权级向内层特权级的变换,使 CPL=1。同时形成如图 9.28 所示的 1 级堆栈。虽然调用门内的选择子 SCode_Sel3 的 RPL=3,这是为了演示有意安排之,大于目标代码段描述符的 DPL,但没有关系。

第二处是 3 级演示代码通过调用门 PTGateB 调用 0 级的过渡代码,参见源程序"//@7"行。这里使用的调用门描述符 DPL 也等于 3,参见源程序"//@3"行。由于调用门内的选择子 ICode_Sel 所指示的过渡代码段描述符 DPL=0,而当时 CPL=3,因此引起从 3 特权级向 0 特权级的变换,使 CPL=0。同时形成如图 9.28 所示的 0 级堆栈。但该处的调用实际上是"有去无回"的,调用的目的是转移到 0 级的过渡代码,准备返回到实方式。由于从 3 级的演示代码段到 0 级的过渡代码段要发生特权级变换,因此不能使用转移指令 JMP,必须使用调用指令 CALL。

(4)显示子程序的实现。由子程序代码段的显示子程序实现本示例的逻辑功能,也即显示输出主调程序执行时的特权级。主调程序的执行特权级在代码段寄存器 CS 内的 RPL 字段,在调用显示子程序时,寄存器 CS 内容被压入堆栈。子程序从堆栈取得上述 CS 内容,也即主调程序的代码段选择子,参见源程序"//@ *"行,再从中分离出 RPL 字段就可得主调程序的执行特权级。

(5)装载任务寄存器 TR。在任务内发生特权级变换时堆栈也随之自动切换,外层堆栈指针保存在内层堆栈中,而内层堆栈指针存放在当前任务的 TSS 中。所以,在从外层向内层变换时,要访问任务状态段 TSS。本示例在进入保护方式下的临时代码段后,通过加载任务寄存器指令 LTR,把指向任务状态段 TSS 的选择子装载到 TR 寄存器,参见源程序"//@B"行。

从源程序可知,通过预置的方式,准备好了任务状态段 TSS。这样可以比较简单。

9.7.5 任务切换

利用段间转移指令 JMP 或者段间调用指令 CALL,通过任务门或者直接通过任务状态段,可以切换到另一个任务。此外,在中断/异常或者执行中断返回指令 IRETD 时也可能发生任务切换。

1. 直接通过 TSS 进行任务切换

当段间转移指令 JMP 或段间调用指令 CALL 给定的目标地址选择子,指示一个可用任务状态段 TSS 描述符时,正常情况下就发生从当前任务到由该可用 TSS 对应任务(目标任务)的切换。目标任务的入口点由目标任务 TSS 内的 CS 和 EIP 字段所规定的指针确定。这样的 JMP 或 CALL 指令给定的目标地址的偏移被丢弃。

在访问 TSS 描述符获取任务状态段信息时,CPU 会先进行特权级检测。访问 TSS 描述符的特权级要求与访问数据段描述符一样。TSS 段描述符的 DPL 规定了访问该描述符的最外层特权级,只有在相同级或者更内层级的程序才可以访问它,也即 CPL<=DPL。同时,还要求指示它的选择子的 RPL 必须满足 RPL<=DPL 的条件。

在通过特权级检测后,CPU 还会进一步判断该 TSS 描述符是否为可用 TSS 描述符,以及对应 TSS 是否存在。当这些条件都满足时,就开始进行任务切换。

2. 通过任务门进行任务切换

任务门内的选择子指示某个任务的 TSS 描述符,任务门内的偏移实际上无意义。

当段间转移指令 JMP 或段间调用指令 CALL 给定的目标地址选择子,指示一个任务门时,正常情况下就发生任务切换,也即从当前任务切换到由任务门内的选择子所指示的 TSS 描述符对应的任务(目标任务)。这样的 JMP 或 CALL 指令给定的目标地址的偏移被丢弃。

在访问任务门描述符时,CPU 会先进行特权级检测。任务门是门描述符的一种,对特权级的要求就是访问门描述符的要求,其实也就是访问数据段描述符的要求。任务门的 DPL 规定了访问该门的最外层特权级,只有在相同级或者更内层级的程序才可以访问它。因此,要求 CPL<=DPL,并且 RPL<=DPL。

在通过特权级检测后,先从有效的任务门内取得指示目标任务 TSS 描述符的选择子,再做进一步的检查。要求该选择子指示 GDT 中的可用 TSS 描述符,以及对应 TSS 存在。在通过检测后,就开始进行任务切换。

3. 任务切换的过程

根据指示目标任务 TSS 描述符的选择子进行任务切换的过程大致如下。

(1)测试目标任务状态段的界限。TSS 用于保存任务的各种状态信息,不同的任务,TSS 中可以有数量不等的其他信息,但根据图 9.24 所示的任务状态段基本格式,TSS 的段界限应大于或等于 103。

(2)把寄存器现场保存到当前任务的 TSS。把通用寄存器、段寄存器、EIP 及 EFLAGS 的当前值保存到当前 TSS 中。保存的 EIP 的值是返回地址,指向引起任务切换指令的下一条指令。但不把 LDTR 和 CR3 内容保存到 TSS 中。

(3)把指示目标任务 TSS 的选择子装入任务寄存器 TR。同时,把对应 TSS 描述符装入 TR 高速缓冲存储器中。此后,当前任务改称为原任务,目标任务改称为当前任务。

(4)基本恢复当前任务(目标任务)的寄存器现场。根据保存在 TSS 中的内容,恢复各通用寄存器、段寄存器、EFLAGS 及 EIP。在装入段寄存器的过程中,为了能正确地处理可能发生的异常,只把对应选择子装入各段寄存器。还装载 CR3 寄存器。

(5)进行链接处理。如果需要链接,那么将指向原任务 TSS 的选择子写入当前任务 TSS 的链接字字段,把当前任务 TSS 描述符类型改为"忙",并将标志寄存器 EFLAGS 中的标志 NT 置 1,表示是嵌套任务。如果需要解链,那么把原任务 TSS 描述符类型改为"可用"。如果无链接处理,那么将原任务 TSS 描述符类型置为"可用",当前任务 TSS 描述符类型置为"忙"。由 JMP 指令引起的任务切换不实施链接或解链处理;由 CALL 指令、中断、IRETD 指令引起的任务切换要实施链接或解链处理。

（6）把 CR0 中的 TS 位置为 1。这表示已发生过任务切换，在当前任务使用协处理器指令时，产生自陷。由自陷处理程序完成有关协处理器现场的保存和恢复。这有利于快速地进行任务切换。

（7）把 TSS 中的 CS 选择子的 RPL 字段作为当前任务特权级设置为 CPL。任务切换可以在一个任务的任何特权级发生，并可切换到另一任务的任何特权级。

（8）装载 LDTR 寄存器。一个任务可以有自己的 LDT，也可以没有。当任务没有 LDT 时，TSS 中 LDT 选择子为空（0）。如果 TSS 中 LDT 选择子非空，则从 GDT 中读出对应 LDT 描述符，在经过测试后，把所读 LDT 描述符装入 LDTR 高速缓冲寄存器。如果 LDT 选择子为空，表明任务不使用 LDT。

（9）装载代码段寄存器 CS、堆栈段寄存器 SS 和各数据段寄存器及其它们的高速缓冲存储器。

（10）把排错寄存器 DR7 中的局部启用位设置为 0，以清除局部于原任务的各个断点和方式。

由于需要处理任务切换过程中出现异常的情况，因此实际的任务切换过程要复杂得多。由此可知，表面上可以方便地切换任务，实际上这种"硬"切换方式将花费大量时间。

4. 关于任务状态和嵌套的说明

从表 9.5 可知，有"可用"和"忙"两类任务状态段 TSS 描述符。它们反映了对应任务的当前状态。标志寄存器 EFLAGS 中有一个标志位 NT（位 14），它反映是否出现任务嵌套现象。标志 NT＝1 表示任务嵌套，当前任务链接到前一任务；标志 NT＝0 表示当前任务不链接其他任务。

在由段间转移指令 JMP 引起任务切换时，不实施链接，不会导致任务的嵌套。它要求目标任务是"可用"任务。切换过程中把原任务置为"可用"，目标任务置为"忙"。

在由段间调用指令 CALL 引起任务切换时，实施链接，导致任务的嵌套。它要求目标任务是"可用"任务。在切换过程中把目标任务置为"忙"，原任务仍保持"忙"；标志寄存器 EFLAGS 中的标志 NT 置 1，表示是嵌套任务。

在由中断或异常引起任务切换时，实施链接，导致任务的嵌套。要求目标任务是"可用"任务。在切换过程中把目标任务置为"忙"，原任务仍保持"忙"；标志寄存器 EFLAGS 中的标志 NT 置 1，表示是嵌套任务。

在执行中断返回指令 IRETD 时引起任务切换，那么实施解链。要求目标任务是"忙"任务。在切换过程中把原任务置为"可用"，目标任务仍保持"忙"。

关于中断或异常可能引起任务切换的具体情况，以及指令 IRETD 可能引起任务切换的具体情形，将在 9.8 节中介绍。

9.7.6 任务切换的演示（示例七）

下面给出演示任务切换的示例七。本示例的逻辑功能是，在完成任务切换之后显示原先任务的挂起点的偏移值。

1. 演示内容和执行步骤

为了简单化，本示例没有安排中断描述符表 IDT，不允许中断，也不考虑发生异常，不启用分页存储管理机制。演示内容包括：直接通过 TSS 段的任务切换；通过任务门的任务切换；任务内特权级的变换及参数传递。

为了充分演示任务的切换和特权级的变换,本示例在保护方式下涉及到两个任务:一个任务称为临时任务;另一个任务称为工作任务。工作任务的功能是演示通过调用门实现特权级的变换和内外层堆栈之间参数的自动复制。临时任务配合工作任务一起演示任务切换。

演示思路是:从实方式切换到保护方式时进入临时任务;然后从临时任务切换到工作任务;在工作任务内调用子程序实现本示例的逻辑功能,同时演示特权级的变换;随后从工作任务又切换到临时任务;最后在临时任务切换到实方式。

本示例的主要执行步骤如图 9.29 所示。在图的右边标出了任务切换和特权级变换的分界情况。在从临时任务切换到工作任务之前要把指向临时任务 TSS 描述符的选择子装入 TR。通过把工作任务的 TSS 初始化成恢复点在特权级为 2 的代码段,使得在从临时任务切换到工作任务后,当前特权级 CPL＝2。

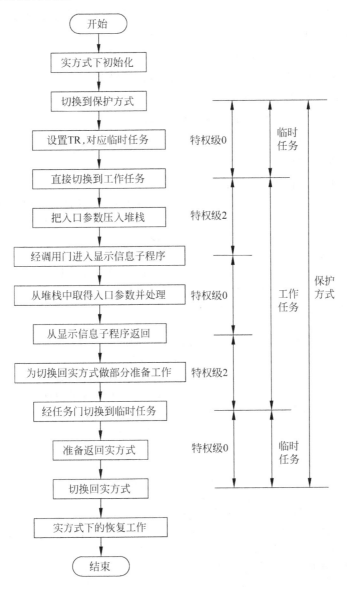

图 9.29　示例七的主要执行步骤

2. 源程序组织和清单

除了工作程序特征信息外，本示例依次含有以下组成部分。

（1）全局描述符表 GDT。它含有工作任务 TSS 描述符和 LDT 段描述符，还含有临时任务 TSS 描述符和临时任务的代码段描述符。此外，还含有工作子程序代码段描述符、规范数据段描述符和视频存储区段描述符。

（2）工作任务的 TSS 段。按照工作任务的功能要求，通过预置方式进行了初始化，好像该任务曾经运行过。

（3）工作任务的 LDT 段。它含有工作任务的 0 级和 2 级堆栈段描述符、代码段和数据段描述符、分别以数据段方式描述 LDT 和临时任务 TSS 的数据段描述符，以及指示工作子程序的调用门和指示临时任务的任务门。

（4）工作任务的 0 级和 2 级堆栈段。它们都是 32 位段，特权级分别为 0 和 2。

（5）工作任务的数据段。它属于 32 位段，特权级 3。

（6）工作子程序代码段。它属于 32 位代码段，特权级 0。

（7）工作任务的代码段。它属于 32 位代码段，特权级 2。

（8）临时任务的 TSS 段。未初始化。

（9）临时任务的代码段。它属于 16 位段，特权级 0。

（10）实方式下的数据和代码段。

示例七的源程序如下：

```
;演示任务的切换(示例七,dp97)
%include   "DMC.H"                   ;文件 DMC.H 含有宏的声明和符号常量等
;------------------------------------------------------------
    section text                     ;段 text
    bits    16                       ;16 位段模式
Head:                                ;工作程序特征信息
    HEADER  end_of_text, Begin, 2000H
    ;------------------------------------------------------------
GDTSeg:                              ;工作任务的全局描述符表 GDT
Dummy        DESCRIPTOR  0,0,0,0,0   ;哑描述符
Normal       DESCRIPTOR  0FFFFH,0,0,ATDW,0
Normal_Sel equ  Normal-GDTSeg        ;规范段描述符的选择子
InitGDT:                             ;GDT 中待初始化的描述符
;工作任务 TSS 段的描述符(DPL=0)及其选择子(RPL=0)
DemoTSS      DESCRIPTOR  LenDTSS-1,DTSSeg,0,ATTSS32,0
DTSS_Sel     equ  DemoTSS-GDTSeg     ;//@1
;工作任务 LDT 段的描述符(DPL=0)及其选择子(RPL=0)
DemoLDT      DESCRIPTOR  LenDLDT-1,DLDTSeg,0,ATLDT,0
DLDT_Sel     equ  DemoLDT-GDTSeg
;子程序代码段描述符(DPL=0)及其选择子(RPL=3)
SubCode      DESCRIPTOR  LenSCode-1,SCodeSeg,0,ATCE+ D32,0 ;    //@2
SCode_Sel3 equ  (SubCode-GDTSeg) + RPL3
;临时任务的任务状态段描述符(DPL=2)及其选择子(RPL=0)
TempTSS      DESCRIPTOR  LenTTSS-1,TTSSeg,0,ATTSS32+ DPL2,0
TTSS_Sel     equ  TempTSS-GDTSeg
;临时代码段的描述符(DPL=0)及其选择子(RPL=0)
```

```
TempCode    DESCRIPTOR  0FFFFH,TCSeg,0,ATCE,0
TCode_Sel   equ  TempCode-GDTSeg
NumDescG    equ  ($-InitGDT)/8      ;GDT 中待初始化的描述符个数
;视频存储段的描述符(DPL=3)及其选择子(RPL=0)
VideoMem    DESCRIPTOR  0FFFFH,8000H,0BH,ATDW+DPL3,0
VMem_Sel    equ  VideoMem-GDTSeg
LenGDT      equ  $-GDTSeg
;------------------------------------------------------------
    align   16                      ;16 字节对齐
;工作任务的状态段 TSS(为了便于预置方式初始化,没有采用宏)
DTSSeg:
    DW      0, 0                     ;链接字段
    DD      LenStack0               ;0 级堆栈指针
    DW      Stack0_Sel, 0           ;初始化
    DD      0                       ;1 级堆栈指针(未使用)
    DW      0, 0                     ;未初始化(未使用)
    DD      LenStack2               ;2 级堆栈指针
    DW      Stack2_Sel, 0           ;初始化
    DD      0                       ;CR3
    DD      DBegin                  ;EIP 工作任务的入口点 //@3
    DD      0                       ;EFLAGS
    DD      0                       ;EAX
    DD      0                       ;ECX
    DD      0                       ;EDX
    DD      0                       ;EBX
    DD      LenStack2               ;ESP 工作任务的堆栈指针
    DD      0                       ;EBP
    DD      0                       ;ESI
    DD      80                      ;EDI(显示位置,首行中间)
    DW      VMem_Sel, 0             ;ES 视频存储段
    DW      DCode_Sel, 0            ;CS 工作任务的代码段 //@4
    DW      Stack2_Sel, 0           ;SS 工作任务的堆栈段选择子
    DW      DData_Sel, 0            ;DS 工作任务的数据段
    DW      ALDT_Sel, 0             ;FS 别名段(对应临时任务 LDT)
    DW      ATTSS_Sel, 0            ;GS 别名段(对应临时任务 TSS)
    DW      DLDT_Sel, 0             ;LDTR 工作任务的 LDT 段
    DW      0
    DW      $+2-DTSSeg              ;指向 I/O 许可位图
    DB      0FFH                    ;I/O 许可位图结束标志
LenDTSS     equ  $-DTSSeg
;--------------------------------
    align   16                      ;16 字节对齐
DLDTSeg:                            ;工作任务的局部描述符表 LDT
;工作任务的 0 级堆栈段描述符(DPL=0)及其选择子(RPL=0)
DemoStack0 DESCRIPTOR  LenStack0-1,Stack0Seg,0,ATDW+D32,0
Stack0_Sel equ  (DemoStack0-DLDTSeg)+TIL
;工作任务的 2 级堆栈段描述符(DPL=2)及其选择子(RPL=2)
DemoStack2 DESCRIPTOR  LenStack2-1,Stack2Seg,0,ATDW+D32+DPL2,0
```

```
Stack2_Sel    equ   (DemoStack2-DLDTSeg)+TIL+RPL2
;工作任务的代码段描述符(32位段,DPL=2)及其选择子(RPL=2)
DemoCode      DESCRIPTOR  LenDCode-1,DCodeSeg,0,ATCE+D32+DPL2,0 ;//@5
DCode_Sel     equ   (DemoCode-DLDTSeg)+TIL+RPL2   ; //@6
;工作任务的数据段描述符(32位段,DPL=3)及其选择子(RPL=0)
DemoData      DESCRIPTOR  LenDData-1,DDataSeg,0,ATDW+D32+DPL3,0
DData_Sel     equ   (DemoData-DLDTSeg)+TIL
;把 LDT 别名作为普通数据段的描述符(DPL=2)及其选择子(RPL=0)
ALDT          DESCRIPTOR  LenDLDT-1,DLDTSeg,0,ATDW+DPL2,0
ALDT_Sel      equ   (ALDT-DLDTSeg)+TIL
;把 TempTSS 别名作为普通数据段的描述符(DPL=2)及其选择子(RPL=0)
ATTSS         DESCRIPTOR  LenTTSS-1,TTSSeg,0,ATDW+DPL2,0
ATTSS_Sel     equ   (ATTSS-DLDTSeg)+TIL
NumDescL      equ   ($-DLDTSeg)/8      ;LDT 中待初始化描述符个数
;指向子程序的调用门(DPL=3)及其描述符(RPL=2)
PSubGate      GATE  SubBegin,SCode_Sel3,0,ATCGAT32+DPL3,0  ;//@7
PSGate_Sel    equ   (PSubGate-DLDTSeg)+TIL+RPL2   ; //@8
;指向临时任务 TempTSS 的任务门(DPL=3)及其选择子(RPL=0)
PTTGate       GATE  0,TTSS_Sel,0,ATTASKGAT+DPL3,0  ;//@9
PTTGate_Sel   equ   (PTTGate-DLDTSeg)+TIL
LenDLDT       equ   $-DLDTSeg          ;LDT 的长度
;-------------------------------
    align   16                         ;16字节对齐
;工作任务的 0 级堆栈段(32位段)
Stack0Seg:
LenStack0   equ   512
    times   LenStack0  DB   0
;工作任务的 2 级堆栈段(32位段)
Stack2Seg:
LenStack2   equ   512
    times   LenStack2  DB   0
;-------------------------------
;工作任务的数据段(32位段)
DDataSeg:
Message     equ   $-DDataSeg
    DB      'EIP=',0
LenDData    equ   $-DDataSeg
;-------------------------------
;工作任务的子程序段(32位段)
    align   16                         ;16字节对齐
    bits    32                         ;32位段模式
SCodeSeg:
SubBegin    equ   $-SCodeSeg
SubR:
;在显示指定的字符串后,以十六进制数形式显示 32 位二进制值
;通过堆栈传递参数(第 1 个是要显示的值,第 2 个是提示信息首地址)
    PUSH   EBP
    MOV    EBP, ESP
```

```
    PUSHAD                          ;保护现场
    ;从堆栈(0级)中取提示信息串的起始地址偏移
    MOV    ESI, [EBP+12]            ;从堆栈取得第 2 个参数
    MOV    AH, 17H                  ;蓝底白字
    JMP    SHORT .L2
.L1:STOSW                          ;显示提示信息
.L2:LODSB
    OR     AL, AL                   ;提示信息以 0 结尾
    JNZ    .L1
    ;从堆栈(0级)中取显示值
    MOV    EDX, [EBP+16]            ;从堆栈取得第 1 个参数
    MOV    ECX, 8                   ;32 个二进制位=8 个十六进制位
.L3:ROL    EDX, 4
    MOV    AL, DL
    CALL   HTOASC                   ;转换成 ASCII 码
    STOSW                           ;填写到视频存储区(显示)
    LOOP   .L3
    POPAD                           ;恢复现场
    POP    EBP
    RETF   8                        ;段间返回,并废除堆栈中的参数 //@A
    ;
HTOASC:                            ;转换成对应 ASCII 码
    AND    AL, 0FH
    ADD    AL, '0'
    CMP    AL, '9'
    JBE    SHORT  .L1
    ADD    AL,7
.L1:RET                            ;段内返回
LenSCode equ  $-SCodeSeg
;-----------------------------
;工作任务的代码段(32 位段,2 级)
DCodeSeg:
    align 16                        ;16 字节对齐
    bits  32                        ;32 位段模式
    or     eax, eax                 ;仅仅占位,装装样子,可以省略
DBegin    equ  $-DCodeSeg
    ;把要复制的参数个数置入调用门
    MOV    BYTE [FS:PSubGate.DCOUNT-DLDTSeg], 2   ;//@B
    ;向堆栈(2级)中压入参数
    PUSH   DWORD [GS:TempTask.TREIP-TempTask];数据(临时任务挂起点) //@C
    PUSH   DWORD  Message           ;提示信息首地址//@D
ToSub:
    CALL   PSGate_Sel:0             ;通过调用门调用工作子程序//@E
    ;把指向规范数据段描述符的选择子填入临时任务 TSS
    PUSH   GS
    POP    DS
    MOV    AX, Normal_Sel
    MOV    [TempTask.TRDS-TTSSeg], AX
```

```
        MOV    [TempTask.TRES-TTSSeg], AX
        MOV    [TempTask.TRFS-TTSSeg], AX
        MOV    [TempTask.TRGS-TTSSeg], AX
        MOV    [TempTask.TRSS-TTSSeg], AX
  ToTempT:
        JMP    PTTGate_Sel:0              ;通过任务门切换到临时任务//@F
LenDCode equ   $-DCodeSeg
;--------------------------------
;临时任务的任务状态段 TSS
        align  16                         ;16 字节对齐
TTSSeg:
TempTask TASKSS                           ;为节省篇幅,采用宏
         DB     0FFH
LenTTSS  equ    $-TTSSeg
;--------------------------------
;临时任务的临时代码段(16 位段, 0 级)
        align  16                         ;16 字节对齐
        bits   16                         ;16 位段模式
TCSeg:
PM_Entry1 equ  $-TCSeg
        MOV    AX, TTSS_Sel               ;临时任务 TSS
        LTR    AX                         ;装载任务寄存器 TR //@G
        ;
        JMP    DTSS_Sel:0                 ;直接切换到工作任务
        ;
PM_Entry2:                                ;准备切换回实方式
        or     eax, eax                   ;仅仅占位,装装样子,可以省略
        CLTS                              ;清任务切换标志
        ;
        MOV    EAX, CR0                   ;准备返回实方式
        AND    AX, 0FFFEH
        MOV    CR0, EAX
ToReal:                                   ;真正进入实方式
        JMP    0:Real
LenTCode equ   $-TCSeg
;====================================
        align  16
;实方式的数据
VGDTR    PDESC   LenGDT-1,0               ;GDT 伪描述符
VarESP   DD      0                        ;暂存实方式的堆栈指针
VarSS    DW      0
;--------------------------------
;实方式的代码
        bits   16                         ;16 位段模式
Begin:
        CLD
        MOV    AX, CS
        MOV    DS, AX
```

```
     MOV    [ToReal+3], AX           ;重定位
     MOV    [VarESP], ESP            ;保存实方式下堆栈指针
     MOV    [VarSS], SS
     MOV    SI, InitGDT
     MOV    CX, NumDescG
     CALL   InitDescBA               ;设置 GDT 中待初始化描述符的基地址
     MOV    SI, DLDTSeg
     MOV    CX, NumDescL
     CALL   InitDescBA               ;设置 LDT 中待初始化描述符的基地址
     MOV    SI, VGDTR
     MOV    BX, GDTSeg
     CALL   InitPeDesc               ;初始化用于 GDT 的伪描述符
     ;
     LGDT   [VGDTR]                  ;装载 GDTR
     CLI
     MOV    EAX, CR0                 ;准备切换到保护方式
     OR     EAX, 1
     MOV    CR0, EAX
     JMP    TCode_Sel:PM_Entry1      ;进入保护方式下的临时代码段
     ;---------------------------
Real:                               ;回到实方式
     MOV    AX, CS
     MOV    DS, AX
     LSS    ESP, [VarESP]            ;恢复实方式下的堆栈指针
     STI                            ;开中断
     RETF                           ;返回加载器
;-----------------------------
%include " PROC.ASM"                ;包含初始化阶段的相关子程序
end_of_text:                        ;源代码到此为止
```

3. 关于示例七的说明

下面主要就任务切换的方法和任务内特权级变换时堆栈参数的复制作些说明。

(1) 从临时任务直接通过 TSS 切换到工作任务。可以认为,在从实方式切换到保护方式后,就进入了临时任务。但任务寄存器 TR 还没有指向临时任务的任务状态段 TSS。如前所述,在从临时任务切换到工作任务时,将要把临时任务的现场保存到临时任务的 TSS,这要求 TR 指向临时任务的 TSS。为此,先利用 LTR 指令把指示临时任务 TSS 描述符的选择子装入 TR,参见源程序"//@G"行。利用 LTR 指令显式地装载 TR,不是真正的任务切换,并不会引用 TSS 的内容。这也解释了最初几乎没有初始化临时任务 TSS 的原因。

临时任务采用如下段间转移指令 JMP,直接通过工作任务的 TSS,切换到工作任务。

```
    JMP    DTSS_Sel:0
```

选择子 DTSS_Sel 的 RPL=0,指示如下工作任务的 TSS 描述符,参见源程序"//@1"行。

```
DemoTSS  DESCRIPTOR  LenDTSS-1, DTSSeg, 0, ATTSS32, 0
```

上述工作任务 TSS 的描述符 DPL=0。在执行该转移指令 JMP 时,CPL=0,符合 CPL<= DPL 和 RPL<=DPL 的特权级要求,并且它是一个"可用"TSS,所以顺利进行从临时任务到工作任务的切换。切换过程包括:把临时任务的执行现场保存到临时任务的 TSS 中;从工作

任务的 TSS 中恢复工作任务的现场；把工作任务的 LDT 描述符选择子装载到 LDTR 等。

从源程序"//@4"行和"//@3"行可知，初始化后的工作任务 TSS 中 CS 字段存放的选择子是 DCode_Sel，对应的描述符在工作任务的 LDT 中，并且 DPL＝2，它描述了代码段 DemoCode，同时挂起点是 DemoBegin，好像曾经执行过工作任务。所以，在切换到工作任务后从所谓的挂起点 DCode_Sel：DemoBegin 开始执行，并且 CPL＝2。

由于使用 JMP 指令进行任务切换，因此不实施任务链接。

（2）从工作任务通过任务门切换到临时任务。工作任务采用段间转移指令 JMP，通过任务门 PTTGate 切换到临时任务，参见源程序"//@F"行。在执行切换到临时任务的段间转移指令 JMP 时，CPL＝2，指示任务门的选择子 PTTGate_Sel 的 RPL＝0，任务门 PTTGate 的 DPL＝3，参见源程序"//@9"行，符合 CPL<=DPL 和 RPL<=DPL 的特权级要求，所以可以访问该任务门。任务门内的选择子 TTSS_Sel 指示临时任务 TSS 描述符，并且此时的临时任务 TSS 是"可用"的，所以可顺利进行任务切换。工作任务的现场保存到工作任务的 TSS；临时任务的现场从临时任务的 TSS 恢复。

临时任务的挂起点位于临时任务代码段内的 PM_Entry2 处，所以恢复后的临时任务从该点开始，CS 含临时任务代码段选择子。但由于在工作任务内"强硬"地改变了临时任务 TSS 内的 SS 和 DS 等字段，因此在恢复到临时任务时，SS 和 DS 等段寄存器内已含规范数据段的选择子，而非挂起时的原有值。注意，这种做法不被提倡，但在这里却充分地展示如何从 TSS 恢复任务。

（3）工作任务内的特权级变换和堆栈参数复制。在工作任务内，采用段间调用指令 CALL，通过调用门 PSubGate 调用子程序 SubR，参见源程序"//@E"行。执行段间调用指令 CALL 时的 CPL＝2，指令所含指示调用门的选择子 RPL＝2，调用门的 DPL＝3，参见源程序"//@8"行和"//@7"行，所以对调用门的访问是允许的。由于调用门的选择子 SCode_Sel3 指示的子程序代码段描述符 SubCode 的 DPL＝0，参见源程序"//@2"行，因此在调用过程中就发生了从特权级 2 到特权级 0 的变换，同时堆栈也被切换。

工作任务代码在调用子程序 SubR 之前，把两个参数压入了堆栈，准备传递给子程序，参见源程序"//@C"行和"//@D"行。在把参数压入堆栈时，CPL＝2，使用的也是对应特权级 2 的堆栈。通过调用门进入子程序后，CPL＝0，使用 0 级堆栈。为此，把调用门 PSubGate 中的 Count 字段设置为 2，表示在特权级向内层变换时，需从外层堆栈依次复制两个双字参数到内层堆栈。随着特权级变换，堆栈也跟着变换，如图 9.26 所示。这种在堆栈切换的同时复制所需参数的做法，保证了子程序方便地访问堆栈中的参数，而无需考虑是哪个堆栈。

随着从子程序 SubR 的返回，CPL＝0 变换为 CPL＝2，堆栈也回到 2 级堆栈。由于再进入 0 级堆栈时，总是从空栈开始，因此在返回前不必保持内层堆栈平衡。但是需要废除 2 级堆栈中的两个双字参数。从源程序"//@A"行可知，这是采用带立即数的段间返回指令实现的，在返回的同时自动废除外层堆栈中的参数。这种处理方式使得堆栈切换尽量透明，而不影响正常的使用。

（4）别名技术的应用。在 9.4.3 对示例三进行说明时，已介绍过别名技术。本示例也有两处应用了别名技术。

为了把调用门 PSubGate 中的 Count 字段设置成 2，参见源程序"//@B"使用一个数据段描述符 ALDT 描述调用门所在的工作任务 LDT 段，该描述符把工作任务的 LDT 段描述成数据段。请读者考虑本示例中把指示该数据段描述符的选择子装载到 FS 寄存器的方法。

另一处是把临时任务的 TSS 视作为普通数据段。在从工作任务切换到临时任务之前,把指向描述规范数据段的描述符 Normal 的选择子 Normal_Sel 填到临时任务 TSS 中的各数据段寄存器(包括堆栈段寄存器)字段,于是在切换到临时任务时,作为恢复临时任务的现场,该选择子就被装到 DS 等数据段寄存器,对应描述符 Normal 内的信息也就被装入到对应的高速缓冲存储器中,为从临时任务切换到实方式做准备。

9.8　中断和异常的处理

在第 8 章介绍了中断相关基本概念,说明了实方式下响应中断的过程。为了实现保护和支持虚拟化,IA-32 系列 CPU 增强了中断处理功能,并引入"异常"概念。本节介绍保护方式下中断和异常的处理。

9.8.1　异常概念

在 8.3 节介绍了中断相关基本概念,根据引起中断的事件来源,把中断分为外部中断和内部中断两大类。可以简单地认为,异常是指内部中断。

在程序运行期间,如果 CPU 接收到来自外部设备的请求信号,将引起中断。例如,用户敲击键盘,将引起键盘中断。在执行一条指令时,如果 CPU 察觉到出现某种错误条件,将导致异常。例如,执行除数为 0 的除法指令,将导致除法出错异常。又如,访问超出数据段界限的存储单元,将导致通用保护异常。再如,内层的主程序调用外层的子程序,也将导致通用保护异常。

异常是 CPU 在执行指令期间检测到不正常的或非法的条件所引起的。异常与正执行的指令有直接的联系。与此不同,中断却往往是随机的。

CPU 识别多种不同类型的异常,并赋予每一种类型不同的(中断或异常)向量号。异常发生后,CPU 就像响应中断那样处理异常,也即根据向量号,转到相应的中断处理程序。把这些中断处理程序称为异常处理程序更合适。

根据引起异常的程序是否可被恢复和恢复点位置,把异常进一步分类为故障(Fault)、陷阱(Trap)和中止(Abort)。把对应的异常处理程序分别称为故障处理程序、陷阱处理程序和中止处理程序。

(1) 故障是指在引起异常的指令落实之前,把异常情况通知给系统的一种异常。一般来说,故障是可被排除的。当控制转移到故障处理程序时,所保存的断点 CS 及 EIP 通常指向引起故障的指令。这样,在故障处理程序把故障排除后,执行指令 IRETD 返回到引起故障的程序继续执行时,刚才引起故障的指令可重新得到执行。发现故障的时刻可能在执行指令之初,也可能在执行指令期间。如果在执行指令期间察觉到故障,那么在停止执行故障指令的同时,可能把指令的源操作数恢复为指令开始执行之前的值。这可保证重新执行故障指令时得到正确的结果。例如,在执行某条指令期间,如果发现要存取的页不存在,那么停止执行该指令,并通知系统产生页故障,页故障处理程序一般会采取把对应页内容装载到物理内存的方法来排除故障,在这之后原指令就可成功执行,至少不再发生缺页引起的故障。

(2) 陷阱是指在引起异常的指令落实之后,把异常情况通知给系统的一种异常。当控制转移到异常处理程序时,所保存的断点 CS 及 EIP 指向引起陷阱的指令的下一条要执行指令。下一条要执行的指令,不一定就是跟随着的指令。因此,陷阱处理程序并不是总能根据保存的断点,反推出引起异常的指令。在转入陷阱处理程序时,引起陷阱的指令应该已经正常完成,它有可能改变了寄存器或存储单元。软中断指令、断点异常是陷阱的例子。

（3）中止是指在系统出现严重情况时,通知系统的一种异常。引起中止的指令是无法确定的。产生中止后原执行的程序不能被恢复执行。中止处理程序往往需要重新建立各种系统表格,并可能需要重新启动操作系统。硬件故障和系统表中出现非法值或不一致值是引起中止的例子。

9.8.2　异常类型

1. 识别的异常

IA-32 系列 CPU 识别的异常及其对应向量号如表 9.6 所示。按照上述对异常的分类,在类别栏进行进一步说明。

利用软中断指令“INT　n”,还可以产生向量号为 n 的陷阱。

表 9.6　异常一览表

向量号	异常名称	类别	出错码	原因说明
0	除法出错	故障	无	指令 DIV、IDIV
1	调试异常	不定	无	调试,由 DR6 等决定是故障或陷阱
2	—	—	—	用于不可屏蔽中断
3	单字节 INT3	陷阱	无	指令 INT　3
4	溢出	陷阱	无	指令 INTO
5	边界检查	故障	无	指令 BOUND
6	无效操作码	故障	无	无效指令编码或操作数
7	设备不可用	故障	无	浮点或 WAIT 指令
8	双重故障	中止	有 0	任何能导致异常的指令、NMI、INTR
9	协处理器段越界	故障	无	访问存储器的浮点指令
0A	无效 TSS	故障	有	任务切换或 TSS 访问
0B	段不存在	故障	有	装载段寄存器,或访问系统段
0C	堆栈段故障	故障	有	堆栈操作,或装载 SS
0D	通用保护	故障	有	任何存储器引用,或特权级检测
0E	页故障	故障	有	任何存储器引用
10	协处理器出错	故障	无	浮点或 WAIT 指令
11	对齐检测	故障	有 0	任何存储器数据引用
12	机器检测	中止	无	与 CPU 有关
13	SIMD 浮点异常	故障	无	SSE/SSE2/SSE3 浮点指令
14～1F	保留			

从表 9.6 可知,部分异常的向量号（如 08～0FH）与 8.3 节介绍的外部中断的向量号冲突。一方面,在推出 IA-32 系列 CPU 时,Intel 宣布保留前 32 个向量号（00～1FH）；另一方面,可以通过设置中断控制器,调整 8.3 节介绍的外部中断的向量号。事实上,如果操作系统支持保护方式,那么会给外部中断另行分配中断向量号,从而避免冲突。

从表 9.6 可知,对某些异常 CPU 还以出错码的方式提供一些附加信息,以便异常处理程序进一步判断异常原因,做出合适的处理。出错码栏的“无”表示不提供出错码,“有”表示提供出错码。

2. 出错码格式

大部分出错码的格式如图 9.30 所示。从图中可知,出错码类似于段选择子,但是最低的 3 位被重新定义。

图 9.30 异常出错码格式

EXT 标记为 1,表示由外部事件(External Event)引发异常,可以理解为响应外部中断的过程中出现异常。IDT 标记为 1,表示错误码的"段选择子的索引"指示中断描述符表 IDT 中的门描述符;否则指示 GDT 或 LDT 中的描述符。仅当 IDT 标记为 0 时,TI 标记才有效,这时 TI 标记为 1 表示错误码中的索引指示 LDT 中的描述符。

在某些情形下,错误码可能为 0。这表示异常与装载存储段无关,或者涉及到装载空选择子的段。出错码被压入堆栈,在下一节会进一步说明。为了保证堆栈操作的双字对齐,出错码的高位部分被保留。

3. 常见故障说明

(1) 除法出错故障(异常 0)。除法出错异常是故障。当执行无符号除指令 DIV 或有符号除指令 IDIV 时,如果察觉到除数等于 0,或者商太大,引起这一故障。发生除法出错故障时,不提供出错码。进入除法出错故障处理程序时,保存的 CS 及 EIP 指向引起除法出错故障的指令。

(2) 无效操作码故障(异常 6)。当察觉到以下情形时,引起无效操作码故障:试图执行操作码部分无效的指令;要求使用存储器操作数的场合,使用了寄存器操作数;不能被加锁的指令使用了 LOCK 前缀。发生无效操作码故障时,不提供出错码。进入无效操作码故障处理程序时,保存的 CS 及 EIP 指向引起无效操作码故障的指令。

(3) 无效 TSS 故障(异常 0AH)。在任务切换期间,或者在执行需要用到 TSS 内信息的指令期间,当察觉与 TSS 相关的某个错误条件,就引起无效 TSS 故障。如果在任务切换实施之前,发现错误条件,在进入故障处理程序时,保存的 CS 及 EIP 指向引发任务切换的指令。如果在任务切换实施之后,在进入故障处理程序时,保存的 CS 及 EIP 指向新任务的第一条指令。

发生无效 TSS 故障时,提供出错码,其格式如图 9.30 所示。出错码的索引部分与导致故障的具体错误条件有关。

在任务切换期间,一些导致无效 TSS 故障的错误条件有:如果用于装载 CS 的代码段选择子是空选择子,或者如果代码段选择子索引超出描述符表的界限,那么错误码含有代码段选择子的索引;如果用于装载 DS 等数据段寄存器的选择子没有指示数据段描述符或者可读的代码段描述符,那么错误码含有数据段选择子的索引;如果用于装载 SS 的选择子指示非数据段描述符,或者指示不可写的数据段,那么错误码含有堆栈段选择子的索引;如果用于装载 LDTR 的选择子指示无效的 LDT 描述符,那么错误码含有 LDT 段选择子的索引;如果 32 位 TSS 的段界限小于 103 字节,那么错误码含有 TSS 段选择子的索引。还有其他许多错误条件,不一一列举。

(4) 段不存在故障(异常 0BH)。在加载段寄存器 CS、DS、ES、FS 或 GS 时,如果发现对应选择子指示的描述符的 P 位为 0(表示对应段不存在),那么就引起段不存在故障。还有下列情形也可能引起段不存在故障:利用 LLDT 指令装载局部描述符表寄存器 LDTR;利用 LTR 指令装载任务寄存器 TR;使用其他部分有效,但 P 位为 0 的门描述符或 TSS 描述符。在进入故障处理程序时,保存的 CS 及 EIP 通常指向发生故障的指令。如果在任务切换期间发生段不存在故障,也即按来自 TSS 的选择子装载上述段寄存器时,发现段不存在,进入故障处理程序时,保存的 CS 及 EIP 指向新任务的第一条指令。

发生段不存在故障时,提供如图 9.30 所示的出错码,它包含引起故障的段选择子索引。

(5)堆栈段故障(异常 0CH)。在涉及堆栈操作或者加载堆栈段寄存器 SS 时,如果察觉某个错误条件,引起堆栈段故障。在进入堆栈段故障处理程序时,保存的 CS 及 EIP 一般总是指向发生故障的指令;但是如果故障出现在任务切换期间,保存的 CS 及 EIP 可能指向新任务的第一条指令。发生堆栈故障时,提供如图 9.30 所示的出错码。

在普通堆栈操作时,如果有效地址超出段界限所规定的范围,引起堆栈段故障。这种情况下的出错码是 0。例如,PUSH 或者 POP 操作时,超出堆栈的范围。又如,以 EBP 作为基址寄存器访问堆栈时,有效地址超出堆栈段界限。

在加载堆栈段寄存器 SS 时,如果对应选择子指示的描述符的 P 位为 0(表示对应段不存在),引起堆栈段故障。这种情形下的出错码包含对应的选择子。注意,上述段不存在故障不包括这种堆栈段不存在的情形。利用 MOV 指令或者 LSS 指令可以加载 SS,另外,任务切换期间,或者配合特权级切换的堆栈切换,都会加载 SS。

(6)通用保护故障(异常 0DH)。除了明确列出的保护故障外,其他违反保护规则的异常都被视为通用保护故障。在进入通用故障处理程序时,保存的 CS 及 EIP 指向引发故障的指令。发生通用保护故障时,提供如图 9.30 所示的出错码。

在执行指令时,如果察觉到以下违反保护规则的错误条件(仅举例列出了部分),将引起通用保护故障。

① 向某个代码段或只读的数据段写入;或者从某个只能执行的代码段读出;或者在通过段寄存器 CS、DS、ES、FS 或 GS 访问内存时,偏移越出段界限;或者在通过段寄存器 DS、ES、FS 或 GS 访问内存时,段寄存器含有空选择子。这时,提供的出错码是 0。

② 把指向只能执行的代码段的选择子装载到段寄存器 DS、ES、FS 或 GS;或者把指向系统段的选择子装载到段寄存器 SS、DS、ES、FS 或 GS;或者将控制转移到一个不可执行的段。这时,提供的出错码含有对应选择子的索引。

③ 在利用 LLDT 指令装载局部描述符表寄存器 LDTR 时,选择子并非指示 LDT 段描述符,或并非指示 GDT 中的描述符(空描述符除外);或者在利用 LTR 指令装载任务寄存器 TR 时,选择子并非指示 TSS 描述符,或者并非指示 GDT 中的描述符。这时,提供的出错码含有对应选择子的索引。

④ 把 PG 位为 1 但 PE 位为 0 的控制信息装入到控制寄存器 CR0;或者在 CPL > 0 的情况下执行特权指令。这时,提供的出错码是 0。

从上述各种情形可知,许多通用保护故障是由程序自身错误引起的,无法被排除,这时只能终止程序;还有一些通用保护故障是为了支持虚拟化而有意安排的,通过模拟的方法,可以排除这种有意安排的故障。

(7)页故障(异常 0EH)。在启用分页存储管理机制后,在把线性地址转换为物理地址的过程中,如果发现以下错误条件,将引起页故障。对应页目录项或页表项中的 P 位为 0,也即没有对应的物理页;或者只有用户特权级,却要存取系统页;或者只有用户特权级,却要写只读页;或者在控制寄存器 CR0 中的 WP 位置为 1 情况下,系统特权级的代码还要写只读的用户页;或者页目录项中的保留位设置 1。

在发生页故障时,提供出错码。出错代码的格式如图 9.31 所示。其中,P 标记反映是否缺页;W/R 标记反映读写操作;U/S 标记反映用户级还是系统级存取;当控制寄存器 CR4 中的 PSE 位或 PAE 位被置时,RSVD 标记反映页目录项中的保留位是否被设置。

图 9.31　页故障错误代码的格式

在发生页故障时,控制寄存器 CR2 含有引起页故障的线性地址。

在进入页故障处理程序时,保存的 CS 及 EIP 通常指向引起页故障的指令。如果在任务切换期间发生页故障,那么可能指向新任务的第一条指令。

通过分析出错码,页故障处理程序不仅能够判断故障原因,而且通常能够排除故障。也即按照 CR2 所含线性地址,确定对应的页,并分配物理内存,装入对应的页。换句话说,就是实现虚拟存储器。但是,可能无法排除那些并非有意违反特权规则的故障。例如,因程序自身引用不正确指针去访问存储单元,这样的故障无法被排除,只能终止这样的程序。

9.8.3　中断和异常的处理

在 8.3 节介绍了实方式下中断和异常的处理。下面介绍保护方式下中断和异常的处理。

1. 中断描述符表 IDT

在保护方式下,IA-32 系列 CPU 在响应中断或者处理异常时,从中断描述符表(Interrupt Descriptor Table,IDT)获得对应处理程序的入口信息。CPU 把中断(异常)向量号作为指示中断描述符表 IDT 内门描述符的索引。在实方式下,中断向量号则是指向中断向量表内中断向量的索引。

整个系统只有一张中断描述符表 IDT,这与全局描述符表 GDT 类似。中断描述符表寄存器 IDTR 给定 IDT 表在内存中的具体位置,这与图 9.10 所示的 GDTR 寄存器给定 GDT 表相似。由于 CPU 只识别 256 个中断(异常)向量号,因此 IDT 表最大长度是 2KB。

中断描述符表 IDT 所含的描述符只能是中断门、陷阱门或任务门。也就是说,在保护方式下,CPU 只有通过中断门、陷阱门或任务门才能转移到对应的中断或异常处理程序。

图 9.23 给出了门描述符的格式,从图中可知,门描述符包含由选择子和偏移构成的 48 位全指针。另外,双字计数字段对中断门、陷阱门和任务门而言无意义。

2. 中断响应和异常处理的前导步骤

在响应中断或处理异常的过程中,转移到中断或异常处理程序的方式方法,与由段间调用指令 CALL 转移到子程序相似。中断响应或异常处理的前导步骤如下。

(1) 判断中断(异常)向量号指示的描述符是否超出中断描述符表 IDT 的界限。如果超出界限,将引起通用保护故障。出错码含有向量号,并且 IDT 标记为 1,也即向量号乘上 8 再加 2。出错码中 EXT 标记也可能为 1。

（2）根据向量号从 IDT 表中获得门描述符的内容，检测门描述符类型。门描述符只能是中断门、陷阱门或任务门，否则引起通用保护故障，出错码同上。对于由执行指令 INT 或指令 INTO 所致的响应处理，还要检测门描述符 DPL，要求 CPL<=DPL，否则引起通用保护故障，出错码同上。这种检测可以防止应用程序执行软中断指令 INT 时，滥用分配给外部设备使用的中断向量号。当然，门描述符中的 P 位必须是 1，表示门描述符是一个有效项，否则引起段不存在故障，出错码同上。

（3）根据门描述符类型，分情况进行后续步骤：通过中断门或陷阱门到达中断或异常处理程序；根据任务门切换到以独立任务形式存在的处理程序。

对于异常处理，在开始上述步骤之前，还要根据异常类型确定返回点；如果提供出错码，则形成符合出错码格式的出错码。

3. 通过中断门或陷阱门的转移

如果中断（异常）向量号所指示的门描述符是中断门或陷阱门，那么控制转移到当前任务的一个处理程序，并且可以变换特权级。这时转移的方式方法，与段间调用指令 CALL 经过调用门转移到子程序代码段相似。中断门或陷阱门含有指向中断或异常处理程序的 48 位全指针。其中，16 位选择子是对应处理程序代码段的选择子，它指示 GDT 表或 LDT 表中的描述符；32 位偏移指示处理程序入口点在代码段内的偏移。图 9.32 给出了经过中断门或陷阱门进入处理程序的示意图。

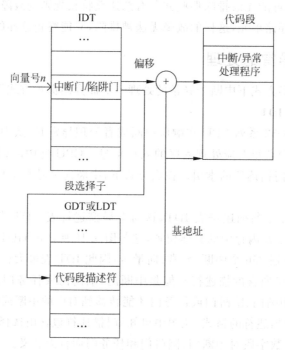

图 9.32　经过中断门或陷阱门进入处理程序的示意图

通过中断门或陷阱门转移的大致流程如图 9.33 所示，假设是 32 位中断门或陷阱门。该流程由硬件自动进行。图 9.33 中"开始"是上述前导步骤之后的分情况进行后续步骤的起点。此时，已对由向量号所指示的 IDT 表中的中断门或陷阱门描述符进行过必要的检测，并从中取得指向中断或异常处理程序的由选择子和偏移构成的 48 位全指针。该流程以转移到中断或异常处理程序结束，或者以引发通用保护故障或者无效 TSS 故障结束。

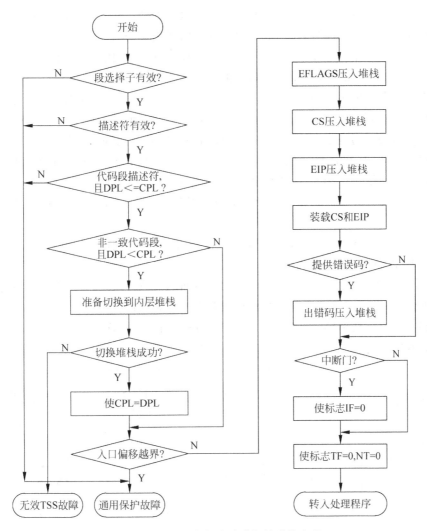

图 9.33 通过中断门或陷阱门转移的流程

下面结合图 9.33 对转移过程进行说明。

中断门或陷阱门内指示中断或异常处理程序的段选择子必须指示一个代码段描述符。如果段选择子为空,那么引起通用保护故障,出错码是 0。如果段选择子指示的描述符超出对应描述符表的界限;或者指示的描述符不是代码段描述符;或者代码段描述符特权级 DPL > CPL,那么引起通用保护故障,出错码含选择子的索引。如果指示的描述符无效(P 位为 0),那么引起段不存在故障,错误码含选择子。

中断或异常可以转移到相同特权级或者内层特权级。如果处理程序属于一致代码段,或者代码段描述符 DPL = CPL,那么只是相同特权级的转移,比较简单。如果处理程序属于非一致代码段,并且代码段描述符 DPL < CPL,那么要发生特权级的变换,堆栈也要切换成内层堆栈。实施堆栈切换比较复杂,要做一系列准备工作,如果不能成功切换到内层堆栈,将引起无效 TSS 故障,实际上为了切换堆栈,需要从当前任务的 TSS 中获取内层堆栈的指针。由于毕竟不是调用子程序,因此不复制堆栈中的参数。在成功切换堆栈后,将提升特权级,也即以代码段描述符 DPL 作为 CPL。

为了顺利地转移到中断或异常处理程序,还会检测处理程序入口点的偏移是否越界,即是否超出代码段界限。如果越界,将引起出错码为 0 的通用保护故障。

从图 9.33 可知,把标志寄存器和中断点(返回地址)压入堆栈的做法和顺序与实方式下相同,但这里每一次堆栈操作是一个双字,CS 被扩展成 32 位。

把标志寄存器中的标志位 TF 置成 0,表示不允许处理程序单步执行。把标志位 NT 置成 0,表示处理程序在利用中断返回指令 IRETD 返回时,返回到同一任务而不是一个嵌套任务。

从图 9.33 可知,通过中断门的转移和通过陷阱门的转移之间的差别只是对 IF 标志的处理不同。对于中断门,在转移过程中,把标志 IF 置为 0,使得在处理程序执行期间,屏蔽掉 INTR 中断;对于陷阱门,在转移过程中,保持标志 IF 不变,即如果标志 IF 原是 1,那么通过陷阱门转移到处理程序之后仍允许 INTR 中断。因此,中断门适宜于处理中断,而陷阱门适宜于处理异常。

从图 9.33 可知,在提供出错码的情况下,在转入异常处理程序之前,还把出错码压入堆栈。只有异常才可能提供出错码。

图 9.34 给出了通过中断门或陷阱门转移时的堆栈情况。图 9.34(a)是相同特权级和没有出错码的情形;图 9.34(b)是相同换特权级和有出错码的情形;图 9.34(c)是变换特权级和没有出错码的内层堆栈情形;图 9.34(d)是变换特权级和有出错码的内层堆栈情形。注意,图中每一项为双字。

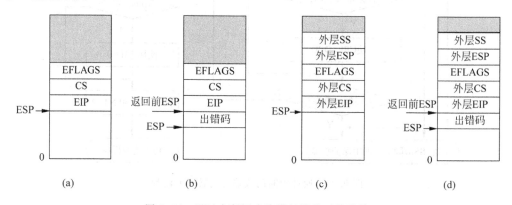

图 9.34 通过中断门或陷阱门转移时的堆栈

4. 通过任务门的转移

如果中断(异常)向量号所指示的门描述符是任务门描述符,那么控制转移到一个以独立任务方式出现的处理程序。任务门中含 48 位全指针。这时,任务门内 16 位选择子指向对应处理程序任务的 TSS 段。这种通过任务门转移的方式方法,与段间调用指令 CALL 经过任务门转移相似。它们的主要区别是,对于提供出错码的异常,在完成任务切换之后,把出错码压入新任务的堆栈中。

通过任务门的转移,在进入中断或异常处理程序时,标志寄存器 EFLAGS 中的标志位 NT 置 1,表示是嵌套任务。

在响应中断或处理异常时,使用任务门可提供一个处理程序任务的自动调度。这种任务调度由硬件直接执行,并且越过包含在操作系统中的软件任务切换,这种方法能够为处理程序提供一个简便的任务切换。

5. 转移方法的比较

对中断的响应和异常的处理,CPU 允许通过使用中断门或陷阱门转交给当前任务内部的一个过程(程序)进行具体处理;也允许通过使用任务门转交给另外一个任务进行具体处理。在当前任务内的处理程序较为简单,并可以很快转移到处理程序,但是处理程序要负责保存及恢复 CPU 的寄存器等现场内容。转到不同任务的处理程序要花费较长时间,保存及恢复 CPU 寄存器等现场内容的开销作为任务切换的一部分。使用当前任务内的处理程序的方法,在响应中断或处理异常时,对正执行任务的状态可直接进行访问,但是,这样就要求每一个任务之内都包含一个处理程序。使用独立任务的处理方法,使处理程序得到较好的隔离,但在响应中断或处理异常时,对原任务状态的访问变得较为复杂。

处理无效 TSS 故障的程序必须采用任务门的途径,以保证无效 TSS 故障处理程序有一个有效的任务环境。处理其他异常的程序通常被安排在任务环境之内。在任务内,异常被察觉并且不必屏蔽外部中断,所以采用陷阱门。由陷阱门指示的异常处理程序,可以是一个由所有任务共享的过程(程序),如果这样安排,最好把该处理程序置于全局地址空间内。如果各个任务要求有不同的处理程序,那么全局异常处理程序可安排一张表来保存各处理程序的入口地址,并为引起异常的任务调用相应的处理程序。

通常情况下中断请求与正执行的任务没有关联,采用任务门提供的隔离环境,可使得中断处理程序能够独立简便地处理请求。对于要求快速响应的中断请求,通过中断门可以得到较好的处理。因为中断请求随时都可能发生,所以经过中断门到达的中断处理程序,必须置于全局地址空间中,以便对所有的任务都有效。

6. 中断或异常处理后的返回

常常用指令助记符 IRETD 明确表示操作数长度 32 位的中断返回指令。

中断返回指令 IRETD 用于从中断或异常处理程序的返回。根据标志寄存器 EFLAGS 中的任务嵌套标志 NT 是否为 1,该指令的执行分为两种情形。

(1) 标志 NT 为 1,表示嵌套任务的返回。当前任务 TSS 中的链接字段保存着指向前一任务 TSS 的段选择子,取出该选择子,实施任务切换就完成了返回。在从经过任务门转入的中断或异常处理程序返回时会出现这种情形。但是,在从经过中断门或陷阱门转入的处理程序返回时,不会出现这样的情形,因为在经过中断门或陷阱门转入处理程序时,标志 NT 已被清成 0。

(2) 标志 NT 为 0,表示当前任务内的返回。这种情形在由通过中断门或陷阱门转入的中断或异常处理程序返回时出现。具体操作步骤包括:从堆栈顶弹出返回指针 EIP 及 CS,然后弹出 EFLAGS 值。弹出的 CS 段选择子中的 RPL 字段,确定返回后的特权级。如果 RPL 字段与 CPL 相同,那么保持相同的特权级。若 RPL 字段给出了一个外层特权级,则实施特权级变换,从内层堆栈中弹出外层堆栈的 ESP 及 SS 的值,参见图 9.34。这些操作步骤与段间转移指令 RETF 相似。弹出的 CS 段选择子中的 RPL 字段决定返回后的 CPL,而不是由选择子指示的段描述符 DPL 决定返回后的 CPL,因为有可能返回到不在 DPL 给定的级执行的一致代码段。

对于提供出错码的异常,异常处理程序必须先从堆栈中弹出出错码,然后再执行中断返回指令 IRETD。

中断返回指令 IRETD 不仅能够用于由中断或异常引起的嵌套任务的返回,而且也适用于由段间调用指令 CALL 通过任务门引起的嵌套任务的返回。如 9.7.5 节所述,在执行通过任务门进行任务切换的 CALL 指令时,标志寄存器中的标志 NT 被置 1,表示任务嵌套。

9.8.4　中断处理的演示(示例八)

下面给出演示中断处理的示例八。本示例的逻辑功能是,在屏幕顶行的中间位置以倒计时方式显示秒数,直到 0 秒为止。

1. 演示内容和思路

演示内容包括:外部中断处理程序、陷阱处理程序、中断描述符表 IDT 的使用。为了简化,不启用分页存储管理机制,保持特权级 CPL=0,不考虑任务切换。

演示思路:工作程序在完成初始化后,反复判断是否出现结束标记,直到出现结束标记为止;由定时中断处理程序控制倒计时,当倒计时结束,设置结束标记;定时中断处理程序调用以中断处理程序形式存在的显示程序,实现倒计时的显示。所以,设计安排向量号为 08H 的定时中断处理程序;设计安排向量号为 FEH 号的显示陷阱处理程序。

2. 源程序组织和清单

除了工作程序特征信息外,本示例依次含有以下组成部分。

(1) 全局描述符表 GDT。除了几个常用的描述符外,含有作为工作程序主体的演示代码段描述符和数据段描述符,还含有描述定时中断处理程序所使用的代码段和数据段,还含有描述显示程序所使用的代码段和数据段。

(2) 中断描述符表 IDT。为了在保护方式下响应中断和处理异常,必须安排 IDT。它含有 256 个门描述符。第 08H 号是一个通向定时中断处理程序的中断门,第 FEH 号是一个通向显示处理程序的陷阱门。把其余 254 项都安排成相同的陷阱门,通向一个特殊的中断或异常处理程序,实际上,如果一切正常,不应该发生这些中断或者异常。

(3) 处理其他中断或异常的特殊处理程序的代码段。

(4) 定时中断处理程序的数据段和代码段。

(5) 以陷阱处理程序形式存在的显示程序的数据段和代码段。

(6) 作为演示程序主体的堆栈段、数据段和代码段。

(7) 实方式下的数据和代码段。

示例八的源程序如下:

```
;演示中断的处理(示例八,dp98)
%include    "DMC.H"              ;文件 DMC.H 含有宏的声明和符号常量等
;                                ;相关符号常量声明
EOICOM      equ   20H            ;外部中断处理结束命令
ICREGP      equ   20H            ;中断控制寄存器端口
IMREGP      equ   21H            ;中断屏蔽寄存器端口
;-----------------------------------------------------------------
    section text                 ;段 text
    bits   16                    ;16 位段模式
Head:                            ;工作程序特征信息
    HEADER  end_of_text, Begin, 2000H
;-----------------------------------------------------------------
GDTSeg:                          ;全局描述符表 GDT
Dummy       DESCRIPTOR 0,0,0,0,0
Normal      DESCRIPTOR 0FFFFH,0,0,ATDW,0
```

```
Normal_Sel   equ   Normal-GDTSeg
InitGDT:                              ;GDT 中待初始化描述符起点
;任务的临时代码段描述符及其选择子
TempCode     DESCRIPTOR  0FFFFH,TCodeSeg,0,ATCE,0
TCode_Sel    equ   TempCode-GDTSeg
;任务的演示代码段描述符(32 位段)及其选择子
DemoCode     DESCRIPTOR  LenDCode-1,DCodeSeg,0,ATCE+D32,0
DCode_Sel    equ   DemoCode-GDTSeg
;任务的数据段描述符
DemoData     DESCRIPTOR  LenDData-1,DDataSeg,0,ATDW,0
DData_Sel    equ   DemoData -GDTSeg
;任务的堆栈段描述符(32 位段)及其选择子
DemoStack    DESCRIPTOR  LenStack-1,StackSeg,0,ATDW+D32,0
Stack_Sel    equ   DemoStack-GDTSeg
;第 FEH 号中断处理程序(显示程序)代码段描述符
EchoCode     DESCRIPTOR  LenECode-1,ECodeSeg,0,ATCE+D32,0
ECode_Sel    equ   EchoCode -GDTSeg
;第 FEH 号中断处理程序(显示程序)数据段描述符
EchoData     DESCRIPTOR  LenEData-1,EDataSeg,0,ATDW,0
EData_Sel    equ   EchoData-GDTSeg
;第 08H 号中断处理程序代码段描述符
TICode       DESCRIPTOR  LenTICode-1,TICodeSeg,0,ATCE+D32,0
TICode_Sel   equ   TICode -GDTSeg
;第 08H 号中断处理程序数据段描述符
TIData       DESCRIPTOR  LenTIData-1,TIDataSeg,0,ATDW,0
TIData_Sel   equ   TIData -GDTSeg
;处理其他中断或异常的特殊处理程序代码段描述符
Other        DESCRIPTOR  LenOCode-1,OCodeSeg,0,ATCE+D32,0
Other_Sel    equ   Other -GDTSeg
;GDT 中的需要进行基地址初始化的描述符个数
NumDescG     equ   ($-InitGDT) /8  ;GDT 中待初始化的描述符个数
;视频存储段的描述符及其选择子
VideoMem     DESCRIPTOR  0FFFFH,8000H,0BH,ATDW,0
VMem_Sel     equ   VideoMem-GDTSeg
LenGDTSeg    equ   $-GDTSeg
    ;------------------------------------------------------------
    align    16                      ;16 字节地址对齐
IDTSeg:                              ;中断描述符表 IDT
;第 00~ 07H 的 8 个陷阱门,指向其他中断/异常处理程序
    times   8  dw  OtherBegin, Other_Sel, ATTGAT32 << 8, 0
;第 08H 号中断门,指向定时中断处理程序
INT08:
    dw      TIBegin, TICode_Sel, ATIGAT32 << 8, 0
;第 09~ FDH 的 245 个陷阱门,指向其他中断/异常处理程序
    times   254- 9  dw  OtherBegin, Other_Sel, ATTGAT32 << 8, 0
;第 FEH 号陷阱门,指向作为软中断处理程序的显示程序
INTFE        GATE  EchoBegin, ECode_Sel, 0, ATTGAT32, 0
;第 FFH 号陷阱门,指向其他中断/异常处理程序
```

```
INTFF        GATE   OtherBegin, Other_Sel, 0, ATTGAT32, 0
LenIDTSeg    equ    $-IDTSeg
;-------------------------------
;特殊中断或异常处理程序的代码段
    align   16                          ;16字节地址对齐
    bits    32                          ;32位代码段
OCodeSeg:
OtherBegin equ  $-OCodeSeg              ;处理程序入口点
    MOV    AX, VMem_Sel
    MOV    ES, AX
    MOV    AH, 47H                      ;红底白字
    MOV    AL, '!'
    MOV    [ES:0], AX                   ;在屏幕左上角显示红底白色符号"!"
    JMP    $                            ;无限循环
LenOCode equ  $-OCodeSeg
;-------------------------------
;第08H号(定时)中断处理程序的数据段
    align 16                            ;16字节地址对齐
TIDataSeg:
COUNT     equ   $-TIDataSeg
    DB     0                            ;计数器
LenTIData equ  $-TIDataSeg
;-------------------------------
;第08H号(时钟)中断处理程序的代码段
    align 16                            ;16字节地址对齐
    bits  32                            ;32位代码段
TICodeSeg:
TIBegin   equ  $-TICodeSeg             ;中断处理程序入口点
    PUSH  EAX                          ;保护现场
    PUSH  DS
    PUSH  FS
    PUSH  GS
    MOV   AX, TIData_Sel
    MOV   DS, AX                        ;置中断处理程序数据段
    MOV   AX, EData_Sel
    MOV   FS, AX                        ;置显示处理服务数据段
    MOV   AX, DData_Sel
    MOV   GS, AX                        ;置任务数据段
    ;
    CMP   BYTE [COUNT], 0               ;判断计数器值
    JNZ   TI2                           ;计数非0表示未到一秒
    MOV   BYTE [COUNT], 18              ;每秒约18次
    INT   0FEH                          ;调用FEH号显示服务程序
    CMP   BYTE [FS:MESS], '0'           ;已经显示到符号'0'?
    JNZ   TI1
    MOV   BYTE [GS:FLAG], 1             ;当显示符号'0'时,置结束标记
TI1:DEC   BYTE [FS:MESS]               ;调整显示信息(倒计时)
TI2:DEC   BYTE [COUNT]                 ;调整计数
```

```
    POP    GS
    POP    FS                        ;恢复现场
    POP    DS
    MOV    AL, EOICOM
    OUT    ICREGP, AL                ;通知中断控制器中断处理结束
    POP    EAX
    IRETD                            ;中断返回
LenTICode equ   $-TICodeSeg
;--------------------------------
;第 FEH 号中断处理程序(显示程序)的数据段
    align 16                         ;16字节地址对齐
EDataSeg:
MESS      equ    $-EDataSeg
    DB     '9', 47H                  ;倒计数开始符号及显示颜色
LenEData equ    $-EDataSeg
;--------------------------------
;第 FEH 号中断处理程序(显示程序)的代码段
    align 16                         ;16字节地址对齐
    bits  32                         ;32位代码段
ECodeSeg:
EchoBegin equ   $-ECodeSeg           ;处理程序入口处
    PUSH   AX
    PUSH   DS
    PUSH   ES
    MOV    AX,EData_Sel
    MOV    DS,AX                     ;置显示服务程序数据段
    MOV    AX,VMem_Sel
    MOV    ES,AX                     ;置视频存储区段
    MOV    AX, [MESS]                ;取显示字符和颜色
    MOV    [ES:40* 2], AX            ;显示符号
    POP    ES
    POP    DS                        ;恢复现场
    POP    AX
    IRETD                            ;中断返回
LenECode  equ   $-ECodeSeg
;--------------------------------
;任务的堆栈段
    align 16                         ;16字节地址对齐
StackSeg:
LenStack equ   1024
    times LenStack  db  0
;--------------------------------
;任务的数据段
DDataSeg:
FLAG      equ    $-DDataSeg
    DB     0                         ;工作标志
LenDData equ    $-DDataSeg
;--------------------------------
```

```
;任务的代码段
    align 16                         ;16字节地址对齐
    bits  32                         ;32位代码段
DCodeSeg:
DemoBegin equ  $- DCodeSeg
    MOV   AX, Stack_Sel
    MOV   SS, AX                     ;置堆栈
    MOV   ESP, LenStack
    MOV   AX, DData_Sel
    MOV   DS, AX                     ;置数据段
    MOV   ES, AX
    MOV   FS, AX
    MOV   GS, AX
    ;
    MOV   AL, 11111110B              ;置中断屏蔽寄存器
    OUT   IMREGP, AL                 ;仅开放定时中断
    STI                             ;开中断
DemoConti:
    CMP   BYTE  [FLAG], 0            ;判断工作标志
    JZ    DemoConti                 ;为0继续,否则结束
    CLI                             ;关中断
OVER:                               ;转回临时代码段,准备回实方式
    JMP   TCode_Sel:PM_Entry2
LenDCode equ  $-DCodeSeg
;--------------------------------
;临时代码段
    align 16                         ;16字节地址对齐
    bits  16                         ;16位代码段
TCodeSeg:
PM_Entry1 equ  $-TCodeSeg           ;转演示程序
    JMP   DCode_Sel:DemoBegin
PM_Entry2 equ  $-TCodeSeg           ;准备切换回实方式
    MOV   AX, Normal_Sel
    MOV   DS, AX
    MOV   ES, AX
    MOV   FS, AX
    MOV   GS, AX
    MOV   SS, AX
    MOV   EAX, CR0
    AND   EAX, 0FFFFFFFEH
    MOV   CR0, EAX                   ;返回实方式
ToReal:                             ;真正回到实方式
    JMP   0:Real
;================================================
;实方式下的数据段
    align 16                         ;16字节地址对齐
RDataSEG:
VGDTR    PDESC LenGDTSeg-1,0         ;GDT伪描述符
```

```
VIDTR    PDESC  LenIDTSeg-1,0         ;IDT 伪描述符
NORVIDTR PDESC  3FFH,0                ;用于保存原 IDTR 值
VarESP   DD     0                     ;暂存堆栈指针
VarSS    DW     0
IMaskReg DB     0                     ;暂存中断屏蔽寄存器值
;------------------------------------------------------------
;实方式下的代码段
    align 16                          ;16 字节地址对齐
    bits  16                          ;16 位代码段
RCodeSEG:
Begin:
    CLD
    MOV    AX, CS
    MOV    DS, AX
    MOV    [ToReal+3], AX             ;重定位
    MOV    [VarESP], ESP              ;保存实方式下堆栈指针
    MOV    [VarSS], SS
    ;
    MOV    SI, InitGDT
    MOV    CX, NumDescG
    CALL   InitDescBA                 ;设置 GDT 中的待初始化描述符的基地址
    MOV    SI, VGDTR
    MOV    BX, GDTSeg
    CALL   InitPeDesc                 ;初始化用于 GDTR 的伪描述符
    MOV    SI, VIDTR
    MOV    BX, IDTSeg
    CALL   InitPeDesc                 ;初始化用于 IDTR 的伪描述符
    ;
    SIDT   [NORVIDTR]                 ;保存 IDTR 值
    ;
    IN     AL, IMREGP
    MOV    [IMaskReg],AL              ;保存中断屏蔽字节
    ;
    LGDT   [VGDTR]                    ;装载 GDTR
    CLI
    LIDT   [VIDTR]                    ;置 IDTR
    MOV    EAX, CR0                   ;准备切换到保护方式
    OR     EAX, 1
    MOV    CR0, EAX
    JMP    TCode_Sel:PM_Entry1        ;进入保护方式下的临时代码段
    ;---------------------------
Real:                                 ;又回到实方式
    MOV    AX, CS
    MOV    DS, AX
    LSS    ESP, [VarESP]              ;恢复实方式下的堆栈指针
    ;
    LIDT   [NORVIDTR]                 ;恢复 IDTR
    MOV    AL, [IMaskReg]             ;恢复中断屏蔽字节
```

```
        OUT    IMREGP, AL
        STI                                 ;开中断
        RETF                                ;返回
;-------------------------------
%include " PROC.ASM"                        ;包含初始化阶段的相关子程序
end_of_text:                                ;源代码到此为止
```

3. 关于示例八的说明

下面结合源程序对示例八进行说明,与以前示例相同部分,不再赘述。

(1) 对 IDT 表的初始化。从源程序可知,中断描述符表 IDT 含有 256 个门描述符。IDT 表中这些门描述符没有 32 位段基地址,只有指示中断或异常处理程序入口点的选择子和偏移,而且示例中的入口点偏移值也比较小,于是利用门描述符宏 GATE,采用预置的方式准备好中断门或陷阱门。所以,在初始化阶段,没有像初始化 GDT 表那样初始化 IDT 表。当然,还是需要初始化用于中断描述符表寄存器 IDTR 的伪描述符,这与初始化 GDTR 的伪描述符一样。

(2) 装载和保存 IDTR 寄存器。只有重新装载中断描述符表寄存器 IDTR 之后,示例程序自带的中断描述符表 IDT 才会生效。为了回到实方式后,能够恢复 IDTR 的原先内容,所以要先保存 IDTR 的内容。本示例分别使用存储和装载 IDTR 寄存器的指令 SIDT 和指令 LIDT 来实现相关功能。这些指令在 9.3.3 节有介绍。

(3) 定时中断的向量号。为了简单明了地演示在保护方式下响应外部中断并进行处理,本示例利用定时中断源,但没有通过重新设置中断控制器的方法改变对应的中断向量。在 8.3.5 节简单介绍过定时中断,它对应 08H 号中断向量。因此,定时中断使用的 8H 号中断向量就与双重故障异常对应的中断向量号冲突。但本示例仅是演示程序,所以只要保证不发生双重故障异常,就可避免冲突,就不会影响演示。

设置中断屏蔽寄存器,仅开放时钟中断。所以,在开中断状态下,也只可能接收到定时中断,而不会接收到其他类型的外部中断。

(4) 定时中断处理程序的设计。由于通过中断门转入定时中断处理程序,因此在控制转移时不发生任务切换。但作为外部中断,随时可能发生,因此中断处理程序必须采取保护现场等措施。作为示例程序,该中断处理程序检查和调整在其数据段中的计数器;在满 18 次后,就认为已满一秒,再调整用于显示的倒计数信息;如果倒计数信息为"0",表示已经完成倒计时,设置位于任务数据段中的标记 FLAG,工作程序在判断到该结束标记时,将终止演示。该中断处理程序通过约定的数据区与显示程序及工作程序交换信息。

(5) 由陷阱处理程序实现的显示。为了演示陷阱及其处理,把显示过程安排成陷阱处理程序,称为显示程序。上述定时中断处理程序,通过软中断指令 INT 调用该显示程序,显示倒计时数。在控制转移时,也没有任务切换。该陷阱处理程序相当于一个"软中断"处理程序。

(6) 对其他中断或异常的响应。为了简单,除了 08H 号和 FEH 号向量外,中断描述符表 IDT 中其他的门均通向同一个处理程序,由它处理其他中断或异常。作为示例程序的一部分,处理过程极其简单,在屏幕左上角显示蓝底白色的符号"!",然后进入无限循环。实际上,按示例程序现在的安排,不可能发生这种情况。

9.8.5　异常处理的演示(示例九)

下面给出演示异常处理的示例九,这是本章最复杂的示例。本示例的逻辑功能是,在屏幕上显示一条提示信息,由用户输入表示模拟异常类型的字符,然后模拟指定的异常及其处理。特别说明:由于模拟异常,因此本示例最好在物理机上或者虚拟机 Bochs 中运行;如果在虚拟机 VirtualBox 中运行,不应该选择硬件虚拟化技术。

1. 演示内容和思路

本示例的演示内容包括:除法出错故障处理、溢出陷阱处理、段不存在故障处理、堆栈段出错故障处理和通用保护故障处理。同时,还演示通过任务门的任务切换。另外,与示例八类似,再次演示通过陷阱门的例程服务。为了简单,不启用分页存储管理机制,保持特权级 CPL＝0。

本示例安排两个任务:工作任务和键盘任务。键盘任务的功能是,给出输入提示信息,接受用户按键,把用户所按字符保存到交换缓冲区。工作任务的功能是,根据用户的选择,模拟相应的异常,也即故意引发相应的异常。当出现异常时,由对应的异常处理程序发出相应信息,并简单地处理异常。工作任务利用键盘任务获取用户的选择。异常处理程序调用显示例程发出信息。

工作任务演示代码的主要步骤如下。

(1) 做演示的准备。装载局部描述符表寄存器 LDTR,因为工作任务使用的部分描述符在 LDT 中。装载任务寄存器 TR,为切换任务做好准备。建立工作任务的堆栈,设置其他数据段寄存器。

(2) 接收要模拟的异常类型号。通过软中断指令 INT 调用键盘任务完成该步骤。键盘任务只有在接收到指定的字符后才结束。接收的字符是 0、4、B、C 和 D。

(3) 按接收的字符模拟异常,也即根据用户键入的字符,执行有关片段。在这些片段中,有意安排了能引起有关故障或陷阱的指令。

2. 源程序组织和清单

除了工作程序特征信息外,示例九依次含有以下组成部分。

(1) 全局描述符表 GDT 和中断描述符表 IDT。

(2) 陷阱或故障处理程序的代码段。为了充分演示,有意把相应的异常处理程序,安排在两个代码段。

(3) 显示出错代码子程序的代码段。

(4) 实现显示功能的服务例程的代码段。

(5) 键盘任务的局部描述符表 LDT、任务状态段 TSS、堆栈段和代码段等。

(6) 交换缓冲区数据段。

(7) 工作任务的局部描述符表 LDT、任务状态段 TSS、堆栈段、代码段和数据段等。

(8) 临时代码段。

(9) 实方式下的数据和代码段。

示例九的源程序如下:

```
;演示异常的处理(示例九,dp99)
%include    "DMC.H"                 ;文件 DMC.H 含有宏的声明和符号常量等
;-------------------------------------------------------------
    section text                    ;段 text
    bits    16                      ;16 位段模式
Head:                               ;工作程序特征信息
    HEADER  end_of_text, Begin, 2000H
```

```
;--------------------------------------------------------------
GDTSeg:                               ;全局描述符表 GDT
Dummy         DESCRIPTOR   0,0,0,0,0
Normal        DESCRIPTOR   0FFFFH,0,0,ATDW,0
Normal_Sel    equ Normal-GDTSeg
InitGDT:                              ;GDT 中待初始化描述符起点
;临时代码段描述符及其选择子
TempCode      DESCRIPTOR   0FFFFH,TCodeSeg,0,ATCE,0
TCode_Sel     equ  TempCode-GDTSeg
;工作任务的 TSS 段描述符及其选择子
DemoTSS       DESCRIPTOR   LenDemoTSS-1,DemoTSSeg,0,ATTSS32,0
DTSS_Sel      equ  DemoTSS-GDTSeg
;工作任务的 LDT 段描述符及其选择子
DemoLDT       DESCRIPTOR   LenDLDT-1,DemoLDTSeg,0,ATLDT,0
DLDT_Sel      equ  DemoLDT-GDTSeg
;工作任务的代码段(32 位段)描述符及其选择子
DemoCode      DESCRIPTOR   LenDCode-1,DCodeSeg,0,ATCE+D32,0
DCode_Sel     equ  DemoCode-GDTSeg
;工作任务的缓冲数据段描述符及其选择子
XBUFFER       DESCRIPTOR   LenBuffer-1,BufferSeg,0,ATDW,0
XBuff_Sel     equ  XBUFFER-GDTSeg
;键盘任务的 TSS 段描述符及其选择子
KeyTSS        DESCRIPTOR   LenKeyTSS-1,KeyTSSeg,0,ATTSS32,0
KTSS_Sel      equ  KeyTSS-GDTSeg
;键盘任务的 LDT 段描述符及其选择子
KeyLDT        DESCRIPTOR   LenKLDT-1,KeyLDTSeg,0,ATLDT,0
KLDT_Sel      equ  KeyLDT -GDTSeg
;显示服务处理程序代码段(32 位段)描述符及其选择子
EchoCode      DESCRIPTOR   LenECode-1,ECodeSeg,0,ATCE+D32,0
ECode_Sel     equ  EchoCode -GDTSeg
;子程序代码段(32 位段)描述符及其选择子
SubCode       DESCRIPTOR   LenSCode-1,SCodeSeg,0,ATCE+D32,0
SCode_Sel     equ  SubCode-GDTSeg
;异常处理程序代码段甲的描述符
EXCEPTAA      DESCRIPTOR   LenExCSegAA-1,ExCodeSegAA,0,ATCE+D32,0
ExAA_Sel      equ  EXCEPTAA-GDTSeg
;异常处理程序代码段乙的描述符
EXCEPTBB      DESCRIPTOR   LenExCSegBB-1,ExCodeSegBB,0,ATCE+D32,0
ExBB_Sel      equ  EXCEPTBB-GDTSeg
NumDescG      equ  ($-InitGDT) / 8   ;GDT 中待初始化的描述符个数
;视频存储段的描述符(基地址为 B8000H)及其选择子
VideoMem      DESCRIPTOR   0FFFFH,8000H,0BH,ATDW,0
VMem_Sel      equ  VideoMem-GDTSeg
LenGDT        equ  $-GDTSeg
;--------------------------------------------------------------
    align    16
IDTSeg:                               ;中断描述符表 IDT
;第 00H 号陷阱门(通向除法出错故障处理程序)
```

```
INT00        GATE   DIVBegin,ExAA_Sel,0,ATTGAT32,0
;从 01-- 03H 的 3 个陷阱门
    times    3  dw  OtherBegin,ExBB_Sel,ATTGAT32≪8,0
;第 04H 号陷阱门(通向溢出陷阱处理程序)
INT04        GATE   OFBegin,ExAA_Sel,0,ATTGAT32,0
;从 05-- 0AH 的 6 个陷阱门
    times    6  dw  OtherBegin,ExBB_Sel,ATTGAT32≪8,0
;第 0BH 号陷阱门(通向段不存在故障处理程序)
INT0B        GATE   SNPBegin,ExAA_Sel,0,ATTGAT32,0
;第 0CH 号陷阱门(通向堆栈段故障处理程序)
INT0C        GATE   SSEBegin,ExBB_Sel,0,ATTGAT32,0
;第 0DH 号陷阱门(通向通用故障处理程序)
INT0D        GATE   GPBegin,ExBB_Sel,0,ATTGAT32,0
;从 0E-- EDH 的 240 个陷阱门
    times    240  dw  OtherBegin,ExBB_Sel,ATTGAT32≪8,0
;第 FEH 号陷阱门(通向显示程序)
INTFE        GATE   EchoBegin,ECode_Sel,0,ATTGAT32,0
;第 FFH 号任务门(通向键盘中断处理任务)
INTFF        GATE   0,KTSS_Sel,0,ATTASKGAT,0
LenIDT       equ    $-IDTSeg
;------------------------------
    align  16                    ;16 字节对齐
    bits   32                    ;32 位段模式
;异常处理程序的代码段甲
ExCodeSegAA:
DIVBegin  equ  $-ExCodeSegAA      ;除法出错故障处理程序入口点
    MOV   ESI, MESS0              ;提示信息
    MOV   EDI, 0                  ;显示的起始位置
    INT   0FEH                    ;显示提示信息
    SHR   AX, 1                   ;处理模拟的除法错误
    IRETD                         ;返回
;--------
OFBegin   equ $-ExCodeSegAA       ;溢出陷阱处理程序入口点
    MOV   ESI, MESS4              ;提示信息
    MOV   EDI, 0                  ;显示的起始位置
    INT   0FEH                    ;显示提示信息
    IRETD                         ;返回
;--------
SNPBegin  equ  $-ExCodeSegAA      ;段不存在故障处理程序入口点
    MOV   ESI, MESSB
    MOV   EDI, 0
    INT   0FEH                    ;显示提示信息
    ;
    POP   EAX                     ;弹出出错代码
    CALL  SCode_Sel:SUBBegin      ;显示出错代码
    ;
    POP   EAX                     ;先弹出返回地址
    ADD   EAX, 2                  ;再根据引起段不存故障指令的长度//@1
```

```
    PUSH   EAX                          ;调整返回地址
    IRETD
LenExCSegAA  equ  $-ExCodeSegAA
;-------------------------------
    align 16                            ;16字节对齐
    bits  32                            ;32位段模式
;异常处理程序的代码段乙
ExCodeSegBB:
SSEBegin equ  $-ExCodeSegBB             ;堆栈段故障处理程序入口点
    MOV    ESI, MESSC
    MOV    EDI,0
    INT    0FEH                         ;显示提示信息
    POP    EAX                          ;弹出出错代码
    CALL   SCode_Sel:SUBBegin           ;显示出错代码
    POP    EAX                          ;先取得返回地址
    ADD    EAX, 3                       ;跳过引起堆栈段故障的指令//@2
    PUSH   EAX                          ;把调整后的返回地址压入堆栈
    IRETD
;--------
GPBegin   equ  $-ExCodeSegBB            ;通用保护故障处理程序入口点
    PUSH   EBP
    MOV  EBP, ESP
    PUSH   EAX                          ;保护部分现场
    PUSH   ESI
    PUSH   EDI
    ;
    MOV   ESI, MESSD                    ;提示信息
    MOV   EDI, 0                        ;显示提示信息的位置
    INT   0FEH                          ;显示出现故障的提示信息
    ;
    MOV   EAX, [EBP+4]                  ;从堆栈中取故障的出错代码//@3
    CALL  SCode_Sel:SUBBegin            ;调用例程,显示出错代码
    ;
    POP   EDI
    POP   ESI                           ;恢复部分现场
    POP   EAX
    ADD   DWORD [EBP+8], 2              ;简单地调整返回地址//@4
    POP   EBP
    ADD   ESP, 4                        ;废除堆栈中的出错代码
    IRETD
;--------
OtherBegin  equ  $- ExCodeSegBB         ;其他中断/异常处理程序入口点
    MOV   ESI, MESSOTHER                ;提示信息首地址偏移
    MOV   EDI, 0
    INT   0FEH                          ;显示提示信息
    JMP   $                             ;进入无限循环
LenExCSegBB  equ  $-ExCodeSegBB
;-------------------------------
```

```
    align 16                         ;16 字节对齐
    bits  32                         ;32 位段模式
;显示出错代码子程序的代码段
SCodeSeg:
SUBBegin equ  $-SCodeSeg
    PUSH  EAX                        ;AX 含出错代码
    PUSH  ECX
    PUSH  EDX                        ;保护部分现场
    PUSH  ESI
    PUSH  EDI
    MOV   ESI, ERRCODE
    MOV   DX, AX
    MOV   ECX, 4
.S1:ROL   DX, 4                      ;把 16 位出错代码
    MOV   AL, DL                     ;转成 4 位十六进制数的 ASCII 码
    AND   AL, 0FH                    ;并保存
    ADD   AL, 30H
    CMP   AL, '9'
    JBE   .S2
    ADD   AL, 7
.S2:MOV   [ESI], AL
    INC   ESI
    LOOP  .S1
    ;
    MOV   ESI, ERRMESS
    MOV   EDI, 2* 80                 ;在第 2 行首开始
    INT   0FEH                       ;调用自带的服务功能,显示出错代码
    POP   EDI
    POP   ESI
    POP   EDX                        ;恢复部分现场
    POP   ECX
    POP   EAX
    RETF
LenSCode equ  $-SCodeSeg
;--------------------------------
    align 16                         ;16 字节对齐
    bits  32                         ;32 位段模式
;实现显示功能的服务程序(陷阱处理程序形式)的代码段
ECodeSeg:
EchoBegin equ  $-ECodeSeg
;DS:ESI 指向显示信息串,ES:EDI 指向显示缓冲区
    PUSHAD                           ;保护现场
    CLD
    MOV   AH, 4EH                    ;红底黄字
    MOV   AL, 20H                    ;空格
    MOV   ECX, 80* 2                 ;每行 80 个字符
    PUSH  EDI
    REP   STOSW                      ;显示空格(清空指定行及下一行)
```

```
        POP     EDI
.E1:LODSB
        OR      AL, AL
        JZ      .E2
        STOSW                           ;显示指定信息
        JMP     SHORT .E1
.E2:POPAD                               ;恢复现场
        IRETD                           ;返回
LenECode equ  $-ECodeSeg
;----------------------------------------------------------
        align 16                        ;16字节对齐
;键盘任务的局部描述符表 LDT
KeyLDTSeg:
;键盘任务的代码段描述符及其选择子
KeyCode   DESCRIPTOR  0FFFFH,KCodeSeg,0,ATCE,0
KCode_Sel equ  (KeyCode-KeyLDTSeg)+TIL
;键盘任务的堆栈段描述符及其选择子
KeyStack DESCRIPTOR  LenKStack-1,KStackSeg,0,ATDW,0
KStack_Sel equ  (KeyStack-KeyLDTSeg)+TIL
NumDescKL equ  ($-KeyLDTSeg) / 8   ;键盘任务 LDT 中描述符个数
LenKLDT   equ  $-KeyLDTSeg
;-------------------------------
        align 16                        ;16字节对齐
;键盘任务的 TSS 段
KeyTSSeg:
        DW      0,0                     ;链接字
        DD      0                       ;0级堆栈指针
        DW      0,0
        DD      0                       ;1级堆栈指针
        DW      0,0
        DD      0                       ;2级堆栈指针
        DW      0,0
        DD      0                       ;CR3
        DW      KeyBegin, 0             ;EIP(入口点偏移)
        DD      0                       ;EFLAGS
        DD      01234h                  ;EAX
        DD      05678h                  ;ECX
        DD      0                       ;EDX
        DD      0                       ;EBX
        DW      LenKStack, 0            ;ESP(进入时的堆栈顶偏移)
        DD      0                       ;EBP
        DD      0                       ;ESI
        DD      0                       ;EDI
        DW      Normal_Sel, 0           ;ES
        DW      KCode_Sel, 0            ;CS
        DW      KStack_Sel, 0           ;SS
        DW      VMem_Sel, 0             ;DS
        DW      Normal_Sel, 0           ;FS
```

```
    DW    Normal_Sel, 0              ;GS
    DW    KLDT_Sel, 0                ;LDT
    DW    0                          ;TSS 的特别属性字
    DW    $+2-KeyTSSeg               ;指向 I/O 许可位图区的指针
    DB    0FFH                       ;I/O 许可位图结束字节
LenKeyTSS equ  $-KeyTSSeg
;------------------------------------------------------------
;键盘任务的堆栈段(16 位段)
    align 16                         ;16 字节对齐
KStackSeg:
LenKStack equ  512
        times  LenKStack  db   0
;------------------------------------------------------------
;键盘任务代码段(16 位段)
    align 16                         ;16 字节对齐
    bits  16                         ;16 位段模式
KCodeSeg:
KeyBegin equ  $-KCodeSeg
    PUSH  DS
    PUSH  ES
    PUSH  FS
    PUSH  GS
    MOV   AX, Normal_Sel
    MOV   SS, AX                     ;准备回到实方式
    MOV   EAX, CR0
    AND   EAX, 0FFFFFFFEH
    MOV   CR0, EAX                   ;回到实方式
ToReal2:                            ;真正回到实方式
    JMP   0:GetKey1                  ;需要重定位
GetKey1:                            ;现在是实方式
    MOV   AX, CS
    MOV   DS, AX
    MOV   EBP, ESP                   ;恢复实方式部分现场
    MOV   SS, [SSVar]                ;LSS SP, [SPVar]
    MOV   SP, [SPVar]                ;恢复实方式下的堆栈指针
    LIDT  [NORVIDTR]                 ;恢复实方式下的中断向量表
    STI
    ;
GetKey2:                            ;调用 BIOS 功能,显示提示信息
    MOV   SI, Prompt
    MOV   AH, 14                     ;TTY 方式显示
    MOV   BH, 0                      ;0 页
.L1:LODSB
    OR    AL, AL                     ;字符串以 0 结尾
    JZ    GetKey3
    INT   10H                        ;调用 BIOS,显示字符
    JMP   SHORT  .L1
GetKey3:                            ;调用 BIOS 功能,接受键盘输入
```

```
        MOV     AH, 0
        INT     16H                     ;调用 BIOS,取得键盘输入
        CMP     AL, '0'                 ;只有[0,4,B,C,D]有效
        JZ      GetKey4
        CMP     AL, '4'                 ;只有[0,4,B,C,D]有效
        JZ      GetKey4
        AND     AL, 11011111B           ;字母小写转大写
        CMP     AL, 'B'
        JB      GetKey3
        CMP     AL, 'D'                 ;只有[0,4,B,C,D]有效
        JA      GetKey3
GetKey4:
        MOV     AH, 14
        INT     10H                     ;显示所按字符
GetKey5:
        MOV     [KeyVar], AL            ;保存到交换缓冲数据段
        ;
        MOV     AL, 0DH
        INT     10H                     ;形成回车换行的效果
        MOV     AL, 0AH
        INT     10H
GetKey6:
        CLI                             ;准备再次进入保护方式
        LIDT    [VIDTR]
        MOV     EAX, CR0
        OR      EAX, 1
        MOV     CR0, EAX                ;再次进入保护方式
        JMP     KCode_Sel:GetKeyV
        ;
GetKeyV equ  $-KCodeSeg
        MOV     AX, KStack_Sel          ;又到了保护方式
        MOV     SS, AX
        MOV     ESP, EBP
        POP     GS
        POP     FS
        POP     ES
        POP     DS
        IRETD                           ;键盘任务结束,返回
        JMP     KeyBegin                ;下次进入任务时的入口点//@5
LenKCode equ  $-KCodeSeg
;-------------------------------
;交换缓冲区数据段
        align 16                        ;16字节对齐
BufferSeg:
KeyASCII equ  $-BufferSeg
KeyVar  db   0
Buffer  equ  $-BufferSeg
        times 128 db  0
```

```
LenBuffer equ   $-BufferSeg
;-------------------------------
;工作任务的局部描述符表段
    align 16                          ;16字节对齐
DemoLDTSeg:
;工作任务的堆栈段描述符及其选择子
DemoStack  DESCRIPTOR  LenDStack-1,DStackSeg,0,ATDW+D32,0
DStack_Sel equ  (DemoStack-DemoLDTSeg)+TIL
;工作任务的数据段描述符及其选择子
DEMODATA   DESCRIPTOR  LenDData-1,DDataSeg,0,ATDW,0
DData_Sel  equ  (DEMODATA-DemoLDTSeg)+TIL
;为模拟段不存在故障而安排的数据段描述符
TESTNPS    DESCRIPTOR  0FFFFH,0,0,ATDW-80H,0     ; //@N
TNPS_Sel   equ  (TESTNPS-DemoLDTSeg)+TIL
;该 LDT 中需要初始化基地址的描述符个数
DemoLDNUM  equ  ($-DemoLDTSeg) / 8
LenDLDT    equ  $-DemoLDTSeg
;------------------------------------------------------
;工作任务的 TSS 段
    align  16              ;16字节对齐
DemoTSSeg:
DemoTaskSS TASKSS
    db     0FFH
LenDemoTSS equ  $-DemoTSSeg
;-------------------------------
;工作任务的堆栈段
    align  16              ;16字节对齐
DStackSeg:
LenDStack  equ  1024
    times  LenDStack  db  0
;-------------------------------
;工作任务的数据段
DDataSeg:
MESS0      equ  $-DDataSeg
    DB     'Divide Error Exception(#DE)',0
MESS4      equ  $-DDataSeg
    DB     'Overflow Exception(#OF)',0
MESSB      equ  $-DDataSeg
    DB     'Segment Not Present(#NP)',0
MESSC      equ  $-DDataSeg
    DB     'Stack Fault Exception(#SS)',0
MESSD      equ  $-DDataSeg
    DB     'General Protection Exception(#GP)',0
MESSOTHER  equ  $-DDataSeg
    DB     'Other Execption',0
ERRMESS    equ  $-DDataSeg
    DB     'Error Code='
ERRCODE    equ  $-DDataSeg
```

```
      DB      '0000H',0
LenDData   equ  $-DDataSeg
;-------------------------------
;工作任务代码段(演示代码段)
      align  16                          ;16字节对齐
      bits   32                          ;32位段模式
DCodeSeg:
DemoBegin  equ  $-DCodeSeg
      MOV    AX, DLDT_Sel
      LLDT   AX                          ;装载 LDTR
      MOV    AX, DStack_Sel
      MOV    SS, AX                      ;置堆栈指针
      MOV    ESP, LenDStack
      ;使得 TR 指向工作任务的 TSS
      MOV    AX, DTSS_Sel
      LTR    AX
      ;装载其他数据段寄存器
      MOV    AX, DData_Sel
      MOV    DS, AX                      ;工作任务数据段
      MOV    AX, VMem_Sel
      MOV    ES, AX                      ;视频存储区
      MOV    AX, XBuff_Sel
      MOV    FS, AX                      ;数据交换缓冲区段
      MOV    AX, XBuff_Sel
      MOV    GS, AX                      ;数据交换缓冲区段
      ;接收需要模拟的异常的类型号(由字符表示)
      INT    0FFH
      ;根据接收到的字符,分别故意引起相应的异常(模拟)
      MOV    AL, [FS:KeyASCII]
      CMP    AL, '0'
      JNZ    Demo4
Exception0:                             ;模拟除法出错故障
      MOV    AX, 1000
      MOV    CL, 2                       ;商太大,将引起除出错异常
      DIV    CL                          ;本指令长 2 字节//@6
      JMP    OVER
Demo4:
      CMP    AL, '4'
      JNZ    Demo11
Exception4:                             ;模拟溢出陷阱
      MOV    AL, 100
      ADD    AL, 50                      ;单字节有符号数最大为 127,使得 OF=1
      INTO                               ;因 OF=1,将引起异常//@7
      JMP    OVER
Demo11:
      CMP    AL, 'B'
      JNZ    Demo12
Exception11:                            ;模拟段不存在故障
```

```
        MOV    AX, TNPS_Sel              ;段选择子指示描述符的 P 位=0
        MOV    GS, AX                    ;引起段不存在故障(指令长 2 字节)
        JMP    OVER                      ; //@8
Demo12:
        CMP    AL, 'C'
        JNZ    Demo13
Exception12:                            ;模拟堆栈出错故障
        MOV    EBX, ESP
        MOV    AL, [SS:EBX]              ;超出堆栈边界(指令长 3 字节) //@9
        JMP    OVER
Demo13:
Exception13:                            ;模拟通用保护故障
        MOV    AX, DTSS_Sel              ;这是指示 TSS 描述符的选择子
        MOV    GS, AX                    ;把 TSS 作为数据段(指令长 2 字节)
;------
OVER:                                   ;转临时代码段
        JMP    TCode_Sel:PM_Entry2
LenDCode equ  $-DCodeSeg
;------------------------------
;保护方式下的临时代码段
        align 16                        ;16 字节对齐
        bits  16                        ;16 位段模式
TCodeSeg:
PM_Entry1 equ  $-TCodeSeg
        JMP    DCode_Sel:DemoBegin       ;转演示程序
        ;
PM_Entry2 equ  $-TCodeSeg
        MOV    AX, Normal_Sel            ;准备切换回实方式
        MOV    DS, AX
        MOV    ES, AX
        MOV    FS, AX                    ;加载规范描述符
        MOV    GS, AX
        MOV    SS, AX
        MOV    EAX, CR0
        AND    EAX, 0FFFFFFFEH
        MOV    CR0, EAX                  ;返回实方式
ToReal:                                 ;真正进入实方式
        JMP    0:Real                    ;需要重定位
;============================
;实方式下的数据段
RDataSeg:
VGDTR    PDESC  LenGDT-1,0               ;GDT 伪描述符
VIDTR    PDESC  LenIDT-1,0               ;IDT 伪描述符
NORVIDTR PDESC  3FFH,0                   ;用于保存原 IDTR 值
SPVar    DW     0                        ;暂存实方式的堆栈指针
SSVar    DW     0
Prompt   DB     "Strike a key [0,4,B,C,D]:",0    ;提示信息
;------------------------------
```

```
;实方式下的代码段
    bits  16
Begin:
    CLD
    MOV   AX, CS
    MOV   DS, AX
    MOV   [ToReal+3], AX              ;重定位(调整返回指令中的段值)
    MOV   [ToReal2+3], AX            ;重定位(调整另一处返回指令中的段值)
    ;
    MOV   SI, InitGDT
    MOV   CX, NumDescG
    CALL  InitDescBA                 ;按位移,设置 GDT 中的描述符基地址
    MOV   SI, VGDTR
    MOV   BX, GDTSeg
    CALL  InitPeDesc                 ;初始化用于 GDTR 的伪描述符
    MOV   SI, VIDTR
    MOV   BX, IDTSeg
    CALL  InitPeDesc                 ;初始化用于 IDTR 的伪描述符
    ;
    MOV   SI, DemoLDTSeg
    MOV   CX, DemoLDNUM
    CALL  InitDescBA                 ;初始化工作任务 LDT
    MOV   SI, KeyLDTSeg
    MOV   CX, NumDescKL
    CALL  InitDescBA                 ;初始化键盘任务 LDT
    ;
    MOV   AX, DLDT_Sel               ;初始化工作任务 TSS
    MOV   [DemoTaskSS.TRLDT],AX      ;把工作任务 LDT 的选择子填入 TSS
    ;
    MOV   [SSVar], SS
    MOV   [SPVar], SP                ;保存堆栈指针
    SIDT  [NORVIDTR]                 ;保存 IDTR 值
    ;
    LGDT  [VGDTR]                    ;装载 GDTR
    CLI
    LIDT  [VIDTR]                    ;置 IDTR
    MOV   EAX, CR0                   ;准备切换到保护方式
    OR    EAX, 1
    MOV   CR0, EAX
    JMP   TCode_Sel:PM_Entry1        ;进入保护方式下的临时代码段
;--------------------
Real:                               ;又回到实方式
    MOV   AX, CS
    MOV   DS, AX
    LSS   SP, [SPVar]                ;恢复实方式下的堆栈指针
    LIDT  [NORVIDTR]                 ;恢复原 IDTR
    STI                             ;开中断
    RETF                            ;结束演示,返回
```

```
;------------------------------
%include " PROC.ASM "                    ;包含初始化阶段的相关子程序
end_of_text:                             ;源代码到此为止
```

3. 关于示例九的说明

在中断描述符表 IDT 的安排和显示服务例程的实现等方面,与示例八类似,不再赘述。下面结合源程序,就有关异常处理程序的实现和键盘任务的实现作些说明。

(1) 除法出错故障处理程序的实现。从源程序"//@6"行可知,除法出错是在执行故意安排的被除数为 1000,而除数为 2 的无符号除法指令时引起。作为模拟演示,除法出错故障处理程序先显示一条提示信息,然后把存放被除数的 AX 内容右移一位,就返回。除法出错属于故障,在故障处理结束返回后,仍执行该无符号除法指令。显然,将再次引起同样的故障,仍把被除数右移一位。但由于每次处理时都把被除数减半,因此经过几次故障处理后就不再发生该故障。

(2) 溢出陷阱处理程序的实现。引起溢出陷阱的是源程序"//@7"行指令 INTO。作为模拟演示的溢出陷阱处理程序比较简单。先显示一条提示信息,然后就返回。因为溢出异常归入陷阱这一类,所以在陷阱处理结束后,就直接返回到引起陷阱的指令的下一条指令。

(3) 段不存在故障处理程序的实现。从源程序可知,段不存在故障是在执行故意安排的把一个选择子送段寄存器 GS 的指令时引起。该选择子指示的描述符中的存在位 P 被故意安排为 0,表示对应段不在内存,参见源程序"//@N"行。在正常情况下,段不存在故障处理程序应该把对应的段装入内存,再把描述符内的 P 位修改为 1,于是,在故障处理结束后,引起故障的指令可得到顺利执行。为了简单,这里安排的故障处理程序先显示一条提示信息,然后显示出错码,最后调整堆栈中的返回地址并返回。段不存在故障提供一个出错码,该故障处理程序利用 POP 指令把它从堆栈中弹出,这样堆栈指针就指向返回地址。由于段不存在异常归入故障这一类,因此返回点是引起故障的指令。为了避免再次引起故障,作为模拟的故障处理程序仅仅调整了堆栈中的返回地址,参见源程序"//@1"行,使其指向下一条指令,也即源程序"//@8"行的指令。

(4) 堆栈段出错故障处理程序的实现。引起堆栈出错故障的原因有多种,示例通过执行故意安排的偏移超过段界限的堆栈段访问指令来模拟堆栈段出错故障的产生,参见源程序"//@9"行。作为模拟演示的堆栈出错故障处理程序比较简单,先显示一条提示信息,然后显示出错码,最后调整堆栈中的返回地址并返回,参见源程序"//@2"行。

(5) 通用保护故障处理程序的实现。引起通用保护故障的原因有多种,示例通过把一个指向系统段描述符的选择子装入数据段寄存器 GS 来模拟通用保护故障的产生。作为模拟演示的通用保护故障处理程序,像上述两个故障处理程序一样比较简单,先显示一条提示信息,然后显示出错码,最后调整堆栈中的返回地址并返回。但在废除堆栈中的出错码和调整堆栈中的返回地址时采用了其他方法,参见源程序"//@3"行和"//@4"行。

(6) 异常处理程序的一般说明。在本示例中,通向上述各种异常处理程序的门都是陷阱门。所以在发生异常而转入这些异常处理程序时,都不发生任务切换。于是,这些异常处理仍作为工作任务的一部分。正常情况下,异常处理程序应该注意现场的保护和恢复,但为了简单,作为模拟演示的异常处理程序没有能够切实地保护现场。注意,这些异常处理程序采用的处理方法与故意安排的引起异常的指令有关,不适用于一般情况。

(7) 显示出错代码的过程。本示例采用一个子程序来显示部分异常所带的出错代码,该子程序的入口参数是 AX 含出错代码。利用该子程序不仅缩短程序长度,而且也用于表现异常处理程序的实现。

(8) 键盘任务的实现。在本示例的中断描述符表 IDT 中,第 FFH 号门描述符是任务门,指向一个独立的任务。键盘任务的功能是读取键盘,接收一个指定范围内的字符。工作任务代码通过"INT 0FFH"指令调用它,接收一个表示希望模拟异常的字符。

为了简单,键盘任务在实方式下读键盘,接收指定范围内的字符。因此,键盘任务每次经历以下步骤:①转回到实方式。此前要做必要的准备,回到实方式后,要恢复必须的实方式下的部分现场。②接收指定的字符。调用 BIOS 功能显示提示信息,调用 BIOS 读键盘,如果用户所按字符在指定范围内,就显示所按字符,并保存到约定的交换缓冲区。③转回到保护方式,此前也要做必要的准备。

尽管在任务切换时,自动利用 TSS 保护和恢复现场,但由于键盘任务相当于一个读取键盘的子程序(例程),因此在开始任务时,还通过堆栈保护必要的现场,在结束任务时恢复现场。请特别注意,安排在该任务代码段中的 IRETD 指令之后的转移指令的作用,参见源程序"//@5"行。

9.9 保护机制小结

基于描述符、控制门和特权级,IA-32 系列 CPU 提供完善的保护机制,有效地支持操作系统建立多任务运行环境。

9.9.1 转移途径小结

只有通过段间转移的途径,才能进行实方式与保护方式之间的转换,才能进行任务内不同特权级之间的变换,才能进行多个任务之间的切换。段间转移指令 JMP、段间调用指令 CALL、段间返回指令 RETF、软中断指令 INT 和中断返回指令 IRETD,都具有实施段间转移的功能。此外,响应中断或者处理异常也必定导致段间转移。

1. 任务切换的途径

任务之间切换的途径如图 9.35 所示。段间转移指令 JMP、段间调用指令 CALL、软中断指令 INT 和中断返回指令 IRETD 引起的任务切换是主动的任务切换,或者说是当前任务要求的任务切换。中断和异常(不包括软中断指令)引起的任务切换是被动的任务切换,或者说是不受当前任务左右的任务切换。

任务切换意味着运行环境的切换,意味着线性地址空间的切换。这样能够实现各个任务存储空间之间的隔离。当然,操作系统自身是由各个任务共享的。

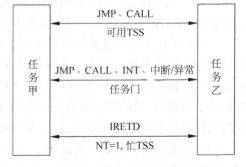

图 9.35 任务之间切换的途径

从任务甲切换到任务乙时,必须符合特权级保护规则,防止随意进行任务切换。

在任务切换期间,将进行多方面的保护检测,如果察觉到出现某种错误条件,那么将引起异常。于是对应的异常处理程序得到运行,它们会排除故障,或者会终止任务。

伴随着任务切换,特权级当然可能发生变换。只要任务切换发生,这种特权级的变换取决于目标任务,而与当前特权级无关。

2. 任务内特权级变换的途径

任务内特权级变换的途径如图 9.36 所示。图 9.36 中特权级 m 是内层特权级,特权级 n 是外层特权级。通常情况下,段间返回指令 RETF 与段间调用指令 CALL 相对应;中断返回指令 IRETD 与软中断指令 INT、中断或异常相对应。但是,可以首先在内层堆栈中建立合适的环境,然后使用段间返回指令 RETF 或者中断返回指令 IRETD 从内层特权级变换到外层特权级。

从外层特权级变换到内层特权级时,必须符合特权级保护规则,必定经过涉及当前特权级 CPL、请求特权级 RPL 和描述符特权级 DPL 之间关系比较的特权级检测。外层的应用程序可以调用内层的子程序或者内层的例程(服务程序),由相对内层的程序实施相对重要的数据存取和操作处理。这种方式与一般管理采用的方式是相同的,也即相对重要的事项,由相对重要的人员处理或者决定。所以,只有操作系统内核才具有特权级 0,也即最高特权级,只有操作系统内核才能实施最重要的操作处理。

伴随着特权级变换,使用的堆栈发生变换。这样能够防止外层程序从堆栈中获取内层程序的各种信息。

在特权级变换期间,将进行多方面的保护检测,如果察觉到出现某种错误条件,那么将引起异常。于是对应的异常处理程序得到运行,它们会排除故障,或者会终止任务。

3. 任务内相同特权级转移的途径

任务内相同特权级转移的途径如图 9.37 所示。由图可知,任务内相同特权级转移的途径多种多样。实际上,因为不涉及特权级变换,也不涉及任务切换,所以尽可能便于程序员按需应用。当然,段间转移期间会进行保护检测,如果察觉到出现某种错误条件,那么将引起异常。

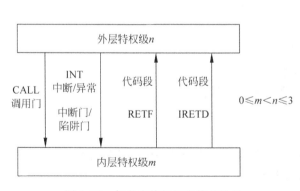

图 9.36　任务内特权级变换的途径

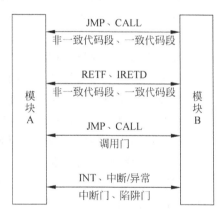

图 9.37　任务内相同特权级转移的途径

9.9.2　特权指令

特权指令是指保护方式下只有最高特权级才可以执行的指令,也即只有当前特权级 CPL＝0 时,才可以执行的指令。如果 CPL 不等于 0 而执行这些指令,那么会引起通用保护异常。表 9.7 列出了常见的特权指令。备注栏说明是否可以在实方式下执行。

表 9.7　常见的特权指令

指　　令	功　　能	备注
LGDT	装载寄存器 GDTR	实方式
LIDT	装载寄存器 IDTR	实方式
LLDT	装载寄存器 LDTR	
LTR	装载寄存器 TR	
MOV　CRn，reg	装载控制寄存器	实方式
MOV　reg，CRn	获取控制寄存器	实方式

从表 9.7 可知，特权指令在构成完善的保护机制方面具有重要作用。

全局描述符表 GDT 和中断描述符表 IDT 是最重要的系统表，局部描述符表 LDT 和任务状态段 TSS 是重要的系统段。它们决定了各个任务的线性地址空间，决定了各个存储段包括特权级在内的属性。从表 9.7 可知，只有特权指令才能够设置系统表寄存器（GDTR 和 IDTR）和系统段寄存器（LDTR 和 TR），它们完全控制了全局描述符表 GDT 和中断描述符表 IDT，还控制了任务的局部描述符表 LDT 和任务状态段 TSS，这就意味着只有最内层的代码，也即只有操作系统内核，才能够管理这些最重要的系统表和系统段。

控制寄存器是最重要的寄存器，它们决定了 CPU 的运行方式，也决定了线性地址空间到物理地址空间的映射。从表 9.7 可知，只有特权指令才能够存取控制寄存器，也即只有操作系统内核代码才能够使用控制寄存器。

习　　题

1. 简要说明逻辑地址空间、线性地址空间和物理地址空间三者的关系。

2. 说明逻辑地址的表示形式。段选择子与段值有何区别？

3. 逻辑（虚拟）地址空间有多大？给出计算过程。

4. 简要说明分段存储管理机制的作用。

5. 简要说明分页存储管理机制的作用。

6. 简要说明逻辑地址转换成物理地址的步骤。

7. 系统如何设置 4 个特权级？哪级最高？哪级最低？

8. 简要说明 4 个特权级的使用原则。

9. 一个段由哪些要素决定？

10. 按所描述对象分类，有哪几类描述符？在描述符数据结构中的体现是什么？

11. 存储段的长度最大可达多少？如何表示？

12. 如何确定数据段的有效范围？

13. 系统中全局描述符表 GDT、局部描述符表 LDT 和中断描述符表 IDT 各有几张？它们之间有什么联系？

14. 如何实现某个段被两个任务共享，但又不被第三个任务所共享？

15. 描述符表的最大有效段界限是多少？为什么？

16. 段描述符高速缓冲存储器有何作用？何时刷新段描述符高速缓冲存储器？

17. 简要说明由逻辑地址到线性地址的具体转换过程。

18. 有哪些存储管理寄存器？它们的作用是什么？

19. 如何存取存储管理寄存器？需要注意哪些事项？

20. 如何存取控制寄存器？需要注意哪些事项？

21. 在从实方式切换到保护方式时要做哪些准备工作？

22. 在从保护方式切换到实方式时要注意什么？

23. 32 位段与 16 位段的区别是什么？代码段描述符如何描述 32 位代码段和 16 位代码段？

24. 别名技术是指什么？

25. 控制寄存器 CR2 和 CR3 分别有什么作用？

26. 假设页尺寸为 4KB，简要说明由线性地址到物理地址的具体转换过程。

27. 分页存储管理机制对实现虚拟存储器有何支持？

28. 分页存储管理机制如何支持页的保护和共享？

29. 有哪些门描述符？这些门描述符有什么作用？

30. 简要说明任务状态段 TSS 的作用和组成。

31. 符号 CPL、RPL、DPL 分别代表什么？它们之间有什么联系？

32. 在加载数据段寄存器 DS、ES、FS 和 GS 时，对 CPL、RPL 和 DPL 有什么要求？

33. 在加载堆栈段寄存器 SS 时，对 CPL、RPL 和 DPL 有什么要求？

34. 非一致代码段和一致代码段有什么区别？一致代码段有什么用途？

35. 在给定最终转移目标地址时，有哪些不同的方法？这些方法各自有哪些特点？

36. 简要说明由代码段 A 主动转移到代码段 B 的大致过程。对 CPL、RPL 和 DPL 有什么要求？

37. 采用段间转移指令 JMP 实现转移和采用段间调用指令 CALL 实现转移，有什么相同与不同？

38. 如何体现特权级变换？特权级变换必须满足什么条件？

39. 特权级变换时为什么要切换堆栈？如何切换堆栈？

40. 如何体现任务切换？

41. 什么时候发生任务切换？简述任务切换过程。

42. 哪些情形下会出现任务嵌套？

43. 中断和异常有何异同？

44. 异常分为哪三类？各自有什么特点？

45. 列举 5 种引起通用保护故障的错误条件。

46. 列举 3 种引起段不存在故障的错误条件。

47. 发生异常时，提供错误代码有何意义？说明错误代码的一般格式。

48. 在发生中断或异常后，如何转入对应的处理程序？

49. 为支持建立多任务运行环境，IA-32 系列 CPU 提供了哪些保护措施？

50. 特权指令的特权指的是什么？为什么要有特权指令？

51. 在示例一中，对由保护方式返回到实方式的段间转移指令段值部分进行了重定位。为什么要重定位？如何进行重定位？

52. 在示例二中，有两条段间转移指令中的目标地址没有采用入口标号表示偏移，而采用一个相对值表示偏移。这是为什么？

53. 在示例三中，描述视频存储区段的描述符 VideoMem 内的段基地址和段限有什么特点？这样安排意味着什么？

54. 在示例四中，假设的 4MB 物理内存被分为 1K 个页，哪些页有多个线性页与之对应？哪些页没有线性页与之对应？哪些页物理地址等于线性地址？为什么？

55. 在示例五中，在把指向视频存储区描述符的选择子加载到段寄存器 ES 时，为什么能够通过特权级检测？

56. 在示例六中，假设需要把演示代码的特权级定为 2 级，为此要做哪些调整？

57. 在示例七中，如何获取临时任务的挂起点信息？如何把临时任务 TSS 作为数据段？如何把指示该数据段描述符的选择子装载到段寄存器 FS？

58. 在示例八中，为什么要安排一个用于处理其他中断或异常的处理程序？

59. 在示例九中，有意引发某些故障并加以处理，是否可以有其他引发故障的方法？

60. 画出示例五、示例六、示例七、示例八和示例九的内存映像示意图。

61. 实际调试各示例程序。

第 10 章

实验工具的使用

本书使用的实验工具包括汇编器 NASM、虚拟机管理器 VirtualBox 和模拟器 Bochs,本章简要介绍这些工具软件的使用。同时,简单说明辅助工具 VHDWriter 的使用。

10.1　汇编器 NASM 的使用

本节简单介绍在 Windows 平台上使用汇编器 NASM。为利用 NASM 汇编第 6 章之后的示例源程序或读者编写的汇编源程序做准备。关于 NASM 的详细介绍,请参阅官方使用手册。

10.1.1　NASM 简介

NASM 是一款开源的 80x86 汇编器。它适用 BSD-2-Clause 开源协议。

NASM 设计的初衷就是要开发一个免费的且比 MASM 等收费汇编器更好用的汇编器。它的语法简洁易懂,不仅与 Intel 语法相似,而且更简单。它支持目前已知的所有 IA-32 系列 CPU 的指令,同时也较好地支持宏指令。它支持相当多的目标文件格式,这些格式覆盖大部分操作系统。它本身可以运行在大部分操作系统上。

NASM 不是编辑器,只是汇编器。为了编写汇编语言源程序,用户需要使用其他软件。但是,NASM 提供了被集成方案,允许 Visual Studio 等集成开发环境调用它生成目标代码。

1. 获取

获取汇编器 NASM 的最好方法是访问官方网站 http://www.nasm.us/。从该网址可以下载到 NASM 的发行版本、版本历史说明和使用文档等。

从下载链接进入到如图 10.1 所示的下载页面,该页面给出了一个目录结构。第一层目录按照软件的版本区分,数字代表的是版本号,后缀 rc 代表了候选版,也就是对应正式版之前的较为稳定的版本,rc 后的数字代表候选版的版本号。截至本书编写时较新的版本是 2.12.02rc1,也就是 2.12.02 版的第一个候选版本。在选择一个版本后,进入第二层目录。图 10.2 所示是 2.12.02rc1 版的目录结构,其中含有适用于多种操作系统环境的 NASM 安装包或者压缩包,在 doc 项下还有多种不同格式的说明文档。

用户可以根据需要下载对应的文件。例如,假设使用 32 位的 Windows 操作系统,则选择 Win32 目录下载文件。其中,exe 格式的是安装版,zip 格式的是压缩版。两者本质上没有区别,实际上 NASM 本身无需安装即可使用。

本节中将以 2.12.01 的 32 位 Windows 版为例进行介绍。

2. 安装

对于压缩包版本,只需将其成功解压就代表安装完成。用户可以任意指定解压位置。可

Index of /pub/nasm/releasebuilds

Name	Last modified	Size	Description
Parent Directory		-	
2.12.02rc1/	2016-04-05 13:47	-	
2.12.01/	2016-03-17 17:26	-	
2.12.01rc2/	2016-03-07 22:26	-	
2.12.01rc1/	2016-03-07 11:46	-	
2.12/	2016-02-26 21:06	-	

图 10.1　下载 NASM 主目录

Index of /pub/nasm/releasebuilds/2.12.02rc1

Name	Last modified	Size	Description
Parent Directory		-	
doc/	2016-04-05 13:45	-	
dos/	2016-04-05 13:47	-	
git.id	2016-04-05 13:47	41	
linux/	2016-04-05 13:47	-	
macosx/	2016-04-05 13:47	-	
nasm-2.12.02rc1-xdoc.tar.bz2	2016-04-05 13:45	960K	
nasm-2.12.02rc1-xdoc.tar.gz	2016-04-05 13:45	1.1M	
nasm-2.12.02rc1-xdoc.tar.xz	2016-04-05 13:45	745K	
nasm-2.12.02rc1-xdoc.zip	2016-04-05 13:45	1.1M	
nasm-2.12.02rc1.tar.bz2	2016-04-05 13:44	937K	
nasm-2.12.02rc1.tar.gz	2016-04-05 13:44	1.2M	
nasm-2.12.02rc1.tar.xz	2016-04-05 13:44	761K	
nasm-2.12.02rc1.zip	2016-04-05 13:44	1.3M	
win32/	2016-04-05 13:47	-	
win64/	2016-04-05 13:47	-	

Apache/2.4.18 (Fedora) Server at www.nasm.us Port 80

图 10.2　下载 NASM 子目录

以认为解压的目录就是含有汇编器 NASM 的目录。

　　下面简单介绍一下安装版的安装步骤。安装步骤如下。

　　（1）运行安装程序。汇编器 NASM 适用于 32 位 Windows 的安装版文件名应该是：nasm-2.12.01-installer-x86.exe。双击下载的该安装版 exe 文件，就开始安装。

　　（2）选择安装内容。NASM 主程序是必选的，还可以选择 RDOFF（RDOFF 工具集）、Manual（操作手册）和 VS8 intergration（VS2008 整合文件）。

　　（3）选择安装目录。用户可以根据使用习惯，选择安装目录。

　　（4）选择是否创建快捷方式。如果选择创建快捷方式，方便打开使用 NASM 的命令行窗口。

　　如果实施完整安装，在安装成功后会有多个文件夹和文件。最主要的是汇编器 NASM，对应的文件名是 nasm.exe。另外，还有一个 ndinasm.exe，它是反汇编器，利用它可以将一个由 nasm 生成的可执行程序反汇编成源代码。

10.1.2　NASM 的使用

1. 命令行窗口

通常把汇编器 NASM 作为一个命令行工具使用。为了在 Windows 平台上使用它,需要先进入 Windows 的命令行窗口。下面简单介绍进入 Windows 命令行窗口的方法。

(1) 从文件夹进入。对于不熟悉命令行窗口的用户,从文件夹直接进入命令行窗口比较简单。操作步骤如下:打开汇编器 NASM 对应文件 nasm.exe 所在的文件夹;按住 Shift 键的同时,在文件列表空白区域右击;在如图 10.3 所示的弹出的下拉菜单中选择"在此处打开命令窗口(W)",随即出现如图 10.4 所示的命令行窗口。

图 10.3　选择打开命令行窗口

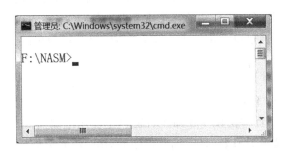

图 10.4　命令行窗口

(2) 通过开始菜单进入。如果使用安装版安装而不是压缩包解压,并且在安装的最后一步选择了创建开始菜单快捷方式,则在开始菜单中,直接运行 nasm-shell 即可快速打开命令行窗口。

通过上述两种方法,都能打开命令行窗口,同时命令行提示所在工作目录就是 NASM 所在的文件夹。如果通过其他方法打开了命令行窗口,需要将工作目录切换到 NASM 所在文件夹才能运行 NASM 命令,否则会提示错误。

2. 命令行选项

在命令行窗口中,如果当前工作目录就是 NASM 所在的文件夹,那么可以直接运行 NASM 命令。汇编器 NASM 命令的基本使用格式如下:

> NASM　源文件　[-f 格式]　[-o 输出文件]　[-l 列表文件]

其中,"源文件"指定被汇编的源程序文件,应该包含扩展名;"格式"指定生成的目标文件格式;"输出文件"指定生成的目标文件;"列表文件"指定含有汇编信息的列表文件。方括号表示该选项可以缺省。

汇编器 NASM 命令的选项以减号(一)引导,选项符与随后的参数之间可以有空格作为分隔符,也可以没有分隔符。

(1) 格式(Format)选项(-f)。该选项用于指定 NASM 汇编输出目标文件的格式。如果不设置,默认采用 bin 格式。汇编器 NASM 支持的几种常用输出格式如下。

① bin:纯二进制目标代码文件,不依赖操作系统。

② obj：微软 OMF 目标文件，用于供给 16 位 DOS 链接器生成 exe 文件。

③ win32：微软 Win32 目标文件，主要用于 VC++ 生成 exe 文件。

④ coff：通用目标文件。

⑤ elf：可执行可链接格式目标文件，主要在 Linux 和 UNIX 系统中使用。

⑥ rdf：可重定位的动态目标文件，也即 RDOFF 格式目标文件，属于 NASM 自己特有的格式文件。

（2）输出文件（Outfile）选项（－o）。该选项用于指定生成的目标文件，可以带上扩展名。如果不设置，NASM 将根据源文件名来形成对应的输出文件名，而扩展名与设置的输出目标文件格式有关。

（3）列表文件（Listfile）选项（－l）。该选项用于指定产生列表文件。在列表文件中，在左边列出对应指令的偏移地址和机器码，在右边列出实际的源代码（包括展开的宏指令）。通过列表文件，可以清楚地看到指令与机器码的关系，也可以清楚地看到伪指令定义数据的情况。

除了上述介绍的几个重要选项外，汇编器 NASM 还有多个其他的使用选项。在命令行窗口中，通过以下带选项-h 的命令，能够获得简单的 NASM 使用帮助信息。

```
NASM  - h
```

3. 使用实例

下面举例说明在命令行窗口中使用汇编器 NASM。

【例 10-1】 将汇编源程序 myfile.asm 汇编生成纯二进制目标代码。汇编命令如下：

```
nasm  myfile.asm -f bin -o myfile.com
```

上述汇编命令中，指定了输出目标文件的格式 bin，还明确指定了输出目标文件的文件名 myfile.com。在本书中主要采用上述形式的汇编命令，由汇编源程序文件得到纯二进制目标代码文件。

【例 10-2】 将汇编源程序 myfile.asm 汇编生成纯二进制目标代码，并生成列表文件。汇编命令如下：

```
nasm  myfile.asm -fbin -omyfile -lmyfile.lst
```

上述汇编命令中，指定了输出文件，有意没有使用扩展名；要求生成列表文件，并指定列表文件名 myfile.lst。在选项符和参数之间，省略了分隔符。

【例 10-3】 将汇编源程序 hello.asm 汇编生成纯二进制目标代码文件 hello。汇编命令如下：

```
nasm  hello.asm  -ohello
```

上述汇编命令缺省格式选项符（－f），表示输出纯二进制代码。

【例 10-4】 将汇编源程序 myfile.asm 汇编生成 obj 格式的目标代码。汇编命令如下：

```
nasm  myfile.asm -f obj-omyf.obj
```

上述汇编命令中，指定输出文件的格式为 obj，输出文件名为 myf.obj。在通过汇编得到目标文件 myf.obj 之后，可以利用链接器生成 exe 类型的可执行程序。

以下汇编命令可以同时生成列表文件 myfl：

```
nasm  myfile.asm -f obj -omyf.obj -lmyfl
```

4. 常见出错提示信息

在汇编过程中，如果源程序中的指令有错误，或者表达式有错误，或者源程序格式不符合规范，那么汇编器 NASM 将发出提示信息。下面举例说明常见的出错提示信息。

【例 10-5】设有如下带有错误的源程序 test.asm，以注释的形式标出了行号。

```
segent    text         ;1
org       100H         ;2
MOV       AX, CS       ;3
MOV       DS, AL       ;4
MOV       DX, hello    ;5
MOV       AH, 9+250    ;6
INT       21H          ;7
MOVE      AH 4CH       ;8
INT       21H          ;9
```

在汇编过程中，汇编器 NASM 会给出如下提示信息。

```
test.asm:1: error: parser: instruction expected
test.asm:3: error: comma, colon or end of line expected
test.asm:8: error: comma, colon or end of line expected
```

结合出错提示信息和检查源程序，可以发现：第 1 行有拼写错误，应该是"segment"；第 3 行的注释应该以西文的分号引导，而非纯中文的分号；第 8 行的两个操作数之间缺少了逗号，助记符也不正确。修改纠正后的源程序如下：

```
segment text          ;1
org       100H        ;2
MOV       AX, CS      ;3
MOV       DS, AL      ;4
MOV       DX, hello   ;5
MOV       AH, 9+250   ;6
IN        21H         ;7
MOV       AH,4CH      ;8
INT       21H         ;9
```

再次汇编，在汇编过程中，汇编器 NASM 会给出如下提示信息。

```
test.asm:4: error: invalid combination of opcode and operands
test.asm:5: error: symbol 'hello' undefined
test.asm:6: warning: byte value exceeds bounds
test.asm:7: error: invalid combination of opcode and operands
```

结合出错提示信息和检查源程序，可以发现：第 4 行操作数尺寸不一致；第 5 行没有定义标号 hello；第 7 行的指令助记符有误，应该是"INT"，被误解为输入指令 IN，这样就缺少另一个操作数。还可以发现，第 6 行试图把 259 传送给 AH，这超过 8 位数的上限，但这是可以的，所以汇编器发出警告信息，而非出错提示信息。

一般情况下,根据出错提示信息或者警告信息中的行号,仔细检查源程序中对应行的代码,就可以发现错误所在。

10.1.3　链接器及其使用

为了生成纯二进制目标代码文件,源程序只能由一个段构成,并且不能根据需要指定开始执行的位置。从第 6 章开始的大多数演示程序都是如此。当源程序包含有多个段,如果仍希望生成纯二进制目标代码文件,那么汇编器 NASM 会提示出错。

为了把含有多个段的源程序转换成可执行文件(程序),需要先汇编,再链接,也即把源程序汇编成目标代码文件,然后再链接成可执行文件。同时注意,在所有段中有且只有一个段含有开始执行的位置。一种可行的操作步骤如下。

(1) 使用汇编器 NASM,生成 obj 格式的目标文件。

(2) 使用链接器,将 obj 目标文件链接成可执行文件。

链接器的作用,是将一个或多个由编译器或汇编器生成的目标文件,还有外加的库文件等,链接到一起形成一个可执行文件。

链接器软件并不唯一,本书所使用的链接器 LINK(Microsoft 8086 Object Linker)是一个很早且简单的链接器。

链接器 LINK 命令的简单使用格式如下:

```
link  目标文件.obj ;
```

【例 10-6】 将第 6 章中的源程序 dp66.asm 生成为 exe 格式可执行文件。操作步骤如下:

(1) 使用 NASM 生成 obj 格式文件:

```
nasm  dp66.asm - fobj
```

(2) 使用链接器生成 exe 文件:

```
link  dp66.obj ;
```

正确执行上述操作后,在目录中会生成可执行程序 dp66.exe 文件。随后,可以在命令行窗口中运行它。

10.2　虚拟机管理器 VirtualBox 的使用

本节简单介绍在 Windows 平台上使用虚拟机管理器 VirtualBox。利用 VirtualBox 创建的虚拟机,能够运行 7.4 节介绍的加载器,从而建立运行第 8 章和第 9 章示例程序的环境。在这个环境中,也可以运行由读者自己编写的源程序生成的纯二进制目标代码。

10.2.1　VirtualBox 简介

VirtualBox 是一款开源的虚拟机软件。最初由德国 Innotek 公司开发,由 Sun Microsystems 公司出品,在 Sun 公司被 Oracle 公司收购后,正式更名为 Oracle VM VirtualBox。现在由 Oracle 公司开发,是 Oracle 公司 xVM 虚拟化平台技术的一部分。

VirtualBox 最初是以专有软件协议的方式提供,后来 Innotek 公司以 GNU 通用公共许可证 (GPL)释出 VirtualBox 而成为自由软件,并提供二进制版本及开放源代码版本的代码。

VirtualBox 号称是最强的免费虚拟机软件。它不仅具有丰富的特色,而且性能也很优异。它提供用户在 32 位或 64 位的 Windows、Linux 及 Solaris 操作系统上虚拟其他 x86 的操作系统。用户可以在 VirtualBox 上安装并且运行 Solaris、Windows、DOS、Linux 等系统作为客户机操作系统。

VirtualBox 作为虚拟机管理器,使用比较方便。VirtulBox 能够创建和管理多台虚拟机。在这些虚拟机上,能够分别安装不同的客户机操作系统。每个客户机系统都能够独立运行,就像不同的机器,可以独立地打开、暂停与停止。宿主机操作系统与客户机操作系统之间能相互通信,而且还能够同时使用网络。

在 VirtualBox 创建的虚拟机上,可以不安装操作系统,直接引导和执行特定的程序。利用这一特点,可以在虚拟机上直接运行纯目标代码。采用这种方式运行程序,优点是可以不受操作系统的约束,“为所欲为”;缺点是没有操作系统可以依靠,除了利用 BIOS 外,其他都必须“自力更生”。

1. 获取

从 www.virtualbox.org 可以下载得到 VirtualBox 软件。由于要在 Windows 平台上运行,因此应该下载以 Windows 为宿主机操作系统的 VirtualBox 版本安装程序。从下载文件的文件名中,可以发现对应操作系统的标记。截至本书编写时较新的版本为 5.1。

2. 安装

安装 VirtualBox 的过程比较简单。直接运行下载的安装程序,就可以完成安装。这里采用 5.0.4 版进行介绍,其他版本安装过程与之基本一致。

启动安装程序后的第一个界面如图 10.5 所示。

图 10.5　VirtualBox 安装程序启动

接下来是选择安装的内容和安装的位置。如果没有特别需要,并且磁盘有足够的空间,那就可以简单地采用默认的选项。

安装过程中可能对网络连接有所影响。但在安装之后一般并不会对网络产生影响,所以仍可继续安装。

随即出现安装确认界面。在确认安装之后,实施自动安装。整个过程比较快。最后出现如图 10.6 所示的安装成功确认界面。

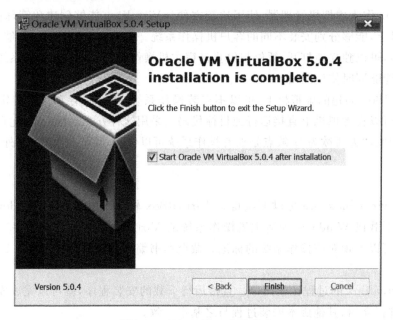

图 10.6　VirtualBox 安装完成

10.2.2　VirtualBox 的使用

1. VirtualBox 管理器的运行

在安装成功之后,就可以像其他软件一样,通过启动菜单或者快捷图标,开始运行虚拟机管理器 VirtualBox。

图 10.7 所示是尚未创建虚拟机,运行 VirtualBox 的情形。图 10.8 所示是已具备一台虚拟机的情形,这台虚拟机的名称是 VM_ASM。

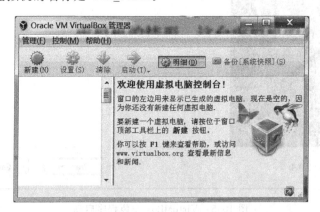

图 10.7　尚未创建虚拟机

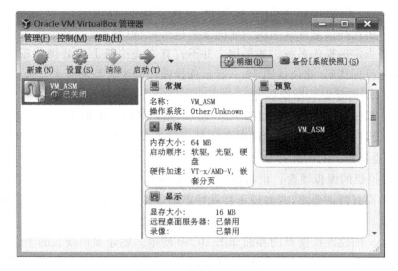

图 10.8　具备一台虚拟机

2. 虚拟机的创建

VirtualBox 作为虚拟机管理器，用户利用它能够方便地创建虚拟机。

运行 VirtualBox，出现如图 10.7 或图 10.8 所示界面后，按位于左上方的"新建"图标，就开始创建虚拟机。创建虚拟机的界面如图 10.9 所示。创建虚拟机的主要工作包括指定虚拟机名称、设定虚拟机内存容量、设定虚拟机的虚拟硬盘。

图 10.9　创建虚拟机

（1）指定虚拟机的名称，给出准备在虚拟机上安装的操作系统版本信息。

用户可以根据喜好或者用途，指定虚拟机的名称。该名称作为虚拟机的标识，VirtualBox 将据此管理和识别虚拟机。

由操作系统的类型和版本信息说明准备在该虚拟机上安装和运行的操作系统。VirtualBox 将利用这些信息准备当前创建的虚拟机所默认（缺省）的其他配置参数，但是这并非为虚拟机安装指定的操作系统。如果用户并不打算在虚拟机上安装操作系统，仅仅打算在虚拟机上运行纯目标代码，建议按图 10.9 所示选择操作系统类型和版本。为运行第 8 章和第 9 章的示例程序，不需要安装操作系统。

（2）设定虚拟机的内存容量。如图 10.9 所示，用户可以根据宿主机的物理内存大小和虚拟机的用途等，设定当前创建虚拟机的内存容量。如果只是为了运行第 8 章和第 9 章的示例程序，虚拟机不需要较大的内容容量。

（3）设定虚拟机的虚拟硬盘。虚拟硬盘是由文件来模拟的，它本质上是宿主机上的一个磁盘文件。如果没有特别要求，或者说不存在特定的虚拟磁盘文件，那么可以通过创建的方式来生成虚拟硬盘。如图 10.9 所示，选择"现在创建虚拟硬盘"。然后，轻松地按下"创建"按钮，来创建虚拟硬盘。创建虚拟硬盘的界面如图 10.10 所示。创建虚拟硬盘的工作包括设定虚拟硬盘文件的存放位置、设定文件大小（虚拟硬盘的大小）、选择虚拟硬盘文件的类型、确定空间分配方式。

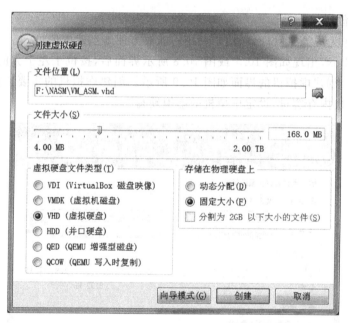

图 10.10　创建虚拟硬盘

如图 10.10 所示，用户可以指定代表虚拟硬盘的文件的文件名，但是扩展名与文件类型有关。按右上方的文件夹图标，用户可以选择虚拟硬盘文件所在的文件夹。如果为了运行第 8 章和第 9 章的示例程序，建议选择汇编器 NASM 所在的工作文件夹。

如图 10.10 所示，用户可以设定虚拟硬盘文件的大小，文件的大小决定了所代表的虚拟硬盘的大小。如果只是为了运行第 8 章和第 9 章的示例程序，虚拟硬盘文件不需要太大。

模拟硬盘的文件有多种不同的格式，实际上不同的厂商制定了不同的标准。VHD 是微软虚拟硬盘（Virtual Hard Disk）文件的简称，它的格式比较简单，文件中只有最后 512 字节（一个扇区）含有虚拟硬盘的描述信息，文件的其他部分依次对应被模拟硬盘的扇区。简单起见，选择"VHD（虚拟硬盘）"，如图 10.10 所示，这样可以方便地利用 10.4 节介绍的工具

VHDWriter 把纯二进制目标代码写到虚拟硬盘文件。

由于虚拟硬盘文件不需要太大,简单起见,选择"固定大小"。

最后单击"创建"按钮,不仅完成了虚拟硬盘的创建,同时也完成了虚拟机的创建。这时可得到如图 10.8 所示的界面。

3. 虚拟机的启动

在成功创建虚拟机后,便可以启动虚拟机的运行。如图 10.8 所示界面,既是创建虚拟机完成之后的界面,往往也是运行 VirtualBox 的开始界面。

在选择指定的虚拟机后,单击"启动"图标,便"正常启动"所指定的虚拟机。就像实验室有多台计算机,按下某台计算机的电源开关,就启动该台计算机。

类似地,虚拟机会尝试从虚拟硬盘上引导操作系统。如果仅仅通过上述步骤创建了虚拟机,但并没有为虚拟机安装操作系统,也没有向代表虚拟硬盘的文件中写入引导代码,那么启动虚拟机就像启动没有安装操作系统的计算机。

为了运行由汇编器生成的纯目标代码,应该利用其他工具把纯二进制目标代码写入虚拟硬盘文件的指定位置。一般情况下,至少应该向虚拟硬盘文件写入引导程序(加载器)。在10.4 节将介绍如何使用 VHDWriter 工具写虚拟硬盘文件。

4. 虚拟机的关闭

为了关闭虚拟机,可以直接关闭如图 10.11 所示的虚拟机运行窗口,也可以由虚拟机"管理"菜单中的"退出"项来关闭虚拟机。这时,将出现选择关闭方式的菜单。通常情况下,应该选择"正常关闭"。在调试本书示例程序时,因为没有操作系统环境,可以选择"强制退出"关闭虚拟机。

注意,关闭虚拟机并不会关闭虚拟机管理器 VirtualBox。关闭虚拟机管理器也不会关闭正在运行的虚拟机。

5. 使用实例

下面举例说明虚拟机管理器和虚拟机的使用。假设已经了解 10.4 节介绍的工具 VHDWriter 及其使用。

【例 10-7】　利用虚拟机管理器 VirtualBox 及其虚拟机 VM_ASM,运行 7.3 节示例程序 dp74. asm 的纯二进制目标代码 hello。

假设已经如上所述创建虚拟机 VM_ASM,并且其对应的虚拟硬盘文件为 VM_ASM. vhd。那么,操作步骤如下。

(1) 利用工具 VHDWriter,把 7.3 节示例程序 dp74. asm 的纯二进制目标代码,写到虚拟硬盘文件 VM_ASM. vhd 的 0 扇区(引导扇区)。

(2) 运行虚拟机管理器 VirtualBox。

(3) 启动虚拟机 VM_ASM。

图 10.11 所示是虚拟机 VM_ASM 的运行窗口。在启动虚拟机 VM_ASM 后,它从虚拟硬盘读入主引导记录,并执行。从 dp74. asm 可知,这个名义上的引导程序其实没有引导功能,在显示 hello 信息后便进入无限循环。

【例 10-8】　利用虚拟机 VM_ASM,运行 7.4 节示例程序 dp78. asm 的纯二进制目标代码。

假设已经如上所述在 VirtualBox 中创建虚拟机 VM_ASM,并且其对应的虚拟硬盘文件为 VM_ASM. vhd。那么,操作步骤如下。

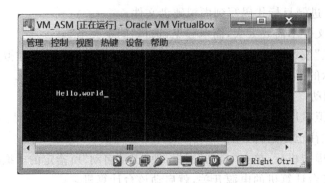

图 10.11 由虚拟机加载运行 hello 程序的结果

（1）利用工具 VHDWriter，把 7.4 节的加载器 dp77.asm 的纯二进制目标代码 loader，写到虚拟硬盘文件 VM_ASM.vhd 的 0 扇区（引导扇区）。如果引导扇区已经含有这个加载器，可以跳过该步。

（2）利用工具 VHDWriter，把示例程序 dp78 的纯二进制目标代码，写到虚拟硬盘文件 VM_ASM.vhd。假设从第 n 扇区开始存放。这里假设 n 是 168。需要注意的是，避免覆盖在 0 扇区的引导程序，或者已经存在的其他目标代码。如果在虚拟硬盘文件中已经存在需要运行的目标代码，可以跳过该步。

（3）运行虚拟机管理器 VirtualBox。

（4）启动虚拟机 VM_ASM。

（5）在虚拟机运行窗口中，输入待运行程序目标代码所在的起始扇区号（168）。

运行结果如图 10.12 所示。在启动虚拟机 VM_ASM 后，它从虚拟硬盘读入主引导记录，并执行。从 dp77.asm 可知，这个引导程序具有引导加载的功能，它发出"Input sector address："的提示信息。在用户输入希望被加载的目标代码的起始扇区号后，将加载指定的目标代码。从 dp78.asm 可知，它仅仅显示一条地址信息。之后，又回到了加载器（引导程序），它发出引导加载其他目标代码的提示信息。

图 10.12 虚拟机引导程序加载运行某个程序的运行结果

10.2.3 关于硬件加速

VirtualBox 在运行虚拟机时，利用宿主机的 CPU 执行指令。早期虚拟机是通过纯软件模拟来实现虚拟机功能，后来以 Intel 和 AMD 为代表的 CPU 生产商各自推出了 CPU 虚拟化技术，以 Windows 和 Linux 为代表的操作系统推出了虚拟化解决方案，这些技术都使得虚拟机运行准确性和效率得到了提高。VirtualBox 现在除了使用自身的软件虚拟化技术，还可以利用 CPU 虚拟化技术和操作系统提供的虚拟化技术提高 VirtualBox 虚拟机运行效率。

如果需要手动设置虚拟化功能,可以按下列步骤实现。

(1)选中需要修改的虚拟机。只需选中,不需要启动虚拟机。

(2)打开设置。在主界面中,单击"设置"按钮,打开如图 10.13 所示的设置窗口。选择设置中左侧菜单中的"系统"选项,在右侧会显示系统设置界面。将系统设置界面中的标签从"主板"切换到"硬件加速"。

(3)修改相关参数。硬件加速可以修改的参数有两类:一类是半虚拟化接口;另一类是硬件虚拟。如果宿主机操作系统支持虚拟化技术,可以在半虚拟化接口选项中选择对应参数。例如,Linux 操作系统可以直接指定 KVM;如果不想使用半虚拟化接口,则直接选无。硬件虚拟包括"启用 VT-x/AMD-V"和"启用嵌套分页"两个选项开关,这两个选项都与 CPU 的虚拟化有关,打勾代表尝试在虚拟机中启用,不选则关闭该功能。

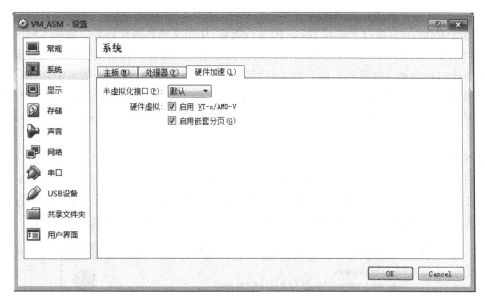

图 10.13　硬件加速配置选项

默认情况下,使用 VirtualBox 创建虚拟机时,硬件加速会自动配置。通常,自动配置的参数能够正常运行,且提高虚拟机运行效率。但是特定情况下,可能需要手工调整参数,来实现虚拟机正常运行或优化虚拟机运行时的表现。例如,第 9 章的部分例子需要将虚拟化完全关闭才能正确执行。这说明在使用硬件虚拟和半虚拟化接口时,VirtualBox 的虚拟机可能不能百分之百地像物理机器那样执行程序。

10.3　模拟器 Bochs 的使用

本节简单介绍在 Windows 平台上使用模拟器软件 Bochs。利用 Bochs,能够运行 7.4 节介绍的加载器,从而建立调试和运行第 8 章和第 9 章示例程序的环境。在这个环境中,也可以调试和运行由读者自己编写的源程序生成的纯二进制目标代码。关于 Bochs 的详细介绍,请参阅官方使用手册。

10.3.1 Bochs 简介

Bochs 是一个高度可移植的开源 IA-32(x86)PC 模拟器,它自身由 C++编写实现,可以在最流行的平台上运行。它包括 IA-32 系列 CPU 仿真、常用的 I/O 设备和一个自定义的 BIOS。Bochs 可以模仿多种 IA-32 处理器,从早先的 Intel 80386 到最近的 Intel IA-64 和 AMD 处理器。Bochs 能够以模拟方式提供大多数的操作系统环境,包括 Linux、Windows 或 DOS。

Bochs 有多种用途。在不需要新设备或重启当前设备的前提下,可以运行第二个操作系统,使得用户能够在模拟的硬件环境中运行程序。利用 Bochs,可以调试新的启动引导程序、新的操作系统和硬件驱动程序,因为它可以模拟执行每一条硬件指令。

1. 获取

获取 Bochs 的最好方法是访问官方网站。Bochs 的代码托管在 Sourceforge 上,访问 http://bochs.sourceforge.net,可以下载到 Bochs 的发行版本、使用文档和源代码等。面向不同的操作系统平台,有不同的版本,从文件名中可以发现对应操作系统的标记。每个发行版本还有安装程序和免安装压缩包两种文件形式。截至本书编写时 Bochs 的较新发行版本为 2.6.8。

如果需要在 Windows 平台上运行 Bochs,而且采用安装方式,那么应从上述官方网站下载较新发行的安装程序 Bochs-2.6.8.exe。本节将以 2.6.8 的 Windows 安装版本为例进行介绍。

2. 安装

Bochs 的安装较为简单。可以把 Bochs 安装在任意目录,在完成安装后也不需要重启系统。图 10.14 所示是选择安装组件的界面,用户可以根据需要选择组件。可选安装的组件包括说明文档、示例模拟器和快捷方式等。图 10.15 是安装过程中选择文件夹的界面。

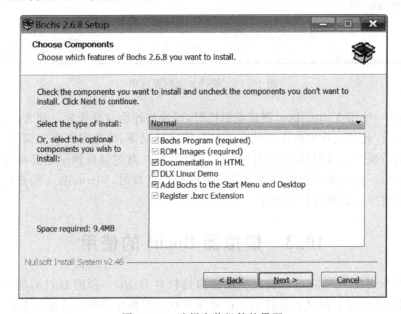

图 10.14　选择安装组件的界面

在安装过程中,如果没有特别需要,几乎都可以直接选择默认的设置。

在安装完成后,在安装文件夹中含有简单的说明,还有配置文件样例。当然,还有如下分别代表模拟器和调试器的应用程序文件。

```
bochs.exe
bochsdbg.exe
```

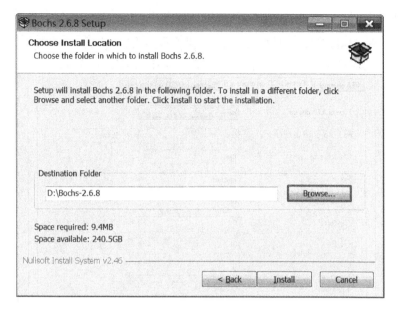

图 10.15　安装过程中选择文件夹的界面

10.3.2　Bochs 的配置与运行

1. 环境配置

为了模拟多种软硬件系统环境,Bochs 支持对模拟环境的配置。它可以配置的模拟环境包括:CPU、硬盘、光驱和 BIOS,还包括显卡和声卡。它还可以配置调试模式、日志等 Bochs 提供的软件功能。

在安装之后,初次运行时,必须先配置 Bochs 需要模拟的软硬件环境。通过调整反映模拟环境的若干选项或参数的值,来实现环境的配置。可以把环境参数保存到配置文件中,以方便使用。像启动其他应用程序一样,通过双击文件夹中的应用程序 bochs.exe,或者对应的快捷按钮,便可启动模拟器 Bochs。采用这种方式启动,模拟器将弹出控制台窗口,同时还会弹出如图 10.16 所示的启动窗口。这时,可以直接配置模拟环境,也可以通过装载已经存在的配置文件来配置环境,还可以把当前环境参数保存到配置文件。

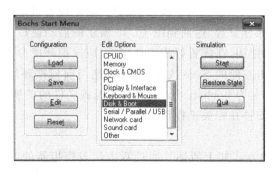

图 10.16　Bochs 的启动窗口

简单起见,只需要配置虚拟硬盘文件和启动顺序,其他环境参数可以采用默认设置值。从图 10.16 可知,中间部位的 Edit Options 区域中,有个 Disk&Boot 选项,它对应磁盘和启动顺序等参数。在双击 Disk&Boot 选项之后,将出现接近图 10.17 所示的磁盘参数配置界面。

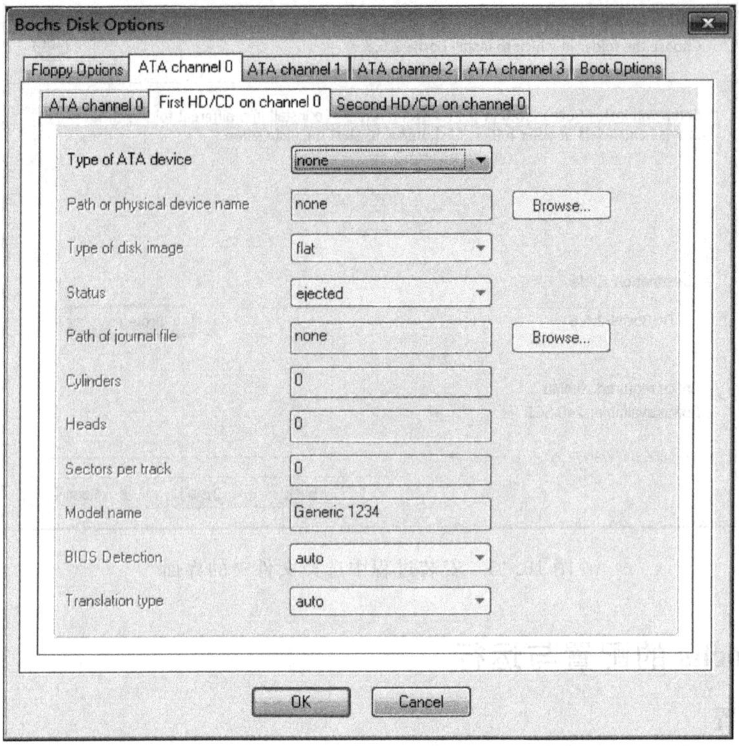

图 10.17　磁盘参数配置界面

第一步,设定虚拟硬盘文件。在依次单击 ATA channel 0 标签和 First HD/CD on channel 0 标签后,将出现如图 10.17 所示界面。首先,将 Type of ATA device 选项从 none 改为 disk,表示模拟环境中存在硬盘。然后,单击 Path or physical device name 后的 Browse 按钮,选择虚拟硬盘文件。这时,可以选择已经准备好的虚拟硬盘文件。在 10.2 节中介绍了利用虚拟机管理器 VirtualBox 创建 VHD 类型的虚拟硬盘文件。注意,在查找虚拟硬盘文件时,可能需要将过滤文件改为 All files,这样才能找到 VHD 格式的文件。

第二步,设定启动顺序。如图 10.17 所示,单击 Boot Options 标签,并将 Boot Drive ♯1 设置为 disk,如图 10.18 所示。通过这一步,确保第一启动设备就是刚才设置的虚拟硬盘。

最后,单击 OK 按钮保存设置,返回到图 10.16 所示的启动窗口。

为了方便下次启动时使用,在配置好模拟环境后,应该把环境参数保存到配置文件中。如图 10.16 所示,只需要单击左侧的 Save 按钮,就可以把当前模拟环境参数保存到指定的配置文件中。默认的配置文件名为 bochsrc.bxrc。注意,配置文件的扩展名应该是.bxrc。为了方便使用,建议把配置文件安排在相关工作目录中。

2. 模拟器的运行

第一种启动模拟器的方式如上所述。通过双击代表模拟器的应用程序 bochs.exe,或者对应的快捷按钮,启动模拟器。这时出现如图 10.19 所示的控制台窗口和如图 10.16 所示的启动窗口,而且启动窗口覆盖在控制台窗口之上。

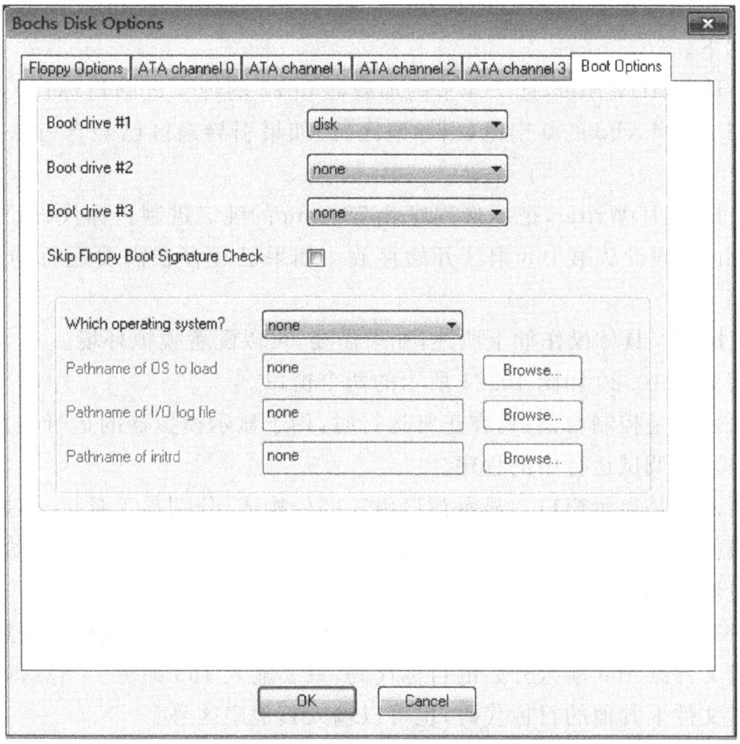

图 10.18　设置第一启动设备为硬盘

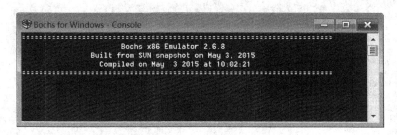

图 10.19　模拟器的初始控制台

　　通过启动窗口，可以加载配置文件。在如图 10.16 所示的启动窗口中，单击 Load 按钮，加载相应的配置文件；然后单击 Start 按钮，启动模拟器。

　　第二种启动模拟器的方式是，直接双击扩展名为.brxc 的配置文件。这类似于通过双击扩展名为.docx 的 Word 格式的文件，启动 Word 程序。由于已经指定配置文件，因此不再出现启动窗口。

　　当然，上述两种启动方式的前提是已经准备好配置文件。

3. 模拟器的关闭

　　模拟器的关闭像结束其他程序的运行一样，随时可以关闭模拟器。只要关闭控制台窗口，就意味着关闭模拟器。

4. 使用实例

　　下面举例说明模拟器 Bochs 的使用。假设已经利用 10.2 节介绍的虚拟机管理器 VirtualBox 创建好虚拟硬盘文件，设对应的虚拟硬盘文件是 VM_ASM.vhd。

【**例 10-9**】 利用模拟器 Bochs，加载并运行第 7 章的示例程序 dp78.asm。

操作步骤如下。

（1）利用工具 VHDWriter，把 7.4 节的加载器 dp77 的纯二进制目标代码 loader，写到虚拟硬盘文件 VM_ASM.vhd 的 0 扇区（引导扇区）。如果引导扇区已经含有这个加载器，那么可以跳过该步。

（2）利用工具 VHDWriter，把示例程序 dp78.asm 的纯二进制目标代码，写到虚拟硬盘文件 VM_ASM.vhd。假设从第 168 扇区开始存放。如果已经存在需要运行的目标代码，可以跳过。

（3）启动模拟器。具体操作如上所述，如果需要，可以配置模拟环境。

这时将出现如图 10.20 和图 10.21 所示的两个窗口。

图 10.20 所示的是控制台窗口，在正常运行时，用于显示模拟器的运行信息；在调试模式下，用于控制模拟器，调试运行中的程序。

图 10.21 所示的是显示窗口。显示窗口由三部分构成，分别是工具栏、模拟显示器和状态显示栏。其中模拟显示器显示的内容和真机一样，根据屏幕分辨率不同会自动调整窗口大小，显示内容实时更新，犹如一个真实的显示器。

注意，显示窗口中模拟显示器内的最后一行，这是由加载器发出的提示信息。为了运行已经写到模拟硬盘文件第 168 扇区开始的目标代码，只要输入 168 即可。当然，如果需要运行事先写到模拟硬盘文件上其他的目标代码，也可以输入其他扇区号。

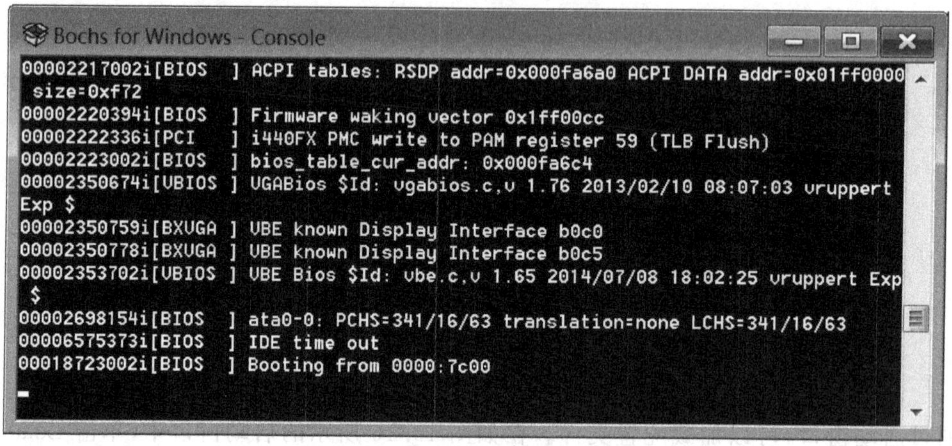

图 10.20　模拟器的控制台窗口

5. 配置文件

综上所述，Bochs 利用配置文件来保存所模拟环境参数和自身设置。除了在启动时，由启动窗口开始，以图形化界面修改和保存配置文件外，还可以直接编辑配置文件。

Bochs 的配置文件是以行为单位的文本文件，通常每一行设定一个配置参数。配置文件以.bxrc 作为扩展名。常用的配置文件名称为 bochsrc.bxrc。用户可以利用文本编辑工具编辑修改配置文件。

下面简单介绍配置文件中几个重要的硬件配置参数。Bochs 可配置的参数众多，有兴趣的读者可以参阅官方说明文档（Bochs 安装目录中自带）。

（1）boot。设置启动设备和启动顺序。启动设备可以是磁盘、光驱和软驱；启动顺序可以

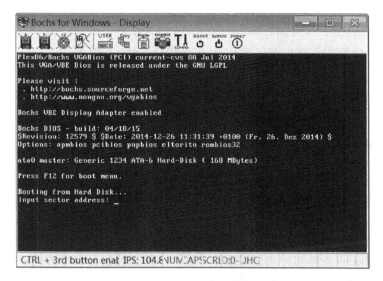

图 10.21　模拟器的显示窗口

按需任意组合。例如：

```
boot: disk
boot: cdrom, floppy, disk
```

（2）cpu。设置模拟 CPU 的性能参数，包括数量和处理能力、型号等。其主要参数有：count 模拟处理器个数、ips 模拟每秒处理指令数（与模拟的 CPU 型号有关）、model 给出 CPU 型号。例如：

```
cpu: count=2, ips=10000000,model=bx_generic
```

（3）cupid。设置模拟 CPU 的特性。其主要参数有：level 给出 CPU 级别、family 表示处理器家族、model 给出处理器型号、mmx 给出 MMX 指令集特性、x86_64 表示 64 位等。当上述配置参数 cpu 被设为 bx_generic 时，则 cpuid 配置失效，自动使用默认参数。例如：

```
cpuid: x86_64=1, mmx=1
cpuid: family=6, model=0x1a, stepping=5
```

（4）memory 或 megs。设置模拟的物理内存大小，以 MB 为单位。采用 memory 需要分别设置客户机（guest）的内存和宿主机（host）可用的内存。采用 megs 将两者设置成相同大小。例如：

```
memory: guest=128, host=256
megs: 32
```

（5）ata0 到 ata3。设置 0～3 号 ATA 硬盘接口通道，相关参数包括：是否使用通道、IO 地址和中断号。例如：

```
ata0: enabled=1, ioaddr1=0x1f0, ioaddr2=0x3f0, irq=14
```

（6）ata0-master 到 ata3-master、ata0-slave 到 ata3-slave。设置 0～3 号 ATA 通道主从设备信息，相关参数包括：模拟的设备类型、空间大小、模拟设备的文件定位、硬盘参数信息等。例如：

```
ata0- master: type=disk, path=7GB.img, mode=undoable,
     cylinders=14563, heads=16, spt=63, translation=lba
ata2- slave: type=cdrom, path=iso.sample, status=inserted
```

虽然利用文本编辑器可以编辑修改配置文件，但是需要十分熟悉各项配置的参数和名称等，难度较大。通过启动窗口，利用图形化界面进行配置比较方便。这时虽然配置参数众多，但实际很多参数并不需要更改设置，采用默认值即可。

10.3.3　控制台调试

Bochs 最强大的特性是调试功能。它可以类似于 VS2010 那样，调试运行目标代码，包括单步执行指令、设置断点、查看各类寄存器的值、查看内存和堆栈中的数据等。当然，这需要在调试模式下进行，也即运行 Bochs 的调试器。

在 Bochs 的安装目录中，除 Bochs 的模拟器 bochs.exe 外，还有 Bochs 的调试器 bochsdbg.exe。Bochs 支持两种调试器操作界面：一种是控制台命令方式；另一种是图形化界面方式。下面简单介绍通过控制台命令进行调试的方法。

1. 调试器的运行

启动调试器的方法与启动模拟器的方法类似。启动调试器时，也需要配置文件。可以使用与模拟器相同的配置文件。

现在采用第一种方式启动调试器。通过启动窗口，装入配置文件，启动调试器，可得如图 10.22 所示的控制台窗口。同时还会出现类似图 10.21 所示的显示窗口，但模拟显示器区域暂时没有任何内容，就像机器还没有启动，屏幕是黑的那样。

从图 10.22 所示的控制台窗口可知，配置好的虚拟机已经准备运行，将要执行的第一条指令位于 F000:FFF0 处，是一条无条件转移指令。早先的 PC 在开机时也是从这个地址开始执行。在如图 10.22 的控制台窗口中，有一个操作提示符<bochs:1>，其后还有一个光标。现在用户可以通过控制台窗口发出调试命令。当然，只有在激活控制台窗口的情形下，才可能发出调试命令。

```
Bochs for Windows - Console                                         _ □ ×
00000000000i[PLUGIN] reset of 'usb_uhci' plugin device by virtual method
00000000000i[       ] set SIGINT handler to bx_debug_ctrlc_handler
Next at t=0
(0) [0x0000fffffff0] f000:fff0 (unk. ctxt): jmpf 0xf000:e05b          : ea5be000
f0
<bochs:1>
```

图 10.22　调试器的控制台窗口（一）

2. 调试操作实例

下面演示几条调试命令的使用，同时说明控制台调试操作的一般过程。

【例 10-10】　利用 Bochs 的调试器，调试 dp74.asm 的目标代码。

假设在配置环境时指定了虚拟硬盘文件 VM_ASM.vhd，并且其引导扇区（主引导记录）含有 dp74.asm 的目标代码。

启动调试器（Bochsdbg），得到如图 10.22 所示的调试器控制台。然后实施下列操作。

第一步，设置断点。利用设置断点命令 vb，在地址 0:0x7c00 处设置断点。

第二步,持续执行。利用持续执行命令 c,开始执行。这样就相当于启动了配置好的一台模拟机。

这两步调试命令的操作,控制台如图 10.23 所示。由于已经启动了模拟机,这时的显示窗口如图 10.21 所示,但其模拟显示器中还没有最后一行操作提示信息。

图 10.23　调试器的控制台窗口(二)

在执行上述操作后,控制台如图 10.24 所示。从图中可知,现在执行流程暂停在地址 0000:7C00 处。实际上,在第一步设置了断点。据 7.2.3 节的介绍,在 PC 启动的过程中,BIOS 将读取主引导记录到起始地址为 0000:7C00H 的内存区域,并转到主引导程序。这也是为什么会踩到这个断点的原因。

图 10.24　调试器的控制台窗口(三)

根据前面的假设,被装载到 0000:7C00 开始处的引导代码应该是示例程序 dp74.asm 的目标代码。真是这样吗?利用反汇编指令,可以查看。

第三步,反汇编。利用反汇编命令 u,观察从 0000:7C00 处开始的部分指令。调试命令及结果如图 10.25 所示,其中要求反汇编 6 条指令。对比 dp74.asm 的源代码可知,确实已经把其 dp74 的目标代码装载到 0000:7C00 开始的内存区域了。

图 10.25　调试器的控制台窗口(四)

第四步,跟踪执行。利用单步命令 s 或者步进命令 p,可以跟踪执行这个引导程序。调试命令和被调试指令执行结果如图 10.26 所示。细心的读者可以发现 s 命令和 p 命令的差异。

```
Bochs for Windows - Console                              _  □  ✕
00007c02: (                    ): mov dh, 0x05           : b605
00007c04: (                    ): mov dl, 0x08           : b208
00007c06: (                    ): mov ah, 0x02           : b402
00007c08: (                    ): int 0x10               : cd10
00007c0a: (                    ): cld                    : fc
<bochs:4> s
Next at t=17844264
(0) [0x000000007c02] 0000:7c02 (unk. ctxt): mov dh, 0x05    : b605
<bochs:5> s 2
Next at t=17844266
(0) [0x000000007c06] 0000:7c06 (unk. ctxt): mov ah, 0x02    : b402
<bochs:6> p
Next at t=17844267
(0) [0x000000007c08] 0000:7c08 (unk. ctxt): int 0x10        : cd10
<bochs:7> p
Next at t=17844535
(0) [0x000000007c0a] 0000:7c0a (unk. ctxt): cld             : fc
<bochs:8> _
```

图 10.26　调试器的控制台窗口(五)

这时,可以利用 reg 命令观察寄存器的内容,也可以利用 x 命令观察内存单元的内容,从而了解执行相关指令后的结果。当然,从显示窗口中模拟显示器上,可以观察到实际执行的效果。虽然目前执行的几条指令,不会产生明显的显示效果,但还是可以看到一点点,那就是坐标(8,5)处的光标。

第五步,再次持续执行。如果再次发出持续执行命令 c,那么就继续执行这个所谓的引导程序,模拟显示器中的坐标(8,5)处,将出现 hello 提示信息。但是,控制台窗口不再出现输入提示符,显示窗口中的模拟显示器似乎也没有反应。分析 dp74.asm 的源程序可知,这是在模拟反复执行指令"JMP　Over",从而显然导致了无限循环。在控制台窗口上,按 CTRL＋C 组合键,可以强行中止。

第六步,关闭调试器。只要关闭调试器的控制台窗口,就意味着关闭调试器,显示器窗口也同时自动关闭。

3. 调试命令

下面列出部分常用的调试命令,利用这些命令,可以在控制台方式下调试程序。

(1) 执行控制命令。表 10.1 列出了执行控制命令,其中符号"|"表示"或者"。

表 10.1　执行控制命令

命　　令	说　　明
c ｜ cont ｜ continue	持续执行
s｜ step　[*count*]	单步调试运行 count 条指令,不填 count 则默认运行 1 条
p ｜ n ｜ next　[*count*]	步进调试运行 count 条指令,但不会进入子程序和中断处理程序,不填 count 则默认运行 1 条
Ctrl-C	暂停执行并返回到命令行提示符界面
q ｜ quit ｜ exit	退出调试模式并关闭模拟器

（2）断点命令。表 10.2 列出了设置断点命令。

表 10.2　设置断点命令

命　　　令	说　　　明
vb ｜ vbreak　*seg:offset*	设置一个虚拟地址上的断点，seg 为段值，offset 为偏移，两者都可以使用十六进制、十进制或八进制表示
lb ｜ lbreak　*addr*	设置一个线性地址上的断点，addr 是线性地址，可以使用十六进制、十进制或八进制表示
b ｜ pb ｜ break ｜ pbreak　*addr*	设置一个物理地址上的断点，addr 是物理地址，可以使用十六进制、十进制或八进制表示
info　break	查看所有断点信息，包括编号、类型、是否有效和地址等信息
bpe　*n*	设置编号为 n 的断点为有效
bpd　*n*	设置编号为 n 的断点为无效
d ｜ del ｜ delete　*n*	删除编号为 n 的断点

（3）内存操作命令。表 10.3 列出了内存操作命令。利用它们，可以多种形式查看内存指定位置处的数据。

表 10.3　内存操作命令

命　　　令	说　　　明
x　*/nuf　addr*	查看线性地址处的内存单元内容。addr 是线性地址，可以使用十六进制、十进制或八进制表示。 n 代表要显示内存单元的计数值，默认为 1 u 代表单元大小，默认值为 w 　　b(bytes)　　　　1 字节 　　h(halfwords)　　2 字节 　　w(words)　　　　4 字节 　　g(giantwords)　8 字节 f 代表显示格式，默认为 x 　　x(hex)　　　　十六进制形式 　　d(decimal)　　十进制形式 　　u(unsigned)　　无符号十进制形式 　　o(octal)　　　八进制形式 　　t(binary)　　二进制形式 　　c(char)　　　　字符形式
xp　*/nuf　addr*	查看物理地址处的内存单位内容，选项和参数与 x 命令一样

（4）寄存器操作命令。表 10.4 列出了寄存器操作命令。利用它们可以查看或修改 CPU 各类寄存器的内容。

表 10.4　寄存器操作命令

命　　　令	说　　　明
r ｜ reg ｜ regs ｜ registers	列出所有整型寄存器及其内容
sreg	列出所有段寄存器及其内容
creg	列出所有控制寄存器及其内容

命　　　令	说　　　明
info　cpu	获取 CPU 所有寄存器及其内容
set reg＝*expr*	修改 CPU 寄存器的值,可以使用表达式赋值。暂时只支持修改通用寄存器和指令指针寄存器

（5）反汇编操作命令。表 10.5 列出了反汇编操作命令。反汇编是指将内存单元的内容作为机器码,以汇编格式指令的形式,查看内存单元的内容。利用反汇编命令,可以查看指定内存区域的指令。

表 10.5　反汇编操作命令

命　　　令	说　　　明
u　[/*n*]	反汇编从当前运行位置开始的 *n* 条指令,缺省 *n*,反汇编当前位置的 1 条指令
u　*start　end*	反汇编从地址 start 到 end 范围内的指令,start 和 end 使用线性地址表示
u　/*n　start*	反汇编从地址 start 开始的 *n* 条指令
u　size＝*n*	设置当前反汇编的段模式,*n* 可以为 16、32 或 64 错误设置段模式,可能导致不正确的反汇编结果

10.3.4　图形化界面调试

控制台命令调试方式,功能虽然强大,但不够直观,为此 Bochs 提供了图形化界面调试方式。利用图形化界面调试程序,应该会更直观和方便。

1. 启动

为了启用图形化界面调试方式,需要修改配置文件中的一个配置项。假设已经存在某个配置文件 bochsrc. bxrc。生成新配置文件的操作步骤如下。

（1）利用文本编辑工具打开原配置文件;

（2）找到工作参数"display_library"所在行,将该行修改为如下内容:

```
display_library: win32, options="gui_debug"
```

（3）另存一个配置文件。假设新的配置文件为 bochsG. bxrc。实际上启用图形化界面调试方式的配置文件,不能用于控制台命令调试方式,也不能用于普通运行模式(非调试模式)。

在准备好支持图形化界面的新配置文件后,就能够利用图形化界面进行调试操作。

在启动调试器(Bochsdbg)时,如果选择支持图形化界面调试方式的配置文件(如上述的bochsG. bxrc),即可建立图形化调试界面。这时出现如图 10.27 所示的图形化调试窗口。当然,控制台窗口和显示窗口仍然会出现。

2. 图形化界面

下面对图形化界面作简要说明。从图 10.27 可知,图形化调试控制台包含 5 个功能区域,从上到下分别是:菜单、执行控制按钮、多功能信息框、命令执行区和状态栏。与控制台方式相比,图形化界面要直观得多。

（1）菜单区域包含命令(Command)、视图(View)、选项(Options)和帮助 4 个菜单。命令菜单包含了常用的执行控制命令,还支持内存查看、内存内容查找和刷新数据等功能。视图菜单用于选择或切换显示多功能信息框中的内容。例如,选择堆栈(Stack)选项,则在最右侧的

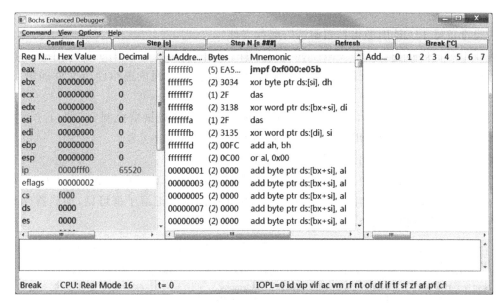

图 10.27　图形化调试控制台

信息框中显示堆栈的信息。选项菜单用于设置图形化界面自身的参数。

（2）执行控制按钮包括持续执行（Continue）、单步（Step）、多步（Step N）、刷新（Refresh）和中断（Break）。按这些按钮，表示进行对应的控制动作，也即实施常用的调试操作。

（3）多功能信息框包含以下 3 个子框。

① 寄存器子框。它位于左侧，给出通用寄存器、段寄存器、控制寄存器和其他 CPU 特性寄存器的内容，可以在选项菜单中选择是否显示某类寄存器。默认不同类型的寄存器用不同颜色标注。双击选中的寄存器，可以修改该寄存器的值。

② 反汇编子框。它位于中间，默认给出当前（即将执行）指令附近的汇编指令信息，包括线性地址、机器码和汇编格式的指令。当前指令由绿色标出。双击某一行的指令可以对该行指令添加或取消断点，断点处的指令由红色斜体标注。通过视图菜单的反汇编（Disassemble）选项，可以查看指定内存区域的汇编格式指令。

③ 内存显示子框。它位于右侧，默认不显示内容。通过视图菜单选项，可以选择显示某一种类型内存区域的信息，包括物理地址内存、线性地址内存、堆栈、全局描述符表、局部描述符表、分页表、当前运行内存、Bochs 参数树状表等。

（4）命令执行区包括执行结果提示区和命令栏。在暂停状态时，用户可以在命令栏中输入 Bochs 提供的各种调试命令，回车表示执行调试命令，执行结果在提示区给出。

（5）状态栏反映当前执行状态。它包括调试器状态、CPU 工作方式、执行指令计数和标志寄存器（EFLAGS）中有效标志的状态。调试器状态分为暂停（Break）和运行（Running）两种；CPU 工作方式分为 16 位实方式（Real Mode 16）、32 位保护方式（Protected Mode 32）等；执行指令计数给出调试器启动以来所有模拟执行指令数量；标志寄存器中有效标志采用大小写表示状态，如 ZF 表示零标志为 1。

3. 调试操作实例

下面演示利用图形化界面调试示例程序。

【例 10-11】　利用 Bochs 的调试器，调试 7.4 节示例程序 dp78.asm 的纯二进制目标代码。

假设准备好了支持图形化界面调试的配置文件。

假设指定了虚拟硬盘文件 VM_ASM.vhd,并且其引导扇区含有 7.4 节所述的加载器目标代码(Loader),同时示例程序 dp78.asm 的目标代码已写入到该虚拟硬盘文件的第 168 扇区开始的存储区域。

启动调试器(Bochsdbg),加载配置文件,出现图 10.27 的调试器控制台。为了方便表示,下面步骤中出现的调试命令用双引号括起来,实际操作时不需要引号。

第一步,在命令栏中发出设置断点命令"vb   0:0x7c00"。

第二步,单击调试控制台上部的持续执行按钮(Continue),或者在命令栏发出持续执行命令"c"。这时的调试控制台如图 10.28 所示。从位于中间的反汇编子框可见,加载器(dp77 目标代码)的部分汇编格式指令。

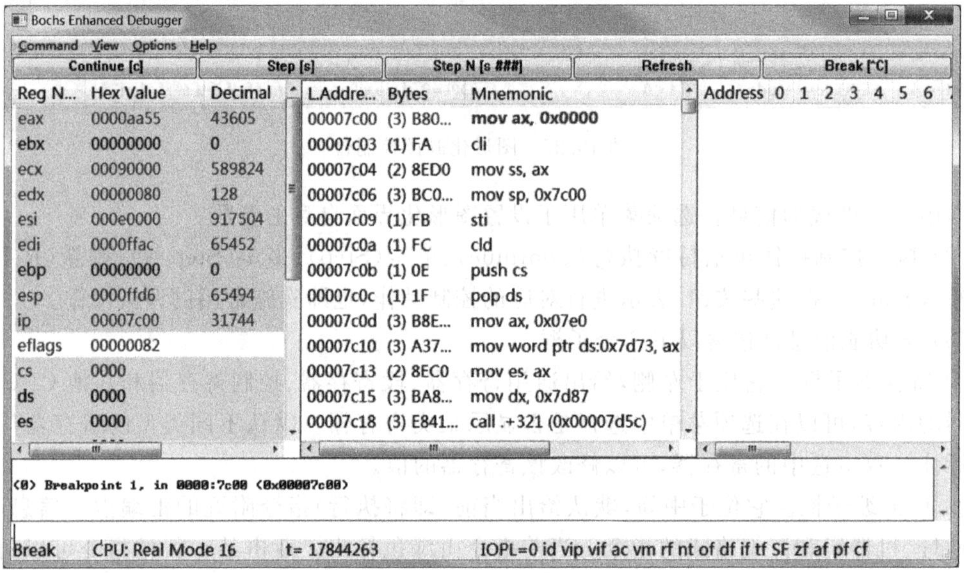

图 10.28 图形化调试控制台(加载器一)

第三步,单击调试控制台上部的单步按钮(Step),或者在命令栏发出单步命令"s"(或步进命令"p")。这样可以单步执行加载程序(dp77)。随着执行,反汇编子框中由绿色标出的当前指令向前推进,同时左侧寄存器子框中寄存器的内容会相应变化。

第四步,慢慢拖动位于反汇编子框右侧的垂直滚动条,使得线性地址 00007c8e 对应的指令"callf   es:0x0008"出现在子框中。对照加载器源程序 dp77.asm 可知,这里是调用方式执行被加载的工作程序。现在双击该指令,使其成为断点,或者在命令栏发出设置断点命令"lb 0x07c8e"。

第五步,单击图形化界面左上方的持续执行按钮(Continue),或者在命令栏发出持续执行命令"c"。这时,调试控制台似乎没有反应。但观察状态栏可以发现,调试器一直处于运行状态。其实,加载器在等待用户输入要加载的工作程序所在的起始扇区号。所以,切换到显示窗口,输入示例程序 dp78 目标代码所在的起始扇区号 168。这样操作后,加载器继续运行,才到达上述第四步所设的断点,调试器进入暂停状态。这时,调试控制台如图 10.29 所示。

第六步,单击图形化界面上方的单步按钮(Step),或者在命令栏发出单步命令"s"。于是就进入了示例程序(dp78)。这时调试控制台如图 10.30 所示。对照示例程序 dp78.asm 的源

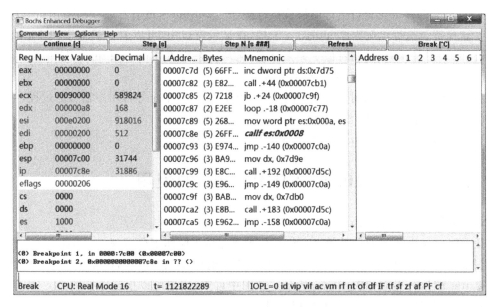

图 10.29　图形化调试控制台(加载器二)

代码,可以清楚地看到示例程序的代码出现在反汇编子框中。

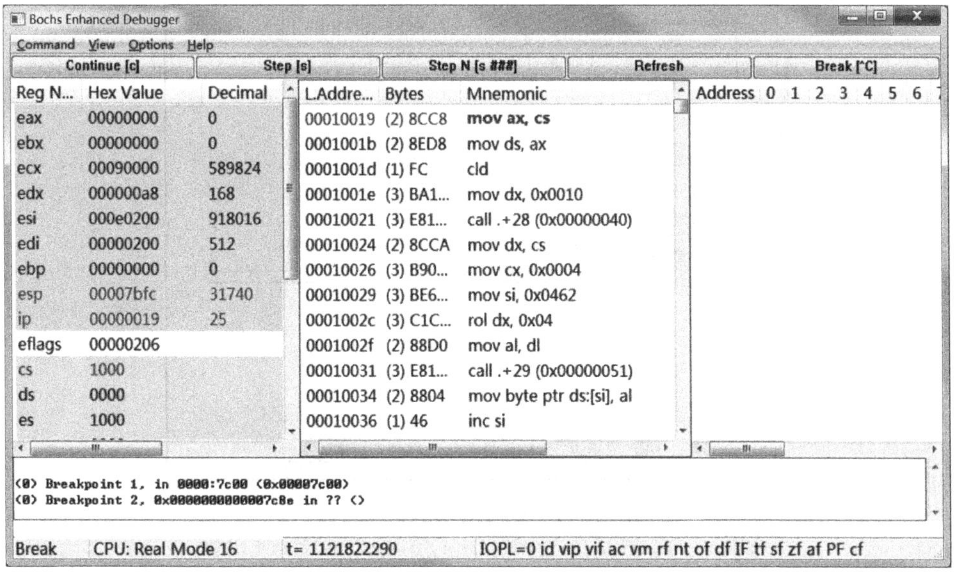

图 10.30　图形化调试控制台(示例程序)

　　第七步,单击调试控制台上部的单步按钮(Step),或者在命令栏发出单步命令"s"(或步进命令"p")。继续单步执行示例程序(dp78)。随着执行,反汇编子框中由绿色标出的当前指令向前推进,同时左侧寄存器子框中寄存器的内容会相应变化。

　　第八步,激活视图菜单,选择显示线性地址区域(功能键 F7)。在输入开始的线性地址后,可以在右侧的内存显示子框中,看到相应内存区域的数据。

　　第九步,激活视图菜单,选择显示当前堆栈(功能键 F2)。这时在右侧的内存显示子框中,可以看到当前堆栈的内容,从中可以发现返回地址等。

第十步,单击调试控制台上部的持续执行按钮(Continue),或者在命令栏发出持续执行命令"c"。这样持续执行示例程序(dp78)。于是,在显示窗口中,可以看到类似于图 10.12 所示的相应信息。但是,调试控制台似乎失去反应,但从状态栏的"Running"可知,它一直在运行。实际上,示例程序执行完毕后,返回到了加载器。

第十一步,单击调试控制台右上方的中断(Break)按钮,中止等待用户输入的过程,使得控制台回到可以操作的暂停状态。

第十二步,在命令栏发出退出命令"q",于是调试器被关闭。

10.4　VHDWriter 的使用

本节简单介绍 VHDWriter 工具的使用。

VHDWriter 由苏州大学纵横汉字信息技术研究所朱晓旭老师开发。VHDWriter 的主要功能是把纯二进制代码文件写入由 VirtualBox 生成的固定大小的 VHD 格式虚拟硬盘文件。VHDWriter 的运行界面如图 10.31 所示。从图中可知,用户可以指定虚拟硬盘文件,还可以选择写入到虚拟硬盘文件的二进制代码文件。

图 10.31　VHDWriter 启动界面

把二进制代码文件写入到虚拟磁盘文件的步骤如下。

(1) 指定虚拟磁盘文件。通过图 10.31 中上面的"选择文件"按钮,指定虚拟磁盘文件。

(2) 选择代码文件。通过图 10.31 中下面的"选择文件"按钮,指定要写入到虚拟磁盘的代码文件。

(3) 确定起始扇区。由起始扇区确定代码文件被写入到虚拟磁盘的位置。这里的扇区号是逻辑块号(LBA)。主引导记录(或引导程序)应该位于首个扇区,对应的扇区号是 0。其他示例程序的存放位置,用户可以按需指定,但要注意避免相互冲突。

(4) 写入操作。在指定虚拟磁盘文件,并选择代码文件和起始扇区后,按"写入"按钮开始写入操作,也即把所选择的代码文件写到虚拟磁盘中指定的扇区位置。

（5）继续写入其他代码文件。如果还有其他需要写入到虚拟磁盘的代码文件，可以重复上述(2)～(4)步。图 10.32 给出了写入加载器(Loader)和示例程序(dp78.asm)的目标代码文件后的界面。

（6）结束运行。单击"退出"按钮，可以结束运行。

图 10.32　写入目标代码文件后的界面

参 考 文 献

[1] 杨季文,等.80x86 汇编语言程序设计教程[M].北京:清华大学出版社,1998.

[2] 李忠,等.80x86 汇编语言从实模式到保护模式[M].北京:电子工业出版社,2014.

[3] Intel 公司.IA-32 Intel Architecture Software Developer's Manual,2006.

[4] Intel 公司.Intel 64 and IA-32 ArchitecturesSoftware Developer's Manual,2013.

[5] Intel 公司.Pentium Processor Family Developer's Manual,1997.

[7] NASM 开发团队.NASM—The Netwide Assembler,2009.

[8] Bochs 项目组.Bochs User Manual,2015.

[9] Oracle 公司.VirtualBox End-user Documentation,2016.

[10] 任永杰,等.KVM 虚拟化技术实战与原理解析[M].北京:机械工业出版社,2015.

[11] 周明德.微型计算机系统原理及应用[M].5 版.北京:清华大学出版社,2015.

[12] 王娟,等.微机原理与接口技术[M].北京:清华大学出版社,2016.

[13] 郑学坚,等.微型计算机原理及应用[M].4 版.北京:清华大学出版社,2015.

[14] Microsoft 公司.Virtual Hard Disk Image Format Specification,2006.

[15] Microsoft 公司.Visual Studio 2010 帮助,2010.

[16] IETF.RFC2045:Multipurpose Internet Mail Extensions,1999.

图 书 资 源 支 持

感谢您一直以来对清华版图书的支持和爱护。为了配合本书的使用,本书提供配套的资源,有需求的读者请扫描下方的"书圈"微信公众号二维码,在图书专区下载,也可以拨打电话或发送电子邮件咨询。

如果您在使用本书的过程中遇到了什么问题,或者有相关图书出版计划,也请您发邮件告诉我们,以便我们更好地为您服务。

我们的联系方式:

地　　址:北京海淀区双清路学研大厦 A 座 707

邮　　编:100084

电　　话:010－62770175－4604

资源下载:http://www.tup.com.cn

电子邮件:weijj@tup.tsinghua.edu.cn

QQ:883604(请写明您的单位和姓名)

用微信扫一扫右边的二维码,即可关注清华大学出版社公众号"书圈"。

资源下载、样书申请

书圈